자기주도 학습으로 완성하는

전동용 기계 형상설계

실전편 2

홍준희 지음

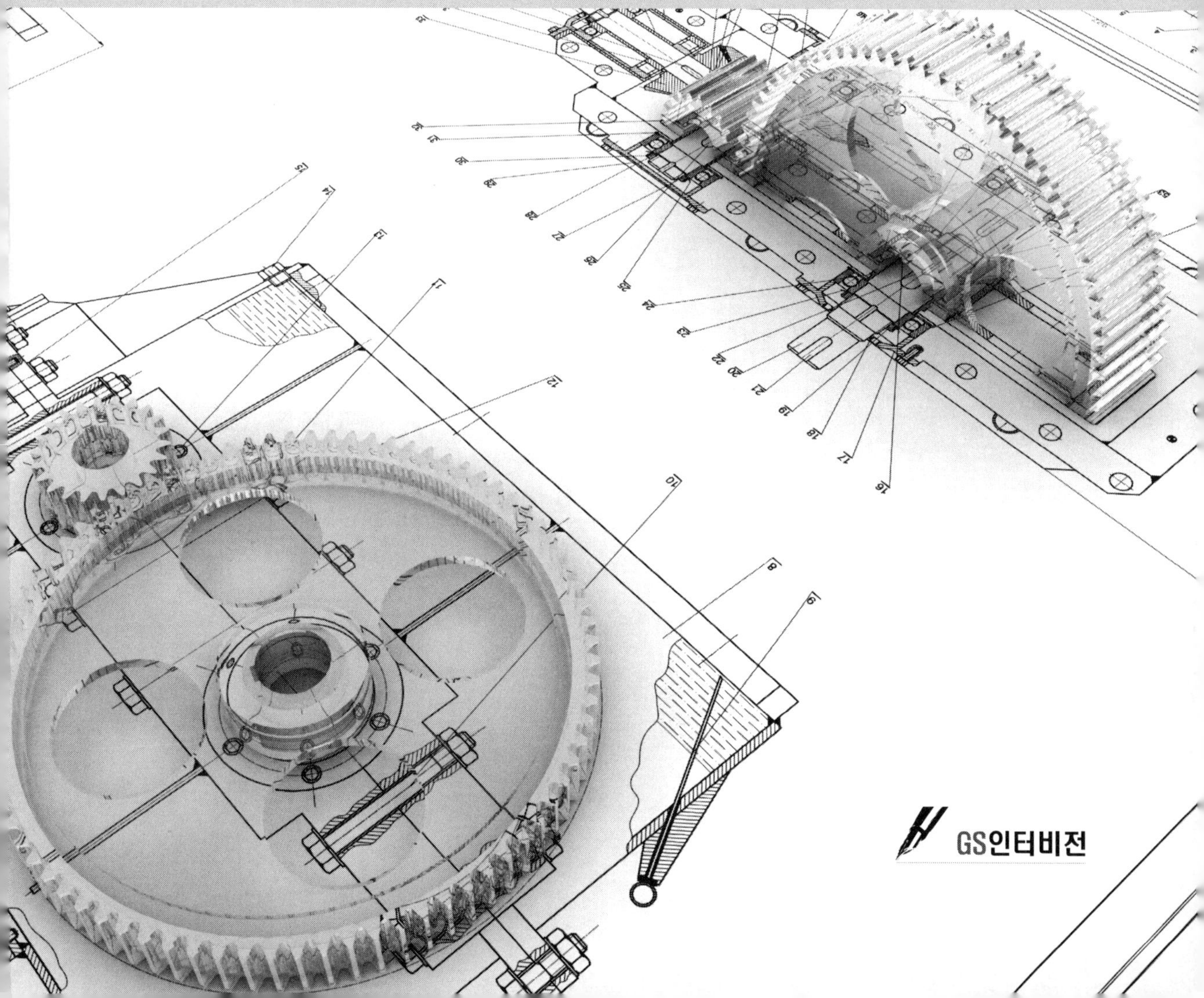

GS인터비전

머리말

기존 기술의 융복합을 통해 새로운 변화를 추구해가는 4차 산업혁명 시대에 우리에게 중요한 것은 유연하고 비판적인 사고, 창의적 발상을 통해 복합적 문제를 해결하는 능력일 것이다.

공학에서는 창의적 발상을 통해 복합적 문제를 해결하는 능력을 발휘할 수 있는 교과목으로 설계 교과목을 들 수 있다. 이러한 설계는 대학의 공학 지식과 현장의 실무 지식이 융합되어야 그 가치가 충분히 발휘되고 산업 현장에서 직무를 수행하는데 그 기본 자질을 갖출 수 있다. 공학교육인증에서는 이러한 시대적 흐름을 따라 창의적 인력 양성을 위한 설계 기초과목과 종합설계를 비롯한 설계 교과목을 반드시 수료하도록 하고 있다.

그러나 이러한 설계 교과목이 산업 현장에서 필요로 하는 직무와 연결되지 않으면 그 효과를 충분히 발휘할 수 없다. 따라서 4년제 대학을 졸업하는 기계공학 기술자가 갖추어야 할 직무를 분석하고 작업을 분류하여 DACUM (Developing A Curriculum) 차트를 만들었으며, 그 가운데 기계관련 제품 설계/해석의 직무를 수행하기 위해 기계관련 제품 설계에서 필요한 작업을 간추려 이 책의 주요 내용으로 꾸며 보았다.

책의 전체 구성은 크게 2부로 꾸며져 형상설계 이해편과 형상설계 실전편으로 이루어졌다. 1부는 형상설계를 위한 기초적인 기능과 도구들을 이해하는데 목표를 두고, 형상모델링의 이해, 투상도의 이해, 단면도의 이해, 공차의 이해 및 형상설계의 이해로 구성하였다. 2부는 기계 또는 장치를 설계하는데 목표를 두고, 미니 바이스, 리밍 지그, 동력 전달장치 및 편심 왕복장치 등의 실제적인 기계관련 제품의 형상설계로 구성하였다.

이 책은 형상설계 실전편으로 전동용 기계 형상설계의 예로서 동력 전달장치와 편심 왕복장치 형상설계를 다루었다. 형상설계 이해편과 마찬가지로 저자는 이 책에 형상모델링과 도면작성의 기술적 수행에 앞서 먼저 생각해 볼 수 있는 지식과 상황에 적합한 방법의 내용을 담았다. 또한 앞서 한 학습 활동을 통해 충분히 이해한 후에 스스로 진단 평가하여 부족한 부분들을 채워 나갈 수 있는 자기 주도적 능력 향상에 대한 태도를 강조하였다. 특히 설계 변경에 따른 형상설계를 해야 하는 기계기사의 출제 경향에 맞춰 이를 대비할 수도 있도록 구성하였다.

저자는 이 책에 많은 내용을 담고자 노력하였으나 부족한 부분이 많을 것으로 생각된다. 이런 부분들을 채워줄 다른 많은 책들이 출판되길 기대하여, 끝으로 이 책의 출판에 많은 도움을 주신 출판사 관계자 여러분께 진심으로 감사드린다.

2020년 새해에

저자 홍 준 희

차 례

CHAPTER 3. 동력 전달장치 형상설계

CHAPTER 4. 편심왕복 장치 형상설계

전동용 기계 형상설계 실전편 II 부록

CHAPTER 3

전동용 기계 형상설계 실전편 II

동력 전달장치 형상설계

1. 부품 형상모델링
2. 조립 및 분해 형상모델링
3. 도면작성

학습 개요

동력 전달장치 형상설계는 구조적 특징, 형상 특징 및 정보를 바탕으로 작업 조건에 맞춰 실제로 부품을 3D 모델링하고 조립하여 출력 조건에 맞는 동력을 전달하는지를 체크하여 최상의 형상모델링을 하는 것이다. 또한 각 부품들의 가공 조건 및 부품 상호간의 끼워 맞춤 및 기하 공차 등을 KS규격에 따라 2D 부품 도면을 작성하는 것이다. 여기서는 이러한 능력을 기르는 학습 내용으로 이루어졌다.

학습 목표

본 학습을 마친 학습자는 동력 전달장치 설계에 대해

- 부품 설계 변경에 따른 부품 형상모델링을 하고 그 과정을 설명할 수 있다.
- 부품 설계 변경에 따른 부품 형상모델로부터 조립 및 분해 형상모델링을 하고 그 과정을 설명할 수 있다.
- 부품 설계 변경에 따른 조립도와 분해도 및 부품도를 작성하고 그 과정을 설명할 수 있다.
- 부품 설계 변경에 따른 동력 전달장치 설계가 정확하게 되었는지 검증하고 그 과정을 설명할 수 있다.

학습 성과와 수행 준거

(1) 공학의 지식과 정보기술을 공학문제 해결에 응용할 수 있는 능력

✓ KS 규격에 따른 체결 부품을 동력 전달장치의 적정 체결 조립에 응용할 수 있다.

✓ KS 규격의 재질 정보를 동력 전달장치의 부품 재질 설정하는데 응용할 수 있다.

✓ KS 규격의 공차 규정을 동력 전달장치 부품의 공차 규정하는데 응용할 수 있다.

(2) 공학문제를 해결하기 위해 CAD의 도구를 활용할 수 있는 능력

- ✓ 동력 전달장치의 정확한 부품 형상모델링을 위해 CAD의 파트 및 도면에 대한 도구를 활용할 수 있다.
- ✓ 동력 전달장치의 정확한 조립 완성을 위해 CAD의 조립부품 사이의 간섭체크 도구를 활용할 수 있다.
- ✓ 동력 전달장치의 정확한 치수 및 재질의 사용을 위해 CAD의 물성치 계산 도구를 활용할 수 있다.
- ✓ 동력 전달장치의 정확한 동작 검증을 위해 CAD의 모션 시뮬레이션 도구를 활용할 수 있다.

(3) 현실적 제한조건을 고려하여 기계를 설계할 수 있는 능력

- ✓ 설계 조건 및 가공 조건에 따른 동력 전달장치 가공 부품 간의 끼워 맞춤을 고려하여 치수 공차를 선정할 수 있다.
- ✓ 설계 조건 및 가공 조건에 따른 동력 전달장치 가공 부품의 기하학적 관계를 고려하여 기하 공차를 선정할 수 있다.

(4) 설계 변경에 따른 자기계발의 필요성을 인식하고 자기 주도적으로 학습할 수 있는 능력

- ✓ 자기 주도적으로 학습한 것을 바탕으로 설계 변경을 반영한 자율 평가문제를 스스로 해결한 후에 평가하고 판단하여 자신의 부족한 점을 파악함으로써 자기 스스로 설계 변경된 동력 전달장치를 형상 설계할 수 있다.

1 부품 형상모델링

1-1 학습준비

1-1-1 관계 지식

1-1-1-1 동력전달 장치의 목적

동력전달 장치는 벨트풀리 또는 기어에서 입력되는 회전력을 일정한 회전으로 바꾸기 위한 목적으로 일정한 회전은 기어의 회전이 보편적이다. 즉, 동력 전달장치는 동력 전달요소(기어, 벨트풀리)를 이용하여 떨어져 있는 두 곳의 동력을 전달하는 것이 목적이다.

1-1-1-2 동력전달 장치의 운동

동력전달 장치의 운동에는 회전운동 전달 장치와 운동 변환 장치가 있다.

(1) 회전운동 전달 장치

(가) 회전운동 장치 : 축, 베어링

(나) 직접 전동장치 : 마찰차 전동, 기어 전동 등

(다) 간접 전동장치 : 체인 전동, 벨트 전동 등

(2) 운동 변환 장치

운동 변환장치는 주로 회전운동을 왕복운동이나 요동운동 등으로 바꾸는데 사용되며, 캠 전동, 링크 전동 등이 있다.

1-1-1-3 동력전달 요소 특성

(1) 동력전달용 축(shaft)

축은 일반적으로 베어링(bearing)에 지지되어 강도, 휨 그 밖의 기계적 필요조건을 구비하여 회전 및 왕복운동을 하는 기계요소를 말한다. 축(shaft)은 일반적으로 2개 이상의 베어링으로 지지되어 있으며, 회전운동으로 동력 또는 운동을 전달한다. 긴 축이 필요할 때에는 축이음(커플링)으로 축을 연결하며, 운동을 단속할 필요가 있을 때는 클러치(clutch)를 사용한다.

회전축을 지지하는 기계요소를 베어링(bearing)이라 하며, 축이 베어링에 의하여 지지되는 부분을 저널(journal)이라 한다. 따라서 베어링과 저널은 회전짝(turning pair)을 이루고 있다. 베어링과 저널은 상대운동을 하므로 마찰이 생겨, 동력의 손실을 일으킴과 동시에 열을 발생하며, 심하면 융착이 일어나서 기계의 손상 원인이 된다.

(2) 베어링

베어링은 축을 받쳐 줄 뿐만 아니라 축의 회전을 원활하게 하는 기계요소로서 베어링의 종류 에는 미끄럼 베어링과 구름 베어링이 있다.

구름 베어링은 구름 접촉을 하기 때문에 미끄럼 베어링에 비해 마찰이 작아서 마찰손실이 적고, 기동저항과 발열도 작아 고속회전을 할 수 있다. 그러나 전동체와 궤도륜이 점 접촉이나 선 접촉을 하기 때문에 충격에 약하고, 소음이 생기기 쉬운 결점이 있다.

구름 베어링은 내륜과 외륜 사이에 볼(ball)또는 롤러(roller)등의 전동체를 넣어 전동체의 간격을 일정하게 유지하기 위하여 리테이너(retainer)를 가지고 있다.

(3) 기어

원통의 둘레에 이를 만들어 놓은 한 쌍의 기어가 서로 맞물려 돌아가며 동력을 전달한다. 기어의 잇수를 바꿈에 따라 회전 속도가 바뀌며 두 축이 평행하지 않아도 미끄럼 없이 동력을 전달할 수 있다. 또한 동력을 확실하게 전달할 수 있고, 내구성이 높다.

보통 두 축의 사이의 거리가 짧은 경우에 사용하며 정확한 속도비를 얻을 수 있어 전동 장치, 변속 장치 등에 사용한다.

1-1-2 동력 전달장치의 구성 요소와 사양

1-1-2-1 구성 요소

동력전달 장치는 여러 용도로 사용되고 있지만 1단의 평기어에 의해 1단 V벨트 풀리를 구동하는 단순 동력전달 장치를 가정한다. 특히 그림 3-1-1 (a)와 같이 축이 고정되어 V벨트 풀리에 고정된 평기어의 구동하는 축 고정 동력 전달 장치를 가정한다.

그림 3-1-1 (b)는 축 고정 동력전달 장치는 17개의 부품들로 조합(assembly)된 조립체로 이 조립체를 분해하여 부품 번호를 표시한 것이며 그림 3-1-1 (c)는 부품 명칭 및 재질이다.

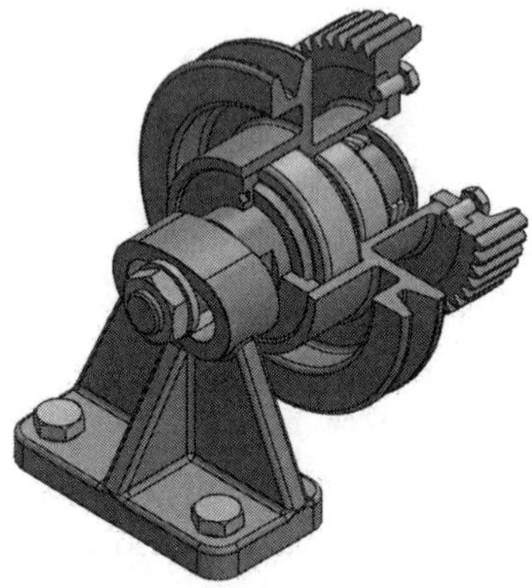

(a) 외관 및 내부 모습

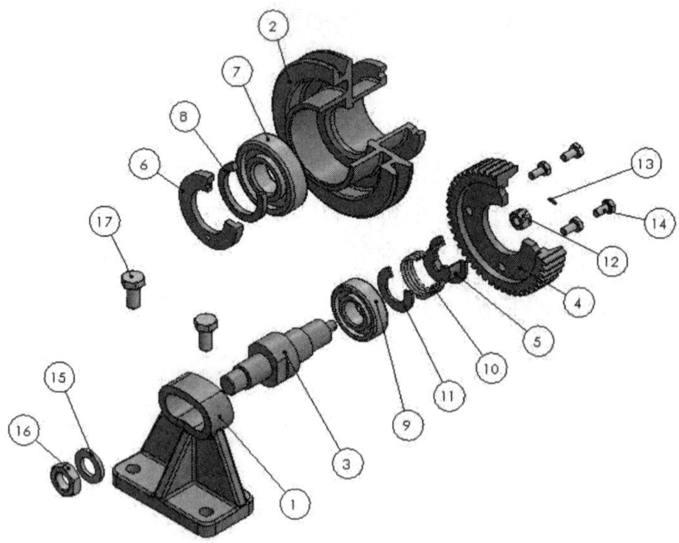

(b) 부품 번호

품번	품명	재질	비고
1	브래킷	GC200	
2	V벨트 풀리	GC200	A형
3	축	SM45C	
4	스퍼기어	SC480	M:2, PCD:100
5	스프링 커버	GC200	
6	베어링 커버	GC200	
7	깊은 홈 볼 베어링		KS B 2023 6305
8	칼라	SM45C	베어링 커버 멈춤
9	깊은 홈 볼 베어링		KS B 2023 6204
10	스프링		원판 칼라 밀착용
11	원판 칼라	SM45C	베어링 밀착용
12	육각머리 너트		KS B 1015-90 c1 M8-High-N
13	스프링 핀		KS 1339-2×8
14	육각머리 볼트		KS 1002 A-M6×12×12-N
15	평와셔		KS 1326 pw-M14
16	육각머리 너트		KS 1012 AB-M16-N
17	육각머리 볼트		KS 1002 A-M10×20×20-N

(c) 부품 명칭 및 재질

그림 3-1-1 축 고정 동력전달 장치의 구성 요소

1-1-2-2 사양

축이 고정되어 V벨트 풀리에 고정된 평기어의 구동으로 V벨트 풀리에 6㎾의 동력을 전달하는 축 고정 동력 전달 장치의 각 부품의 사양은 다음과 같다.

- ①의 브래킷 부품은 최대 각도 30°이내에서 축을 다양한 각도로 고정할 수 있는 구조의 축 고정 브래킷이다.
- 2개의 베어링에 의해 ③번 V벨트 풀리와 ④번 스퍼기어가 회전하여 원동축인 스퍼기어의 구동 동력을 종동축인 V벨트 풀리에 전달하는 형태로 V벨트 풀리와 스퍼기어가 일체형이다.
- 하나의 베어링은 ⑤번 기어용 베어링으로 KS 규격의 6204계열을 사용하고 , 두 번째 베어링은 ⑥번 V벨트용 베어링으로 6305계열을 사용한다.

- ③번 V벨트 풀리는 호칭치수가 ∅121 ㎜인 A형으로 한다.
- ④번 스퍼기어는 모듈이 2이고 피치 지름이 100 ㎜인 규격을 사용한다.

1-1-3 작업 과제

(1) 브래킷(① 부품)의 형상 특징과 정보

(가) 형상 특징

브래킷은 동력 전달 장치 전체를 하부에 고정나사로 고정하여 축을 지지하는 역할을 한다. 브래킷의 외관은 그림 3-1-2 (a)와 같으며 주요 형상 부분은 그림 3-1-2 (b)와 같다. 즉, 주요 형상은 다음과 같이 크게 3부분으로 나뉜다.

- 특히 축을 위치에 따라 약간 변경하여 고정할 수 있는 부분이 있다.
- 동력 전달장치를 고정하는 부분이 있다.
- 축의 동력 하중에 견딜 수 있는 보강대 부분이 있다.

(a) 외관 (b) 주요 형상 부분

그림 3-1-2 브래킷 부품의 외관과 주요 형상 부분

(나) 형상 정보

브래킷에 대한 투상도 및 치수는 그림 3-1-3과 같다.

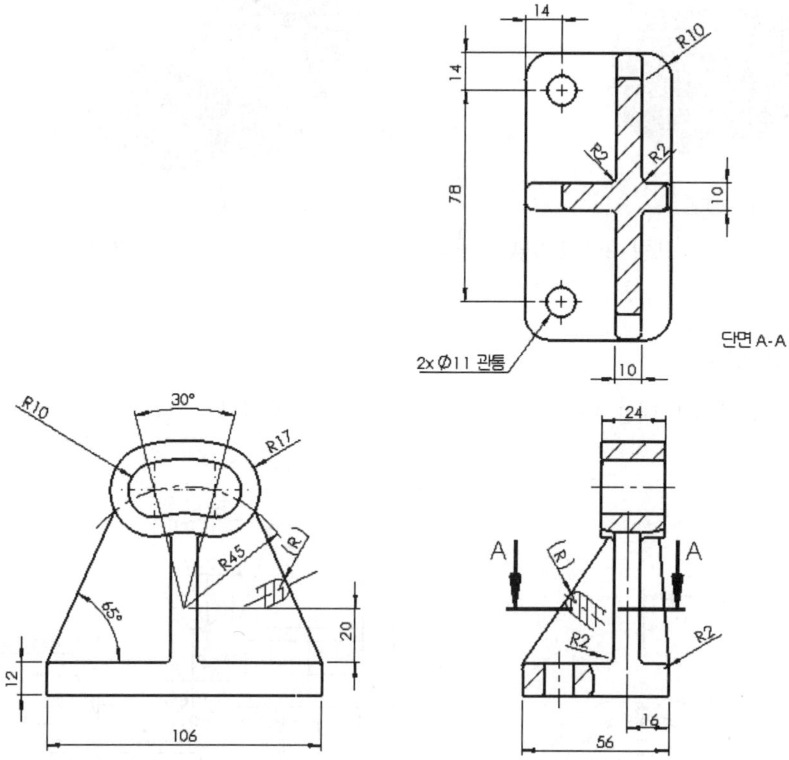

그림 3-1-3 브래킷의 투상도 및 치수

(2) V벨트 풀리(②번 부품)의 형상 특징과 정보

(가) 형상 특징

스퍼 기어에 회전 동력을 전달하기 위해 V벨트 풀리에 의한 회전력을 생성하는 역할을 한다. V벨트 풀리의 외관은 그림 3-1-4 (a)와 같으며 주요 형상 부분은 그림 3-1-4 (b)와 같다. 즉, 주요 형상은 다음과 같이 크게 4부분으로 나뉜다.

- V벨트 풀리 부분이 있다.
- 베어링 6305 조립 부분이 있다.
- 베어링 6204 조립 부분이 있다.
- 스퍼기어 조립 나사구멍 부분이 있다.

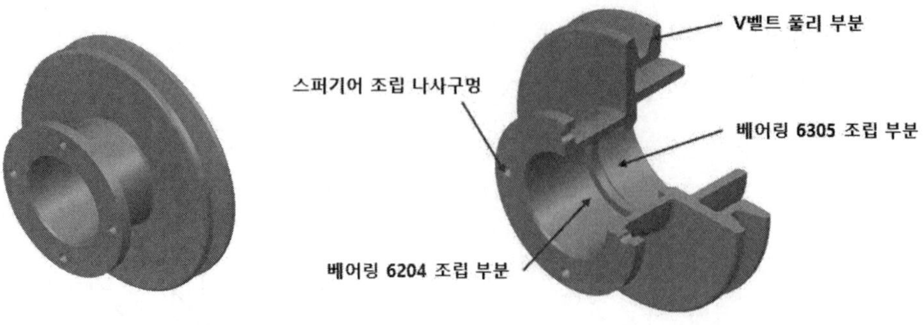

(a) 외관 (b) 주요 형상 부분

그림 3-1-4 V벨트 풀리 부품의 외관과 주요 형상 부분

(나)형상 정보

V벨트 풀리에 대한 투상도 및 치수는 그림 3-1-5와 같다.

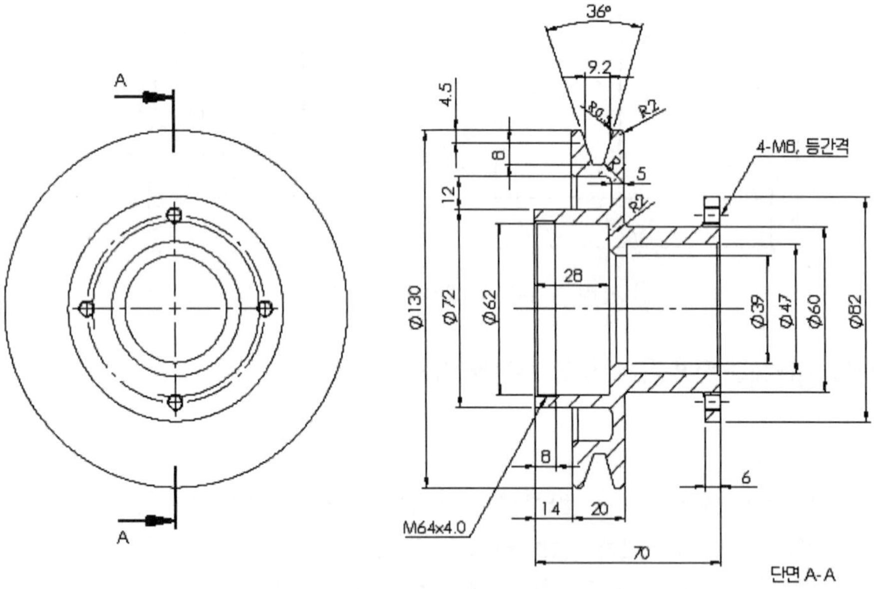

그림 3-1-5 V벨트 풀리의 투상도 및 치수

(3) 축(③번)의 형상 특징과 정보

(가) 형상 특징

축은 브래킷에 고정되어 V벨트 풀리와 스퍼기어가 구름 볼베어링에 의해 회전할 수 있도록 가이드 역할을 한다. 축의 외관은 그림 3-1-6 (a)와 같으며 주요 형상 부분은 그림 3-1-6 (b)와 같다. 즉, 주요 형상은 다음과 같이 크게 7부분으로 나뉜다.

- 브래킷에 축을 고정하는 나사 부분이 있다.
- 브래킷에 축을 삽입하는 부분이 있다.
- 축을 브래킷에 고정할 때 파악하는 부분이 있다.
- 베어링 커버가 조립되는 부분이 있다.
- 베어링 6305가 조립되는 부분이 있다.
- 베어링 6204가 조립되는 부분이 있다.
- 스프링 지지대를 고정하는 나사 부분이 있다.

(a) 외관

(b) 주요 형상 부분

그림 3-1-6 축 부품의 외관과 주요 형상 부분

(가) 형상 정보

축에 대한 투상도 및 치수는 그림 3-1-7과 같다.

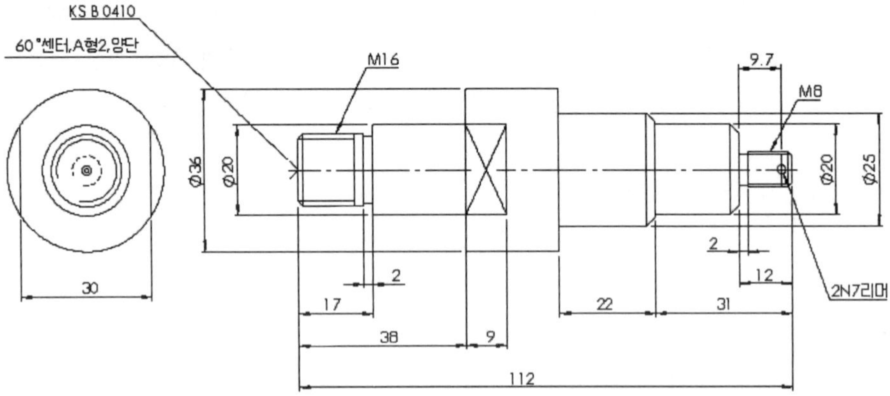

그림 3-1-7 축의 투상도 및 치수

(4) 스퍼기어(④번 부품)의 형상 특징과 정보

(가) 형상 특징

원동축으로 V벨트와 일체형이 되어 회전 동력을 전달하는 역할을 한다. V벨트 풀리의 외관은 그림 3-1-8 (a)와 같으며 주요 형상 부분은 그림 3-1-8 (b)와 같다. 즉, 주요 형상은 다음과 같이 크게 3부분으로 나뉜다.

- 스퍼기어 이 부분이 있다.
- V벨트 풀리 고정 나사 구멍이 있다.
- V벨트 풀리 고정 밀착 면 부분이 있다.

(a) 외관

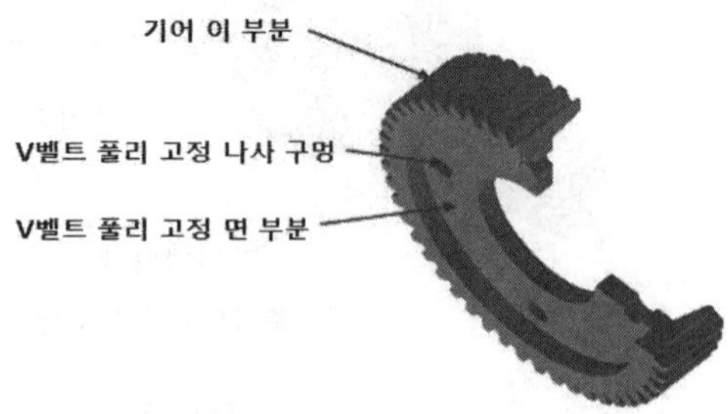

(b) 주요 형상 부분

그림 3-1-8 스퍼 기어의 부품 치수와 외형

(나) 형상 정보

브래킷에 대한 투상도 및 치수는 그림 3-1-9와 같다.

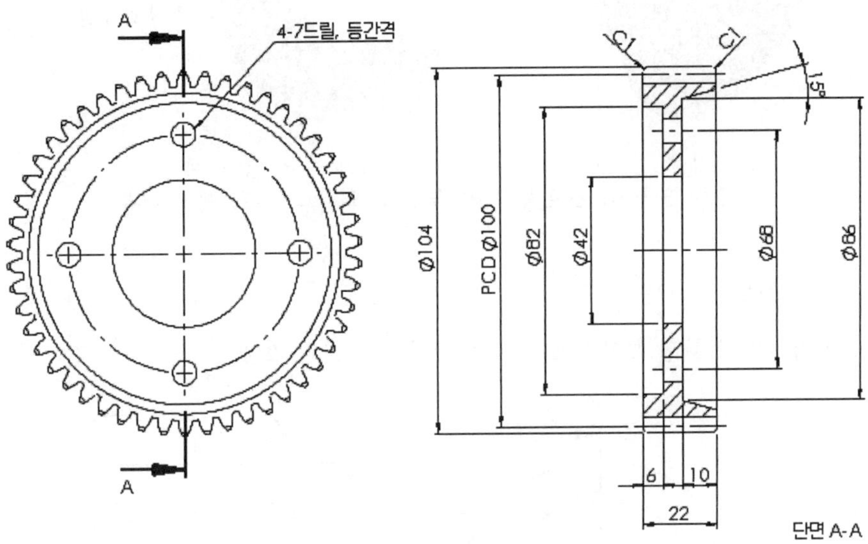

그림 3-1-9 브래킷의 투상도 및 치수

(5) 스프링 커버(⑤번 부품)의 형상 특징과 정보

(가) 형상 특징

스프링 커버는 스프링에 의해 기어용 베어링이 안정되게 고정되도록 스프링을 지지하면서 커버하는 역할을 한다. 스프링 커버의 외관은 그림 3-1-10 (a)와 같으며 주요 형상 부분은 그림 3-1-10 (b)와 같다. 즉, 주요 형상은 다음과 같이 크게 3부분으로 나뉜다.

- 스프링 밀착 면 부분이 있다.
- 스프링 조립 원통 부분이 있다.
- 축 조립 구멍 부분이 있다.

(a) 외관 (b) 주요 형상 부분

그림 3-1-10 스프링 커버 부품의 외관과 주요 형상 부분

(나) 형상 정보

스프링 커버에 대한 투상도 및 치수는 그림 3-1-11과 같다.

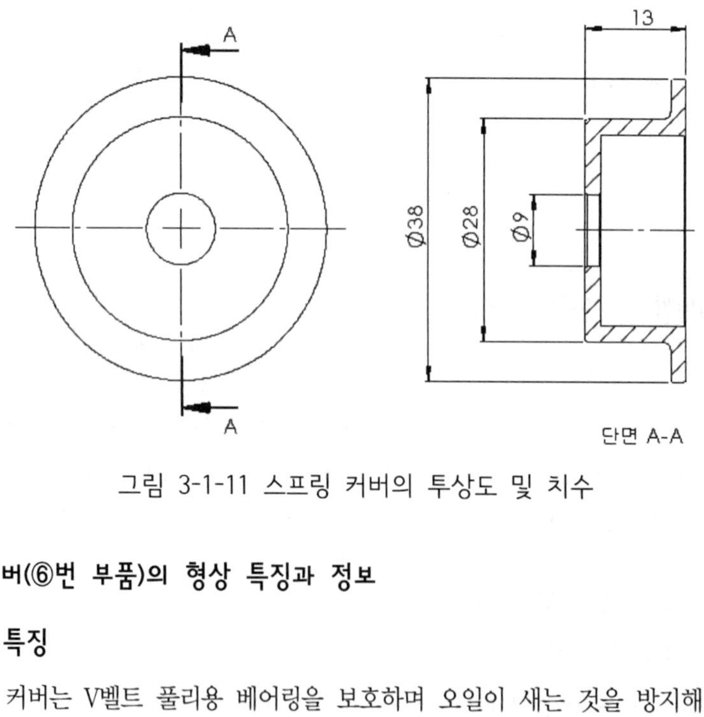

그림 3-1-11 스프링 커버의 투상도 및 치수

(6) 베어링 커버(⑥번 부품)의 형상 특징과 정보

(가) 형상 특징

베어링 커버는 V벨트 풀리용 베어링을 보호하며 오일이 새는 것을 방지해 주는 역할을 한다. 베어링 커버는 나사산이 외경 부분에 있으며 V벨트 풀리에 나사로 체결되듯이 체결된다. 베어링 커버의 외관은 그림 3-1-12 (a)와 같으며 주요 형상 부분은 그림 3-1-12 (b)와 같다. 즉, 주요 형상은 다음과 같이 크게 3부분으로 나뉜다.

- V벨트 풀리에 고정시키기 위한 나사 원통 부분이 있다.
- V벨트 풀리에 고정시키기 위해 커버를 회전 시키는 구멍이 있다.
- 축이 관통하는 구멍 부분이 있다.

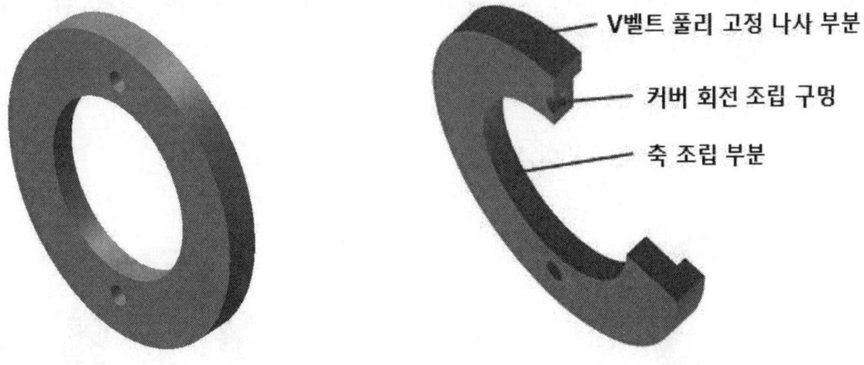

(a) 외관 (b) 주요 형상 부분

그림 3-1-12 베어링 커버 부품의 외관과 주요 형상 부분

(나) 형상 정보

베어링 커버에 대한 투상도 및 치수는 그림 3-1-13과 같다.

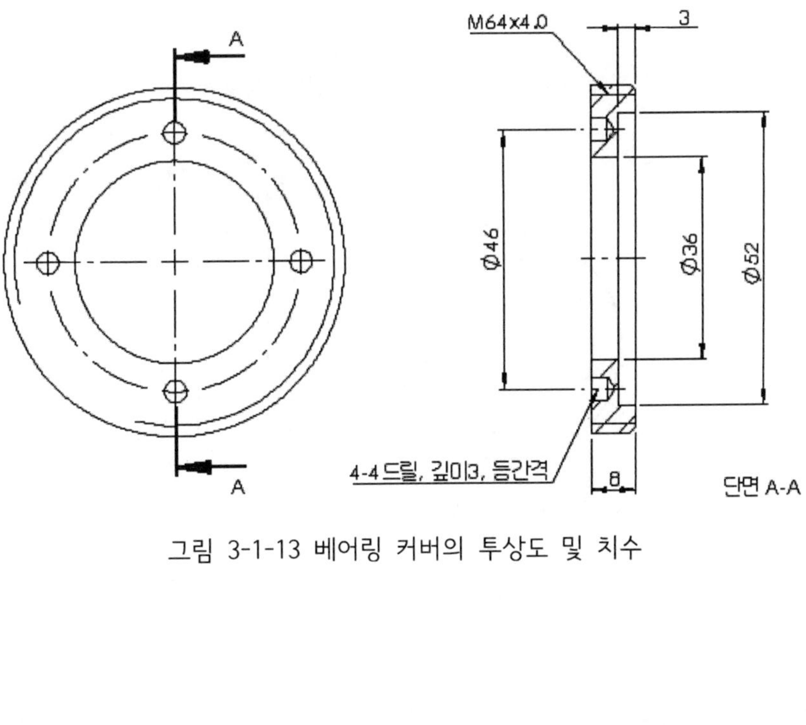

그림 3-1-13 베어링 커버의 투상도 및 치수

(7) 칼라(⑧번 부품)의 형상 특징과 정보

(가) 형상 특징

칼라는 베어링 커버를 체결할 때 지나침이 없도록 저지해 주는 역할을 한다. 칼라의 외관은 그림 3-1-14 (a)와 같으며 주요 형상 부분은 그림 3-1-14 (b)와 같다. 즉, 주요 형상은 다음과 같이 크게 2부분으로 나뉜다.

- 축과 조립되는 부분이 있다.
- 베어링 커버에 밀착되는 면이 있다.

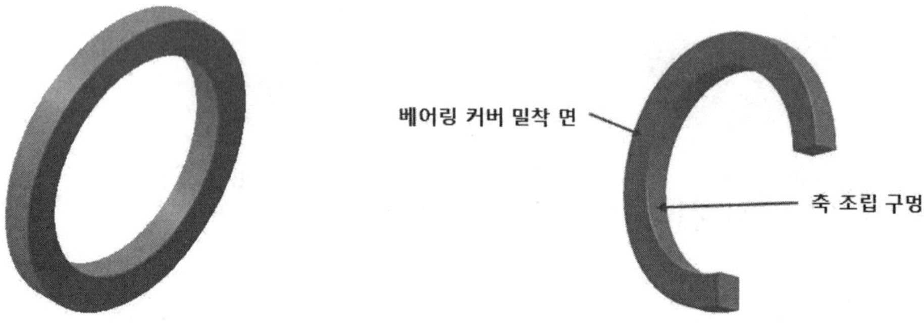

(a) 외관 (b) 주요 형상 부분

그림 3-1-14 칼라 부품의 외관과 주요 형상 부분

(나) 형상 정보

칼라에 대한 투상도 및 치수는 그림 3-1-15과 같다.

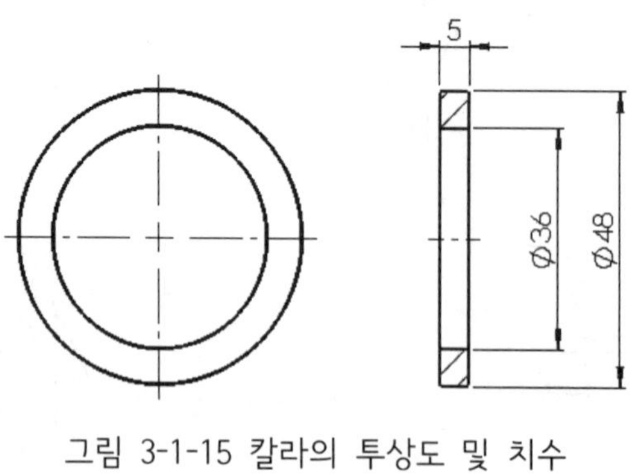

그림 3-1-15 칼라의 투상도 및 치수

(8) 원판 칼라(⑪번 부품)의 형상 특징과 정보

(가) 형상 특징

원판 칼라는 스프링의 미는 힘에 의해 베어링 6204의 외륜을 고정하는 역할을 한다. 판 칼라의 외관은 그림 3-1-16 (a)와 같으며 주요 형상 부분은 그림 3-1-16 (b)와 같다. 즉, 주요 형상은 다음과 같이 크게 2부분으로 나뉜다.

- 축 조립 구멍이 있다.
- 베어링 고정 밀착 면 부분이 있다.

(a) 외관

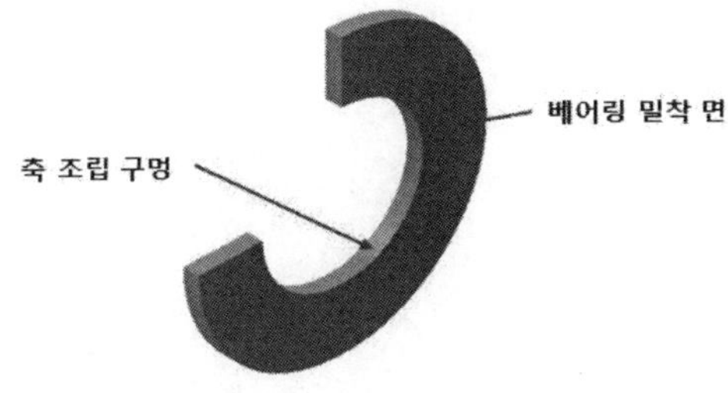

(b) 주요 형상 부분

그림 3-1-16 원판 칼라 부품의 외관과 주요 형상 부분

(나) 형상 정보

원판 칼라에 대한 투상도 및 치수는 그림 3-1-17과 같다.

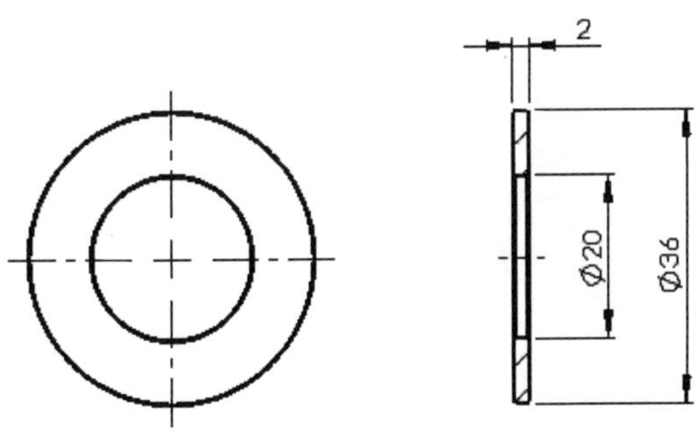

그림 3-1-17 원판 칼라의 투상도 및 치수

1-1-4 작업 조건

(1) 3D 모델링도 작업을 한다.

(2) 부품들의 3D 모델링도에 대해 흑백으로 출력 시 잘 나타나도록 렌더링 작업을 한다(배경 처리는 생략한다).

(3) 부품마다 실물의 특징이 가장 잘 나타나는 등각 축을 2개 선택하여 등각 이미지를 2개씩 나타낸다(단, 부품은 단면으로 나타내지 않는다).

1-2 학습 활동

1-2-1 브래킷 형상모델링

(1) 스케치 화면 설정하기

수행 : 새문서 열기와 스케치할 면 선택

① 풀다운 메뉴에 있는 파일에 새문서나 도구바의 새문서 아이콘을 선택한다.
② 파트를 선택한다.
③ 정면을 스케치할 면으로 선택하고 스케치 아이콘을 클릭한다.

(2) 기초형상 모델링

수행 : 브래킷 밑 부분 단면 2D 스케치

① 스케치 도구의 중심사각형 도구를 선택한다.
② 원점에 대해 중심사각형 스케치한다.
③ 그림 3-1-18 (a)와 같이 치수 정의한다.
④ 스케치를 완료한다.

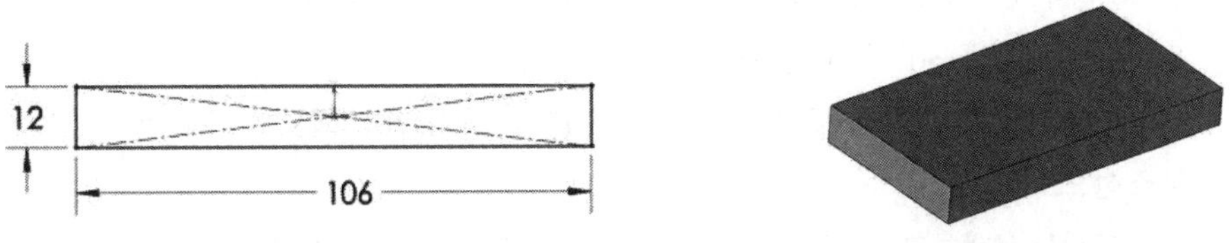

(a) 단면 스케치　　　(b) 돌출 형상

그림 3-1-18 기초 형상 모델링

수행 : 단면형상 돌출하기

① 피처 도구에서 돌출 보스/베이스 도구를 선택한다.
② 돌출 속성 창에서 방향1을 블라인드 형태로 하고 깊이를 16로 한다.
③ 방향2를 블라인드 형태로 하고 깊이를 40으로 한다.
④ 완료✔를 클릭하여 그림 3-1-18 (b)와 같이 형상을 완성한다.

(3) 축 고정부분 형상

수행 : 스케치할 면 선택

① 정면을 스케치할 면으로 선택한다.

② 스케치 아이콘을 클릭한다.

생각하기 : 브래킷의 축 고정 부분은 어떻게 스케치하면 좋을까?

브래킷은 축을 고정하는 부분이 축의 고정위치를 변경할 수 있도록 되어 있어 이에 대한 위치 변경 범위를 결정해야 한다. 우선 축의 고정 부분 직경은 ∅20 ㎜이다. 축의 중심은 호의 중심으로부터 반지름이 45 ㎜이고 축의 고정 위치 변경범위는 호의 중심에 대해 양쪽으로 30°로 제한한다. 한편 호의 중심은 브래킷의 밑면으로부터 32 ㎜ 지점에 있다고 가정한다. 즉, 위치변경 호의 길이는 $45\times30\times(\pi/180)$=23.6 ㎜이다.

수행 : 축 고정 부분 단면 2D 스케치

① 스케치 도구에서 점 도구를 선택하고 원점에서 수직으로 밑면의 32되는 지점에 점을 스케치한다.

② 선 도구의 중심선을 선택하고 원점에 수직인 중심선을 스케치한다.

③ 생성 점에 대해 30°가 되는 대칭 두 중심선을 스케치한다.

④ 원호 도구를 선택하고 생성 점에 대해 45의 반지름이 되도록 원호를 스케치하고 보조선으로 한다.

⑤ 원 도구를 선택하고 지름 20과 34가 되는 대칭 두 원을 스케치한다.

⑥ 요소 잘라내기 도구를 이용하여 불필요한 선을 정리하고 스케치를 완료한다(그림 3-1-19 (a)).

수행 : 단면형상 돌출하기

① 피처 도구에서 돌출 보스/베이스 도구를 선택한다.

② 돌출 속성 창에서 방향1을 블라인드 형태로 하고 깊이를 14로 한다.

③ 방향2를 블라인드 형태로 하고 깊이를 10으로 한다.

④ 완료✔를 클릭하여 그림 3-1-19 (b)와 같이 형상을 완성한다.

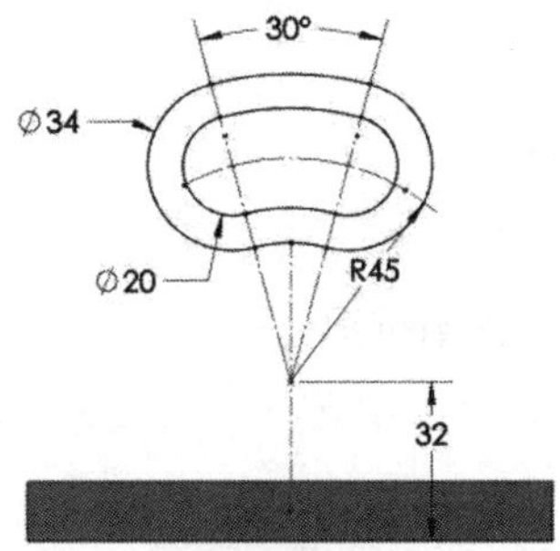

(a) 도면

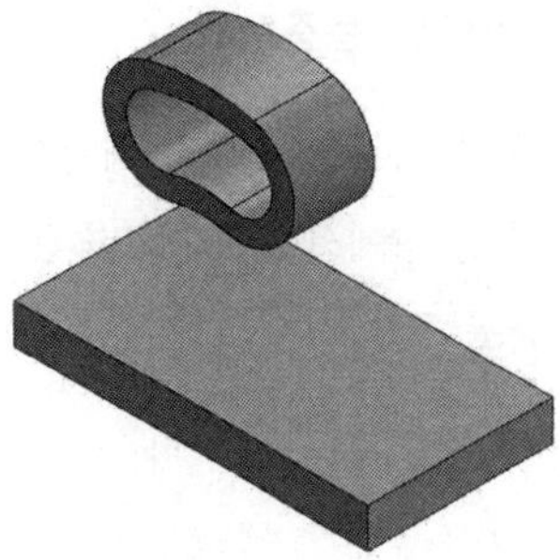

(b) 형상

그림 3-1-19 축 고정부분 형상모델링

(4) 축 지지부분 형상

수행 : 스케치할 면 선택

① 정면을 스케치할 면으로 선택한다.

② 스케치 아이콘을 클릭한다.

생각하기 : 브래킷의 축 지지부분은 어떻게 스케치하면 좋을까?

브래킷에서 축 고정 부분을 지지하는 측면 부분은 좌우대칭 형상으로 밑면에 대해 65° 기울기를 가진 것으로 한다.

수행 : 축 지지부분 단면 스케치

① 스케치 도구에서 선 도구의 중심선을 선택한다.

② 원점에 대해 수직으로 선을 스케치한다.

③ 선 도구를 선택하고 그림 3-1-20 (a)와 같이 브래킷 고정부분 윗면 양 끝에서 축 지지부분까지 선 및 밑변을 스케치한다.

④ 양 끝점을 서로 대칭이 되도록 구속조건을 준다.

⑤ 지능형 치수 도구를 선택하고 양 끝점의 각도를 65°로 한다.

⑥ 요소변환 도구를 선택하고 축 지지부분의 외형부분을 클릭하여 스케치 선으로 한다.

⑦ 축 지지부분 안쪽만 남기고 나머지부분의 선은 요소 잘라내기 도구를 사용하여 그림 3-1-20 (a)와 같이 제거하여 정리한다.

⑧ 스케치를 완료한다.

수행 : 단면형상 돌출하기

① 피처 도구에서 돌출 보스/베이스 도구를 선택한다.
② 돌출 속성 창에서 방향1을 중간 평면으로 하고 깊이를 10으로 한다.
③ 완료✔를 클릭하여 그림 3-1-20 (b)와 같이 형상을 완성한다.

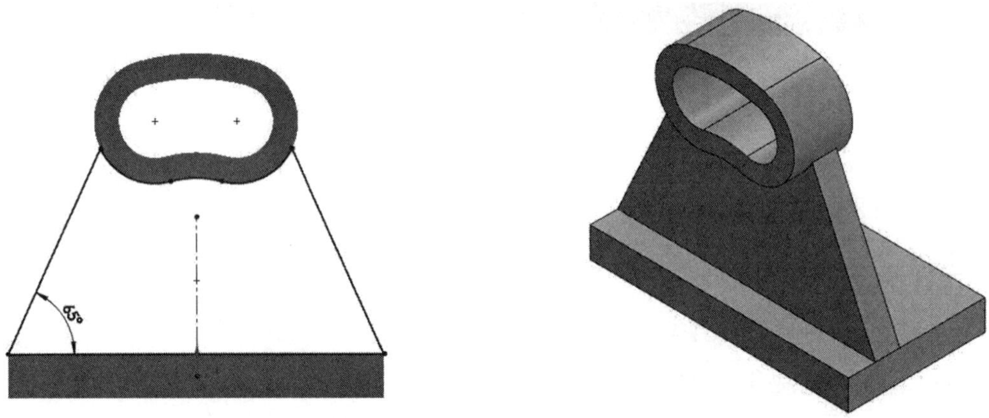

(a) 단면 스케치 (b) 돌출 모습

그림 3-1-20 축 지지부분 형상모델링

(5) 보강대1 형상 모델링

수행 : 스케치할 면 선택

① 정면과 직각인 우측면을 스케치할 면으로 선택한다.
② 스케치 아이콘을 클릭한다.

생각하기 : 보강대1은 어떻게 스케치하면 좋을까?

보강대1은 브래킷이 고정물체에 고정되는 나사가 있는 부분으로 하고 이 부분은 축 고정 원호 홈에 용접되는 부분이다. 그런데 축 고정 원호 홈이 원호 모양이라 정확히 밀착시키기 위해서 오목한 홈을 약간 지나치도록 선을 스케치해야만 형상을 생성했을 때 떨어짐이 없게 된다.

수행 : 보강대1 선 스케치

① 스케치 도구에서 선 도구를 선택한다.

② 브래킷 고정부분 윗면 끝에서 축 지지부분 약간 지나도록 선을 스케치한다.

③ 지능형 치수 도구를 선택하고 그림 3-1-21 (a)와 같이 선 끝점의 간격을 3 및 2로 수정한다.

④ 스케치를 완료한다.

수행 : 보강대 형상 돌출하기

① 피처 도구에서 보강대 도구를 선택한다.

② 보강대 속성 창에서 파라미터 두께를 10으로 한다.

③ 완료✔를 클릭하여 그림 3-1-21 (b)와 같이 형상을 완성한다.

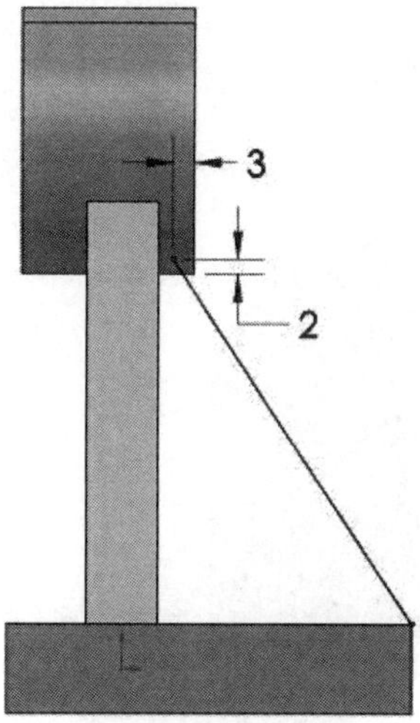

(a) 선 스케치

(b) 보강대 형상 돌출

그림 3-1-21 축 지지부분 형상모델링

(6) 보강대2 형상 모델링

수행 : 스케치할 면 선택

① 정면과 직각인 우측면을 스케치할 면으로 선택한다.
② 스케치 아이콘을 클릭한다.

수행 : 보강대2 선 스케치

① 스케치 도구에서 선 도구의 선을 선택한다.
② 브래킷 고정부분 윗면 끝에서 축 지지부분 약간 지나도록 선을 스케치한다.
③ 지능형 치수 도구를 선택하고 선 끝점의 간격을 2 및 2로 수정한다.
④ 스케치를 완료한다(그림 3-1-22 (a)).

수행 : 보강대 형상 돌출하기

① 피처 도구에서 보강대 도구를 선택한다.
② 보강대 속성 창에서 파라미터 두께를 10으로 한다.
③ 완료✔를 클릭하여 그림 3-1-22 (b)와 같이 형상을 완성한다.

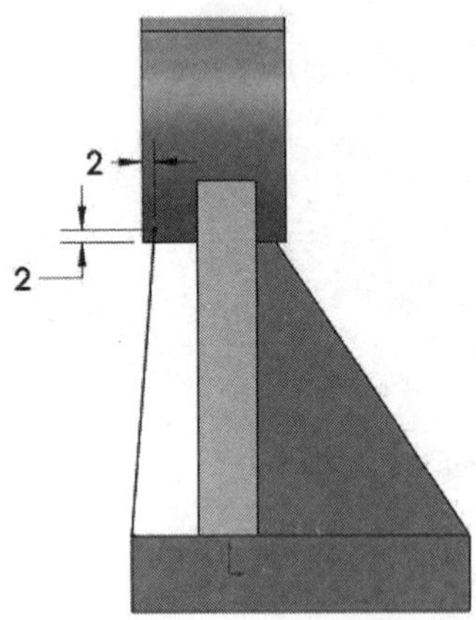

(a) 선 스케치

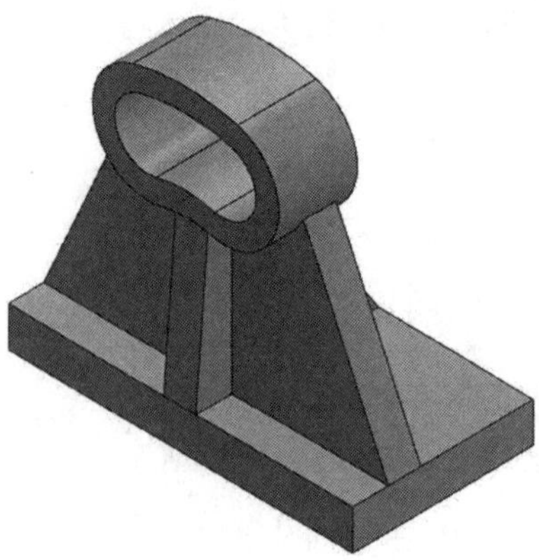

(b) 보강대 형상 돌출

그림 3-1-22 축 지지부분 형상모델링

(7) 브래킷 고정 구멍 형상 모델링

수행 : 구멍 설정하기

① 피처 도구에서 구멍가공 마법사를 선택한다.

② 구멍가공 마법사 창에서 구멍 유형을 구멍으로 한다.

③ 표준 규격을 KS로, 유형을 드릴 크기로 한다.

④ 구멍 스팩의 크기는 ϕ11 ㎜로 하고 마침조건은 관통으로 한다.

⑤ 위치는 그림 3-1-23 (a)와 같이 뒷면으로부터 10 ㎜ 떨어진 곳에 3개의 구멍이 일직선 상에 놓이며, 가운데 구멍은 로케이터 중심을 지나도록 하며 구멍 사이 간격은 20 ㎜로 하고 완료한다.

⑥ 완료✔를 클릭한다(그림 3-1-23 (b)).

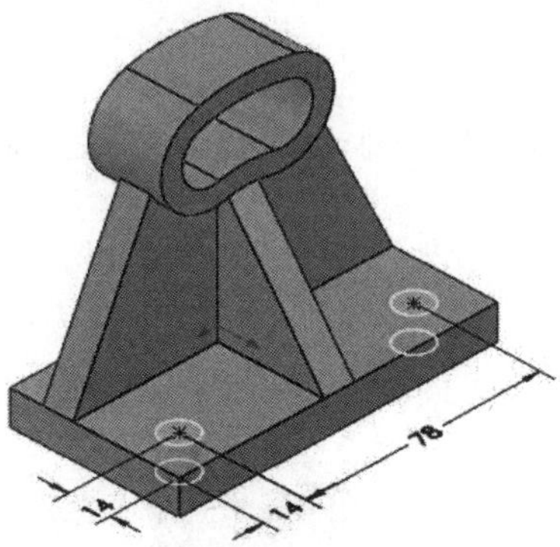

(a) 구멍 위치

(b) 구멍 형상

그림 3-1-23 브래킷 고정 구멍 모델링

(8) 둥글기 형상 모델링

수행 : 둥글기1 설정하기

① 피처 탭에서 필렛으로 한다.

② 필렛 항목은 브래킷 고정부분의 네 모퉁이며 필렛 변수는 대칭의 반경 10 ㎜로 한다 (그림 3-1-24 (a)).

③ 완료✔를 클릭한다(그림 3-1-24 (b)).

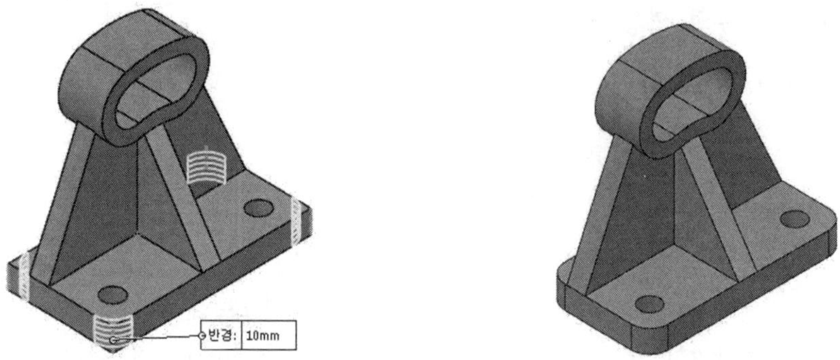

(a) 브래킷 네 모퉁이설정 (b) 둥글기 형상

그림 3-1-24 브래킷 고정부분의 둥글기 형상모델링

수행 : 둥글기2 설정하기

① 피처 탭에서 필렛으로 한다.

② 필렛 항목은 축 지지대 및 브래킷 보강대의 양 모퉁이에 대해 필렛 변수는 대칭의 반경 2 ㎜로 한다(그림 3-1-25 (a)).

③ 완료✔를 클릭한다(그림 3-1-15 (b)).

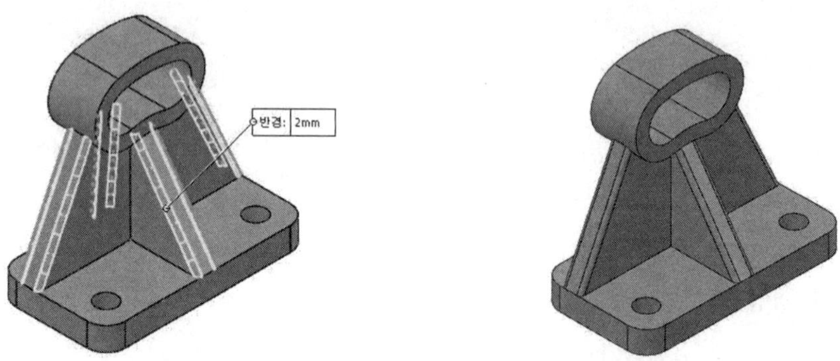

(a) 지지대 및 보강대 양 모서리설정 (b) 둥글기 형상

그림 3-1-25 축 지지대 및 브래킷 보강대의 양 모퉁이 둥글기 형상모델링

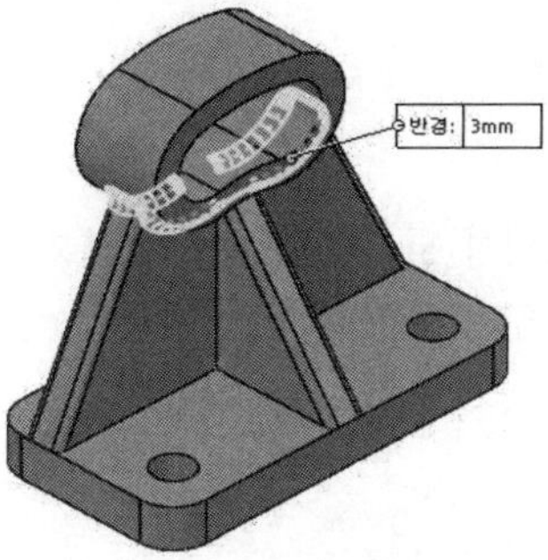

(a) 지지대 및 축 고정부 모서리설정

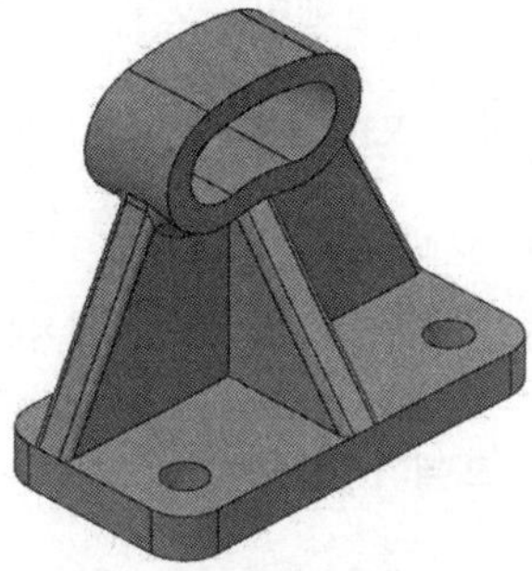

(b) 둥글기 형상

그림 3-1-26 축 고정부와 축 지지대가 겹치는 모퉁이 둥글기 형상모델링

수행 : 둥글기3 설정하기

① 피처 탭에서 필렛으로 한다.

② 필렛 항목은 축 고정부와 축 지지대가 겹치는 모퉁이에 대해 필렛 변수는 대칭의 반경 3 ㎜로 한다(그림 3-1-26 (a)).

③ 완료✔를 클릭한다(그림 3-1-26 (b)).

수행 : 둥글기4 설정하기

① 피처 탭에서 필렛으로 한다.

② 필렛 항목은 보강대와 축 지지대가 겹치는 모퉁이에 대해 필렛 변수는 대칭의 반경 2 ㎜로 한다(그림 3-1-27 (a)).

③ 완료✔를 클릭한다(그림 3-1-27).

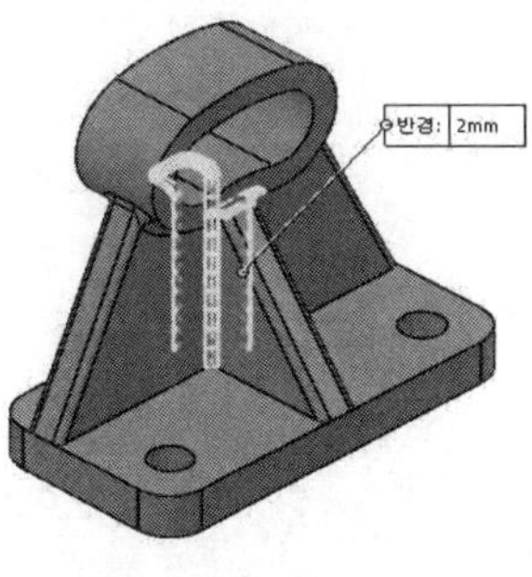

(a) 보강대 및 축 지지부 모서리설정

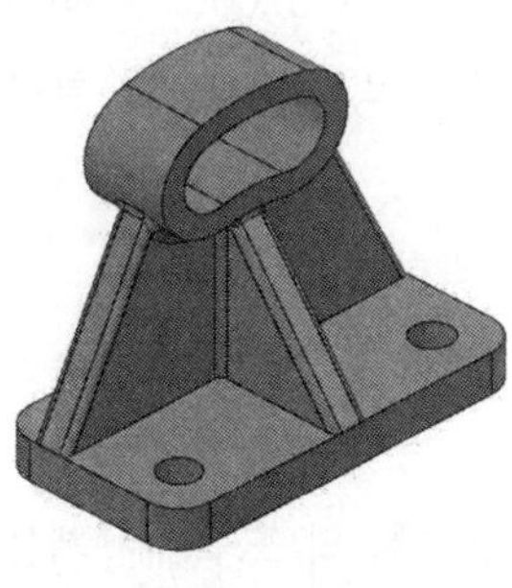

(b) 둥글기 형상

그림 3-1-27 보강대와 축 지지대가 겹치는 모퉁이 둥글기 형상모델링

(9) 모떼기 형상 모델링

생각하기 : 모떼기는 어디를 하는 것일까?

일반 모떼기는 가공 후에 가공 모서리가 날카로워서 날카로운 모서리 부분을 약간 모떼기하는 것을 말한다. 보통 0.2×45°로 모떼기하며 주석에 표현한다.

수행 : 모떼기 설정하기

① 피처 탭에서 필렛의 모떼기 도구를 선택한다.

② 모떼기 항목은 축 고정부분의 원호 홈 모퉁이며 모떼기 변수는 거리 0.2 ㎜, 각도 45°로 한다.

③ 완료✔를 클릭한다.

(10) 부품의 재질 선택

생각하기 : 브래킷의 재질은 어떻게 선택할까?

브래킷은 전체 부품을 지지하는 프레임 역할을 하므로 약간의 강도, 경도를 요한다. 그러나 복잡한 형상 제작을 해야 하므로 재료는 주조성이 양호하며 절삭성이 우수한 GC200 또는 GC250이 적당하다. 여기서는 GC200을 선택한다.

수행 : 브래킷의 재질 설정하기

① 디자인 트리의 재질 항목에 커서를 갖고 간다.

② 마우스 오른쪽 버튼을 클릭하여 재질편집을 선택한다.

③ 회주철에서 GC200을 선택한다.

④ 적용을 클릭하고 닫기를 클릭하여 완료한다.

(11) 질량 파악하기

수행 : 브래킷의 물성치 확인

① 풀다운 메뉴의 도구에서 계산 탭을 클릭한다.

② 물성치(⚖)를 클릭한다.

③ 질량이 1040.76그램으로 나타났다.

(12) 등각 보기

[생각하기] : 부품을 명확하게 보여기 위해서는 어떻게 하면 좋을까?

브래킷은 앞쪽에 보강대가 있으며 뒷쪽에도 보강대가 있다. 따라서 양쪽 부분이 잘 보이도록 해야 명확하게 부품의 형상을 전달할 필요가 있다. 따라서 앞쪽 좌측 위 등각방향과 뒤쪽 우측 위 등각방향으로 표현해야 명확한 전달이 될 수 있다.

수행 : 등각 View 설정하기

① 뷰 방향( )을 클릭한다.
② 첫 번째는 그림 3-1-28 (a)와 같이 앞쪽의 좌측 위 등각 보기를 선택한다.
③ 두 번째는 그림 3-1-28 (b)와 같이 뒤쪽의 우측 위 등각 보기를 선택한다.

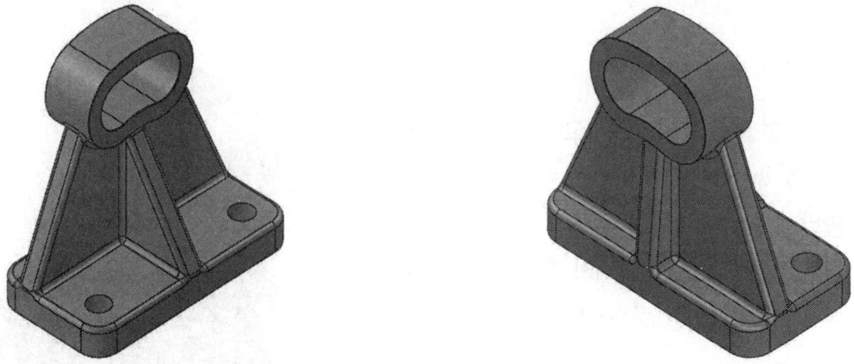

(a) 좌측 위 등각 보기 (b) 우측 위 등각 보기
그림 3-1-28 브래킷의 2방향의 등각 보기

(13) 저장하기

수행 : 최종 형상 저장하기

① 저장 도구( )에서 다른 이름으로 저장하기를 클릭한다.
② 저장할 디렉토리를 정하고 파일이름을 “브래킷“으로 한다.
③ 저장 버튼을 클릭한다.

(14) 렌더링하기

생각하기 : 렌더링이란 무엇인가?

3차원 컴퓨터그래픽에서 화면에 그려지는 물체의 각 면에 색깔이나 효과를 넣어 입체감과 사실감을 주는 것을 말한다. 자동차 휠의 림의 재질은 정했는데 색상 및 광도의 효과를 넣어 실물과 비슷하게 나타내는 것으로 한다.

수행 : 표현 편집하기

① 렌더링 탭을 선택한다.

② 렌더링 편집 화면의 표현 편집( )을 선택한다.

③ 새 스와치 작성에서 "표준"으로 한다.

④ 확인을 클릭한다.

수행 : 화면 편집하기

① 화면 편집( )을 선택하고 기본에서 배경을 "없음"으로 한다.

② 바닥 정렬을 저면도 평면으로 한다.

③ PhotoView 360 조명에서 환경 회전을 90도로 하고 확인을 클릭한다.

수행 : 렌더링 파일 저장하기

① 미리 보기 창을 클릭한다.

② 렌더링 모습을 보고 그림 3-1-29와 같이 원하는 렌더링 모습이면 저장을 누른다.

③ 렌더링 파일은 그림 파일(*.jpg)로 파일 이름을 "브래킷_렌더링"으로 저장한다.

그림 3-1-29
브래킷의 렌더링 결과 모습

1-2-2 V벨트 풀리 형상모델링

생각하기1 : 왜 V벨트 풀리를 먼저 형상 모델링 하며 무엇을 고려해야 할까?

고정 축에 조립되어 있는 상태에서 V벨트 풀리를 회전시켜 스퍼기어를 회전시켜야 하므로 V벨트 풀리의 축에의 고정 부분뿐만 아니라 스퍼기어를 고정할 부분도 생각해야 한다.

따라서 V벨트 풀리용 볼 베어링은 KS 6305의 경우 외경이 62 ㎜이고 두께는 17 ㎜이고 스퍼기어용 볼 베어링은 KS 6204의 경우 외경이 47 ㎜이며 폭이 14 ㎜이므로 베어링 두께와 베어링을 고정해줄 베어링 너트 와셔 및 베어링 너트의 두께까지 고려하여 대략적으로 그려 본 것이 그림 3-1-30이다.

문제는 V벨트 풀리용 베어링의 조립 위치에 따라 두 가지로 나누어 생각할 수 있다. V벨트 풀리용 베어링이 V벨트 풀리의 회전 위치와 되도록 일치시키기 위해 V벨트 풀리 내에 조립하는 것(그림 3-1-30 (b))과 V벨트 풀리 밖에 조립하는 것(그림 3-1-30 (a))를 생각할 수 있다. 회전축은 짧을수록 정확한 동력 전달을 할 수 있으므로 회전축이 짧은 그림 3-1-30 (b)를 선택한 것이다.

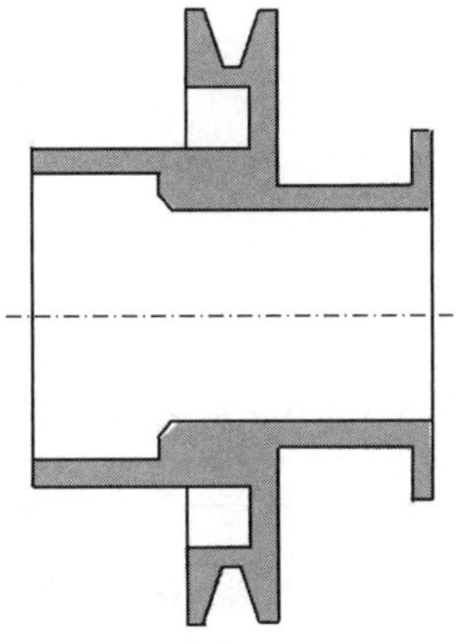

(a) V벨트 외 조립

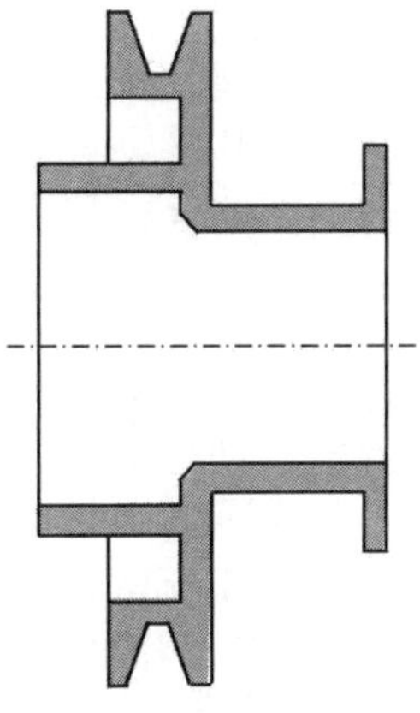

(b) V벨트 내 조립

그림 3-1-30 V벨트 풀리용 베어링의 위치

생각하기2 : V벨트 풀리에 대해 KS 규격을 다시 한 번 생각하자

V 벨트 풀리는 그림 3-1-31과 같이 V벨트가 풀리 홈 속에 쐐기처럼 짓눌러 들어가는 힘(P)에 의해 회전 동력을 전달한다. 따라서 V홈의 꼭지각(α)과 V홈의 두 경사면에 작용

하는 수직력(Q)이 동력을 전달하는데 중요한 변수가 된다.

V벨트 풀리(그림 3-1-32)는 KS B 1400(표 참조)에 따르면 A형은 호칭 지름(d_p)이 71 이상 100이하일 경우 꼭지각(α)이 34°이고, 호칭 지름(d_p)이 100초과 125이하일 경우 꼭지각(α)이 36°이다.

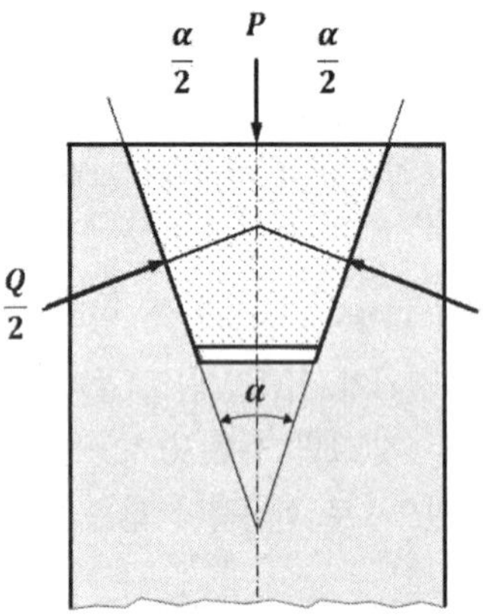

그림 3-1-31 V벨트에 대한 힘의 평형

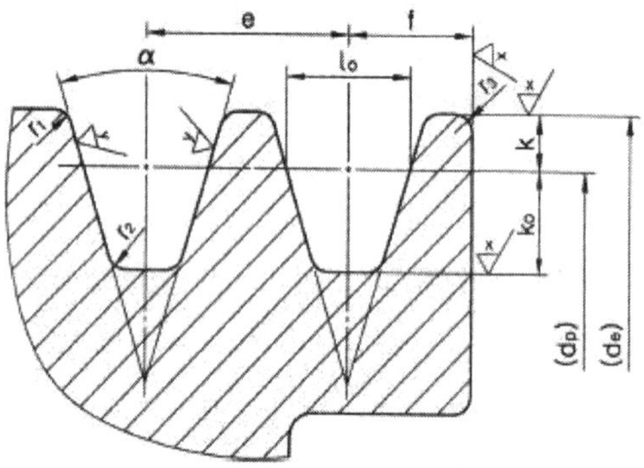

그림 3-1-32 V벨트 풀리 홈 부분의 모양과 치수

형별	호칭지름 (mm)	α(°)	L0	k	k0	e	f	r1	r2	r3
M	50이상~71이하 71초과~90이하 90초과	34 36 38	8.0	2.7	6.3	–	9.5	0.2~0.5	0.5~1.0	1~2
A	71이상~100이하 100초과~125이하 125초과	34 36 38	9.2	4.5	8.0	15.0	10.0	0.2~0.5	0.5~1.0	1~2
B	125이상~165이하 165초과~200이하 200초과	34 36 38	12.5	5.5	9.5	19.0	12.5	0.2~0.5	0.5~1.0	1~2

(1) 스케치 화면 설정하기

수행 : 새문서 열기와 스케치할 면 선택

① 풀다운 메뉴에 있는 파일에 새문서나 도구바의 새문서 아이콘을 선택한다.

② 파트를 선택한다.

③ 정면을 스케치할 면으로 선택하고 스케치 아이콘을 클릭한다.

(2) 기초형상 모델링

생각하기 : 기초형상에서 치수는 어떻게 정할까?

V벨트 풀리는 A형으로 가정하였고 호치지름이 121 ㎜이므로 꼭지각이 36°이다.

한편 스퍼기어용 볼 베어링은 KS 6204의 경우 외경이 47 ㎜이며 V벨트 풀리용 볼 베어링은 KS 6305의 경우 외경이 62 ㎜이다. 따라서 스퍼기어용 볼 베어링이 조립되는 부분의 내경은 47 ㎜이어야 하며 V벨트 풀리용 볼 베어링이 조립되는 부분은 62 ㎜가 되어야 한다.

수행 : 풀리 단면 2D 스케치

① 스케치 도구의 선 도구 가운데 중심선을 선택하여 스케치한다.

② 풀리 단면은 V벨트 풀리용 볼 베어링과 스퍼기어용 볼 베어링의 폭 등을 고려하여 그림 3-1-33과 같이 스케치하고 치수 정의한다.

③ 스케치를 완료한다.

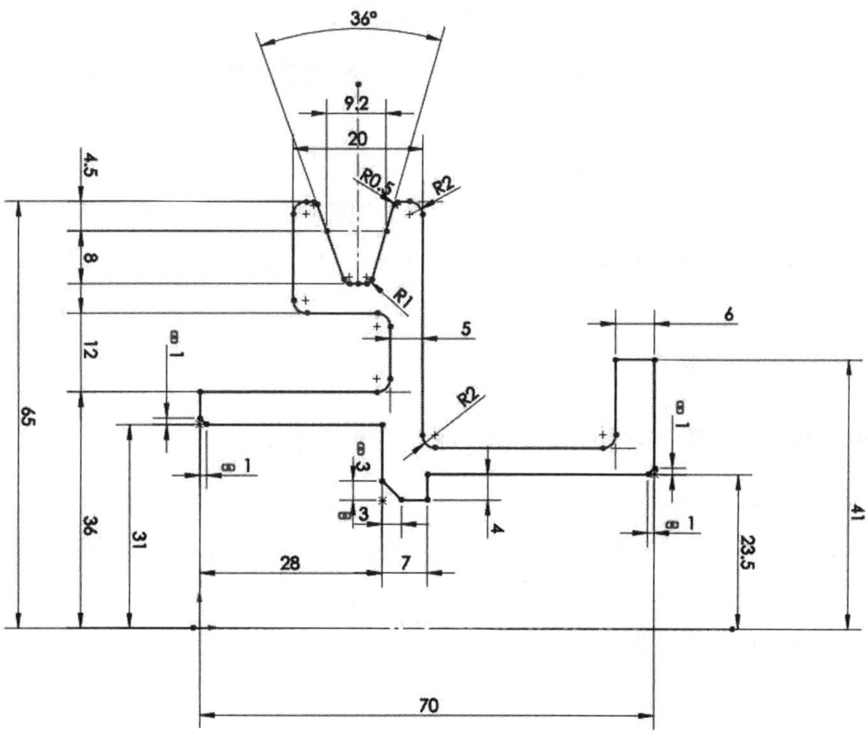

그림 3-1-33 V벨트 풀리의 단면 치수 정의

수행 : 풀리 외형 형상 3D 모델링

① 피처 도구에서 회전 보스/베이스 도구를 클릭한다.

② 회전시킬 중심선(회전축)을 지정하면 기본적으로 360도 회전하는 회전체가 형성된다.

③ 확인을 클릭하면 그림 3-1-34와 같이 형상모델링이 완료된다.

그림 3-1-34 풀리 외형 형상모델링

(3) 스퍼기어 고정나사 구멍 모델링

생각하기 : 스퍼기어 고정나사 구멍은 무슨 기준에서 생성할까?

V벨트 풀리에 스퍼기어를 고정하기 위해 만든 고정나사 구멍이므로 미터나사의 크기를 기준으로 형상모델링하면 된다.

수행 : 하나의 직선 탭 형상모델링

① 피처 도구의 구멍 가공 마법사 도구를 클릭한다.

② 구멍 유형에서 직선 탭으로 하고 표준 규격을 KS, 유형을 탭 구멍으로 한다.

③ 구멍 스팩은 크기를 M8로 한다.

④ 마침조건 및 나사산은 "다음까지"로 한다.

⑤ 위치에서는 먼저 직선 탭 위치를 사용할 면을 선택한다.

⑥ 직선 탭을 배치하기 위해 직선 탭 중심과 원점이 34 ㎜가 되도록 설정한다(그림 3-1-35 (a)).

⑦ 완료를 클릭한다.

수행 : 원형 패턴을 이용한 4개의 고정나사 구멍 만들기

① 피처 탭에서 원형 패턴 도구를 선택한다.

② 파라미터는 V벨트 풀리의 윗면, 인스턴수 수는 4로 하며 앞에서 만든 고정나사 구멍을 선택한다.

③ 완료를 클릭한다(그림 3-1-35 (b)).

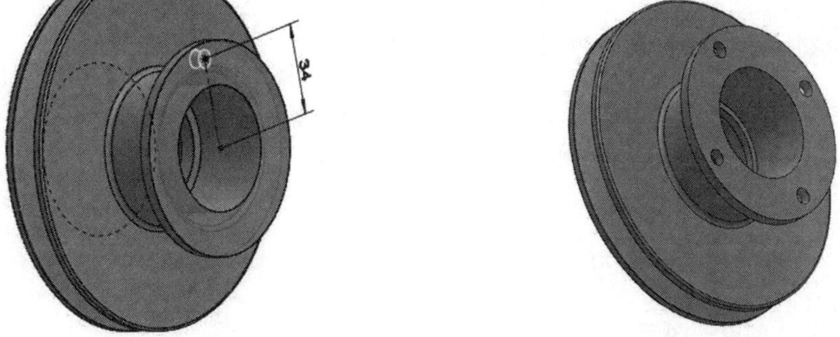

(a) 나사구멍 위치설정 (b) 원형 패턴 형상

그림 3-1-35 4개의 스퍼기어 고정 나사 형상 모델링

(4) 베어링 커버 체결 나사 모델링

생각하기 : 베어링 커버 체결 나사는 무슨 기준에서 생성할까?

베어링 커버는 V벨트 풀리에 고정하여 베어링을 보호하거나 오일의 유출을 막는 데 목적이 있다. 따라서 너무 조밀한 미터나사는 필요 없고 한 바퀴 반 정도 돌려서 고정이 되면 충분하다. 그런데 내경이 ∅62 ㎜이고 이에 맞는 KS 규격의 미터나사가 없으므로 미터나사는 KS 규격의 M64×4.0으로 하고 나사산은 내경 ∅62 ㎜에 맞춰서 해야 한다.

수행 : 직선 탭 형상모델링

① 피처 도구의 구멍 가공 마법사 도구의 나사산을 클릭한다.

② 나사산 위치를 V벨트 풀리 체결 나사 부분의 모떼기 안쪽 모서리로 한다.

③ 마침조건은 “블라인드 형태”로 6 ㎜로 한다.

④ 스팩은 유형을 Metric Tap으로 하고 크기를 M64×4.0으로 한다.

⑤ 지름 덮어쓰기를 클릭하여 62 ㎜로 수정한다.

⑥ 절단 나사산을 체크한다.

⑦ 완료를 클릭한다(그림 3-1-36).

그림 3-1-36 나사산 설정 모습

(5) 부품의 재질 선택

생각하기 : V벨트 풀리의 재질은 어떻게 선택할까?

V벨트 풀리는 가벼우며 주조성이 우수해야 하고 약간의 강도, 경도를 요하는 GC200 또는 GC250이 적당하다. 여기서는 GC200을 선택한다.

수행 : V벨트 풀리의 재질 설정하기

① 디자인 트리의 재질 항목에 커서를 갖고 간다.
② 마우스 오른쪽 버튼을 클릭하여 재질편집을 선택한다.
③ 회주철에서 GC200을 선택한다.
④ 적용을 클릭하고 닫기를 클릭하면 재질이 선택 완료된다.

(6) 질량 파악하기

수행 : 브래킷의 물성치 확인

① 풀다운 메뉴의 도구에서 계산 탭을 클릭한다.
② 물성치( )를 클릭한다.
③ 질량이 1344.41그램으로 나타났다.

(7) 등각 보기

생각하기 : 부품을 명확하게 보여기 위해서는 어떻게 하면 좋을까?

V벨트 풀리는 왼쪽과 오른쪽의 형상이 다르며 조립되는 부품도 다르다. 따라서 양쪽 부분이 잘 보이도록 해야 명확하게 부품의 형상을 전달할 필요가 있다. 따라서 왼쪽 좌측 위 등각방향과 오른쪽 우측 위 등각방향으로 표현해야 명확한 전달이 될 수 있다.

수행 : 등각 View 설정하기

① 뷰 방향( )을 클릭한다.
② 첫 번째는 그림 3-1-37 (a)와 같이 왼쪽의 좌측 위 등각 보기를 선택한다.
③ 두 번째는 그림 3-1-37 (b)와 같이 오른쪽의 우측 위 등각 보기를 선택한다.

(a) 좌측 위 등각 보기 (b) 우측 위 등각 보기

그림 3-1-37 V벨트 풀리의 2방향의 등각 보기

(8) 저장하기

수행 : 최종 형상 저장하기

① 저장 도구( )에서 다른 이름으로 저장하기를 클릭한다.

② 저장할 디렉토리를 정하고 파일이름을 “V벨트 풀리“로 한다.

③ 저장 버튼을 클릭한다.

(9) 렌더링하기

수행 : 표현 편집하기

① 렌더링 탭을 선택한다.

② 렌더링 편집 화면의 표현 편집( )을 선택한다.

③ 새 스와치 작성에서 “표준”으로 한다.

④ 확인을 클릭한다.

수행 : 화면 편집하기

① 화면 편집( )을 선택하고 기본에서 배경을 “없음”으로 한다.

② 바닥 정렬을 저면도 평면으로 한다.

③ PhotoView 360 조명에서 환경 회전을 90도로 하고 확인을 클릭한다.

수행 : 렌더링 파일 저장하기

① 미리 보기 창을 클릭한다.
② 렌더링 모습을 보고 그림 3-1-38과 같이 원하는 렌더링 모습이면 저장을 누른다.
③ 렌더링 파일은 그림 파일(*.jpg)로 파일 이름을 "V 벨트 풀리_렌더링"으로 저장한다.

그림 3-1-38
V벨트 풀리의 렌더링 결과 모습

1-2-3 축 형상모델링

(1) 스케치 화면 설정하기

수행 : 새문서 열기와 스케치할 면 선택

① 풀다운 메뉴에 있는 파일에 새문서나 도구바의 새문서 아이콘을 선택한다.
② 파트를 선택한다.
③ 정면을 스케치할 면으로 선택하고 스케치 아이콘을 클릭한다.

생각하기 : 기초형상에서 치수는 어떻게 정할까?

그림 3-1-1의 부품 ③ 축 도면을 보고 형상모델링 하는 방법을 생각해 보도록 하자. 여기서의 축은 고정되어 있고 V벨트 풀리의 회전과 스퍼기어의 회전이 축에 조립된 베어링에 의해 회전하게 되어 있다. 따라서 중요한 것은 베어링의 사양을 알아야 축의 지름을 결정할 수 있다. V벨트 풀리용 베어링은 6305를 사용하고 스퍼기어용 베어링은 6204를 사용하기로 했으므로 6305는 축의 지름을 25 ㎜, 6204는 축의 지름을 20 ㎜로 해야 하는 것이 KS규격에 정해져 있으므로 이에 따라 지름을 정하면 된다.

(2) 기초형상 모델링

수행 : 기초형상 회전 단면 스케치

① 스케치 도구의 선 도구 가운데 중심선을 선택하여 원점에 대해 수평으로 적절하게 스케치한다.

② 축 회전 단면은 V벨트 풀리용 볼 베어링과 스퍼기어용 볼 베어링의 내측 지름을 고려하여 오른쪽 부분을 각각 지름 25 ㎜와 20 ㎜의 반이 되도록 그림 3-1-29 (a)와 같이 스케치하고 치수 정의한다.

③ 스케치를 완료한다.

수행 : 축 형상 3D 모델링

① 피처 도구에서 회전 보스/베이스 도구를 클릭한다.

② 회전시킬 중심선(회전축)을 지정하면 기본적으로 360도 회전하는 회전체가 형성된다.

③ 확인을 클릭하면 그림 3-1-39 (b)와 같이 형상모델링이 완료된다.

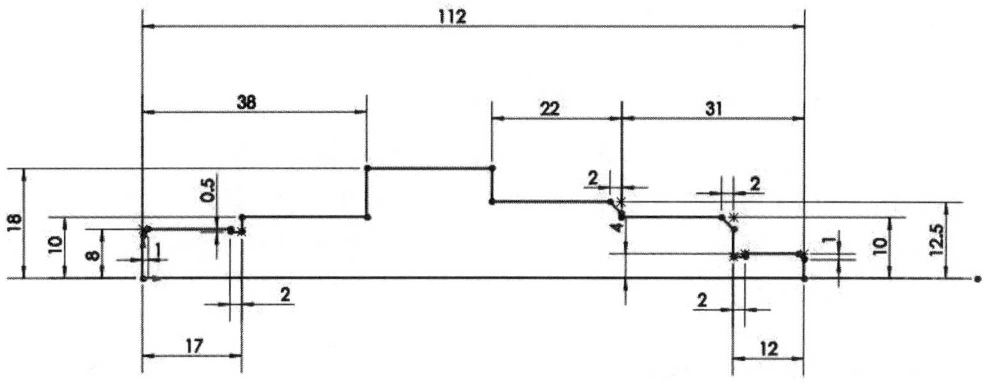

(a) 단면 스케치

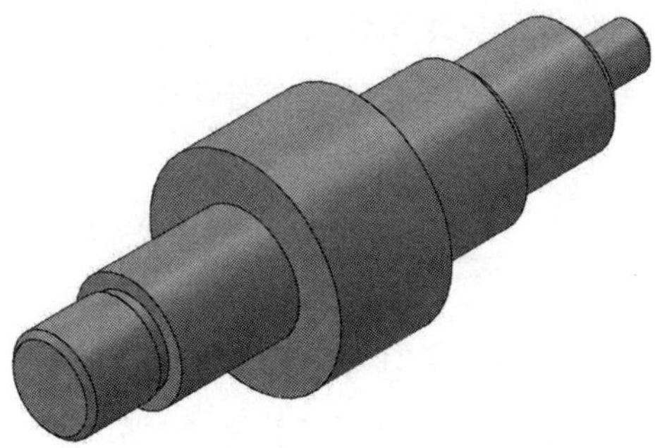

(b) 회전체 형상

그림 3-1-39 축 기초 형상 모델링

(3) 축 파악 부분 형상 모델링

생각하기 : 축 파악 부분이란 무엇일까?

축 파악 부분은 볼트를 고정할 때 스패너로 축을 파악하는 부분이 편평한데 이 부분을 말한다.

수행 : 스케치할 면 선택

① 정면을 스케치할 면으로 선택한다.
① 스케치 아이콘을 클릭한다.

수행 : 컷 단면 스케치

① 스케치 도구의 사각형 도구 가운데 중심 사각형 도구를 선택한다.
② 중심선에 사각형 중점이 오도록 사각형을 적절하게 스케치한다.
③ 구속조건에서 사각형 왼쪽 옆면과 축의 옆면이 동일 선상이 되도록 구속한다.
④ 지능형 치수 도구를 선택하고 그림 3-1-40 (a)와 같이 치수 수정한다.
⑤ 스케치를 완료한다.

수행 : 컷 돌출 형상 모델링

① 피처 도구에서 돌출 컷 도구를 클릭한다.
② 시작을 "오프셋"으로 하고 15 ㎜, 방향1을 "블라인드 형태"로 하고 10 ㎜으로 한다.
③ 확인을 클릭한다.

수행 : 대칭 복사하기

① 피처 도구에서 대칭 복사 도구를 클릭한다.
② 대칭면을 "정면"으로 하고 복사 피처를 "컷 돌출1"로 한다.
③ 확인을 클릭한다(그림 3-1-40 (b)).

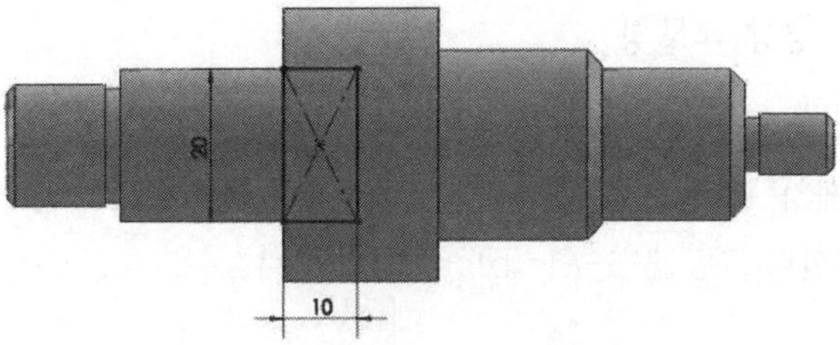

(a) 컷 단면 스케치

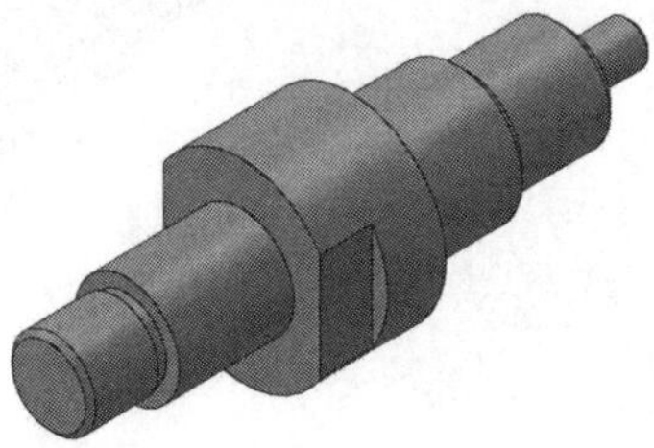

(b) 돌출 컷 형상 대칭 복사 모습

그림 3-1-40 축 파악 부분 형상모델링

(4) 스프링 핀 구멍 형상 모델링

찾아보기 : 스프링 핀이란 무엇일까?

1/50의 테이퍼를 붙인 핀으로 톱니바퀴, 벨트, 핸들 따위의 보스를 축에 간단히 고정하는 핀이다.

수행 : 스케치할 면 선택

① 정면을 스케치할 면으로 선택하고 스케치 아이콘을 클릭한다.

수행 : 컷 단면 스케치

① 스케치 도구의 원 도구를 선택하여 중심선에 원 중심이 오도록 원을 적절하게 스케치한다.
② 지능형 치수 도구를 선택하고 그림 3-1-41 (a)와 같이 치수 수정한다.
③ 스케치를 완료한다.

수행 : 컷 돌출 형상 모델링

① 피처 도구에서 돌출 컷 도구를 클릭한다.
② 시작을 "스케치 평면"으로 하고 방향1을 "관통-양쪽"으로 한다.
③ 확인을 클릭한다(그림 3-1-41 (b)).

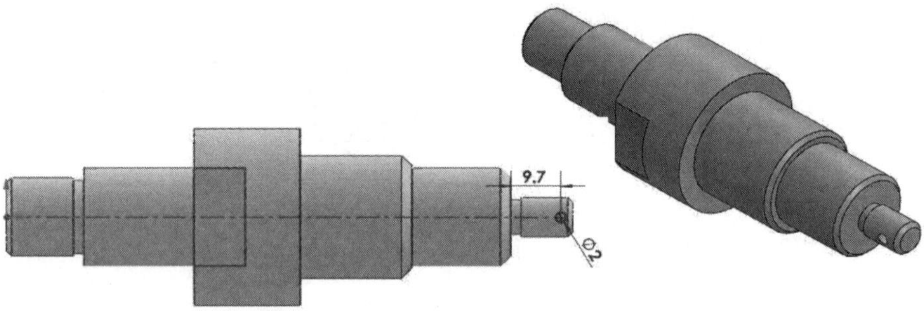

(a) 원 스케치　　　　(b) 관통 양쪽 컷 돌출

그림 3-1-41 테이퍼 핀 구멍 형상 모델링

(5) 센터 구멍 형상모델링

생각하기 : 센터 구멍의 치수는 어떻게 정하는지?

축의 양끝 부에 지시하는 센터구멍을 표기할 때에는 그림 4-1-42 (a)를 참고로 하여 "KS B 0410, 60° A형1"의 형식으로 기입해야 한다. 센터구멍을 표기할 때에는 각도, 명칭, 호칭, 호칭지름(d) 등으로 표시하므로 상기의 뜻은 KS B 0410에 규정되어 있는 센터구멍의 종류에서 그림 4-1-42 (b)와 같이 60°센터구멍 A형식 가운데 호칭지름이 1 ㎜로 하면 된다.

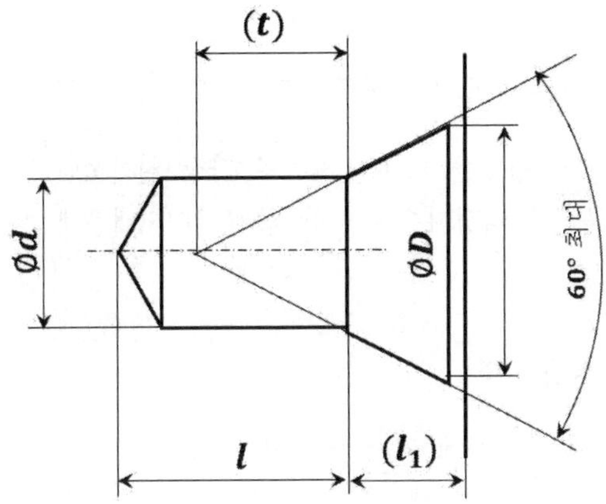

(a) 센터 구멍 표현

호칭 지름 d	D	l_1	t
1	2.12	0.97	0.9
2	4.25	1.95	1.8

(b) KS B 0410-센터 구멍(A형) 규격

그림 3-1-42 센터구멍의 표시법

수행 : 구멍 가공 마법사를 이용한 센터 구멍

① 피처 탭에서 "구멍 가공 마법사"를 선택한다.

② 유형에서 구멍 유형을 "구멍"으로 하고 표준 규격을 "KS", 유형을 "드릴 크기"로 한다.

③ 구멍 스팩에서 크기는 ∅1로 한다.

④ 마침 조건은 "블라인드 형태", 블라인드 구멍 깊이는 1.87(KS B 0410에서 0.97(l_1)+0.9(t)=1.87)로 한다.

⑤ 옵션에서 안쪽 카운터 싱크를 체크하고 가까운 쪽 카운터 싱크 지름을 2.12, 안쪽 카운터 싱크 각도를 60°로 한다.

⑥ 위치에서 센터 구멍을 낼 면을 선정하고 중심에 위치하면 마우스 왼쪽 버튼을 누른다.

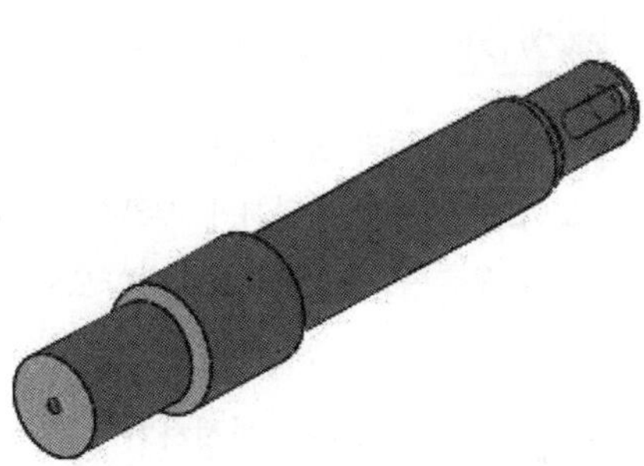

그림 3-1-43 센터 구멍 형상

⑦ 확인을 클릭하면 형상모델링이 완료된다(그림 3-1-43).

(5) 부품의 재질 선택

생각하기 : 축의 재질은 어떻게 선택할까?

보통 회전축은 강도, 경도를 요하는 재료로 가장 일반적인 SCM435가 적당하지만 여기서의 축은 V벨트 풀리를 지탱해주는 역할 밖에 없기 때문에 가공이 쉬운 연강 SM45C를 사용한다.

수행 : 축의 재질 설정하기

① 디자인 트리의 재질 항목에 커서를 갖고 간다.
② 마우스 오른쪽 버튼을 클릭하여 재질편집을 선택한다.
③ 철에서 "SM45C"을 선택한다.
④ 적용을 클릭하고 닫기를 클릭하면 재질이 선택 완료된다.

(6) 질량 파악하기

수행 : 축의 물성치 확인

① 풀다운 메뉴의 도구에서 계산 탭을 클릭한다.
② 물성치( )를 클릭한다.
③ 질량이 370.23그램으로 나타났다.

(7) 등각 보기

생각하기 : 부품을 명확하게 보여기 위해서는 어떻게 하면 좋을까?

축은 왼쪽과 오른쪽의 형상이 다르며 조립되는 부품도 다르다. 따라서 양쪽 부분이 잘 보이도록 해야 명확하게 부품의 형상을 전달할 필요가 있다. 따라서 왼쪽 좌측 위 등각방향과 오른쪽 우측 위 등각방향으로 표현해야 명확한 전달이 될 수 있다.

수행 : 등각 View 설정하기

① 뷰 방향( )을 클릭한다.
② 첫 번째는 그림 3-1-44 (a)와 같이 왼쪽의 좌측 위 등각 보기를 선택한다.
③ 두 번째는 그림 3-1-44 (b)와 같이 오른쪽의 우측 위 등각 보기를 선택한다.

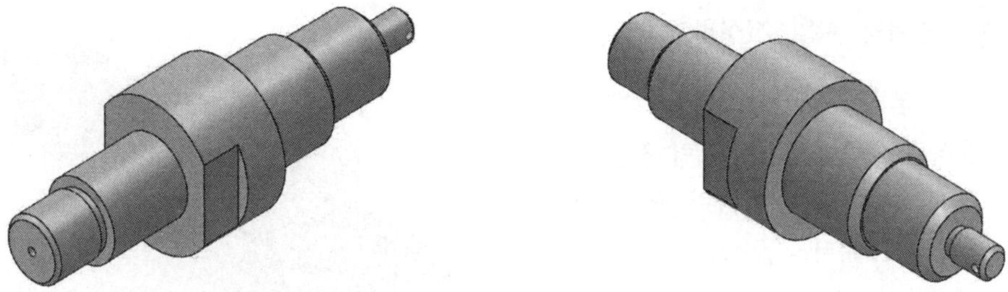

(a) 좌측 위 등각 보기　　　　　(b) 우측 위 등각 보기

그림 3-1-44 축의 2방향의 등각 보기

(8) 저장하기

수행 : 최종 형상 저장하기

① 저장 도구( )에서 다른 이름으로 저장하기를 클릭한다.

② 저장할 디렉토리를 정하고 파일이름을 "축"으로 한다.

③ 저장 버튼을 클릭한다.

(9) 렌더링하기

수행 : 표현 편집하기

① 렌더링 탭을 선택한다.

② 렌더링 편집 화면의 표현 편집( )을 선택한다.

③ 새 스와치 작성에서 "표준"으로 한다.

④ 확인을 클릭한다.

수행 : 화면 편집하기

① 화면 편집( )을 선택하고 기본에서 배경을 "없음"으로 한다.

② 바닥 정렬을 저면도 평면으로 한다.

③ PhotoView 360 조명에서 환경 회전을 90도로 하고 확인을 클릭한다.

수행 : 렌더링 파일 저장하기

① 미리 보기 창을 클릭한다.
② 렌더링 모습을 보고 그림 3-1-45와 같이 원하는 렌더링 모습이면 저장을 누른다.
③ 렌더링 파일은 그림 파일(*.jpg)로 파일 이름을 "축_렌더링"으로 저장한다.

그림 3-1-45 축의 렌더링 결과 모습

1-2-4 스퍼기어 형상모델링

(1) 스케치 화면 설정하기

수행 : 새문서 열기와 스케치할 면 선택

① 풀다운 메뉴에 있는 파일에 새문서나 도구바의 새문서 아이콘을 선택한다.
② 파트를 선택한다.
③ 정면을 스케치할 면으로 선택하고 스케치 아이콘을 클릭한다.

(2) 기초형상모델링

생각하기 : 기초형상에서 치수는 어떻게 정할까?

스퍼 기어는 앞에서 모듈이 2이고 피치 지름이 100 ㎜인 것을 사용하기로 했으므로 피치 지름이 100 ㎜이다. 이의 두께는 22 ㎜이지만 V벨트 풀리와 결합되는 부분(∅82 ㎜)은 파져야 할 깊이가 6 ㎜이다. 또한 스퍼기어는 되도록 가벼워야 동력 전달이 쉬우므로 가운데 부분을 많이 파내는 형태로 한다. 따라서 스퍼기어의 가운데 파내는 치수를 반지름 43 ㎜, 깊이 10 ㎜로 하고, 끝 부분도 15°로 내면 원통 절삭하는 것으로 한다.

수행 : 회전 단면 스케치

① 스케치 도구의 선 도구 가운데 중심선을 선택하여 원점에 대해 수평으로 적절하게 스케치한다.

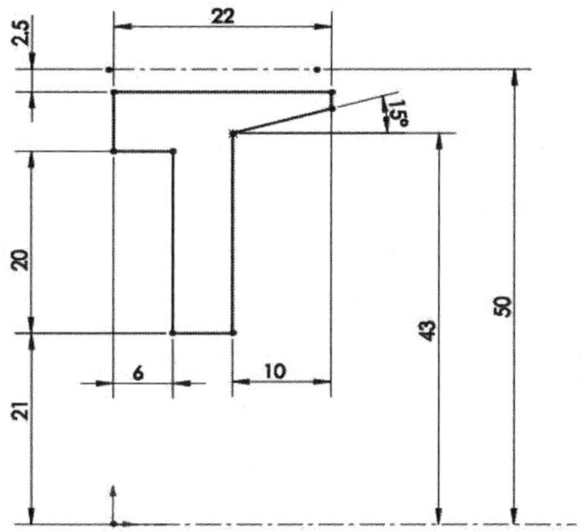

(a) 회전체 단면 스케치

(b) 회전체 형상

그림 3-1-46 회전축 기초 형상모델링

② 스퍼기어 회전 단면은 V벨트 풀리 체결 부분의 내측 지름 82 ㎜을 고려하고 오른쪽 부분은 지름 86 ㎜의 반이 되도록 하며 15° 경사지게 그림 3-1-46 (a)와 같이 스케치하고 치수 정의한다.

③ 스케치를 완료한다.

수행 : 축 형상 3D 모델링

① 피처 도구에서 회전 보스/베이스 도구를 클릭한다.

② 회전시킬 중심선(회전축)을 지정하면 기본적으로 360도 회전하는 회전체가 형성된다.

③ 확인을 클릭하면 그림 3-1-46 (b)와 같이 형상모델링이 완료된다.

(3) 하나의 기어 이 형상모델링

생각하기 : 기어의 잇수는 어떻게 정할까?

스퍼 기어는 앞에서 모듈이 2이고 피치 지름이 100 ㎜인 것을 사용하기로 했으므로 기어 잇수는 50이다. 총 이 높이는 4.5(2.25×모듈) ㎜이고 이 끝 높이는 2(모듈) ㎜이다. 그리고 압력각이 20°이다. 스퍼기어의 이의 모양은 이의 중심으로부터 피치원과 만나는 지점1까지 거리 1.57(=π×모듈/2) ㎜, 지점1에서 이끝원과 만나는 지점2까지 거리 1(=모듈/2) ㎜, 지점1에서 이뿌리원과 만나는 지점3까지 거리 0.5(=모듈/4) ㎜를 지나는 원호로 이루어져 있다.

수행 : 하나의 기어이 단면 스케치

① 우측면을 스케치 작업 면으로 한다.
② 스케치 도구의 원 도구를 선택하여 원점에 대해 지름이 100 ㎜인 원을 스케치한다.
③ 요소 변환 도구를 이용하여 이뿌리원을 클릭하여 원을 복사한다.
④ 선 도구를 이용하여 원점으로부터 1.57 ㎜ 떨어진 곳에 선을 긋고 보조선1로 한다.
⑤ 선 도구를 이용하여 보조선1에서 우측으로 1 ㎜ 떨어진 곳에 선을 긋고 보조선2로 한다.
⑥ 선 도구를 이용하여 보조선1에서 좌측으로 0.5 ㎜ 떨어진 곳에 선을 긋고 보조선3로 한다.
⑦ 점 도구를 이용하여 이끝원과 보조선2가 만나는 곳에 점1을 생성한다.
⑧ 점 도구를 이용하여 피치원과 보조선1이 만나는 곳에 점2를 생성한다.
⑨ 점 도구를 이용하여 이뿌리원과 보조선3가 만나는 곳에 점3을 생성한다.
⑩ 3점호 도구를 이용하여 3점을 클릭하여 원호를 만든다(그림 4-1-47 (a)).
⑪ 요소 잘라내기 도구를 이용하여 그림 3-1-47 (b)와 같이 불필요한 선을 제거한다.
⑫ 스케치를 완료한다.

수행 : 하나의 기어이 돌출하기

① 피처 도구에서 돌출 보스/베이스 도구를 클릭한다.
② 방향은 "중간 평면"으로 하고 돌출 깊이를 22 ㎜로 한다.
③ 확인을 클릭하면 그림 3-1-47 (c)와 같이 하나의 이 형상모델링이 완료된다.

수행 : 모따기

① 피처 도구에서 필렛의 모따기 도구를 클릭한다.
② 이의 양쪽 모서리를 클릭하고 1×45°로 모따기 변수를 준다.
③ 확인을 클릭하면 그림 3-1-47 (d)와 같이 형상모델링이 완료된다.

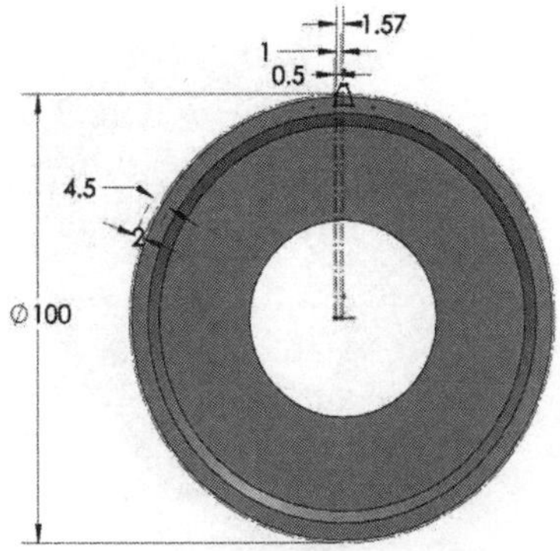

(a) 기어 단면 스케치

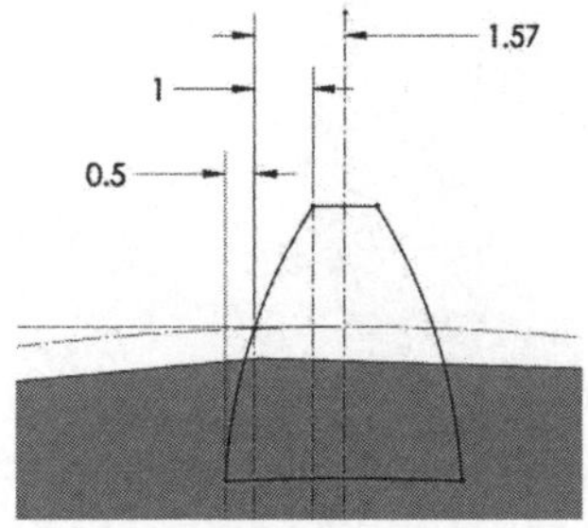

(b) 기어 부분 확대도

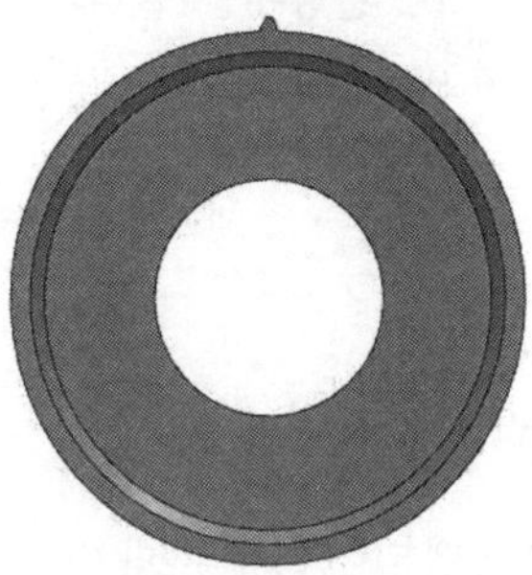

(a) 하나의 기어이 돌출

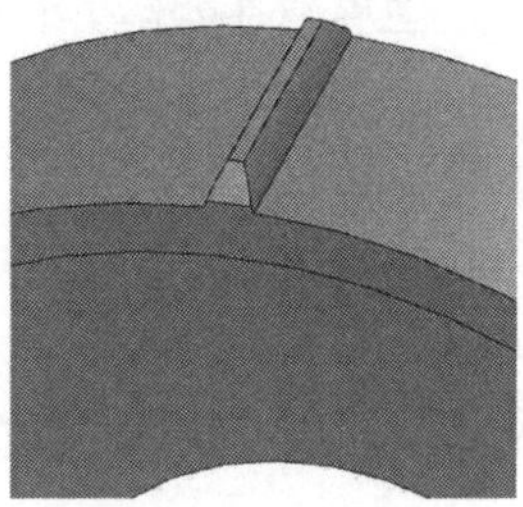

(d) 모따기

그림 3-1-47 하나의 기어 이 형상모델링

수행 : 원형패턴하기

① 피처 도구에서 원형패턴 도구를 클릭한다.

② 회전시킬 중심선(회전축)을 지정하면 기본적으로 360도 회전하는 회전체가 형성된다.

③ 인스턴스 수를 그림 3-1-48 (a)와 같이 50으로 한다.

④ 확인을 클릭하면 그림 3-1-48 (b)와 같이 형상모델링이 완료된다.

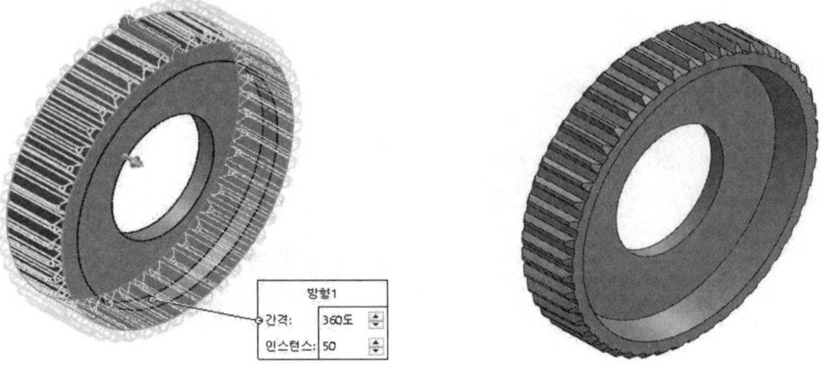

(a) 원형 패턴 조건 (b) 원형패턴 결과

그림 3-1-48 기어 형상모델링

(4) 고정나사 구멍 형상모델링

생각하기 : 고정 나사 구멍은 몇 개로 하면 좋을까?

스퍼기어는 가벼워야 동력 전달이 쉬우므로 V벨트 풀리에 스퍼기어를 고정하는 나사 두께도 얇게 되므로 보통 3개를 많이 하지만 여기서는 4개의 구멍으로 한다.

수행 : 구멍가공마법사에 의한 하나의 구멍 생성

① 피처 도구의 구멍가공마법사 도구를 선택한다.
② 구멍 유형을 구멍으로 하고 드릴 크기 유형에서 지름을 7.0 ㎜로 한다.
③ 마침조건은 관통으로 한다.
④ 구멍의 위치는 중심에서 34 ㎜ 떨어지면서 중심과 일치하도록 치수를 정한다.
⑤ 확인을 클릭한다(그림 3-1-49 (a)).

수행 : 원형패턴하기

① 피처 도구에서 원형패턴 도구를 클릭한다.
② 파라미터를 스퍼기어의 내부 원통을 지정하고 기본적으로 360도에 대해 일정 각도로 인스턴스수를 4로 한다.
③ 확인을 클릭하면 그림 3-1-49 (b)와 같이 형상모델링이 완료된다.

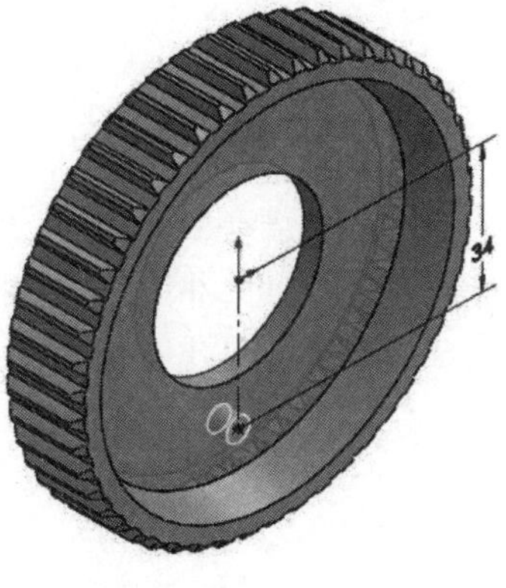

(a) 구멍의 위치

(b) 4개의 원형 패턴 결과

그림 3-1-49 스퍼기어 고정 나사구멍 형상모델링

(5) 부품의 재질 선택

생각하기 : 스퍼기어의 재질은 어떻게 선택할까?

기어는 강도를 요하며 주조가 가능한 주강인 SC480으로 한다.

수행 : 스퍼기어의 재질 설정하기

① 디자인 트리의 재질 항목에 커서를 갖고 간다.
② 마우스 오른쪽 버튼을 클릭하여 재질편집을 선택한다.
③ 부품재질의 주강에서 "SC480"을 선택한다.
④ 적용을 클릭하고 닫기를 클릭하면 재질이 선택 완료된다.

(6) 질량 파악하기

수행 : 축의 물성치 확인

① 풀다운 메뉴의 도구에서 계산 탭을 클릭한다.
② 물성치( )를 클릭한다.
③ 질량이 533.87그램으로 나타났다.

(7) 등각 보기

생각하기 : 부품을 명확하게 보여기 위해서는 어떻게 하면 좋을까?

스퍼기어는 왼쪽과 오른쪽의 형상이 다르며 조립되는 부품도 다르다. 따라서 양쪽 부분이 잘 보이도록 해야 명확하게 부품의 형상을 전달할 필요가 있다. 따라서 왼쪽 좌측 위 등각방향과 오른쪽 우측 위 등각방향으로 표현해야 명확한 전달이 될 수 있다.

수행 : 등각 View 설정하기

① 뷰 방향()을 클릭한다.
② 첫 번째는 그림 3-1-50 (a)와 같이 왼쪽의 좌측 위 등각 보기를 선택한다.
③ 두 번째는 그림 3-1-50 (b)와 같이 오른쪽의 우측 위 등각 보기를 선택한다.

① (a) 좌측 위 등각 보기 (b) 우측 위 등각 보기

그림 3-1-50 스퍼기어의 2방향의 등각 보기

(8) 저장하기

수행 : 최종 형상 저장하기

① 저장 도구()에서 다른 이름으로 저장하기를 클릭한다.
② 저장할 디렉토리를 정하고 파일이름을 "스퍼기어"로 한다.
③ 저장 버튼을 클릭한다.

(9) 렌더링하기

수행 : 표현 편집하기

① 렌더링 탭을 선택한다.

② 렌더링 편집 화면의 표현 편집( )을 선택한다.

③ 새 스와치 작성에서 "표준"으로 한다.

④ 확인을 클릭한다.

수행 : 화면 편집하기

① 화면 편집( )을 선택하고 기본에서 배경을 "없음"으로 한다.

② 바닥 정렬을 저면도 평면으로 한다.

③ PhotoView 360 조명에서 환경 회전을 90도로 하고 확인을 클릭한다.

수행 : 렌더링 파일 저장하기

① 미리 보기 창을 클릭한다.

② 렌더링 모습을 보고 그림 3-1-51과 같이 원하는 렌더링 모습이면 저장을 누른다.

③ 렌더링 파일은 그림 파일(*.jpg)로 파일 이름을 "스퍼기어_렌더링"으로 저장한다.

그림 3-1-51
스퍼기어의 렌더링 결과 모습

1-2-5 스프링 커버 형상모델링

생각하기 : 스프링 커버의 형상모델링에서 중요한 부분은 어떤 부분일까?

그림 3-1-9 (b)와 같이 주요 형상 부분은 V벨트 풀리의 내부를 커버하면서 베어링을 밀어 밀착시키는 판 칼라를 미는 스프링을 고정해 주는 스프링 밀착 부분과 스프링을 조립하는 원통 부분 및 커버의 가운데 홈이 있는데 이것은 커버를 너트에 의해 축에 고정하기 위한 구멍으로 되어 있다.

(1) 스케치 화면 설정하기

수행 : 새문서 열기와 스케치할 면 선택

① 풀다운 메뉴에 있는 파일에 새문서나 도구바의 새문서 아이콘을 선택한다.
② 파트를 선택한다.
③ 정면을 스케치할 면으로 선택하고 스케치 아이콘을 클릭한다.

생각하기 : 기초형상에서 치수는 어떻게 정할까?

스퍼 기어는 앞에서 모듈이 2이고 피치 지름이 100 ㎜인 것을 사용하기로 했으므로 피치 지름이 100 ㎜이다. 이의 두께는 22 ㎜이지만 V벨트 풀리와 결합되는 부분(∅82 ㎜)은 파져야 할 깊이가 6 ㎜이다. 또한 스퍼기어는 되도록 가벼워야 동력 전달이 쉬우므로 가운데 부분을 많이 파내는 형태로 한다. 따라서 스퍼기어의 가운데 파내는 치수를 반지름 43 ㎜, 깊이 10 ㎜로 하고, 끝 부분도 15°로 내면 원통 절삭하는 것으로 한다.

(2) 기초형상모델링

수행 : 회전 단면 스케치

① 스케치 도구의 선 도구 가운데 중심선을 선택하여 원점에 대해 수평으로 적절하게 스케치한다.
② 회전 단면은 그림 3-1-52 (a)와 같이 스케치하고 치수 정의한다.
③ 스케치를 완료한다.

수행 : 스프링 커버 형상 3D 모델링

① 피처 도구에서 회전 보스/베이스 도구를 클릭한다.
② 회전시킬 중심선(회전축)을 지정하면 기본적으로 360도 회전하는 회전체가 형성된다.
③ 확인을 클릭하면 그림 3-1-52 (b)와 같이 형상모델링이 완료된다.

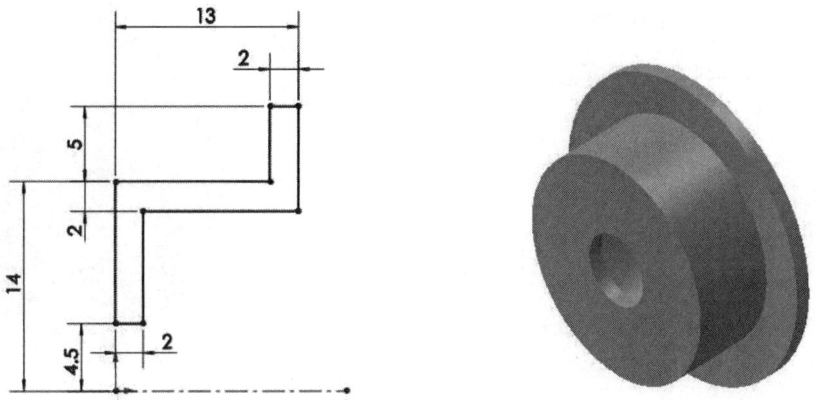

(a) 회전 단면 스케치 (b) 회전체 형상

그림 3-1-52 스프링 커버 기초 형상모델링

(3) 둥글기

생각하기 : 둥글기를 주는 이유는 무엇일까?

스프링 커버는 주조물이므로 오목한 모서리 부분은 라운드(둥글기)를 주어야 한다. 즉, 반지름 1 ㎜를 준다.

수행 : 둥글기 형상모델링

① 피처 도구에서 필렛 도구를 클릭한다.
② 필렛 변수에서 대칭을 선택하고 반경을 1 ㎜로 한다.
③ 확인을 클릭한다.

(4) 모떼기

생각하기 : 모떼기의 생성 이유는 무엇일까?

스프링 커버의 볼록 모서리가 날카로우므로 일반 모떼기를 주는 것이 좋다. 즉, 0.2×45°의 모떼기를 준다.

수행 : 모떼기 형상모델링

① 피처 도구에서 필렛의 모따기 도구를 클릭한다.

② 각도-거리를 선택하고 거리를 0.2 ㎜로 한다.

③ 확인을 클릭한다(그림 3-1-53).

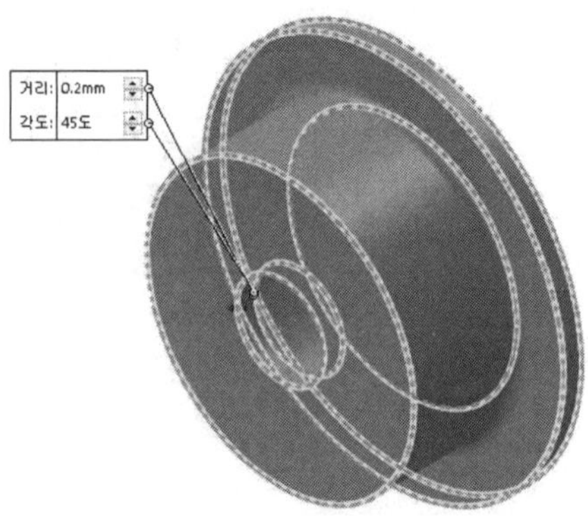

그림 3-1-53 모떼기 선정 모습

(5) 부품의 재질 선택

생각하기 : 스프링 커버의 재질은 어떻게 선택할까?

스프링 커버는 V벨트 풀리와 마찬가지 재질, 즉 GC200을 사용한다.

수행 : 스프링 커버의 재질 설정하기

① 디자인 트리의 재질 항목에 커서를 갖고 간다.

② 마우스 오른쪽 버튼을 클릭하여 재질편집을 선택한다.

③ 부품재질의 회주철에서 GC200을 선택한다.

④ 적용을 클릭하고 닫기를 클릭하면 재질이 선택 완료된다.

(6) 질량 파악하기

수행 : 스프링 커버의 물성치 확인

① 풀다운 메뉴의 도구에서 계산 탭을 클릭한다.

② 물성치()를 클릭한다.

③ 질량이 3.95그램으로 나타났다.

(7) 등각 보기

생각하기 : 부품을 명확하게 보여기 위해서는 어떻게 하면 좋을까?

스프링 커버는 왼쪽과 오른쪽의 형상이 다르며 조립되는 부품도 다르다. 따라서 양쪽 부분이 잘 보이도록 해야 명확하게 부품의 형상을 전달할 필요가 있다. 따라서 왼쪽 좌측 위 등각방향과 오른쪽 우측 위 등각방향으로 표현해야 명확한 전달이 될 수 있다.

수행 : 등각 View 설정하기

① 뷰 방향( )을 클릭한다.
② 첫 번째는 그림 3-1-54 (a)와 같이 왼쪽의 좌측 위 등각 보기를 선택한다.
③ 두 번째는 그림 3-1-54 (b)와 같이 오른쪽의 우측 위 등각 보기를 선택한다.

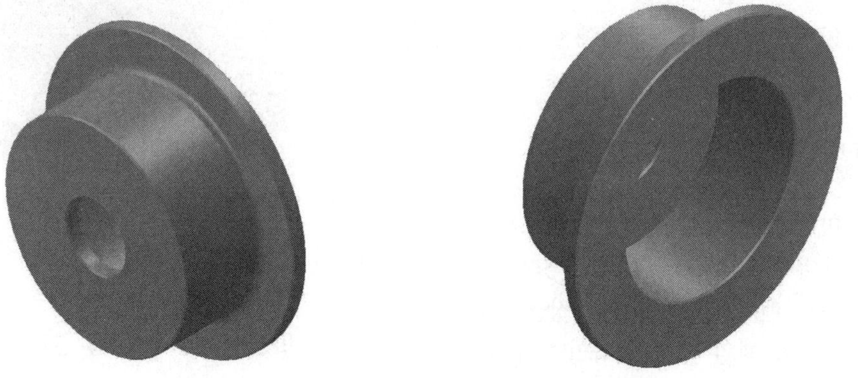

(a) 좌측 위 등각 보기 (b) 우측 위 등각 보기

그림 3-1-54 스프링 커버의 2방향의 등각 보기

(8) 저장하기

수행 : 최종 형상 저장하기

① 저장 도구( )에서 다른 이름으로 저장하기를 클릭한다.
② 저장할 디렉토리를 정하고 파일이름을 "스프링 커버"로 한다.
③ 저장 버튼을 클릭한다.

(9) 렌더링하기

수행 : 표현 편집하기

① 렌더링 탭을 선택한다.
② 렌더링 편집 화면의 표현 편집( )을 선택한다.
③ 새 스와치 작성에서 "표준"으로 한다.
④ 확인을 클릭한다.

수행 : 화면 편집하기

① 화면 편집( )을 선택하고 기본에서 배경을 "없음"으로 한다.
② 바닥 정렬을 저면도 평면으로 한다.
③ PhotoView 360 조명에서 환경 회전을 90도로 하고 확인을 클릭한다.

수행 : 렌더링 파일 저장하기

① 미리 보기 창을 클릭한다.
② 렌더링 모습을 보고 그림 3-1-55와 같이 원하는 렌더링 모습이면 저장을 누른다.
③ 렌더링 파일은 그림 파일(*.jpg)로 파일 이름을 "스프링 커버_렌더링"으로 저장한다.

그림 3-1-55
스프링 커버의 렌더링 결과 모습

1-2-6 베어링 커버 형상모델링

생각하기 : 베어링 커버의 형상모델링에서 중요한 부분은 어떤 부분일까?

베어링 커버는 V벨트 풀리의 내부를 커버하면서 베어링에서의 오일 누출을 방지하는 역할을 한다. 그림 3-1-11 (b)에서 주요 부분은 나사 부분과 커버의 양쪽에 4개의 고정 홈으로 생각하면 된다.

(1) 스케치 화면 설정하기

수행 : 새문서 열기와 스케치할 면 선택

① 풀다운 메뉴에 있는 파일에 새문서나 도구바의 새문서 아이콘을 선택한다.
② 파트를 선택한다.
③ 정면을 스케치할 면으로 선택하고 스케치 아이콘을 클릭한다.

(2) 기초형상모델링

수행 : 회전 단면 스케치

① 스케치 도구의 선 도구 가운데 중심선을 선택하여 원점에 대해 수평으로 적절하게 스케치한다.
② 회전 단면은 그림 3-1-56 (a)와 같이 스케치하고 치수 정의한다.
③ 스케치를 완료한다.

수행 : 축 형상 3D 모델링

① 피처 도구에서 회전 보스/베이스 도구를 클릭한다.
② 회전시킬 중심선(회전축)을 지정하면 기본적으로 360도 회전하는 회전체가 형성된다.
③ 확인을 클릭하면 그림 3-1-56 (b)와 같이 형상모델링이 완료된다.

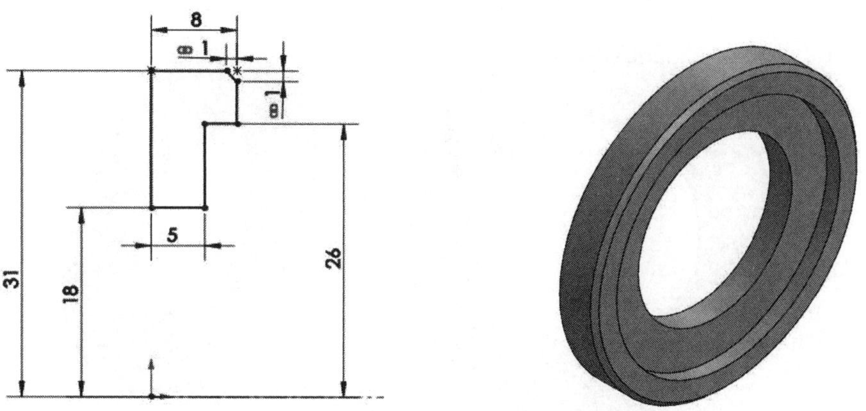

(a) 회전 단면 스케치 (b) 회전체 형상

그림 3-1-56 베어링 커버 기초 형상모델링

(3) 베어링 커버 고정 홈 형상모델링

생각하기 : 베어링 커버 고정 홈이란 무엇일까?

베어링 커버에 나사가 있고 이것을 돌려 V벨트 풀리에 고정하기 위한 홈이 베어링 커버 고정 홈이다.

수행 : 구멍 가공마법사 이용 기초구멍 형상모델링

① 피처 도구에서 구멍 가공마법사 도구를 클릭한다.
② 유형을 KS 규격의 드릴 크기 ∅4 ㎜를 선택한다.
③ 마침조건에서 "블라인드 형태"로 하고 깊이를 3 ㎜로 한다.
④ 위치에서 구멍 생성 면을 선택하고 구멍의 위치를 원점에서 수직으로 23 ㎜ 거리에 있는 것으로 한다.
⑤ 확인을 클릭한다(그림 3-1-57 (a)).

수행 : 4개의 구멍 원형 패턴 형상모델링

① 피처 도구에서 원형 패턴 도구를 클릭한다.
② 360도에 대해 동등 간격을 체크하고 인스턴스 수를 4로 한다.
③ 원통의 모서리와 같은 회전 방향으로 한다.
④ 확인을 클릭한다(그림 3-1-57 (b)).

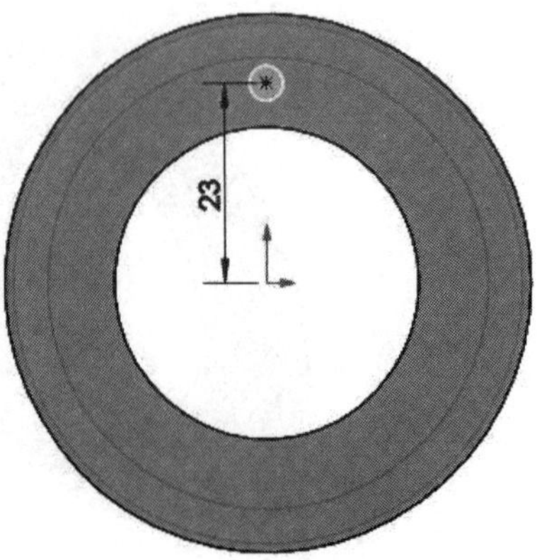

(a) 기초 원 구멍

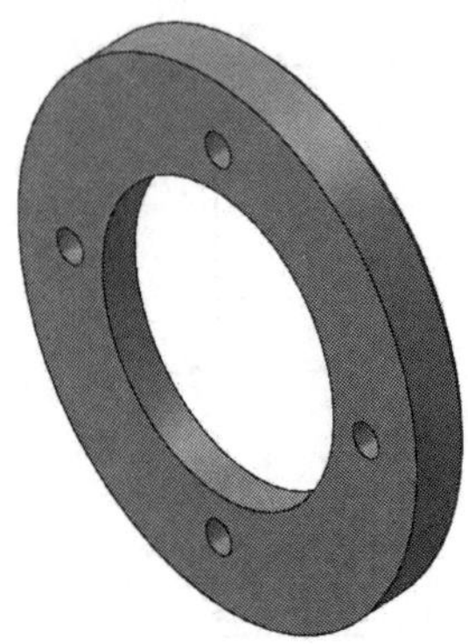

(b) 4개의 구멍 원형패턴

그림 3-1-57 베어링 커버 고정 구멍 형상모델링

(4) 나사산 형상모델링

생각하기 : **나사산의 생성 이유는 무엇일까?**

베어링 커버를 돌려 V벨트 풀리에 고정하기 위한 나사산이다. 따라서 V벨트 풀리의 나사산(M64×4.0)과 같은 치수가 되도록 해야 한다. V벨트 풀리는 암나사이므로 베어링 커버는 수나사로 하면 된다.

수행 : **구멍 가공마법사의 나사산 이용 형상모델링**

① 피처 도구에서 구멍 가공마법사 도구의 나사산을 클릭한다.
② 원통의 바깥 모서리를 나사산의 위치로 선택한다.
③ 마침조건은 "블라인드 형태"로 4 ㎜로 한다.
④ 스팩은 유형을 Metric Tap으로 하고 크기를 M64×4.0으로 한다.
⑤ 지름 덮어쓰기를 클릭하여 62 ㎜로 수정한다.
⑥ 돌출 나사산을 체크한다.
⑦ 확인을 클릭한다(그림 3-1-58).

그림 3-1-58 나사산 생성 모습

(5) 부품의 재질 선택

생각하기 : **베어링 커버의 재질은 어떻게 선택할까?**

베어링 커버는 V벨트 풀리와 마찬가지 재질, 즉 GC200을 사용한다.

수행 : **베어링 커버의 재질 설정하기**

① 디자인 트리의 재질 항목에 커서를 갖고 간다.
② 마우스 오른쪽 버튼을 클릭하여 재질편집을 선택한다.
③ 부품재질의 회주철에서 GC200을 선택한다.
④ 적용을 클릭하고 닫기를 클릭하면 재질이 선택 완료된다.

(6) 질량 파악하기

수행 : 스프링 커버의 물성치 확인

① 풀다운 메뉴의 도구에서 계산 탭을 클릭한다.

② 물성치( )를 클릭한다.

③ 질량이 95.57그램으로 나타났다.

(7) 등각 보기

생각하기 : 부품을 명확하게 보여기 위해서는 어떻게 하면 좋을까?

베어링 커버는 왼쪽과 오른쪽의 형상이 다르며 조립되는 부품도 다르다. 따라서 양쪽 부분이 잘 보이도록 해야 명확하게 부품의 형상을 전달할 필요가 있다. 따라서 왼쪽 좌측 위 등각방향과 오른쪽 우측 위 등각방향으로 표현해야 명확한 전달이 될 수 있다.

수행 : 등각 View 설정하기

① 뷰 방향( )을 클릭한다.

② 첫 번째는 그림 3-1-59 (a)와 같이 왼쪽의 좌측 위 등각 보기를 선택한다.

③ 두 번째는 그림 3-1-59 (b)와 같이 오른쪽의 우측 위 등각 보기를 선택한다.

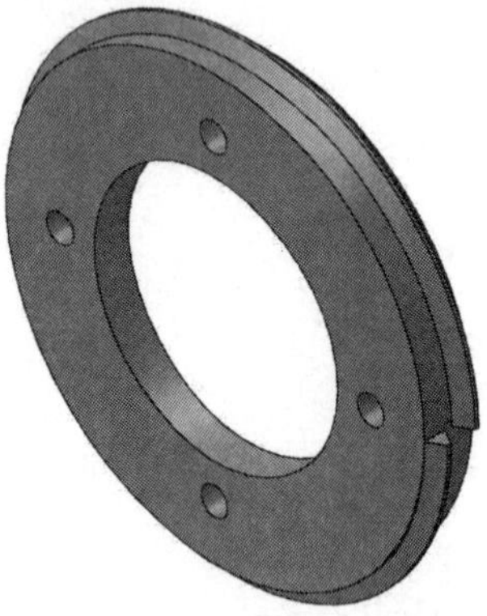

(a) 좌측 위 등각 보기

(b) 우측 위 등각 보기

그림 3-1-59 스프링 커버의 2방향의 등각 보기

(8) 저장하기

수행 : 최종 형상 저장하기

① 저장 도구( )에서 다른 이름으로 저장하기를 클릭한다.
② 저장할 디렉토리를 정하고 파일이름을 "베어링 커버"로 한다.
③ 저장 버튼을 클릭한다.

(9) 렌더링하기

수행 : 표현 편집하기

① 렌더링 탭을 선택한다.
② 렌더링 편집 화면의 표현 편집( )을 선택한다.
③ 새 스와치 작성에서 "표준"으로 한다.
④ 확인을 클릭한다.

수행 : 화면 편집하기

① 화면 편집( )을 선택하고 기본에서 배경을 "없음"으로 한다.
② 바닥 정렬을 저면도 평면으로 한다.
③ PhotoView 360 조명에서 환경 회전을 90도로 하고 확인을 클릭한다.

수행 : 렌더링 파일 저장하기

① 미리 보기 창을 클릭한다.
② 렌더링 모습을 보고 그림 3-1-60과 같이 원하는 렌더링 모습이면 저장을 누른다.
③ 렌더링 파일은 그림 파일(*.jpg)로 파일 이름을 "베어링 커버_렌더링"으로 저장한다.

그림 3-1-60
베어링 커버의 렌더링 결과 모습

1-2-7 칼라 형상모델링

생각하기 : 칼라에서 치수는 어떻게 정할까?

그림 3-1-13 (b)에서 언급했듯이 주요 형상 부분은 축 조립 구멍과 베어링 커버 밀착면이다. 축 조립 구멍은 조립 축의 지름이 34 ㎜이므로 구멍의 내경보다 큰 ∅36 ㎜이고, 베어링 커버 밀착 면의 외경은 베어링 커버 안쪽 내경(∅52 ㎜) 보다 작아 베어링 커버 안쪽이 밀착되도록 ∅48 ㎜로 한다.

(1) 작업 준비하기

수행 : 새문서 열기와 스케치할 면 선택

① 새문서 아이콘을 선택하고 파트를 선택한다.
② 정면을 스케치할 면으로 선택하고 스케치 아이콘을 클릭한다.

(2) 칼라 형상모델링

수행 : 회전단면 스케치

① 스케치 도구의 선 도구를 선택하고 회전 중심선을 스케치한다.
② 코너 사각형 도구를 선택하고 사각형을 폭이 5 ㎜ 되도록 스케치한다.
③ 지능형 치수 도구를 선택한다.
④ 중심선에서 안쪽은 18 ㎜, 바깥은 24 ㎜가 되도록 치수를 정의한다(그림 3-1-61 (a)).
⑤ 스케치를 완료한다.

수행 : 회전체 형상모델링

① 피처 탭에서 회전 보스/베이스 도구를 선택한다.
② 방향에서 "블라인드 형태"로 하고 360°로 한다.
③ 확인을 클릭하면 그림 3-1-61 (b)와 같이 돌출 형상모델링이 완료된다.

(a) 회전 단면 스케치 (b) 회전체 결과

그림 3-1-61 칼라의 형상모델링

(3) 모떼기

생각하기 : 모떼기의 생성 이유는 무엇일까?

칼라의 볼록 모서리가 날카로우므로 일반 모떼기를 주는 것이 좋다. 즉, 0.2×45°의 모떼기를 준다.

수행 : 모떼기 형상모델링

① 피처 도구에서 필렛의 모따기 도구를 클릭한다.
② 각도-거리를 선택하고 거리를 0.2 ㎜로 한다.
③ 확인을 클릭한다(그림 3-1-62).

(4) 부품 재질 선택

수행 : 칼라의 재질 설정하기

① 디자인 트리의 재질 항목에 커서를 갖고 간다.
② 마우스 오른쪽 버튼을 클릭하여 재질 편집을 선택한다.
③ 부품재질의 일반 철강재료에서 "SM45C"을 선택한다.
④ 적용을 클릭하고 닫기를 클릭하면 재질이 선택 완료된다.

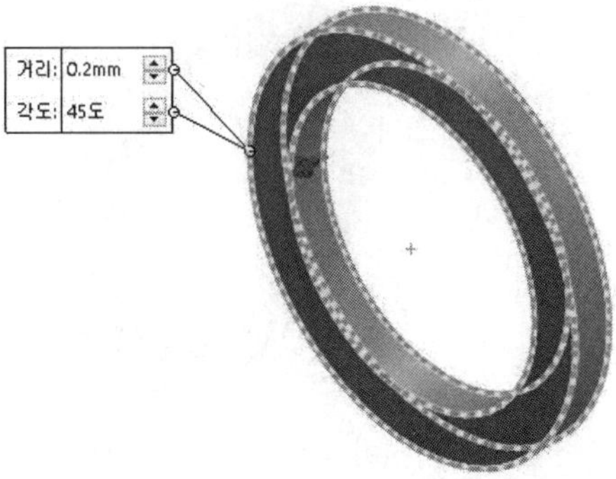

그림 3-1-62 모떼기 선정 모습

(5) 질량 파악하기

수행 : 스퍼기어의 물성치 확인

① 풀다운 메뉴의 도구에서 계산 탭을 클릭한다.
② 물성치(⚖)를 클릭한다.
③ 질량이 3.95그램으로 나타났다.

(6) 저장하기

수행 : 최종 형상 저장하기

① 저장 도구(💾)에서 다른 이름으로 저장하기를 클릭한다.
② 저장할 디렉토리를 정하고 파일이름을 "칼라"로 한다.
③ 저장 버튼을 클릭한다.

(6) 등각 보기

생각하기 : 부품을 명확하게 보여기 위해서는 어떻게 하면 좋을까?

칼라는 상하좌우가 같으므로 하나만 나타내어도 명확히 보여줄 수 있다.

수행 : 등각 View 설정하기

① 뷰 방향(▣)을 클릭한다.
② 그림 3-1-63과 같이 좌측 위 등각보기 또는 우측 아래 등각 보기를 선택한다.

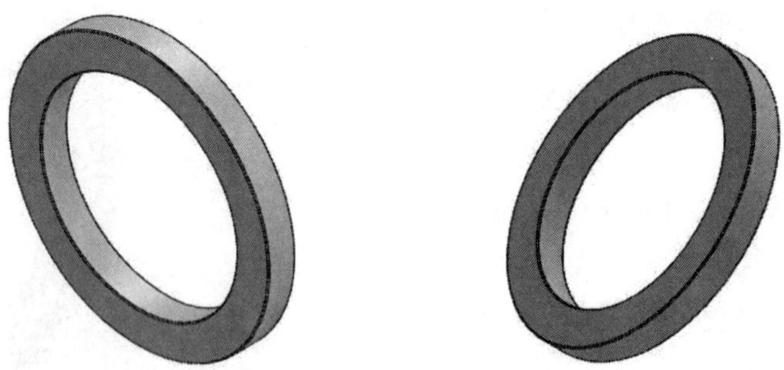

(a) 좌측 위 등각 보기 (b) 우측 아래 등각 보기
그림 3-1-63 칼라의 등각 보기

(7) 렌더링 하기

수행 : 표현 편집하기

① 렌더링 탭을 선택한다.

② 렌더링 편집 화면의 표현 편집( )을 선택한다.

③ 새 스와치 작성에서 "표준"으로 한다.

④ 확인을 클릭한다.

수행 : 화면 편집하기

① 화면 편집( )을 선택하고 기본에서 배경을 "없음"으로 한다.

② 바닥 정렬을 저면도 평면으로 한다.

③ PhotoView 360 조명에서 환경 회전을 90도로 하고 확인을 클릭한다.

수행 : 렌더링 파일 저장하기

① 미리 보기 창을 클릭한다.

② 렌더링 모습을 보고 그림 3-1-64와 같이 원하는 렌더링 모습이면 저장을 누른다.

③ 렌더링 파일은 그림 파일(*.jpg)로 파일 이름을 "칼라_렌더링"으로 저장한다.

그림 3-1-64
칼라 렌더링 결과 모습

1-2-8 원판 칼라 형상모델링

생각하기 : 원판 칼라에서 치수는 어떻게 정할까?

그림 3-1-15 (b)에서 언급했듯이 주요 형상 부분은 축 조립 구멍과 베어링 밀착 면이다. 따라서 조립 축(∅20 ㎜)이 조립되는 원판 칼라의 내경은 ∅20 ㎜이며, 베어링이 닿는 부분의 외경은 ∅36 ㎜로 하고, 폭은 최대한 얇게 하는 것이 좋으므로 폭은 2 ㎜로 한다.

(1) 작업준비하기

수행 : 새문서 열기와 스케치할 면 선택

① 풀다운 메뉴에 있는 파일에 새문서나 도구바의 새문서 아이콘을 선택한다.
② 파트를 선택한다.
③ 정면을 스케치할 면으로 선택하고 스케치 아이콘을 클릭한다.

(2) 원판 칼라 형상모델링

수행 : 회전단면 스케치

① 스케치 도구의 선 도구를 선택하고 회전 중심선을 스케치한다.
② 코너 사각형 도구를 선택하고 사각형을 폭이 2 ㎜ 되도록 스케치한다.
③ 지능형 치수 도구를 선택한다.
④ 중심선에서 안쪽은 10 ㎜, 바깥은 18 ㎜가 되도록 치수를 정의한다(그림 3-1-65 (a)).
⑤ 스케치를 완료한다.

수행 : 회전체 형상모델링

① 피처 탭에서 회전 보스/베이스 도구를 선택한다.
② 방향에서 "블라인드 형태"로 하고 360°로 한다.
③ 확인을 클릭하면 그림 3-1-65 (b)와 같이 돌출 형상모델링이 완료된다.

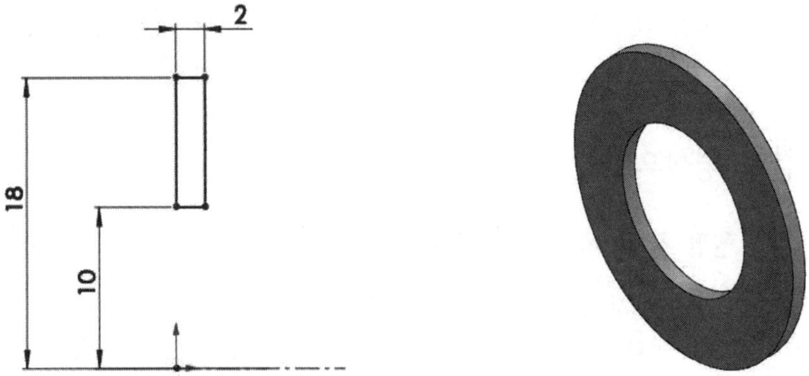

(a) 회전 단면 스케치　　　　(b) 회전체 형상

그림 3-1-65 원판 칼라의 형상모델링

(3) 모떼기

생각하기 : 모떼기의 생성 이유는 무엇일까?

원판 칼라의 볼록 모서리가 날카로우므로 일반 모떼기를 주는 것이 좋다. 즉, 0.2×45°의 모떼기를 준다.

수행 : 모떼기 형상모델링

① 피처 도구에서 필렛의 모따기 도구를 클릭한다.
② 각도-거리를 선택하고 거리를 0.2 ㎜로 한다.
③ 확인을 클릭한다(그림 3-1-66).

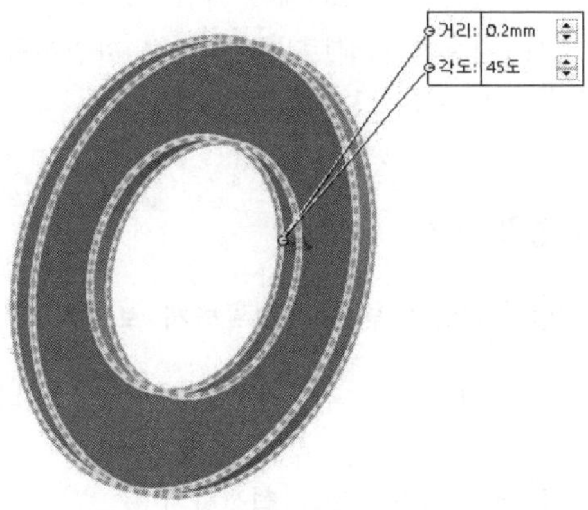

그림 3-1-66 모떼기 선정 모습

(4) 부품 재질 선택

수행 : 칼라의 재질 설정하기

① 디자인 트리의 재질 항목에 커서를 갖고 간다.
② 마우스 오른쪽 버튼을 클릭하여 재질편집을 선택한다.
③ 부품재질의 일반 철강재료에서 "SM45C"을 선택한다.
④ 적용을 클릭하고 닫기를 클릭하면 재질이 선택 완료된다.

(5) 질량 파악하기

수행 : 스퍼기어의 물성치 확인

① 풀다운 메뉴의 도구에서 계산 탭을 클릭한다.
② 물성치(⚖)를 클릭한다.
③ 질량이 10.92그램으로 나타났다.

(6) 저장하기

수행 : 최종 형상 저장하기

① 저장 도구(💾)에서 다른 이름으로 저장하기를 클릭한다.
② 저장할 디렉토리를 정하고 파일이름을 "원판 칼라"로 한다.
③ 저장 버튼을 클릭한다.

(7) 등각 보기

생각하기 : 부품을 명확하게 보여기 위해서는 어떻게 하면 좋을까?

원판 칼라는 상하좌우가 같으므로 하나만 나타내어도 명확히 보여줄 수 있다.

수행 : 등각 View 설정하기

① 뷰 방향()을 클릭한다.
② 그림 3-1-67과 같이 좌측 위 등각보기 또는 우측 아래 등각 보기를 선택한다.

(a) 좌측 위 등각 보기 (b) 우측 아래 등각 보기
그림 4-1-67 원판 칼라의 등각 보기

(8) 렌더링 하기

수행 : 표현 편집하기

① 렌더링 탭을 선택한다.
② 렌더링 편집 화면의 표현 편집()을 선택한다.
③ 새 스와치 작성에서 "표준"으로 한다.
④ 확인을 클릭한다.

수행 : 화면 편집하기

① 화면 편집( )을 선택하고 기본에서 배경을 “없음”으로 한다.

② 바닥 정렬을 저면도 평면으로 한다.

③ PhotoView 360 조명에서 환경 회전을 90도로 하고 확인을 클릭한다.

수행 : 렌더링 파일 저장하기

① 미리 보기 창을 클릭한다.

② 렌더링 모습을 보고 그림 3-1-68과 같이 원하는 렌더링 모습이면 저장을 누른다.

③ 렌더링 파일은 그림 파일(*.jpg)로 파일 이름을 “원판 칼라_렌더링”으로 저장한다.

그림 3-1-68
원판 칼라 렌더링 결과 모습

1-3 학습 정리

1-3-1 3D 형상모델링 종합 정리

<table>
<tr><td colspan="2"></td><td colspan="2">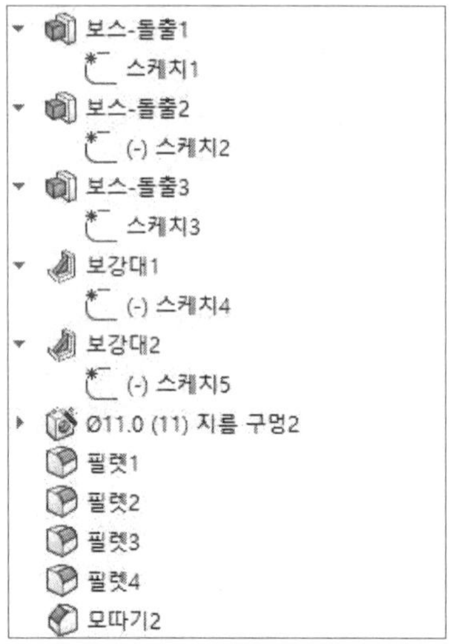
</td></tr>
<tr><td>품명</td><td>브래킷</td><td>품번</td><td>1</td></tr>
<tr><td>재질</td><td>GC200</td><td>질량</td><td>1040.76 g</td></tr>
<tr><td colspan="2"></td><td colspan="2">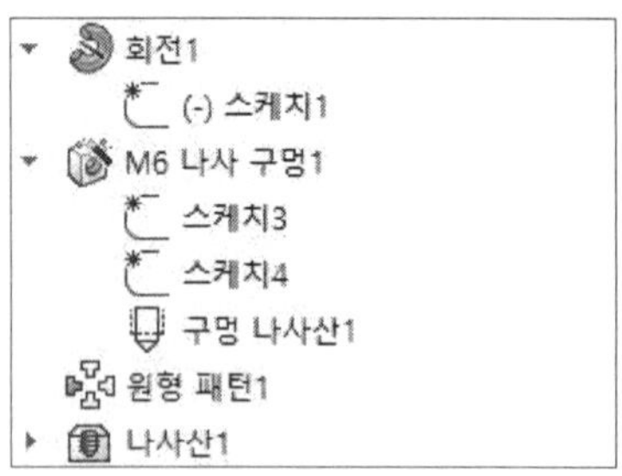
</td></tr>
<tr><td>품명</td><td>V벨트 풀리</td><td>품번</td><td>2</td></tr>
<tr><td>재질</td><td>GC200</td><td>질량</td><td>1336.17 g</td></tr>
</table>

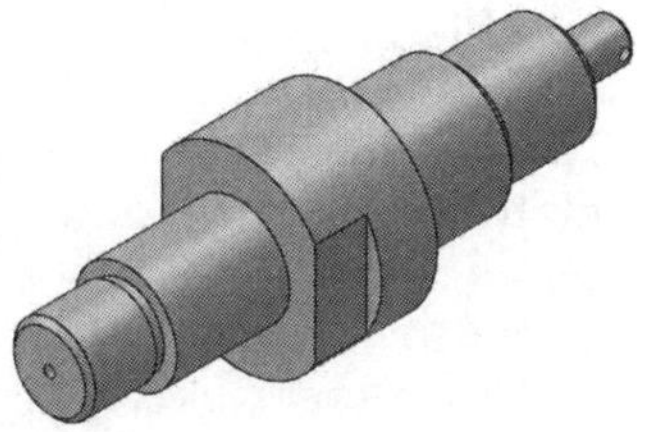		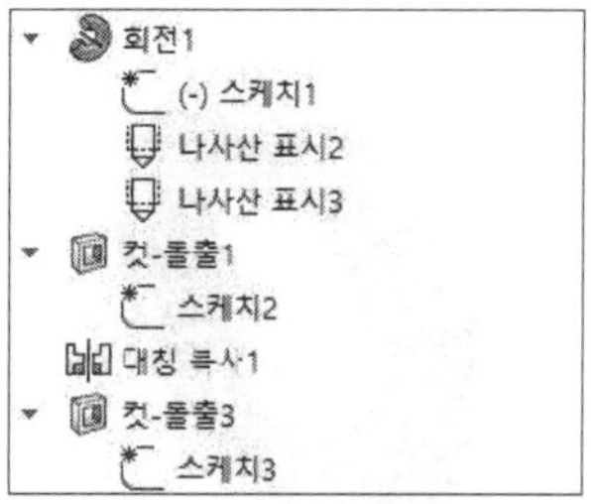	
품명	축	품번	3
재질	SM45C	질량	370.23 g
		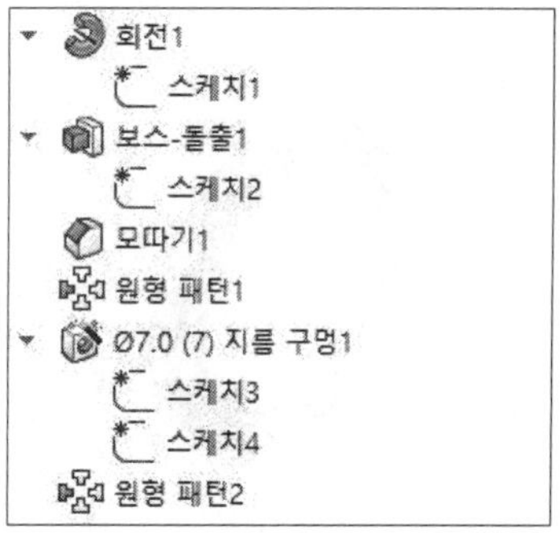	
품명	스퍼기어	품번	4
재질	SC480	질량	533.87 g
		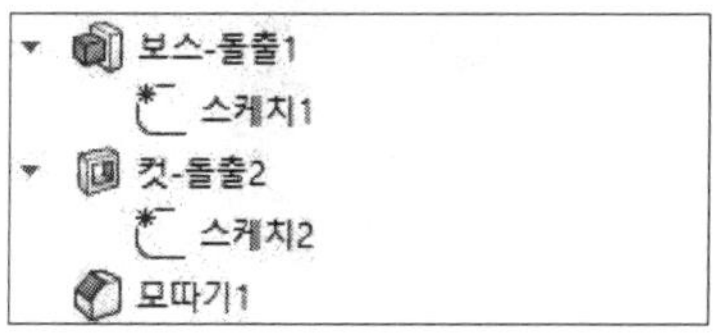	
품명	스프링 커버	품번	5
재질	GC200	질량	28.62 g

<table>
<tr><td colspan="2"></td><td colspan="2">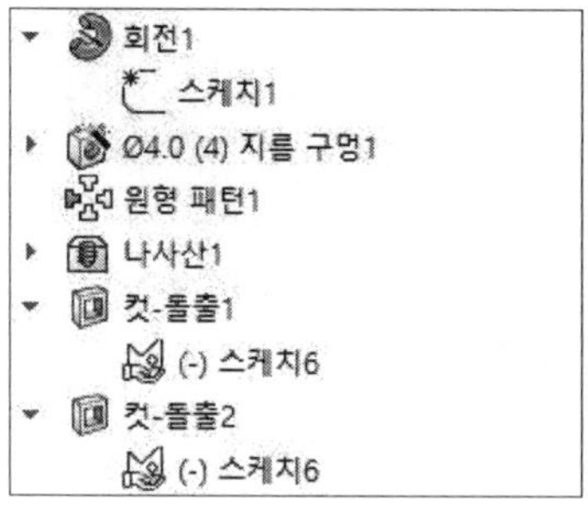
</td></tr>
<tr><td>품명</td><td>베어링 커버</td><td>품번</td><td>6</td></tr>
<tr><td>재질</td><td>GC200</td><td>질량</td><td>95.53 g</td></tr>
<tr><td colspan="2"></td><td colspan="2">
</td></tr>
<tr><td>품명</td><td>칼라</td><td>품번</td><td>8</td></tr>
<tr><td>재질</td><td>SM45C</td><td>질량</td><td>3.95 g</td></tr>
<tr><td colspan="2"></td><td colspan="2">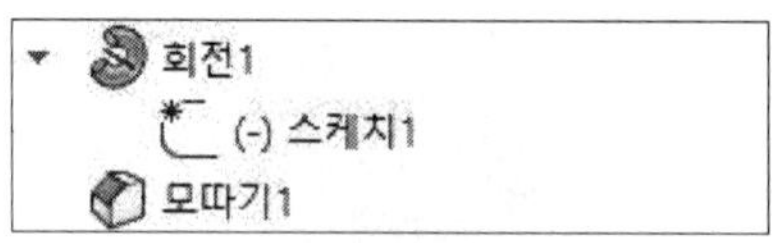
</td></tr>
<tr><td>품명</td><td>원판 칼라</td><td>품번</td><td>11</td></tr>
<tr><td>재질</td><td>SM45C</td><td>질량</td><td>10.92 g</td></tr>
</table>

1-3-2 등각 보기 종합정리

(1) 브래킷 등각 보기

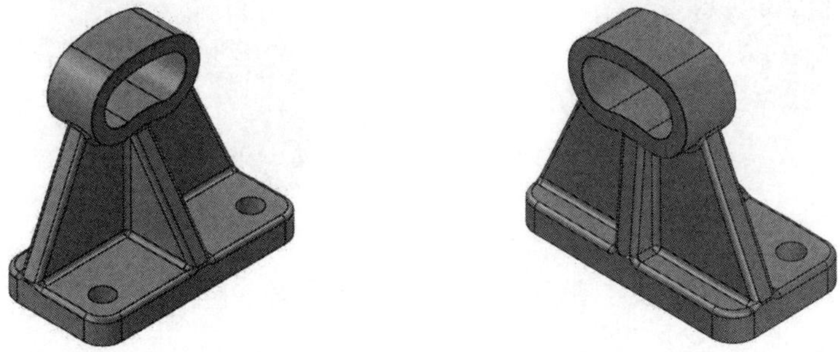

(a) 좌측 위 등각 보기 (b) 우측 아래 등각 보기

그림 3-1-69 브래킷의 2방향의 등각 보기

(2) V벨트 풀리 등각 보기

(a) 좌측 위 등각 보기 (b) 우측 아래 등각 보기

그림 3-1-70 V벨트 풀리의 2방향의 등각 보기

(3) 축 등각 보기

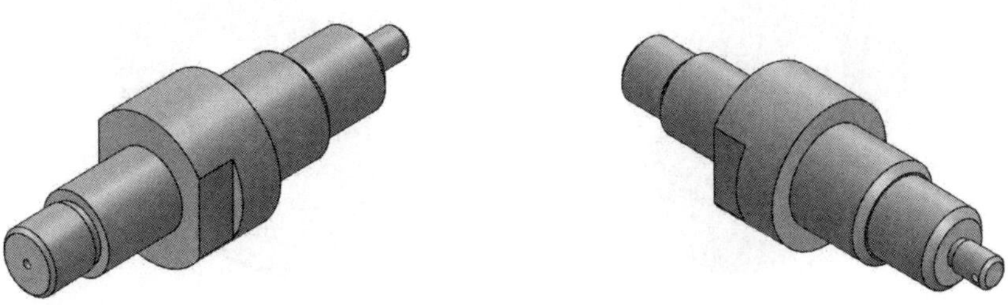

(a) 좌측 위 등각 보기 (b) 우측 아래 등각 보기

그림 3-1-71 축의 2방향의 등각 보기

(4) 스퍼 기어 등각 보기

(a) 좌측 위 등각 보기 (b) 우측 아래 등각 보기

그림 3-1-72 스퍼 기어의 2방향의 등각 보기

(5) 스프링 커버 등각 보기

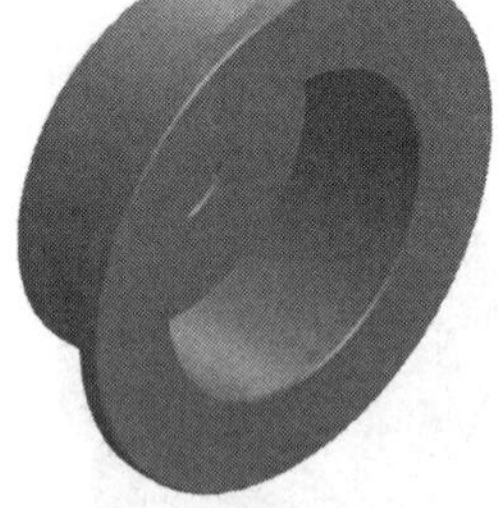

(a) 좌측 위 등각 보기 (b) 우측 아래 등각 보기

그림 3-1-73 스프링 커버의 2방향의 등각 보기

(6) 베어링 커버 등각 보기

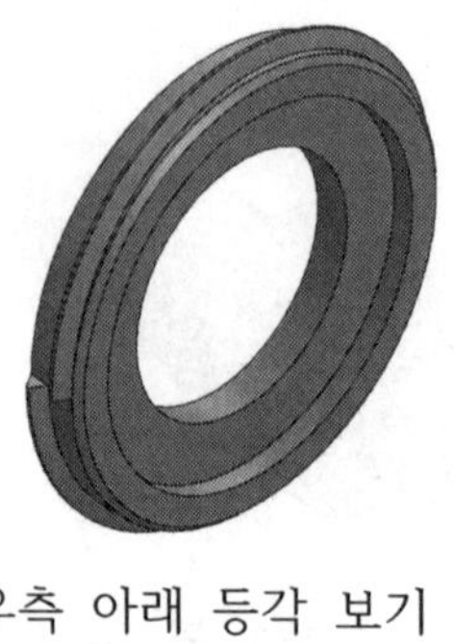

(a) 좌측 위 등각 보기 (b) 우측 아래 등각 보기

그림 3-1-74 베어링 커버의 2방향의 등각 보기

(7) 칼라 등각 보기

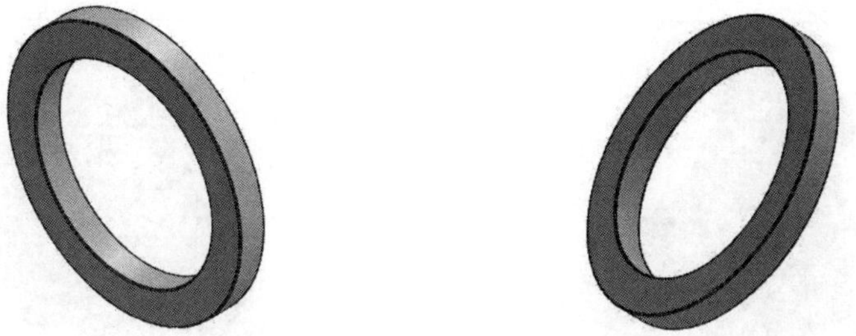

(a) 좌측 위 등각 보기 (b) 우측 아래 등각 보기

그림 3-1-75 칼라의 2방향의 등각 보기

(8) 원판 칼라 등각 보기

(a) 좌측 위 등각 보기 (b) 우측 아래 등각 보기

그림 3-1-76 원판 칼라의 2방향의 등각 보기

1-3-3 렌더링 종합 정리

품명	브래킷	품명	V벨트 풀리

품명	축	품명	스퍼 기어

품명	스프링 커버	품명	베어링 커버

품명	칼라	품명	원판 칼라

1-4 자율 평가

앞에서 학습 활동을 다 마친 후 자기 스스로 평가 문제에 답하고 답안을 비교 평가해 봄으로써 본인의 부족한 점에 대해 파악하는 태도를 기르고 부족하다면 다른 사람의 도움을 받거나 본인 스스로 앞의 내용을 더욱 자세히 학습하는 자기주도 학습에 목적이 있다.

1-4-1 자율평가 문제

그림 3-1-1의 동력전달 장치에서 부품이 다음과 같이 주어진 설계 변경 사항에 따라 작업을 실시하라.

(1) 부품 설계 변경 사항

- 그림 3-1-1의 동력전달 장치의 동력 전달이 6kW에서 4kW로 변경되면서 부품도 다음의 설계 조건으로 변경되는 것으로 한다.

부품 설계 변경 조건
▪ ②번 부품에 적용된 #6305 깊은 홈 볼베어링을 #7204 앵귤러 볼베어링으로, #6204 깊은 홈 볼베어링을 #7202 앵귤러 볼베어링으로 설계 변경 시 수정되어야 하는 관련 부품이 있다면 변경하시오. ▪ ④번 부품에서 모듈 M:2은 그대로 하고 PCD는 84로 변경하시오. ▪ ②번 부품의 A형 V벨트풀리를 M형 V벨트풀리의 호칭지름 100으로 변경하시오.

- 설계 변경 대상 부품이 변경될 경우 관련되는 다른 부품 역시 조건에 맞도록 설계 변경이 수반 되어야 한다.
- 설계 변경 요구조건과 관계되는 항목만 설계 변경을 실시하며 그 외 관련이 없는 부분은 설계 변경하지 않아야 한다.

(2) 형상모델링도 작업

- 문제에 지시한 부품에 대해 설계 변경을 반영한 후에 3D 모델링도 작업을 실시한다.
- 부품들의 재질 설정 작업을 실시한다.
- 부품들의 질량 검토 작업을 실시한다.

1-4-2 자율평가 답안

(1) 변경 사항

- V벨트 풀리의 타입이 M형으로 변경되었고 베어링의 타입도 모두 변경되었다.
- #6305 깊은 홈 볼베어링이 #7204 앵귤러 볼베어링으로 바뀌었다.
- #6204 깊은 홈 볼베어링이 #7202 앵귤러 볼베어링으로 바뀌었다.
- A형 V벨트풀리를 M형 V벨트풀리의 호칭지름 100으로 바뀌었다.
- 스퍼기어는 모듈은 그대로 하고 PCD가 60으로 바뀌었다.
- 답안그림 1-1에서 ⑦번의 볼베어링이 타입이 바뀜으로서 ②, ③, ⑥, ⑧의 치수가 변경되어야 한다.
- 답안그림 1-1에서 ⑨번의 볼베어링이 타입이 바뀜으로서 ②, ③, ⑤, ⑩, ⑪의 치수가 변경되어야 한다.

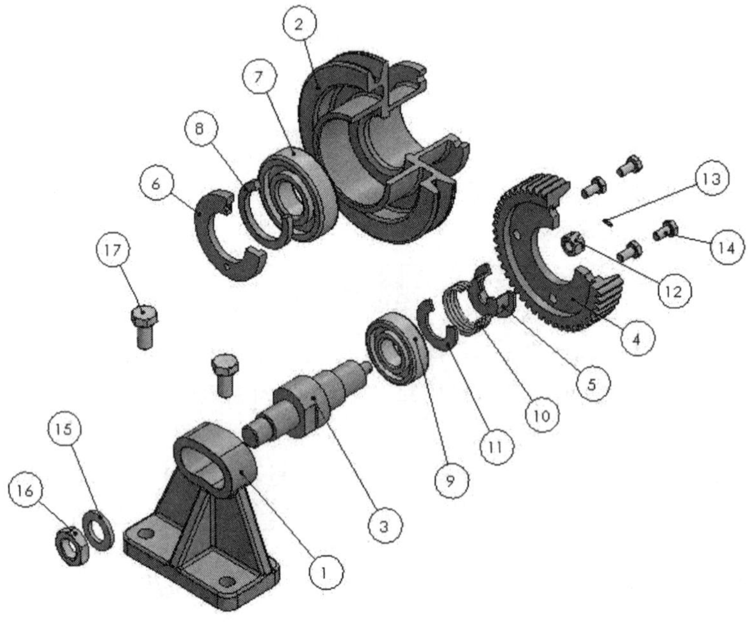

답안그림 1-1 동력 전달장치의 부품 번호

(2) 변경 V-벨트 풀리 형상모델링

- V벨트 풀리의 타입이 M형으로 변경되었고 베어링의 타입도 모두 변경되었다.
- #7204 앵귤러 볼베어링은 외경 47 ㎜, 두께 14 ㎜이다.
- #7202 앵귤러 볼베어링은 외경 35 ㎜, 두께 11 ㎜이다.
- V벨트 풀리의 호칭지름은 100이고 꼭지각은 38° 이다.
- 호칭지름 84인 스퍼기어 조립 내경 68 ㎜로 한다.

- 답안그림 2-1과 같이 회전 단면 스케치함.
- 회전체 형상모델링 함.

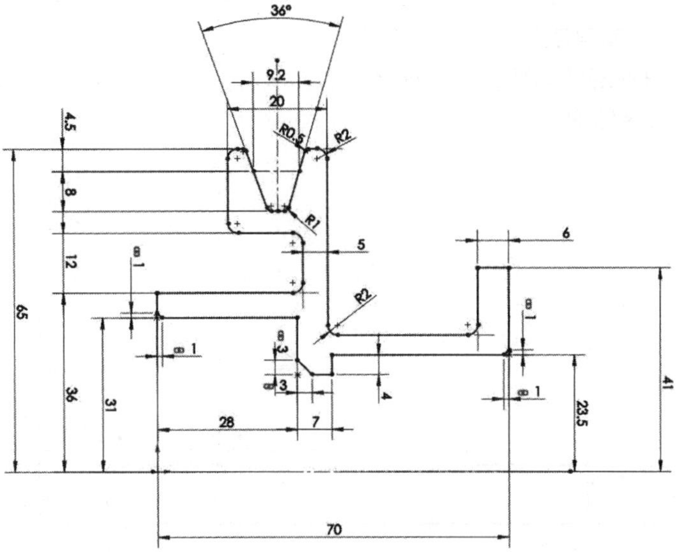

(a) 변경 전의 치수

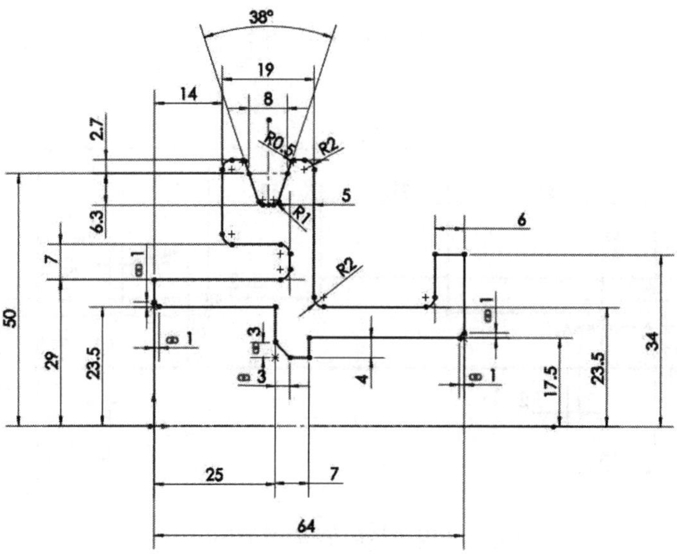

(b) 변경 후의 치수

답안그림 2-1 변경 V벨트 풀리의 단면 스케치 및 치수 정의

(3) 변경 축 형상모델링

- #7204 앵귤러 볼베어링은 내경 20 ㎜, 두께 14 ㎜이다.
- #7202 앵귤러 볼베어링은 내경 15 ㎜, 두께 11 ㎜이다.
- 브래킷의 고정 축 직경은 ∅16 ㎜로 한다.
- 답안그림 3-1과 같이 회전 단면 스케치함.
- 회전체 형상모델링 함.

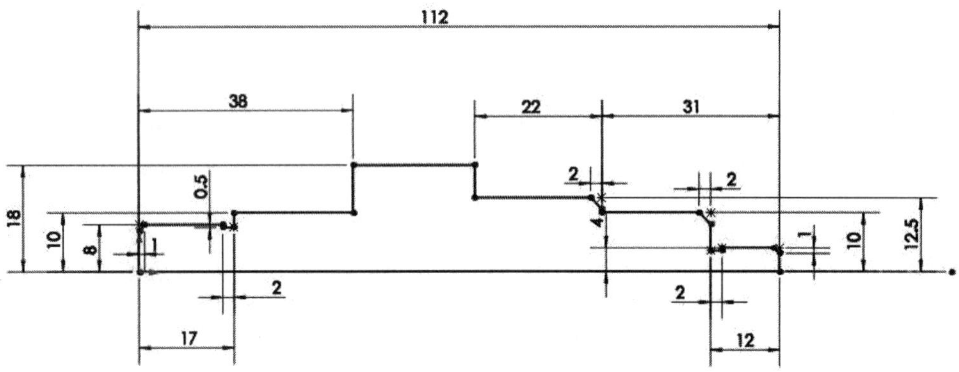

(a) 변경 전의 치수

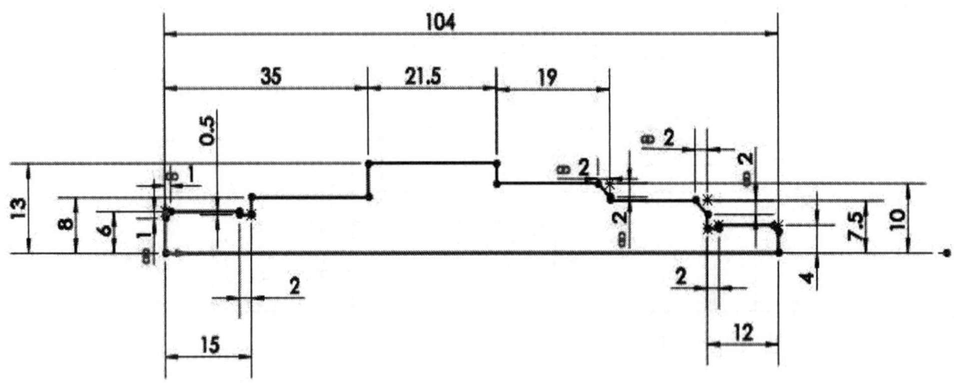

(b) 변경 후의 치수

답안그림 3-1 변경 축의 단면 스케치 및 치수 정의

(4) 변경 스퍼기어 형상모델링

(a) 기초형상모델링

- V벨트 풀리의 스퍼기어 조립 치수 지름 68 ㎜를 참조한다.
- 호칭지름 84인 스퍼기어의 피치원 지름은 84 ㎜이다.
- 가운데 구멍의 크기는 ∅30 ㎜로 한다.
- 답안그림 4-1과 같이 회전 단면 스케치함.
- 회전체 형상모델링 함.

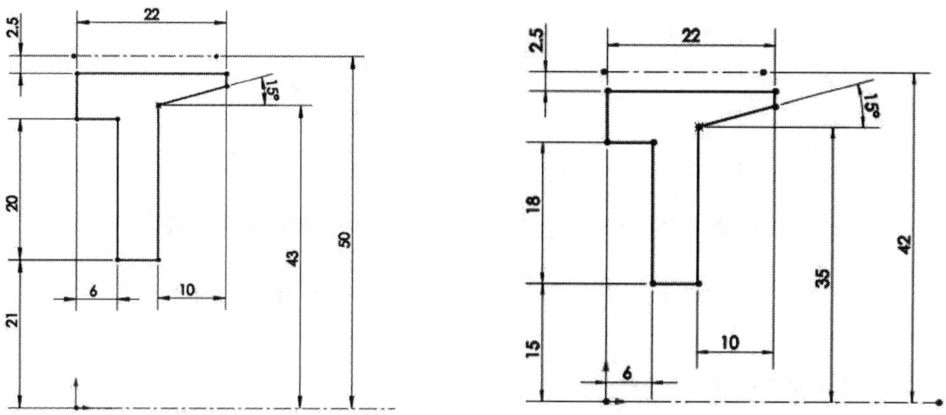

(a) 변경 전의 치수　　　(b) 변경 후의 치수

답안그림 4-1 변경 스퍼기어의 단면 스케치 및 치수 정의

(b) 기어 이 형상모델링

- 본문에서의 이의 크기와 같게 하고 피치원의 지름만 121에서 100으로 변경한다.
- 하나의 이에 대한 돌출 형상모델링 함.
- 본문의 내용과 같은 필렛 함.
- 원형패턴을 이용하여 기어 잇수는 PCD/m=84/2=41(개)로 한다.

(c) 고정 나사 구멍 형상모델링

- 본문에서와 같이 구멍가공마법사를 이용하며 나사의 크기는 같다.
- 구멍 중심에서 28 ㎜ 거리에 구멍 위치시킨다.

(5) 칼라 형상모델링

- 칼라는 #7204 앵귤러 볼베어링의 내륜 지지 목적이므로 내경 20 ㎜보다 크고 외경 42 ㎜ 보다 작아야 한다. 여기서는 내경 30 ㎜로 함.
- 외경은 볼베어링 커버의 안쪽 지름(∅48 ㎜) 크기보다 작게, 즉 ∅38 ㎜로 답안그림 5-1과 같이 단면 스케치함.
- 회전체 형상모델링 함.

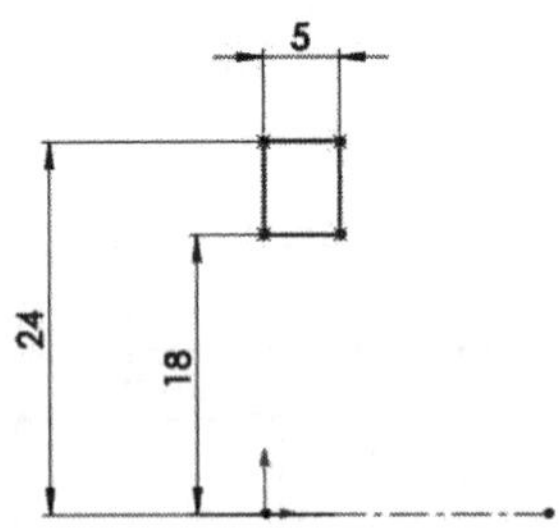

(a) 변경 전의 치수

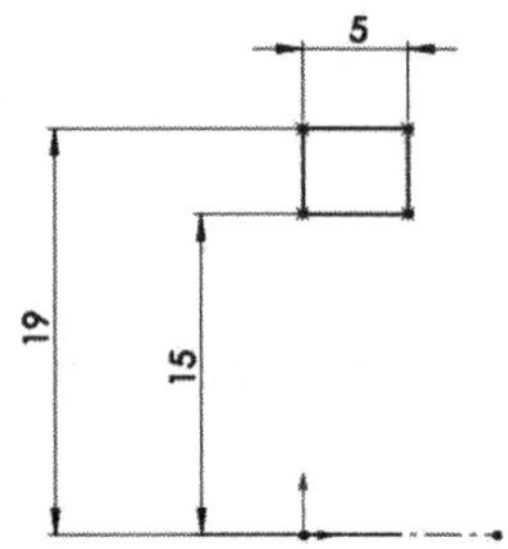

b) 변경 후의 치수

답안그림 5-1 변경 칼라의 단면 스케치 및 치수 정의

(6) 변경 칼라 형상모델링

- 원판 칼라는 #7202 앵귤러 볼베어링의 외륜 지지 목적이므로 외경 35 ㎜보다 작고 내경 15 ㎜보다 커야 한다. 여기서는 외경 28 ㎜로 함.
- 내경은 볼베어링의 내경 크기와 같게, 즉 답안그림 6-1과 같이 단면 스케치함.
- 회전체 형상모델링 함.

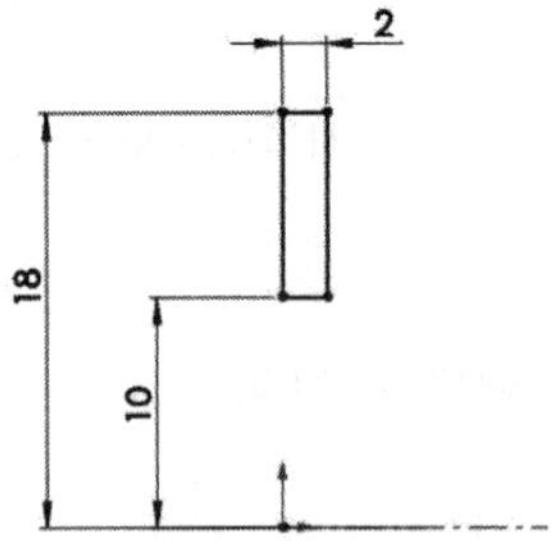

(a) 변경 전의 치수

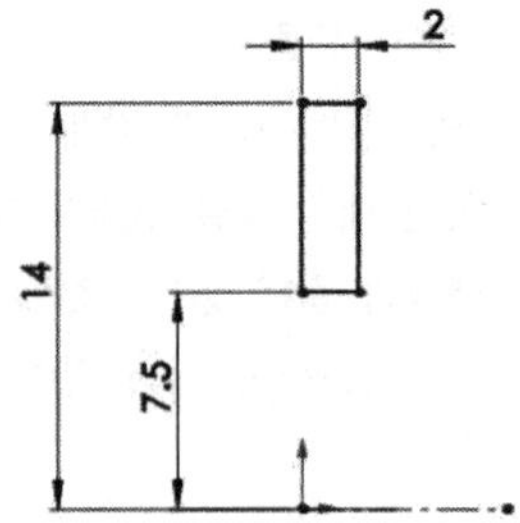

(b) 변경 후의 치수

답안그림 6-1 변경 원판 칼라의 단면 스케치 및 치수 정의

(7) 변경 스프링 커버 형상모델링

- 스프링 커버는 스프링을 보이지 않게 하고 또한 스프링을 지지할 목적이므로 스프링 커버의 외경은 스프링 외경 35 ㎜보다 작고 내경 15 ㎜보다 커야 한다. 여기서는 스프링 커버 외경을 30 ㎜로 함.
- 내경은 축이 통과해야 하므로 축의 직경 ∅8 ㎜보다 크게 ∅9 ㎜, 즉 답안그림 7-1과 같이 단면 스케치함.
- 회전체 형상모델링 함.

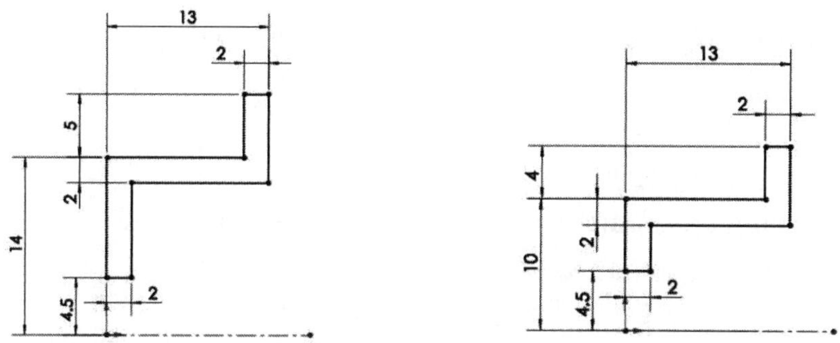

(a) 변경 전의 치수 (b) 변경 후의 치수

답안그림 7-1 변경 스프링 커버의 단면 스케치 및 치수 정의

(8) 변경 베어링 커버 형상모델링

(a) 기초형상모델링

- 베어링 커버는 베어링을 보이지 않게 하고 또한 칼라를 지지할 목적이므로 베어링 커버의 외경은 V벨트 풀리의 내경 ∅47 ㎜와 같게 ∅47 ㎜로 함.
- 안쪽 지름은 칼라의 외경을 고려하여 ∅38 ㎜보다 큰 ∅40 ㎜로 하며 답안그림 3-1과 같이 단면 스케치함.
- 회전체 형상모델링 함.

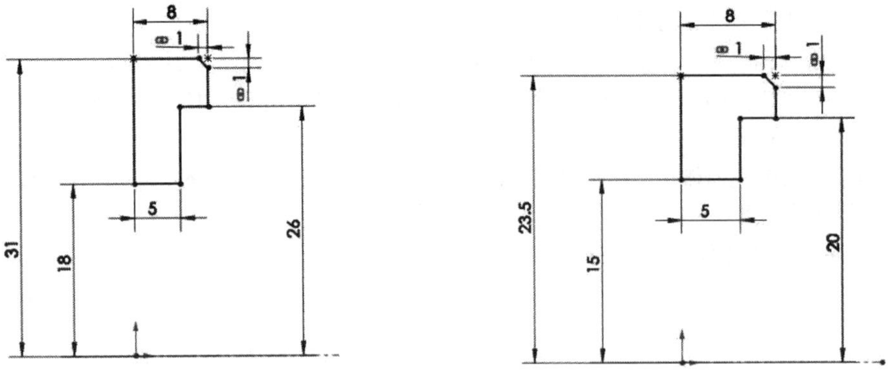

(a) 변경 전의 치수 (b) 변경 후의 치수

답안그림 3-1 변경 베어링 커버의 단면 스케치 및 치수 정의

(b) 고정 홈 구멍 형상모델링

- 구멍가공마법사를 이용하며 본문에서와 같은 홈의 크기로 한다.
- 베어링 커버 중심에서 19 ㎜ 거리에 홈이 위치시킨다.
- 본문과 같은 방법으로 원형 패턴으로 4개의 홈을 만든다.

(9) 변경 브래킷 형상모델링

- 브래킷은 축을 고정할 목적이므로 브래킷의 내경은 축 외경 16 ㎜과 같은 ∅16 ㎜로 함.
- 바깥지름은 축 ∅30 ㎜ 부분이 걸쳐져야 하므로 축의 직경 ∅30 ㎜보다 크게 ∅32 ㎜, 즉 답안그림 4-1과 같이 단면 스케치함.
- 돌출 형상모델링 함.

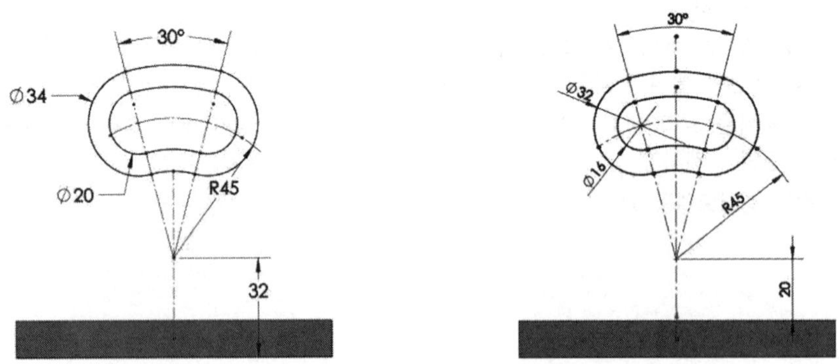

(a) 변경 전의 치수 (b) 변경 후의 치수

답안그림 4-1 변경 브래킷의 단면 스케치 및 치수 정의

(10) 형상모델링 종합정리

<table>
<tr><td colspan="2"></td><td colspan="2">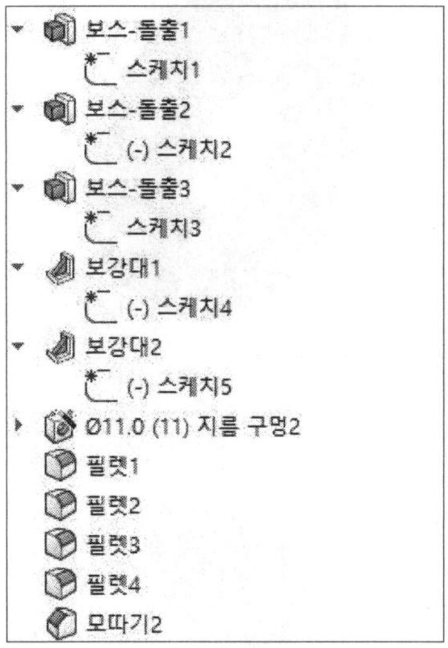
</td></tr>
<tr><td>품명</td><td>브래킷</td><td>품번</td><td>1</td></tr>
<tr><td>재질</td><td>GC200</td><td>질량</td><td>155.51 g</td></tr>
<tr><td colspan="2"></td><td colspan="2">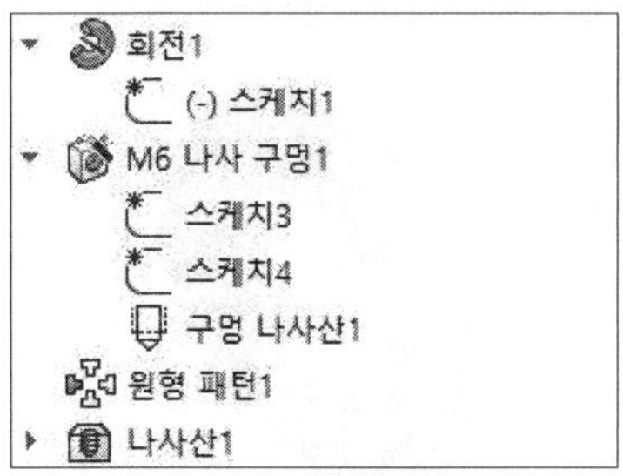
</td></tr>
<tr><td>품명</td><td>V벨트 풀리</td><td>품번</td><td>2</td></tr>
<tr><td>재질</td><td>GC200</td><td>질량</td><td>1087.01 g</td></tr>
<tr><td colspan="2">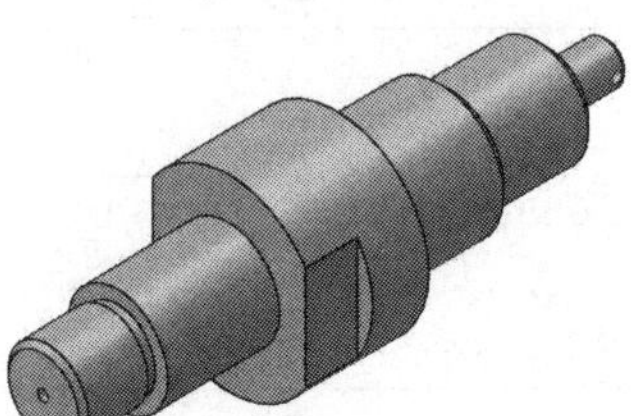</td><td colspan="2">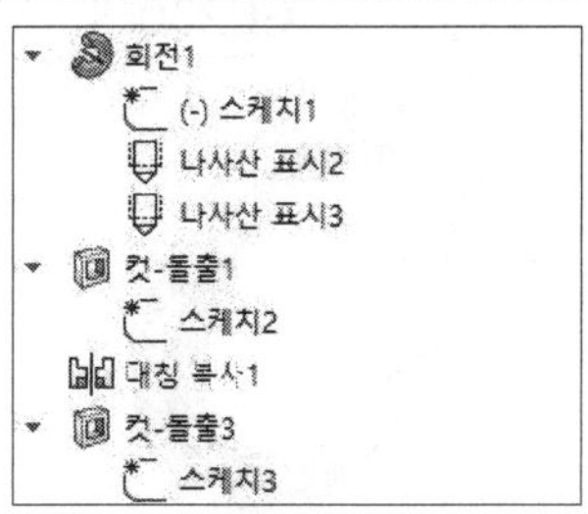
</td></tr>
<tr><td>품명</td><td>축</td><td>품번</td><td>3</td></tr>
<tr><td>재질</td><td>SM45C</td><td>질량</td><td>228.46 g</td></tr>
</table>

<table>
<tr><td colspan="2"></td><td colspan="2">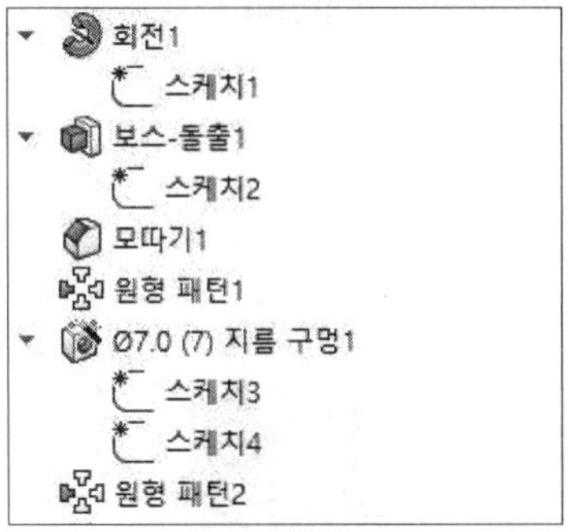
</td></tr>
<tr><td>품명</td><td>스퍼기어</td><td>품번</td><td>4</td></tr>
<tr><td>재질</td><td>SC480</td><td>질량</td><td>416.64 g</td></tr>
<tr><td colspan="2"></td><td colspan="2">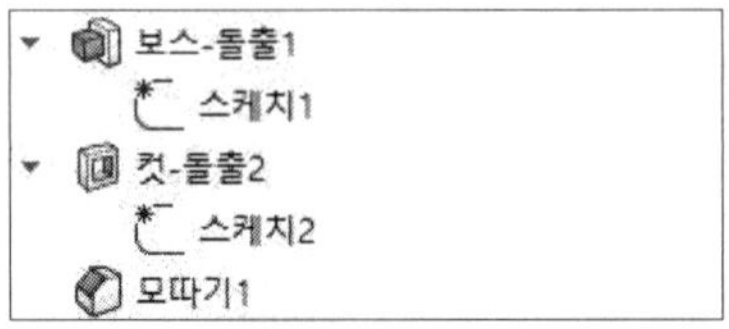
</td></tr>
<tr><td>품명</td><td>스프링 커버</td><td>품번</td><td>5</td></tr>
<tr><td>재질</td><td>GC200</td><td>질량</td><td>18.39 g</td></tr>
<tr><td colspan="2"></td><td colspan="2">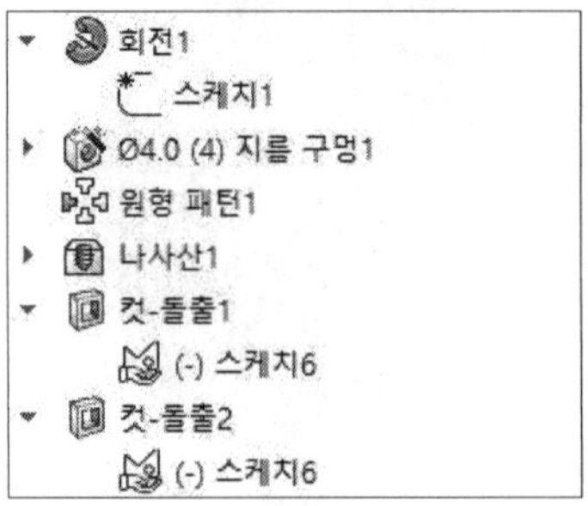
</td></tr>
<tr><td>품명</td><td>베어링 커버</td><td>품번</td><td>6</td></tr>
<tr><td>재질</td><td>GC200</td><td>질량</td><td>45.90 g</td></tr>
<tr><td colspan="2">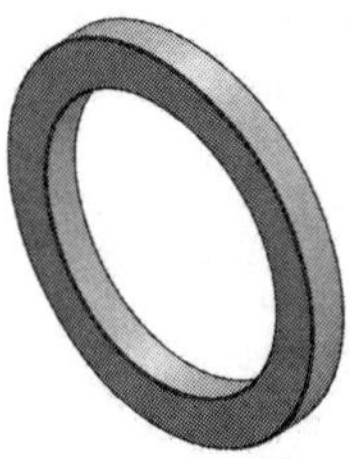</td><td colspan="2">
</td></tr>
<tr><td>품명</td><td>칼라</td><td>품번</td><td>8</td></tr>
<tr><td>재질</td><td>SM45C</td><td>질량</td><td>16.60 g</td></tr>
</table>

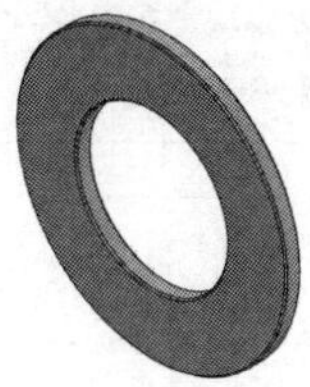

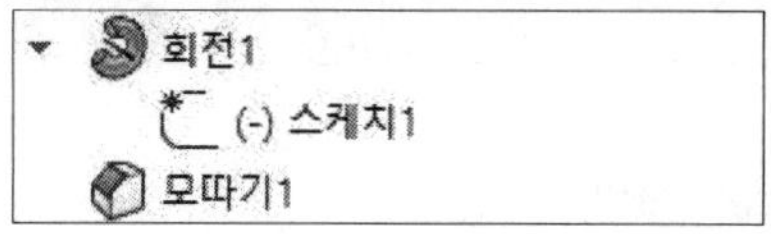

품명	원판 칼라	품번	11
재질	SM45C	질량	6.81 g

자율평가 결과 점검표

학습자 성명 :	평가 날짜 :
평가 제목 : 동력 전달장치의 부품 형상모델링	

		성취 수준		
		일치하지 못했음	일치 했음	일치하지 못한 이유
브래킷	질량 일치			
V벨트풀리	질량 일치			
축	질량 일치			
스퍼기어	질량 일치			
스프링커버	질량 일치			
베어링커버	질량 일치			
칼라	질량 일치			
원판칼라	질량 일치			

성취수준 : 위의 모든 항목에 대해 “일치 했음”, 즉 완성도 100%로 답하여야 합니다. 만일 “일치하지 못했음”에 답을 했다면 치수나 재질이 틀리다는 의미이므로 그 원인을 찾는 것이 좋을 것이다. 본인의 치수나 재질이 맞다고 생각하면 일치하지 않아도 좋지만 그 이유를 이유란에 적고 확실한지 다시 한 번 확인 하십시오.

2 조립 및 분해 형상모델링

2-1 학습준비

2-1-1 작업 과제

각도 조정에 의해 축을 고정하고 축에 조립된 V벨트 풀리의 회전 동력을 스퍼기어를 이용하여 변환하고자 하는 장치로서 조립 모습이 그림 3-2-1 (a)이다. 그림 3-2-1 (b)는 분해 모습이며 그림과 같은 여러 부품들로 구성되어 있다. 이 부품들을 조립하고 분해하는 것을 작업 과제로 한다.

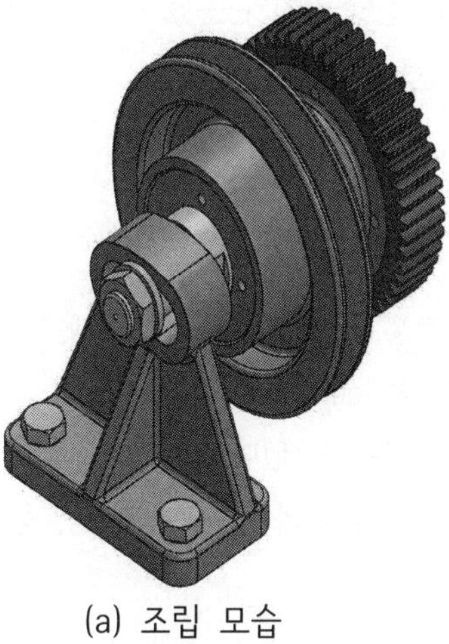

(a) 조립 모습

(b) 분해 모습

그림 3-2-1 동력 전달장치 조립 및 분해 모습

2-1-2 작업 조건

(1) 조립은 앞에서 부품 형상모델링 한 부품을 이용한다.

(2) 부품 조립 후 부품간의 간섭은 없는지 체크한다.

(3) 조립도의 특징이 가장 잘 나타나는 등각 축을 2개 선택하여 등각 이미지를 2개씩 나타낸다(단, 조립도 단면하여 나타내지 않는다).

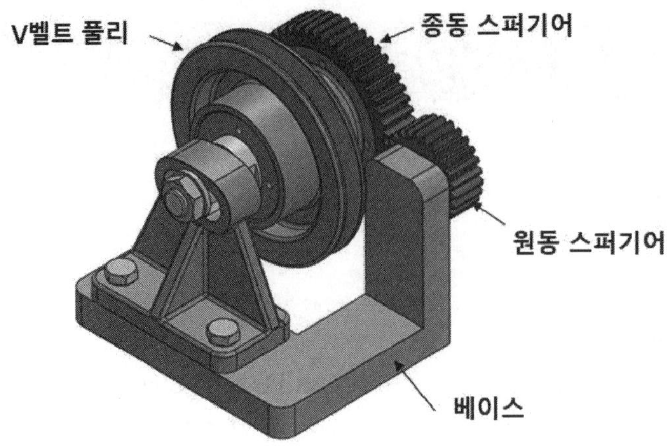

그림 3-2-2 검토를 위해 베이스에 조립한 장치 모습

(4) 그림 3-2-2와 같이 베이스에 조립되어 V벨트 풀리 동력 전달 장치가 구동하도록 구성한다.

(5) 구동 조건을 주고 구동 조건을 만족하는지 모션 해석으로 검토한다.

2-1-2-1 구동조건

- 원동 스퍼기어에 의해 종동 스퍼기어가 동작하며 종동 스퍼기어에 의해 V벨트 풀리가 작동하는데 V벨트 풀리(원동차) 동력 전달 회전 동력은 6(kW)이다.
- 원동 스퍼기어의 회전은 모터로부터 정속 120(rpm)으로 구동된다.
- 원동 스퍼기어와 종동 스퍼기어의 감속비는 기어 잇수비에 의해 1/2이다. 즉, 종동 스퍼기어는 60(rpm)으로 회전해야 한다.

2-1-2-1 검토 사항

- 종동 스퍼기어의 회전 변위가 모션 해석에 의해 원동 기어에 비해 1/2 감속하는지를 확인한다.
- V벨트 풀리의 동력 전달 회전 동력 6(kW)이 출력되기 위해서 필요한 각속도를 이론적으로 구해서 실제 구동에 의한 각속도와 비교하여 올바른지 확인한다.

V벨트 풀리의 동력(W)과 토크와의 관계는 다음과 같다.

$$T = \frac{60P}{2\pi n} = \frac{30P}{\pi n}[N \cdot m] \quad (3\text{-}2\text{-}1)$$

여기서 P;동력(W), T;토크($N \cdot m$), n;회전속도(rpm)

또한 V벨트 풀리의 동력(W)은 다음과 같이 나타낼 수 있다.

$$P[W] = T[N \cdot m] \times \omega[rad/\sec] \quad (3\text{-}2\text{-}2)$$

여기서 P;동력(W), T;토크($N \cdot m$), ω;각속도($rad/\sec$)

식 (8-2-1)에서 필요한 토크 T는 다음과 같아야 한다.

$$T = \frac{30 \times P}{\pi \times n} = \frac{30 \times 6 \times 10^3}{3.14 \times 60} = 955.4[N \cdot m] \quad (3\text{-}2\text{-}3)$$

따라서 식 (8-2-2)에 의하면 V벨트 풀리의 출력 파워6(kW)를 내기 위해서는 각속도가 다음과 같아야 한다.

$$\omega = \frac{6 \times 10^3}{955.4} = 6.28[rad/\sec] \quad (3\text{-}2\text{-}4)$$

식 (8-2-4)의 각속도 단위 rad/sec를 각속도 단위 deg/sec로 바꾸면 359.8(deg/sec)로 된다. 따라서 V벨트 풀리의 각속도를 모션 해석으로 확인하면 된다.

2-2 학습 활동

2-2-1 조립 형상모델링

2-2-1-1 부품 조립

(1) 작업준비하기

수행 : 스케치 화면 들어가기

① 풀다운 메뉴에서 새로 만들기 아이콘을 선택한다.
② 어셈블리를 선택한다.

(2) 브래킷 고정하기

생각하기 : 브래킷은 왜 고정할까?

각도 조정 동력전달 장치의 경우는 축이 고정되고 V벨트 풀리가 축을 중심으로 회전하는 형태이므로 축을 고정할 브래킷을 고정하여야 한다. 따라서 가장 먼저 부품을 삽입하여 일정 위치에 고정 시킬 필요가 있다.

수행 : 브래킷 부품 모델 불러오기

① 부품 삽입을 클릭한다.
② 어셈블리 창의 찾아보기를 클릭한다.
③ 브래킷 파일을 더블 클릭하고 Drag & Drop으로 부품을 어셈블리 창에 갖다 놓는다. 그림 3-2-3 (a)는 불러 온 후 모습이다.

수행 : 위치 결정하기

① 마우스의 오른쪽 버튼을 눌러 메뉴가운데 "자유롭게 움직이기"를 선택한다.
② 브래킷의 우측면과 어셈블리 우측면이 일치하도록 메이트 한다.
③ 브래킷의 윗면과 어셈블리 윗면이 일치하도록 메이트 한다.
④ 다시 마우스의 오른쪽 버튼을 눌러 메뉴가운데 "고정"을 선택한다(그림 3-2-3 (b)).

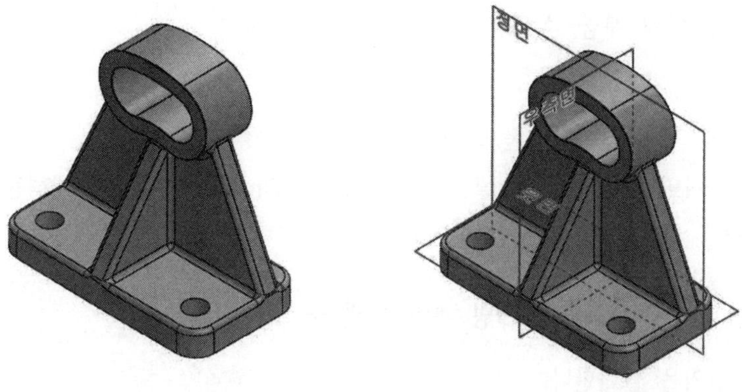

(a) 삽입 모습 (b) 위치 결정 모습

그림 3-2-3 브래킷의 삽입에 이은 위치 결정

(3) 부품 불러오기

생각하기 : 부품 불러오기는 한 번에 가능할까?

물론 가능하다. 부품은 불러온 순서대로 부품 번호가 매겨지므로 부품 번호를 생각하여 불러오는 것이 좋다. 부품은 그림 3-1-1 (b) 부품 번호에 맞춰 불러오는 것으로 한다.

수행 : 두 번째 부품 V벨트 풀리 모델 불러오기

① 부품 삽입을 클릭한다.
② 어셈블리 창의 찾아보기를 클릭한다.
③ V벨트 풀리 파일을 더블 클릭하고 Drag & Drop으로 부품을 어셈블리 창에 갖다 놓는다.

수행 : 세 번째 부품 축 모델 불러오기

① 부품 삽입을 클릭한다.
② 어셈블리 창의 찾아보기를 클릭한다.
③ 축 파일을 더블 클릭하고 Drag & Drop으로 부품을 어셈블리 창에 갖다 놓는다.

수행 : 네 번째 부품 스퍼기어 모델 불러오기

① 부품 삽입을 클릭한다.
② 어셈블리 창의 찾아보기를 클릭한다.
③ 스퍼기어 파일을 더블 클릭하고 Drag & Drop으로 부품을 어셈블리 창에 갖다 놓는다.

수행 : 다섯 번째 부품 스프링 커버 모델 불러오기

① 부품 삽입을 클릭한다.
② 어셈블리 창의 찾아보기를 클릭한다.
③ 스프링 커버 파일을 더블 클릭하고 Drag & Drop으로 부품을 어셈블리 창에 갖다 놓는다.

수행 : 여섯 번째 부품 베어링 커버 모델 불러오기

① 부품 삽입을 클릭한다.
② 어셈블리 창의 찾아보기를 클릭한다.
③ 베어링 커버 파일을 더블 클릭하고 Drag & Drop으로 부품을 어셈블리 창에 갖다 놓는다.

수행 : 일곱 번째 부품 칼라 모델 불러오기

① 부품 삽입을 클릭한다.
② 어셈블리 창의 찾아보기를 클릭한다.
③ 칼라 파일을 더블 클릭하고 Drag & Drop으로 부품을 어셈블리 창에 갖다 놓는다.

수행 : 여덟 번째 부품 판 칼라 모델 불러오기

① 부품 삽입을 클릭한다.
② 어셈블리 창의 찾아보기를 클릭한다.
③ 판 칼라 파일을 더블 클릭하고 Drag & Drop으로 부품을 어셈블리 창에 갖다 놓는다.

수행 : 아홉 번째 부품 스프링 모델 불러오기

① 부품 삽입을 클릭한다.
② 어셈블리 창의 찾아보기를 클릭한다.
③ 스프링 파일을 더블 클릭하고 Drag & Drop으로 부품을 어셈블리 창에 갖다 놓는다(그림 3-2-4).

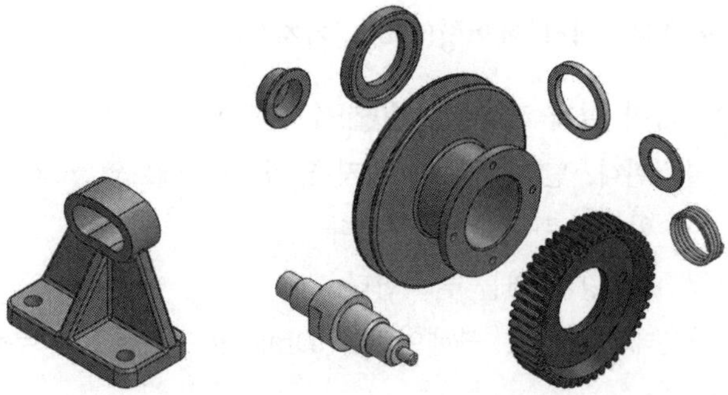

그림 3-2-4 부품 번호에 맞춰 부품 불러온 결과

(4) 브래킷과 축 조립

생각하기 : 축 조립에서 생각해야 할 것은?

브래킷이 축을 이동 고정할 수 있도록 되어 있으므로 축을 고정하기가 어려운 면도 있다. 따라서 축이 브래킷의 중앙에 위치하도록 하려면 기준면을 이용하여 위치를 잡을 필요가 있으며 축 삽입 부분이 원의 형태가 아니므로 동심으로 메이트 할 수 없으므로 축을 바닥으로부터 어느 위치에 고정할 것인지에 대한 위치를 미리 알아야 한다.

수행 : 부품간의 메이트 하기

① 어셈블리 도구상자에서 메이트 아이콘 을 클릭한다.
② 브래킷의 우측면과 축의 정면이 일치하도록 메이트 한다.
③ 브래킷의 축 삽입 바깥 면과 축의 끝 면이 일치하도록 메이트 한다.
④ 브래킷의 윗면과 축의 외측 면이 탄젠트하면서 일정 거리(61.5 ㎜)를 갖도록 메이트 한다. 그림 3-2-5는 메이트 결과이다.

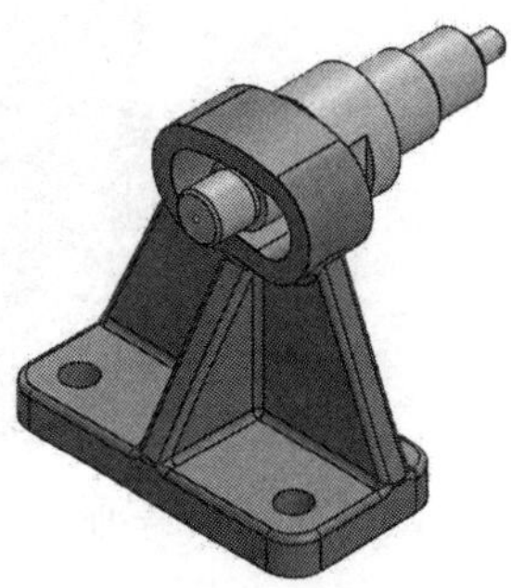

그림 3-2-5 축 메이트 결과

(5) 볼 베어링(6305)의 조립

생각하기 : 볼 베어링의 조립은 어떻게 해야 하는가?

볼 베어링은 V벨트 풀리가 회전할 수 있도록 축에 조립되는 부품으로 3D CAD 모델러에 라이브러리로 베어링을 부품을 제공하고 있다. 따라서 베어링 부품은 라이브러리에서 가져와서 조립만 하면 된다.

수행 : 설계 라이브러리에서 베어링(6305) 가져오기

① 작업창의 오른쪽에 설계 라이브러리(▥)를 클릭한다.
② Toolbox를 클릭한다. 만약 애드인 되지 않았다면 애드인 시켜야 한다.
③ 베어링이 KS에 있으므로 KS를 클릭한다.
④ 베어링에서 볼 베어링을 더블 클릭한다.
⑤ 볼 베어링 가운데 깊은 홈 볼베어링을 Drag & Drop으로 부품을 어셈블리 창에 갖다 놓는다.
⑥ 깊은 홈 볼베어링의 사양(KS B 2023 S63-6305-S-C)을 설정한다.
⑦ 확인을 클릭한다.

수행 : 부품간의 메이트 하기

① 어셈블리 도구상자에서 메이트 아이콘 (◈)을 클릭한다.
② 베어링을 축과 동심하도록 메이트 한다.
③ 축의 단차 옆면이 베어링의 옆면과 일치하도록 메이트 한다(그림 3-2-6).

그림 3-2-6 볼베어링(6305) 조립 결과 그림 3-2-7 볼베어링(6204) 조립 결과

(6) 볼 베어링(6204)의 조립

수행 : 설계 라이브러리에서 베어링2 가져오기

① 작업창의 오른쪽에 설계 라이브러리(▥)를 클릭한다.
② Toolbox를 클릭한다. 만약 애드인 되지 않았다면 애드인 시켜야 한다.
③ 베어링이 KS에 있으므로 KS를 클릭한다.
④ 베어링에서 볼 베어링을 더블 클릭한다.

⑤ 볼 베어링 가운데 깊은 홈 볼베어링을 Drag & Drop으로 부품을 어셈블리 창에 갖다 놓는다.
⑥ 깊은 홈 볼베어링의 사양(KS B 2023 S62-6304-S-C)을 설정한다.
⑦ 확인을 클릭한다.

수행 : 부품간의 메이트 하기

① 어셈블리 도구상자에서 메이트 아이콘 을 클릭한다.
② 베어링을 축과 동심하도록 메이트 한다.
③ 축의 단차 옆면이 베어링의 옆면과 일치하도록 메이트 한다(그림 3-2-7).

(7) 칼라 조립

수행 : 부품간의 메이트 하기

① 어셈블리 도구상자에서 메이트 아이콘 을 클릭한다.
② 와셔와 축과 동심되도록 메이트 한다.
③ 와셔의 옆면과 베어링 옆면과 일치하도록 메이트 한다(그림 3-2-8).

(8) 원판 칼라 조립

수행 : 부품간의 메이트 하기

① 어셈블리 도구상자에서 메이트 아이콘 을 클릭한다.
② 와셔와 축과 동심되도록 메이트 한다.
③ 와셔의 옆면과 베어링 옆면과 일치하도록 메이트 한다(그림 3-2-9).

그림 3-2-8 칼라 조립 결과

그림 3-2-9 원판 칼라 조립 결과

(9) 스프링 조립

생각하기 : 스프링 조립은 어떻게 하는가?

스프링은 나선형으로 되어 있어 조립하기가 어려운 면이 있다. 따라서 생각해야 하는 것은 동심 메이트에 의한 조립은 되지 않으며 오히려 기준면과 기준면을 일치하는 메이트로 조립해야 한다.

마지막으로 스프링이 움직이지 않기 위해서는 스프링의 시작점과 와셔의 옆면이 일치하게 메이트 해야 한다.

수행 : 스프링 조립 부품 모델 불러오기

① 부품 삽입을 클릭한다.
② 어셈블리 창의 찾아보기를 클릭한다.
③ 스프링 파일이 창에 있으면 더블 클릭하고 Drag & Drop으로 부품을 어셈블리 창에 갖다 놓는다.

수행 : 부품간의 메이트 하기

① 어셈블리 도구상자에서 메이트 아이콘 을 클릭한다.
② 스프링의 우측면과 축의 정면이 일치하도록 메이트 한다.
③ 축의 윗면과 스프링의 윗면이 일치하도록 메이트 한다.
④ 와셔의 옆면과 스프링의 시작점이 일치하도록 메이트 한다.
⑤ 확인을 클릭한다(그림 3-2-10).

그림 3-2-10
스프링 조립 결과

(10) 스프링 커버 조립

검토하기 : 스프링 커버 조립은 어떻게 하는가?

스프링 커버는 스프링을 빠져 나오지 못하게 지지하는 것으로 축과 동심을 이루면서 와셔와 밀착되게 조립하여야 한다.

수행 : 부품간의 메이트 하기

① 어셈블리 도구상자에서 메이트 아이콘 을 클릭한다.
② 축의 외측 면과 스프링 지지대 내면이 동심되도록 메이트 한다.
③ 와셔의 옆면과 스프링 지지대 옆면이 일치하도록 메이트 한다.
④ 확인을 클릭한다(그림 3-2-11).

그림 3-2-11
스프링 커버 조립 결과

(11) 육각 너트 조립

생각하기 : 육각 너트 조립은 어떻게 하는가?

육각 너트(Slot&Castle Nut)는 체결에 관계되는 부품이라 하여 국제 규격뿐만 아니라 각 나라에서 표준으로 제공하는 표준 부품들이 있다. 또한 각 3D CAD 모델러에도 라이브러리로 부품들을 제공하고 있다. 따라서 규격 부품들은 라이브러리에서 가져와서 조립만 하면 된다.

수행 : 설계 라이브러리에서 육각 너트 가져오기

① 작업창의 오른쪽에 설계 라이브러리( )를 클릭한다.
② Toolbox를 클릭한다. 만약 애드인 되지 않았다면 애드인 시켜야 한다.
③ 너트가 KS에 있으므로 KS를 클릭한다.
④ 너트에서 육각 홈 너트를 클릭한다.
⑤ 육각 홈 너트를 Drag & Drop으로 부품을 어셈블리 창에 갖다 놓는다.
⑥ 육각 홈 너트의 사양(KS B 1015-90 C1-M8-High-N)을 설정한다.
⑦ 확인을 클릭한다.

수행 : 부품간의 메이트 하기

① 어셈블리 도구상자에서 메이트 아이콘 을 클릭한다.
② 육각 너트와 축과 동심되도록 메이트 한다.
③ 육각 너트의 옆면과 축 옆면과 일치하도록 메이트 한다(그림 3-2-12).

그림 3-2-12육각 너트 조립 결과

(12) 스플릿 테이퍼 핀 조립

생각하기 : 스플릿 테이퍼 핀 조립은 어떻게 하는가?

스플릿 테이퍼 핀은 너트가 풀려 이탈하지 않도록 하는 역할을 하며 KS에서 제공하는 표준 부품이다. 또한 각 3D CAD 모델러에도 라이브러리로 부품들을 제공하고 있다. 따라서 규격 부품들은 라이브러리에서 가져와서 조립만 하면 된다.

수행 : 설계 라이브러리에서 스플릿 테이퍼 핀 가져오기

① 작업창의 오른쪽에 설계 라이브러리( )를 클릭한다.
② Toolbox를 클릭한다. 만약 애드인 되지 않았다면 애드인 시켜야 한다.
③ 스플릿 테이퍼 핀이 KS에 있으므로 KS를 클릭한다.
④ 모든 핀에서 스플릿 테이퍼 핀을 클릭한다.
⑤ 스플릿 테이퍼 핀을 Drag & Drop으로 어셈블리 창에 갖다 놓는다.
⑥ 스플릿 테이퍼 핀의 사양(KS 1323-2×10)을 설정한다.
⑦ 확인을 클릭한다.

수행 : 부품간의 메이트 하기

① 어셈블리 도구상자에서 메이트 아이콘 을 클릭한다.
② 스플릿 테이퍼 핀과 축의 핀 구멍과 동심되도록 메이트 한다.
③ 스플릿 테이퍼 핀의 끝 면과 축의 정면(기준면)과 일치 시키고 일정거리 5 ㎜ 유지하도록 메이트 한다.

(13) V벨트 풀리 조립

수행 : 부품간의 메이트 하기

① 어셈블리 도구상자에서 메이트 아이콘 을 클릭한다.

② V벨트 풀리 구멍이 축과 동심되도록 메이트 한다.

③ 그림 3-2-13과 같이 V벨트 풀리의 베어링 접촉면과 베어링 우측면이 일치하도록 메이트 한다.

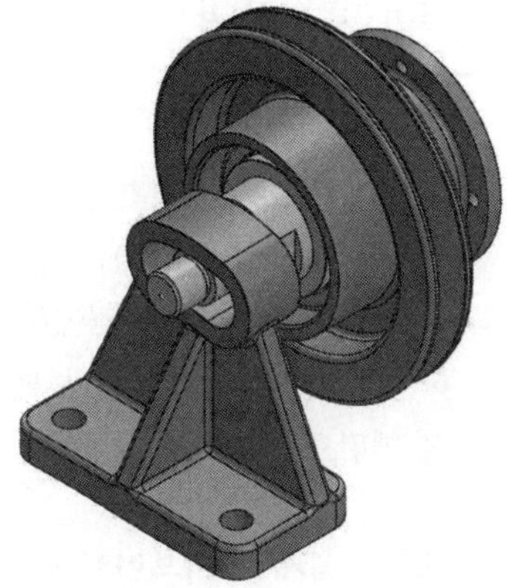

그림 3-2-13 V벨트 풀리 조립 결과

(14) 스퍼기어 조립

생각하기 : 스퍼기어 조립은 어떻게 하는가?

스퍼기어는 V벨트 풀리에서 전달해주는 동력을 받아 목적물에 회전 동력을 주는 역할을 한다. 그런데 풀리와 일체형이므로 V벨트 풀리 면과 일치가 되고 볼트에 의해 V벨트 풀리에 조립이 되어야 한다.

수행 : 부품간의 메이트 하기

① 어셈블리 도구상자에서 메이트 아이콘 을 클릭한다.

② 풀리의 안쪽 구면과 스퍼기어의 안쪽 구면이 동심되도록 메이트 한다.

③ 풀리의 볼트 구멍과 스퍼기어의 볼트 구멍이 동심되도록 메이트 한다.

④ 풀리의 옆면과 스퍼기어 옆면이 일치하도록 메이트 한다.

⑤ 확인을 클릭한다(그림 3-2-14).

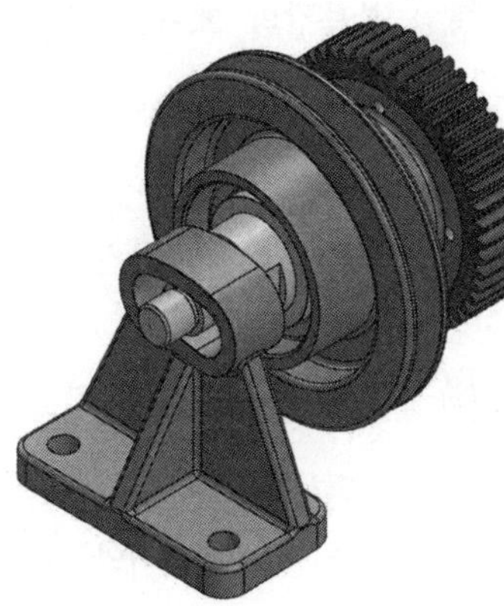

그림 3-2-14 스퍼기어 조립 결과

(15) 육각 볼트 조립

생각하기 : 육각 볼트 조립은 어떻게 하는가?

육각 볼트는 스퍼기어를 V벨트 풀리에 체결하는 역할을 하며 KS에서 제공하는 표준 부품들이다. 또한 각 3D CAD 모델러에도 라이브러리로 부품들을 제공하고 있다. 따라서 규격 부품들은 라이브러리에서 가져와서 조립만 하면 된다. 다만, 4군데를 볼트 조립하여야 하는데 4개를 각각 4번의 메이트에 의해 조립할 필요가 없이 한 번의 조립과 한 번의 원형 패턴으로 메이트를 완료할 수 있다.

수행 : 설계 라이브러리에서 육각 볼트 가져오기

① 작업창의 오른쪽에 설계 라이브러리()를 클릭한다.
② Toolbox를 클릭한다. 만약 애드인 되지 않았다면 애드인 시켜야 한다.
③ 볼트가 KS에 있으므로 KS를 클릭한다.
④ 볼트에서 육각 볼트를 클릭한다.
⑤ 육각 볼트를 Drag & Drop으로 부품을 어셈블리 창에 갖다 놓는다.
⑥ 육각 볼트의 사양(KS 1002 A-M6×12×12-N)을 설정한다.
⑦ 확인을 클릭한다.

수행 : 부품간의 메이트 하기

① 어셈블리 도구상자에서 메이트 아이콘 을 클릭한다.
② 육각 볼트와 스퍼기어 구멍과 동심되도록 메이트 한다.
③ 육각 볼트의 머리 옆면과 스퍼기어 옆면이 일치하도록 메이트 한다(그림 3-2-15).

수행 : 부품 원형패턴 하기

① 부품 원형 패턴을 클릭한다.
② 파라미터는 스퍼기어의 안쪽 원 옆면을 클릭한다.
③ 각도는 360°로 하고 인스턴스 수는 4로 하며 동등 간격 체크를 한다.
④ 패턴 할 요소는 조립한 볼트를 선택한다.
⑤ 확인을 클릭한다.

그림 3-2-15
4개의 육각 볼트 어셈블리 결과

(17) 베어링 커버 조립

검토하기 : 베어링 커버 조립은 어떻게 조립하는가?

베어링 커버는 앞에서 언급했지만 V벨트 풀리의 내부를 커버하면서 베어링을 지지하는 와셔를 고정해 주는 역할을 한다. 따라서 와셔와 밀착이 되어야 하며 V벨트 풀리와 동심이 되어야 한다.

수행 : 부품간의 메이트 하기

① 어셈블리 도구상자에서 메이트 아이콘 을 클릭한다.
② 풀리의 안쪽 구면과 커버의 바깥쪽 구면이 동심되도록 메이트 한다.
③ 와셔의 옆면과 커버 안쪽 옆면이 일치하도록 메이트 한다.
④ 확인을 클릭한다(그림 3-2-16).

그림 3-2-16 커버 조립 결과

(18) 와셔 조립

수행 : 설계 라이브러리에서 와셔 가져오기

① 작업창의 오른쪽에 설계 라이브러리()를 클릭한다.
② Toolbox를 클릭한다. 만약 애드인 되지 않았다면 애드인 시켜야 한다.
③ 너트가 KS에 있으므로 KS를 클릭한다.
④ 와셔에서 평 와셔를 클릭한다.
⑤ 평 와셔를 Drag & Drop으로 부품을 어셈블리 창에 갖다 놓는다.
⑥ 평 와셔의 사양(KS 1326 pw-M14)을 설정한다.
⑦ 확인을 클릭한다.

수행 : 부품간의 메이트 하기

① 어셈블리 도구상자에서 메이트 아이콘 을 클릭한다.
② 평 와셔와 축과 동심되도록 메이트 한다.
③ 평 와셔의 옆면과 브래킷 옆면이 일치하도록 메이트 한다(그림 3-2-17).

(19) 육각 저 너트 등급 AB 조립

수행 : 설계 라이브러리에서 플렌지 붙이 너트 가져오기

① 작업창의 오른쪽에 설계 라이브러리( )를 클릭한다.
② Toolbox를 클릭한다. 만약 애드인 되지 않았다면 애드인 시켜야 한다.
③ 너트가 KS에 있으므로 KS를 클릭한다.
④ 육각 너트에서 저 너트 등급 AB를 클릭한다.
⑤ 육각 너트를 Drag & Drop으로 부품을 어셈블리 창에 갖다 놓는다.
⑥ 저 너트 등급의 사양(KS 1012 AB-M16-N)을 설정한다.
⑦ 확인을 클릭한다(그림 3-2-17).

그림 3-2-17
평 와셔 및 육각 저 너트 등급 AB 어셈블리 결과

(20) 구멍붙이 볼트 조립

생각하기 : 구멍붙이 볼트 조립은 어떻게 하는가?

구멍붙이 볼트는 브래킷을 바닥에 고정하는 역할을 하며 KS에서 제공하는 표준 부품이며 3D CAD 모델러에도 라이브러리에 제공하고 있으므로 라이브러리에서 가져와서 조립만 하면 된다. 다만, 2군데를 볼트 조립하여야 하는데 한 번의 조립과 한 번의 선형 패턴으로 메이트를 완료하는 것이 효과적이다.

수행 : 설계 라이브러리에서 육각 볼트 가져오기

① 작업창의 오른쪽에 설계 라이브러리( )를 클릭한다.
② Toolbox를 클릭한다. 만약 애드인 되지 않았다면 애드인 시켜야 한다.
③ 볼트가 KS에 있으므로 KS를 클릭한다.
④ 볼트와 나사에서 소켓머리 나사를 클릭한다.
⑤ 구멍붙이 볼트를 Drag & Drop으로 부품을 어셈블리 창에 갖다 놓는다.
⑥ 구멍붙이 볼트의 사양(KS 1003-M10×16×16-N)을 설정한다.
⑦ 확인을 클릭한다.

수행 : 부품간의 메이트 하기

① 어셈블리 도구상자에서 메이트 아이콘 을 클릭한다.
② 구멍붙이 볼트와 브래킷의 볼트 구멍과 동심되도록 메이트 한다.
③ 볼트의 머리 밑면과 브래킷 윗면이 일치하도록 메이트 한다(그림 3-2-18 (a)).

수행 : 부품 대칭 복사하기

① 부품 선형 패턴을 클릭한다.
② 방향1은 브래킷의 우측면을 클릭한다.
③ 복사할 요소는 조립한 볼트를 선택한다.
④ 확인을 클릭한다(그림 3-2-18 (b)).

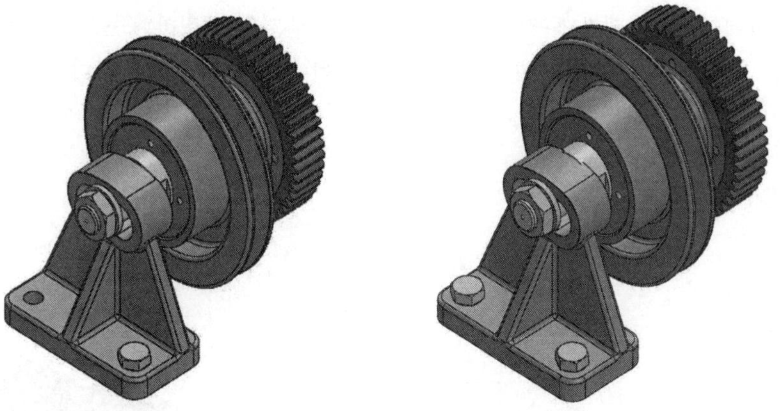

(a) 1개의 고정 볼트 조립　　(b) 대칭 복사에 의한 조립

그림 3-2-18 2개의 볼트 조립 결과

(21) 조립 모델 저장

수행 : 최종 형상 저장하기

① 저장 도구( )에서 다른 이름으로 저장하기를 클릭한다.
② 저장할 디렉토리를 정하고 파일이름을 "동력전달 장치"로 한다.
③ 저장 버튼을 클릭한다.

2-2-1-2 부품간의 간섭 체크

생각하기 : 어느 부분의 간섭체크가 중요한가?

동력전달 장치의 경우 축은 고정되어 있고 V벨트 풀리가 회전하면서 스퍼기어에 동력을 전달하는 형태이므로 축과 V벨트 풀리의 조립이 동력이 원활하게 구동되는 조립이어야 하므로 이 부분을 특히 주의 깊게 간섭 체크할 필요가 있다.

수행 : 부품간의 간섭 체크하기

① 계산 탭에서 간섭탐지 도구( )을 선택한다.

② 선택 부품이 "동력전달 장치.sldasm"인지 확인한다.

③ 선택 부품 밑의 계산을 클릭한다.

④ 결과에 간섭 상태가 나타난다. 이 때 해당 부분을 클릭하면 오른쪽 메인 창에 그림 3-2-19 (b)와 같이 붉게 하이라이트 된다. 그런데 사실 그림 3-2-19 (a)에서 여러 개의 간섭이 일어났는데 이것은 볼트 및 와셔 조립 부분으로 무시해도 되는 부분이다.

⑤ 확인 버튼을 클릭한다.

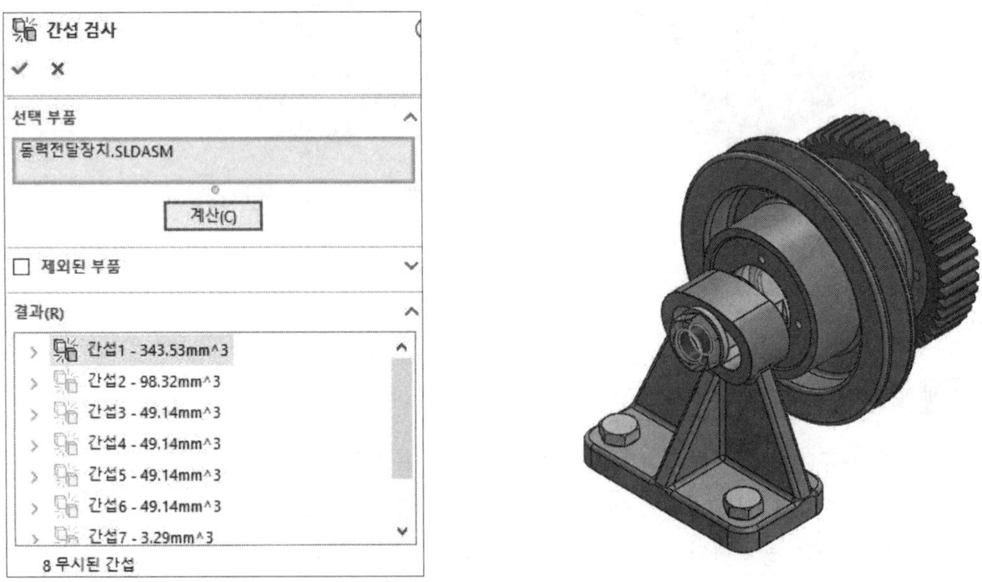

(a) 간섭체크 창 (b) 간섭 체크 결과

그림 3-2-19 간섭 체크

2-2-1-3 등각 보기

생각하기 : 장치를 명확하게 보여기 위해서는 어떻게 하면 좋을까?

동력전달 장치는 왼쪽과 오른쪽의 형상이 다르다. 따라서 양쪽 부분이 잘 보이도록 해야 명확하게 장치의 조립 형상을 전달할 필요가 있다. 따라서 왼쪽 좌측 위 등각방향과 오른쪽 우측 위 등각방향으로 표현해야 명확한 전달이 될 수 있다.

수행 : 등각 View 설정하기

① 뷰 방향( )을 클릭한다.
② 첫 번째는 그림 3-2-20 (a)와 같이 왼쪽의 좌측 위 등각 보기를 선택한다.
③ 두 번째는 그림 3-2-20 (b)와 같이 오른쪽의 우측 아래 등각 보기를 선택한다.

(a) 좌측 위 등각 보기

(b) 우측 아래 등각 보기

그림 3-2-20 동력전달 장치의 2방향의 등각 보기

2-2-1-4 장치의 모션 체크

생각하기 : 모션 체크란 무엇인가?

동력전달 장치의 경우 스퍼기어의 회전에 의한 V벨트 풀리가 동력을 전달하는 형태이므로 주어진 조건에 맞게 V벨트 풀리의 동력이 정확히 구동되는지를 체크해야 하는데 이를 모션 체크라 한다. 따라서 원동 스퍼기어를 조립할 베이스가 필요하며 원동 기어와 종동기어가 기어 연결에 의해 조립되어야 모션 체크가 가능하다.

(1) 모션을 위한 조립

수행 : 원동 스퍼기어 베이스 고정

① 어셈블리 모듈을 연다.

② 부품 삽입을 통해서 원동 스퍼기어_베이스 파트모델을 드래그 하여 어셈블리 화면에 추가한다.

③ 표준 메이트에서 브래킷의 육각볼트 2부분과 원동 스퍼기어_베이스의 구멍을 일치시키기 위해 동심 메이트 한다.

④ 브래킷의 옆면과 원동 스퍼기어_베이스의 옆면을 일치 메이트 한다(그림 3-2-21).

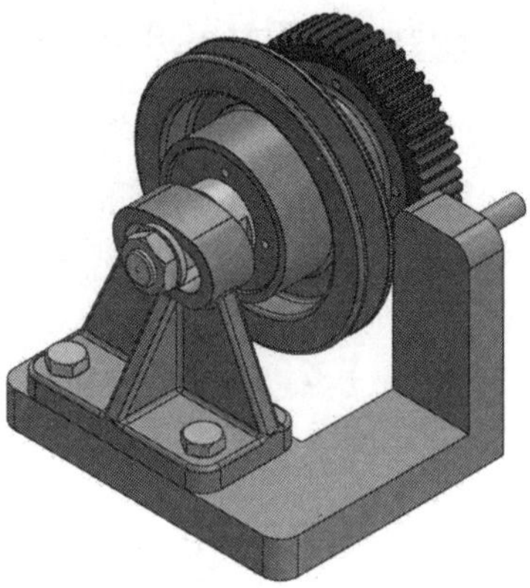

그림 3-2-21
원동 스퍼기어_베이스의 조립 결과

수행 : 원동 스퍼기어 연결

① 부품 삽입을 통해서 원동 스퍼기어(driving gear) 파트모델을 드래그 하여 어셈블리 화면에 추가한다.

② 표준 메이트에서 원동 스퍼기어의 중심과 베이스 축의 중심을 일치시키기 위해 동심 메이트 한다.

③ 표준 메이트에서 원동 스퍼기어의 옆면과 종동 스퍼기어의 옆면이 서로 일치하며 돌아가도록 일치 메이트 한다.

④ 고급 메이트에서 종동 기어의 이 중심을 지나는 기준면과 원동 기어의 이와 이의 중심을 지나는 기준면이 서로 각도 0이 되도록 메이트 한다(그림 3-2-22). 이 점이 종동 기어 회전의 시작점으로 생각하면 된다. 단 주의할 점은 옵션에서 "위치 배치에만 사용"을 반드시 체크해 주어야 한다는 것이다. 그렇게 하지 않을 경우 각도 일치로 메이트 되어 기어가 움직이지 못한다.

그림 3-2-22
종동 기어 이와 이사이 중심을 지나는 기준평면과 원동 기어 이 중심을 지나는 기준평면 각도 일치

수행 : **기어 구동 연결**

① 원동 기어와 종동 기어의 중심축이 보이도록 한다.
② 메이트로 들어가서 "기계 메이트"를 클릭한다.
③ 기어를 선택하고 원동 기어의 중심축과 종동 기어의 중심축을 선택한다.
④ 기어 비율을 그림 3-2-23과 같이 피치원 지름인 원동 기어는 50, 종동 기어는 100으로 한다.
⑤ 확인을 클릭한다. 이로써 기어 구동 연결이 된 것이다. 확인하려면 원동 기어를 돌려 보기 바란다. 이 때 원동 기어에 대해 종 동 기어가 잘 회전 되는지 확인하기 바란다.

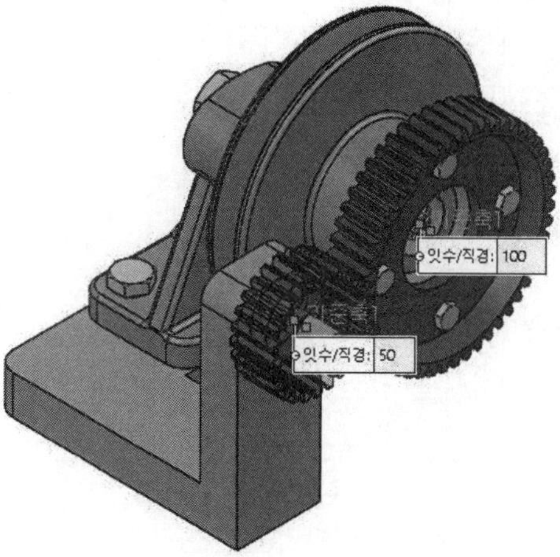

그림 3-2-23
기어 메이트 설정 모습

(2) 모터 설정 및 모션 설정

수행 : **모터 설정**

① 기어의 구동을 보이기 위해 모델 탭 옆의 모션 스터디 탭을 클릭한다.
② 구동을 위한 모터 를 선택한다.
③ 모터 유형을 원형 모터로 선택한다.
④ 부품/방향에서 모터 위치는 회전 구동을 위해 원동 기어로 한다.
⑤ 그림 3-2-24와 같이 모터 방향을 적용한다.
⑥ 확인을 클릭한다.

수행 : **모션 설정**

① 모션은 모터 속성 창의 모션 설정에서 한 가지를 선택한다. 여기서는 정속을 선택하였다.
② 120 rpm을 입력한다.
③ 확인을 클릭한다.

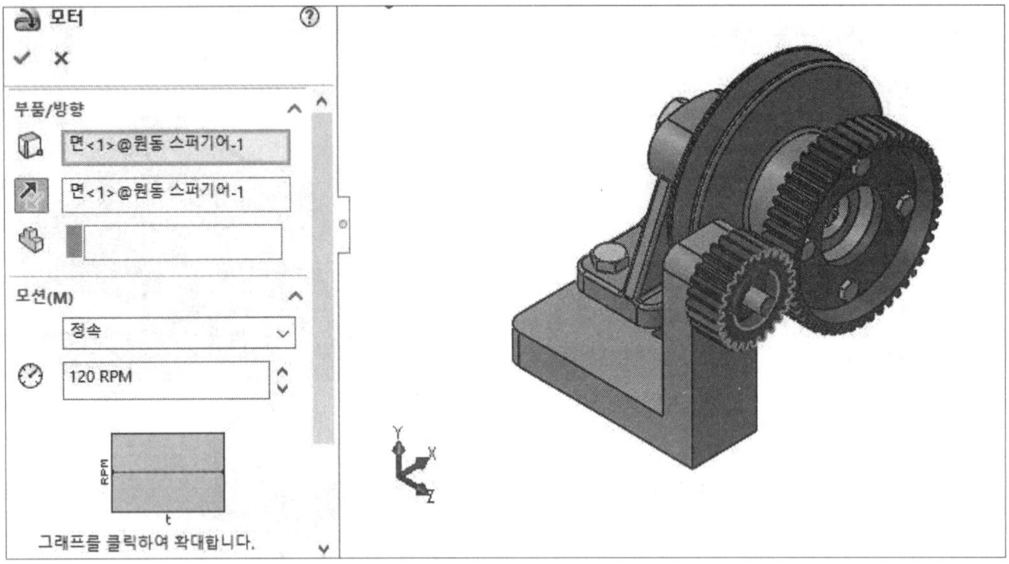

그림 3-2-24 모터 위치와 모터 방향 설정 모습

(3) 모션 체크

수행 : 모션 스터디 계산하기

① 애니메이션의 모션 스터디 계산하기(▦)를 클릭하여 설정된 모터의 구동 조건을 계산한다.

② 잘 구동되는지를 확인한다.

수행 : 애니메이션 파일 저장하기

정확한 구동을 확인하였으면 구동된 파일을 동영상으로 제작해본다.

① 애니메이션으로 저장(▦)을 클릭한다.

② 애니메이션 파일로의 창이 나타난다.

③ 파일 이름을 "동력장치"로 저장한다.

④ 비디오 압축 창이 나타나고 확인을 누른다.

⑤ 저장하기 전에 다시 계산할 것인지 묻는 창이 나타나면 예를 누른다.

⑥ 기어가 동작하면서 동영상으로 저장된다.

수행 : 모션 해석

① 애니메이션 탭을 모션 해석으로 변경한다.

② 모션 스터디 계산하기( )를 클릭하여 다시 한 번 구동시킨다.

③ 결과와 플롯( )을 클릭하여 원동 기어의 각변위는 그림 3-2-25 (a), 종동 기어의 각변위는 그림 3-2-25 (b)와 같이 그래프의 속성을 입력하고 확인을 클릭한다.

④ 구동에 대한 기어의 모션 해석 결과는 그림 3-2-26과 같다. 이 그래프를 통해 그림 3-2-26 (a)의 원동 기어의 120 rpm에 대해 그림 3-2-26 (b)의 종동 기어가 50 rpm으로 회전하고 있는 것을 알 수 있다. 따라서 원동 기어에 의해 종동 기어를 동력 회전비 1:2로 전달하는 기어 기구 설계는 올바르다고 판단할 수 있다.

⑤ 또한 V벨트 풀리의 각속도는 그림 3-2-27과 같이 360(deg/sec)로 나왔으며 이론적으로 검증한 것 359.8(deg/sec)과 일치한다.

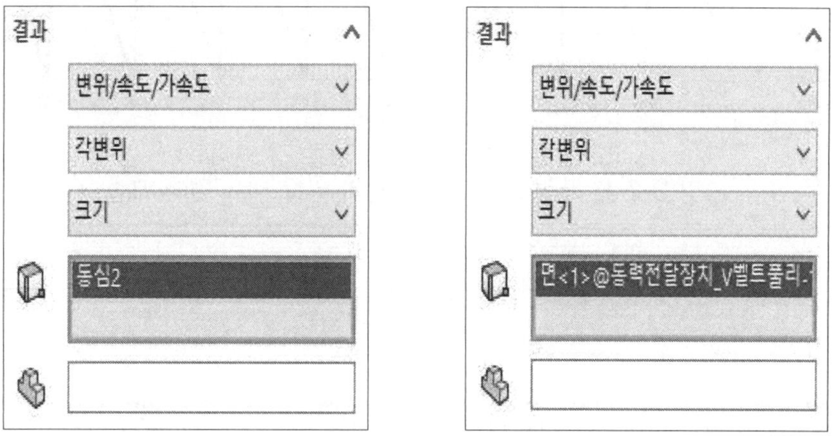

(a) 원동 기어 (b) 종동 기어

그림 3-2-25 모션 해석을 위한 그래프 속성 설정 모습

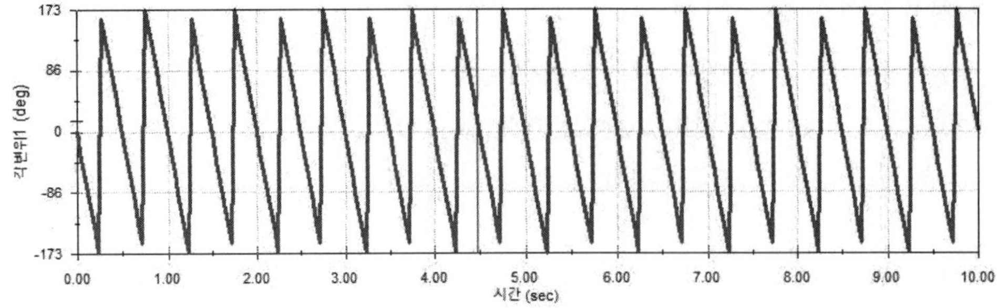

(a) 원동 기어의 시간에 따른 각 변위

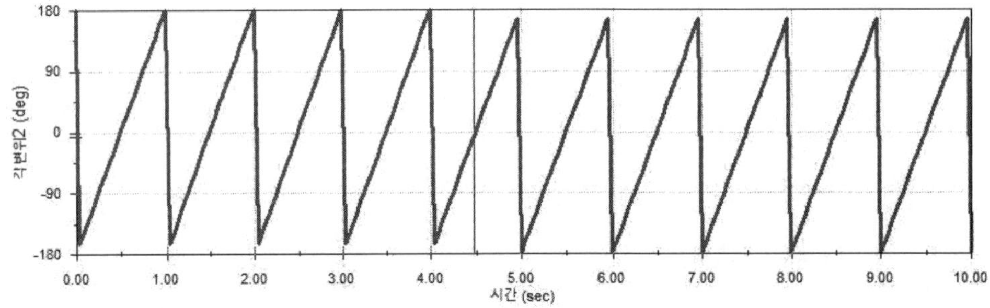

(b) 종동 기어의 시간에 따른 각 변위

그림 3-2-26 동력전달 장치의 각 변위 그래프 결과 모습

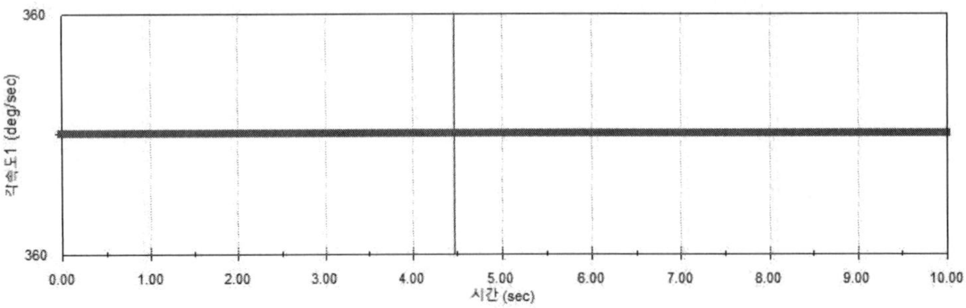

그림 3-2-27 동력전달 장치의 각속도 그래프 결과 모습

2-2-2 분해 형상모델링

2-2-2-1 부품 분해

(1) 작업준비하기

수행 : 분해도 선택

① 어셈블리 탭에서 분해도( )를 선택한다.

(2) 육각 저 너트 등급 AB 분해하기

수행 : z축 방향 분해

① 분해도 창에서 분해 하고자 하는 육각 저 너트 등급 AB를 클릭한다.
② 분해할 방향(분해 창의 z축 방향)을 선택한다. 반대 방향으로 분해 거리는 120 ㎜로 한다.
③ "적용"을 누르고 적절한 거리인지 확인한다.
④ 거리가 확정되면 완료를 클릭한다(그림 3-2-28).

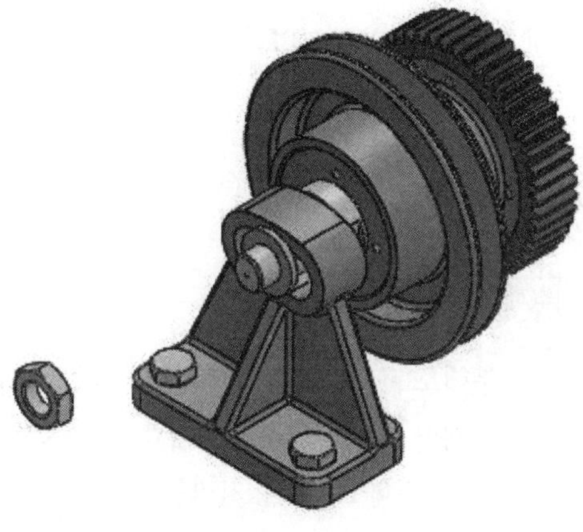

그림 3-2-28 육각 저 등급 너트 분해 결과

(3) 평 와셔 분해하기

수행 : z축 방향 분해

① 분해도 창에서 분해 하고자 하는 평 와셔를 클릭한다.
② 분해할 방향(분해 창의 z축 방향)을 선택한다. 반대 방향으로 분해 거리는 100 ㎜로 한다.
③ "적용"을 누르고 적절한 거리인지 확인한다.
④ 거리가 확정되면 완료를 클릭한다(그림 3-2-29).

그림 3-2-29 평 와셔 분해 결과

(4) 축 분해하기

수행 : z축 방향 분해

① 분해도 창에서 분해 하고자 하는 축을 클릭한다.

② 분해할 방향(분해 창의 z축 방향)을 선택한다. 반대 방향으로 분해 거리는 60 ㎜로 한다.

③ "적용"을 누르고 적절한 거리인지 확인한다.

④ 거리가 확정되면 완료를 클릭한다(그림 3-2-30).

그림 3-2-30 축 분해 결과

(5) V벨트 풀리 분해하기

수행 : y축 방향 분해

① 분해도 창에서 분해 하고자 하는 V벨트 풀리를 클릭한다.

② 분해할 방향(분해 창의 y축 방향)을 선택한다. 방향이 반대이면 분해도 창의 화살표를 클릭하고 분해 거리는 170 ㎜로 한다.

③ "적용"을 누르고 적절한 거리인지 확인한다.

④ 거리가 확정되면 완료를 클릭한다(그림 3-2-31).

수행 : z축 방향 분해

① 분해도 창에서 분해 하고자 하는 V벨트 풀리를 클릭한다.

② 분해할 방향(분해 창의 z축 방향)을 선택한다. 방향이 반대이면 분해도 창의 화살표를 클릭하고 분해 거리는 110 ㎜로 한다.

③ "적용"을 누르고 적절한 거리인지 확인한다.

④ 거리가 확정되면 완료를 클릭한다(그림 3-2-31).

그림 3-2-31 V벨트 풀리 분해 결과

(6) 베어링(6305) 분해하기

수행 : y축 방향 분해

① 분해도 창에서 분해 하고자 하는 베어링 커버를 클릭한다.
② 분해할 방향(분해 창의 y축 방향)을 선택한다. 방향이 반대이면 분해도 창의 화살표를 클릭하고 분해 거리는 170 ㎜로 한다.
③ “적용”을 누르고 적절한 거리인지 확인한다.
④ 거리가 확정되면 완료를 클릭한다(그림 3-2-32).

수행 : z축 방향 분해

① 분해도 창에서 분해 하고자 하는 베어링(6305)을 클릭한다.
② 분해할 방향(분해 창의 z축 방향)을 선택한다. 방향이 반대이면 분해도 창의 화살표를 클릭하고 분해 거리는 40 ㎜로 한다.
③ “적용”을 누르고 적절한 거리인지 확인한다.
④ 거리가 확정되면 완료를 클릭한다(그림 3-2-32).

그림 3-2-32
베어링(6305) 분해 결과

(7) 칼라 분해하기

수행 : z축 방향 분해

① 분해도 창에서 분해 하고자 하는 칼라를 클릭한다.
② 분해할 방향(분해 창의 z축 방향)을 선택한다. 방향이 반대이면 분해도 창의 화살표를 클릭하고 분해 거리는 20 ㎜로 한다.
③ “적용”을 누르고 적절한 거리인지 확인한다.
④ 거리가 확정되면 완료를 클릭한다(그림 3-2-33).

그림 3-2-33 칼라 분해 결과

수행 : y축 방향 분해

① 분해도 창에서 분해 하고자 하는 칼라를 클릭한다.
② 분해할 방향(분해 창의 y축 방향)을 선택한다. 방향이 반대이면 분해도 창의 화살표를 클릭하고 분해 거리는 170 ㎜로 한다.
③ "적용"을 누르고 적절한 거리인지 확인한다.
④ 거리가 확정되면 완료를 클릭한다(그림 3-2-33).

(8) 베어링 커버 분해하기

수행 : y축 방향 분해

① 분해도 창에서 분해 하고자 하는 베어링 커버를 클릭한다.
② 분해할 방향(분해 창의 y축 방향)을 선택한다. 방향이 반대이면 분해도 창의 화살표를 클릭하고 분해 거리는 170 ㎜로 한다.
③ "적용"을 누르고 적절한 거리인지 확인한다.
④ 거리가 확정되면 완료를 클릭한다(그림 3-2-34).

수행 : z축 방향 분해

① 분해도 창에서 분해 하고자 하는 베어링 커버를 클릭한다.
② 분해할 방향(분해 창의 z축 방향)을 선택한다. 방향이 반대이면 분해도 창의 화살표를 클릭하고 분해 거리는 10 ㎜로 한다.
③ "적용"을 누르고 적절한 거리인지 확인한다.
④ 거리가 확정되면 완료를 클릭한다(그림 3-2-34).

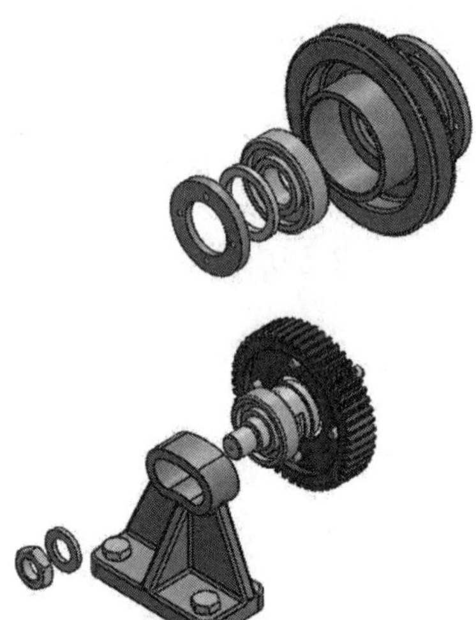

그림 3-2-34
베어링 커버 분해 결과

(9) 4개의 볼트나사 분해하기

수행 : z축 방향 분해

① 분해도 창에서 분해 하고자 하는 4개의 볼트 나사를 전부 클릭한다.

② 분해할 방향(분해 창의 z축 방향)을 선택한다. 방향이 반대이면 분해도 창의 화살표를 클릭하고 분해 거리는 330 ㎜로 한다.

③ "적용"을 누르고 적절한 거리인지 확인한다.

④ 거리가 확정되면 완료를 클릭한다(그림 3-2-35).

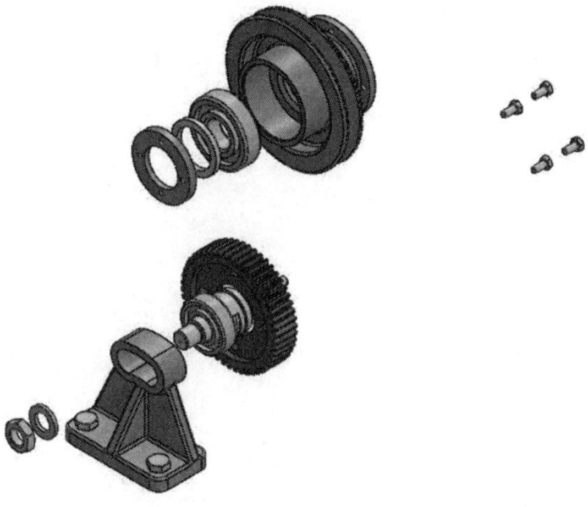

그림 3-2-35 4개의 볼트 분해 결과

(10) 스플릿 테이퍼 핀 분해하기

수행 : z축 방향 분해

① 분해도 창에서 분해 하고자 하는 스플릿 테이퍼 핀을 클릭한다.

② 분해할 방향(분해 창의 z축 방향)을 선택한다. 방향이 반대이면 분해도 창의 화살표를 클릭하고 분해 거리는 320 ㎜로 한다.

③ "적용"을 누르고 적절한 거리인지 확인한다.

④ 거리가 확정되면 완료를 클릭한다(그림 3-2-36).

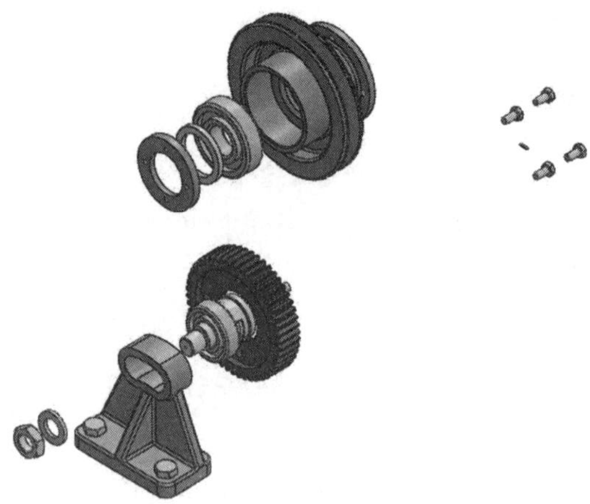

그림 3-2-36 스플릿 테이퍼 핀 분해 결과

(11) 육각 홈 너트 분해하기

수행 : z축 방향 분해

① 분해도 창에서 분해 하고자 하는 육각 홈 너트를 클릭한다.

② 분해할 방향(분해 창의 z축 방향)을 선택한다. 방향이 반대이면 분해도 창의 화살표를 클릭하고 분해 거리는 305 ㎜로 한다.

③ "적용"을 누르고 적절한 거리인지 확인한다.

④ 거리가 확정되면 완료를 클릭한다(그림 3-2-37).

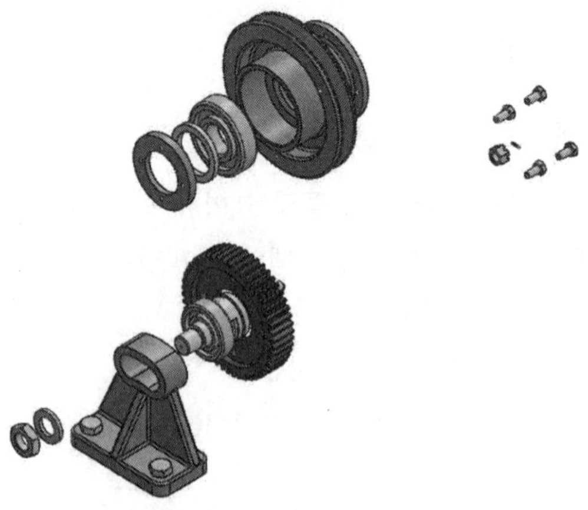

그림 3-2-37 육각 홈 너트 분해 결과

(12) 스퍼기어 분해하기

수행 : z축 방향 분해

① 분해도 창에서 분해 하고자 하는 스퍼기어를 클릭한다.

② 분해할 방향(분해 창의 z축 방향)을 선택한다. 방향이 반대이면 분해도 창의 화살표를 클릭하고 분해 거리는 230 ㎜로 한다.

③ "적용"을 누르고 적절한 거리인지 확인한다.

④ 거리가 확정되면 완료를 클릭한다(그림 3-2-38).

그림 3-2-38 스퍼기어 분해 결과

(13) 스프링 커버 분해하기

수행 : z축 방향 분해

① 분해도 창에서 분해 하고자 하는 스프링 커버를 클릭한다.

② 분해할 방향(분해 창의 z축 방향)을 선택한다. 방향이 반대이면 분해도 창의 화살표를 클릭하고 분해 거리는 180 ㎜로 한다.

③ "적용"을 누르고 적절한 거리인지 확인한다.

④ 거리가 확정되면 완료를 클릭한다(그림 3-2-39).

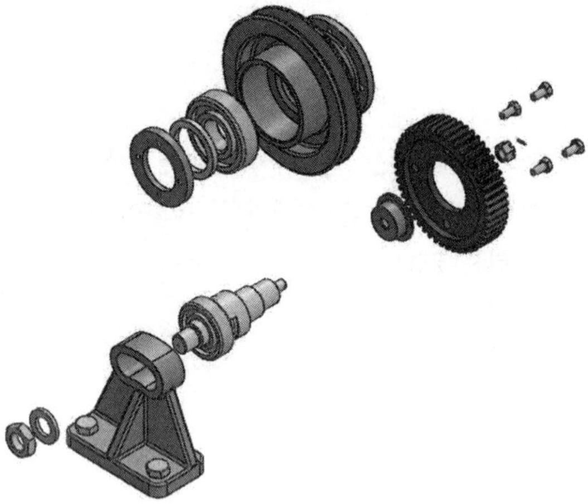

그림 3-2-39 스프링 커버 분해 결과

(14) 스프링 분해하기

수행 : z축 방향 분해

① 분해도 창에서 분해 하고자 하는 스프링을 클릭한다.

② 분해할 방향(분해 창의 z축 방향)을 선택한다. 방향이 반대이면 분해도 창의 화살표를 클릭하고 분해 거리는 160 ㎜로 한다.

③ "적용"을 누르고 적절한 거리인지 확인한다.

④ 거리가 확정되면 완료를 클릭한다(그림 3-2-40).

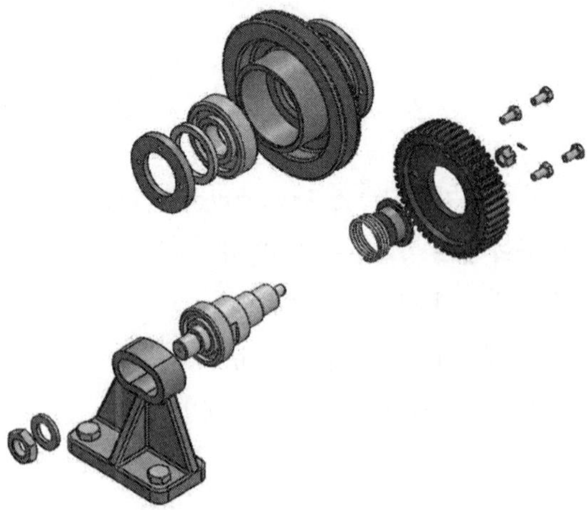

그림 3-2-40 스프링 분해 결과

(15) 판 칼라 분해하기

수행 : **z축 방향 분해**

① 분해도 창에서 분해 하고자 하는 판 칼라를 클릭한다.

② 분해할 방향(분해 창의 z축 방향)을 선택한다. 방향이 반대이면 분해도 창의 화살표를 클릭하고 분해 거리는 140 ㎜로 한다.

③ "적용"을 누르고 적절한 거리인지 확인한다.

④ 거리가 확정되면 완료를 클릭한다(그림 3-2-41).

그림 3-2-41 판 칼라 분해 결과

(16) 베어링(6204) 분해하기

수행 : **z축 방향 분해**

① 분해도 창에서 분해 하고자 하는 베어링(6204)을 클릭한다.

② 분해할 방향(분해 창의 z축 방향)을 선택한다. 방향이 반대이면 분해도 창의 화살표를 클릭하고 분해 거리는 110 ㎜로 한다.

③ "적용"을 누르고 적절한 거리인지 확인한다.

④ 거리가 확정되면 완료를 클릭한다(그림 3-2-42).

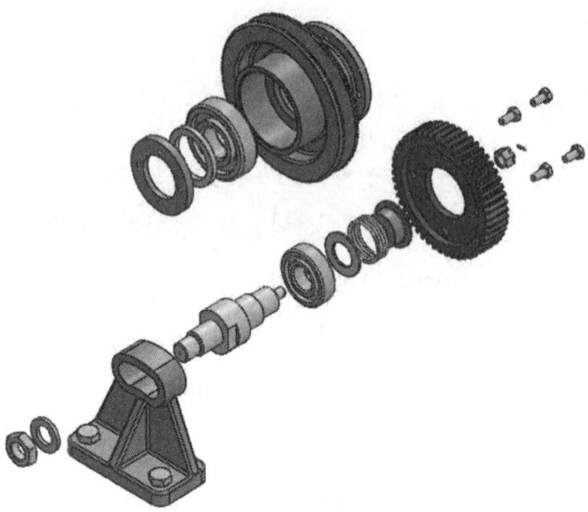

그림 3-2-42 베어링(6204) 분해 결과

(17) 2개의 육각 볼트 분해하기

수행 : y축 방향 분해

① 분해도 창에서 분해 하고자 하는 2개의 육각 볼트를 클릭한다.

② 분해할 방향(분해 창의 y축 방향)을 선택한다. 반대 방향으로 분해 거리는 170 ㎜로 한다.

③ "적용"을 누르고 적절한 거리인지 확인한다.

④ 거리가 확정되면 완료를 클릭한다(그림 3-2-43).

그림 3-2-43 2개의 육각 볼트 분해 결과

(18) 저장하기

수행 : 최종 형상 저장하기

① 저장 도구( )에서 다른 이름으로 저장하기를 클릭한다.

② 저장할 디렉토리를 정하고 파일이름을 "동력전달 장치"로 한다.

③ 저장 버튼을 클릭한다.

2-3 학습 정리

2-3-1 조립 및 분해 형상모델링의 이력 종합정리

① 동력 전달장치의 조립 형상모델링이 그림 3-2-44와 같이 메이트에 의해 조립이 완성되었는지 확인한다. 만일 다르다면 어떤 점이 다르며 문제가 없는지를 체크한다.

② 동력 전달장치의 분해 형상모델링이 그림 3-2-45와 같이 20단계의 분해로 이루어졌는지 확인한다. 만일 다르다면 어떤 점이 다르며 문제가 없는지를 체크한다.

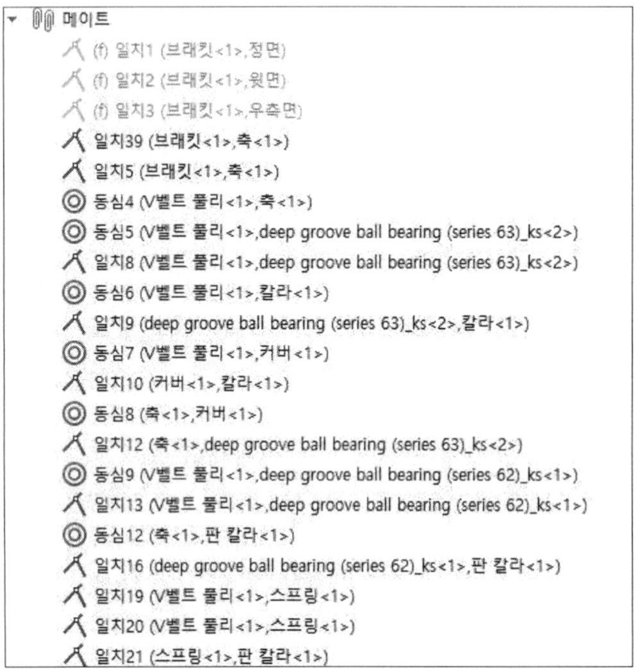

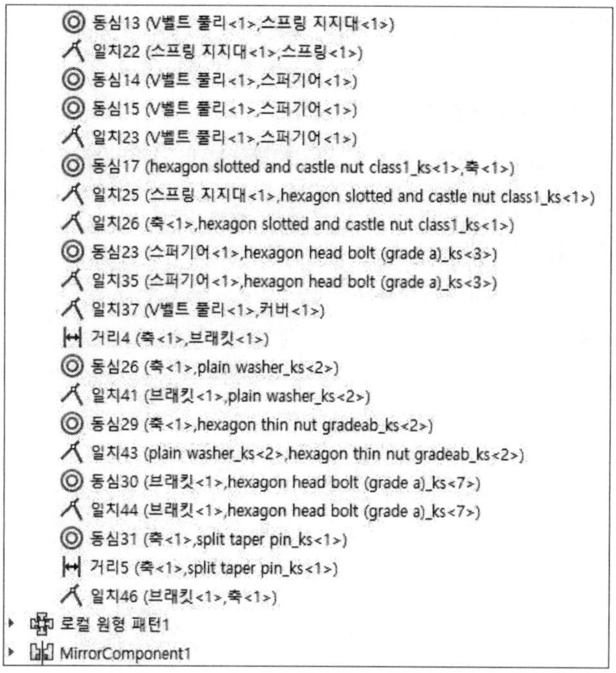

그림 3-2-44 조립 생성 이력

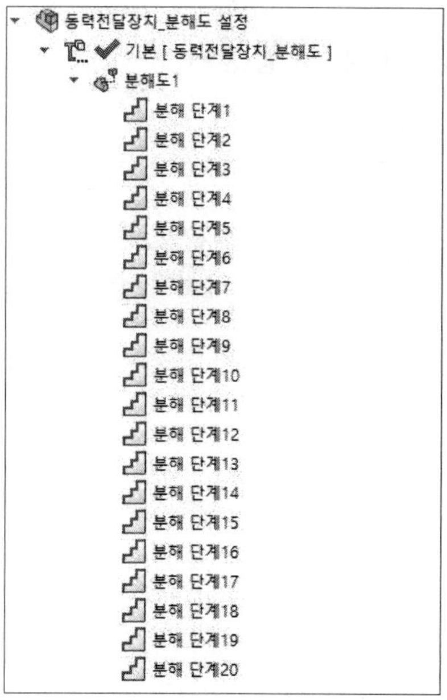

그림 3-2-45 분해 생성 이력

2-3-2 조립 형상모델의 간섭 체크 종합정리

① 계산 탭에서 간섭탐지 도구( )을 선택한다.
② 속성 창이 나타나며 여기서 선택 부품이 "동력전달 장치"인지 확인한다.
③ 제외된 부품은 고정되는 부분으로 간섭과는 연관 없는 조립 나사를 선택한다.
④ 선택부품 밑의 계산을 클릭한다.
⑤ 간섭이 있다면 어떤 원인인지 확인한다.
① 확인 버튼을 클릭한다.

2-3-3 조립 형상모델의 물성치 종합정리

① 풀다운 메뉴의 도구에서 계산 탭을 클릭한다.
② 물성치( )를 클릭한다.
③ 결과에서 질량이 3626.31그램이 아니라면 부품의 치수 또는 재질이 잘못된 경우이므로 체크하여 질량이 같도록 조치한다.

2-3-4 조립 형상모델의 모션 해석 종합정리

① 모션 스터디에서 원동 스퍼 기어에 모터를 설정한다.
② 모션 스터디 계산을 한다.
③ 모터 회전 120 rpm에 대해 모션 해석 결과가 V벨트 풀리 각속도 360 deg/sec이어야 한다. 만일 그렇지 않다면 부품의 치수가 잘못된 경우이므로 체크하여 각속도가 같도록 조치한다.

2-4 자율 평가

이 자율평가는 자기 스스로 평가 문제에 답하고 답안을 비교 평가해 봄으로써 본인의 부족한 점에 대해 파악하는 태도를 기르고 부족하다면 다른 사람의 도움을 받거나 본인 스스로 앞의 내용을 더욱 자세히 학습하는 자기주도 학습에 목적이 있다.

2-4-1 자율평가 문제

그림 3-1-1의 동력전달 장치에서 부품이 다음과 같이 주어진 설계 변경 사항에 따라 작업을 실시하라.

(1) 부품 설계 변경 사항

- 그림 3-1-1의 동력전달 장치의 동력 전달이 6 ㎾에서 4 ㎾로 변경되면서 부품도 다음의 설계 조건으로 변경되는 것으로 한다.

부품 설계 변경 조건
✓ ②번 부품에 적용된 #6305 깊은 홈 볼베어링을 #7204 앵귤러 볼베어링으로, #6204 깊은 홈 볼베어링을 #7202 앵귤러 볼베어링으로 설계 변경 시 수정되어야 하는 관련 부품이 있다면 변경하시오.
✓ ④번 부품에서 모듈 M:2은 그대로 하고 PCD는 84로 변경하시오.
✓ ②번 부품의 A형 V벨트풀리를 M형 V벨트풀리의 호칭지름 100으로 변경하시오.

- 설계 변경 대상 부품이 변경될 경우 관련되는 다른 부품 역시 조건에 맞도록 설계 변경이 수반 되어야 한다.
- 설계 변경 요구조건과 관계되는 항목만 설계 변경을 실시하며 그 외 관련이 없는 부분은 설계 변경하지 않아야 한다.

(2) 조립 및 분해 모델링도 작업

- 앞의 설계 변경 사항에 따라 변경된 3D 모델링된 부품에 대해 조립 및 분해 모델링 작업을 실시한다.
- 3D 조립 모델링에 대해 스퍼 기어가 정속 100(rpm)으로 구동한다고 가정하고 4 ㎾로 V벨트 풀리가 구동하는지 모션 해석을 통해 검증 작업을 실시한다.

2-4-2 자율평가 답안

(1) 조립 및 분해 모델링도

답안그림 2-1 조립 모델링도

답안그림 2-2 분해 모델링도

(2) 2개의 등각 View

(a) 좌측 위 등각 보기

(b) 우측 아래 등각 보기

답안그림 2-3 2개의 등각 보기

(1) 조립 장치의 검토

① 구동조건

- 원동 스퍼기어의 회전은 모터로부터 정속 100(rpm)으로 구동된다.
- 원동 스퍼기어와 종동 스퍼기어의 감속비는 기어 잇수비에 의해 1/2이다. 즉, 종동 스퍼기어는 50(rpm)으로 회전해야 한다.

② 검토 사항

- 종동 스퍼기어의 회전 변위가 모션 해석에 의해 원동 기어에 비해 1/2 감속하는지를 확인한다.
- V벨트 풀리의 동력 전달 회전 동력 4(kW)이 출력되기 위해서 필요한 각속도를 이론적으로 구해서 실제 구동에 의한 각속도와 비교하여 올바른지 확인한다.

식 (8-2-1)에서 필요한 토크 T는 다음과 같아야 한다.

$$T = \frac{30 \times P}{\pi \times n} = \frac{30 \times 4 \times 10^3}{3.14 \times 50} = 764.3 [N \cdot m]$$

따라서 식 (8-2-2)에 의하면 V벨트 풀리의 출력 파워 4(kW)를 내기 위해서는 각속도가 다음과 같아야 한다.

$$\omega = \frac{4 \times 10^3}{764.3} = 5.23 [rad/\sec]$$

위의 각속도 단위 rad/sec를 각속도 단위 deg/sec로 바꾸면 299.8(deg/sec)로 된다. 따라서 V벨트 풀리의 각속도를 모션 해석으로 확인하면 된다.

(3) 조립 장치의 모션 해석

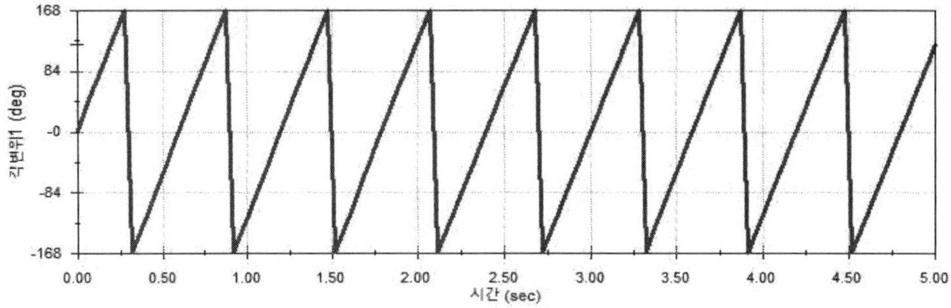

(a) 원동 기어의 시간에 따른 각 변위

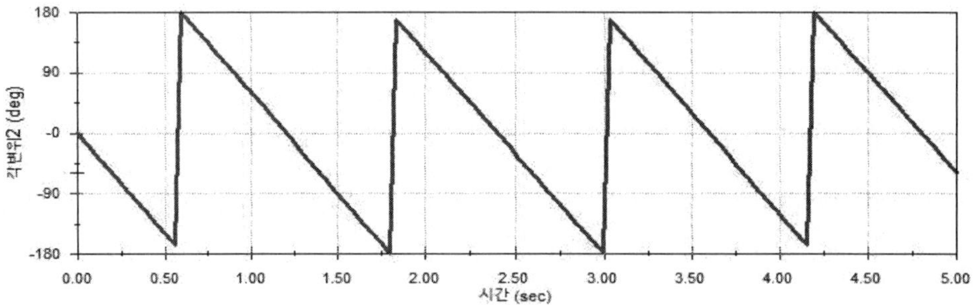

(b) 종동 기어의 시간에 따른 각 변위

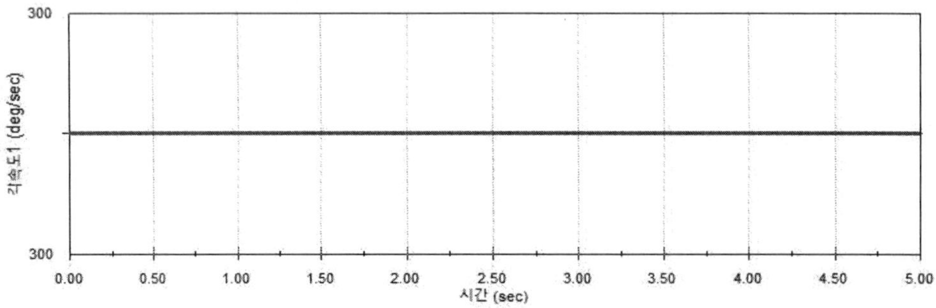

(c) V벨트 풀리의 각 속도

답안 그림 2-4 동력전달 장치의 각 변위 그래프 결과 모습

❖ V벨트 풀리의 각속도를 모션 해석 결과 답안 그림 2-4 (c)와 같이 300(deg/sec)로 나타났으며 이것은 이론적으로 해석한 299.8(deg/sec)와 일치함을 알 수 있다.

자율평가 결과 점검표

학습자 성명 :	평가 날짜 :
평가 제목 : 동력전달 장치의 부품 조립 및 분해 형상모델링	

	성취 수준		
	일치했음	일치하지 못했음	일치하지 않은 이유
조립 형상모델링의 질량 일치			
분해 형상모델링의 분해 결과			
등각 보기			
모션 검증			

성취수준 : 위의 모든 항목에 대해 “일치 했음”, 즉 완성도 100%로 답하여야 합니다. 만일 “일치하지 못했음”에 답을 했다면 치수 및 설정이 틀렸거나 정면도가 다르다는 의미이므로 그 원인을 찾는 것이 좋을 것이다. 본인의 것이 맞다고 생각하면 일치하지 않아도 좋지만 그 이유를 이유란에 적고 확실한지 다시 한 번 확인 하십시오.

3 도면 작성

3-1 학습준비

3-1-1 관련 지식

3-1-1-1 기어의 대략적인 제조과정

우리가 도면에 작성하는 평기어는 비교적 간단한 형상과 치수 및 요목표로 설계하고 끝나지만 도면을 보고 실제 제작하는 경우에는 여러 과정이 필요하며 이에 대해 간단히 설명한다.

(1) 재료의 선정

① 도면에 지시된 재료를 가공에 필요한 치수로 소재 절단한다.

② 기어의 재료에 포함된 탄소 함유량에 따라 열처리 방법이 달라지므로 재료의 선정은 중요한 공정이다.

(2) 1차 선반 가공

① 후 공정의 조질 효과를 높이기 위해 가급적 기어의 형상에 가깝게 1차 선반 가공한다.

(3) 조질 처리

① 조질 처리는 기어 소재에 적당한 강도를 준다.

(4) 정밀 선삭

① 연삭 여유를 남기고 제작하려는 기어 형상으로 정밀 선삭 한다(이것을 기어의 블랭크라 한다).

② 블랭크 검사는 도면에 의거하여 검사하고 외경은 버니어캘리퍼스나 마이크로미터, 내경은 실린더 게이지 등으로 측정한다.

(5) 이의 절삭

① 호브라는 공구를 사용하는 호빙머신에서 이를 절삭한다.
② 기어의 블랭크는 다이얼게이지로 흔들림을 확인하고 장착한다.
③ 이를 절삭하는 공정에서는 기어 연삭여유를 남기고 가공한다.
④ 가공이 완료된 기어의 이 두께를 마이크로미터로 측정한다.

(6) 열처리

① 재료에 맞는 열처리를 실시한다.

(7) 연삭

① 연삭 공정으로 가공이나 조립의 기준면을 만든다. 우선 기어의 단면을 평면 연삭기에서 가공한다. 다음으로 기어의 내경을 내경 연삭기로 가공한다.
② 기어의 면이 흔들림 없도록 다이얼게이지로 중심내기를 한 후 마지막으로 연통연삭기에서 기어 바깥 둘레의 기준면을 만든다. 이 경우 지그에 정확히 고정되었는지 다이얼게이지로 확인한다. 이제 최종 기어 연삭을 하기 위한 준비 작업이 끝났다.

(8) 기어 연삭

① 기어의 연삭 가공에는 여러 방법이 있지만 여기서는 이의 절삭과 동일한 웜 형상의 연마 숫돌과 맞물려서 가공하는 방법으로 설명한다.
② 우선 원하는 기어의 치형을 얻기 위해서는 연삭숫돌을 성형한다.
③ 다음으로 다이얼게이지로 흔들림을 확인하고 나서 기어를 지그에 장착한다. 이 때 기준면은 앞 공정에서 만든 면이 가공 기준면이 된다.
④ 기어와 연삭숫돌을 맞물리고 가공을 실시한다.

(9) 측정 및 검사

① 기어의 검사는 연삭 작업과 평행하게 하는데 결국 기어의 연삭 작업은 정밀도를 확인하면서 실시하는 공정이다. 기어의 치형은 인벌류트 곡선으로 만들어지는데 치형 오차, 잇줄 오차, 피치 오차, 치 홈의 흔들림 등을 검사하고 검사 데이터는 검사 성적서로 만들어 보관한다.

3-1-1-2 V벨트 풀리의 공차

(1) 치수 공차

V벨트 풀리의 모양과 치수는 그림 3-3-1과 같으며 치수에 따른 허용차는 표 3-3-1과 같다.

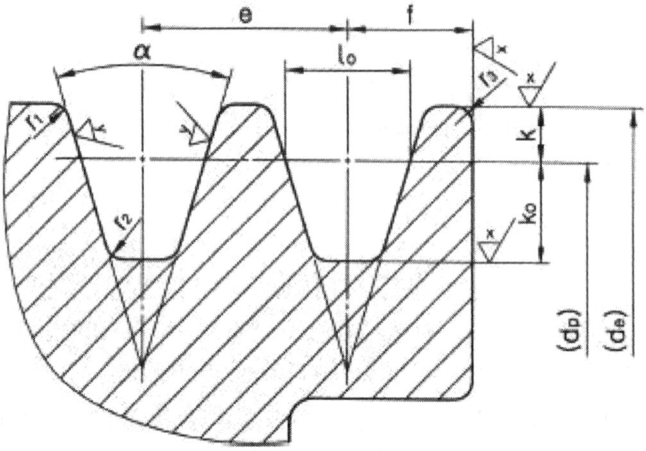

그림 3-3-1 V벨트 풀리 홈 부분의 모양과 치수

표 3-3-1 V벨트 풀리의 형별과 허용차(KS B 1400)

V벨트의 형 별	α의 허용차 (°)	k의 허용차 (㎜)	e의 허용차 (㎜)	f의 허용차 (㎜)
M	±0.5	+0.2 0	−	±1.0
A			±0.4	
B				

(2) 기하 공차

V벨트 풀리와 같은 회전체들의 기준 데이텀 선정도 축이나 베어링 등이 끼워지는 보스부의 구멍(내경)을 데이텀으로 선정하여 바깥 둘레(외경) 흔들림의 허용값을 규제해 줄 수 있다. 주철제 V벨트 풀리의 경우 KS B 1400에서 호칭지름에 따라 흔들림의 허용값을 나타내고 표 3-3-2와 같이 나타내고 있으니 참고하면 된다.

풀리는 회전축에 대하여 직각으로 설치하며 동력 전달 시 비틀림 현상이 발생하지 않도록 올바르게 고정하며 내경 가공시 림 측면에 다이얼 게이지를 사용하여 하용값 이내로 가공하여 사용하는데 아래 허용값에 대한 사항은 바깥 둘레 및 림 측면의 설치시 진동에 의한 허용값을 의미하는 것이지 기하공차를 적용하는 공차값에 대한 것이 아님을 알아야 한다.

표 3-3-2 V벨트 풀리의 바깥 둘레 흔들림 및 림 측면 흔들림의 허용값(KS B 1400)

호칭지름 (mm)	바깥지름(de)의 허용차(㎜)	바깥둘레 흔들림 허용차(㎜)	림 측면 흔들림 허용차(㎜)
75이상 118이하	±0.6	0.3	0.3
125이상 300이하	±0.8	0.4	0.4
315이상 630이하	±1.8	0.6	0.6
710이상 900이하	±1.6	0.8	0.8

3-1-2 작업 과제

앞에서 완성한 동력 전달장치에 대해 조립도, 분해도 및 부품도 작성을 작업 과제로 한다.

3-1-2-1 2D 조립도

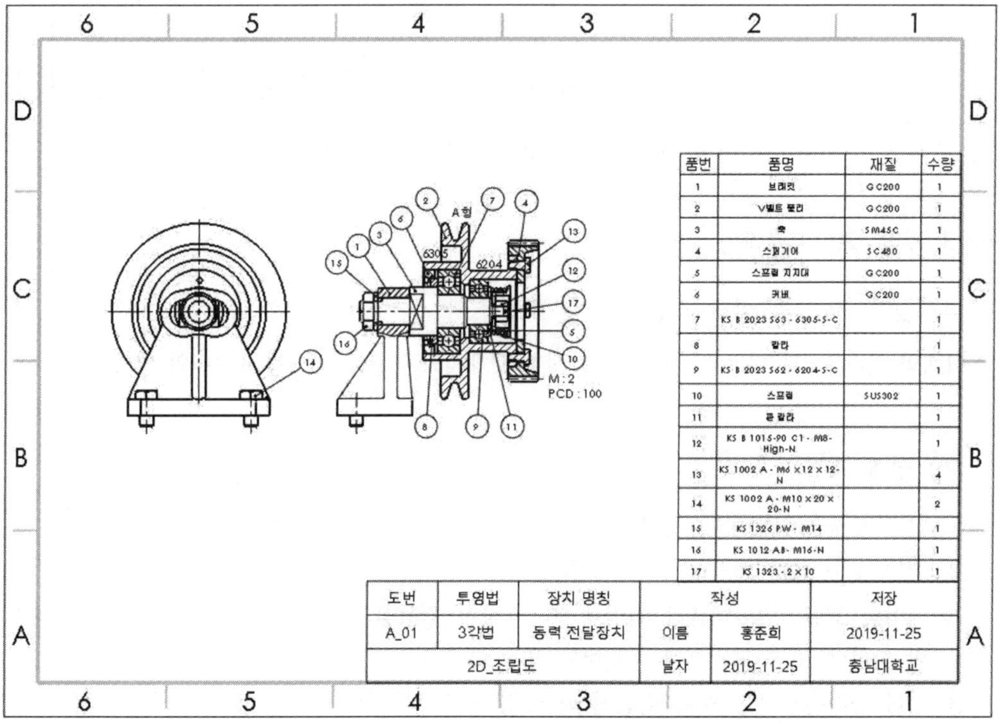

그림 3-3-2 동력전달 장치의 2D 조립도

3-1-2-2 3D 분해도

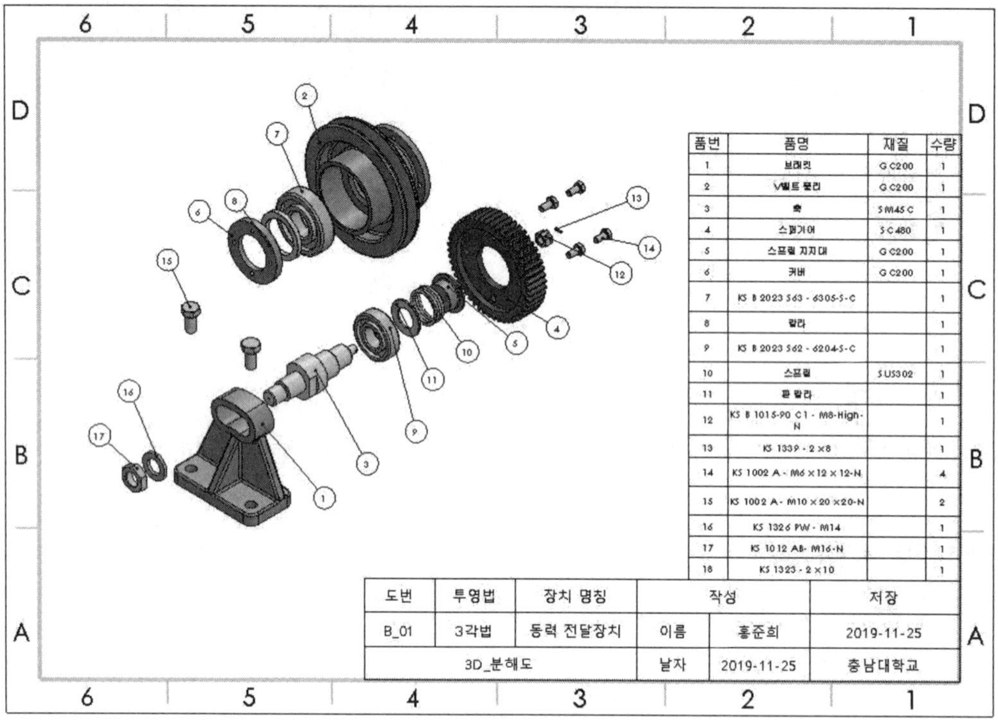

그림 3-3-3 동력전달 장치의 3D 분해도

3-1-2-3 주요 2D 부품도

(1) 브래킷(① 부품)의 설계 조건과 가공 조건

아래의 설계조건과 가공조건에 따라 작성한 브래킷의 부품도는 그림 3-3-4와 같다.

(가) 설계 조건

① 단단히 축을 고정하는 것이 목적이므로 치수공차는 일반 공차로 한다.

② 끼워 맞춤 공차 역시 일반 공차로 한다.

③ 데이텀 면은 V벨트 풀리 회전에 따른 장치 진동을 최소화하기 위해 브래킷이 평평한 바닥에 고정되는 브래킷의 바닥 면으로 한다.

④ 기하 공차는 V벨트 풀리 회전에 따른 장치 진동을 최소화하기 위해 데이텀 면에 대해 축이 기울지 않도록 축 고정 옆면이 정밀 연삭에 의한 직각도를 유지하는 것으로 한다.

(나) 가공 조건

① 주조로 전체 외형을 제작한다.

② 밀링으로 주조물의 축 고정 좌우 측면과 브래킷 하면 가공을 한다.

③ 나사 고정 구멍에 대해 리밍 가공을 한다.

④ 브래킷 하면은 정밀 연삭가공을 한다.

⑤ 가공 면을 제외한 주조부는 외면 명회색 도장을 한다.

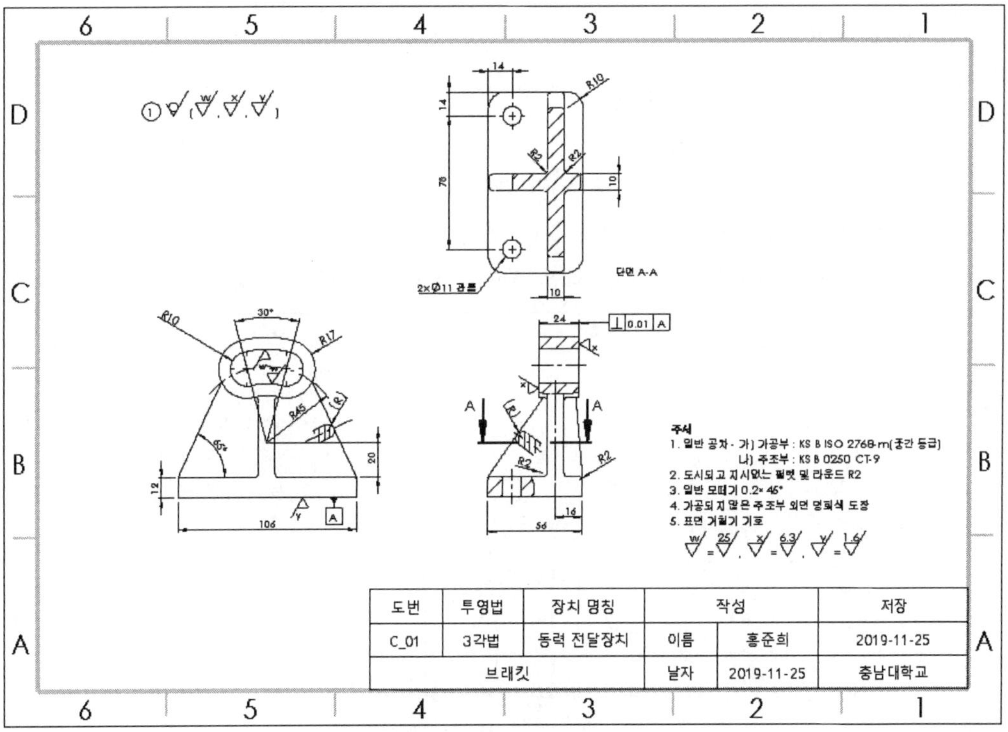

그림 3-3-4 브래킷 부품도

(2) V벨트 풀리(②번 부품)의 설계 조건과 가공 조건

아래의 설계조건과 가공조건에 따라 작성한 V벨트 풀리의 부품도는 그림 3-3-5와 같다.

(가) 설계 조건

① V벨트 풀리 부분은 KS B 1400의 A형 규격에 따른다.

② 2곳의 베어링 끼워 맞춤(∅62M7/h6와 ∅47M7/h6)에 대한 치수 공차는 외륜 회전 하중이고 경하중의 조건으로 간주하고 KS B 2051에 따라 각각 ∅62M7, ∅47M7로 한다.

③ 스퍼기어와 조립되는 면의 끼워 맞춤(∅82H7/h6)은 착탈이 수월하도록 헐거움에 가까운 중간 끼워 맞춤으로 하고 축 기준 치수 공차는 ∅82h6로 한다.

④ 데이텀 면은 고정 부분에서 가까운 베어링 조립 면으로 한다.

⑤ 원주 흔들림은 KS B 1400을 적용하며, 직각도는 정밀 연삭에 의한 기하공차를 적용한다.

⑥ 베어링 조립면의 원통도는 일반 적용의 원통도를 사용한다.

(나) 가공 조건

① 주조로 전체 외형을 제작한다.

② 선반으로 내경, 외경, 측면 절삭 및 나사 가공을 작업한다.

③ 나사 고정 구멍에 대해 드릴링 및 태핑 가공한다.

④ 베어링이 끼워지는 면에 대해 정밀 연삭 가공한다.

⑤ 가공 면을 제외한 주조부는 외면 명회색 도장을 한다.

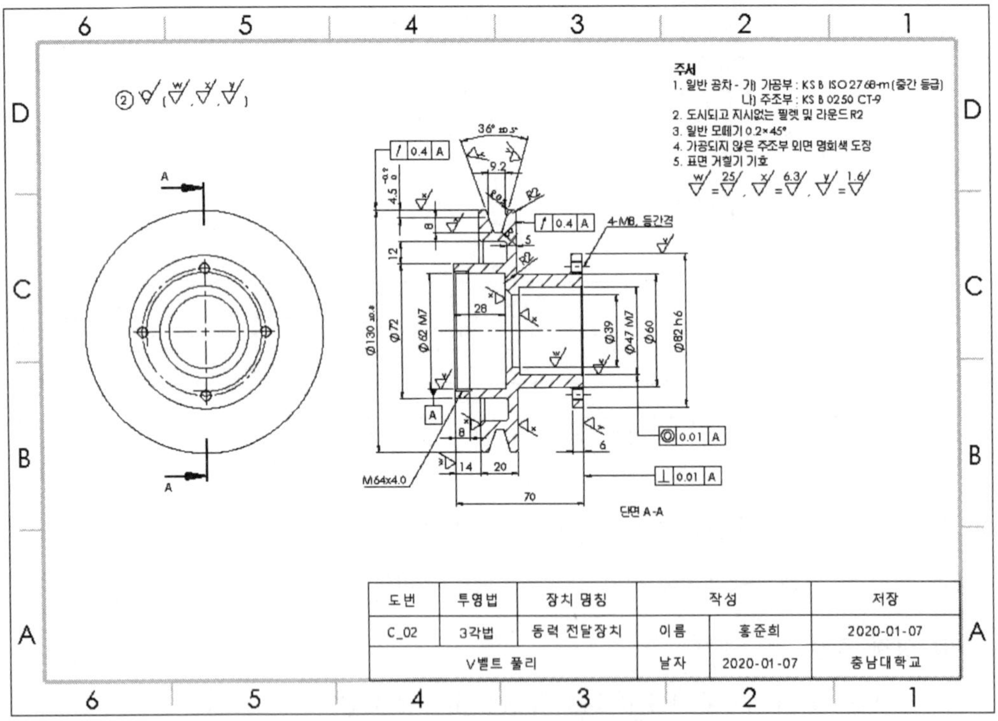

그림 3-3-5 V벨트 풀리 부품도

(3) 축(③번 부품)의 설계 조건과 가공 조건

아래의 설계조건과 가공조건에 따라 작성한 축의 부품도는 그림 3-3-6과 같다.

(가) 설계 조건

① 축이 회전하는 것이 아니므로 치수공차는 일반 공차로 한다.

② 2개의 베어링에 대한 끼워 맞춤 공차(∅62M7/h6와 ∅47M7/h6)는 내륜이 축 위를 움직일 필요가 없으므로 중간 끼워 맞춤으로 KS B 2051에 따라 하며 이 때 베어링 삽입 축의 치수공차는 각각 ∅62h6, ∅47h6으로 한다.

③ 데이텀 면은 축에 조립된 V벨트 풀리 회전이 베어링에 의해 회전하므로 고정 부분에서 가까운 베어링 조립 면으로 한다.

④ 기하 공차는 일반 기하공차의 정밀급을 적용한다.

(나) 가공 조건

① 선반에서 센터링으로 외경 절삭, 홈 가공을 한다.

② 볼트 고정을 위한 공구 파악 부분인 평면 부분에 대해 밀링 절삭한다.

③ 핀 삽입 구멍에 대해 드릴링 가공 후 리밍 가공을 한다.

④ 베어링이 삽입되는 부분에 대해 정밀 원통 연삭 작업한다.

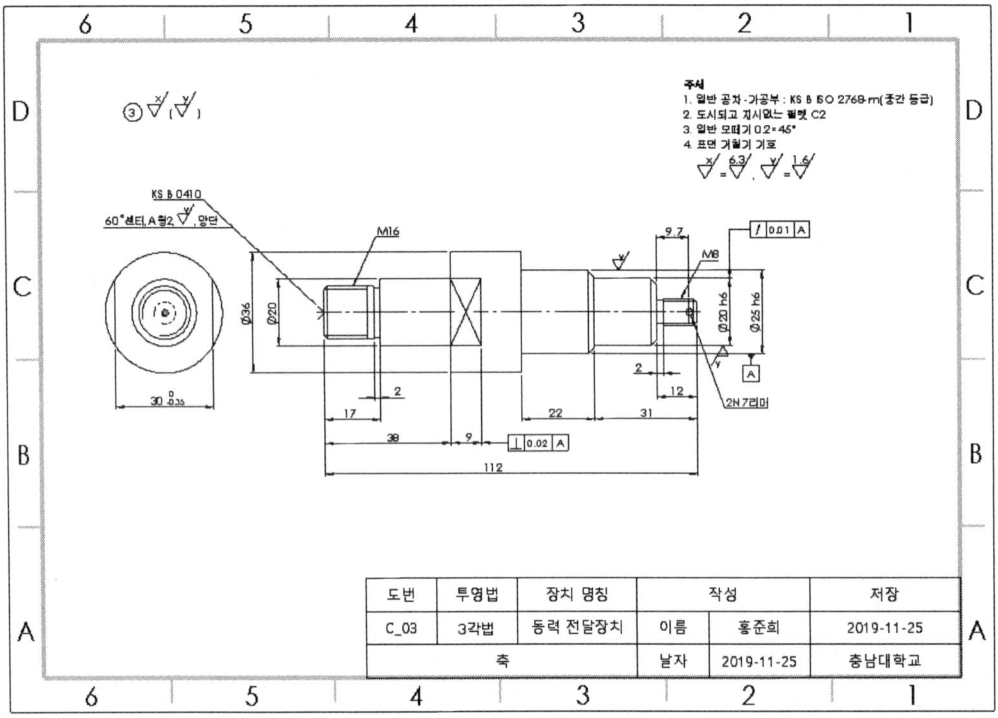

그림 3-3-6 축 부품도

(4) 스퍼기어(④번 부품)의 설계 조건과 가공 조건

아래의 설계조건과 가공조건에 따라 작성한 스퍼기어의 부품도는 그림 3-3-7과 같다.

(가) 설계 조건

① 스퍼기어에 의한 동력 전달 시 스퍼기어 사이에 이의 끼워 맞춤은 정밀하게 미끄럼 운동을 할 수 있도록 헐거움에 가까운 중간 끼워 맞춤(∅104H7/h6)으로 한다.

② V벨트 풀리와 조립되는 면의 끼워 맞춤은 정밀하게 끼워 맞춤할 수 있는 억지 끼워 맞춤에 가까운 중간 끼워 맞춤(∅82H7/h6)으로 한다.

③ 축이 고정되고 스퍼기어의 회전 원동력에 의해 V벨트 풀리가 회전하는 특이한 경우이므로 V벨트 풀리와 조립되는 스퍼기어의 옆 접촉면이 중요한 면이 되며 이 면을 데이텀 면으로 한다.

④ 데이텀 면에 대해 원주 흔들림 허용 값이 IT6급을 유지하도록 한다.

⑤ 또한 데이텀 면에 대해 V벨트 풀리와 조립되는 스퍼기어의 옆 접촉면의 직각 허용 값이 일반적용의 정밀급 직각도를 유지하도록 한다.

(나) 가공 조건

① 주조로 전체 외형을 제작한다.
② 선반으로 기어 내면 및 측면 절삭한다.
③ 호빙머신에 의해 호브로 이(치형) 절삭한다.
④ V벨트 풀리와 결합되는 구멍에 대해 드릴링 가공한다.
⑤ V벨트 풀리와 결합되는 내면 원통 부분을 정밀 연삭 작업한다.
⑥ 절삭 후에 치부에 대해 고주파 열처리로 로크웰 경도가 H_RC 48~52를 가져야 한다.

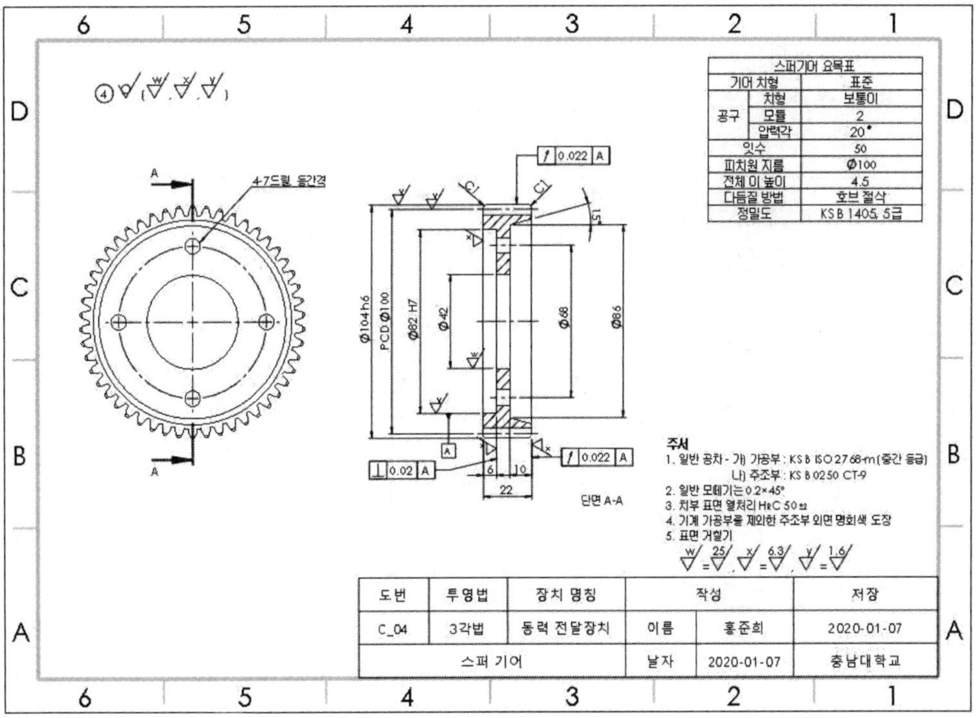

그림 3-3-7 스퍼기어 부품도

(5) 스프링 커버(⑤번 부품)의 설계 조건과 가공 조건

아래의 설계조건과 가공조건에 따라 작성한 스프링 커버의 부품도는 그림 3-3-8과 같다.

(가) 설계 조건

① 축에 조립되어 스프링을 미는 것이 목적이므로 치수공차는 일반 공차로 한다.
② 끼워 맞춤 공차 역시 일반 공차로 한다.
③ 기하 공차 역시 일반 공차로 한다.

(나) 가공 조건

① 프레스 금형으로 전체 외형을 제작한다.
② 축이 통과할 구멍을 리밍 가공한다.

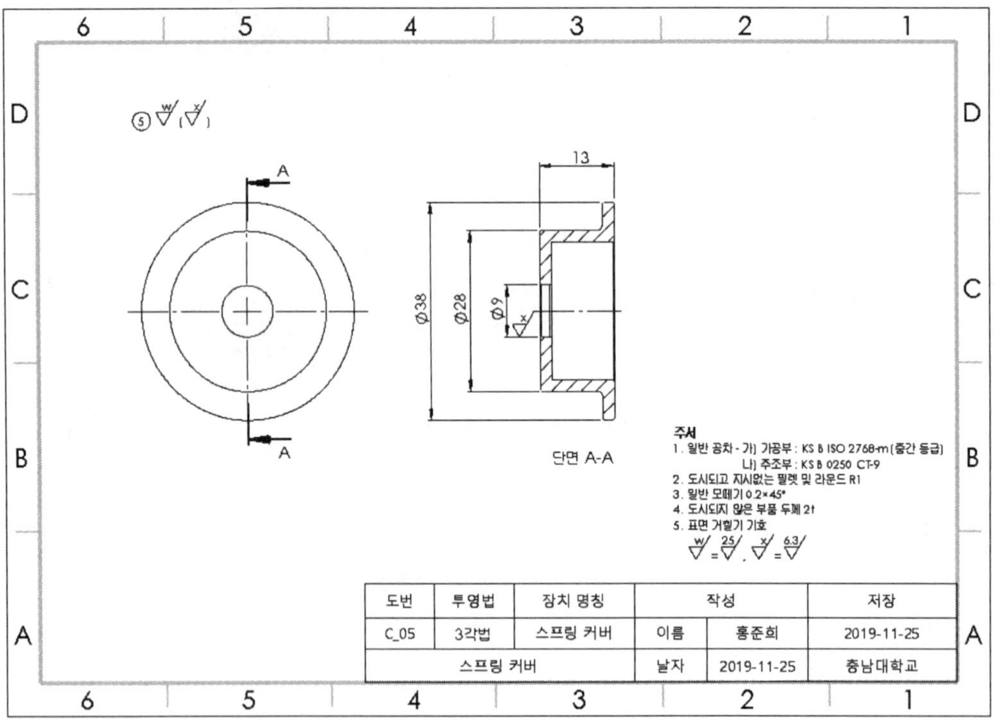

그림 3-3-8 스프링 커버 부품도

(6) 베어링 커버(⑥번 부품)의 설계 조건과 가공 조건

아래의 설계조건과 가공조건에 따라 작성한 베어링 커버의 부품도는 그림 3-3-9와 같다.

(가) 설계 조건

① V벨트 풀리에 끼워져서 오일의 누출 등을 막는 것이 목적이므로 치수공차는 일반 공차로 한다.

② 기하 공차는 일반 공차로 한다.

(나) 가공 조건

① 주조로 전체 외형을 제작한다.

② 베어링 커버를 회전 고정할 때 필요한 구멍 드릴 가공한다.

③ 선반으로 내경, 측면 절삭 및 나사 가공을 작업한다.

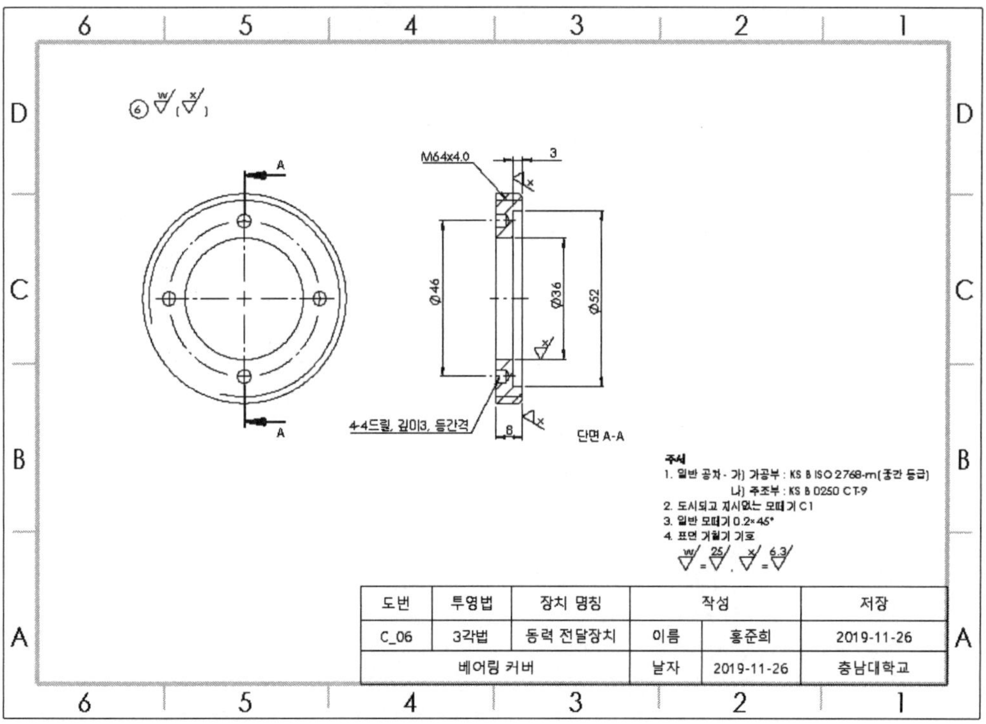

그림 3-3-9 베어링 커버 부품도

3-1-3 작업 조건

① 조립도는 2D로 표현한다.

② 분해도는 3D로 표현한다.

③ 부품도는 바이스의 기능과 역할을 정확하게 이해하여 투상도, 치수, 치수공차와 끼워맞춤 공차 기호, 기하 공차 기호, 표면 거칠기 기호 등 부품도 작성에 필요한 모든 사항을 기입한다.

④ 도면은 KS 규격에서 정한 바에 의하고 규정되지 않은 내용은 ISO 규격과 관례에 따른다.

⑤ 도면은 오른쪽 하단부에 표제란을 작성 후 도면 작성을 한다.

3-2 학습 활동

3-2-1 조립도 작성하기

(1) 작업준비하기

수행 : 도면 작성 화면 들어가기

① 풀다운 메뉴에서 새로 만들기 아이콘을 선택한다.
② 기본 모듈 가운데 도면을 선택한다.
③ 시트 형식/크기 설정 창에서 찾아보기를 클릭한다.
④ a4-landscape.slddrt를 설정하고 열기를 한다.
⑤ 확인을 클릭한다.

(2) 시트 편집하기

수행 : 표제란 없애기

① 도면 Management 탭에서 시트형식을 선택한다.
② 시트형식 탭에서 시트 편집을 선택한다.
③ 표제란 부분을 마우스로 전체 드래그 하여 삭제 영역을 정하고 키보드의 삭제 버튼을 클릭한다.
④ 확인을 클릭한다.

(3) 도면 뷰 레이아웃 하기

수행 : 도면 뷰 레이아웃 하기

① 도면 화면의 오른쪽의 뷰 팔레트를 선택하여 우측에 창을 띄운다.
② 이 창에서 윗 쪽의 "[...]"을 클릭하여 불러오고자 하는 파일 이름을 선택한다.
③ 창에서 정면 뷰를 드래그 하여 끌어다 도면 시트 화면에 정면도로 갖다 놓는다(그림 3-3-10).

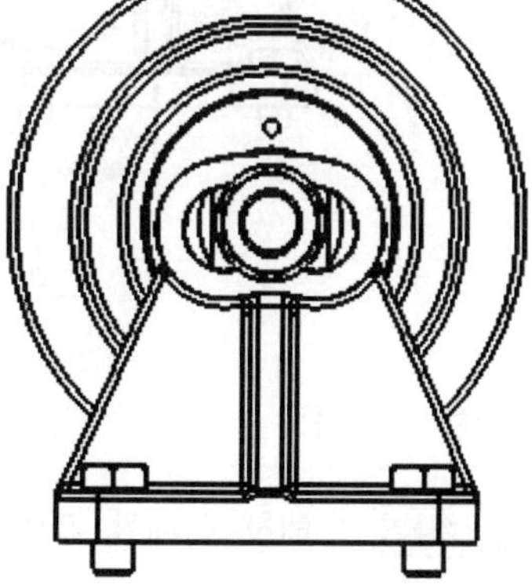

그림 3-3-10
정면 뷰 레이아웃 결과

(4) 전단면도 표현하기

생각하기 : 전단면도의 경우 어디를 절단할 것인지?

전단면도의 경우는 어느 면을 절단하여 단면으로 나타낼 것인지에 따라 단면도가 다르기 때문에 최대한 내부를 잘 나타낼 수 있는 도면 뷰를 잘 선택해야 한다. 전단면도는 절단되면서 부품 중앙을 지나도록 절단을 하면 된다.

수행 : 전단면도 나타내기

① 뷰 레이아웃에서 “단면도( )”를 클릭한다.
② 절단선에서 “수직”을 선택하고 중심을 지나는 절단 부분을 설정한다.
③ 단면 영역을 어떻게 표현할 것인지에 대한 설정 창에서 자동해칭과 체결기 제외를 체크해야 하지만 여기서는 베어링을 나타내기 위해 체결기 제외를 체크하지 않는다.
④ 그림 3-3-11과 같이 정면도 우측 부분에 단면도를 나타낸다.
⑤ 확인을 클릭한다.

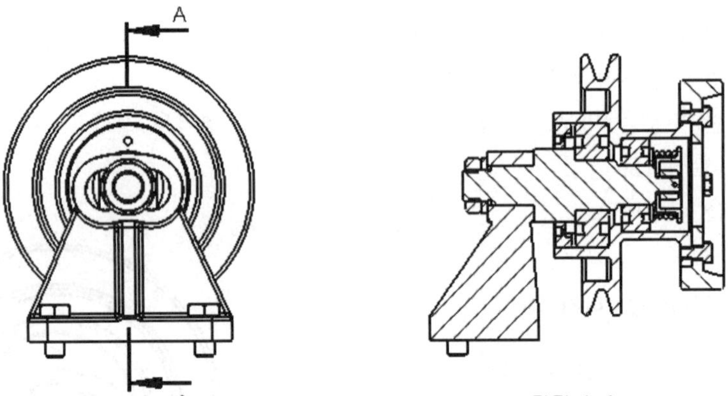

그림 3-3-11 전단면도 나타낸 결과

(5) 해칭 삭제하기

생각하기 : 해칭 삭제란 무엇이며 왜 하는가?

그림 3-3-11을 보면 체결용 나사 및 축 등이 해칭 되어 있다. 그러나 이 부분은 해칭을 하지 않도록 KS 규격에 명시되어 있으므로 해칭을 삭제해야 한다.

수행 : 해칭 삭제하기

① 전단면도의 축 및 브래킷의 해칭 부분에 커서를 갖고 가서 마우스 왼쪽 버튼을 누른다.
② 축, 체결 나사 및 브래킷 단면에 대해 해칭 창이 나타나며 여기서 "재질 해칭"의 체크를 없애고 속성에 "없음"을 체크한다.
③ 확인을 클릭한다(그림 3-3-12).

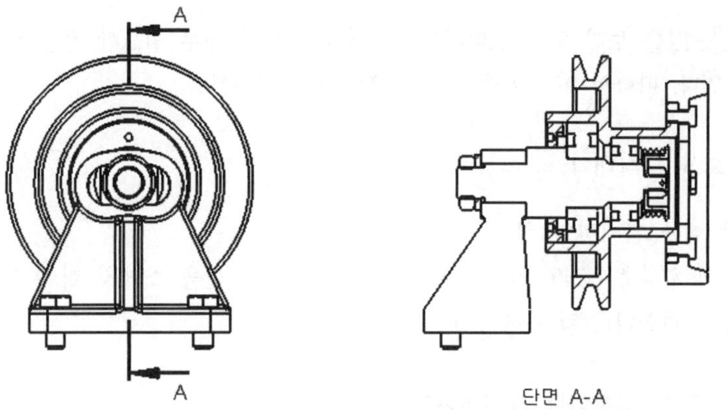

그림 3-3-12 비해칭 부분의 해칭 삭제 결과

(6) 혼돈선 감추기 및 중심선 나타내기

생각하기 : 혼돈선이란 무엇이며 왜 감추는가?

그림 3-3-12를 보면 라운딩에 의한 너무 많은 선이 있다. 가장 외형선만 있어도 충분한 도면 전달이 되므로 혼돈을 줄 수 있는 선(혼돈선)을 감출 필요가 있다.

수행 : 혼돈선 감추기

① 감추고자 하는 선에 커서를 갖고 가면 주황색으로 변하는데 이 때 마우스 오른쪽 버튼을 누른다.
② 메뉴 가운데 "모서리 숨기기/표( )"를 클릭한다.

수행 : 중심선 나타내기

① 전단면도에 중심선을 나타내려면 주석에서 중심선을 선택한다.
② 중심선 속성 창에서 자동 삽입의 뷰 선택을 체크한다.

③ 도면에서 전단면도를 클릭한다.
④ 확인을 클릭한다(그림 3-3-13).

(7) 필요 선 및 해칭 나타내기

생각하기 : 필요선이란 무엇인가?

그림 3-3-12를 보면 축과 스퍼기어 및 체결 나사의 경우 필요한 선들이 빠져 있는 것을 알 수 있다. 따라서 이 부분을 선으로 채워 주어야 한다.

수행 : 필요선 나타내기

① 스케치 탭을 클릭하여 선 도구를 선택한다.
② 베어링의 원, 축, 스퍼기어 및 핀 부분 등에 빠진 선을 스케치 하여 채워준다.
③ 확인을 클릭한다(그림 3-3-13).

생각하기 : 필요 해칭이란 무엇인가?

앞에서 축과 스퍼기어 및 체결 나사의 경우 필요한 선들을 나타내었는데 베어링과 스퍼기어 부분은 빠진 부분을 해칭으로 채워 주어야 한다.

수행 : 필요 해칭 나타내기

① 주석을 클릭하여 영역 해칭/채우기 도구를 선택한다.
② 해칭 영역에서 영역을 체크하고 베어링, 스퍼기어 및 브래킷 부분 등에 커서를 데고 클릭하여 빠진 해칭을 채워준다.
③ 확인을 클릭한다(그림 3-3-13).

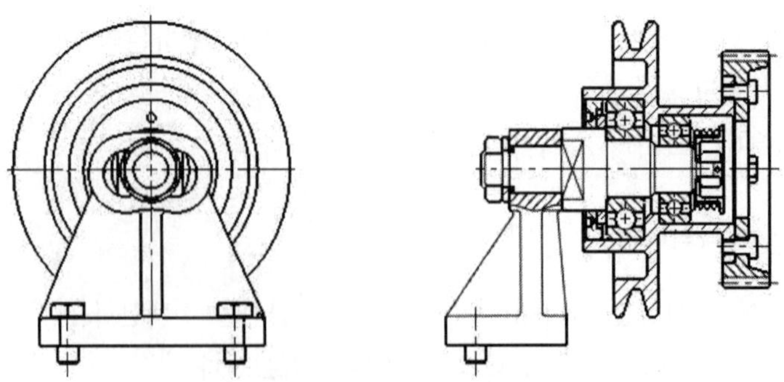

그림 3-3-13 필요 선 및 해칭 나타낸 결과

(8) 조립도의 부품 번호 생성하기

생각하기 : 부품 번호는 왜 나타내야 하는가?

조립도의 부품 번호는 부품에 대한 정보, 즉 BOM(부품란)을 작성할 때와 부품에 대한 도면 작성을 위해 알리는데 필요한 정보이다.

수행 : 단면도의 부품 번호 생성하기

① 주석에서 부품 번호를 클릭한다.
② 단면도에서 브래킷 부분에 커서를 갖고 가서 마우스 왼쪽 버튼을 누른다.
③ 연속해서 부품에 커서를 갖고 가서 마우스 왼쪽 버튼을 누른다.
④ 확인을 클릭한다(그림 3-3-14).

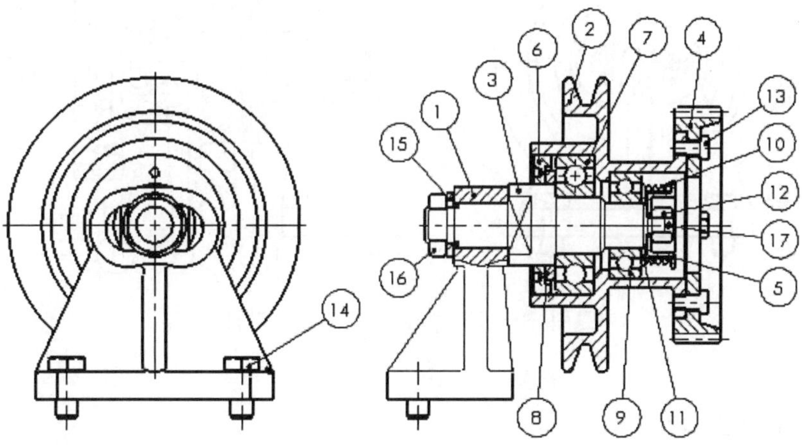

그림 3-3-14 부품 번호 생성 결과

(9) 주요 기타 사항 기입하기

생각하기 : 주요 기타 사항은 무엇인가?

주요 기타 사항은 베어링은 어떤 규격을 사용하는지, 스퍼기어의 잇수 및 모듈은 어떤지 및 V벨트 풀리는 어떤 타입인지에 대해 자세히 적어야만 장치 및 기계의 기능 및 특성을 알 수 있으므로 조립도면 작성에 필요한 정보이다.

수행 : 베어링, 스퍼기어 및 V벨트 풀리 규격 기입하기

① 주석에서 노트를 선택한다.

② 2개의 깊은 홈 볼 베어링 규격 6305와 6204를 볼 베어링 밑에 기입한다.

③ 연속해서 스퍼기어의 모듈은 2 및 피치원 지름 100을 "M:2 PCD:100"으로 기입한다.

④ V벨트 풀리 타입에 대해서는 "A형"을 기입한다.

⑤ 확인을 클릭한다(그림 3-3-15).

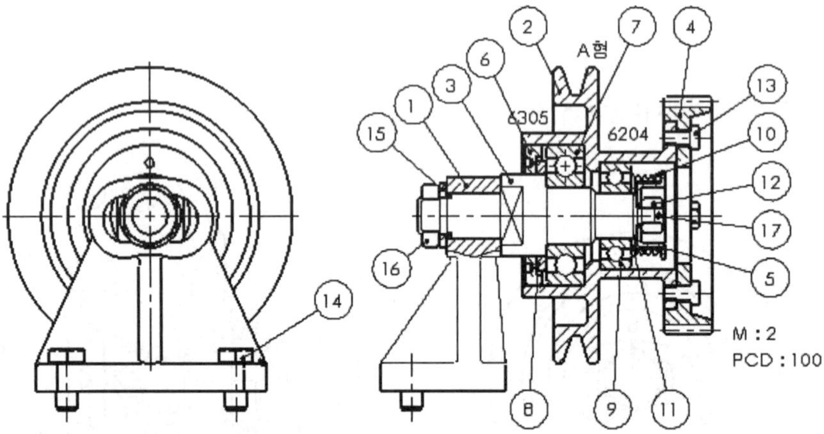

그림 3-3-15 주요 기타 사항 기입 결과

(10) BOM 편집하기

수행 : 부품란 삽입하기

① 주석에서 테이블의 BOM을 클릭한다.

② BOM을 작성할 모델을 지정하라고 메시지가 뜨며 정면도를 클릭한다.

③ BOM메뉴가 나타나며 여기서 테이블 템플릿의 "[아이콘]"을 클릭하고 bom-material을 찾아 선택한다.

④ 확인을 클릭한다.

⑤ 도면에 적당한 위치에 BOM이 배치되도록 커서를 가져가서 왼쪽 버튼을 클릭한다.

⑥ 비고란이 필요 없다면 비고에 커서를 갖고 가서 삭제 버튼을 누른다.

⑦ 테이블에 커서를 갖고 가면 십자모양의 커서가 나타나고 이 때 커서를 움직여 도면 우측 상단에 위치시킨다.

(11) 표제란 삽입하기

수행 : 새로운 표제란 삽입하기

① 시트편집 상태에서 일반테이블을 클릭한다.
② 테이블을 삽입할 수 있는 창이 나타나며 여기서 별표 모양을 클릭하면 미리 만들어 놓은 표제란 테이블 템플릿(예를 들어 A4_1)을 찾아서 가져올 수 있다.
③ 테이블 템플릿을 오른쪽 모서리에 위치하도록 배치한다.
④ 일반테이블 편집 완료 버튼을 누른다(그림 3-3-16).

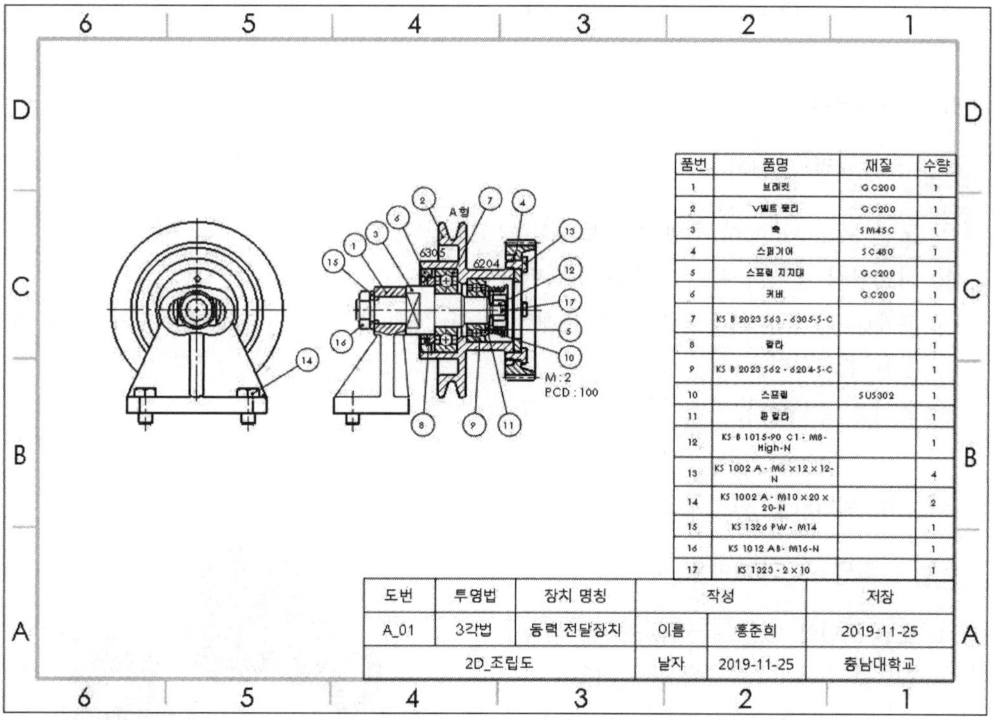

품번	품명	재질	수량
1	브래킷	GC200	1
2	V벨트 풀리	GC200	1
3	축	SM45C	1
4	스퍼기어	SC480	1
5	스프링 지지대	GC200	1
6	커버	GC200	1
7	KS B 2023 563 - 6305-5-C		1
8	칼라		1
9	KS B 2023 562 - 6204-5-C		1
10	스프링	SUS302	1
11	판 칼라		1
12	KS B 1015-90 C1 - M8-High-N		1
13	KS 1002 A - M6 ×12 × 12-N		4
14	KS 1002 A - M10 × 20 × 20-N		2
15	KS 1326 PW - M14		1
16	KS 1012 AB- M16-N		1
17	KS 1323 - 2 × 10		1

도번	투영법	장치 명칭	작성		저장
A_01	3각법	동력 전달장치	이름	홍준희	2019-11-25
2D_조립도			날자	2019-11-25	충남대학교

그림 3-3-16 BOM 및 표제란 작성 결과

(12) 저장하기

수행 : 최종 도면 저장하기

① 저장 도구( )에서 다른 이름으로 저장하기를 클릭한다.
② 저장할 디렉토리를 정하고 파일이름을 “동력장치_조립도”로 한다.
③ 저장 버튼을 클릭한다.

3-2-2 분해도 작성하기

(1) 작업준비하기

수행 : 도면 작성 화면 들어가기

① 풀다운 메뉴에서 새로 만들기 아이콘을 선택한다.
② 기본 모듈 가운데 도면을 선택한다.
③ 시트 형식/크기 설정 창에서 찾아보기를 클릭한다.
④ a4-landscape.slddrt를 설정하고 열기를 한다.
⑤ 확인을 클릭한다.

(2) 시트 편집하기

수행 : 표제란 없애기

① 도면 Management 탭에서 시트형식을 선택한다.
② 시트형식 탭에서 시트 편집을 선택한다.
③ 표제란 부분을 마우스로 전체 드래그 하여 삭제 영역을 정하고 키보드의 삭제 버튼을 클릭한다.
④ 확인을 클릭한다.

(3) 도면 뷰 레이아웃 하기

수행 : 도면 뷰 레이아웃 하기

① 도면 화면의 오른쪽의 메뉴에서 뷰 팔레트를 선택하여 우측에 창을 띄운다.
② 이 창에서 윗 쪽의 ""을 클릭하여 불러 오고자 하는 파일 이름을 선택한다. 그러면 창에 뜨고 여기서 등각 분해도를 드래그 하여 끌어다 도면 시트 화면에 갖다 놓는다(그림 3-3-17).

그림 3-3-17 등각 분해도 불러온 모습

(4) 분해도의 부품 번호 생성하기

생각하기 : 부품 번호는 왜 나타내야 하는가?

분해도의 부품 번호는 조립도와 마찬가지로 부품에 대한 정보, 즉 BOM(부품란)을 작성할 때와 부품에 대한 도면 작성을 위해 알리는데 필요한 정보이다.

수행 : 분해도의 부품 번호 생성하기

① 주석에서 부품 번호를 클릭한다.
② 분해도에서 가이드 플레이트 부분에 커서를 갖고 가서 마우스 왼쪽 버튼을 누른다.
③ 연속해서 주요 부품에 커서를 갖고 가서 마우스 왼쪽 버튼을 누른다.
④ 확인을 클릭한다(그림 3-3-18).

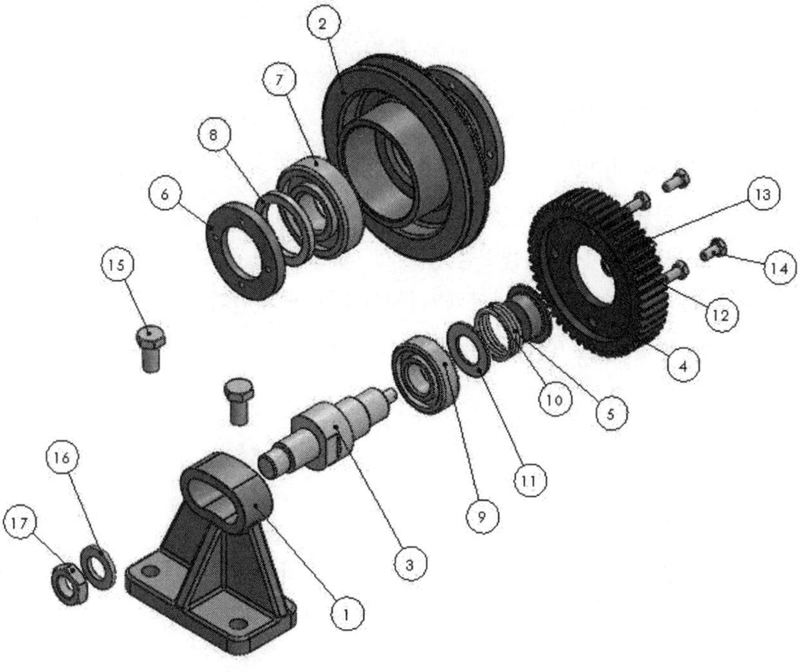

그림 3-3-18 부품 번호 생성 결과

(5) BOM 편집하기

수행 : **부품란 삽입하기**

① 주석에서 테이블의 BOM을 클릭한다.
② BOM을 작성할 모델을 지정하라고 메시지가 뜨며 정면도를 클릭한다.
③ BOM메뉴가 나타나며 여기서 테이블 템플릿의 "☆"을 클릭하고 bom-material을 찾아 선택한다.
④ 확인을 클릭한다.
⑤ 도면에 적당한 위치에 BOM이 배치되도록 커서를 가져가서 왼쪽 버튼을 클릭한다.
⑥ 비고란이 필요 없다면 비고에 커서를 갖고 가서 삭제 버튼을 누른다.
⑦ 테이블에 커서를 갖고 가면 십자모양의 커서가 나타나고 이 때 커서를 움직여 도면 우측 상단에 위치시킨다(그림 3-3-19).

(6) 표제란 삽입하기

수행 : **새로운 표제란 삽입하기**

① 시트편집 상태에서 일반테이블을 클릭한다.
② 테이블을 삽입할 수 있는 창이 나타나며 여기서 별표 모양을 클릭하면 미리 만들어 놓은 표제란 테이블 템플릿을 찾아서 가져올 수 있다.
③ 테이블 템플릿을 오른쪽 모서리에 위치하도록 배치한다.
④ 일반테이블 편집 완료 버튼을 누른다(그림 3-3-19).

(7) 저장하기

수행 : **최종 도면 저장하기**

① 저장 도구(💾)에서 다른 이름으로 저장하기를 클릭한다.
② 저장할 디렉토리를 정하고 파일이름을 "동력장치_분해도"로 한다.
③ 저장 버튼을 클릭한다.

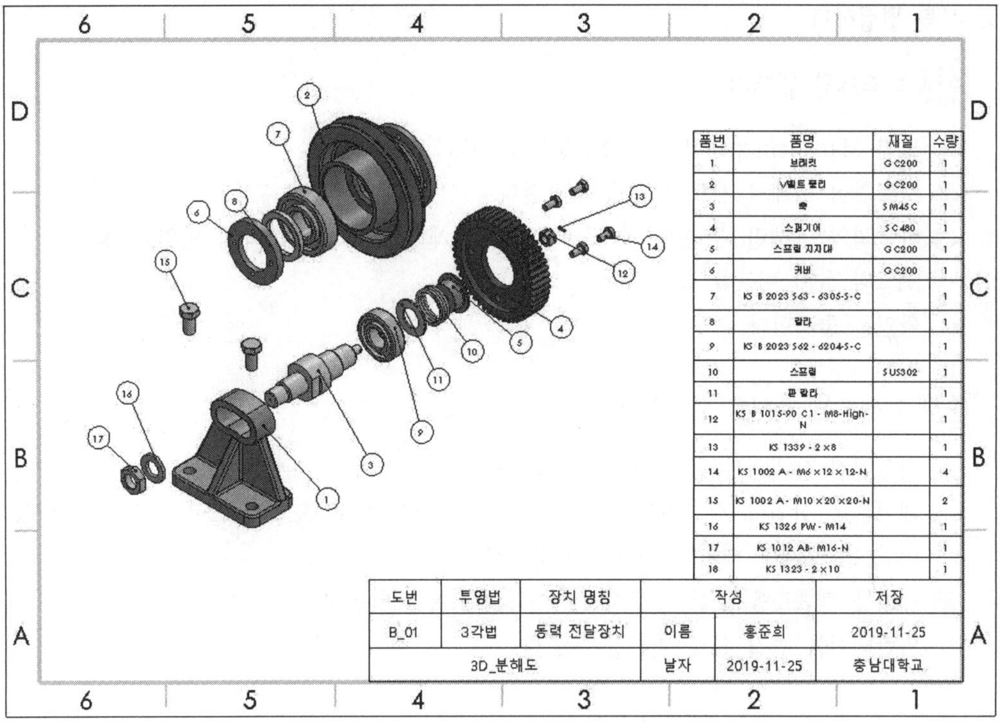

그림 3-3-19 BOM 및 표제란 삽입 모습

3-2-3 부품도 작성하기

3-2-3-1 브래킷 부품도 작성하기

(1) 도면 작성 준비하기

수행 : 도면 작성 화면 들어가기

① 풀다운 메뉴에서 새로 만들기 아이콘을 선택한다.

② 기본 모듈 가운데 도면을 선택한다.

③ 시트 형식/크기 설정 창에서 찾아보기를 클릭한다.

④ a4-landscape.slddrt를 설정하고 열기를 한다.

⑤ 확인을 클릭한다.

(2) 시트 편집하기

수행 : 표제란 없애기

① 도면 Management 탭에서 시트형식을 선택한다.
② 시트형식 탭에서 시트 편집을 선택한다.
③ 파란색의 표제란 부분에 대해 마우스로 전체 드래그 하여 삭제 영역을 정하고 키보드의 삭제 버튼을 클릭한다.
④ 확인을 클릭한다.

수행 : 새로운 표제란 삽입하기

① 시트편집 상태에서 일반테이블을 클릭한다.
② 테이블을 삽입할 수 있는 창이 나타나며 여기서 별표 모양을 클릭하면 미리 만들어 놓은 표제란 테이블 템플릿을 찾아서 가져올 수 있다.
③ 테이블 템플릿을 오른쪽 모서리에 위치하도록 배치한다.
④ 일반테이블 편집 완료 버튼을 누른다.

(3) 모델 뷰 표현하기

수행 : 정면도 정하기

① 도면 화면 오른쪽의 뷰 팔레트를 선택하여 우측에 창을 띄운다.
② 이 창에서 윗 쪽의 “ ”을 클릭하여 불러 오고자 하는 파일 이름 “브래킷”을 선택한다.
③ 도면 뷰에서 정면 뷰를 드래그 하여 끌어다 도면 시트 화면에 정면도로 갖다 놓는다.
④ 정면도의 우측에 우측면도를 배치한다.

수행 : 전단면도 나타내기

① 뷰 레이아웃에서 “단면도( )”를 클릭한다.
② 절단선에서 “수평( )”을 선택하고 절단 부분을 설정한다.
③ 단면 영역을 어떻게 표현할 것인지에 대한 설정 창에서 “절단에 있는 보강대 피처의 목록에서 해치 제외”가 나타나며 확인을 클릭한다.
④ 우측면도 위에 단면도를 나타낸다.
⑤ 확인을 클릭한다(그림 3-3-20).

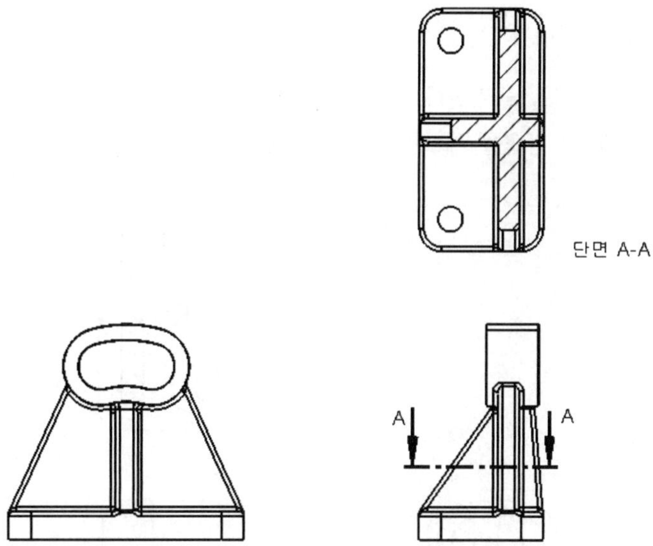

그림 3-3-20 모델 뷰 표현

(4) 부분 단면도 및 중심선 표현하기

수행 : 부분 단면도 나타내기

① 뷰 레이아웃에서 부분 단면도 “ ”를 클릭한다.
② 자유곡선 스케치 도구가 나타나며 절단 영역을 스케치한다.
③ 절단 영역을 어떻게 표현할 것인지에 대한 설정 창이 나타나며 여기서 자동해칭과 체결기 제외를 설정하고 확인을 클릭한다.
④ 절단 깊이 설정 창이 나타나며 여기서 물체의 절반을 자를 경우 미리 절단 깊이를 알아놓고 그 깊이를 입력해야 하는데 여기서는 53 ㎜를 입력한다.
⑤ 확인을 클릭한다.

수행 : 불필요선 감추기

① 도면에서 오독의 우려가 있는 불필요선에 커서를 갖고 간다.
② 주홍색으로 변하면 마우스 오른 쪽 버튼을 누른다.
③ 메뉴 위쪽 창에서 모서리 숨기기/표시( )를 클릭한다(그림 3-3-21).

수행 : 중심선 나타내기

① 주석에서 중심선을 클릭한다.
② 자동 삽입에 뷰 선택을 체크한다(그림 3-3-21).

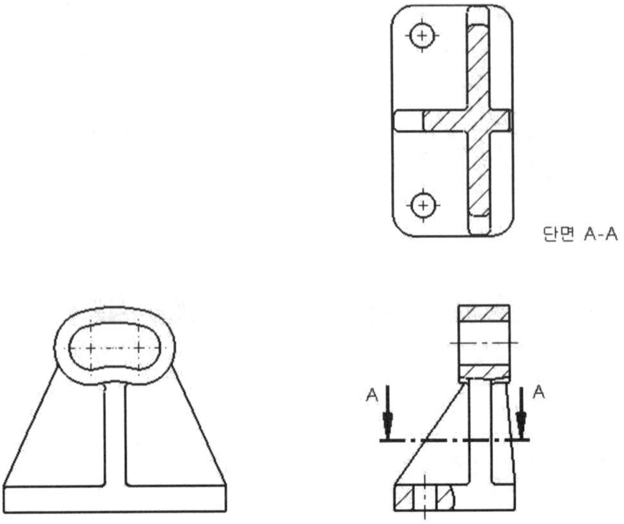

그림 3-3-21 우측면도의 부분 단면도 및 중심선 표현

(5) 리브 단면 표현하기

생각하기 : 리브 단면은 어떻게 나타낼까?

리브는 절단하지 않는 부품으로 KS B 0001 9.2.8에 규정되어 있다. 이유는 리브를 절단하면 형상이 불명확하게 되거나 오독할 우려가 있고 절단을 하여 나타내면 본체의 두께를 분명하게 나타나지 않기 때문이다. 그러나 리브의 모양 및 두께를 나타내어야 하므로 단면도로는 그리지 않고 대칭성을 유지하며 단면도를 그린다.

수행 : 리브 단면 표현하기

① 도면 탭에서 스케치를 클릭한다.
② 중심선을 경사면에 수직하게 스케치한다.
③ 3점 중심 사각형을 선택한다.
④ 중심선에 사각형의 중심이 있도록 3점 중심 사각형을 스케치한다.
⑤ 사각형의 중심점과 사선을 제거한다.

⑥ 사각형 경사면의 중점이 중심선과 일치하게 구속을 준다.
⑦ 스케치 필렛을 클릭하고 경사면의 사각형에 필렛(R2)을 준다.
⑧ 주석 메뉴에서 영역 해칭/채우기를 클릭한다.
⑨ 창에서 경계를 체크하고 해당 선을 선택한다.
⑩ 해칭의 각도는 보면서 조정(또는 45°)한다.
⑪ 확인을 클릭한다(그림 3-3-22).

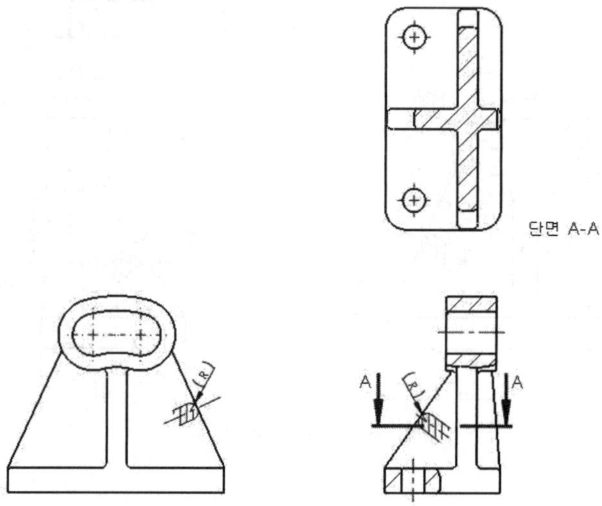

그림 3-3-22 리브 단면 표현 결과

(6) 치수 기입하기

수행 : 모델 뷰의 치수 표시하기

① 도면 탭에서 주석을 클릭한다.
② 주석 메뉴 가운데 지능형 치수를 선택한다.
③ 그림 3-3-23과 같이 필요한 치수를 삽입한다.

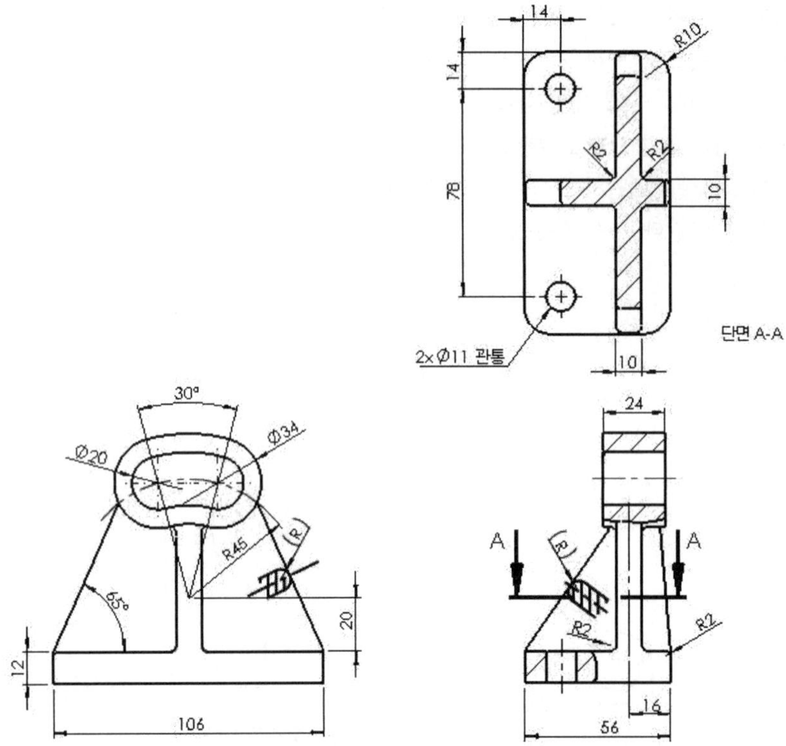

그림 3-3-23 치수 기입

(6) 기하공차 기입하기

생각하기 : 브래킷에 기하 공차는 필요할까?

브래킷은 축을 고정하여 V벨트 풀리가 회전할 수 있도록 하는 역할을 하므로 끼워 맞춤 공차는 필요 없지만 브래킷 옆면이 축의 고정과 관련하고 있으므로 바닥면에 대해 직각도를 유지할 필요는 있다. 일반적으로 적용하는 기하공차의 공차역은 아주 정밀한 가공이 필요한 경우는 0.005, 정밀한 가공에는 0.01~0.05, 보통급 가공에서는 진원도나 동심도의 경우 0.02를 다른 기하공차는 0.05~0.1 정도를 적용한다. 여기서는 축과 조립되는 부분이므로 정밀 가공으로 옆면을 연삭가공하는 것으로 하여 직각도 공차역을 0.01로 하였다.

수행 : 데이텀 A 표시하기

① 도면 탭의 주석에서 “데이텀 피처”를 클릭한다.
② 브래킷의 바닥면을 데이텀 면 A로 지정한다.
③ 확인을 클릭한다.

수행 : 직각도 표시하기

① 도면 탭의 주석에서 "기하 공차"를 클릭한다.

② 기하공차 속성창이 나타나며 여기서 기호는 "직각도(⊥)"를 설정하고 직각도 값 공차1은 0.01을, 그리고 제1은 A를 입력한다.

③ 확인을 클릭한다.

④ 직각도 기하 공차 표시를 축 고정부의 옆면인 "24" 치수선에 위치시킨다(그림 3-3-24).

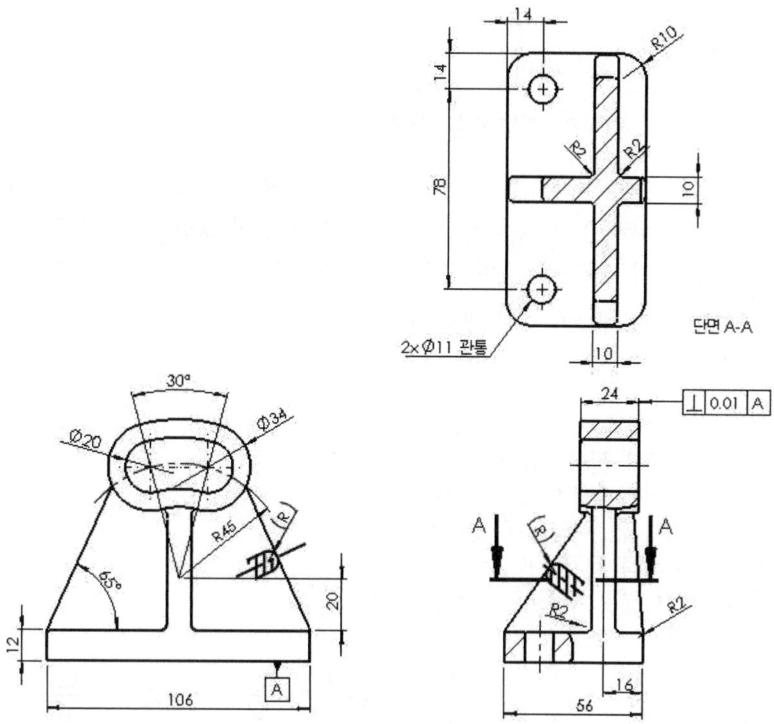

그림 3-3-24 데이텀 면 지정과 기하공차 설정 결과

(7) 표면 거칠기 기입하기

생각하기 : 표면 거칠기는 어떻게 기입하면 좋을까?

브래킷의 밑바닥은 바닥면과 고정되는 부분으로 축과의 직각도를 좋게 유지해야 동력 전달하는데 진동을 덜 유발하므로 데이텀 면으로 선정하는 것이 좋다. 따라서 브래킷의 밑면에 대해 상다듬질에 해당하는 표면 거칠기 기호로 표현하면 된다.

수행 : 표면 거칠기 표시하기

① 도면 탭의 주석에서 "표면 거칠기(√)"를 선택한다.
② 속성 대화창에서 기호의 종류를 선택하고 거칠기 정도를 나타내는 레이아웃을 정한다.
③ 표면 거칠기를 나타내고자 하는 면에 커서를 데고 왼쪽 버튼을 클릭한다. 만일 반대방향으로 나타내고자 하면 각도에서 180을 기입하면 반대반향으로 된다.
④ 확인 버튼을 누른다.

(8) 주서 기입하기

생각하기 : 주서는 어떻게 기입하면 좋을까?

도면부는 실제 제품의 정보를 표현하지만 기호나 숫자만으로 정확한 정보의 전달이 되지 않는 경우가 있다. 이런 경우 별도의 주서란을 만들어 도면부에서 전달되지 못한 부분의 내용을 입력하여 정확한 내용이 전달되도록 한다.

그림 3-3-25는 브래킷의 주서 내용이다.

주서
일반 공차 : 가) 절삭 가공부 KS B ISO 2768-m
나) 주조부 KS B 0250 CT9
도시되고 지시 없는 라운드 및 필렛 R3
날카로운 모서리 제거 C0.2
기계가공하지 않은 주조부 표면에 명회색 도장
표면 거칠기

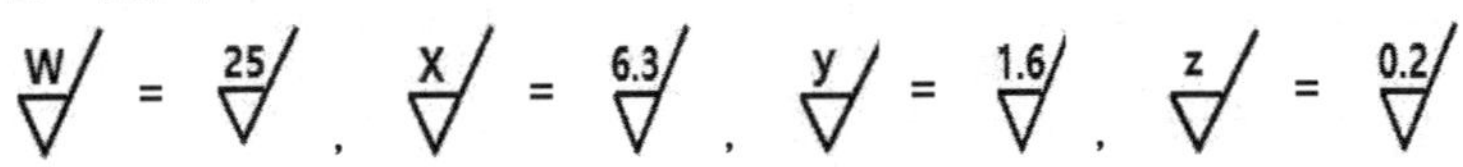

그림 3-3-25 브래킷의 주서 내용

수행 : 주서 표시하기

① 주석에서 “노트”를 선택한다.

② 도면 오른 쪽에 그림 3-3-26과 같이 노트를 기입한다.

③ 확인 버튼을 누른다.

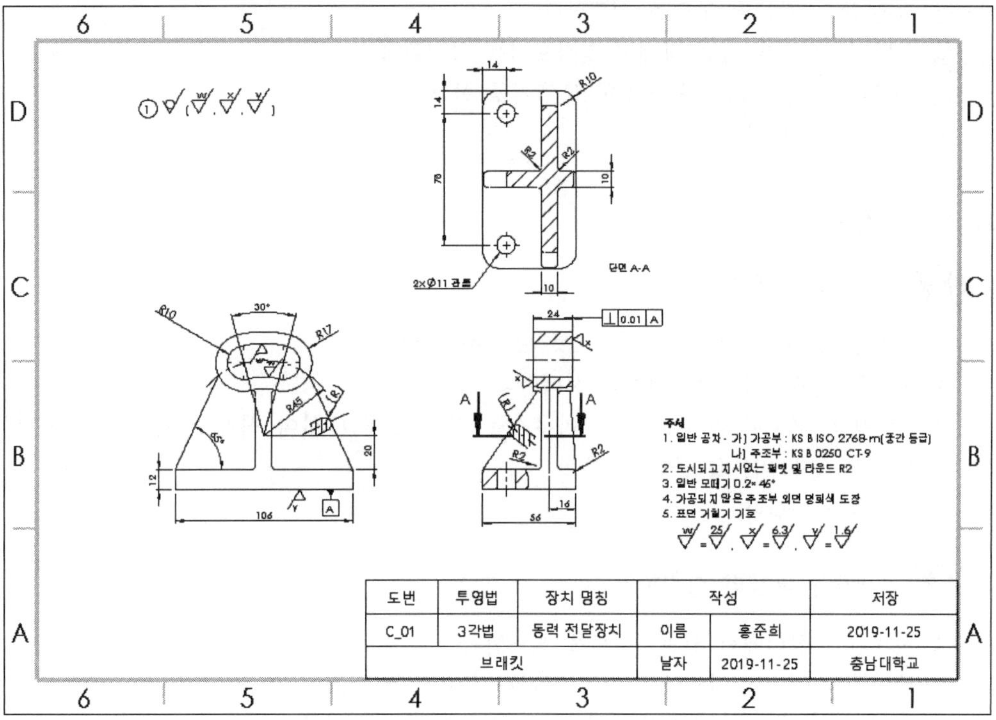

그림 3-3-26 도면의 치수, 공차 및 표면 거칠기 완료 모습

(9) 저장하기

수행 : 최종 도면 저장하기

① 저장 도구(💾)에서 다른 이름으로 저장하기를 클릭한다.

② 저장할 디렉토리를 정하고 파일이름을 “브래킷”로 한다.

3-2-3-2 V벨트 풀리 부품도 작성하기

(1) 도면 작성 준비하기

수행 : 도면 작성 화면 들어가기

① 풀다운 메뉴에서 새로 만들기 아이콘을 선택한다.
② 기본 모듈 가운데 도면을 선택한다.
③ 시트 형식/크기 설정 창에서 찾아보기를 클릭한다.
④ a4-landscape.slddrt를 설정하고 열기를 한다.
⑤ 확인을 클릭한다.

(2) 시트 편집하기

수행 : 표제란 없애기

① 도면 Management 탭에서 시트형식을 선택한다.
② 시트형식 탭에서 시트 편집을 선택한다.
③ 파란색의 표제란 부분에 대해 마우스로 전체 드래그 하여 삭제 영역을 정하고 키보드의 삭제 버튼을 클릭한다.
④ 확인을 클릭한다.

수행 : 새로운 표제란 삽입하기

① 시트편집 상태에서 일반테이블을 클릭한다.
② 테이블을 삽입할 수 있는 창이 나타나며 여기서 별표 모양을 클릭하면 미리 만들어 놓은 표제란 테이블 템플릿을 찾아서 가져올 수 있다.
③ 테이블 템플릿을 오른쪽 모서리에 위치하도록 배치한다.
④ 일반테이블 편집 완료 버튼을 누른다.

(3) 모델 뷰 배치하기

수행 : 모델 뷰 레이 아웃하기

① 도면 화면 오른쪽의 뷰 팔레트를 선택하여 우측에 창을 띄운다.
② 이 창에서 윗 쪽의 “”을 클릭하여 불러 오고자 하는 파일 이름 “V벨트 풀리”를 선택한다.
③ 도면 뷰에서 우측면 뷰를 드래그 하여 끌어다 도면 시트 화면에 정면도로 갖다 놓는다.

(4) 전단면도 및 혼돈선 감추기

수행 : 전단면도 나타내기

① 뷰 레이아웃에서 단면도( )를 클릭한다.
② 단면도의 절단선 방향을 수직으로 선택한다.
③ 원의 중심에 커서를 데면 창이 나타나고 여기서 완료를 클릭한다.
④ 이 전단면도에서 내부를 잘 표현하기 위해 우측에 나타낸다(그림 3-3-27).

수행 : 혼돈선 감추기

① 주석에서 중심선을 클릭한다.
② 자동 삽입에 뷰 선택을 체크한다(그림 3-3-27).

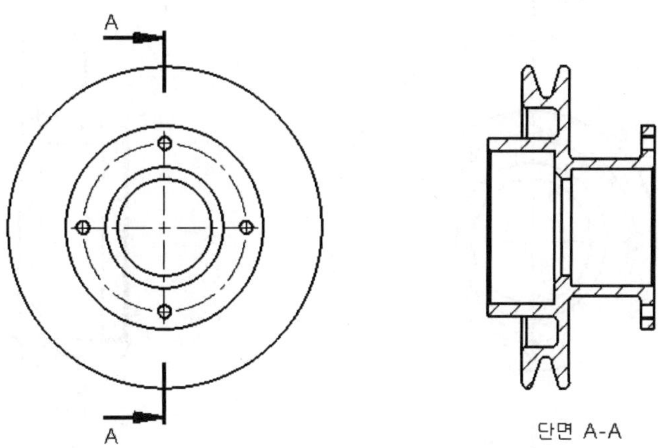

그림 3-3-27 전단면도 및 혼돈선 감추기

(5) 중심 표시, 중심선 및 나사선 표현하기

수행 : 중심 표시하기

① 주석 탭을 클릭한다.
② 중심 표시를 선택하고 해당 원을 클릭한다.
③ 확인한다.

수행 : 중심선 나타내기

① 주석에서 중심선을 클릭한다.
② 자동 삽입에 뷰 선택을 체크하고 우측면도를 클릭한다(그림 3-3-16).

수행 : 나사산 나타내기

① 주석 탭을 클릭한다.
② 나사산 나타내기를 클릭한다.
③ 정면도의 해당 원을 클릭한다.
④ 확인을 클릭한다(그림 3-3-28).

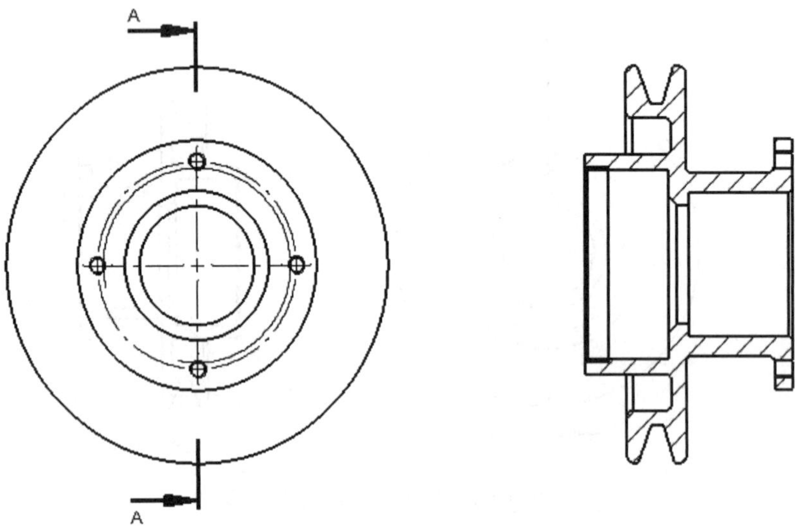

그림 3-3-28 중심 표시 및 중심선 표시

(6) 치수 기입하기

수행 : 치수 표시하기

① 도면 탭에서 주석을 클릭한다.
② 주석 메뉴 가운데 “지능형 치수”를 선택한다.
③ 그림 3-3-29와 같이 필요한 치수를 삽입한다.

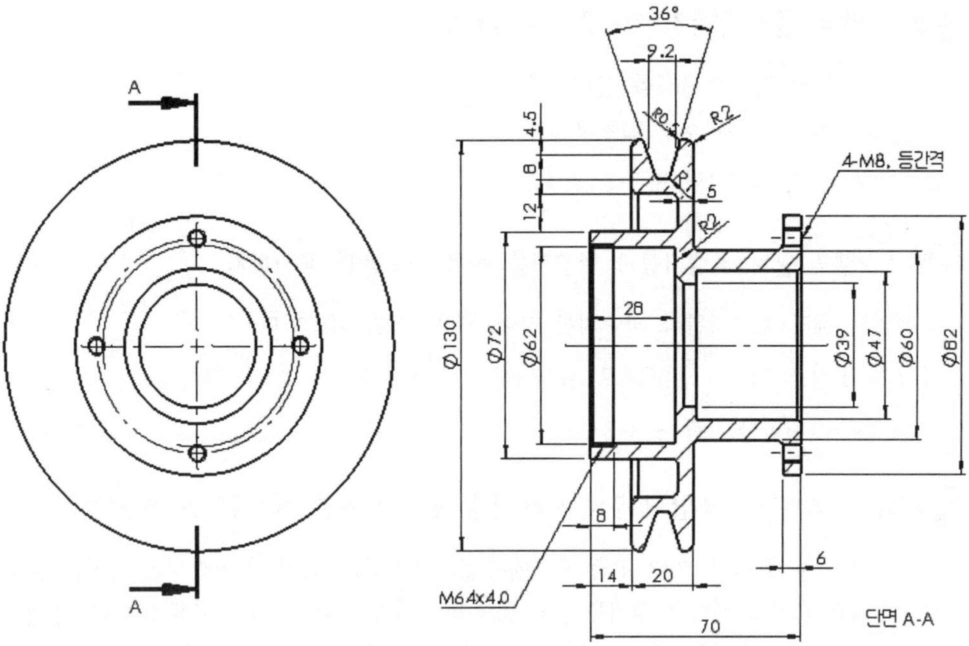

그림 3-3-29 치수 기입

(7) 치수 공차 및 끼워 맞춤 공차 기입하기

생각하기 : V벨트 풀리의 치수 공차는 어떻게 선정하는가?

V벨트 풀리에 관한 규정은 KS B 1400에 있다. 그러나 KS M 6535에는 V벨트 가운데 M형, A형, B형에 대해서는 홈부의 모양과 치수만을 규정하고 있으며 그림 3-3-1과 표 3-3-1에 나타내고 있다. 따라서 A형을 바탕으로 V벨트 각도(36°)에 대해서는 표 3-3-1에 따라 치수공차를 ±0.5°를, 호칭지름과 바깥지름 사이(4.5)에 대해서는 표 3-3-1에 따라 치수공차를 $^{+0.2}_{0}$을 주며, 바깥지름(∅130)에 대해서는 치수공차를 표 3-3-2에 따라 ±0.8을 준다.

수행 : V벨트 풀리 바깥지름 치수공차 표시하기

① V벨트 풀리 바깥지름 ∅130을 클릭한다.

② 공차/정밀을 "대칭"으로 설정한다. 즉, 치수를 ∅130±0.8로 한다.

③ 확인을 클릭한다(그림 3-3-33).

수행 : V벨트 풀리 접촉각 치수공차 표시하기

① V벨트 풀리 접촉각 36°를 클릭한다.

② 공차/정밀을 "대칭"으로 설정한다. 즉, 치수를 36°±0.5°로 한다.

③ 확인을 클릭한다(그림 3-3-33).

수행 : V벨트 풀리 호칭지름과 바깥지름 사이 치수공차 표시하기

① V벨트 풀리 호칭지름과 바깥지름 사이 치수 4.5를 클릭한다.

② 공차/정밀을 "좌우 상칭"으로 설정한다. 즉, 치수를 $4.5^{+0.2}_{0}$로 한다.

③ 확인을 클릭한다(그림 3-3-33).

생각하기 : 스퍼기어 조립 부분의 끼워 맞춤 공차에 따른 치수공차는 적절한지?

그림 3-3-30과 같은 끼워 맞춤 관계에서 스퍼기어와의 끼워 맞춤에 따른 공차는 분해가 가능해야 하므로 빡빡한 헐거운 끼워 맞춤이 되어야 한다. 그런데 설계조건에서 헐거운 중간 끼워 맞춤(∅82H7/h6)으로 정하였으므로 이에 대한 스퍼기어 조립 부분에 대해서는 빡빡한 헐거운 끼워 맞춤에 따른 치수공차 ∅82h6이 적절한지 검토하기로 한다. 스퍼기어의 풀리 접촉 원통면((∅82H7)의 경우 IT 등급 7이므로 공차가 0.035 ㎜이며, V 벨트 풀리의 스퍼 기어 삽입 원통면(∅82h6)은 IT 등급 6이므로 공차가 0.022 ㎜으로 부록 5와 6에 의해 ∅82H7의 허용한계치수는 $\phi 82^{0.035}_{0}$, ∅82h6의 허용한계치수는 $\phi 82^{\ 0}_{-0.022}$이다. 헐거운 끼워 맞춤이 되기 위해서는 최대 틈새와 최소 틈새가 모두 0 또는 양(+)이어야 하는데 최대 틈새=구멍의 최대 허용치수(82.035)-축의 최소 허용치수(82.000)=0.035 ㎜이고,

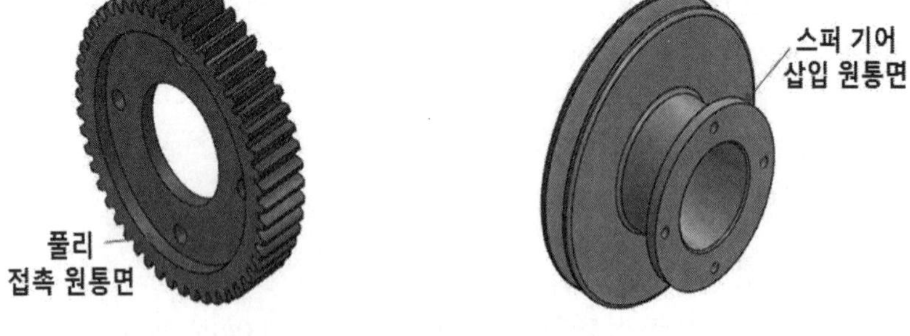

(a) 스퍼 기어 (b) V 벨트 풀리

그림 3-3-30 스퍼 기어와 V 벨트 풀리의 끼워 맞춤 관계

최소 틈새=구멍의 최소 허용치수(82.000)-축의 최대 허용치수(81.978)=0.022 ㎜이다. 따라서 헐거운 끼워 맞춤에 따른 V 벨트 풀리의 스퍼 기어 삽입 원통면의 치수공차(⌀82h6)는 적절하다.

수행 : 스퍼기어 조립 끼워 맞춤 공차에 따른 치수 공차 표시하기

① 스퍼기어 관련 조립 축인 ⌀82를 클릭한다.
② 공차/정밀을 "맞춤"의 "끼워 맞춤"으로 설정한다.
③ 축 맞춤을 h6으로 한다. 즉, 치수공차 $\phi 82h6$을 기입한다.
④ 확인을 클릭한다(그림 3-3-33).

생각하기 : 베어링1 조립 부분의 끼워 맞춤 공차에 따른 치수공차는 적절한지?

그림 3-3-31과 같이 V벨트 풀리와 관련 있는 베어링1(6305)가 삽입되는 구멍(⌀62)에 대해서도 설계조건에서 억지 끼워 맞춤에 가까운 중간 끼워 맞춤(⌀62M7/h6)으로 정하였으므로 베어링1(6305)가 삽입되는 구멍(⌀62)에 대해 중간 끼워 맞춤에 따른 치수공차 ⌀62M7이 적절한지 검토하기로 한다. 베어링1(6205)가 삽입되는 V벨트 풀리의 구멍((⌀62M7)의 경우 IT 등급 7이므로 공차가 0.030 ㎜이며, 베어링1(6305) 원통면(⌀62h6)은 IT 등급 6이므로 공차가 0.019 ㎜으로 부록 5와 6에 의해 ⌀62M7의 허용한계치수는 $\phi 62^{\ 0}_{-0.030}$, ⌀62h6의 허용한계치수는 $\phi 62^{\ 0}_{-0.019}$이다. 중간 끼워 맞춤이 되기 위해서는 최대 틈새와 최대 죔새가 모두 0 또는 양(+)이어야 하는데 최대 틈새=구멍의 최대 허용치수(62.000)-축의 최소 허용치수(61.981)=0.019 ㎜이고, 최대 죔새=축의 최대 허용치수(62.000)-구멍의 최소 허용치수(61.970)=0.030 ㎜이다. 따라서 중간 끼워 맞춤에 따른 V 벨트 풀리의 베어링1 삽입 구멍의 치수공차(⌀62M7)는 적절하다.

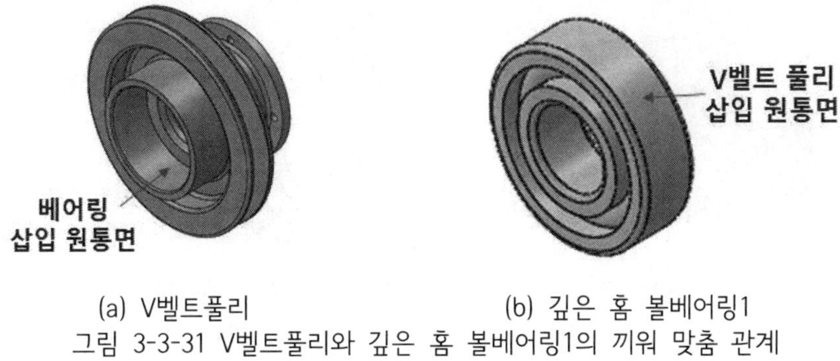

(a) V벨트풀리 (b) 깊은 홈 볼베어링1
그림 3-3-31 V벨트풀리와 깊은 홈 볼베어링1의 끼워 맞춤 관계

수행 : 베어링1 조립 끼워 맞춤 공차 표시하기

① 베어링1 조립 부분인 ⌀62를 클릭한다.
② 공차/정밀을 "맞춤"의 "보통 맞춤"으로 설정한다.
③ 구멍 맞춤을 M7으로 한다. 즉, 공차 $\phi 62M7$을 기입한다.
① 확인을 클릭한다(그림 3-3-33).

생각하기 : 베어링2 조립 부분의 끼워 맞춤 공차에 따른 치수공차는 적절한지?

그림 3-3-32와 같이 스퍼기어와 관련 있는 베어링2(6204)이 삽입되는 구멍(⌀47)에 대해서도 설계조건에서 억지 끼워 맞춤에 가까운 중간 끼워 맞춤(⌀47M7/h6)으로 정하였으므로 베어링2(6204)가 삽입되는 구멍(⌀47)에 대해 중간 끼워 맞춤에 따른 치수공차 ⌀47M7이 적절한지 검토하기로 한다.

베어링2(6204)이 삽입되는 구멍((⌀47M7)의 경우 IT 등급 7이므로 공차가 0.025 ㎜이며, 베어링2(6204) 원통면(⌀47h6)은 IT 등급 6이므로 공차가 0.016 ㎜으로 부록 5와 6에 의해 ⌀47M7의 허용한계치수는 KS B 0401에 따라 $\phi 47^{\ 0}_{-0.025}$, ⌀47h6의 허용한계치수는 KS B 0401에 따라 $\phi 47^{\ 0}_{-0.016}$이다. 중간 끼워 맞춤이 되기 위해서는 최대 틈새와 최대 죔새가 모두 0 또는 양(+)이어야 하는데 최대 틈새=구멍의 최대 허용치수(47.000)-축의 최소 허용치수(46.984)=0.016 ㎜이고, 최대 죔새=축의 최대 허용치수(47.000)-구멍의 최소 허용치수(46.975)=0.025 ㎜이다. 따라서 중간 끼워 맞춤에 따른 V 벨트 풀리의 베어링2 삽입 구멍의 치수공차(⌀47M7)는 적절하다.

(a) V벨트풀리 (b) 깊은 홈 볼베어링2

그림 3-3-32 V벨트풀리와 깊은 홈 볼베어링2의 끼워 맞춤 관계

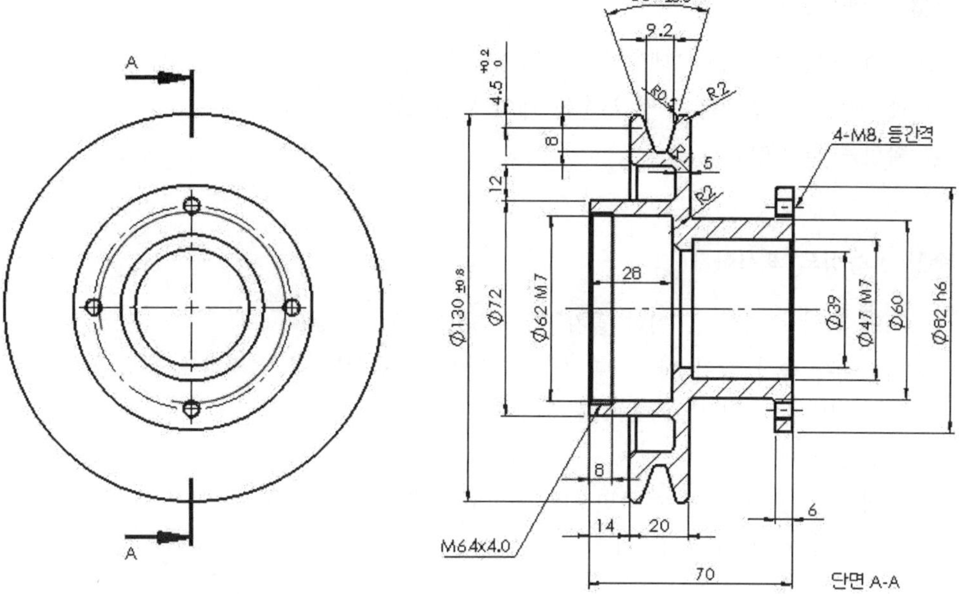

그림 3-3-33 치수 공차 및 끼워 맞춤 공차 설정 결과 모습

수행 : 베어링2 조립 끼워 맞춤 공차에 따른 치수 공차 표시하기

① 베어링2 조립 부분인 ∅47을 클릭한다.

② 공차/정밀을 "맞춤"의 "보통 맞춤"으로 설정한다.

③ 구멍 맞춤을 M7으로 한다. 즉, 치수공차 $\phi 47M7$을 기입한다.

④ 확인을 클릭한다(그림 3-3-33).

(8) 기하공차 기입하기

생각하기 : 기하 공차는 어떻게 선정하면 좋을까?

베어링1이 조립되는 구멍을 기하공차의 데이텀 면으로 한다. 이 데이텀 면에 대해 베어링2가 조립되는 구멍은 동심도가 확보되어야 하는데 여기서는 일반 정밀급의 기하공차를 적용하였다. 스퍼기어가 조립되는 면은 데이텀 면에 대해 직각도가 확보되어야 하므로 여기서는 정밀 연삭에 의한 기하공차를 적용한 것이다. 또한 회전에 흔들림이 공차 내에 있어야 하므로 원주 흔들림 공차를 확보해야 하는데 여기서는 표 3-3-2를 적용한 것이다.

수행 : 데이텀 A 표시하기

① 도면 탭의 주석에서 "데이텀 피처"를 클릭한다.
② 베어링1가 조립되는 구멍 부분을 데이텀 면으로 지정한다.
③ 확인을 클릭한다.

수행 : 동심도 표시하기

① 도면 탭의 주석에서 "기하 공차"를 클릭한다.
② 기하공차 속성 창이 나타나며 여기서 기호는 "동심도"를 설정하고 동심도 값 공차1은 0.01을, 그리고 제1은 A를 입력한다.
③ 확인을 클릭한다.
④ 그림 3-3-34와 같이 우측면도의 동심도 기하 공차 표시를 베어링2 조립 옆면(∅47)의 치수선에 위치시킨다.

수행 : 직각도 표시하기

① 도면 탭의 주석에서 "기하 공차"를 클릭한다.
② 기하공차 속성 창이 나타나며 여기서 기호는 "직각도"를 설정하고 직각도 값 공차1은 0.01을, 그리고 제1은 A를 입력한다.
③ 확인을 클릭한다.
④ 그림 3-3-34와 같이 우측면도의 직각도 기하 공차 표시를 스퍼기어 체결 접촉면(5)의 치수선에 위치시킨다.

수행 : 원주 흔들림 표시하기

① 도면 탭의 주석에서 "기하 공차"를 클릭한다.
② 기하공차 속성 창이 나타나며 여기서 기호는 "원주 흔들림"을 설정하고 원주 흔들림 값 공차1은 0.4를, 그리고 제1은 A를 입력한다.
③ 확인을 클릭한다.
④ 그림 3-3-34와 같이 우측면도의 원주 흔들림 기하 공차 표시를 V벨트 풀리 끝 면(∅130)의 치수선에 위치시킨다.

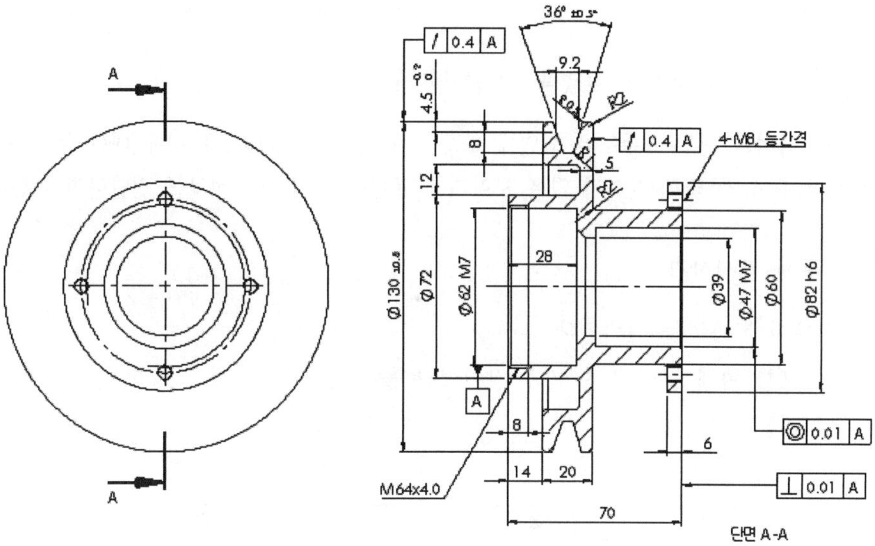

그림 3-3-34 데이텀 면 지정과 기하공차 설정 결과

(9) 표면 거칠기 기입하기

생각하기 : 표면 거칠기는 어떻게 기입하면 좋을까?

표면 거칠기는 기능에 따른 가공 방법과 연관되기 때문에 가공 방법에 따라 결정하면 된다. 즉, 그림 3-3-35와 같이 V벨트가 접촉하는 구동되는 부분 및 스퍼기어와 결합하여 동력을 전달해야 하는 부분의 원통 부분은 상다듬질 수준으로 가공해야 하므로, 또한 베어링이 삽입되는 부분에 대해 상다듬질 수준으로 가공해야 하므로 상다듬질에 해당하는 표면 거칠기 기호로 표현하면 된다.

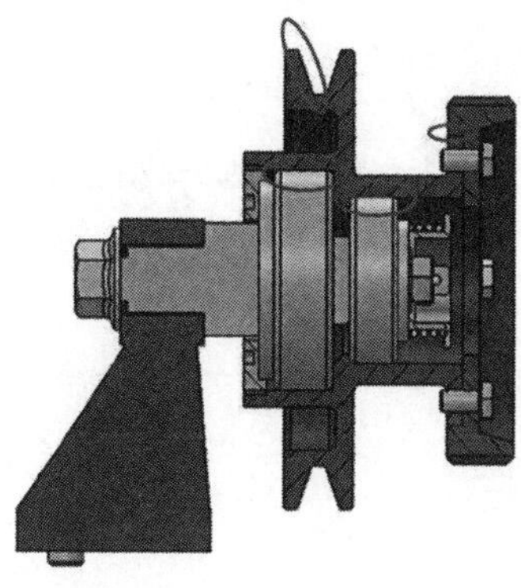

그림 3-3-35 상다듬질 부분

수행 : 표면 거칠기 표시하기

① 도면 탭의 주석에서 “표면 거칠기(√)”를 선택한다.

② 속성 대화창에서 기호의 종류를 선택하고 거칠기 정도를 나타내는 레이아웃을 정한다.

③ 표면 거칠기를 나타내고자 하는 면에 커서를 데고 왼쪽 버튼을 클릭한다. 만일 반대방향으로 나타내고자 하면 각도에서 180을 기입하면 반대반향으로 된다.

④ 확인 버튼을 누른다(그림 3-3-36).

(10) 주서 기입하기

생각하기 : 여기서 주서에 무엇을 기입하면 좋을까?

V벨트 풀리의 경우는 주조부 외면에 도장을 할 필요가 있으므로 이에 대한 주서와 도면부에는 일반 공차 및 지시하지 않은 모따기를 표현하여 정확한 정보를 전달하여야 한다.

수행 : 주서 표시하기

① 주석에서 "노트"를 선택한다.

② 도면 오른 쪽에 그림 3-3-36과 같이 노트를 기입한다.

③ 확인 버튼을 누른다.

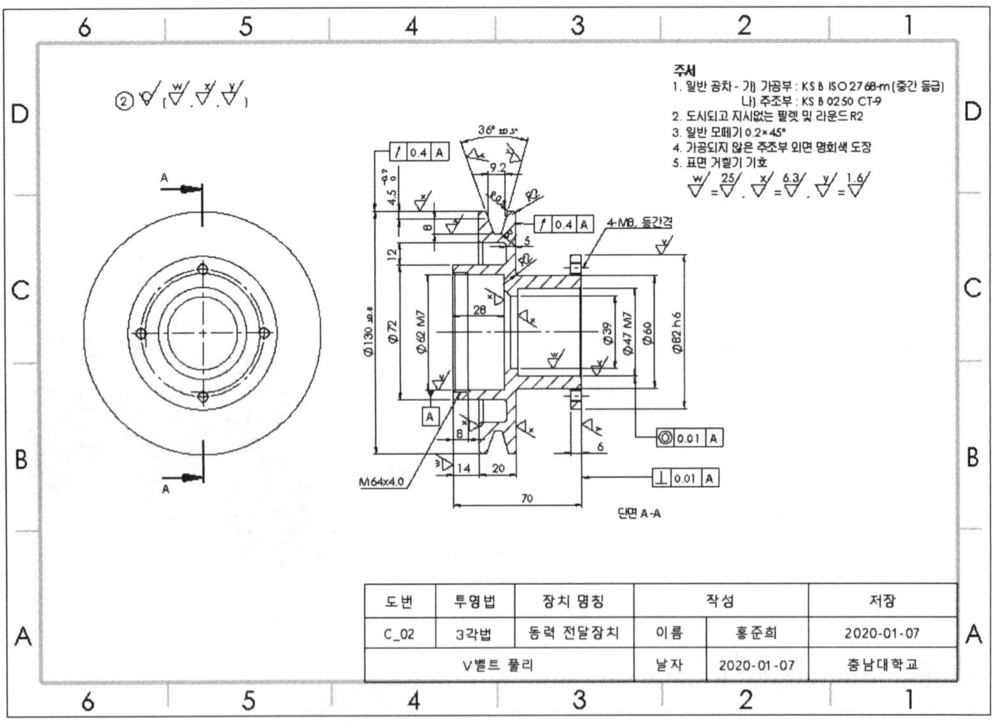

그림 3-3-36 도면의 치수, 공차 및 표면 거칠기 완료 모습

(11) 저장하기

수행 : 최종 도면 저장하기

① 저장 도구( )에서 다른 이름으로 저장하기를 클릭한다.
② 저장할 디렉토리를 정하고 파일이름을 "V벨트 풀리"로 한다.

3-2-3-3 축 부품도 작성하기

(1) 도면 작성 준비하기

수행 : 도면 작성 화면 들어가기

① 풀다운 메뉴에서 새로 만들기 아이콘을 선택한다.
② 기본 모듈 가운데 도면을 선택한다.
③ 시트 형식/크기 설정 창에서 찾아보기를 클릭한다.
④ a4-landscape.slddrt를 설정하고 열기를 한다.
⑤ 확인을 클릭한다.

(2) 시트 편집하기

수행 : 표제란 없애기

① 도면 Management 탭에서 시트형식을 선택한다.
② 시트형식 탭에서 시트 편집을 선택한다.
③ 파란색의 표제란 부분에 대해 마우스로 전체 드래그 하여 삭제 영역을 정하고 키보드의 삭제 버튼을 클릭한다.
④ 확인을 클릭한다.

수행 : 새로운 표제란 삽입하기

① 시트편집 상태에서 일반테이블을 클릭한다.
② 테이블을 삽입할 수 있는 창이 나타나며 여기서 별표 모양을 클릭하면 미리 만들어 놓은 표제란 테이블 템플릿을 찾아서 가져올 수 있다.
③ 테이블 템플릿을 오른쪽 모서리에 위치하도록 배치한다.
④ 일반테이블 편집 완료 버튼을 누른다.

(3) 투상도 및 중심선 표현하기

수행 : 투상도 작성하기

① 뷰 팔레트(   )를 클릭한다.
② 뷰 팔레트에서 파트 찾기(   )를 클릭하여 해당 파일인 "축"을 찾고 정면도로 여러 도면 뷰에서 정면 뷰를 끌어 창에 놓는다.
③ 정면도 좌측에 좌측면도를 표현한다.
④ 확인을 클릭한다(그림 3-3-34).

수행 : 중심선 나타내기

① 주석 탭을 클릭한다.
② 중심선을 클릭하고 자동 삽입의 뷰 선택을 체크한다.
③ 정면도를 클릭한다.
④ 확인을 클릭한다(그림 3-3-37).

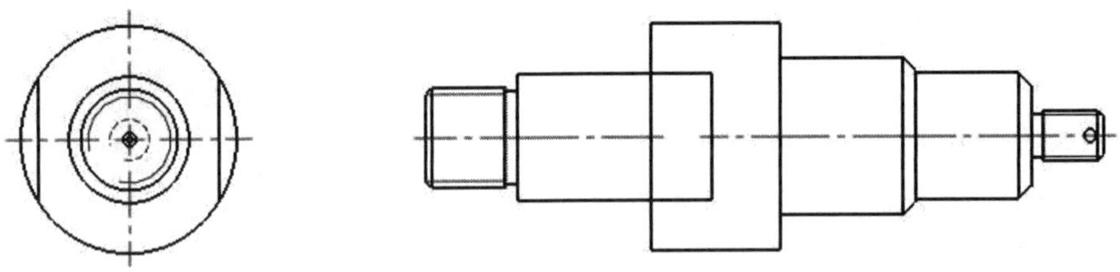

그림 3-3-37 투상도 및 중심선 표시 결과

(4) 치수 기입 및 센터 구멍 표시 및 리머 구멍 가공방법 표시하기

생각하기 : 사각 단면이란 무엇인가?

사각 단면은 원형 축의 중심을 잡아 스퍼기어 등 다른 부품과 체결할 때 파악하는 단면으로 생각하면 된다.

수행 : 정면도의 사각 단면 작성

① 스케치에서 선 도구를 선택한다.
② 그림 3-3-38과 같이 대각선의 형태로 선을 스케치 한다.
③ 완료한다.

수행 : 치수 표시하기

① 도면 탭에서 주석을 클릭한다.
② 주석 메뉴 가운데 "지능형 치수"를 선택한다.
③ 그림 3-3-38과 같이 필요한 치수를 삽입한다.

생각하기 : 리머 가공방법은 어떻게 표시하면 좋을까?

구멍의 치수기입 방법에서 구멍의 치수다음에 가공방법에 대해 KS에는「드릴구멍, 펀칭 구멍, 코어구멍 등 구멍의 가공방법에 의한 구별을 나타낼 필요가 있을 경우에는 원칙적으로 호칭치수 또는 기준치수를 나타내고 그 뒤에 가공방법의 구별을 가공 방법용어를 규정하고 있는 한국공업규격에 따라 지시하다」라고 규정되어 있다. 따라서 가공 방법에 의한 구별을 나타낼 필요가「없는 경우」일 때에는 구멍의 치수만 기입하여도 될 것이다.

수행 : 센터 구멍 표시하기

① 스케치 탭에서 선 도구를 사용하여 V를 센터 구멍 부분에 스케치 한다.
② 도면 탭의 주석에서 "노트"를 선택한다.
③ 노트에 "KS B 0410, 60 A형2, 양끝"를 기입한다.
④ 확인 버튼을 누른다(그림 3-3-38).

수행 : 리머 구멍 가공방법 표시하기

① 도면 탭의 주석에서 "노트"를 선택한다.
② 노트에 "2N7 리머"를 기입한다.
③ 확인 버튼을 누른다(그림 3-3-38).

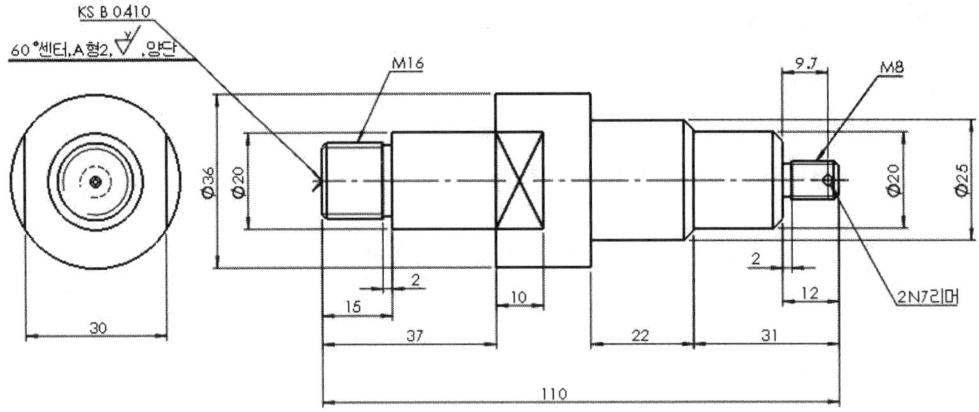

그림 3-3-38 치수 기입 및 센터 구멍과 가공 방법 표현하기

(5) 치수 공차 기입하기

생각하기 : 볼트를 고정할 때 파악하는 부분의 치수공차는 적절한가?

볼트를 고정할 때 파악하는 부분의 치수 공차는 사각 단면 부분의 폭(30)이 스패너에 의해 파악되므로 파악 부분을 30보다 크게 가공할 필요는 없다. 따라서 치수공차 $30_{-0.35}^{\ 0}$을 주었다.

수행 : 치수 공차 표시하기

① 좌측면도의 편평한 폭 부분인 30을 클릭한다.

② 치수 창에서 공차/정밀을 "좌우 상칭"으로 설정하고 최대 편차를 0, 최소 편차를 -0.35로 한다. 즉, 공차 $30_{-0.35}^{\ 0}$을 입력한다.

③ 확인을 클릭한다(그림 3-3-41).

생각하기 : 베어링1(6305)의 끼워 맞춤 공차에 따른 치수공차는 적절한가?

그림 3-3-39과 같이 축의 외경 ∅25에 조립되는 베어링1(6305)은 치수공차는 설계조건에서 억지 끼워 맞춤에 가까운 중간 끼워 맞춤(∅25M7/h6)으로 정하였으므로 베어링1(6305)가 삽입되는 축(∅25)에 대해 중간 끼워 맞춤에 따른 축의 치수공차 ∅25h6이 적절한지 검토하기로 한다. 베어링1(6305)가 삽입되는 베어링1의 구멍((∅25M7)의 경우 IT 등급 7이므로 공차가 0.021 ㎜이며, 베어링1(6305) 삽입 축의 원통면(∅25h6)은 IT 등급 6이므로 공차가 0.013 ㎜으로 부록 5와 6에 의해 ∅25M7의 허용한계치수는 $\phi 25_{-0.021}^{\ 0}$,

∅25h6의 허용한계치수는 $\phi25_{-0.013}^{\ 0}$이다. 중간 끼워 맞춤이 되기 위해서는 최대 틈새와 최대 죔새가 모두 0 또는 양(+)이어야 하는데 최대 틈새=구멍의 최대 허용치수(25.000)-축의 최소 허용치수(24.987)=0.013 ㎜이고, 최대 죔새=축의 최대 허용치수(25.000)-구멍의 최소 허용치수(61.979)=0.021 ㎜이다. 따라서 중간 끼워 맞춤에 따른 베어링1(6305) 삽입 축의 원통면(∅25h6)은 적절하다.

(a) 깊은 홈 볼베어링1 (b) 축

그림 3-3-39 깊은 홈 볼베어링1과 축의 끼워 맞춤 관계

수행 : 베어링1(6305) 조립 축 부분의 끼워 맞춤 공차에 따른 치수 공차 표시하기

① 베어링1(6305)과 조립되는 축 ∅25를 클릭한다.

② 치수 창에서 공차/정밀을 "맞춤"의 "보통 맞춤"으로 설정한다.

③ 축 맞춤에서 h6를 입력한다. 즉, ∅25h6이다.

④ 확인을 클릭한다(그림 3-3-41).

생각하기 : 베어링2(6204)의 끼워 맞춤 공차에 따른 치수공차는 적절한가?

그림 3-3-40과 같이 축의 외경 ∅20에 조립되는 베어링2(6204)은 치수공차는 설계조건에서 억지 끼워 맞춤에 가까운 중간 끼워 맞춤(∅20M7/h6)으로 정하였으므로 베어링1(6305)가 삽입되는 축(∅20)에 대해 중간 끼워 맞춤에 따른 축의 치수공차 ∅20h6이 적절한지 검토하기로 한다. 베어링2(6204)가 삽입되는 베어링2의 구멍((∅20M7)의 경우 IT 등급 7이므로 공차가 0.021 ㎜이며, 베어링2(6204) 삽입 축의 원통면(∅20h6)은 IT 등급 6이므로 공차가 0.013 ㎜으로 부록 5와 6에 의해 ∅20M7의 허용한계치수는 $\phi20_{-0.021}^{\ 0}$, ∅20h6의 허용한계치수는 $\phi20_{-0.013}^{\ 0}$이다. 중간 끼워 맞춤이 되기 위해서는 최대 틈새와 최대 죔새가 모두 0 또는 양(+)이어야 하는데 최대 틈새=구멍의 최대 허용치수(20.000)-축

의 최소 허용치수(19.987)=0.013 ㎜이고, 최대 죔새=축의 최대 허용치수(20.000)-구멍의 최소 허용치수(19.979)=0.021 ㎜이다. 따라서 중간 끼워 맞춤에 따른 베어링2(6204) 삽입 축의 원통면(∅20h6)은 적절하다.

(a) 깊은 홈 볼베어링2 (b) 축

그림 3-3-40 깊은 홈 볼베어링2와 축의 끼워 맞춤 관계

수행 : 베어링2(6204) 조립 축 부분의 끼워 맞춤 공차에 따른 치수 공차 표시하기

① 베어링2(6204)와 조립되는 축 ∅20을 클릭한다.

② 치수 창에서 공차/정밀을 "맞춤"의 "보통 맞춤"으로 설정한다.

③ 축 맞춤에서 h6를 입력한다. 즉, ∅20h6이다.

④ 확인을 클릭한다(그림 3-3-41).

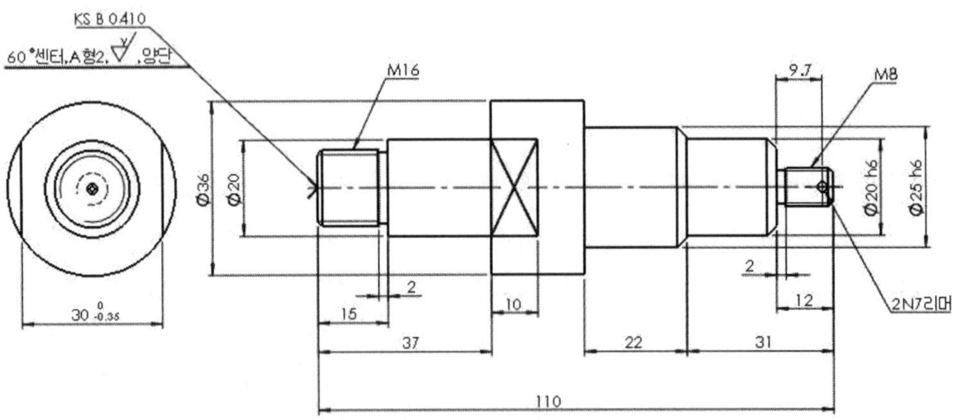

그림 3-3-41 치수 공차 및 끼워 맞춤 공차 기입 완료 모습

(6) 기하 공차 기입하기

생각하기 : 기하 공차는 어떻게 선정하였을까?

고정 축에 가까운 베어링1(6305)이 조립되는 축 부분을 기하공차의 데이텀 면으로 한다. 이 데이텀 면에 대해 브래킷이 조립되는 축 옆면의 직각도가 확보되어야 한다. 또한 회전에 흔들림이 공차 내에 있어야 하므로 베어링2(6204)이 조립되는 축의 원주 흔들림 공차를 확보해야 한다. 따라서 정밀급의 기하공차를 주어야 한다.

수행 : 데이텀 표시하기

① 도면 탭의 주석에서 "데이텀 피처"를 클릭한다.
② 해당 데이텀 면을 지정한다. 즉, 베어링2가 조립되는 면을 데이텀 A로 지정한다.
③ 확인을 클릭한다(그림 3-3-42).

수행 : 직각도 표시하기

① 도면 탭의 주석에서 "기하 공차"를 클릭한다.
② 기하공차 속성 창이 나타나며 여기서 기호는 "직각도"를 설정하고 직각도 값 공차1은 0.02를, 그리고 제1은 A를 입력한다.
③ 확인을 클릭한다.
④ 그림 3-3-42와 같이 정면도의 직각도 기하 공차 표시를 브래킷 조립 옆면(10)의 치수선에 위치시킨다.

수행 : 원주 흔들림 표시하기

① 도면 탭의 주석에서 "기하 공차"를 클릭한다.
② 기하공차 속성 창이 나타나며 여기서 기호는 "원주 흔들림"를 설정하고 원주 흔들림 값 공차1은 0.01을, 그리고 제1은 A를 입력한다.
③ 확인을 클릭한다.
④ 그림 3-3-42와 같이 정면도의 원주 흔들림도 기하 공차 표시를 베어링1이 조립되는 또 다른 면(∅20)에 위치시킨다.

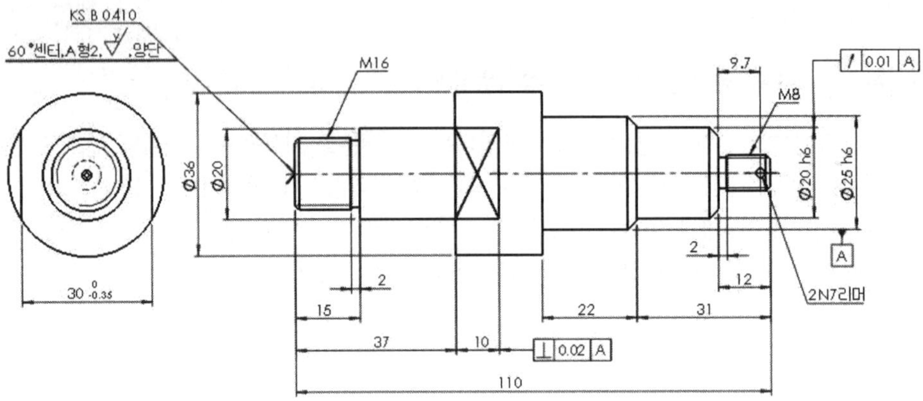

그림 3-3-42 기하공차 지정 결과

(8) 표면 거칠기 및 주서 기입하기

생각하기 : 표면 거칠기는 어떻게 기입하면 좋을까?

특히 베어링이 삽입되는 부분은 정밀한 가공이 이루어져야 하므로 표면 거칠기 기호를 상다듬질 기호로 표현하면 된다.

생각하기 : 여기서 주서에 무엇을 기입하면 좋을까?

도면부에는 일반 공차, 표면 거칠기 및 지시하지 않은 모따기를 표현하여 정확한 정보를 전달하여야 한다.

수행 : 표면 거칠기 표시하기

① 도면 탭의 주석에서 "표면 거칠기(√)"를 선택한다.
② 표면거칠기 속성 대화창에서 기호의 종류를 선택하고 거칠기 정도를 나타내는 레이아웃을 정한다.
③ 표면 거칠기를 나타내고자 하는 면에 커서를 데면 황색으로 변하고 그 때 왼쪽 버튼을 클릭한다.
④ 확인 버튼을 누른다(그림 3-3-43).

수행 : 주서 표시하기

① 주석에서 "노트"를 선택한다.
② 도면 오른 쪽에 그림 3-3-43과 같이 노트를 기입한다.
③ 확인 버튼을 누른다.

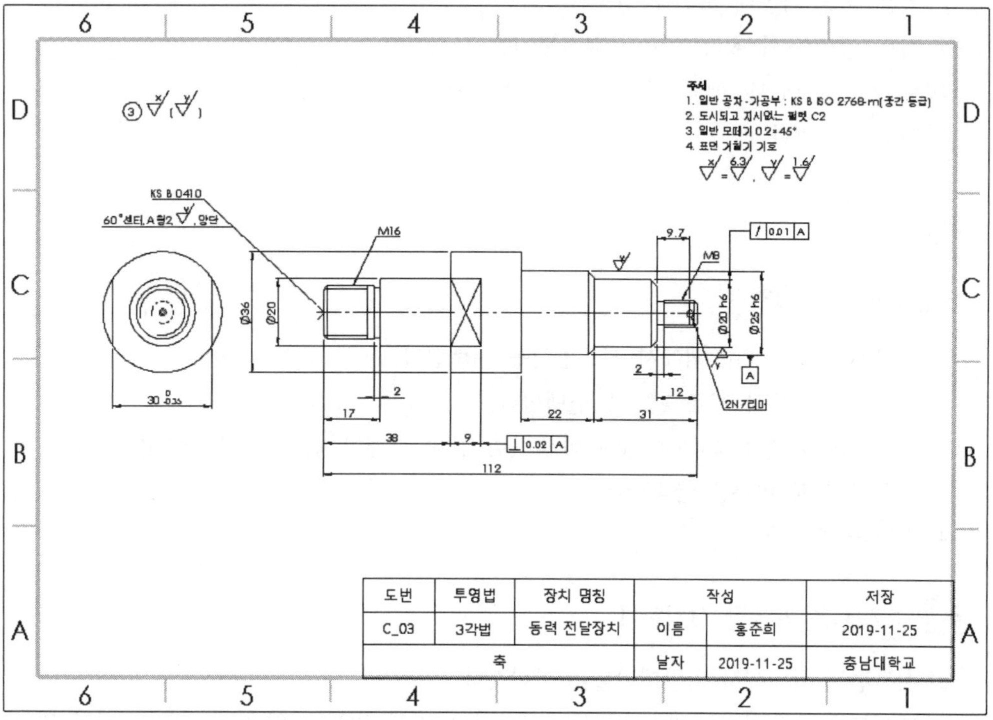

그림 3-3-43 축의 도면 완료 모습

(10) 저장하기

수행 : 최종 도면 저장하기

① 저장 도구(💾)에서 다른 이름으로 저장하기를 클릭한다.
② 저장할 디렉토리를 정하고 파일이름을 "축"으로 한다.
③ 저장 버튼을 클릭한다.

3-2-3-4 스퍼기어 부품도 작성하기

(1) 도면 작성 준비하기

수행 : 도면 작성 화면 들어가기

① 풀다운 메뉴에서 새로 만들기 아이콘을 선택한다.
② 기본 모듈 가운데 도면을 선택한다.
③ 시트 형식/크기 설정 창에서 찾아보기를 클릭한다.
④ a4-landscape.slddrt를 설정하고 열기를 한다.
⑤ 확인을 클릭한다.

(2) 시트 편집하기

수행 : 표제란 없애기

① 도면 Management 탭에서 시트형식을 선택한다.
② 시트형식 탭에서 시트 편집을 선택한다.
③ 파란색의 표제란 부분에 대해 마우스로 전체 드래그 하여 삭제 영역을 정하고 키보드의 삭제 버튼을 클릭한다.
④ 확인을 클릭한다.

수행 : 새로운 표제란 삽입하기

① 시트편집 상태에서 일반테이블을 클릭한다.
② 테이블을 삽입할 수 있는 창이 나타나며 여기서 별표 모양을 클릭하면 미리 만들어 놓은 표제란 테이블 템플릿을 찾아서 가져올 수 있다.
③ 테이블 템플릿을 오른쪽 모서리에 위치하도록 배치한다.
④ 일반테이블 편집 완료 버튼을 누른다.

(3) 모델 뷰 배치하기

수행 : 모델 뷰 레이 아웃하기

① 도면 화면 오른쪽의 뷰 팔레트를 선택하여 우측에 창을 띄운다.
② 이 창에서 윗 쪽의 "..."을 클릭하여 불러 오고자 하는 파일 이름 "스퍼기어"를 선택한다.
③ 도면 뷰에서 우측면 뷰를 드래그 하여 끌어다 도면 시트 화면에 정면도로 갖다 놓는다.

(4) 전단면도 및 중심선 나타내기

수행 : 전단면도 나타내기

① 뷰 레이아웃에서 단면도( )를 클릭한다.
② 단면도의 절단선 방향을 수직으로 선택한다.
③ 원의 중심에 커서를 데면 창이 나타나고 여기서 완료를 클릭한다.
④ 이 전단면도에서 내부를 잘 표현하기 위해 우측에 나타낸다(그림 3-3-44).

수행 : 중심 표시하기

① 주석 탭을 클릭한다.
② 중심 표시를 선택하고 해당 원을 클릭한다.
③ 확인한다.

수행 : 중심선 나타내기

① 주석에서 중심선을 클릭한다.
② 자동 삽입에 뷰 선택을 체크하고 우측면도를 클릭한다(그림 3-3-44).

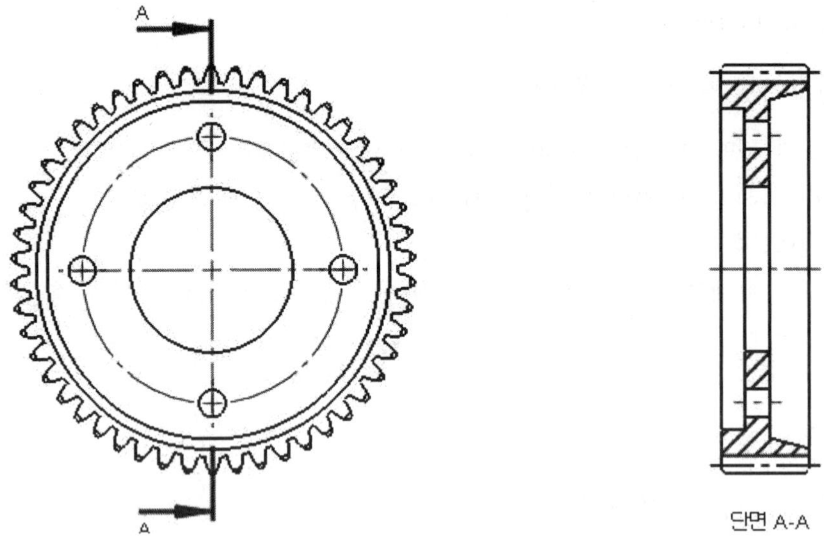

그림 3-3-44 전단면도 및 중심선 표시

수행 : 기어선 나타내기

① 스케치 탭을 클릭한다.
② 중심선 도구를 선택하고 기어 피치선을 중심에서 치수 30되는 양쪽에 중심선을 스케치한다.
③ 선 도구를 선택하고 중심에서 치수 27.5되는 양쪽에 실선을 스케치한다.
④ 확인을 클릭한다(그림 3-3-44).

수행 : 해칭 하기

① 주석에 해칭도구를 선택한다.
② 해칭 창이 나타나며 속성에 "해칭"을 체크한다.
③ 해칭 영역에서 "영역"으로 체크한다.
④ 해칭하고자 하는 영역을 클릭한다.
⑤ 확인을 클릭한다(그림 3-3-44).

(6) 치수 기입하기

수행 : 치수 표시하기

① 도면 탭에서 주석을 클릭한다.
② 주석 메뉴 가운데 “지능형 치수”를 선택한다.
③ 그림 3-3-45와 같이 필요한 치수를 삽입한다.

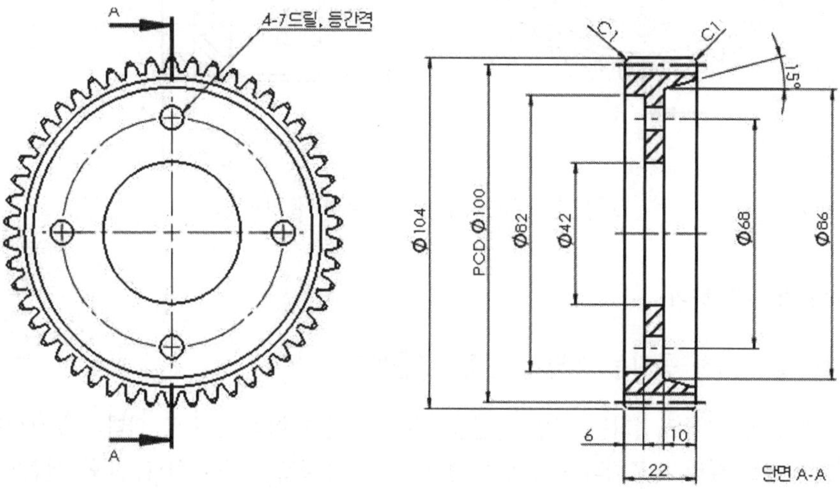

그림 3-3-45 치수 기입

(7) 끼워 맞춤에 따른 치수 공차 기입하기

생각하기 : 스퍼기어의 V벨트 풀리 삽입 구멍의 치수공차는 적절한가?

스퍼기어는 V벨트 풀리와 조립되어 동력을 전달하는 역할을 한다. 그림 3-3-30에서 이미 끼워 맞춤에 대해 검토하였으므로 V벨트 풀리와 조립되는 부분인 ⌀82에 필요한 치수 공차를 주어야 한다. 스퍼기어의 V벨트 풀리 삽입 구멍의 치수공차(⌀82h6)은 적절하다.

수행 : V벨트 풀리 조립 끼워 맞춤에 따른 치수 공차 표시하기

① V벨트 풀리 조립 구멍인 ⌀82를 클릭한다.
② 공차/정밀을 “맞춤”의 “끼워 맞춤”으로 설정한다.
③ 구멍 맞춤을 H7로 한다. 즉, 치수공차 $\phi 82H7$을 기입한다.
④ 확인을 클릭한다(그림 3-3-45).

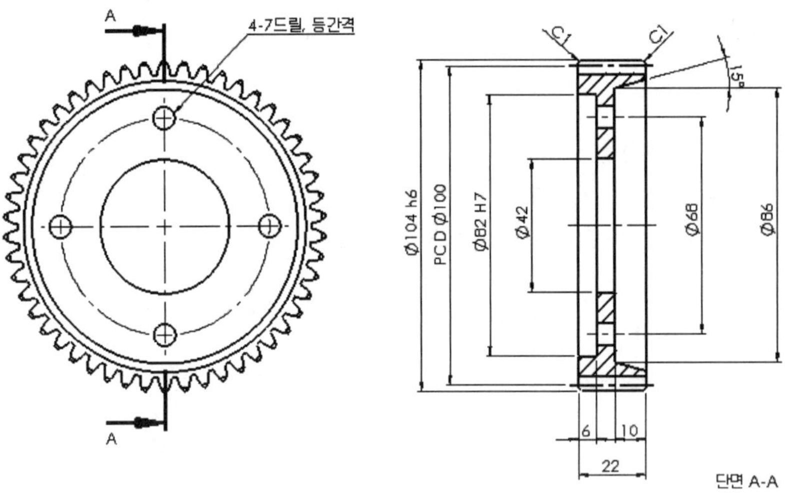

그림 3-3-46 치수 공차 설정 결과 모습

(8) 기하공차 기입하기

생각하기 : 기하 공차는 어떻게 선정하였을까?

V벨트 풀리가 조립되는 구멍 정면을 기하공차의 데이텀 면으로 한다. 이 데이텀 면에 대해 V벨트 풀리가 조립되는 구멍 옆면의 직각도가 확보되어야 한다. 또한 회전에 흔들림이 공차 내에 있어야 하므로 원주 흔들림 공차를 확보해야 한다. 따라서 직각도는 부록 10의 일반 적용의 정밀급 기하공차를 적용하였고, 원주 흔들림은 축방향 원주 흔들림과 축과 직각방향 원주 흔들림 모두 부록 1에 의한 IT6급을 적용하였다.

수행 : 데이텀 A 표시하기

① 도면 탭의 주석에서 "데이텀 피처"를 클릭한다.

② V벨트 풀리가 조립되는 구멍 정면을 데이텀 면으로 지정한다.

③ 확인을 클릭한다.

수행 : 직각도 표시하기

① 도면 탭의 주석에서 "기하 공차"를 클릭한다.

② 기하공차 속성 창이 나타나며 여기서 기호는 "직각도"를 설정하고 직각도 값 공차 1은 ⌀0.02를, 그리고 제1은 A를 입력한다.

③ 확인을 클릭한다.

④ 그림 3-3-47과 같이 우측면도의 직각도 기하 공차 표시를 V벨트 풀리 조립 옆면(∅82)의 치수선에 위치시킨다.

수행 : 원주 흔들림 표시하기

① 도면 탭의 주석에서 "기하 공차"를 클릭한다.

② 기하공차 속성 창이 나타나며 여기서 기호는 "원주 흔들림"을 설정하고 원주 흔들림 값 공차1은 0.022를, 그리고 제1은 A를 입력한다.

③ 확인을 클릭한다.

④ 그림 3-3-47과 같이 우측면도의 원주 흔들림 기하 공차 표시를 스퍼기어 이끝면(∅104)의 치수선에 위치시킨다.

수행 : 원주 흔들림 표시하기

① 도면 탭의 주석에서 "기하 공차"를 클릭한다.

② 기하공차 속성 창이 나타나며 여기서 기호는 "원주 흔들림"을 설정하고 원주 흔들림 값 공차1은 0.022를, 그리고 제1은 A를 입력한다.

③ 확인을 클릭한다.

④ 그림 3-3-47과 같이 우측면도의 원주 흔들림 기하 공차 표시를 스퍼기어 옆면(22)의 치수선에 위치시킨다.

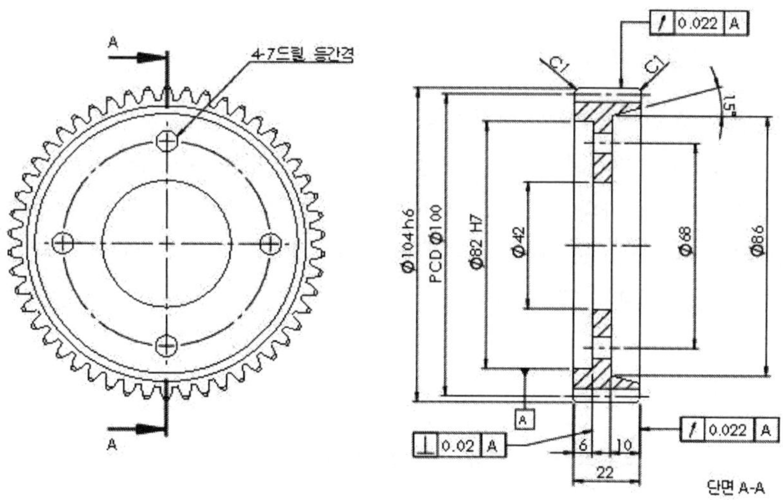

그림 3-3-47 데이텀 면 지정과 기하공차 설정 결과

(9) 표면 거칠기 기입하기

생각하기 : 표면 거칠기는 어떻게 기입하면 좋을까?

주강 재질의 치부는 호빙머신으로 가공하며 기어 이가 서로 맞물려 돌아가서 마모가 일어나므로 열처리는 필수적이다. 따라서 약간의 변형 등을 고려하여 정밀하게 가공하였으므로 상다듬질 수준으로 표현한다. 또한 V벨트 풀리와 조립되는 부분은 정밀하게 조립되어야 하므로 원통 외부 면에 대해 상다듬질 수준으로 표현한다. 즉, 그림 3-3-48의 둥근 표시 부분은 상다듬질 수준으로 표현해야 한다.

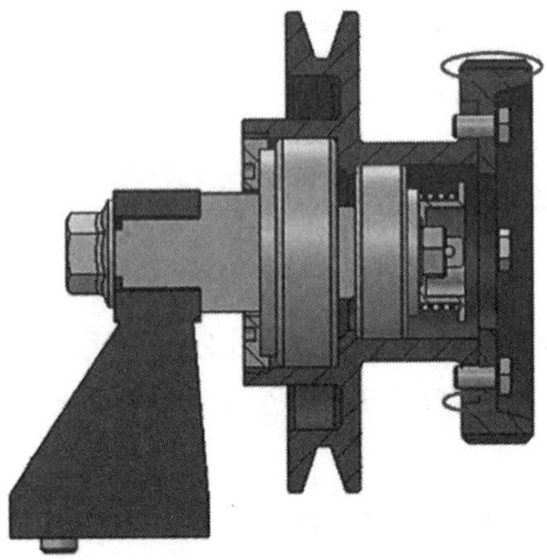

그림 3-3-48 상다듬질 부분

수행 : 표면 거칠기 표시하기

① 도면 탭의 주석에서 "표면 거칠기(√)"를 선택한다.
② 속성 대화창에서 기호의 종류를 선택하고 거칠기 정도를 나타내는 레이아웃을 정한다.
③ 표면 거칠기를 나타내고자 하는 면에 커서를 데고 왼쪽 버튼을 클릭한다. 만일 반대방향으로 나타내고자 하면 각도에서 180을 기입하면 반대반향으로 된다.
④ 확인 버튼을 누른다(그림 3-3-49).

(10) 요목표 기입하기

생각하기 : 여기서 요목표에 무엇을 기입하면 좋을까?

요목표는 도면부에서 정확하게 표현되지 못하는 정보를, 표를 통하여 정확한 내용을 전달하는 부분이다.

예를 들어, 아래 표와 같이 스퍼기어 부품의 경우 도면부에서는 형상과 기본적인 치수만으로 도면을 작성하고, 기어 치형, 공구 치형, 모듈, 압력각 및 잇수 등은 도면부에서 일일이 기입을 하지 못하므로 별도 표로 작성하여 도면에 첨부한다.

스퍼기어		
기어 치형		표준
공구	치형	보통 이
	모듈	2
	압력각	20°
잇수		50
피치원 지름		∅100
전체 이 높이		4.5
다듬질 방법		호브 절삭
정밀도		KS B 1405, 2급

수행 : 요목표 기입하기

① 주석에서 "일반테이블"을 선택한다.

② 테이블 크기에서 열은 3, 행은 10으로 한다.

③ 도면 오른 쪽에 그림 3-3-49와 같이 테이블을 기입한다.

④ 확인 버튼을 누른다.

(11) 주서 기입하기

생각하기 : 여기서 주서에 무엇을 기입하면 좋을까?

V벨트 풀리의 경우는 주조부 외면에 도장을 할 필요가 있으므로 이에 대한 주서와 도면부에는 일반 공차 및 지시하지 않은 모따기를 표현하여 정확한 정보를 전달하여야 한다.

수행 : 주서 표시하기

① 주석에서 "노트"를 선택한다.

② 도면 오른 쪽에 그림 3-3-49와 같이 노트를 기입한다.

③ 확인 버튼을 누른다.

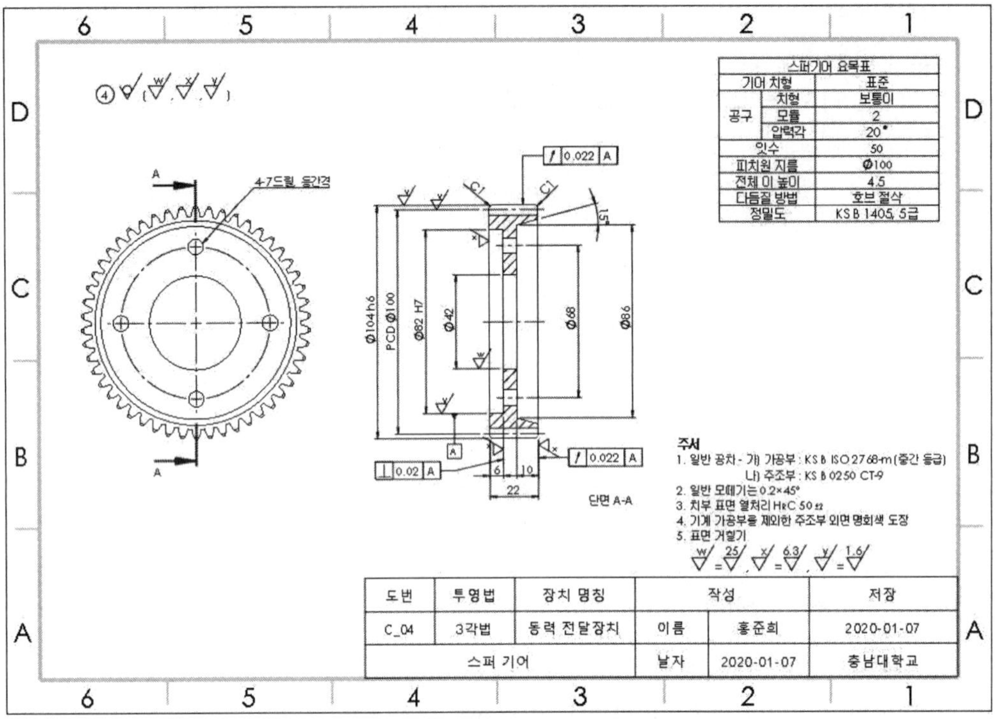

그림 3-3-49 도면의 치수, 공차 및 표면 거칠기 완료 모습

(12) **저장하기**

수행 : 최종 도면 저장하기

① 저장 도구( )에서 다른 이름으로 저장하기를 클릭한다.
② 저장할 디렉토리를 정하고 파일이름을 “스퍼기어”로 한다.

3-2-3-5 스프링 커버 부품도 작성하기

(1) 도면 작성 준비하기

수행 : 도면 작성 화면 들어가기

① 풀다운 메뉴에서 새로 만들기 아이콘을 선택한다.
② 기본 모듈 가운데 도면을 선택한다.
③ 시트 형식/크기 설정 창에서 찾아보기를 클릭한다.
④ a4-landscape.slddrt를 설정하고 열기를 한다.
⑤ 확인을 클릭한다.

(2) 시트 편집하기

수행 : 표제란 없애기

① 도면 Management 탭에서 시트형식을 선택한다.
② 시트형식 탭에서 시트 편집을 선택한다.
③ 파란색의 표제란 부분에 대해 마우스로 전체 드래그 하여 삭제 영역을 정하고 키보드의 삭제 버튼을 클릭한다.
④ 확인을 클릭한다.

수행 : 새로운 표제란 삽입하기

① 시트편집 상태에서 일반테이블을 클릭한다.
② 테이블을 삽입할 수 있는 창이 나타나며 여기서 별표 모양을 클릭하면 미리 만들어 놓은 표제란 테이블 템플릿을 찾아서 가져올 수 있다.
③ 테이블 템플릿을 오른쪽 모서리에 위치하도록 배치한다.
④ 일반테이블 편집 완료 버튼을 누른다.

(3) 투상도 표현하기

수행 : 투상도 작성하기

① 뷰 팔레트( )를 클릭한다.
② 뷰 팔레트에서 파트 찾기( )를 클릭하여 해당 파일인 "스프링 커버"을 찾고 정면도로 여러 도면 뷰에서 좌측면 뷰를 끌어 창에 놓는다.
③ 확인을 클릭한다.
④ 혼돈선(필렛 선)은 제거한다.

(4) 전단면도 및 중심선 나타내기

수행 : 전단면도 나타내기

① 뷰 레이아웃에서 단면도( )를 클릭한다.
② 단면도의 절단선 방향을 수직으로 선택한다.
③ 원의 중심에 커서를 데면 창이 나타나고 여기서 완료를 클릭한다.
④ 이 전단면도에서 내부를 잘 표현하기 위해 우측에 나타낸다(그림 3-3-50).

수행 : 중심선 나타내기

① 주석 탭을 클릭한다.
② 중심선을 클릭하고 자동 삽입의 뷰 선택을 체크한다.
③ 정면도를 클릭한다.
④ 확인을 클릭한다(그림 3-3-50).

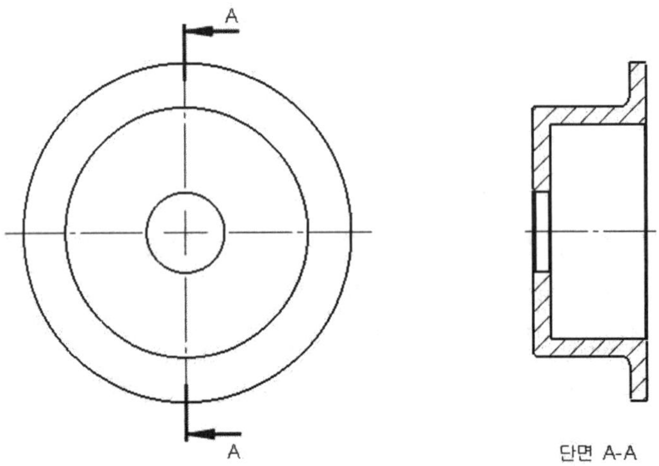

그림 3-3-50 전단면도 및 중심선 표시 결과

(5) 치수 기입하기

수행 : 치수 표시하기

① 도면 탭에서 주석을 클릭한다.
② 주석 메뉴 가운데 "지능형 치수"를 선택한다.
③ 그림 3-3-51과 같이 필요한 치수를 삽입한다.

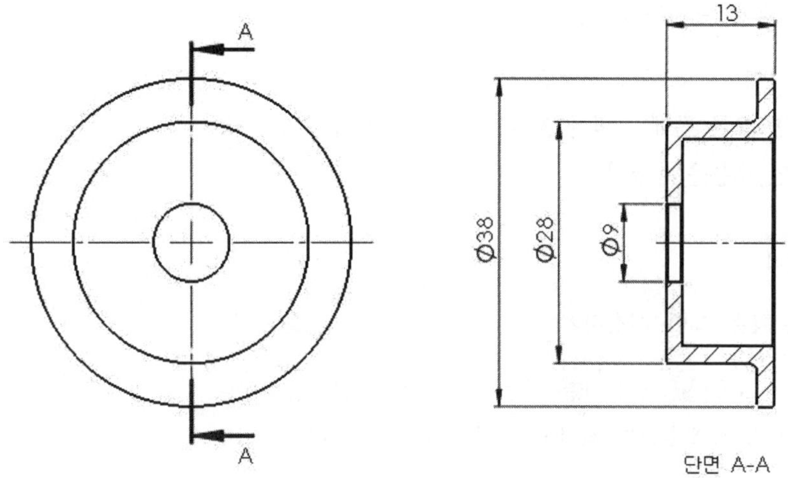

그림 3-3-51 치수 기입하기

(6) 표면 거칠기 및 주서 기입하기

생각하기 : 표면 거칠기는 어떻게 기입하면 좋을까?

축 조립되는 부분은 일반 가공이 이루어지는 정도의 표면 거칠기 기호로 표현하면 된다.

생각하기 : 여기서 주서에 무엇을 기입하면 좋을까?

도면부에는 표면 거칠기 및 지시하지 않은 부품 두께를 표현하여 정확한 정보를 전달하여야 한다.

수행 : 표면 거칠기 표시하기

① 도면 탭의 주석에서 "표면 거칠기(√)"를 선택한다.
② 표면거칠기 속성 대화창에서 기호의 종류를 선택하고 거칠기 정도를 나타내는 레이아웃을 정한다.
③ 표면 거칠기를 나타내고자 하는 면에 커서를 데면 황색으로 변하고 그 때 왼쪽 버튼을 클릭한다.
④ 확인 버튼을 누른다(그림 3-3-52).

수행 : 주서 표시하기

① 주석에서 “노트”를 선택한다.

② 도면 오른 쪽에 그림 3-3-52와 같이 노트를 기입한다.

③ 확인 버튼을 누른다.

(7) 저장하기

수행 : 최종 도면 저장하기

① 저장 도구(💾)에서 다른 이름으로 저장하기를 클릭한다.

② 저장할 디렉토리를 정하고 파일이름을 “스프링 커버”로 한다.

③ 저장 버튼을 클릭한다.

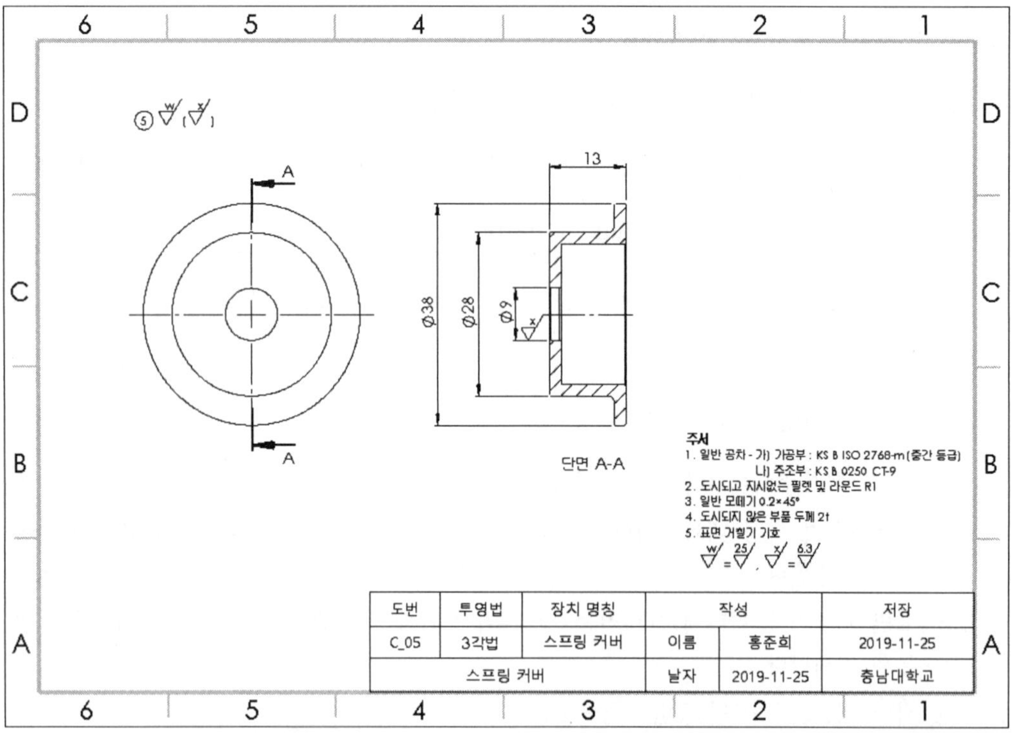

그림 3-3-52 스프링 커버의 도면 완료 모습

3-2-3-6 베어링 커버 부품도 작성하기

(1) 도면 작성 준비하기

수행 : 도면 작성 화면 들어가기

① 풀다운 메뉴에서 새로 만들기 아이콘을 선택한다.
② 기본 모듈 가운데 도면을 선택한다.
③ 시트 형식/크기 설정 창에서 찾아보기를 클릭한다.
④ a4-landscape.slddrt를 설정하고 열기를 한다.
⑤ 확인을 클릭한다.

(2) 시트 편집하기

수행 : 표제란 없애기

① 도면 Management 탭에서 시트형식을 선택한다.
② 시트형식 탭에서 시트 편집을 선택한다.
③ 파란색의 표제란 부분에 대해 마우스로 전체 드래그 하여 삭제 영역을 정하고 키보드의 삭제 버튼을 클릭한다.
④ 확인을 클릭한다.

수행 : 새로운 표제란 삽입하기

① 시트편집 상태에서 일반테이블을 클릭한다.
② 테이블을 삽입할 수 있는 창이 나타나며 여기서 별표 모양을 클릭하면 미리 만들어 놓은 표제란 테이블 템플릿을 찾아서 가져올 수 있다.
③ 테이블 템플릿을 오른쪽 모서리에 위치하도록 배치한다.
④ 일반테이블 편집 완료 버튼을 누른다.

(3) 투상도 표현하기

수행 : 투상도 작성하기

① 뷰 팔레트()를 클릭한다.
② 뷰 팔레트에서 파트 찾기()를 클릭하여 해당 파일인 “베어링 커버”을 찾고 정면도로 여러 도면 뷰에서 좌측면 뷰를 끌어 창에 놓는다.
③ 확인을 클릭한다.
④ 혼돈선(필렛 선)은 제거한다.

(4) 전단면도 및 중심선 나타내기

수행 : 전단면도 나타내기

① 뷰 레이아웃에서 단면도()를 클릭한다.
② 단면도의 절단선 방향을 수직으로 선택한다.
③ 원의 중심에 커서를 데면 창이 나타나고 여기서 완료를 클릭한다.
④ 이 전단면도에서 내부를 잘 표현하기 위해 우측에 나타낸다(그림 3-3-53).

수행 : 중심선 나타내기

① 주석 탭을 클릭한다.
② 중심선을 클릭하고 자동 삽입의 뷰 선택을 체크한다.
③ 정면도를 클릭한다.
④ 확인을 클릭한다(그림 3-3-53).

수행 : 나사산 나타내기

① 주석 탭을 클릭한다.
② 나사산 나타내기를 클릭한다.
③ 정면도의 해당 원을 클릭한다.
④ 확인을 클릭한다(그림 3-3-53).

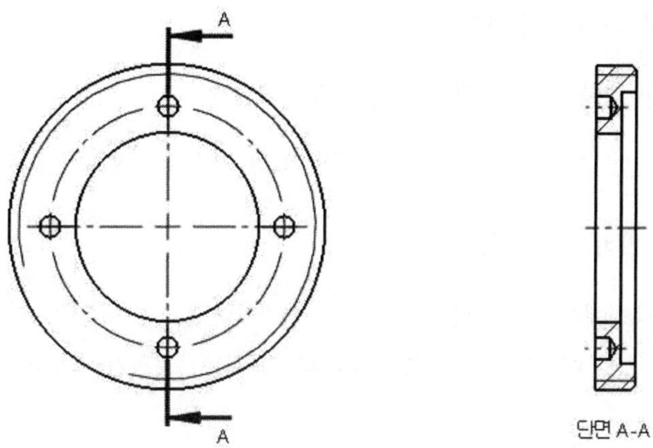

그림 3-3-53 중심선 및 나사산 표시 결과

(5) 치수 기입하기

수행 : 치수 표시하기

① 도면 탭에서 주석을 클릭한다.

② 주석 메뉴 가운데 “지능형 치수”를 선택한다.

③ 그림 3-3-54와 같이 필요한 치수를 삽입한다.

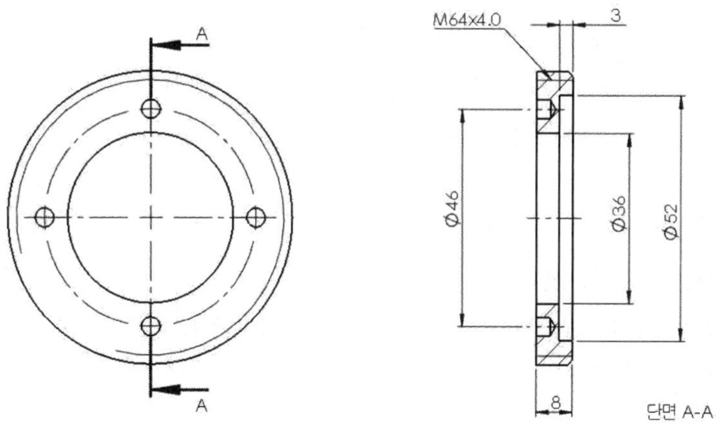

그림 3-3-54 치수 기입하기

(6) 표면 거칠기 및 주서 기입하기

생각하기 : 표면 거칠기는 어떻게 기입하면 좋을까?

전체적으로 일반 가공이 이루어지는 정도의 표면 거칠기 기호로 표현하면 된다.

수행 : 표면 거칠기 표시하기

① 도면 탭의 주석에서 "표면 거칠기(√)"를 선택한다.
② 표면거칠기 속성 대화창에서 기호의 종류를 선택하고 거칠기 정도를 나타내는 레이아웃을 정한다.
③ 표면 거칠기를 나타내고자 하는 면에 커서를 데면 황색으로 변하고 그 때 왼쪽 버튼을 클릭한다.
④ 확인 버튼을 누른다(그림 3-3-55).

생각하기 : 가공 방법을 기입하려면 어떻게 하면 좋을까?

특별한 부분의 가공 방법을 기입하려면 주석의 노트 도구를 이용하여 구체적으로 표현하면 된다.

수행 : 가공방법 기입하기

① 도면 탭의 주석에서 "노트"를 선택한다.
② 해당 부분에 커서로 클릭하고 내용을 기입한다.
③ 확인 버튼을 누른다(그림 3-3-55).

수행 : 주서 표시하기

① 주석에서 "노트"를 선택한다.
② 도면 오른 쪽에 그림 3-3-55와 같이 노트를 기입한다.
③ 확인 버튼을 누른다.

(7) 저장하기

수행 : 최종 도면 저장하기

① 저장 도구(💾)에서 다른 이름으로 저장하기를 클릭한다.

② 저장할 디렉토리를 정하고 파일이름을 "베어링 커버"로 한다.

③ 저장 버튼을 클릭한다.

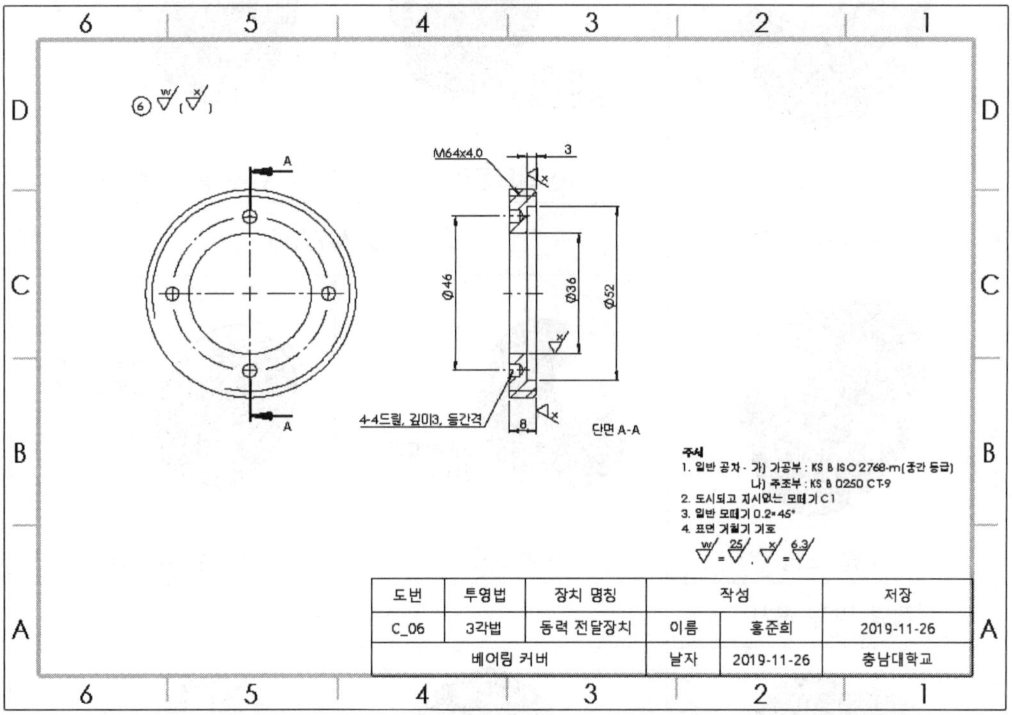

그림 3-3-55 베어링 커버의 도면 완료 모습

3-3 학습 정리

3-3-1 끼워 맞춤 공차 종합정리

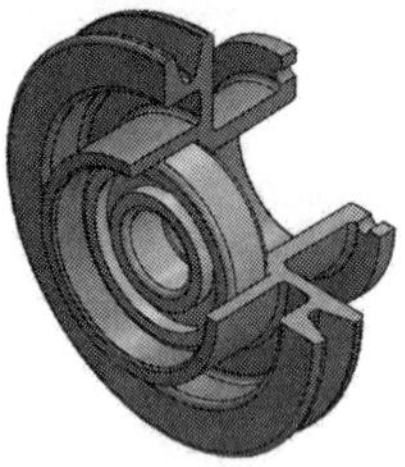 조립 모습	 V벨트풀리	 깊은 홈 볼베어링1
끼워 맞춤 공차	∅62M7/h6	
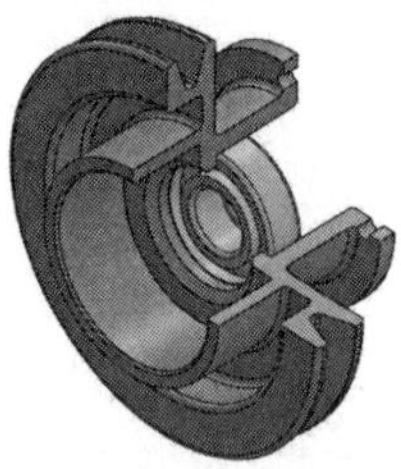 조립 모습	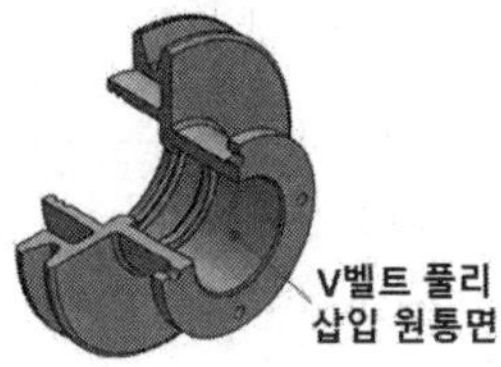 V벨트풀리	 깊은 홈 볼베어링2
끼워 맞춤 공차	∅47M7/h6	
 조립 모습	 스퍼기어	 V벨트풀리
끼워 맞춤 공차	∅82H7/h6	

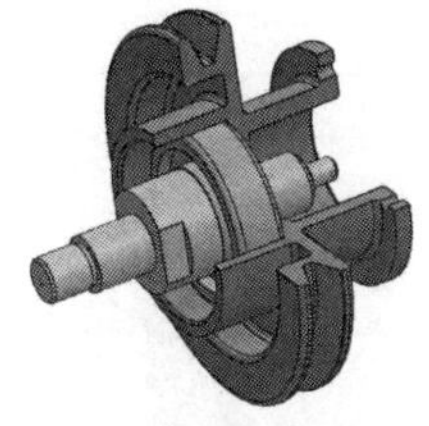 조립 모습	 깊은 홈 볼베어링1	 축
끼워 맞춤 공차	∅25H7/h6	
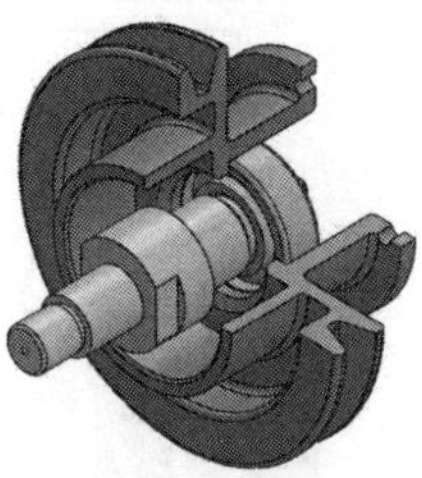 조립 모습	 깊은 홈 볼베어링2	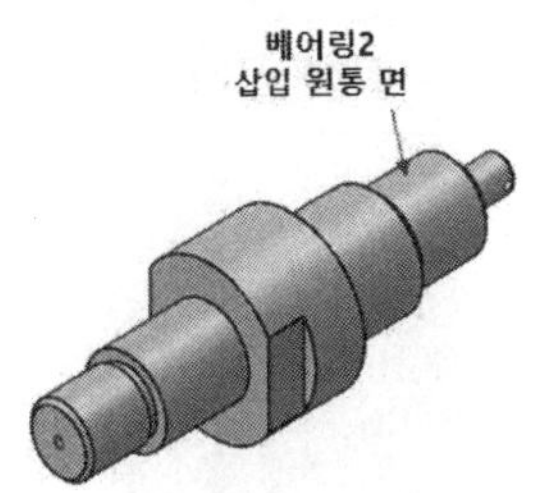 축
끼워 맞춤 공차	∅20H7/h6	

3-3-2 기하 공차 종합정리

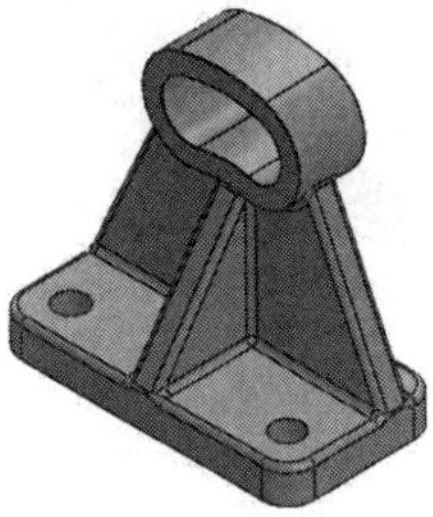 브래킷	 기준 면	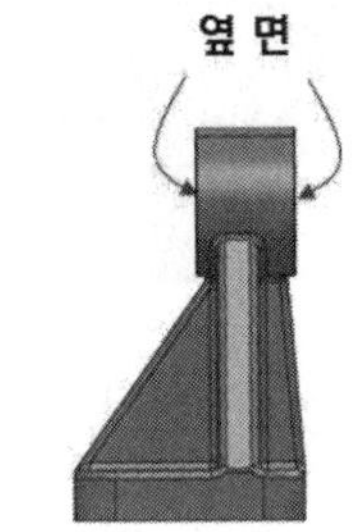 관련 면
기하 공차	A	직각도 ⊥ 0.01 A
 V벨트풀리	 기준 면	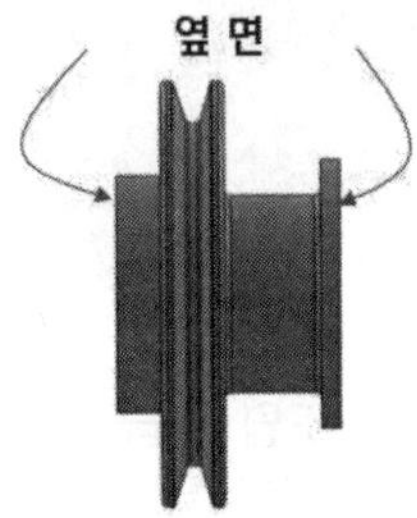 관련 면
기하 공차	A	직각도 ⊥ 0.01 A
 V벨트풀리	 기준 면	 관련 면
기하 공차	A	동심도 ◎ 0.01 A

 스퍼기어	 기준 면	 관련 면
기하 공차	A	축 방향 원주 흔들림도 ↗ 0.022 A
 스퍼기어	 기준 면	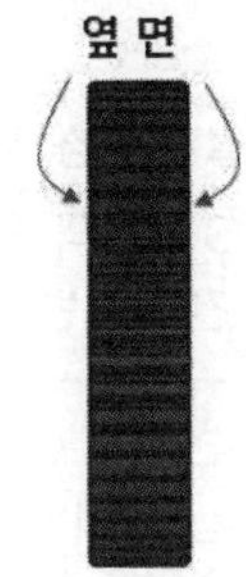 관련 면
기하 공차	A	축과 직각방향 원주 흔들림도 ↗ 0.022 A
 스퍼기어	 기준 면	 관련 면
기하 공차	A	직각도 ⊥ 0.02 A

3-4 자율 평가

이 자율평가의 목적은 앞에서 익힌 부품도 작성과정을 다 이해하고 주어진 문제에 대한 설명이 가능한지를 확인하기 위함이다. 자기 스스로 평가 문제에 답하고 답안을 비교 평가해 봄으로써 본인의 부족한 점에 대해 파악하는 태도를 기르고 부족하다면 다른 사람의 도움을 받거나 본인 스스로 앞의 내용을 더욱 자세히 학습하는 자기주도 학습에 목적이 있다.

3-4-1 자율평가 문제

그림 3-1-1의 동력전달 장치에서 부품이 다음과 같이 주어진 설계 변경 사항에 따라 작업을 실시하라.

(1) 부품 설계 변경 사항

- 그림 3-1-1의 동력전달 장치의 동력 전달이 6 ㎾에서 4 ㎾로 변경되면서 부품도 다음의 설계 조건으로 변경되는 것으로 한다.

부품 설계 변경 조건
✓ ②번 부품에 적용된 #6305 깊은 홈 볼베어링을 #7204 앵귤러 볼베어링으로, #6204 깊은 홈 볼베어링을 #7202 앵귤러 볼베어링으로 설계 변경 시 수정되어야 하는 관련 부품이 있다면 변경하시오.
✓ ④번 부품에서 모듈 M:2은 그대로 하고 PCD는 84로 변경하시오.
✓ ②번 부품의 A형 V벨트풀리를 M형 V벨트풀리의 호칭지름 100으로 변경하시오.

- 설계 변경 대상 부품이 변경될 경우 관련되는 다른 부품 역시 조건에 맞도록 설계 변경이 수반 되어야 한다.
- 설계 변경 요구조건과 관계되는 항목만 설계 변경을 실시하며 그 외 관련이 없는 부분은 설계 변경하지 않아야 한다.

(2) 도면 작성 작업

- A4 시트로 한다.
- 도면의 조립도와 분해도를 작성하고, 표제란의 장치 명칭은 "자_동력전달 장치"로 한다.
- 투상도, 치수, 치수공차, 끼워맞춤 공차 및 기하 공차 등은 한국산업표준(KS)에 따라 도면을 작성한다.
- 치수는 부품 설계 변경 조건에 맞춰 기입하며 척도는 적합하게 선정한다.

3-4-2 자율평가 답안

(1) 조립도 도면

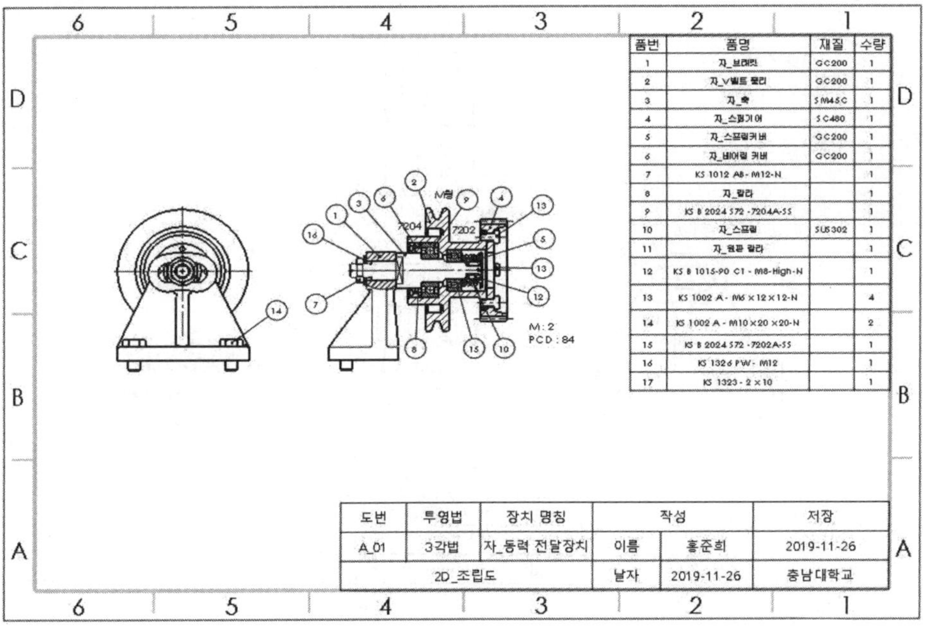

(2) 분해도 도면

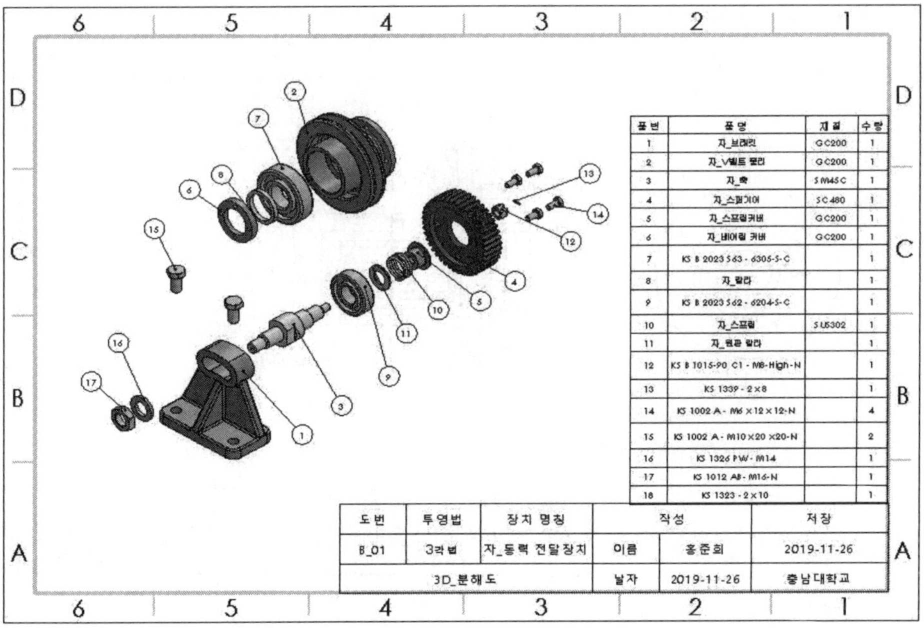

(3) 부품도 도면

① 브래킷

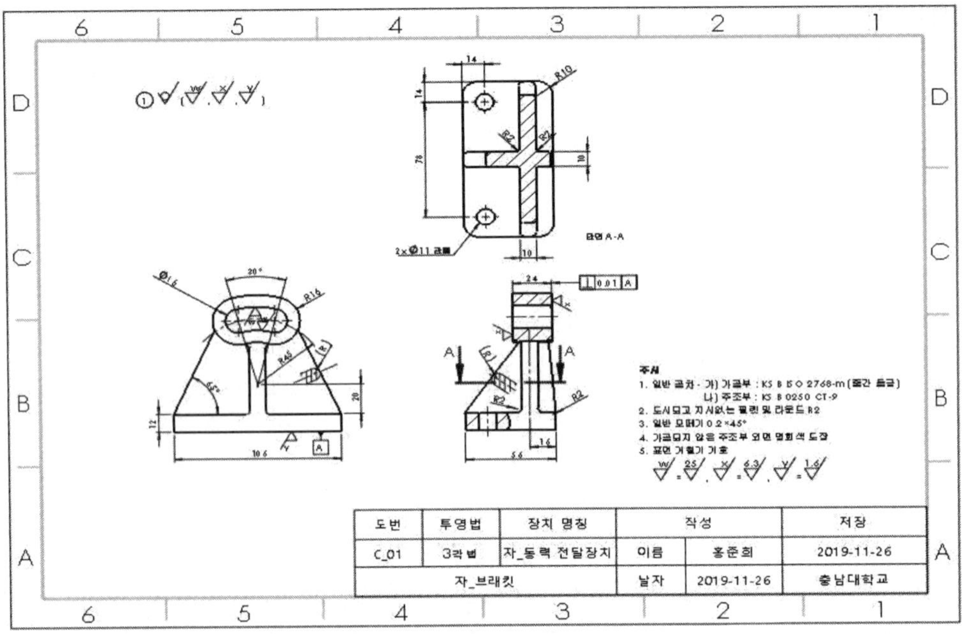

② V벨트 풀리

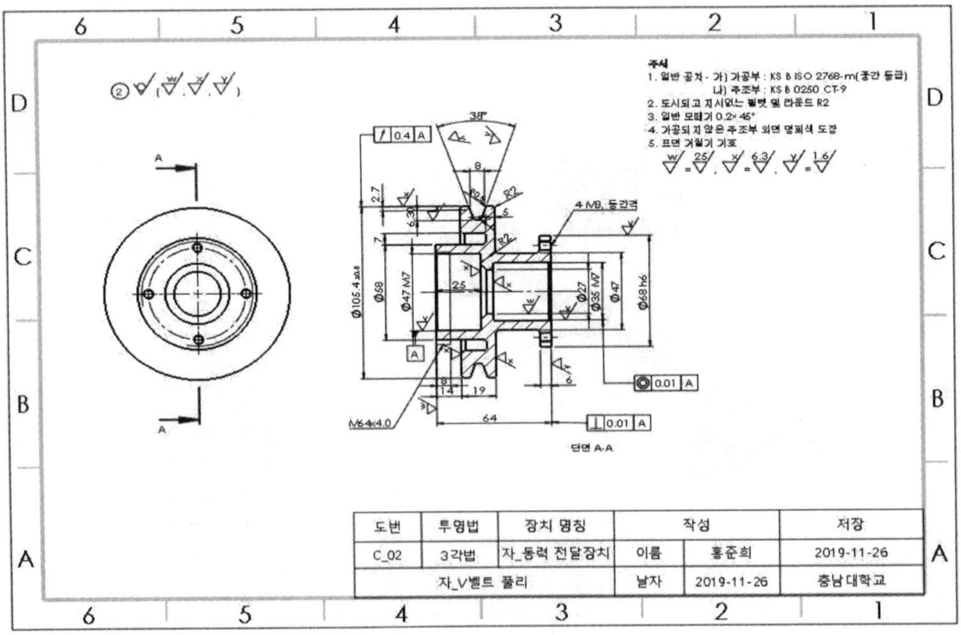

③ 축

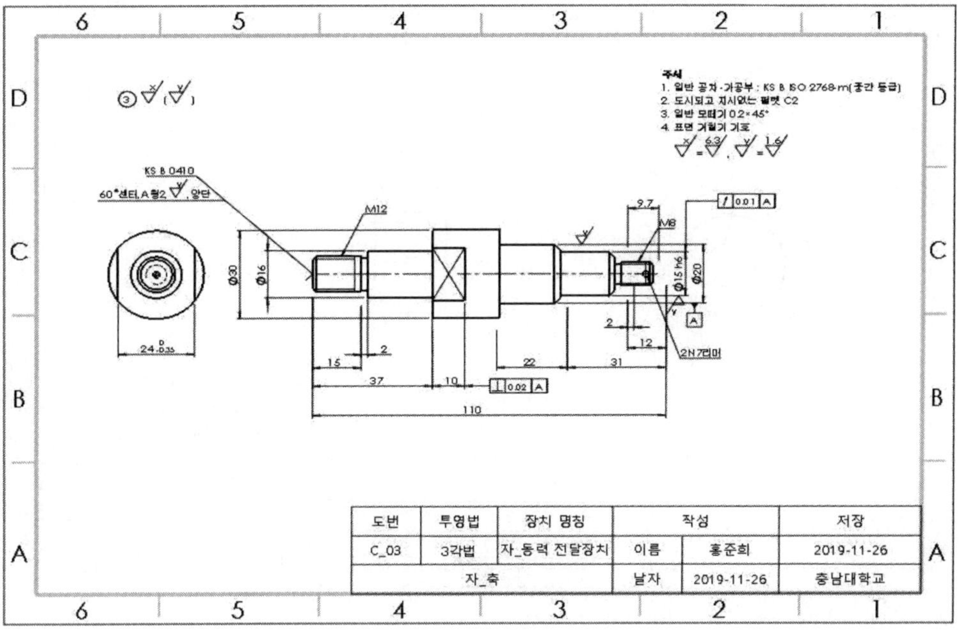
주서
1. 일반 공차·가공부 : KS B ISO 2768-m(중간 등급)
2. 도시되고 지시없는 필렛 C2
3. 일반 모떼기 0.2×45°
4. 표면 거칠기 기호
KS B 0410
60°센터, A형2, 양단
M12
M8
9.7
Ø30
Ø16
Ø15 h6
Ø20
2N7린머
15
2
37
10
22
31
12
110
0.02 A
0.01 A
도번
투영법
장치 명칭
작성
저장
C_03
3각법
자_동력 전달장치
이름
홍준희
2019-11-26
자_축
날자
2019-11-26
충남대학교

④ 스퍼 기어

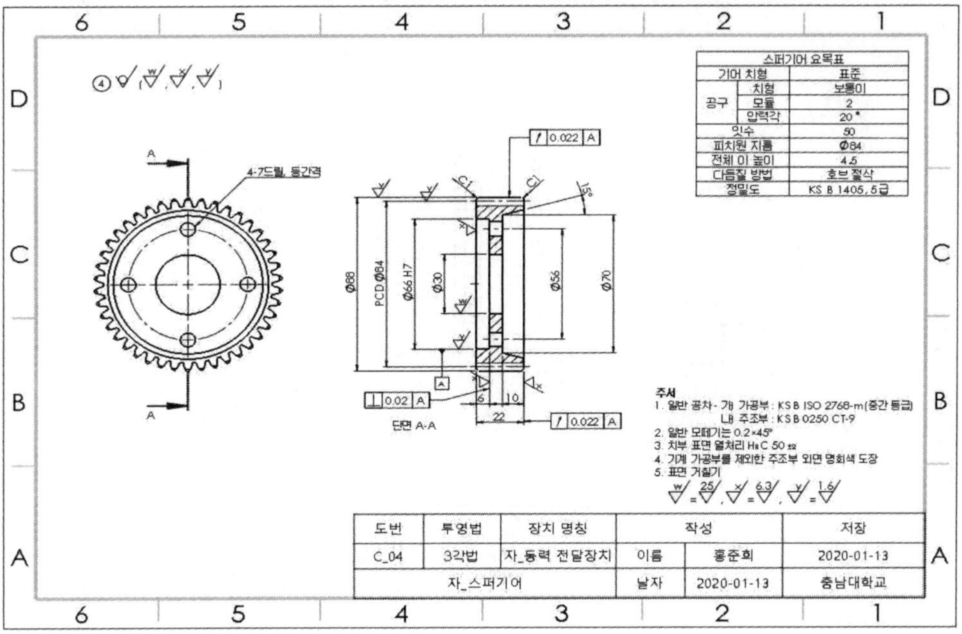
스퍼기어 요목표
기어 치형
표준
공구
치형
보통이
모듈
2
압력각
20°
잇수
50
피치원 지름
Ø84
전체 이 높이
4.5
다듬질 방법
호브 절삭
정밀도
KS B 1405, 5급
4-7드릴, 등간격
단면 A-A
Ø88
PCD Ø84
Ø66 H7
Ø30
Ø56
Ø70
0.022 A
0.02 A
주서
1. 일반 공차 - 가) 가공부 : KS B ISO 2768-m(중간 등급)
나) 주조부 : KS B 0250 CT-9
2. 일반 모떼기는 0.2×45°
3. 치부 표면 열처리 HRC 50±2
4. 기계 가공부를 제외한 주조부 외면 명회색 도장
5. 표면 거칠기
도번
투영법
장치 명칭
작성
저장
C_04
3각법
자_동력 전달장치
이름
홍준희
2020-01-13
자_스퍼기어
날자
2020-01-13
충남대학교

⑤ 스프링 커버

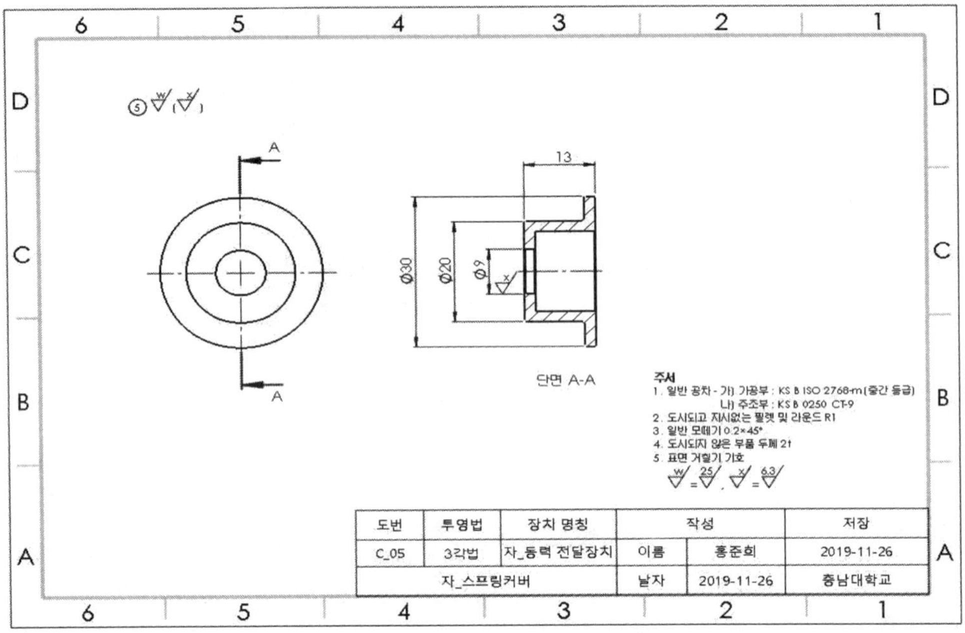

⑥ 베어링 커버

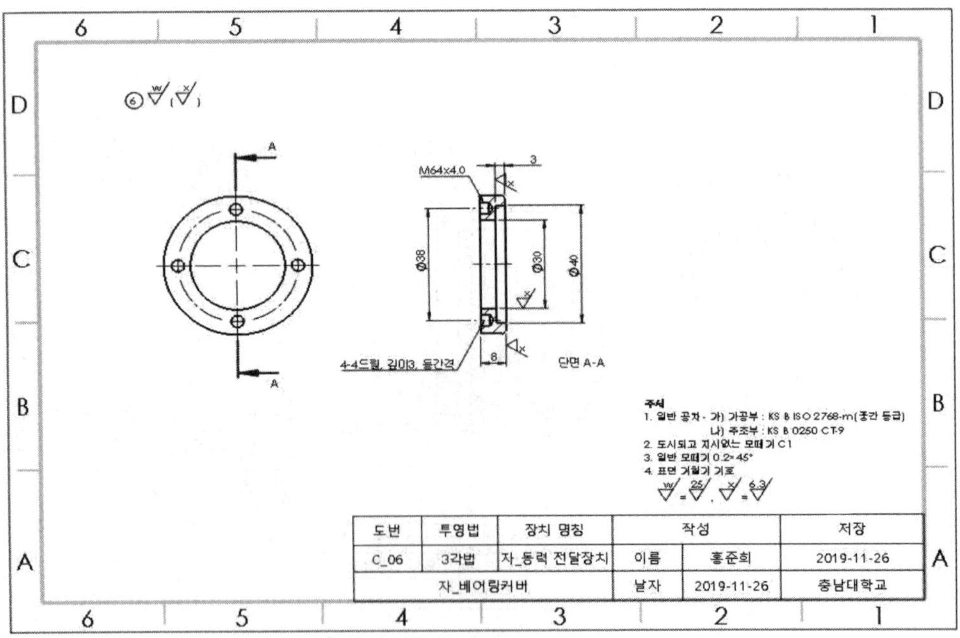

자율평가 결과 점검표

학습자 성명 :	평가 날짜 :
평가 제목 : 동력전달 장치의 도면 작성	

		성취 수준		
		하지 못했음	일부만 했음	완전히 하였음
브래킷	KS 규격에 따른 부품도 표현			
V벨트 풀리	KS 규격에 따른 부품도 표현			
축	KS 규격에 따른 부품도 표현			
스퍼 기어	KS 규격에 따른 부품도 표현			
스프링 커버	KS 규격에 따른 부품도 표현			
베어링 커버	KS 규격에 따른 부품도 표현			

성취수준 : 위의 모든 항목에 대해 “완전히 하였음”, 즉 완성도 100%로 답하여야 합니다. 만일 “하지 못했음” 또는 “일부만 했음”에 답을 했다면 앞에서 학습한 내용을 다시 한 번 확인 하여 다시 수행하고 필요한 경우에는 교육자 또는 전문가와 상의하기 바랍니다.

CHAPTER 4

전동용 기계 형상설계 실전편 II

편심왕복 장치 형상설계

1. 부품 형상모델링

2. 조립 및 분해 형상모델링

3. 도면 작성

학습 개요

편심 왕복장치 형상설계는 구조적 특징, 형상 특징 및 정보를 바탕으로 작업 조건에 맞춰 실제로 부품을 3D 모델링하고 조립하여 출력 조건에 맞는 최대 행정거리가 도출되는지를 체크하여 최상의 형상모델링을 하는 것이다. 또한 각 부품들의 가공 조건 및 부품 상호 간의 끼워 맞춤 및 기하 공차 등을 KS규격에 따라 2D 부품 도면을 작성하는 것이다. 여기서는 이러한 능력을 기르는 학습 내용으로 이루어졌다.

학습 목표

본 학습을 마친 학습자는 편심왕복장치 설계에 대해

- 부품 설계 변경에 따른 부품 형상모델링을 하고 그 과정을 설명할 수 있다.
- 부품 설계 변경에 따른 부품 형상모델로부터 조립 및 분해 형상모델링을 하고 그 과정을 설명할 수 있다.
- 부품 설계 변경에 따른 조립도와 분해도 및 부품도를 작성하고 그 과정을 설명할 수 있다.
- 부품 설계 변경에 따른 편심왕복장치 설계가 정확하게 되었는지 검증하고 그 과정을 설명할 수 있다.

학습 성과와 수행 준거

(1) 공학의 지식과 정보기술을 공학문제 해결에 응용할 수 있는 능력

✓ KS 규격에 따른 체결 부품을 편심 왕복장치의 적정 체결 조립에 응용할 수 있다.

✓ KS 규격의 재질 정보를 편심 왕복장치의 부품 재질 설정하는데 응용할 수 있다.

✓ KS 규격의 공차 규정을 편심 왕복장치 부품의 공차 규정하는데 응용할 수 있다.

(2) 공학문제를 해결하기 위해 CAD의 도구를 활용할 수 있는 능력

- ✓ 편심 왕복장치의 정확한 부품 형상모델링을 위해 CAD의 파트 및 도면에 대한 도구를 활용할 수 있다.
- ✓ 편심 왕복장치의 정확한 조립 완성을 위해 CAD의 조립부품 사이의 간섭체크 도구를 활용할 수 있다.
- ✓ 편심 왕복장치의 정확한 치수 및 재질의 사용을 위해 CAD의 물성치 계산 도구를 활용할 수 있다.
- ✓ 편심 왕복장치의 정확한 동작 검증을 위해 CAD의 모션 시뮬레이션 도구를 활용할 수 있다.

(3) 현실적 제한조건을 고려하여 기계를 설계할 수 있는 능력

- ✓ 설계 조건 및 가공 조건에 따른 편심 왕복장치 가공 부품 간의 끼워 맞춤을 고려하여 치수 공차를 선정할 수 있다.
- ✓ 설계 조건 및 가공 조건에 따른 편심 왕복장치 가공 부품의 기하학적 관계를 고려하여 기하 공차를 선정할 수 있다.

(4) 설계 변경에 따른 자기계발의 필요성을 인식하고 자기 주도적으로 학습할 수 있는 능력

- ✓ 자기 주도적으로 학습한 것을 바탕으로 설계 변경을 반영한 자율 평가문제를 스스로 해결한 후에 평가하고 판단하여 자신의 부족한 점을 파악함으로써 자기 스스로 설계 변경된 편심 왕복장치를 형상 설계할 수 있다.

1 부품 형상모델링

1-1 학습준비

1-1-1 관련 지식

편심왕복장치는 회전에 따른 편심축에 의해 직선 왕복운동으로 바꾸어주는 장치이다. 편심축 없이 지름이 일정한 회전축만 회전한다면 왕복운동은 일어나지 않을 것이다. 그러나 회전축에 편심량을 가진 편심축을 만듦으로써 직선 운동의 왕복운동으로 변환할 수 있는 것이다. 편심왕복장치의 모터 회전 속도가 일정하다고 하면 회전축의 회전에 의한 각도에 따라 직선 변위가 달라지며 상사점과 하사점에서 가장 거리 편차가 크며 이 때 편심축의 각의 차가 180°가 된다. 이러한 편심 축의 위치 관계를 그림 4-1-1에 나타낸다.

상사점과 하사점의 직선거리는 편심량의 2배이며 이 때를 그림 4-1-1 (c)와 같이 최대 행정거리라 한다.

편심 왕복장치는 이 최대 행정거리를 얼마로 설계할 것인지에 따라 편심량이 달라진다.

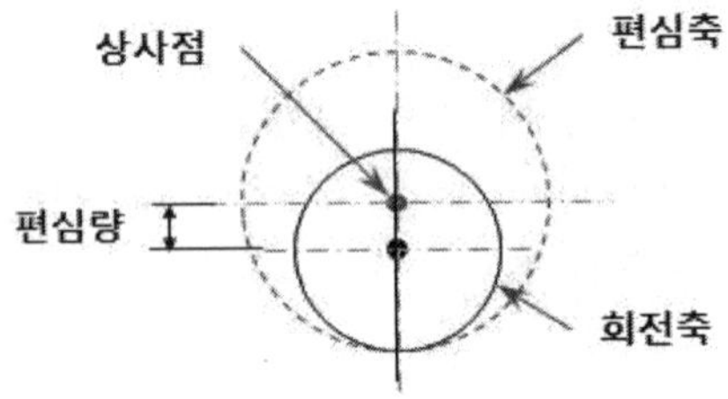

(a) 상사점

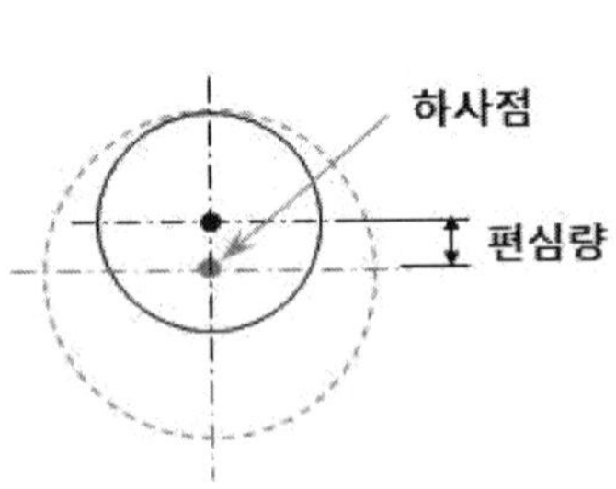

(b) 하사점

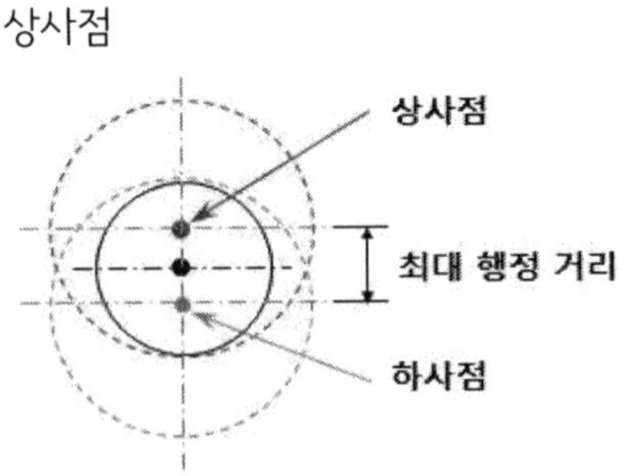

(c) 최대 행정 거리

그림 4-1-1 편심 축의 위치 관계

1-1-2 편심왕복장치의 구성 요소와 사양

1-1-2-1

편심왕복장치는 스퍼기어에 입력되는 회전력을 편심 축을 이용하여 직선 왕복운동으로 교환해 주는 목적의 장치이다. 그림 4-1-2 (a)는 편심왕복장치의 외관과 내부 일부를 나타내고 있으며 그림 4-1-2 (b)는 편심왕복장치가 19개의 부품들로 조합(assembly)되어 있는데 이들 각 부품의 번호이다. 한편 그림 4-1-2 (c)는 주요 부품의 명칭과 재질이다.

(a) 외관 및 내부 모습

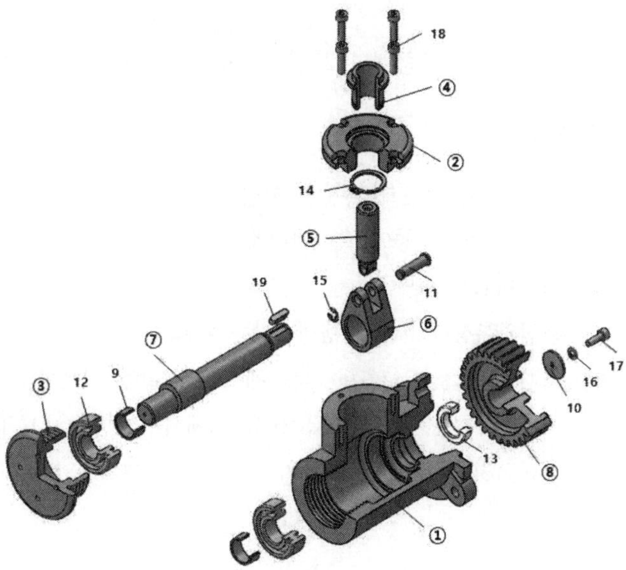

(b) 부품 번호

품번	품명	재질	비고
1	하우징	GC200	
2	하우징 커버	GC200	
3	베어링 커버	GC200	
4	가이드 부시	CAC503B	외경 ∅22 mm, PBC3B
5	슬라이더	SCM415	외경 ∅15 mm
6	링크	SC480	
7	편심 축	SCM415	
8	스퍼기어	SCM415	M : 2, PCD : 60
9	칼라1	SM45C	
10	칼라2	SM45C	
11	리프트 축	SCM415	외경 ∅6 mm

12	깊은 홈 볼 베어링		KS B 2023 6202
13	오일 실	NBR	KS B 2804 SM ∅15,∅30,7
14	C형 멈춤링		KS B 1336 축용 ∅20
15	E형 멈춤링		KS B 1337 ∅5
16	스프링 와셔		KS B 1324 ∅4
17	육각 구멍 볼트1		KS B 1003 M4×12
18	육각 구멍 볼트2		KS B 1003 M4×14
19	평행 키		KS B 1311 4×4×13

(c) 부품 명칭

그림 4-1-2 편심왕복장치의 부품 번호 및 부품 명칭

1-1-2-2 사양

편심왕복장치의 구조적 특징은 편심 회전축이 스퍼기어에서의 회전력을 전달받아 회전하고 편심 회전축의 회전운동이 슬라이더에 전달되어 직선운동으로 바뀌는 구조이다. 이 장치의 사양으로서는 다음과 같다.

① 편심왕복장치의 최대 행정거리는 4 ㎜로 한다.

② 편심 회전축의 회전은 구름 베어링에 의해 이루어지며 같은 2개의 깊은 홈 볼 베어링이 사용되며 베어링은 KS B 2023에서 규정한 6202계열을 사용한다.

③ 스퍼기어는 호칭치수가 ∅60 ㎜인 M형 규격을 사용한다.

1-1-3 작업 과제

그림 4-1-2 (b)의 부품 가운데 주요 부품에 대해 형상모델링 하는 것이 작업 과제이다. 각 부품에 대한 형상 특징과 정보는 다음과 같다.

(1) 하우징(①번 부품)의 형상 특징과 정보

(가) 형상 특징

외부로부터 입력된 회전력을 스퍼기어로 전달받아 편심축이 크랭크운동을 하도록 양쪽에 베어링이 설치되어 지지해 주는 역할과, 직선운동으로 변환된 동력을 수직의 상태에서 전달하는 역할을 한다. 하우징의 외관은 그림 4-1-3 (a)와 같으며 주요 형상부분은 그림 4-1-3 (b)와 같다. 즉, 주요 형상은 다음과 같이 크게 5부분으로 나뉜다.

- 슬라이더의 왕복 직선 운동을 가이드 해 주는 하우징 커버 결합 부분이 있다.
- 베어링이 밖으로 움직이지 못하게 하는 베어링 커버 결합 부분이 있다.
- 편심 축이 회전할 수 있도록 조립되는 부분이 있다.
- 하우징이 외부 구조물에 고정되어 움직이지 않도록 하는 부분이 있다.
- 베어링이 삽입될 부분이 있다.

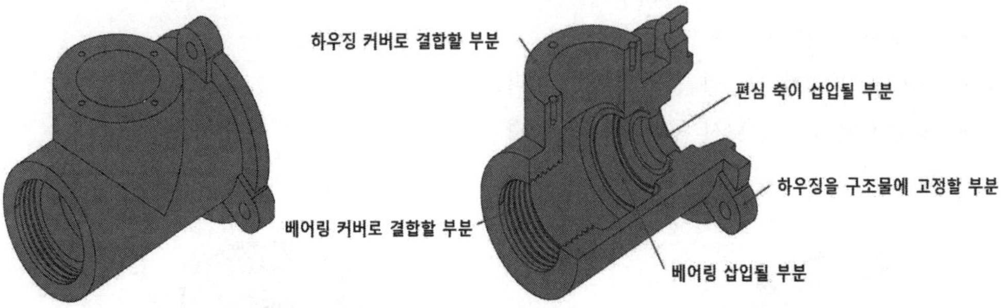

(a) 하우징 외관　　　　　(b) 하우징의 주요 형상 부분

그림 4-1-3 하우징 부품의 외관과 주요 형상 부분

(나) 형상 정보

하우징에 대한 투상도 및 치수는 그림 4-1-4와 같다.

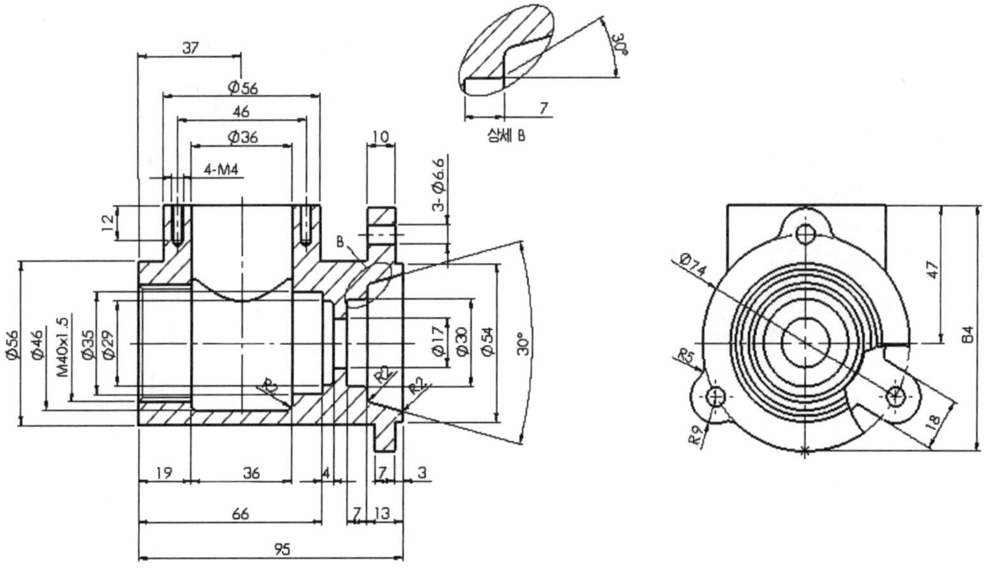

그림 4-1-4 하우징의 투상도 및 치수

(2) 하우징커버(②번 부품)의 형상 특징과 정보

(가) 형상 특징

하우징에 직각 자세로 끼워져서 슬라이더를 직각 자세의 직선왕복운동을 하도록 가이드 역할을 한다. 하우징 커버의 외관은 그림 4-1-5 (a)와 같으며 주요 형상부분은 그림 4-1-5 (b)와 같다. 즉, 주요 형상은 다음과 같이 크게 3부분으로 나뉜다.

- 하우징에 삽입할 원통 부분이 있다.
- 가이드 부시가 삽입될 원통 부분이 있다.
- 하우징에 고정할 나사 구멍 부분이 있다.

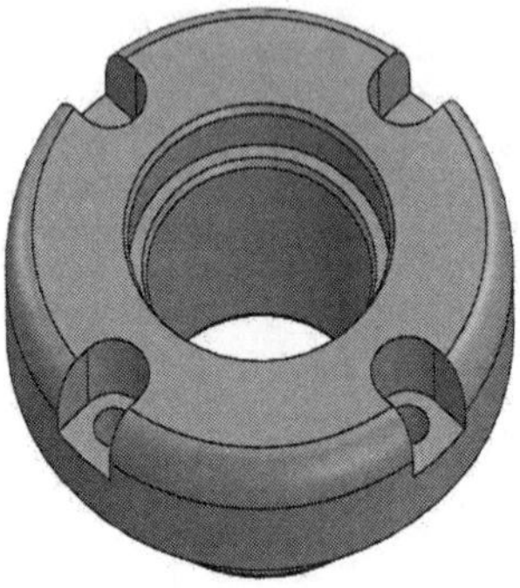

(a) 하커버 외관

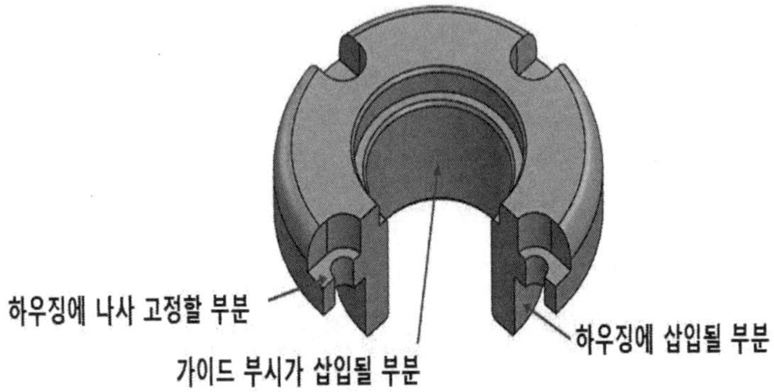

(b) 하우징 커버의 주요 형상 부분

그림 4-1-5 하우징 커버의 외관 및 주요 형상 부분

(나) 형상 정보

하우징 커버에 대한 투상도 및 치수는 그림 4-1-6과 같다.

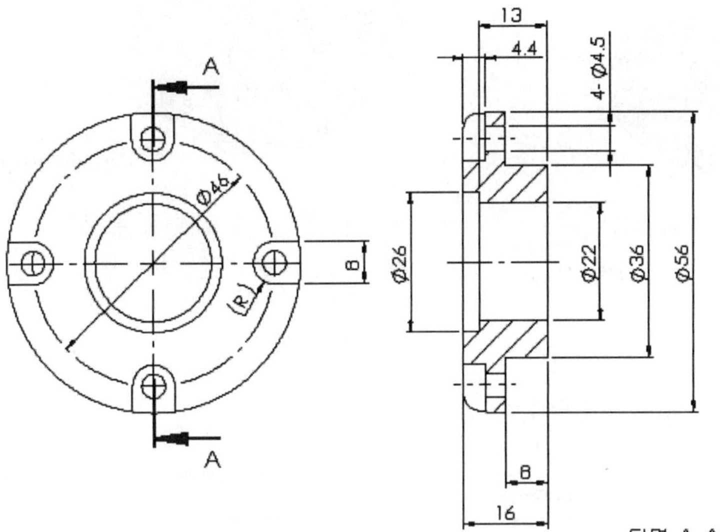

그림 4-1-6 하우징 커버의 투상도 및 치수

(3) 베어링커버(③번 부품)의 형상 특징과 정보

(가) 형상 특징

오일실을 내장하고 본체에 삽입된 베어링이 축 방향으로 움직이지 못하게 하며, 축의 바깥지름 부분으로 오일이 새어나오지 못하게 한다. 베어링 커버의 외관은 그림 4-1-7 (a)와 같으며 주요 형상부분은 그림 4-1-7 (b)와 같다. 즉, 주요 형상은 다음과 같이 크게 3 부분으로 나뉜다.

- 베어링이 움직이지 않도록 지지하는 턱 부분이 있다.
- 하우징에 직접 고정할 수나사 부분이 있다.
- 베어링 커버를 나사 회전시켜 고정하기 위한 공구 삽입 구멍이 있다.

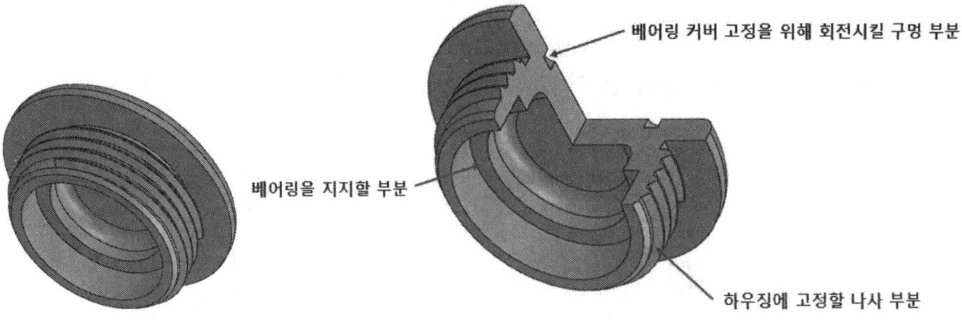

(a) 베어링 커버 외관 (b) 베어링 커버의 주요 형상 부분

그림 4-1-7 베어링 커버의 외관 및 주요 형상 부분

(나) 형상 정보

베어링 커버에 대한 투상도 및 치수는 그림 4-1-8과 같다.

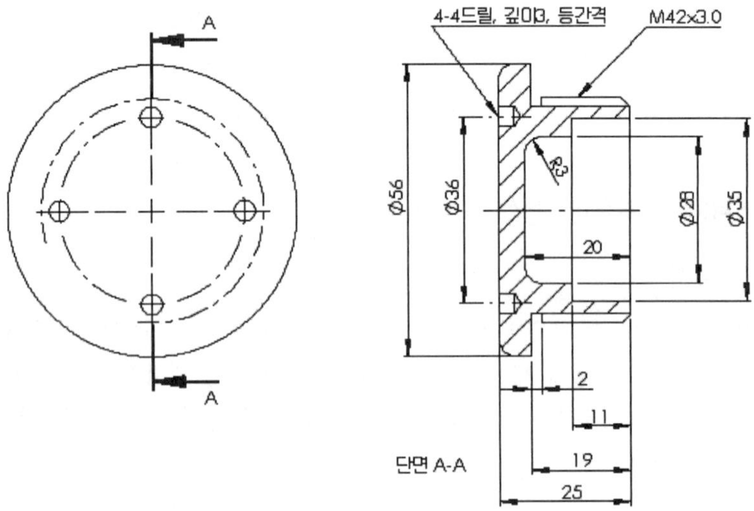

그림 4-1-8 베어링 커버의 투상도 및 치수

(4) 가이드 부시(④번 부품)의 형상 특징과 정보

(가) 형상 특징

하우징 커버에 결합되는 부품으로 슬라이더의 직선운동을 안내해 주는 역할을 한다. 가이드 부시의 외관은 그림 4-1-9 (a)와 같으며 주요 형상부분은 그림 4-1-9 (b)와 같다. 즉, 주요 형상은 다음과 같이 크게 4부분으로 나뉜다.

- 하우징 커버에 위치 고정을 위해 밑으로 빠지지 않도록 돌출한 부분이 있다.
- 하우징 커버에 삽입되어 슬라이더의 직선 운동을 안내할 가이드 부분이 있다.
- 하우징 커버에 끼워지는 원통 부분이 있다.
- 가이드 부시를 고정하기 위한 멈춤링 삽입 홈이 있다.

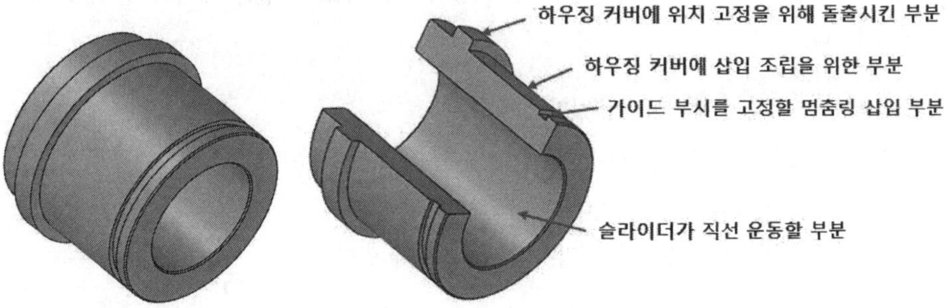

(a) 가이드 부시 외관　　　(b) 가이드 부시의 주요 형상 부분

그림 4-1-9 가이드 부시의 외관 및 주요 형상 부분

(나) 형상 정보

가이드 부시에 대한 투상도 및 치수는 그림 4-1-10과 같다.

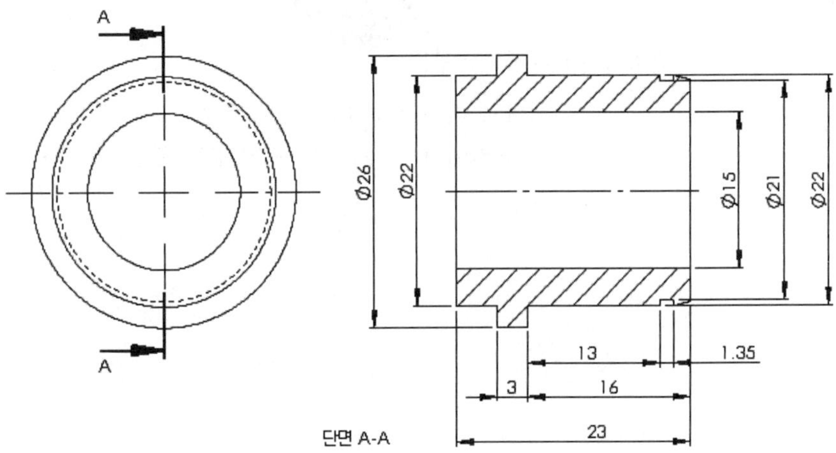

그림 4-1-10 가이드 부시의 투상도 및 치수

(5) 슬라이더(⑤번 부품)의 형상 특징과 정보

(가) 형상 특징

편심축의 크랭크운동을 가이드 부시 안내에 따라 직선운동을 하게 되는데 전진과 후진을 할 때에는 링크의 면 접촉으로 들어 올려 진다. 슬라이더의 외관은 그림 4-1-11 (a)와 같으며 주요 형상부분은 그림 4-1-11 (b)와 같다. 즉, 주요 형상은 다음과 같이 크게 4부분으로 나뉜다.

- 슬라이딩을 위한 원통 부분이 있다.
- 링크와 리프트 축으로 연결하기 위한 삽입 돌출 부분이 있다.
- 리프트 축이 삽입될 구멍이 있다.
- 단조 해머 등과 같이 공구가 조립될 나사 구멍이 있다.

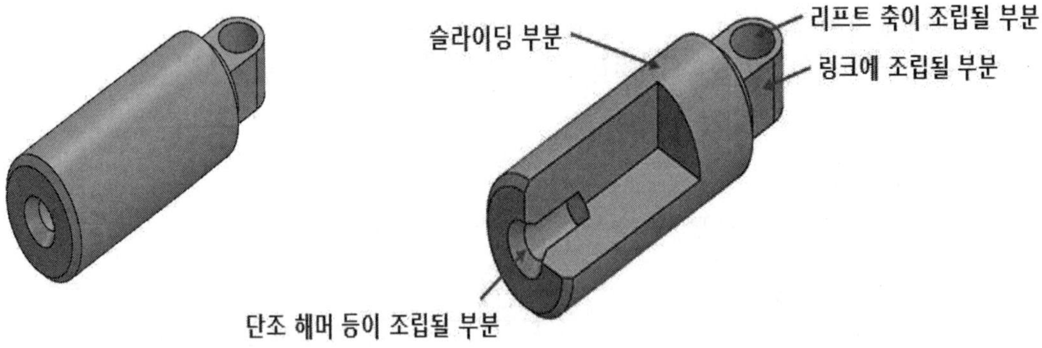

(a) 슬라이더 외관　　　(b) 슬라이더의 주요 형상 부분

그림 4-1-11 슬라이더의 외관 및 주요 형상 부분

(나) 형상 정보

슬라이더에 대한 투상도 및 치수는 그림 4-1-12와 같다.

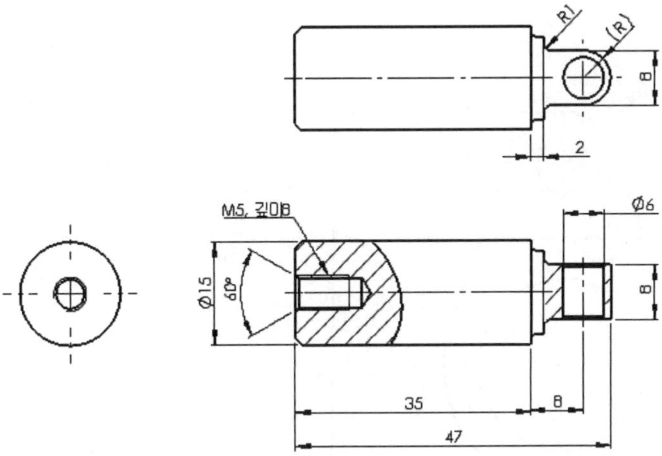

그림 4-1-12 슬라이더의 투상도 및 치수

(6) 링크(⑥번 부품)의 형상 특징과 정보

(가) 형상 특징

편심 축 부분과 슬라이더를 연결하기 위한 부품으로 회전축의 회전운동을 슬라이더의 직선운동으로 전달해 주는 역할을 한다. 링크의 외관은 그림 4-1-13 (a)와 같으며 주요 형상부분은 그림 4-1-13 (b)와 같다. 즉, 주요 형상은 다음과 같이 크게 3부분으로 나뉜다.

- 슬라이더가 삽입될 홈이 있다.
- 편심 축이 끼워질 구멍이 있다.
- 리프트 축이 삽입될 구멍이 있다.

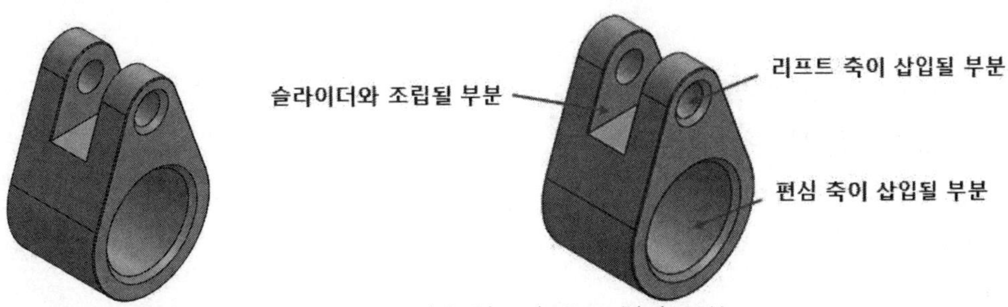

(a) 링크의 외관 (b) 링크의 주요 형상 부분

그림 4-1-13 링크의 외관 및 주요 형상 부분

(나) 형상 정보

링크에 대한 투상도 및 치수는 그림 4-1-14와 같다.

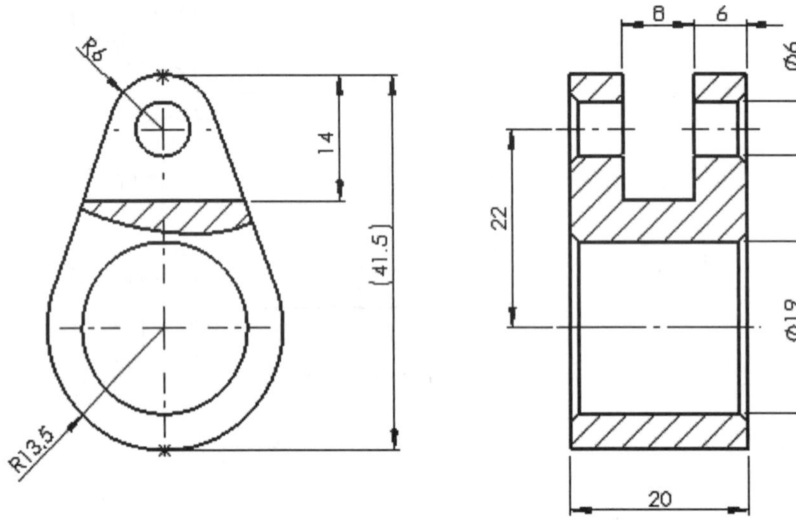

그림 4-1-14 링크의 투상도 및 치수

(7) 편심 축(⑦번 부품)의 형상 특징과 정보

(가) 형상 특징

기어에서 입력된 회전력을 양쪽에 설치된 베어링의 지지에 의해 편심이 된 량만큼 크랭크운동을 하여 편심축의 외측 원통면에서 링크를 들어올린다. 편심 축의 외관은 그림 4-1-15 (a)와 같으며 주요 형상부분은 그림 4-1-15 (b)와 같다. 즉, 주요 형상은 다음과 같이 크게 4부분으로 나뉜다.

- 베어링이 조립될 부분이 있다.
- 링크가 조립될 부분이 있다.
- 평행 키가 조립될 부분이 있다.
- 스퍼 기어가 조립될 부분이 있다.

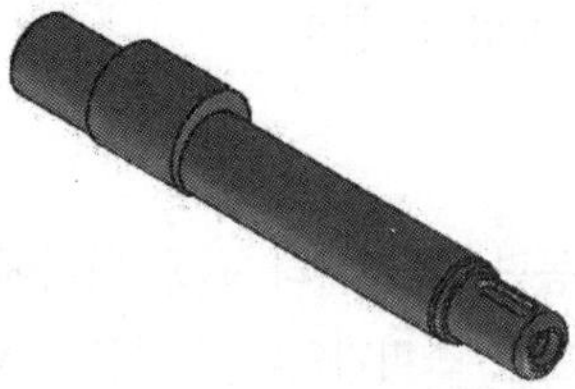

(a) 편심 축의 외관

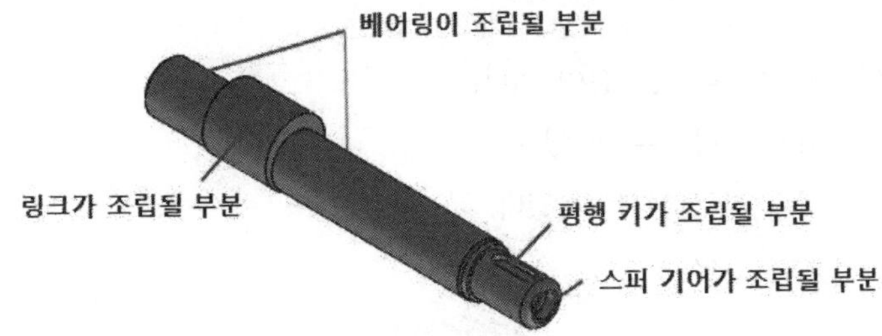

(b) 편심 축의 주요 형상 부분

그림 4-1-15 편심 축의 외관 및 주요 형상 부분

(나) 형상 정보

편심 축에 대한 투상도 및 치수는 그림 4-1-16과 같다.

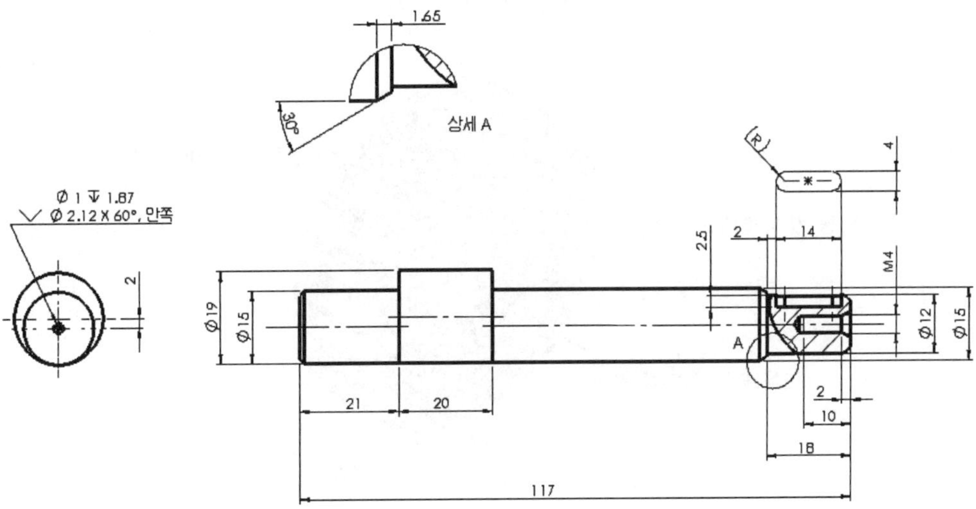

그림 4-1-16 편심 축의 투상도 및 치수

(8) 스퍼기어(⑧번 부품)의 형상 특징과 정보

(가) 형상 특징

이 스퍼기어는 모터 등의 동력원으로부터 원동 기어에 전달된 동력의 가감속을 위해 사용되는 종동 기어의 역할을 한다. 스퍼기어의 외관은 그림 4-1-17 (a)와 같으며 주요 형상 부분은 그림 4-1-17 (b)와 같다. 즉, 주요 형상은 다음과 같이 크게 3부분으로 나뉜다.

- 스퍼기어의 이(원형 패턴) 부분이 있다.
- 편심 축이 조립될 구멍 부분이 있다.
- 평행 키가 조립될 키 홈 부분이 있다.

(a) 스퍼기어의 외관

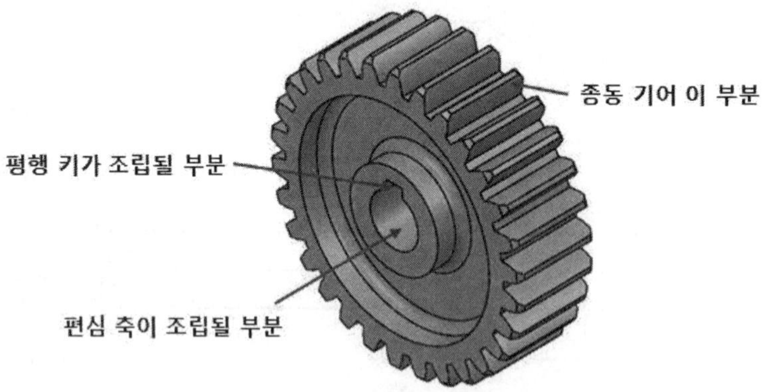

(b) 스퍼기어의 주요 형상 부분

그림 4-1-17 스퍼기어의 외관 및 주요 형상 부분

(나) 형상 정보

스퍼기어에 대한 투상도 및 치수는 그림 4-1-18과 같다.

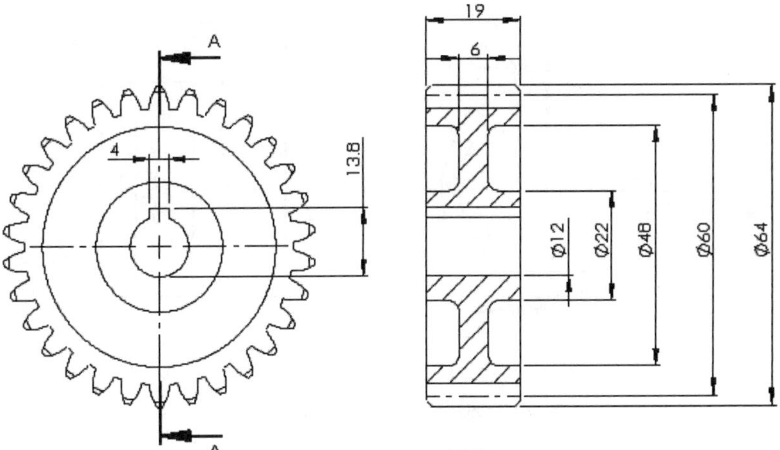

그림 4-1-18 스퍼기어의 투상도 및 치수

(9) 칼라1(⑨번 부품)의 형상 특징과 정보

(가) 형상 특징

편심 축에 조립된 베어링을 움직이지 않도록 지지해 주는 역할을 한다. 칼라1의 외관은 그림 4-1-19 (a)와 같으며 주요 형상부분은 그림 4-1-19 (b)와 같다. 즉, 주요 형상은 다음과 같이 크게 2부분으로 나뉜다.

- 편심 축이 조립될 부분이 있다.
- 베어링을 지지하기 위해 베어링 면과 닿는 부분이 있다.

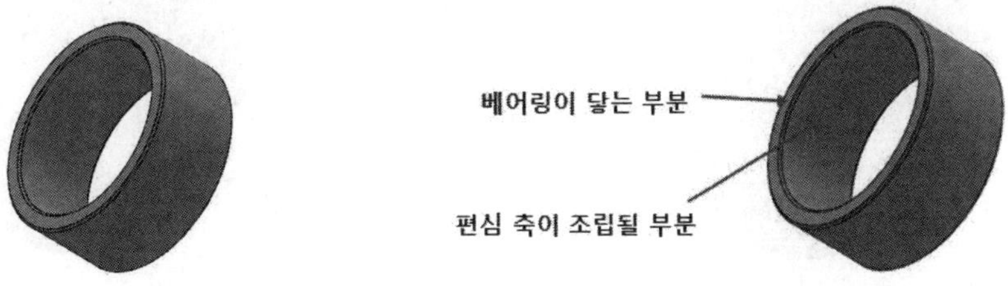

(a) 칼라1의 외관 (b) 칼라1의 주요 형상 부분

그림 4-1-19 칼라1의 외관 및 주요 형상 부분

(나) 형상 정보

칼라1에 대한 투상도 및 치수는 그림 4-1-20과 같다.

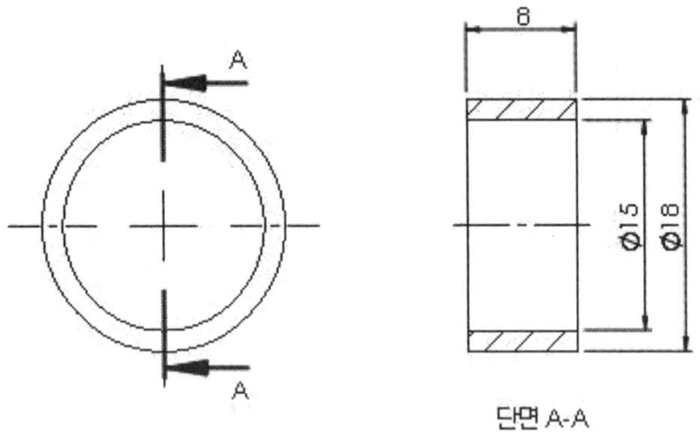

그림 4-1-20 칼라1의 투상도 및 치수

(10) 칼라2(⑩번 부품)의 형상 특징과 정보

(가) 형상 특징

스퍼기어를 편심 축에 나사 고정할 때 스프링 와셔가 스퍼기어에 직접 밀착하지 않도록 하기 위한 고정 벽 역할을 한다. 칼라2의 외관은 그림 4-1-21 (a)와 같으며 주요 형상부분은 그림 4-1-21 (b)와 같다. 즉, 주요 형상은 다음과 같이 크게 2부분으로 나뉜다.

- 스퍼기어에 밀착되는 부분이 있다.
- 나사가 관통되는 구멍 부분이 있다.

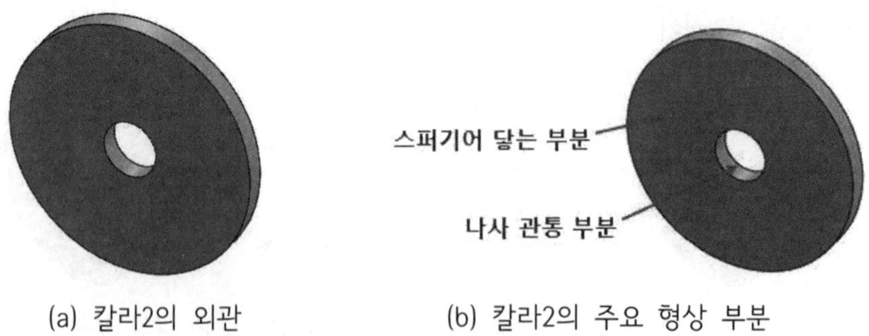

(a) 칼라2의 외관 (b) 칼라2의 주요 형상 부분

그림 4-1-21 칼라2의 외관 및 주요 형상 부분

(나) 형상 정보

칼라2에 대한 투상도 및 치수는 그림 4-1-22와 같다.

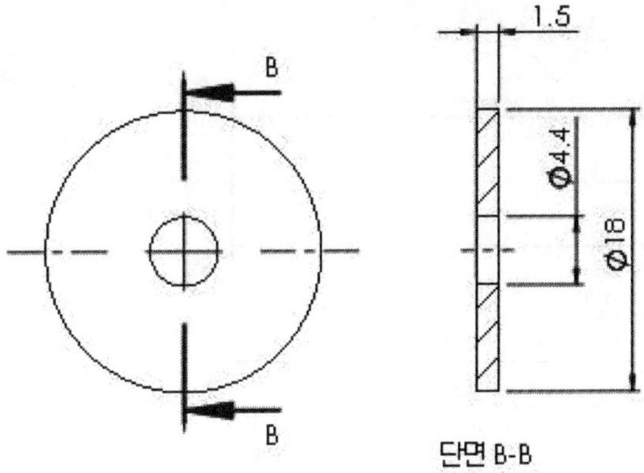

그림 4-1-22 칼라2의 투상도 및 치수

(11) 리프트 축(⑪번 부품)의 형상 특징과 정보

(가) 형상 특징

리프트 축은 링크와 슬라이드를 결합해 주는 축으로서 슬라이더를 직선 왕복운동 시킬 때 슬라이더를 지탱해 주는 역할을 한다. 리프트 축의 외관은 그림 4-1-23 (a)와 같으며 주요 형상부분은 그림 4-1-23 (b)와 같다. 즉, 주요 형상은 다음과 같이 크게 2부분으로 나뉜다.

- 링크와 슬라이더를 연결하는 접촉 원통 부분이 있다.
- 가이드 부시가 빠지지 않도록 하는 멈춤 링 삽입 홈이 있다.

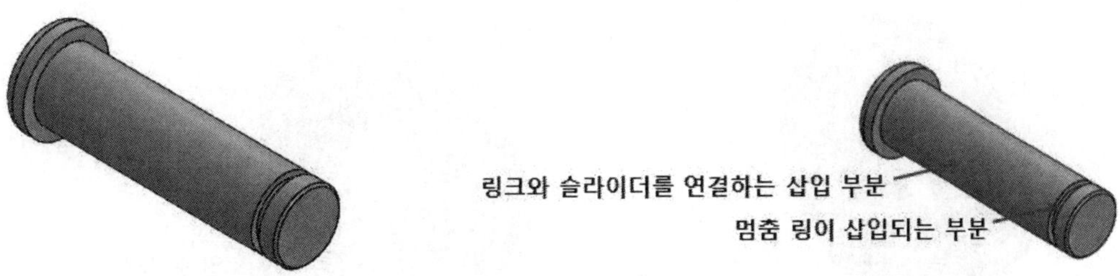

(a) 리프트 축의 외관　　(b) 리프트 축의 주요 형상 부분

그림 4-1-23 리프트 축의 외관 및 주요 형상 부분

(나) 형상 정보

리프트 축에 대한 투상도 및 치수는 그림 4-1-24와 같다.

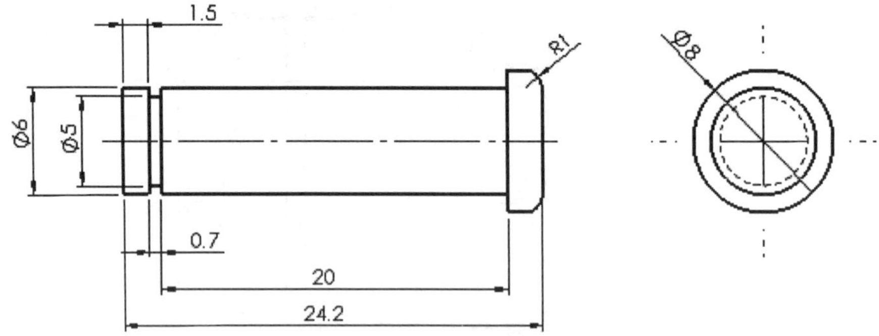

그림 4-1-24 리프트 축의 투상도 및 치수

(12) 오일 실(⑬번 부품)의 형상 특징과 정보

(가) 형상 특징

오일 실은 하우징 구멍에 압입시켜 고정하고 스퍼기어로 밀어 편심 축과 접촉시켜 밀봉 효과를 내는 역할을 한다. 오일 실의 외관은 그림 4-1-25 (a)와 같으며 주요 형상부분은 그림 4-1-25 (b)와 같다. 즉, 주요 형상은 다음과 같이 크게 3부분으로 나뉜다.

- 오일 실 외부로서 하우징에 압빙되는 원통 부분이 있다.
- 편심 축이 관통하는 내부 원통 부분이 있다.
- 오일 실을 하우징 구멍에 압입하기 위한 체결용 홈이 있다.

(a) 오일 실의 외관 (b) 오일 실의 주요 형상 부분

그림 4-1-25 오일 실의 외관 및 주요 형상 부분

(나) 형상 정보

오일 실에 대한 투상도 및 치수는 그림 4-1-26과 같다.

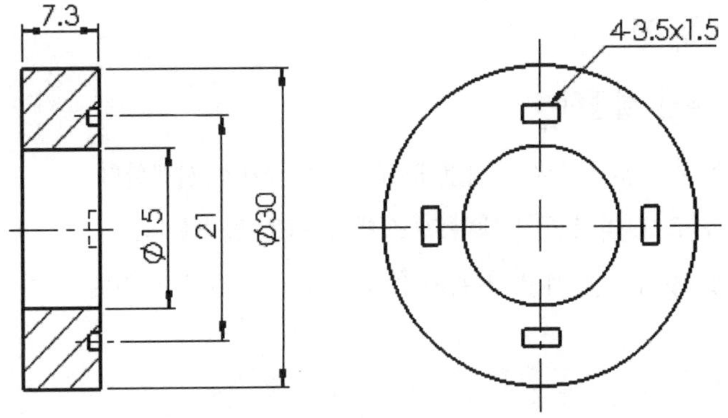

그림 4-1-26 오일 실의 투상도 및 치수

1-1-4 작업 조건

(1) 3D 모델링도 작업을 한다.

(2) 부품들의 3D 모델링도에 대해 흑백으로 출력 시 잘 나타나도록 렌더링 작업을 한다(배경 처리는 생략한다).

(3) 부품마다 실물의 특징이 가장 잘 나타나는 등각 축을 2개 선택하여 등각 이미지를 2개씩 나타낸다(단, 부품은 단면으로 나타내지 않는다).

1-2 학습 활동

1-2-1 하우징 형상모델링

(1) 스케치 화면 설정하기

수행 : 스케치 화면 설정하기

① 초기 화면의 풀다운 메뉴에서 □(새 문서 아이콘)을 선택한다.

② 기본 모듈 가운데 파트를 선택하고 스케치 탭을 클릭한다.

③ 기준 평면을 정면으로 하고 스케치(□) 실행을 클릭하여 스케치 화면을 설정한다.

(2) 기초형상모델링

생각하기 : 기초 형상모델링에서 치수는 어떻게 정할까?

하우징 커버 부분이 제외된 형상을 기초형상이라 명명한다. 기초 형상은 그림 4-1-27과 같이 주요 내부 구조가 3부분으로 구성되어 있다. 첫 째는 베어링(외경 ∅35 ㎜, 폭이 11 ㎜)이 삽입되는 부분이 양쪽에 있는데 왼쪽의 경우는 베어링 커버에 의해 고정되어야 하므로 베어링 커버(삽입 깊이 8 ㎜)가 삽입될 공간도 확보해야 한다. 즉, 베어링이 삽입되는 하우징의 왼쪽 내경은 ∅35 ㎜이고 폭은 19 ㎜이어야 하며 오른쪽은 11 ㎜이어야 한다. 두 번째는 가운데 링크가 자리하는 부분으로 링크의 폭(20 ㎜) 보다 크게 하며 베어링을 고정할 칼라1(폭 8 ㎜)이 링크 양쪽에 위치해야 하므로 이 점을 고려하면 36 ㎜의 공간을 확보해야 한다. 세 번째는 오일 실이 삽입되는 공간으로 오일 실의 KS 규격은 KS B 2804에서 그림 4-1-28과 같이 정하고 있다. KS 규격에 의하면 오링 실의 크기가 외경이 30 ㎜이고 폭이 7 ㎜일 때 하우징의 구멍 깊이 B'는 $l+B$인데 l이 0.7 ㎜($l=0.1\times B=0.1\times 7=0.7$)이고 오일 실의 폭이 7 ㎜이므로 7.7 ㎜이며 나머지 모따기 각(α)는 30°, r은 ≥0.5 ㎜인 조건으로 공간을 확보하면 된다.

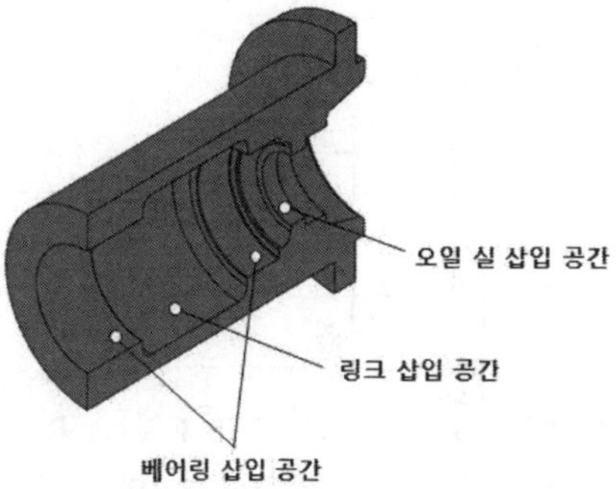

그림 4-1-27 내부 공간 구성

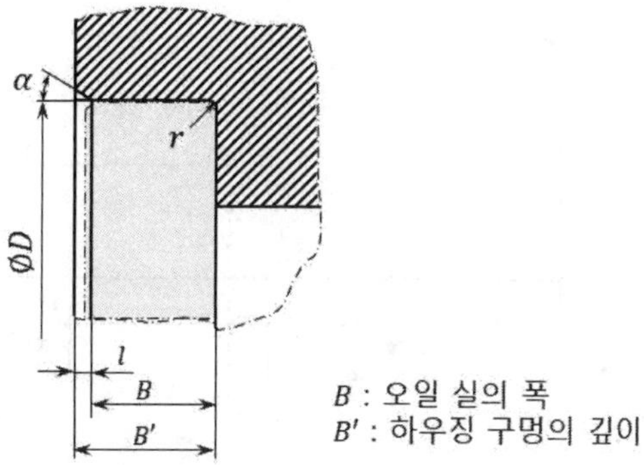

그림 4-1-28 오일 실 삽입 부분의 하우징 치수

수행 : 회전 단면 스케치하기

① 스케치 탭에서 중심선을 선택하고 원점에 대해 중심선을 긋는다.

② 그림 4-1-27의 내부 공간 구성과 그림 4-1-28을 고려하여 선 도구를 사용하여 회전 단면 스케치한다.

③ 치수는 하우징의 외경이 ⌀56 ㎜이므로 반경인 28 ㎜로 한다.

④ 베어링 커버가 조립될 부분의 내경은 베어링 삽입할 때 베어링이 들어가야 하므로 베어링의 외경 ⌀35 ㎜보다 큰 내경인 ⌀40 ㎜로 정하고 폭 또한 베어링 폭(11 ㎜)보다 8 ㎜ 큰 19 ㎜로 치수를 정의한다.

⑤ 또한 편심 축의 회전에 따른 링크의 운동 공간 부분은 링크가 최저점까지 내려와도 충분한 공간을 확보하기 위해 ⌀46 ㎜ 외경의 스케치 반경인 23 ㎜로 치수 정의한다.

⑥ 베어링이 삽입될 공간의 폭은 11 ㎜, 내경은 35 ㎜가 되도록 정의한다.

⑦ 오일 실 삽입 공간은 외경 30 ㎜의 반인 15 ㎜가 되게 하며 폭은 7.7 ㎜로 정의한다.

⑧ 그 외에 치수들은 그림 4-1-29 (a)와 같이 정의한다.

⑨ 스케치를 완료한다.

수행 : 스케치 단면 회전체 형상모델링

① 피처 도구에서 회전 보스/베이스 도구를 클릭한다.

② 회전시킬 중심선(회전축)을 지정한다. 그러면 기본적으로 360도 회전하는 회전체가 형성된다.

③ 확인을 클릭하면 그림 4-1-29 (b)와 같이 기초형상모델링이 완료된다.

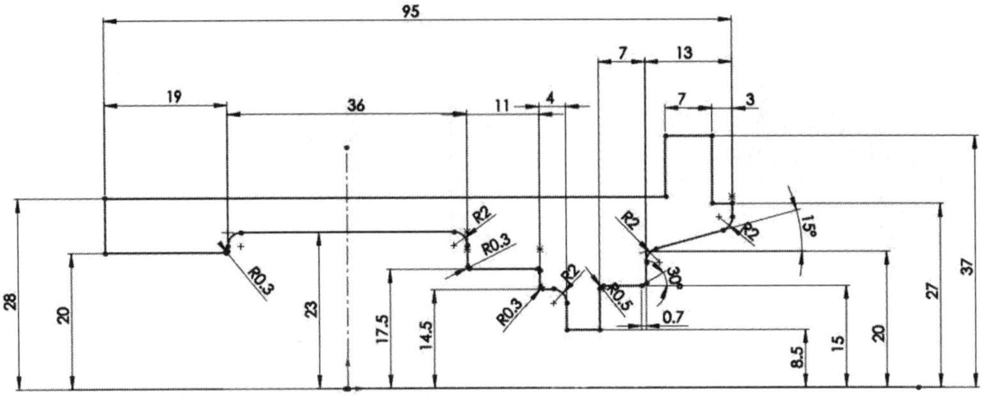

(a) 회전단면 스케치

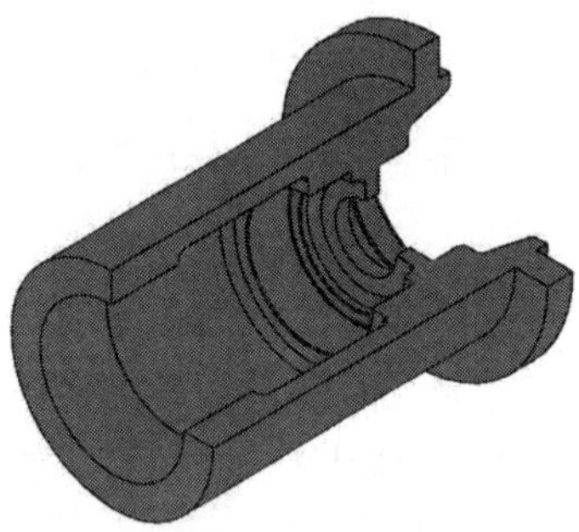

(b) 회전체 형상 및 내부 모습

그림 4-1-29 하우징 부품의 기초모델링

(3) 하우징 커버 고정 외부 원통 모델링

생각하기 : 하우징 커버 고정 외부 원통의 치수는 어떻게 정할까?

하우징 커버 고정 외부 원통은 하우징 커버의 머리 부분이 옆으로 튀어나오지 않도록 하는 것이 미관상 좋으며 또한 하우징의 외경과 같게 하는 것이 미관상 좋으므로 하우징 외경과 같은 ∅56 ㎜로 하는 것으로 한다. 한편 원통 높이는 하우징 커버 고정 나사(M4×14)의 길이 14 ㎜보다 큰 깊이를 가져야 하므로 원통 위의 겉면에서 19 ㎜ 높이(중심에서 47 ㎜)로 하는 것이 전체적인 균형 면에서 보기 좋다고 판단된다.

수행 : 돌출 단면 스케치하기

① 스케치 기준 평면을 윗면으로 한다.
② 스케치 도구를 선택한다.
③ 스케치 도구 가운데 원을 선택한다.
④ 그림 4-1-30 (a)와 같이 원을 스케치 하고 치수를 ∅56 ㎜으로 정의한다.
⑤ 스케치를 완료한다.

수행 : 스케치 단면 돌출하기

① 피처 도구 가운데 돌출 보스/베이스를 클릭한다.
② 그림 4-1-30 (b)와 같이 우측면에서 47 ㎜ 높이이므로 시작은 오프셋 47 ㎜를 준다.
③ 돌출 방향은 "바디까지"로 선택하고 회전체 외부 원통면을 클릭한다.
④ 확인을 체크한다(그림 4-1-30 (c)).

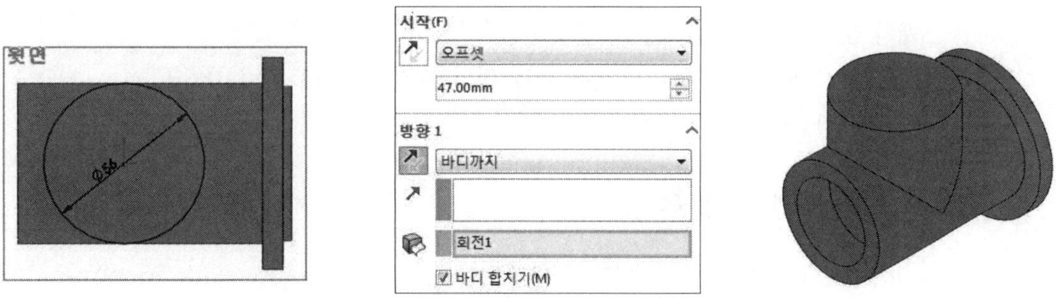

(a) 스케치 단면　　(b) 돌출 조건 설정 모습　　(c) 돌출 모습

그림 4-1-30 외부 원통 스케치 단면과 돌출 모습

(4) 하우징 커버 삽입 원통 내부 모델링

생각하기 : 하우징 커버 삽입 원통 내부의 치수는 어떻게 정할까?

하우징에서 하우징 커버가 삽입될 원통 내부는 가이드 부시가 하우징 커버에 조립된 상태 및 그림 4-1-31과 같이 슬라이더와 링크가 리프트 축과 조립된 상태에서 삽입 가능하여야 한다는 점을 고려하여 정해야 한다. 또한 하우징 커버를 고정하기 위한 고정 나사((M4×14)의 지름을 고려하여 외경과 내경의 폭이 적어도 4 ㎜보다 충분히 커야 한다. 이러한 점을 고려하여 외경과 내경의 폭이 10 ㎜로 한다. 즉, 하우징 커버 삽입 원통 내부 지름은 원통 외경이 ∅56 ㎜이므로 ∅36 ㎜가 된다.

그림 4-1-31 하우징 커버 삽입 구멍의 가능 크기 모습

수행 : 컷 돌출 단면 스케치하기

① 스케치 탭을 클릭하고 슬라이딩 원통 윗면을 스케치 면으로 선택한다.
② 스케치 도구 가운데 원 도구를 선택한다.
③ 가이드 부시 외경과 같은 지름 36 ㎜를 정의한다(그림 4-1-32 (a)).
④ 스케치를 완료한다.

수행 : 스케치 단면 컷 돌출하기

① 피처 도구 가운데 돌출 컷 도구를 클릭한다.
② 스케치 단면에 대해 돌출 방향은 “다음까지”로 선택하고 회전체 내부 원통면을 클릭한다.
③ 확인을 체크한다(그림 4-1-32 (b)).

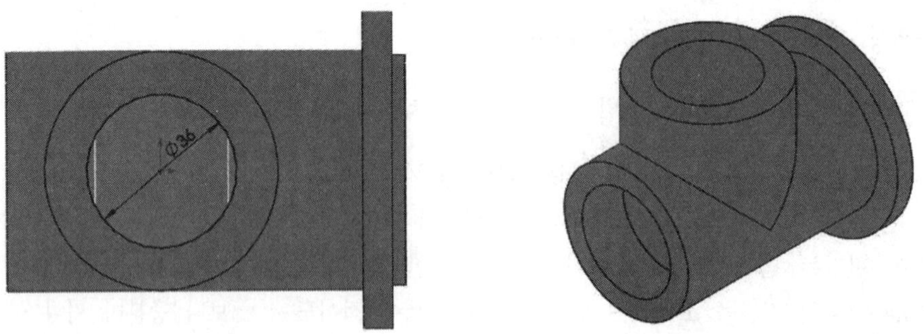

(a) 스케치면 단면 (b) 돌출 컷 모습
그림 4-1-32 내부 원통 스케치 단면과 돌출 컷 모습

(5) 하우징 커버 고정용 암나사 구멍 생성하기

생각하기 : 하우징 커버 고정용 암나사 구멍의 치수는 어떻게 정할까?

하우징 커버를 하우징에 고정하기 위해 육각 구멍 머리 볼트(KS B 1003 M4×14)를 사용하기로 했으므로 하우징에는 탭 나사 구멍을 내야 한다. 즉, 탭 나사의 호칭 치수를 M4로 하고, 탭 나사 구멍의 나사 깊이는 14 ㎜로 해야 하지만 하우징 커버의 두께를 더하여야 하므로 13 ㎜로 한다.

수행 : 구멍가공마법사를 이용한 텝 구멍 만들기

① 피처 탭에서 구멍가공마법사 도구를 선택한다.

② 구멍유형은 직선 탭, 표준규격은 KS, 유형은 탭 구멍으로 하며 구멍 스팩은 M4로 한다.

③ 구멍의 깊이는 마침 조건에서 블라인드 형태로 13 ㎜로 설정하고 나사산 깊이는 12 ㎜로 한다.

④ 위치로 가서 구멍이 위치할 면을 선택하고 클릭한다.

⑤ 탭 구멍의 중심이 정면에 일치하도록 구속 설정하고 그림 4-1-33 (a)와 같이 원점과 탭 구멍의 중심 사이 거리를 23 ㎜로 한다.

⑥ 완료를 클릭한다(그림 4-1-33 (b)).

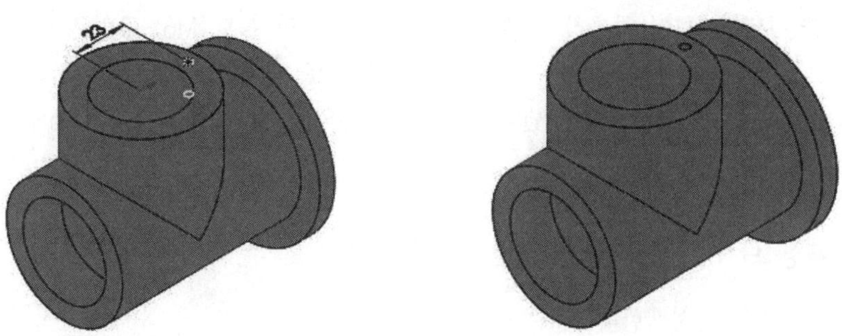

(a) 구멍 위치 설정 (b) 구멍 형상

그림 4-1-33 탭 구멍형상모델링

수행 : 원형 패턴을 이용한 4개의 텝 구멍 만들기

① 피처 탭에서 원형 패턴 도구를 선택한다.

② 파라미터는 슬라이딩 원통 내부면, 인스턴수는 4로 하며 앞에서 만든 탭 구멍을 선택한다.

③ 완료를 클릭한다(그림 4-1-34).

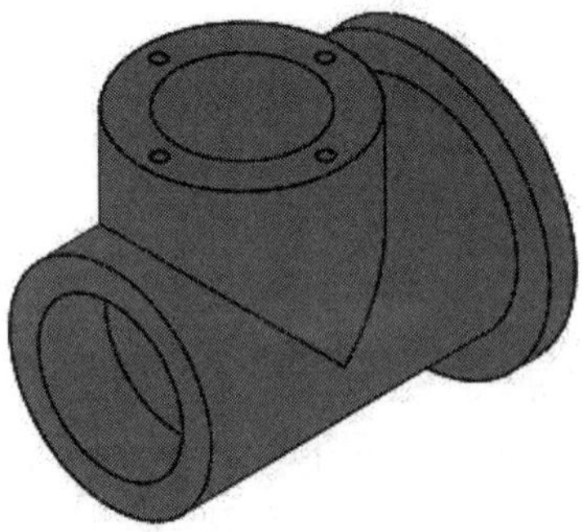

그림 4-1-34 4개의 하우징 커버 고정 나사 구멍 형상모델링 결과

(6) 하우징 외부 고정 나사구멍 모델링

생각하기 : 하우징 외부 고정 나사구멍의 치수는 어떻게 정할까?

하우징 외부 고정 나사 구멍은 하우징을 움직이지 않도록 외부에 구조체 등에 고정할 때 필요한 구멍이다. 이 하우징 외부 고정 나사(육각머리 볼트 M6) 구멍은 ∅6.6 ㎜의 드릴 구멍으로 하며 고정의 안정을 위해 3개의 구멍으로 구성된 것으로 한다. 즉, 드릴로 지름 6.6 ㎜인 구멍을 모두 3개를 낸다는 의미로 3개의 드릴 구멍(지름 6.6 ㎜)을 포함한 형상모델링을 하면 된다.

수행 : 고정 나사 구멍부 돌출 단면 스케치하기

① 스케치 도구를 선택한다.

② 스케치 도구 가운데 원 도구를 선택한다.

③ 18 ㎜ 원과 6.6 ㎜ 원을 가장 바깥원에 중심이 오도록 그리고 치수를 정의한다.

④ 요소 변환 도구를 선택하여 두 번째 원을 클릭하고 스케치 선으로 정의한다.

⑤ 선 도구를 선택하여 18 ㎜원에 접하도록 선을 긋는다.

⑥ 요소 잘라내기 도구를 선택하고 그림 4-1-35 (a)와 같이 불필요한 선을 제거한다.

⑦ 스케치를 완료한다.

수행 : 스케치 단면 돌출하기

① 피처 도구 가운데 돌출 보스/베이스를 클릭한다.
② 돌출 방향은 "블라인드 형태"로 선택하고 10 ㎜로 설정한다.
③ 확인을 체크한다(그림 4-1-35 (b)).

수행 : 구멍 스케치하기

① 스케치 도구 가운데 원 도구를 선택한다.
② 원 지름을 6.6 ㎜로 설정하고 스케치한다.
③ 확인을 체크한다.

수행 : 구멍 컷 돌출하기

① 피처 도구 가운데 돌출 컷 도구를 선택한다.
② 돌출 방향은 "다음까지"로 선택한다.
③ 확인을 체크한다(그림 4-1-35 (c)).

수행 : 3개의 구멍 원형 패턴하기

① 피처 도구 가운데 원형 패턴 도구를 선택한다.
② 원형 패턴 피처 및 면을 돌출과 컷 돌출 모두 선택한다.
③ 파라미터에서 동등 간격으로 3을 설정한다.
④ 확인을 체크한다(그림 4-1-35 (d)).

수행 : 라운딩하기

① 피처 탭을 선택한다.
② 피처 도구 가운데 필렛을 선택한다.
③ 그림 4-1-35 (e)와 같이 반지름 5 ㎜로 필렛을 정의한다.
④ 피처를 완료한다.

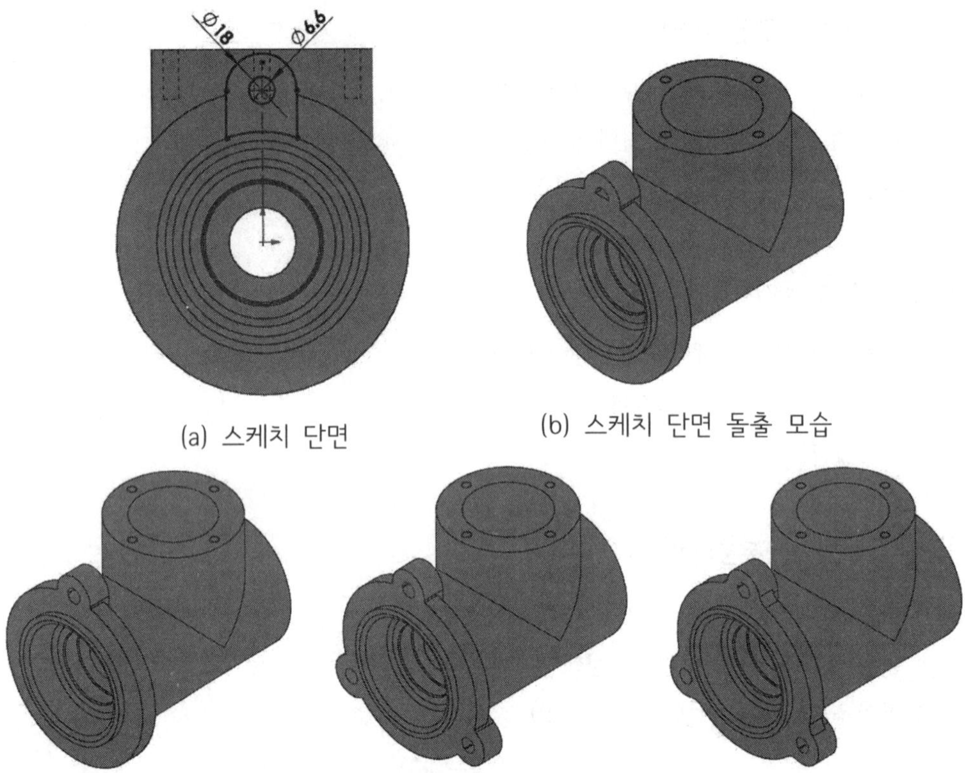

(a) 스케치 단면 (b) 스케치 단면 돌출 모습

(c) 구멍 컷 돌출 모습 (d) 원형 패턴 결과 (e) 라운딩 마무리

그림 4-1-35 고정 나사 구멍 형상모델링

(7) 베어링 커버 고정 암나사 생성하기

생각하기 : 베어링 커버 고정 암나사의 치수는 어떻게 정할까?

베어링 커버가 하우징에 조립 고정하기 위해서는 암나사가 필요한데 베어링 커버 삽입 구멍의 크기가 ∅40 ㎜이므로 고정 암나사의 경우는 KS 규격에 의하면 M42를 선택해야 구멍 ∅40 ㎜에 암나사를 낼 수 있다. 나사 피치는 3.0 ㎜로 한다.

수행 : 구멍가공마법사를 이용한 나사산 만들기

① 피처 탭에서 구멍가공마법사의 나사산 도구를 선택한다.

② 그림 4-1-36 (a)와 같이 나사산의 위치로 베어링 고정 원통 모서리를 선택한다.

③ 나사산 깊이는 마침 조건으로 "선택까지"로 설정하고 하우징 원통 안쪽 면을 선택한다.

④ 스팩에서 유형은 Metric Tap으로 하고 크기는 M42×3.0으로 설정한다.
⑤ 나사산 방법은 암나사이므로 “절단 나사산”으로 한다.
⑥ 완료를 클릭한다(그림 4-1-36 (b)).

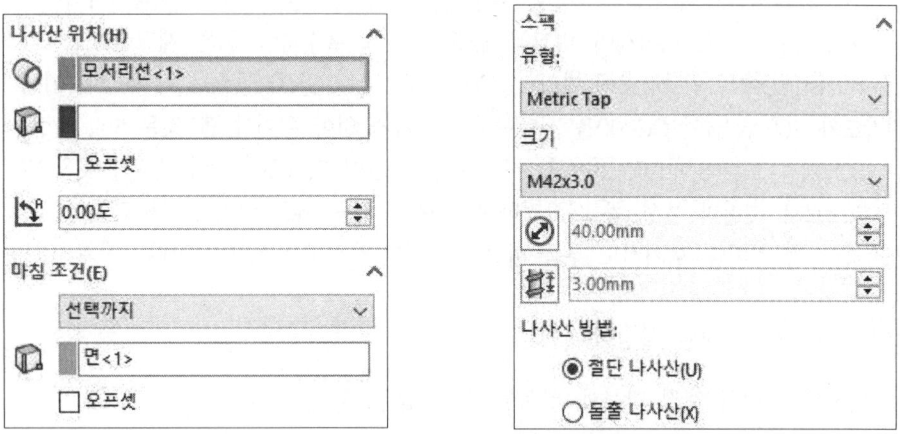

(a) 나사선 설정

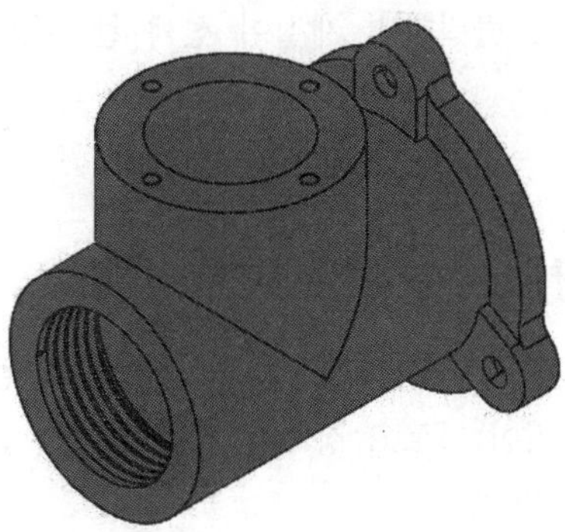

(b) 나사산 모습

그림 4-1-36 나사산 형상모델링

(8) 하우징 부품의 재질 선택

생각하기 : 하우징 부품의 재질은 어떻게 선택할까?

하우징은 내부가 복잡하고 리브나 라운드가 많아 기계가공으로 제작하기 곤란하다. 따라서 하우징의 재질은 주조성이 우수한 회주철을 주로 사용한다. 이 회주철은 가격이 저렴하고 내마모성이 크고 내식성이 비교적 좋으며 진동 흡수력이 좋은 재질이다. 이 회주철(gray casting)에는 인장강도에 따라 GC200, GC250, GC300 등으로 나누며 이 가운데 인장강도가 200 N/㎟인 GC200을 선택한다. 한 가지 알아 두어야 할 것은 SolidWorks에서는 ISO 기준 또는 SolidWorks에서 제공하는 재질만이 있어 KS 상의 재질과 맞지 않은 것이 많으므로 재질의 물성 등을 고려하여 새로이 부품 재질 라이브러리를 만들어 불러와서 사용해야 할 것이다. 여기서도 부품 재질을 만들어 사용하는 것으로 한다.

수행 : 하우징의 재질 설정하기

① 디자인 트리의 재질 항목에 커서를 갖고 간다.
② 마우스 오른쪽 버튼을 클릭하여 재질 편집을 선택한다.
③ 새로운 부품 재질 라이브러리에서 회주철의 GC200을 선택한다.
④ 적용을 클릭하고 닫기를 클릭하면 재질이 선택 완료된다.

(9) 질량 파악하기

생각하기 : 하우징의 질량은 왜 파악하는지?

질량 파악은 장치나 기구 등을 제작할 때 제작비와 직결될 때가 많다. 즉 부품의 재질에 따라 같은 치수라도 질량이 다르고 장치나 기구의 전체 질량을 고려하여 제작할 때 제작비와 직결되므로 알 필요가 있다.

수행 : 하우징의 물성치 확인

① 풀다운 메뉴의 도구에서 계산 탭을 클릭한다.
② 물성치(⚖)를 클릭한다.
③ 질량이 1142.11그램으로 나타났다.

(10) 등각 보기

생각하기 : 부품을 명확하게 보여기 위해서는 어떻게 하면 좋을까?

하우징은 왼쪽에 베어링 커버를 조립하는 나사 부분이 있고, 오른쪽에는 오일 실 삽입 구멍 및 외부와의 고정 부분이 있으므로 양쪽 부분이 잘 보이도록 해야 명확하게 부품의 형상을 전달할 필요가 있다. 따라서 좌측 위 등각방향과 우측 위 등각방향으로 표현해야 명확한 전달이 될 수 있다.

수행 : 등각 View 설정하기

① 뷰 방향( )을 클릭한다.
② 첫 번째는 그림 4-1-37 (a)와 같이 좌측 위 등각 보기를 선택한다.
③ 두 번째는 그림 4-1-37 (b)와 같이 우측 위 등각 보기를 선택한다.

(a) 좌측 위 등각 보기

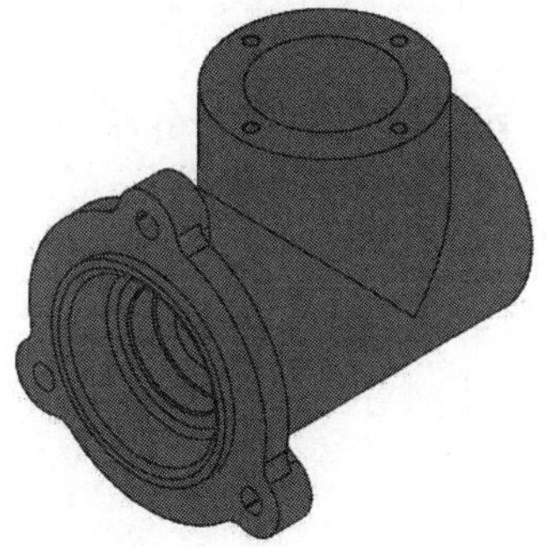

(b) 우측 위 등각 보기

그림 4-1-37 하우징의 2방향의 등각 보기

(11) 저장하기

수행 : 최종 형상 저장하기

① 저장 도구( )에서 다른 이름으로 저장하기를 클릭한다.
② 저장할 디렉토리를 정하고 파일이름을 "하우징"으로 한다.
③ 저장 버튼을 클릭한다.

(12) 렌더링 하기

수행 : 표현 편집하기

① 렌더링 탭을 선택한다.
② 렌더링 편집 화면의 표현 편집( )을 선택한다.
③ 새 스와치 작성에서 "표준"으로 한다.
④ 확인을 클릭한다.

수행 : 화면 편집하기

① 화면 편집( )을 선택하고 기본에서 배경을 "없음"으로 한다.
② 바닥 정렬을 저면도 평면으로 한다.
③ PhotoView 360 조명에서 환경 회전을 90도로 하고 확인을 클릭한다.

수행 : 렌더링 파일 저장하기

① 미리 보기 창을 클릭한다.
② 렌더링 모습을 보고 그림 4-1-38과 같이 원하는 렌더링 모습이면 저장을 누른다.
③ 렌더링 파일은 그림 파일(*.jpg)로 파일 이름을 "하우징_렌더링"으로 저장한다.

그림 4-1-38 렌더링 결과 모습

1-2-2 하우징 커버 형상모델링

(1) 스케치 화면 설정하기

수행 : 스케치 화면 설정하기

① 초기 화면의 풀다운 메뉴에서 (새 문서 아이콘)을 선택한다.

② 기본 모듈 가운데 파트를 선택하고 스케치 탭을 클릭한다.

③ 기준 평면을 정면으로 하고 스케치( ) 실행을 클릭하여 스케치 화면을 설정한다.

(2) 기초형상모델링

생각하기 : 기초 형상모델링에서 치수는 어떻게 정할까?

하우징 커버의 기초 형상은 그림 4-1-39와 같이 형상이 3부분으로 크게 구성되어 있다. 가이드 부시가 삽입 구멍은 가이드 부시의 외경을 ∅22 ㎜로 하기로 했으므로 하우징 커버의 내경을 ∅22 ㎜로 하고 가이드 부시의 칼라가 앉음 자리는 외경을 ∅26 ㎜, 깊이를 3 ㎜로 한다. 또한 하우징에서 하우징 커버 삽입 구멍 크기를 ∅36 ㎜로 했으므로 하우징 삽입 원통 외경을 ∅36 ㎜로 한다.

그림 4-1-39 형상 구성

수행 : 회전 단면 스케치하기

① 스케치 탭에서 중심선을 선택하고 원점에 대해 중심선을 긋는다.

② 그림 4-1-40 (a)와 같이 스케치 하고 치수를 정의한다.

③ 스케치를 완료한다.

수행 : 스케치 단면 회전체 형상모델링

① 피처 도구에서 회전 보스/베이스 도구를 클릭한다.
② 회전시킬 중심선(회전축)을 지정한다. 그러면 기본적으로 360도 회전하는 회전체가 형성된다.
③ 확인을 클릭하면 그림 4-1-40 (b)와 같이 형상모델링이 완료된다.

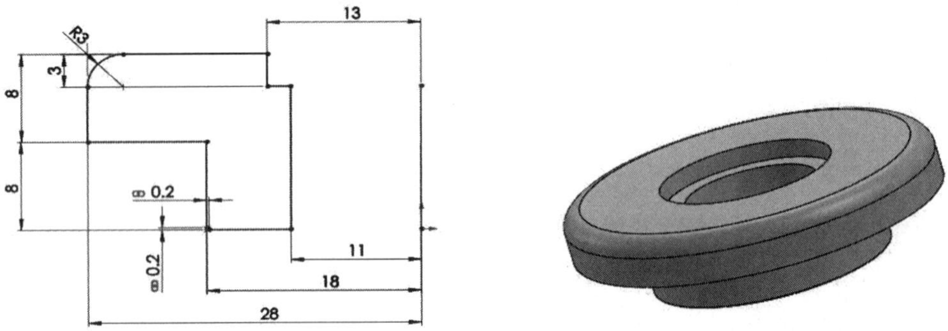

(a) 회전 단면 스케치   (b) 회전체 모습

그림 4-1-40 회전체 기초 형상

(3) 고정나사 구멍 생성하기

생각하기 : 고정나사 구멍은 무슨 기준에서 생성할까?

그림 4-1-5 (b)에서 하우징 고정 나사 구멍의 경우는 볼트 삽입 구멍과 볼트 머리 앉음자리로 구성되어 있다. 하우징 커버를 하우징에 고정하기 위해 필요한 육각 구멍 볼트(M4×14) 구멍은 ∅4.5 ㎜로 카운터 보어를 내고 볼트 머리가 튀어 나오지 않도록 앉음자리는 원래 4 ㎜이지만 더욱 깊숙하게 4.4 ㎜로 한다. 라운드 부분이 카운터 보어 부분과 겹치므로 라운드 부분에서는 사각 홈 형태가 되도록 한다.

수행 : 카운터 보어 형상모델링

① 피처 도구의 구멍 가공 마법사 도구를 클릭한다.
② 구멍 유형에서 카운터 보어로 하고 표준 규격을 KS, 유형을 구멍붙이 볼트 KS B 1003으로 한다.
③ 구멍 스팩은 크기를 M4, 맞춤은 보통으로, 사용자 정의 크기 표시를 체크하고 카운터 보어 지름은 8 ㎜, 카운터 보어 깊이는 4.4 ㎜로 설정한다.

④ 마침조건은 관통으로 한다.
⑤ 위치에서는 먼저 카운터 보어 위치를 사용할 면을 선택한다.
⑥ 카운터 보어를 배치하기 위해 먼저 우측면과 카운터 보어 중심이 일치하게 하고 원점으로부터 23 ㎜ 위치로 배치 설정한다.
⑦ 완료를 클릭하면 카운터 보어 형상모델링이 완료된다.

수행 : 사각 단면 스케치하기

① 스케치 탭에서 코너 사각형 도구를 선택한다.
② 카운터 보어 바깥 원과 접하도록 사각형을 그린다.
③ 스케치를 완료한다.

수행 : 스케치 단면 돌출 컷

① 피처 도구에서 돌출 컷 도구를 클릭한다.
② 방향은 "블라인드 형태"로 하고 돌출 컷 깊이는 4.4 ㎜로 한다.
③ 확인을 클릭하면 그림 4-1-41 (a)와 같이 하나의 나사 구멍 형상모델링이 완료된다.

수행 : 원형 패턴을 이용한 4개의 고정나사 구멍 만들기

① 피처 탭에서 원형 패턴 도구를 선택한다.
② 파라미터는 하우징커버 윗면, 인스턴수 수는 4로 하며 앞에서 만든 고정나사 구멍을 선택한다.
③ 완료를 클릭한다(그림 4-1-41 (b)).

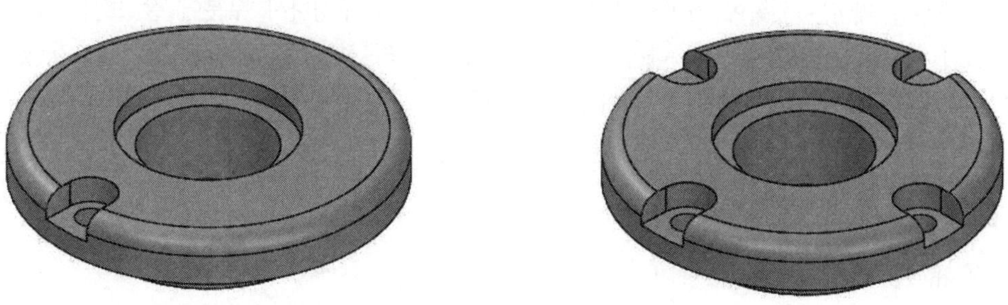

(a) 하나의 나사 구멍　　(b) 4개의 나사 구멍

그림 4-1-41 고정나사 구멍 형상모델링

(4) 부품의 재질 선택

생각하기 : 하우징 커버 부품의 재질은 어떻게 선택할까?

하우징 커버는 하우징과 마찬가지 재질을 사용한다. 따라서 회주철의 GC200을 재질로 선택한다.

수행 : 하우징 커버의 재질 설정하기

① 디자인 트리의 재질 항목에 커서를 갖고 간다.
② 마우스 오른쪽 버튼을 클릭하여 재질편집을 선택한다.
③ 부품 재질의 회주철에서 GC200을 선택한다.
④ 적용을 클릭하고 닫기를 클릭하면 재질이 선택 완료된다.

(5) 질량 파악하기

수행 : 하우징 커버의 물성치 확인

① 풀다운 메뉴의 도구에서 계산 탭을 클릭한다.
② 물성치( )를 클릭한다.
③ 질량이 142.67그램으로 나타났다.

(6) 등각 보기

생각하기 : 부품을 명확하게 보여기 위해서는 어떻게 하면 좋을까?

하우징 커버는 윗쪽에 가이드 부시 앉음 자리 부분과 고정나사 부분이 잘 보이게 할 필요가 있으며, 아래쪽은 고정 나사 구멍과 가이드 부시의 삽입 구멍이 잘 보일 필요가 있다. 따라서 좌측 위 등각방향과 우측 아래 등각방향으로 표현해야 명확한 전달이 될 수 있다.

수행 : 등각 View 설정하기

① 뷰 방향( )을 클릭한다.
② 첫 번째는 그림 4-1-42 (a)와 같이 좌측 위 등각 보기를 선택한다.
③ 두 번째는 그림 4-1-42 (b)와 같이 우측 아래 등각 보기를 선택한다.

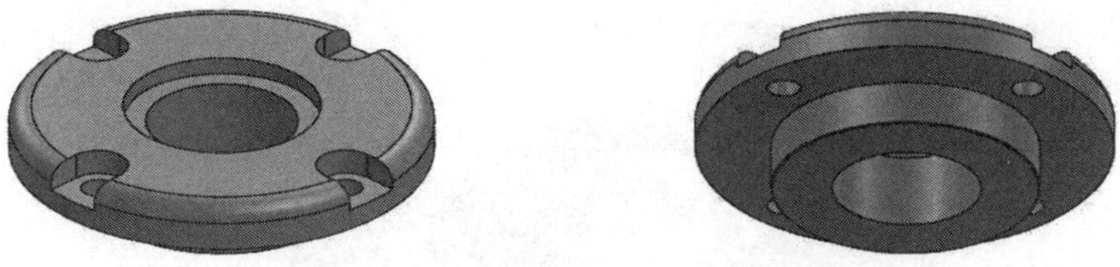

(a) 좌측 위 등각 보기 (b) 우측 아래 등각 보기

그림 4-1-42 하우징 커버의 2방향의 등각 보기

(7) 저장하기

수행 : 최종 형상 저장하기

① 저장 도구(💾)에서 다른 이름으로 저장하기를 클릭한다.
② 저장할 디렉토리를 정하고 파일이름을 "하우징 커버"로 한다.
③ 저장 버튼을 클릭한다.

(8) 렌더링 하기

수행 : 표현 편집하기

① 렌더링 탭을 선택한다.
② 렌더링 편집 화면의 표현 편집( )을 선택한다.
③ 새 스와치 작성에서 "표준"으로 한다.
④ 확인을 클릭한다.

수행 : 화면 편집하기

① 화면 편집( )을 선택하고 기본에서 배경을 "없음"으로 한다.
② 바닥 정렬을 저면도 평면으로 한다.
③ PhotoView 360 조명에서 환경 회전을 90도로 하고 확인을 클릭한다.

수행 : 렌더링 파일 저장하기

① 미리 보기 창을 클릭한다.
② 렌더링 모습을 보고 그림 4-1-43과 같이 원하는 렌더링 모습이면 저장을 누른다.
③ 렌더링 파일은 그림 파일(*.jpg)로 파일 이름을 "하우징 커버_렌더링"으로 저장한다.

그림 4-1-43 렌더링 결과 모습

1-2-3 베어링 커버 형상모델링

(1) 스케치 화면 설정하기

수행 : 스케치 화면 설정하기

① 초기 화면의 풀다운 메뉴에서 (새 문서 아이콘)을 선택한다.
② 기본 모듈 가운데 파트를 선택한다.
③ 스케치 탭을 클릭하고 기준 평면을 정면으로 한다.
④ 스케치( ) 실행을 클릭하여 스케치 화면을 설정한다.

(2) 기초형상모델링

생각하기 : 기초 형상모델링에서 치수는 어떻게 정할까?

베어링 커버의 기초 형상은 그림 4-1-7 (b)와 같이 형상이 3부분으로 크게 구성되어 있다. 하우징 조립 원통(∅42 ㎜)과 베어링(외경 ∅35 ㎜, 폭 11 ㎜) 삽입 구멍과 베어링 멈춤 벽으로 되어 있다. 베어링 멈춤 벽은 편심 축이 회전할 때 베어링이 움직이지 않도록 베어링 외륜을 잡아주는 역할을 한다. 따라서 베어링 외륜에 걸치도록 치수를 정해야 한다. 여기서는 ∅35 ㎜보다 작은 ∅28 ㎜를 선정했다. 또한 베어링 머리 부분의 라운드는 R3으로 한다.

수행 : 회전 단면 스케치하기

① 스케치 탭에서 중심선을 선택하고 원점에 대해 중심선을 긋는다.
② 그림 4-1-44 (a)와 같이 스케치 하고 치수를 정의한다.
③ 스케치를 완료한다.

수행 : 스케치 단면 회전체 형상모델링

① 피처 도구에서 회전 보스/베이스 도구를 클릭한다.
② 회전시킬 중심선(회전축)을 지정한다.
③ 확인을 클릭하면 그림 4-1-44 (b)와 같이 형상모델링이 완료된다.

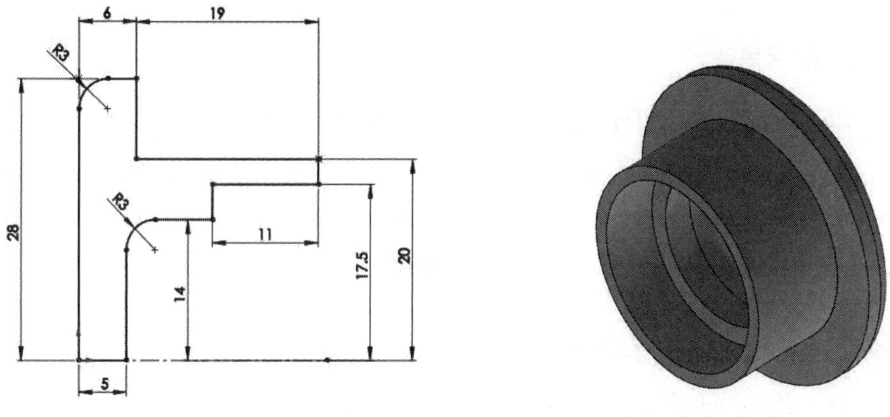

(a) 회전단면 스케치　　　　(b) 회전체 모습

그림 4-1-44 회전체 기초 형상

(3) 고정 수나사 형상모델링

생각하기 : 고정 수나사의 치수는 어떻게 정할까?

하우징에서 지름 40 ㎜에 암나사를 생성했으므로 여기서는 그림 4-1-44의 하우징 조립 원통에 수나사 40 ㎜를 생성하면 된다. 피치는 하우징과 같이 3.0 ㎜이다. 수나사이므로 돌출 나사산으로 형상모델링한다.

수행 : 구멍가공마법사를 이용한 나사산 만들기

① 피처 탭에서 구멍가공마법사의 나사산 도구를 선택한다.
② 하우징의 나사산 설정과 마찬가지로 나사산의 위치로 베어링 고정 원통 모서리를 선택한다.
③ 나사산 깊이는 마침 조건으로 "블라인드 형태" 16 ㎜로 설정한다.
④ 스팩에서 유형은 Metric Tap으로 하고 크기는 M42×3.0으로 설정한다.
⑤ 나사산 방법은 수나사이므로 "돌출 나사산"으로 한다.
⑥ 완료를 클릭한다(그림 4-1-45).

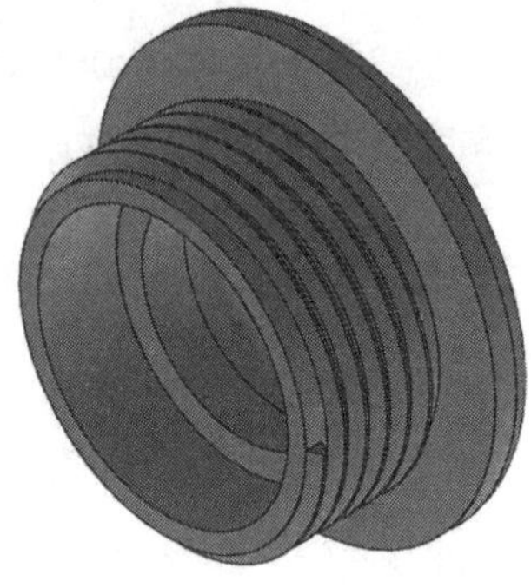
그림 4-1-45 나사산 형상

(4) 체결용 홈 모델링

생각하기 : 체결용 홈 형상모델링에서 치수는 어떻게 정할까?

베어링 커버의 체결용 홈 형상은 베어링 커버를 도구를 이용하여 체결할 때 필요한 홈으로 도구를 홈에 끼워 베어링 커버를 돌려 체결하는 역할을 한다. 홈의 크기는 지름이 4 ㎜인 드릴로 하고 드릴의 깊이는 3 ㎜로 한다.

수행 : 카운터 보어 형상모델링

① 피처 도구의 구멍 가공 마법사 도구를 클릭한다.
② 구멍 유형에서 구멍로 하고 표준 규격을 KS, 유형을 드릴크기로 한다.
③ 구멍 스팩은 크기를 ∅4.0, 마침조건은 블라인드 깊이 3 ㎜로 한다.
④ 위치에서는 먼저 드릴 구멍 위치를 사용할 면을 선택한다.
⑤ 드릴 구멍를 배치하기 위해 먼저 드릴 구멍 중심이 원점과 수직하게 하고 원점으로부터 18 ㎜ 위치로 배치 설정한다(그림 4-1-46 (a)).
⑥ 완료를 클릭하면 드릴 구멍 형상모델링이 완료된다.

수행 : 원형 패턴을 이용한 4개의 드릴 구멍 만들기

① 피처 탭에서 원형 패턴 도구를 선택한다.
② 파라미터는 베어링 커버 옆면, 인스턴수 수는 4로 하며 앞에서 만든 구멍을 선택한다.
③ 완료를 클릭한다(그림 4-1-46 (b)).

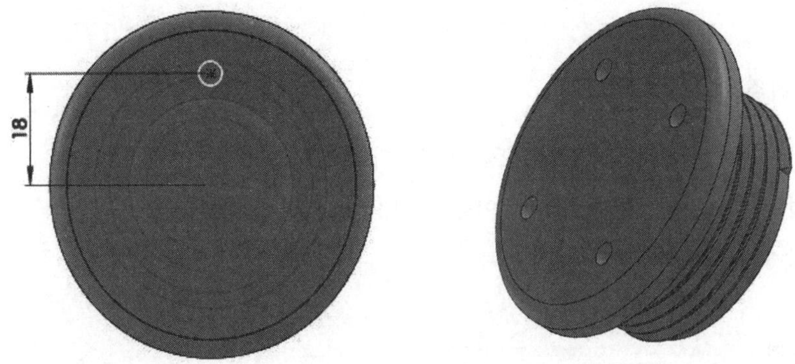

(a) 드릴 구멍 위치　　　　　(b) 체결 홈 모습

그림 4-1-46 체결용 홈 형상모델링

(5) 부품의 재질 선택

생각하기 : 베어링 커버 부품의 재질은 어떻게 선택할까?

베어링 커버는 하우징과 마찬가지 재질을 사용한다. 따라서 회주철의 GC200을 재질로 선택한다.

수행 : 베어링 커버의 재질 설정하기

① 디자인 트리의 재질 항목에 커서를 갖고 간다.
② 마우스 오른쪽 버튼을 클릭하여 재질편집을 선택한다.
③ 부품 재질의 회주철에서 GC200을 선택한다.
④ 적용을 클릭하고 닫기를 클릭하면 재질이 선택 완료된다.

(5) 질량 파악하기

수행 : 하우징 커버의 물성치 확인

① 풀다운 메뉴의 도구에서 계산 탭을 클릭한다.
② 물성치( )를 클릭한다.
③ 질량이 193.31그램으로 나타났다.

(6) 저장하기

수행 : 최종 형상 저장하기

① 저장 도구(💾)에서 다른 이름으로 저장하기를 클릭한다.
② 저장할 디렉토리를 정하고 파일이름을 "베어링 커버"로 한다.
③ 저장 버튼을 클릭한다.

(7) 등각 보기

생각하기 : 부품을 명확하게 보여기 위해서는 어떻게 하면 좋을까?

베어링 커버는 윗쪽에 체결용 홈 부분이 잘 보이게 할 필요가 있으며, 아래쪽은 베어링 삽입 베어링 멈춤 벽이 잘 보일 필요가 있다. 따라서 좌측 위 등각방향과 우측 아래 등각 방향으로 표현해야 명확한 전달이 될 수 있다.

수행 : 등각 View 설정하기

① 뷰 방향(🎲)을 클릭한다.
② 첫 번째는 그림 4-1-47 (a)와 같이 좌측 위 등각 보기를 선택한다.
③ 두 번째는 그림 4-1-47 (b)와 같이 우측 아래 등각 보기를 선택한다.

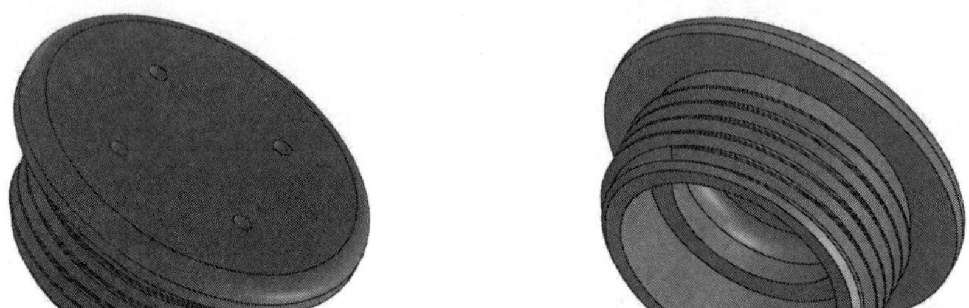

(a) 좌측 위 등각 보기　　(b) 우측 아래 등각 보기
그림 4-1-47 베어링 커버의 2방향의 등각 보기

(8) 렌더링 하기

수행 : 표현 편집하기

① 렌더링 탭을 선택한다.

② 렌더링 편집 화면의 표현 편집( )을 선택한다.

③ 새 스와치 작성에서 "표준"으로 한다.

④ 확인을 클릭한다.

수행 : 화면 편집하기

① 화면 편집( )을 선택하고 기본에서 배경을 "없음"으로 한다.

② 바닥 정렬을 저면도 평면으로 한다.

③ PhotoView 360 조명에서 환경 회전을 90도로 하고 확인을 클릭한다.

수행 : 렌더링 파일 저장하기

① 미리 보기 창을 클릭한다.

② 렌더링 모습을 보고 그림 4-1-48과 같이 원하는 렌더링 모습이면 저장을 누른다.

③ 렌더링 파일은 그림 파일(*.jpg)로 파일 이름을 "베어링 커버_렌더링"으로 저장한다.

그림 4-1-48 렌더링 결과 모습

1-2-4 가이드 부시 형상모델링

생각하기 : 가이드 부시 형상모델링에서 치수는 어떻게 정할까?

가이드 부시는 하우징 커버에 고정되는 형태로 라이너 부시(KS B 1030)의 규격을 참조하여 외경은 ∅22 ㎜, 내경은 ∅15 ㎜ 그리고 칼라 지름은 ∅26 ㎜, 두께는 3 ㎜로 정한다. 이 가이드 부시는 칼라가 하우징 커버 홈에 위치하며 가이드 부시를 하우징 커버에 고정하기 위해 축형 C형 멈춤 링(KS B 1336 축용 ∅22)이 삽입되는 홈을 가지고 있다. 축형 C형 멈춤 링의 크기는 그림 4-1-49와 같이 KS B 1336에 의해 호칭 22의 경우 멈춤 링의 기준 치수 18.5이며 축(가이드 부시 외경)은 지름(d_1)이 ∅22 ㎜인 경우를 말하는 것으로 축((가이드 부시)의 홈 부분 지름(d_2)이 ∅21 ㎜와 홈의 폭(m) 1.35 ㎜이어야 하며 홈의 위치(n)는 가이드 부시의 끝 부분에서 1.5 ㎜ 이상이 되어야 한다. 가이드 부시 칼라의 두께는 하우징 커버의 가이드 부시 칼라 홈 깊이 3 ㎜에 맞춰 3 ㎜로 한다.

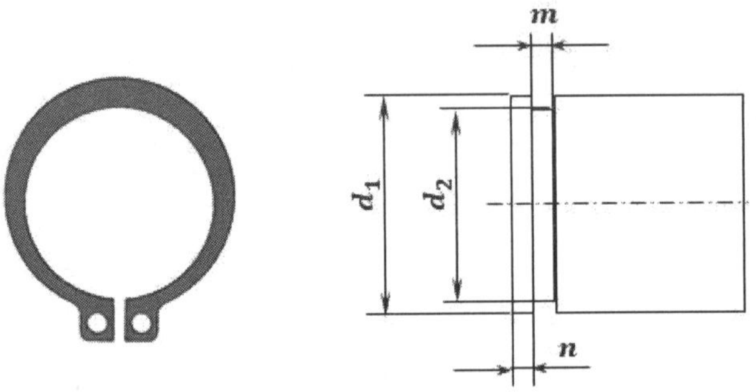

그림 4-1-49 축용 C형 멈춤 링의 KS B 1336 규격

(1) 작업준비하기

수행 : 새문서 열기와 스케치할 면 선택

① 풀다운 메뉴에 있는 파일에 새문서나 도구바의 새문서 아이콘을 선택한다.
② 파트를 선택한다.
③ 정면을 스케치할 면으로 선택하고 스케치 아이콘을 클릭한다.

(2) 부품 형상모델링

수행 : 가이드 부시 회전 단면 스케치

① 회전시킬 중심선(회전축)을 스케치한다.
② 회전시킬 부시의 회전 단면을 직선을 이용하여 스케치한다.
③ 그림 4-1-50 (a)와 같이 각 부분의 치수를 정의한다.
④ 스케치를 완료한다.

수행 : 가이드 부시 회전체 형상모델링

① 피처 탭에서 회전 보스/베이스 탭을 클릭한다.
② 회전은 360도 한다.
③ 확인을 클릭하면 그림 4-1-50 (b)와 같이 회전체 형상모델링이 완료된다.

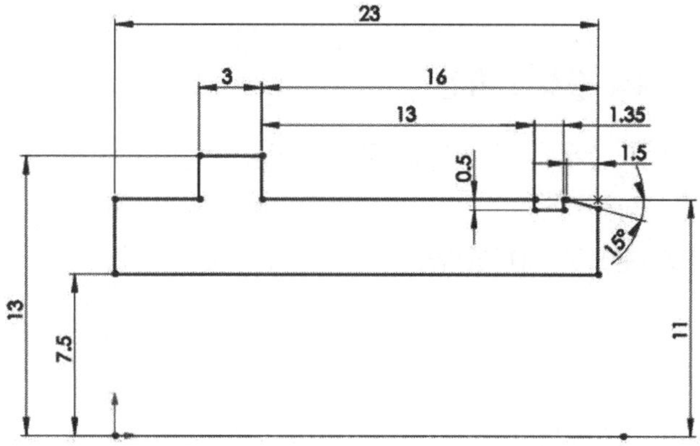

(a) 회전 단면 스케치

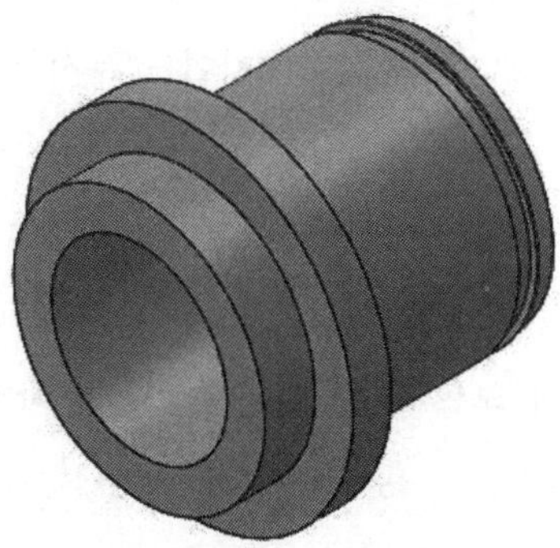

(b) 회전체 모습

그림 4-1-50 가이드 부시의 형상모델링

(3) 부품의 재질 선택

생각하기 : 가이드 부시의 재질은 어떻게 선택할까?

슬라이더와 하우징 커버 사이에 결합되는 부품으로 슬라이더의 직선운동을 안내해 주는 역할을 한다. 따라서 마찰을 고려하여 베어링 재료인 인청동 CAC503B가 적당하다.

수행 : 부시의 재질 설정하기

① 디자인 트리의 재질 항목에 커서를 갖고 간다.
② 마우스 오른쪽 버튼을 클릭하여 재질편집을 선택한다.
③ 부품재질의 동합금재료에서 "CAC503B"를 선택한다.
④ 적용을 클릭하고 닫기를 클릭하면 재질 선택이 완료한다.

(4) 질량 파악하기

수행 : 가이드 부시의 물성치 확인

① 풀다운 메뉴의 도구에서 계산 탭을 클릭한다.
② 물성치( )를 클릭한다.
③ 질량이 44.87그램으로 나타났다.

(5) 저장하기

수행 : 최종 형상 저장하기

① 저장 도구( )에서 다른 이름으로 저장하기를 클릭한다.
② 저장할 디렉토리를 정하고 파일이름을 “가이드 부시”로 한다.
③ 저장 버튼을 클릭한다.

(6) 등각 보기

생각하기 : 부품을 명확하게 보여기 위해서는 어떻게 하면 좋을까?

가이드 부시는 윗쪽에 슬라이드 삽입 구멍 부분이 잘 보이게 할 필요가 있으며, 아래쪽은 멈춤링 삽입 부분이 잘 보일 필요가 있다. 따라서 좌측 위 등각방향과 우측 아래 등각방향으로 표현해야 명확한 전달이 될 수 있다.

수행 : 등각 View 설정하기

① 뷰 방향( )을 클릭한다.
② 첫 번째는 그림 4-1-51 (a)와 같이 좌측 위 등각 보기를 선택한다.
③ 두 번째는 그림 4-1-51 (b)와 같이 우측 아래 등각 보기를 선택한다.

(a) 좌측 위 등각 보기　　　(b) 우측 아래 등각 보기

그림 4-1-51 가이드 부시의 2방향의 등각 보기

(7) 렌더링 하기

수행 : 표현 편집하기

① 렌더링 탭을 선택한다.
② 렌더링 편집 화면의 표현 편집( )을 선택한다.
③ 새 스와치 작성에서 "표준"으로 한다.
④ 확인을 클릭한다.

수행 : 화면 편집하기

① 화면 편집( )을 선택하고 기본에서 배경을 "없음"으로 한다.
② 바닥 정렬을 저면도 평면으로 한다.
③ PhotoView 360 조명에서 환경 회전을 90도로 하고 확인을 클릭한다.

수행 : 렌더링 파일 저장하기

① 미리 보기 창을 클릭한다.
② 렌더링 모습을 보고 그림 4-1-52와 같이 원하는 렌더링 모습이면 저장을 누른다.
③ 렌더링 파일은 그림 파일(*.jpg)로 파일 이름을 "가이드 부시_렌더링"으로 저장한다.

그림 4-1-52 렌더링 결과 모습

1-2-5 슬라이더 형상모델링

(1) 스케치 화면 설정하기

수행 : 스케치 화면 설정하기

① 초기 화면의 풀다운 메뉴에서 (새 문서 아이콘)을 선택한다.
② 기본 모듈 가운데 파트를 선택한다.
③ 스케치 탭을 클릭하고 기준 평면을 정면으로 한다.
④ 스케치( ) 실행을 클릭하여 스케치 화면을 설정한다.

(2) 기초형상모델링

생각하기 : 슬라이더의 기초형상에서 치수는 어떻게 정할까?

그림 4-1-11 (b)와 같이 슬라이더는 크게 4부분으로 구성되어 있다. 이 가운데 슬라이딩 부분이 기초 형상이 된다. 슬라이더의 외경은 ∅15 ㎜로 그림 4-1-1 (c)에서 정하였으므로 이에 따라 치수 정의하면 된다.

수행 : 회전 단면 스케치하기

① 스케치 탭에서 중심선을 선택하고 원점에 대해 중심선을 긋는다.
② 선 도구를 사용하여 그림 4-1-53 (a)와 같이 회전 단면 스케치한다.
③ 스케치 필렛에서 모따기 도구를 선택하고 모서리를 1×45°로 스케치한다.
④ 스케치를 완료한다.

수행 : 스케치 단면 회전체 형상모델링

① 피처 도구에서 회전 보스/베이스 도구를 클릭한다.
② 회전시킬 중심선(회전축)을 지정한다.
③ 확인을 클릭하면 그림 4-1-53 (b)와 같이 기초형상모델링이 완료된다.

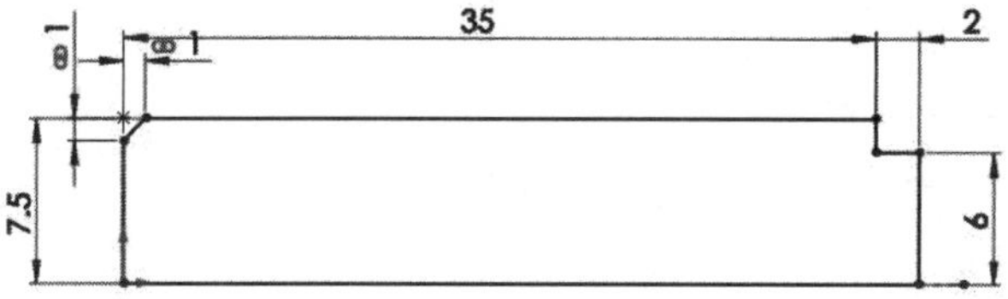

(a) 회전단면 스케치

(b) 회전체 형상 모습

그림 4-1-53 슬라이더 부품의 기초모델링

(3) 구동체 고정나사 구멍 모델링

생각하기 : 구동체 고정나사 구멍은 무슨 기준에서 생성할까?

슬라이더 부품에 구동체(단조 해머 등)를 고정하기 위해 만든 고정나사(M5) 구멍이므로 M5 고정나사 구멍 기준으로 형상모델링하면 된다.

수행 : 직선 탭 형상모델링

① 피처 도구의 구멍 가공 마법사 도구를 클릭한다.
② 구멍 유형에서 직선 탭으로 하고 표준 규격을 KS, 유형을 탭 구멍으로 한다.
③ 구멍 스팩은 크기를 M5로 한다.
④ 마침조건은 “블라인드 형태”로 하며 깊이 10 ㎜, 나사산 깊이는 8 ㎜로 한다.
⑤ 위치에서는 먼저 직선 탭 위치를 사용할 면을 선택한다.
⑥ 직선 탭을 배치하기 위해 직선 탭 중심과 원점이 일치하게 설정한다.
⑦ 완료를 클릭한다(그림 4-1-54).

그림 4-1-54
구동체 고정나사 구멍형상모델링

(4) 링크 연결부 형상모델링

수행 : 링크 연결 단면 스케치하기

① 스케치 탭에서 중심사각형 도구를 선택한다.
② 그림 4-1-55 (a)와 같이 스케치한다.
③ 스케치를 완료한다.

수행 : 스케치 단면 돌출하기

① 피처 도구에서 돌출 보스/베이스 도구를 클릭한다.
② 방향은 "블라인드 형태"로 하고 돌출 깊이는 10 ㎜로 한다.
③ 확인을 클릭한다(그림 4-1-55 (b)).

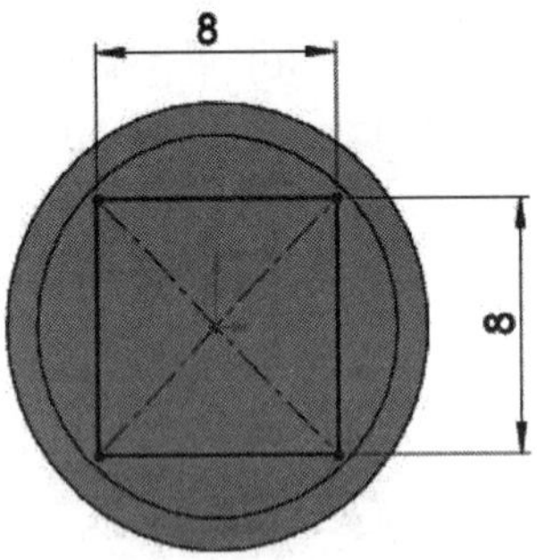

(a) 사각형 단면 스케치

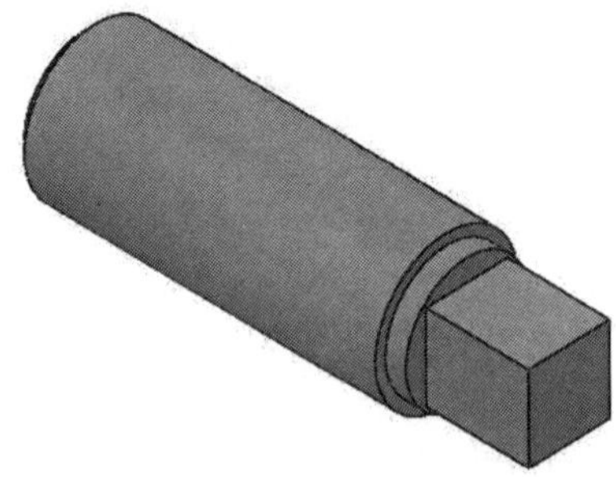

(b) 돌출 모습

그림 4-1-55 링크 연결부 돌출 형상모델링

수행 : 사각기둥 끝 면의 필렛 형상모델링

① 피처 도구의 필렛 도구를 클릭한다.
② 필렛 변수에서 반경을 4 ㎜로 한다.
③ 양쪽 모서리를 클릭한다.
④ 확인을 클릭하여 필렛 형상모델링이 완료한다(그림 4-1-56 (a)).

수행 : 단면 스케치하기

① 링크 연결부 윗면을 스케치 평면으로 선택한다.
② 스케치 탭에서 원 도구를 선택하고 필렛 중심과 같은 중심에서 지름 6 ㎜인 원을 스케치한다.
③ 스케치를 완료한다.

수행 : 스케치 단면 컷 돌출하기

① 피처 도구에서 돌출 컷 도구를 클릭한다.
② 방향은 "관통"으로 한다.
③ 확인을 클릭한다(그림 4-1-56 (b)).

(a) 링크 연결면　　　　　　　(b) 리프트 축 연결 구멍

그림 4-1-56 링크 연결 부 형상모델링

(5) 부품의 재질 선택

생각하기 : 슬라이더 부품의 재질은 어떻게 선택할까?

슬라이더 부품은 부하의 작용에 의해 가해지는 압축, 굽힘, 진동 등의 하중에 견딜 수 있는 충분한 강도와 내마모성이 요구되므로 합금강을 사용할 때 보통 크롬몰리브덴강을 사용한다. 따라서 크롬몰리브덴강의 SCM415를 재질로 선택하기로 한다.

수행 : 슬라이더의 재질 설정하기

① 디자인 트리의 재질 항목에 커서를 갖고 간다.

② 마우스 오른쪽 버튼을 클릭하여 재질편집을 선택한다.

③ 부품재질의 크롬몰리브덴강에서 "SCM415"를 선택한다.

④ 적용을 클릭하고 닫기를 클릭하면 재질이 선택 완료된다.

(6) 질량 파악하기

수행 : 가이드 부시의 물성치 확인

① 풀다운 메뉴의 도구에서 계산 탭을 클릭한다.

② 물성치(⚖)를 클릭한다.

③ 질량이 45.16그램으로 나타났다.

(7) 저장하기

수행 : 최종 형상 저장하기

① 저장 도구( )에서 다른 이름으로 저장하기를 클릭한다.
② 저장할 디렉토리를 정하고 파일이름을 “슬라이더”로 한다.
③ 저장 버튼을 클릭한다.

(8) 등각 보기

생각하기 : 부품을 명확하게 보여기 위해서는 어떻게 하면 좋을까?

슬라이더는 윗쪽에 단조 햄머 등이 조립될 부분이 잘 보이게 할 필요가 있으며, 아래쪽은 리프트축 삽입 구멍이 잘 보일 필요가 있다. 따라서 좌측 위 등각방향과 우측 아래 등각방향으로 표현해야 명확한 전달이 될 수 있다.

수행 : 등각 View 설정하기

① 뷰 방향( )을 클릭한다.
② 첫 번째는 그림 4-1-57 (a)와 같이 좌측 위 등각 보기를 선택한다.
③ 두 번째는 그림 4-1-57 (b)와 같이 우측 아래 등각 보기를 선택한다.

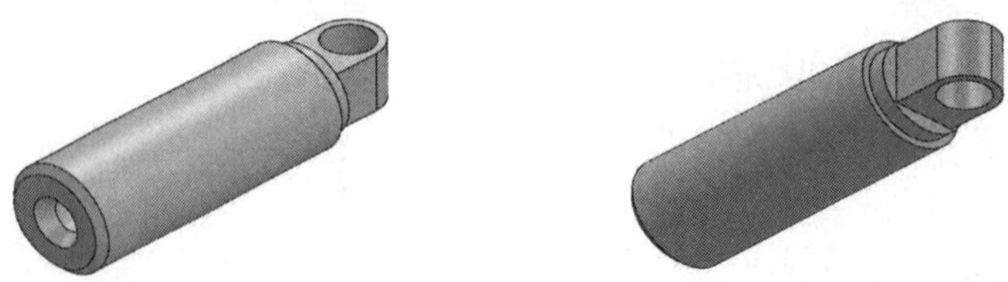

(a) 좌측 위 등각 보기 (b) 우측 아래 등각 보기
그림 4-1-57 슬라이더의 2방향의 등각 보기

(9) 렌더링 하기

수행 : 표현 편집하기

① 렌더링 탭을 선택한다.
② 렌더링 편집 화면의 표현 편집( )을 선택한다.
③ 새 스와치 작성에서 “표준”으로 한다.
④ 확인을 클릭한다.

수행 : 화면 편집하기

① 화면 편집(아이콘)을 선택하고 기본에서 배경을 "없음"으로 한다.
② 바닥 정렬을 저면도 평면으로 한다.
③ PhotoView 360 조명에서 환경 회전을 90도로 하고 확인을 클릭한다.

수행: 렌더링 파일 저장하기

① 미리 보기 창을 클릭한다.
② 렌더링 모습을 보고 그림 4-1-58과 같이 원하는 렌더링 모습이면 저장을 누른다.
③ 렌더링 파일은 그림 파일(*.jpg)로 파일 이름을 "슬라이더_렌더링"으로 저장한다.

그림 4-1-58
렌더링 결과 모습

1-2-6 링크 형상모델링

생각하기 : 링크는 무슨 기준에서 생성할까?

링크는 슬라이더를 연결하기 위한 중간 연결 부품으로 회전축에 조립되므로 회전축의 지름을 알아야 하고 체결 핀의 지름을 알아야 한다. 또한 직선운동의 스트로크를 어느 정도로 해야 하는지에 따른 두 축 간의 거리가 정해지며 이것이 기준이 되어야 한다.

(1) 기초형상모델링

수행 : 새문서 열기와 스케치할 면 선택

① 새문서 아이콘을 선택하고 파트를 선택한다.
② 우측면을 스케치할 면으로 선택하고 스케치 아이콘을 클릭한다.

수행 : 링크 단면 스케치

① 우측면을 스케치 면으로 하고 스케치 도구의 원 도구를 선택한다.
② 원점에 대해 지름 19 ㎜와 27 ㎜인 두 개의 원을 스케치한다.
③ 원점에서 22 ㎜ 떨어진 곳에 또 지름 6 ㎜과 12 ㎜인 두 개의 원을 스케치한다.

④ 선 도구를 선택하고 바깥 원에 접하도록 두 선을 긋는다.
⑤ 요소 잘라내기 도구를 선택하고 필요 없는 선을 제거한다.
⑥ 스케치를 완료한다(그림 4-1-59 (a)).

수행 : 링크 돌출 형상모델링

① 피처 탭에서 돌출 보스/베이스 도구를 클릭한다.
② 스케치 평면에 대해 방향을 "중간 평면"로 하고 20 ㎜로 한다.
③ 확인을 클릭한다(그림 4-1-59 (b)).

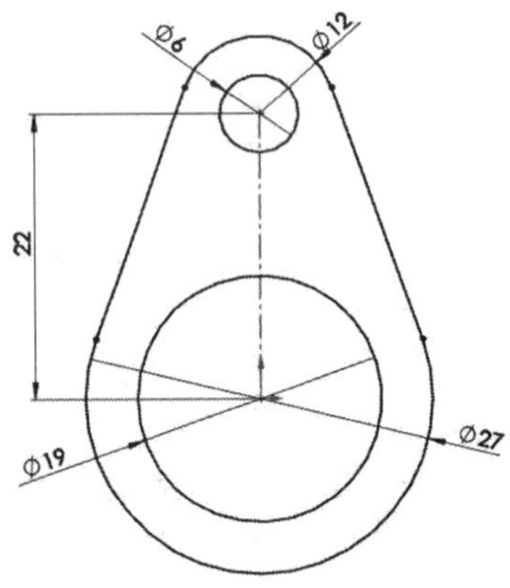

(a) 스케치 단면

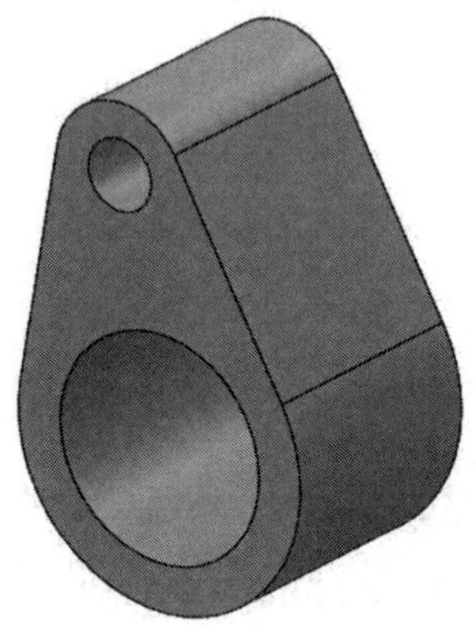
(b) 돌출 형상

그림 4-1-59 링크의 기초형상모델링

(2) 슬라이더 연결부 형상모델링

수행 : 슬라이더 연결부의 단면스케치

① 우측면을 스케치할 작업 면으로 선택한다.
② 스케치 탭을 클릭하여 요소변환 도구 선택한다.
③ 6 ㎜와 12 ㎜ 원을 클릭하고 접선도 클릭한다.
④ 선 도구를 선택하고 원점에서 14 ㎜ 떨어진 곳에 수평선을 스케치한다.
⑤ 요소 잘라내기 도구를 선택하고 불필요한 선을 제거한다(그림 4-1-60 (a)).
⑥ 스케치를 완료한다.

수행 : 돌출 형상모델링

① 피처 탭에서 돌출 컷 도구를 클릭한다.

② 방향을 “중간 평면”로 하고 8 ㎜로 한다.

③ 확인을 클릭하면 그림 4-1-60 (b)와 같이 형상모델링이 완료된다.

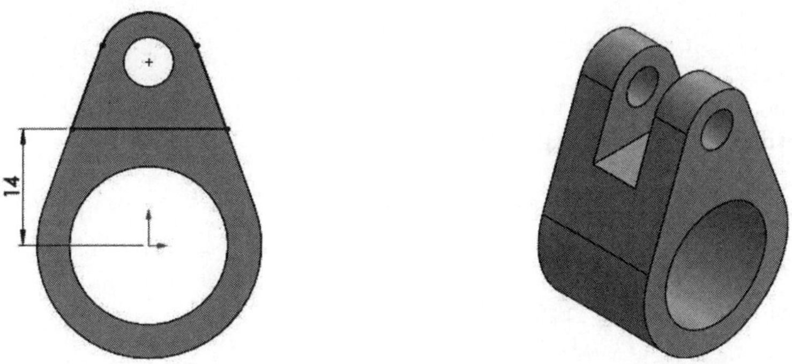

(a) 단면 스케치　　　　　(b) 컷 돌출 형상

그림 4-1-60 컷 돌출 형상모델링

(3) 모따기 모델링

수행 : 모따기 하기

① 피처 탭을 선택한다.

② 피처 도구 가운데 필렛의 모따기 도구를 선택한다.

③ 모따기 변수를 1×45°로 하고 4군데 모서리를 클릭한다(그림 4-1-61).

④ 피처를 완료한다.

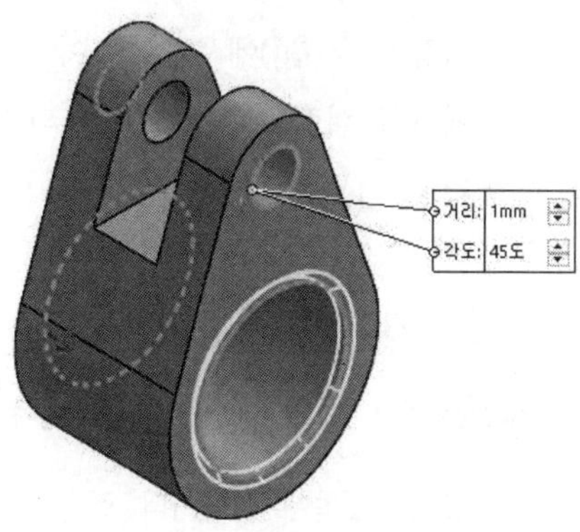

그림 4-1-61 모따기

(4) 부품 재질 선택

생각하기 : 링크의 재질은 어떻게 선택할까?

링크 부품은 주조가 가능하고 취성(충격)과 인성이 강해야 하므로 주강을 사용한다. 따라서 주강의 SC480을 재질로 선택하기로 한다.

수행 : 부품의 재질 설정하기

① 디자인 트리의 재질 항목에 커서를 갖고 간다.
② 마우스 오른쪽 버튼을 클릭하여 재질편집을 선택한다.
③ 부품재질의 주강에서 "SC480"을 선택한다.
④ 적용을 클릭하고 닫기를 클릭하면 재질이 선택 완료된다.

(5) 질량 파악하기

수행 : 가이드 부시의 물성치 확인

① 풀다운 메뉴의 도구에서 계산 탭을 클릭한다.
② 물성치( )를 클릭한다.
③ 질량이 65.43그램으로 나타났다.

(6) 저장하기

수행 : 최종 형상 저장하기

① 저장 도구( )에서 다른 이름으로 저장하기를 클릭한다.
② 저장할 디렉토리를 정하고 파일이름을 "링크"로 한다.
③ 저장 버튼을 클릭한다.

(8) 등각 보기

생각하기 : 부품을 명확하게 보여기 위해서는 어떻게 하면 좋을까?

링크는 윗쪽에 슬라이더 조립 부분이 잘 보이게 할 필요가 있으며, 아래쪽은 평심 축 삽입 구멍이 잘 보일 필요가 있다. 따라서 좌측 위 등각방향과 우측 아래 등각방향으로 표현해야 명확한 전달이 될 수 있다.

수행 : 등각 View 설정하기

① 뷰 방향( )을 클릭한다.
② 첫 번째는 그림 4-1-62 (a)와 같이 좌측 위 등각 보기를 선택한다.
③ 두 번째는 그림 4-1-62 (b)와 같이 우측 아래 등각 보기를 선택한다.

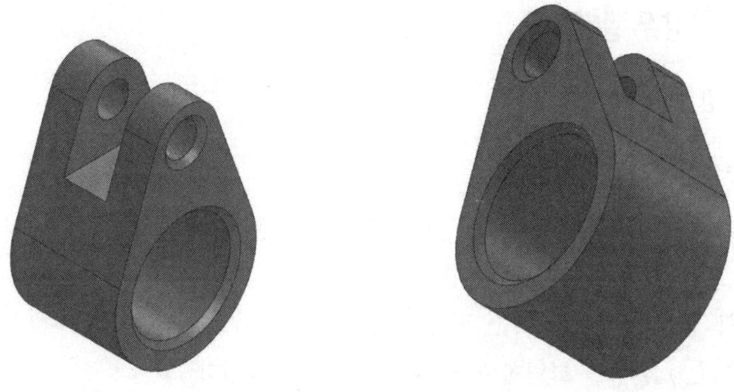

(a) 좌측 위 등각 보기 (b) 우측 아래 등각 보기

그림 4-1-62 링크의 2방향의 등각 보기

(9) 렌더링 하기

수행 : 표현 편집하기

① 렌더링 탭을 선택한다.
② 렌더링 편집 화면의 표현 편집( )을 선택한다.
③ 새 스와치 작성에서 “표준”으로 한다.
④ 확인을 클릭한다.

수행 : 화면 편집하기

① 화면 편집( )을 선택하고 기본에서 배경을 “없음”으로 한다.
② 바닥 정렬을 저면도 평면으로 한다.
③ PhotoView 360 조명에서 환경 회전을 90도로 하고 확인을 클릭한다.

수행 : 렌더링 파일 저장하기

① 미리 보기 창을 클릭한다.
② 렌더링 모습을 보고 그림 4-1-63과 같이 원하는 렌더링 모습이면 저장을 누른다.
③ 렌더링 파일은 그림 파일(*.jpg)로 파일 이름을 “링크_렌더링”으로 저장한다.

그림 4-1-63
렌더링 결과 모습

1-2-7 편심 축 형상모델링

(1) 스케치 화면 설정하기

수행 : 스케치 화면 설정하기

① 초기 화면의 풀다운 메뉴에서 □(새 문서 아이콘)을 선택한다.
② 기본 모듈 가운데 파트를 선택한다.
③ 스케치 탭을 클릭하고 기준 평면을 정면으로 한다.
④ 스케치( ) 실행을 클릭하여 스케치 화면을 설정한다.

(2) 기초형상모델링

생각하기 : 기초 형상모델링에서 치수는 어떻게 정할까?

그림 4-1-15의 편심 축은 편심 축의 편심 부분에 결합되는 링크와 연결되어 슬라이더를 편심 축의 회전에 따라 직선운동으로 구동시키는 부품으로 깊은 홈 볼 베어링이 회전을 위해 조립된다. 깊은 홈 볼 베어링은 KS 규격 호칭번호 6202를 사용하기로 하였으므로 15 ㎜의 축 지름이 필요하다. 한편 편심 축이므로 링크와 연결되는 축 부분은 지름이 19 ㎜이고 직선 왕복운동의 스트로크가 2 ㎜이므로 축의 중심에서 2 ㎜ 어긋나게 형상모델링 하면 된다. 마지막으로 오일 실(KS B 2804)이 삽입되는 축 끝의 모따기 치수는 축의 지름이 15 ㎜인 경우 모따기 1.65×30°이다.

수행 : 회전 단면 스케치하기

① 스케치 탭에서 중심선 도구를 선택한다.
② 원점에 대해 수평하게 중심선을 스케치한다.
③ 선 도구를 선택한다.
④ 선을 스케치하고 그림 4-1-64 (a)와 같이 치수를 수정한다.
⑤ 스케치를 완료한다.

수행 : 스케치 단면 회전체 생성하기

① 피처 도구에서 회전 보스/베이스 도구를 클릭한다.
② 회전축은 원점에 대한 중심선을 선택하다.
③ 방향은 “블라인드 형태”로 하고 360도로 한다.
④ 확인을 클릭한다(그림 4-1-64 (b)).

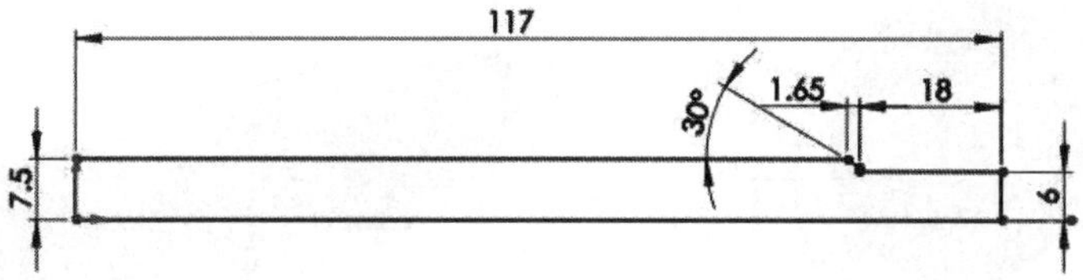

(a) 회전 단면 스케치

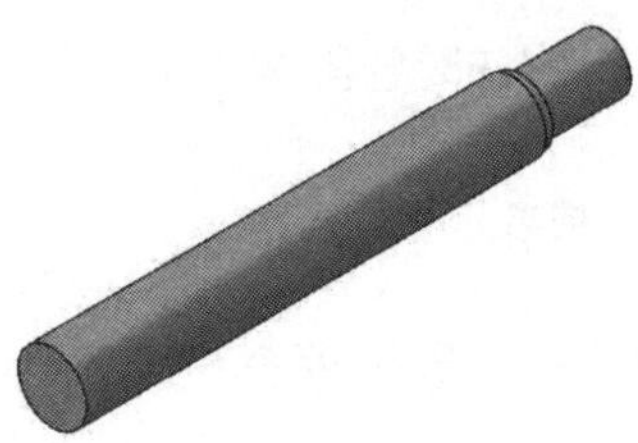

(b) 회전 돌출 결과
그림 4-1-64 회전체 기초형상모델링

(3) 편심 회전축 형상모델링

생각하기 : 최대 행정거리가 4 ㎜되기 위해서는 축의 편심을 얼마로 하면 좋을까?

회전축에서 편심축의 편심을 2 ㎜ 주면 회전축에 조립되어 있는 링크가 1회전함에 따라 위로 최대 2 ㎜, 아래로 최대 2 ㎜ 움직이므로 상하로 움직일 수 있는 총 변위는 4 ㎜이다.

수행 : 단면 스케치하기

① 우측 면을 스케치 작업면으로 한다.
② 스케치 탭에서 원 도구를 선택한다.
③ 원점에서 2 ㎜ 떨어져 중심을 잡고 지름 19 ㎜인 원을 스케치한다(그림 4-1-65 (a)).
④ 스케치를 완료한다.

수행 : 스케치 단면 돌출하기

① 피처 도구에서 돌출 보스/베이스 도구를 클릭한다.
② 시작은 "오프셋"으로 하고 21 ㎜ 오프셋 시킨다.
③ 방향은 "블라인드 형태"로 하고 20 ㎜로 한다.
④ 확인을 클릭한다(그림 4-1-65 (b)).

(a) 단면 스케치 (b) 돌출시킨 결과

그림 4-1-65 편심 회전축 돌출 형상모델링

(4) 스퍼기어 고정나사 구멍 모델링

생각하기 : 스퍼기어 고정나사 구멍은 무슨 기준에서 생성할까?

회전축 부품에 스퍼기어를 고정하기 위해 만든 고정나사 구멍이므로 축 지름의 약 1/3 정도(M5) 기준으로 형상모델링하면 된다.

수행 : 직선 탭 형상모델링

① 피처 도구의 구멍 가공 마법사 도구를 클릭한다.

② 구멍 유형에서 직선 탭으로 하고 표준 규격을 KS, 유형을 탭 구멍으로 한다.

③ 구멍 스팩은 크기를 M4로 한다.

④ 마침조건은 “블라인드 형태”로 하며 깊이 11 ㎜, 나사산 깊이는 10 ㎜로 한다.

⑤ 안쪽 카운터 싱크를 체크하고 카운터 싱크 지름 5.6 ㎜, 각도 60°로 한다.

⑥ 위치에서는 먼저 직선 탭 위치를 사용할 면을 선택한다.

⑦ 직선 탭을 배치하기 위해 직선 탭 중심과 원점이 일치하게 설정한다.

⑧ 완료를 클릭한다(그림 4-1-66).

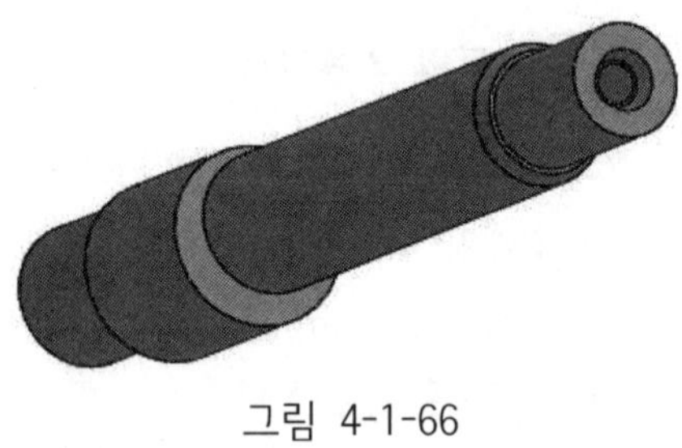

그림 4-1-66
스퍼기어 고정 나사 구멍형상모델링

(5) 평행키 삽입 홈 모델링

생각하기 : 평행키 삽입 홈은 무슨 기준에서 생성할까?

KS B 1311에 평행키의 규격에 대해 설명이 되어 있는데 평행키(4×4)의 경우 길이는 8~45사이의 치수이면 되므로 14 ㎜로 하며, 축에 있어서 평행키 홈의 깊이는 2.5 ㎜로 되어 있다. 따라서 축의 반지름이 6 ㎜이므로 축의 중심에서 3.5 ㎜ 옵셋하여 관통하면 평행키 홈의 깊이 2.5 ㎜를 형상모델링 할 수 있다.

수행 : 단면 스케치하기

① 스케치 탭에서 윗면을 스케치면으로 선택한다.
② 스케치 도구 가운데 직선 홈 도구를 선택한다.
③ 원점과 일치하는 직선 홈을 스케치한다.
④ 스케치를 완료한다(그림 4-1-67 (a)).

수행 : 스케치 단면 컷 돌출하기

① 피처 도구에서 돌출 컷 도구를 클릭한다.
② 시작을 "오프셋"으로 값은 3.5 ㎜로 한다.
③ 방향은 "관통"으로 한다.
④ 확인을 클릭한다(그림 4-1-67 (b)).

(a) 평행 키 단면 스케치

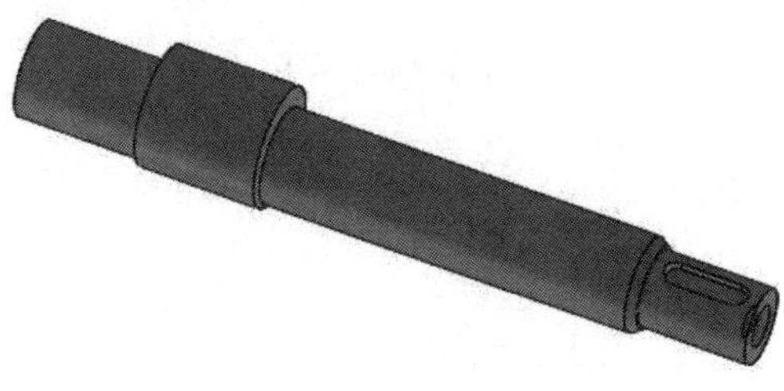

(b) 컷 돌출 모습

그림 4-1-67 평행 키 삽입 홈 형상모델링

(6) 둥글기 모델링

수행 : 필렛 하기

① 피처 탭을 선택한다.
② 피처 도구 가운데 필렛 도구를 선택한다.
③ 그림 4-1-68과 같이 필렛 크기 및 위치를 설정한다.
④ 피처를 완료한다.

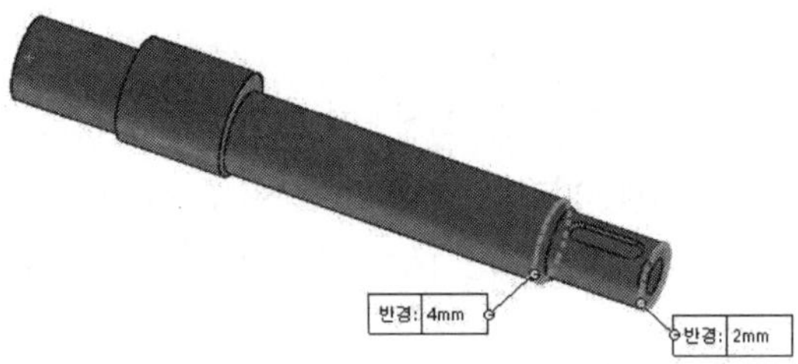

그림 4-1-68 필렛 위치 및 설정 값 모습

(7) 센터 구멍 모델링

생각하기 : 센터 구멍의 치수는 어떻게 정하는지?

축의 양끝 부에 지시하는 센터구멍을 표기할 때에는 그림 4-1-69 (a)를 참고로 하여 "KS B 0410, 60° A형1"의 형식으로 기입해야 한다. 센터구멍을 표기할 때에는 각도, 명칭, 호칭, 호칭지름(d) 등으로 표시하므로 상기의 뜻은 KS B 0410에 규정되어 있는 센터구멍의 종류에서 그림 4-1-69 (b)와 같이 60°센터구멍 A형식 가운데 호칭지름이 1 ㎜로 하면 된다.

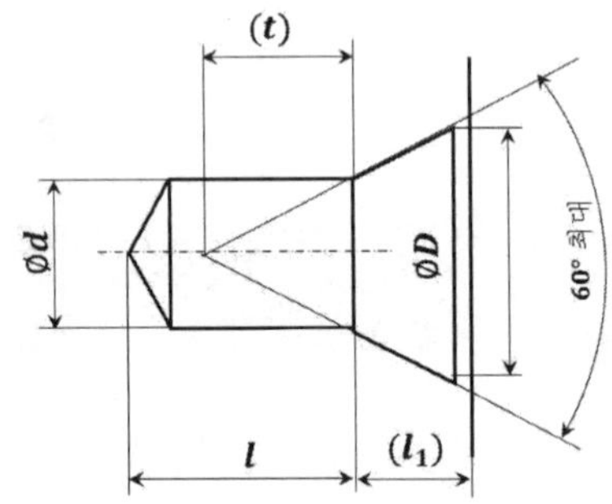

(a) 센터 구멍 표현

호칭 지름 d	D	l_1	t
1	2.12	0.97	0.9
2	4.25	1.95	1.8

(b) KS B 0410-센터 구멍(A형) 규격
그림 4-1-69 센터구멍의 표시법

수행 : 구멍 가공 마법사를 이용한 센터 구멍

① 피처 탭에서 "구멍 가공 마법사"를 선택한다.
② 유형에서 구멍 유형을 "구멍"으로 하고 표준 규격을 "KS", 유형을 "드릴 크기"로 한다.
③ 구멍 스팩에서 크기는 ⌀1로 한다.
④ 마침 조건은 "블라인드 형태", 블라인드 구멍 깊이는 1.87(KS B 0410에서 0.97(l_1)+0.9(t)=1.87)로 한다.
⑤ 옵션에서 안쪽 카운터 싱크를 체크하고 가까운 쪽 카운터 싱크 지름을 2.12, 안쪽 카운터 싱크 각도를 60°로 한다.
⑥ 위치에서 센터 구멍을 낼 면을 선정하고 중심에 위치하면 마우스 왼쪽 버튼을 누른다.
⑦ 확인을 클릭하면 형상모델링이 완료된다(그림 4-1-70).

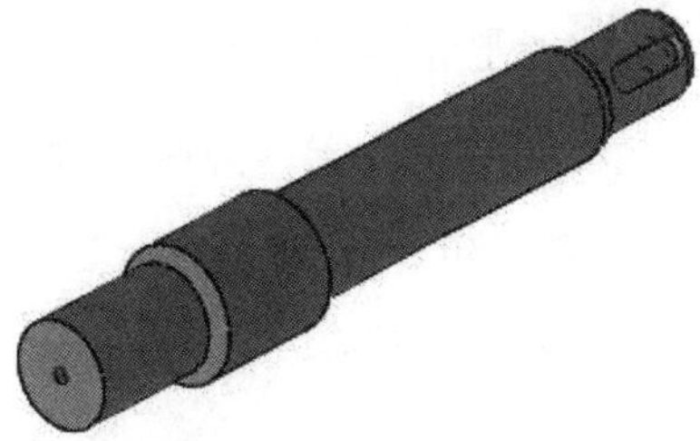
그림 4-1-70 센터 구멍 형상

(8) 모따기 모델링

수행 : 모따기 하기

① 피처 탭을 선택한다.
② 피처 도구 가운데 필렛의 모따기 도구를 선택한다.
③ 그림 4-1-71과 같이 모따기 및 위치를 설정한다.
④ 피처를 완료한다.

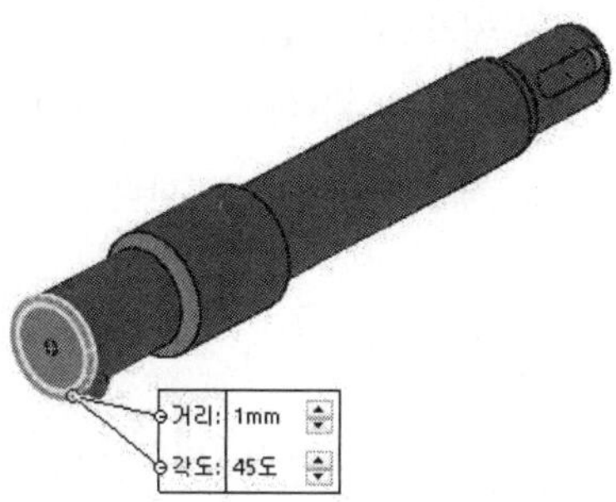

그림 4-1-71
모따기 위치 및 설정 값 모습

(9) 부품의 재질 선택

생각하기 : 편심 축의 재질은 어떻게 선택할까?

편심 축의 경우 보통 재질은 비틀림에 대해 저항성을 가져야 하므로 강도 및 경도가 요구되며 특히, 내마모성이 요구되는 재료로 경강 보다는 내마모성이 좋은 SCM415가 적당하다.

수행 : 편심 축의 재질 설정하기

① 디자인 트리의 재질 항목에 커서를 갖고 간다.
② 마우스 오른쪽 버튼을 클릭하여 재질편집을 선택한다.
③ 부품재질의 크롬몰리브덴강에서 "SCM415"를 선택한다.
④ 적용을 클릭하고 닫기를 클릭하면 재질이 선택 완료된다.

(10) 질량 파악하기

수행 : 편심 축의 물성치 확인

① 풀다운 메뉴의 도구에서 계산 탭을 클릭한다.
② 물성치( )를 클릭한다.
③ 질량이 166.73그램으로 나타났다.

(11) 저장하기

수행 : 최종 형상 저장하기

① 저장 도구( )에서 다른 이름으로 저장하기를 클릭한다.
② 저장할 디렉토리를 정하고 파일이름을 "편심 축"으로 한다.
③ 저장 버튼을 클릭한다.

(12) 등각 보기

생각하기 : 부품을 명확하게 보여기 위해서는 어떻게 하면 좋을까?

편심 축은 윗쪽에 센터 구멍 부분이 잘 보이게 할 필요가 있으며, 아래쪽은 링크 조립 부분과 키 조립 부분 및 스퍼기어 조립 부분이 잘 보일 필요가 있다. 따라서 좌측 위 등각방향과 우측 아래 등각방향으로 표현해야 명확한 전달이 될 수 있다.

수행 : 등각 View 설정하기

① 뷰 방향( )을 클릭한다.
② 첫 번째는 그림 4-1-72 (a)와 같이 좌측 위 등각 보기를 선택한다.
③ 두 번째는 그림 4-1-72 (b)와 같이 우측 아래 등각 보기를 선택한다.

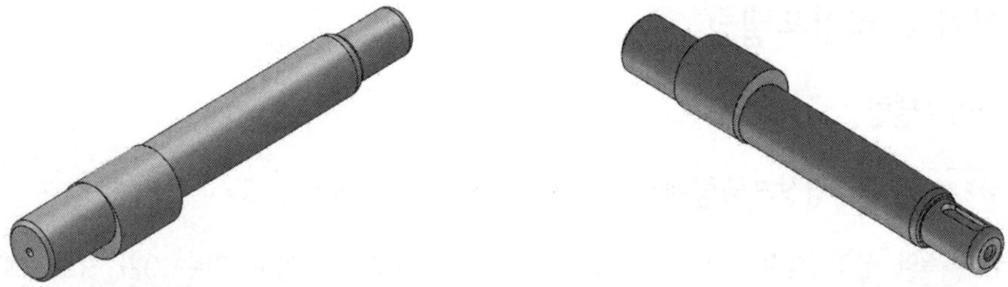

(a) 좌측 위 등각 보기　　　　　　(b) 우측 아래 등각 보기

그림 4-1-72 편심 축의 2방향의 등각 보기

(13) 렌더링 하기

수행 : 표현 편집하기

① 렌더링 탭을 선택한다.

② 렌더링 편집 화면의 표현 편집( )을 선택한다.

③ 새 스와치 작성에서 "표준"으로 한다.

④ 확인을 클릭한다.

수행 : 화면 편집하기

① 화면 편집( )을 선택하고 기본에서 배경을 "없음"으로 한다.

② 바닥 정렬을 저면도 평면으로 한다.

③ PhotoView 360 조명에서 환경 회전을 90도로 하고 확인을 클릭한다.

수행 : 렌더링 파일 저장하기

① 미리 보기 창을 클릭한다.

② 렌더링 모습을 보고 그림 4-1-73과 같이 원하는 렌더링 모습이면 저장을 누른다.

③ 렌더링 파일은 그림 파일(*.jpg)로 파일 이름을 "편심 축_렌더링"으로 저장한다.

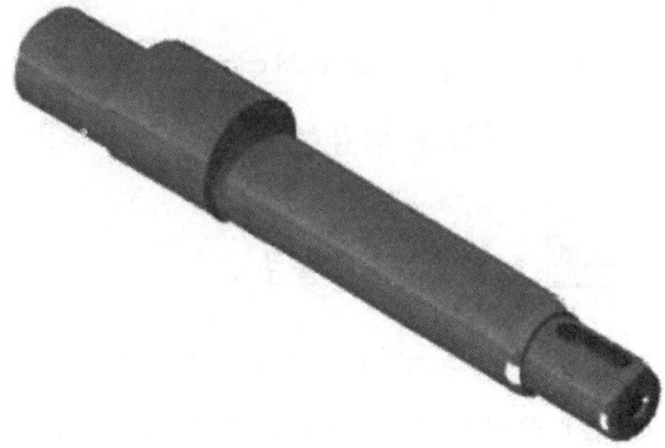

그림 4-1-73 렌더링 결과 모습

1-2-8 스퍼기어의 형상모델링

(1) 기초형상모델링

생각하기 : 기초 형상모델링에서 치수는 어떻게 정할까?

삽입 축의 삽입 직경은 12 ㎜인 스퍼기어의 모듈(M)이 2이고 잇수(Z)가 30이므로 피치원의 지름은 60 ㎜이다. 이끝원의 지름은 64(2×피치원 지름+2×모듈) ㎜이고 이뿌리원의 지름은 55(피치원 지름-2.25×모듈×2) ㎜이다. 그리고 스퍼기어가 최대한 가볍기 위해 가운데 옆면을 오목하게 파지게 만드는데 여기서는 폭이 13 ㎜, 깊이 6.5 ㎜ 정도 파지게 만든다.

(2) 스케치 화면 설정하기

수행 : 새문서 열기와 스케치할 면 선택

① 풀다운 메뉴에 있는 파일에 새문서나 도구바의 새문서 아이콘을 선택한다.
② 파트를 선택한다.
③ 정면을 스케치할 면으로 선택하고 스케치 아이콘을 클릭한다.

(3) 회전 단면 스케치

수행 : 회전 단면 스케치

① 스케치 도구의 선 도구 가운데 중심선을 선택하여 원점에 대해 수평 및 수직하게 스케치한다.
② 선 도구를 이용하여 그림 4-1-74 (a)와 같이 스케치하고 치수 정의한다.
③ 스케치를 완료한다.

수행 : 회전체 모델링

① 피처 도구에서 회전 보스/베이스 도구를 클릭한다.
② 회전시킬 중심선(회전축)을 지정하면 기본적으로 360도 회전하는 회전체가 형성된다.
③ 확인을 클릭하면 그림 4-1-74 (b)와 같이 형상모델링이 완료된다.

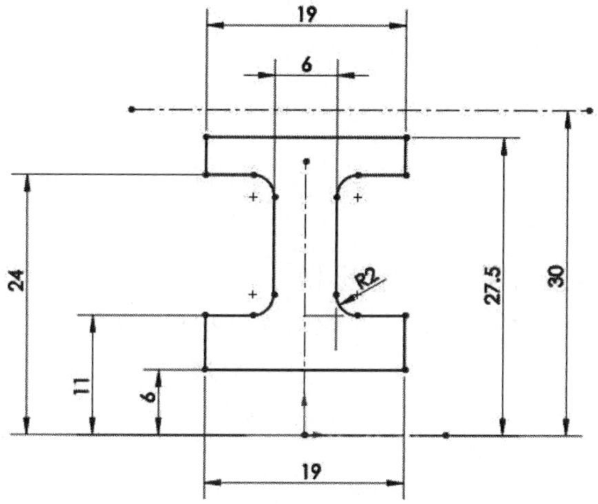

(a) 회전 단면 스케치

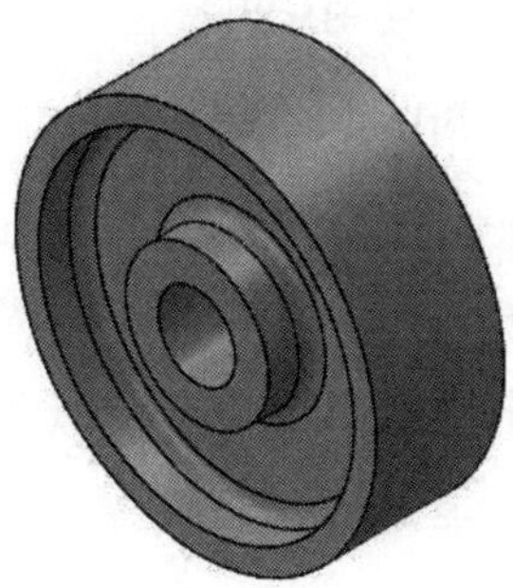

(b) 회전체 형상

그림 4-1-74 스퍼기어 기초 형상모델링

(4) 기어 이 형상모델링

생각하기 : 기어 이의 치수는 어떻게 정할까?

총 이 높이는 4.5(2.25×모듈) ㎜이고 이 끝 높이는 2(모듈) ㎜이다. 그리고 압력각이 20°이다. 스퍼기어의 이의 모양은 이의 중심으로부터 피치원과 만나는 지점1까지 거리 1.57(=π×모듈/2) ㎜, 지점1에서 이끝원과 만나는 지점2까지 거리 1(=모듈/2) ㎜, 지점1에서 이뿌리원과 만나는 지점3까지 거리 0.5(=모듈/4) ㎜를 지나는 원호로 이루어져 있다.

수행 : 하나의 기어이 단면 스케치

① 우측면을 스케치 작업 면으로 한다.
② 스케치 도구의 원 도구를 선택하여 원점에 대해 지름이 64 ㎜인 원을 스케치한다.
③ 요소 변환 도구를 이용하여 이뿌리원을 클릭하여 원을 복사한다.
④ 선 도구를 이용하여 원점으로부터 1.57 ㎜ 떨어진 곳에 선을 긋고 보조선1으로 한다.
⑤ 선 도구를 이용하여 보조선1에서 우측으로 1 ㎜ 떨어진 곳에 선을 긋고 보조선2로 한다.
⑥ 선 도구를 이용하여 보조선1에서 좌측으로 0.5 ㎜ 떨어진 곳에 선을 긋고 보조선3로 한다.
⑦ 점 도구를 이용하여 이끝원과 보조선2가 만나는 곳에 점 1을 생성한다.
⑧ 점 도구를 이용하여 피치원과 보조선1이 만나는 곳에 점 2를 생성한다.
⑨ 점 도구를 이용하여 이뿌리원과 보조선3가 만나는 곳에 점 3을 생성한다.

⑩ 3점호 도구를 이용하여 3점을 클릭하여 원호를 만든다(그림 4-1-75 (a)).
⑪ 요소 잘라내기 도구를 이용하여 그림 4-1-75 (b)와 같이 불필요한 선을 제거한다.
⑫ 스케치를 완료한다.

수행 : 하나의 기어이 돌출하기

① 피처 도구에서 돌출 보스/베이스 도구를 클릭한다.
② 방향은 "중간 평면"으로 하고 돌출 깊이를 19 ㎜로 한다.
③ 확인을 클릭하면 그림 4-1-75 (c)와 같이 하나의 이 형상모델링이 완료된다.

수행 : 모따기

① 피처 도구에서 필렛의 모따기 도구를 클릭한다.
② 이의 양쪽 모서리를 클릭하고 1×45°로 모따기 변수를 준다.
③ 확인을 클릭하면 그림 4-1-75 (d)와 같이 형상모델링이 완료된다.

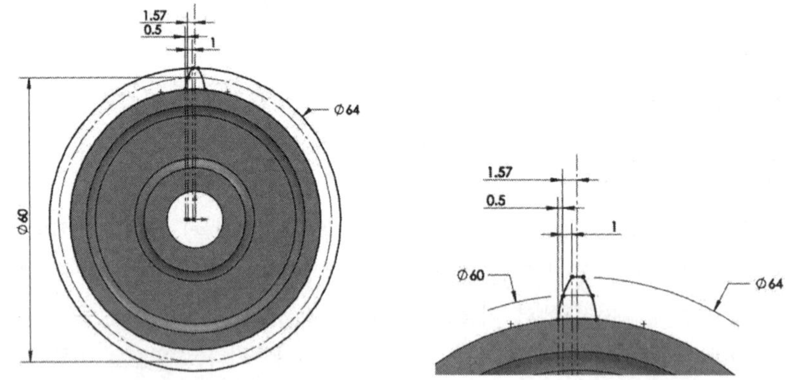

(a) 기어 단면 스케치 (b) 불필요선 제거 모습

(c) 하나의 기어이 돌출 (d) 모따기

그림 4-1-75 하나의 기어 이 형상모델링

수행 : 원형패턴하기

그림 4-1-76
완전한 기어 형상모델링

① 피처 도구에서 선형패턴의 원형패턴 도구를 클릭한다.
② 하나의 기어 형상 모델(보스 돌출1과 모따기1)을 피처로 선택한다.
③ 파라미터는 기어 기초형상의 원 모서리를 선택하고 360도에 대해 동등 간격으로 30의 인스턴스수를 준다.
④ 확인을 클릭하면 그림 4-1-76과 같이 형상모델링이 완료된다.

(5) 평행 키 홈 형상모델링

생각하기 : 평행 키 홈의 치수는 어떻게 정할까?

평행 키의 규격이 4×4×13으로 하기로 하였으므로 평행 키 홈의 크기는 사각형의 4×4이다.

수행 : 체결용 키 홈 단면 스케치

① 스퍼기어의 중간 윗면을 스케치할 작업 면으로 선택한다.
② 스케치 탭을 클릭하여 스케치 작업 화면으로 들어가서 중심 사각형 도구를 선택한다.
③ 중심 사각형의 중심이 원점과 위로 수직이며 축의 지름 원이 만나는 곳으로 하여 4×4의 사각형 스케치를 한다.
④ 스케치를 완료한다(그림 4-1-77 (a)).

수행 : 체결용 키 홈 돌출 컷하기

① 피처 탭에서 돌출 컷 도구를 선택한다.
② 방향을 관통으로 설정한다.
③ 확인을 클릭하면 그림 4-1-77 (b)와 같이 평행 키 홈 형상모델링이 완료된다.

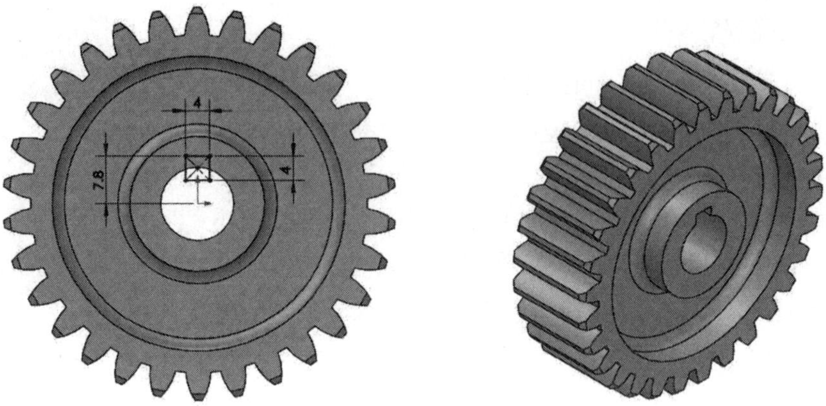

(a) 평행키 홈 스케치 (b) 평행키 홈 모습

그림 4-1-77 평행키 홈 형상모델링

(6) 재질 선택

생각하기 : 스퍼기어의 재질은 어떻게 선택할까?

스퍼기어의 경우는 재질을 여러 가지 사용하지만 여기서는 주조가 가능하며 취성(충격)과 인성이 강한 주강의 SC480을 사용하기로 한다.

수행 : 부품 재질 설정하기

① 디자인 트리의 재질 항목에 커서를 갖고 간다.
② 마우스 오른쪽 버튼을 클릭하여 재질편집을 선택한다.
③ 부품재질의 주강에서 "SC480"을 선택한다.
④ 적용을 클릭하고 닫기를 클릭하면 재질이 선택 완료된다.

(7) 질량 파악하기

수행 : 스퍼기어의 물성치 확인

① 풀다운 메뉴의 도구에서 계산 탭을 클릭한다.
② 물성치( )를 클릭한다.
③ 질량이 533.87그램으로 나타났다.

(8) 저장하기

수행 : 최종 형상 저장하기

① 저장 도구(💾)에서 다른 이름으로 저장하기를 클릭한다.
② 저장할 디렉토리를 정하고 파일이름을 "스퍼기어"로 한다.
③ 저장 버튼을 클릭한다.

(9) 등각 보기

생각하기 : 부품을 명확하게 보여기 위해서는 어떻게 하면 좋을까?

스퍼기어는 앞쪽과 뒤쪽이 다를 수 있으므로 앞쪽은 좌측 위 등각 보기로 하고, 뒤쪽은 우측 위 등각 보기로 하여 앞과 뒤쪽에 대해 잘 보일 필요가 있다. 따라서 좌측 위 등각방향과 뒤쪽은 우측 위 등각방향으로 표현해야 명확한 전달이 될 수 있다.

수행 : 등각 View 설정하기

① 뷰 방향(🔲)을 클릭한다.
② 첫 번째는 그림 4-1-78 (a)와 같이 좌측 위 등각 보기를 선택한다.
③ 두 번째는 그림 4-1-78 (b)와 같이 뒷면에 대해 우측 위 등각 보기를 선택한다.

(a) 좌측 위 등각 보기　　　(b) 뒷면 위 등각 보기

그림 4-1-78 스퍼기어의 2방향의 등각 보기

(10) 렌더링 하기

수행 : 표현 편집하기

① 렌더링 탭을 선택한다.
② 렌더링 편집 화면의 표현 편집( )을 선택한다.
③ 새 스와치 작성에서 "표준"으로 한다.
④ 확인을 클릭한다.

수행 : 화면 편집하기

① 화면 편집( )을 선택하고 기본에서 배경을 "없음"으로 한다.
② 바닥 정렬을 저면도 평면으로 한다.
③ PhotoView 360 조명에서 환경 회전을 90도로 하고 확인을 클릭한다.

수행 : 렌더링 파일 저장하기

① 미리 보기 창을 클릭한다.
② 렌더링 모습을 보고 그림 4-1-79와 같이 원하는 렌더링 모습이면 저장을 누른다.
③ 렌더링 파일은 그림 파일(*.jpg)로 파일 이름을 "스퍼기어_렌더링"으로 저장한다.

그림 4-1-79 렌더링 결과 모습

1-2-9 칼라1 형상모델링

생각하기 : 칼라1에서 치수는 어떻게 정할까?

그림 4-1-19 (b)에서 언급했듯이 주요 형상 부분은 베어링이 닿는 부분과 편심축이 조립되는 부분이다. 따라서 편심 축이 조립되는 칼라1의 내경은 편심 축의 외경과 같아야 하므로 ∅15 ㎜이며, 베어링이 닿는 부분은 외륜과 닿아야 하므로 1.5 ㎜로 하면 외경은 ∅18 ㎜이고, 폭은 하우징의 내부 폭(36 ㎜)에서 그림 4-1-80과 같이 링크 폭(20 ㎜)과 양쪽 칼라1을 폭을 고려하면 칼라1의 하나의 폭은 8 ㎜이어야 한다.

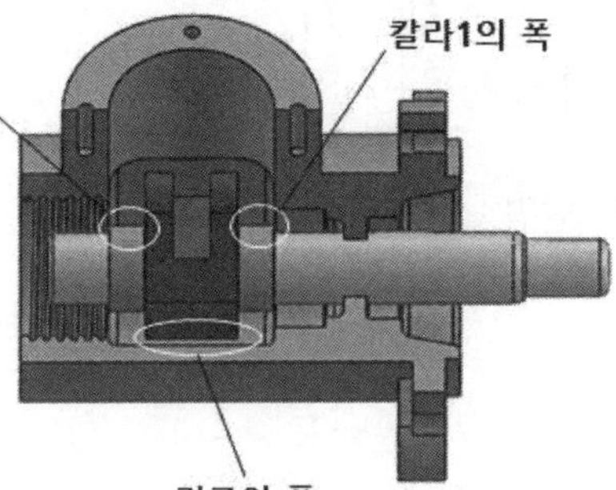

그림 4-1-80 조립 시의 칼라1의 폭 모습

(1) 작업 준비하기

수행 : 새문서 열기와 스케치할 면 선택

① 새문서 아이콘을 선택하고 파트를 선택한다.

② 정면을 스케치할 면으로 선택하고 스케치 아이콘을 클릭한다.

(2) 칼라1 형상모델링

수행 : 회전단면 스케치

① 스케치 도구의 선 도구를 선택하고 회전 중심선을 스케치한다.

② 코너 사각형 도구를 선택하고 사각형을 폭이 8 ㎜ 되도록 스케치한다.

③ 지능형 치수 도구를 선택한다.

④ 중심선에서 안쪽은 7.5 ㎜, 바깥은 9 ㎜가 되도록 치수를 정의한다(그림 4-1-81 (a)).

⑤ 스케치를 완료한다.

수행 : 회전체 형상모델링

① 피처 탭에서 회전 보스/베이스 도구를 선택한다.

② 방향에서 "블라인드 형태"로 하고 360°로 한다.

③ 확인을 클릭하면 그림 4-1-81 (b)와 같이 돌출 형상모델링이 완료된다.

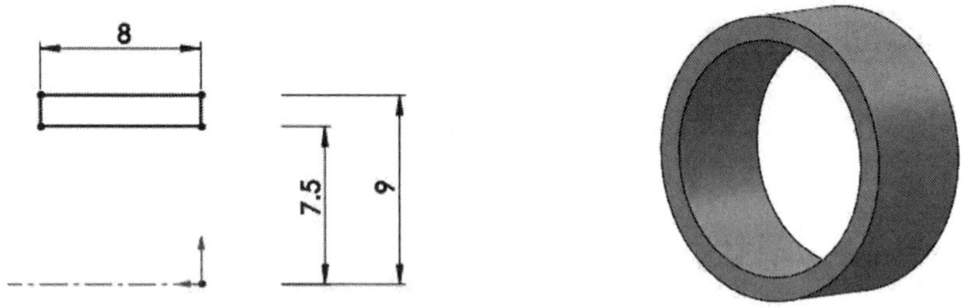

(a) 회전 단면 스케치 (b) 회전체 결과

그림 4-1-81 칼라1의 형상모델링

(3) 부품 재질 선택

수행 : 칼라1의 재질 설정하기

① 디자인 트리의 재질 항목에 커서를 갖고 간다.

② 마우스 오른쪽 버튼을 클릭하여 재질편집을 선택한다.

③ 부품재질의 일반 철강재료에서 "SM45C"을 선택한다.

④ 적용을 클릭하고 닫기를 클릭하면 재질이 선택 완료된다.

(4) 질량 파악하기

수행 : 칼라1의 물성치 확인

① 풀다운 메뉴의 도구에서 계산 탭을 클릭한다.

② 물성치( )를 클릭한다.

③ 질량이 4.85그램으로 나타났다.

(5) 저장하기

수행 : 최종 형상 저장하기

① 저장 도구( )에서 다른 이름으로 저장하기를 클릭한다.
② 저장할 디렉토리를 정하고 파일이름을 "칼라1"로 한다.
③ 저장 버튼을 클릭한다.

(6) 등각 보기

생각하기 : 부품을 명확하게 보여기 위해서는 어떻게 하면 좋을까?

칼라1은 앞과 뒤가 같으므로 앞쪽에 대해 좌측 위 등각 보기와 뒷면에 대해 우측 위 등각 보기로 하여 양쪽에 대해 잘 보일 필요가 있다. 따라서 앞쪽은 좌측 위 등각방향과 뒤쪽은 우측 아래 등각방향으로 표현해야 명확한 전달이 될 수 있다.

수행 : 등각 View 설정하기

① 뷰 방향( )을 클릭한다.
② 첫 번째는 그림 4-1-82 (a)와 같이 앞면에 대해 좌측 위 등각 보기를 선택한다.
③ 두 번째는 그림 4-1-82 (b)와 같이 뒷면에 대해 우측 위 등각 보기를 선택한다.

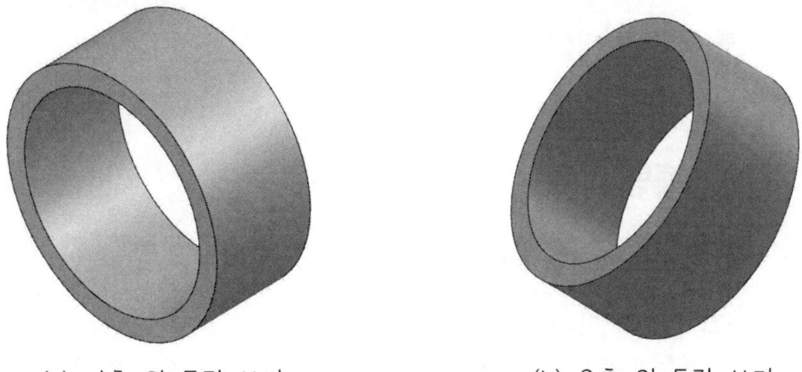

(a) 좌측 위 등각 보기 (b) 우측 위 등각 보기

그림 4-1-82 칼라1의 2방향의 등각 보기

(7) 렌더링 하기

수행 : 표현 편집하기

① 렌더링 탭을 선택한다.
② 렌더링 편집 화면의 표현 편집( )을 선택한다.
③ 새 스와치 작성에서 "표준"으로 한다.
④ 확인을 클릭한다.

수행 : 화면 편집하기

① 화면 편집( )을 선택하고 기본에서 배경을 "없음"으로 한다.
② 바닥 정렬을 저면도 평면으로 한다.
③ PhotoView 360 조명에서 환경 회전을 90도로 하고 확인을 클릭한다.

수행 : 렌더링 파일 저장하기

① 미리 보기 창을 클릭한다.
② 렌더링 모습을 보고 그림 4-1-83과 같이 원하는 렌더링 모습이면 저장을 누른다.
③ 렌더링 파일은 그림 파일(*.jpg)로 파일 이름을 "칼라1_렌더링"으로 저장한다.

그림 4-1-83 렌더링 결과 모습

1-2-10 칼라2 형상모델링

생각하기 : 칼라2에서 치수는 어떻게 정할까?

그림 4-1-21 (b)에서 언급했듯이 주요 형상 부분은 스퍼기어를 고정하기 위해 닿는 부분과 체결나사 관통 부분이다. 따라서 체결나사(M4)가 관통하는 칼라2의 내경은 ∅4 ㎜보다 약간 큰 ∅4.4 ㎜로 하며, 스퍼기어가 닿는 부분은 체결할 때 넓은 면적으로 닿게 하기 위해 외경은 ∅18 ㎜로 하고, 폭은 최대한 얇게 하는 것이 좋으므로 폭은 1.5 ㎜로 한다.

(1) 작업준비하기

수행 : 새문서 열기와 스케치할 면 선택

① 풀다운 메뉴에 있는 파일에 새문서나 도구바의 새문서 아이콘을 선택한다.
② 파트를 선택한다.
③ 정면을 스케치할 면으로 선택하고 스케치 아이콘을 클릭한다.

(2) 칼라2 형상모델링

수행 : 회전 단면 스케치

① 원 도구를 선택하고 원점에 대해 두 개의 원을 스케치한다.
② 지능 치수 도구를 이용하여 그림 4-1-84 (a)와 같이 두 개의 원의 치수를 각각 ∅4.4 ㎜와 ∅18 ㎜로 정의한다.
③ 스케치를 완료한다.

수행 : 돌출 형상모델링

① 피처 탭에서 돌출 보스/베이스 도구를 선택한다.
② 방향에서 "블라인드 형태"로 하고 깊이는 1.5 ㎜로 한다.
③ 확인을 클릭하면 그림 4-1-84 (b)와 같이 돌출 형상모델링이 완료된다.

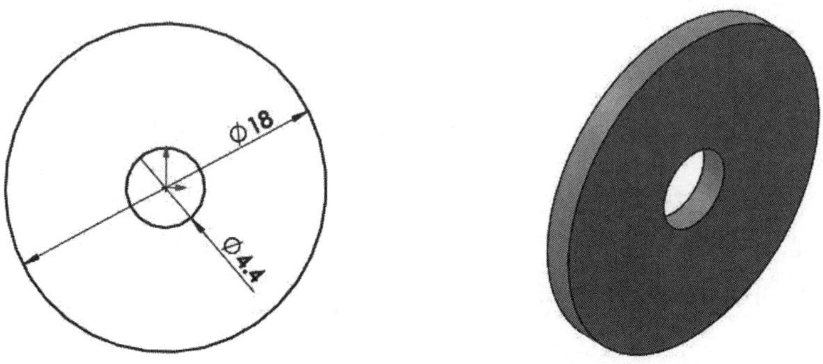

(a) 두 개의 원 스케치 (b) 돌출 형상

그림 4-1-84 칼라2의 형상모델링

(3) 부품의 재질 선택

수행 : 칼라2의 재질 설정하기

① 디자인 트리의 재질 항목에 커서를 갖고 간다.
② 마우스 오른쪽 버튼을 클릭하여 재질편집을 선택한다.
③ 부품재질의 일반 철강재료에서 “SM45C”을 선택한다.
④ 적용을 클릭하고 닫기를 클릭하면 재질 선택이 완료한다.

(4) 질량 파악하기

수행 : 칼라2의 물성치 확인

① 풀다운 메뉴의 도구에서 계산 탭을 클릭한다.
② 물성치( )를 클릭한다.
③ 질량이 2.80그램으로 나타났다.

(5) 저장하기

수행 : 최종 형상 저장하기

① 저장 도구( )에서 다른 이름으로 저장하기를 클릭한다.
② 저장할 디렉토리를 정하고 파일이름을 “칼라2”로 한다.
③ 저장 버튼을 클릭한다.

(6) 등각 보기

생각하기 : 부품을 명확하게 보여기 위해서는 어떻게 하면 좋을까?

칼라2는 앞과 뒤가 같으므로 앞쪽에 대해 좌측 위 등각 보기와 뒷면에 대해 우측 위 등각 보기로 하여 양쪽에 대해 잘 보일 필요가 있다. 따라서 앞쪽은 좌측 위 등각방향과 뒤쪽은 우측 아래 등각방향으로 표현해야 명확한 전달이 될 수 있다.

수행 : 등각 View 설정하기

① 뷰 방향( )을 클릭한다.
② 첫 번째는 그림 4-1-85 (a)와 같이 좌측 위 등각 보기를 선택한다.
③ 두 번째는 그림 4-1-85 (b)와 같이 뒷면 위 등각 보기를 선택한다.

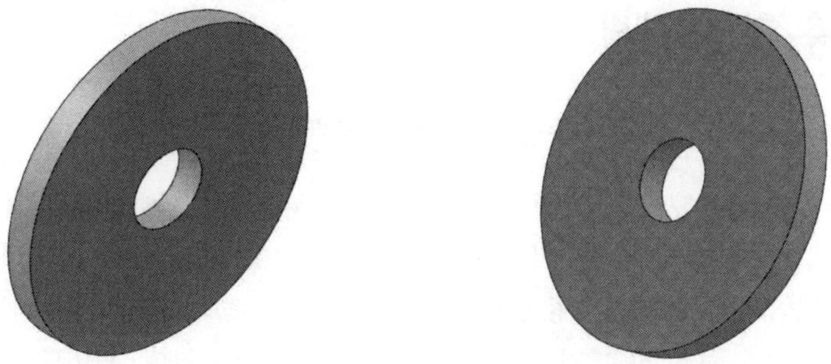

(a) 좌측 위 등각 보기　　　　(b) 우측 위 등각 보기

그림 4-1-85 칼라2의 2방향의 등각 보기

(7) 렌더링 하기

수행 : 표현 편집하기

① 렌더링 탭을 선택한다.
② 렌더링 편집 화면의 표현 편집( )을 선택한다.
③ 새 스와치 작성에서 "표준"으로 한다.
④ 확인을 클릭한다.

수행 : 화면 편집하기

① 화면 편집( )을 선택하고 기본에서 배경을 "없음"으로 한다.
② 바닥 정렬을 저면도 평면으로 한다.
③ PhotoView 360 조명에서 환경 회전을 90도로 하고 확인을 클릭한다.

수행 : 렌더링 파일 저장하기

① 미리 보기 창을 클릭한다.
② 렌더링 모습을 보고 그림 4-1-86과 같이 원하는 렌더링 모습이면 저장을 누른다.
③ 렌더링 파일은 그림 파일(*.jpg)로 파일 이름을 "칼라2 렌더링"으로 저장한다.

그림 4-1-86 렌더링 결과 모습

1-2-11 리프트 축 형상모델링

생각하기 : 리프트 축에서 치수는 어떻게 정할까?

그림 4-1-23 (b)에서 언급했듯이 주요 형상 부분은 링크와 슬라이더를 연결하는 접촉 원통 부분, 가이드 부시가 빠지지 않도록 하는 멈춤 링 삽입 홈이다. 따라서 리프트 축은 그림 4-1-23(b)에서 외경을 ∅6 ㎜로 했으므로 링크와 슬라이더를 연결하는 접촉 원통 부분의 외경은 ∅6 ㎜로 하고 길이는 링크의 폭인 ∅20 ㎜ 하며, 가이드 부시가 빠지지 않도록 하는 E형 멈춤 링 삽입 홈의 내경은 KS B 1336에 따라 ∅5 ㎜로 하고, 멈춤 링의 두께가 0.6 ㎜이므로 홈의 폭은 약간 큰 0.7 ㎜로 하며 리프트 축의 끝단에서 홈까지의 거리는 최대한 얇게 하는 것이 좋으므로 1.5 ㎜로 한다.

(1) 작업준비하기

수행 : 새문서 열기와 스케치할 면 선택

① 풀다운 메뉴에 있는 파일에 새문서나 도구바의 새문서 아이콘을 선택한다.
② 파트를 선택한다.
③ 정면을 스케치할 면으로 선택하고 스케치 아이콘을 클릭한다.

(2) 기초 형상모델링

수행 : 회전단면 스케치

① 스케치 도구의 선 도구 가운데 중심선 도구를 선택하여 중심선을 원점에 수평하게 스케치한다.
② 선 도구를 사용하여 원점에서 시작하여 그림 4-1-87 (a)와 같이 도형을 스케치하고 각 부분의 치수를 정의한다.
③ 스케치를 완료한다.

수행 : 회전체 형상모델링

① 피처 탭에서 회전 보스/베이스 탭을 클릭한다.
② 회전 방향은 “블라인드 형태”로 360°로 한다.
③ 확인을 클릭하면 그림 4-1-87 (b)와 같이 형상모델링이 완료된다.

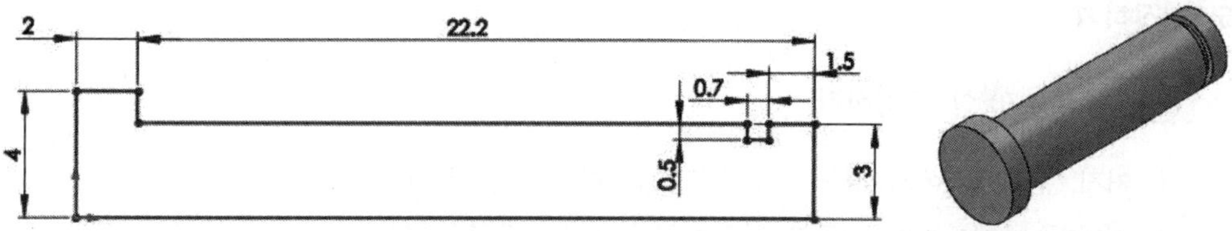

(a) 회전 단면스케치(b) 회전 형상
그림 4-1-87 리프트 축의 기초형상모델링

(3) 머릿 부분 둥글기

수행 : 필렛 하기

① 피처 탭을 선택한다.
② 피처 도구 가운데 필렛 도구를 선택한다.
③ 그림 4-1-88과 같이 크기 및 위치를 설정한다.
④ 피처를 완료한다.

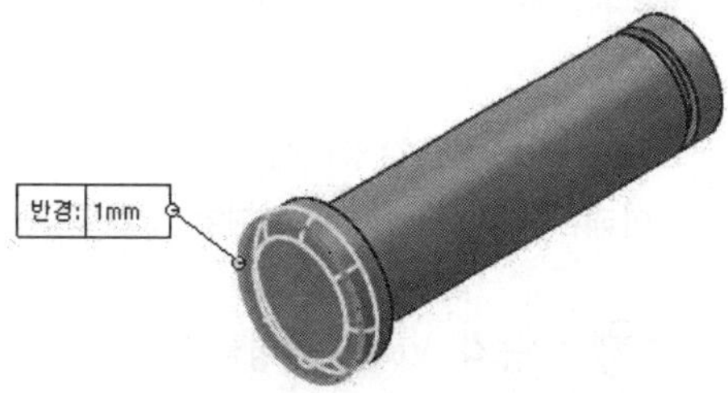

그림 4-1-88 둥글기 크기 및 위치

(4) 부품의 재질 선택

수행 : 리프트 축의 재질 설정하기

① 디자인 트리의 재질 항목에 커서를 갖고 간다.
② 마우스 오른쪽 버튼을 클릭하여 재질편집을 선택한다.
③ 부품재질의 크롬몰리브덴강에서 “SCM415”를 선택한다.
④ 적용을 클릭하고 닫기를 클릭하면 재질 선택이 완료한다.

(5) 질량 파악하기

수행 : 리프트 축의 물성치 확인

① 풀다운 메뉴의 도구에서 계산 탭을 클릭한다.
② 물성치( )를 클릭한다.
③ 질량이 5.59그램으로 나타났다.

(6) 저장하기

수행 : 최종 형상 저장하기

① 저장 도구( )에서 다른 이름으로 저장하기를 클릭한다.
② 저장할 디렉토리를 정하고 파일이름을 "리프트 축"으로 한다.
③ 저장 버튼을 클릭한다.

(7) 등각 보기

생각하기 : 부품을 명확하게 보여기 위해서는 어떻게 하면 좋을까?

리프트 축은 좌측과 우측이 다르므로 좌측에 대해 위 등각 보기와 우측에 대해 아래 등각 보기로 하여 양쪽에 대해 잘 보일 필요가 있다. 따라서 좌측은 위 등각방향과 우측은 아래 등각방향으로 표현해야 명확한 전달이 될 수 있다.

수행 : 등각 View 설정하기

① 뷰 방향( )을 클릭한다.
② 첫 번째는 그림 4-1-89 (a)와 같이 좌측 위 등각 보기를 선택한다.
③ 두 번째는 그림 4-1-89 (b)와 같이 우측 아래 등각 보기를 선택한다.

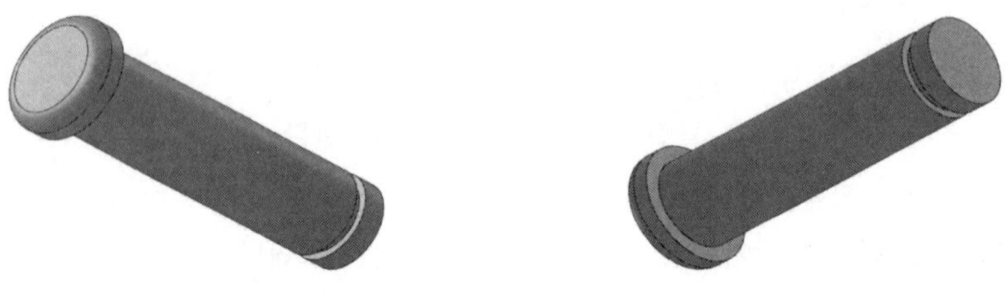

(a) 좌측 위 등각 보기   (b) 우측 아래 등각 보기

그림 4-1-89 리프트 축의 2방향의 등각 보기

(8) 렌더링 하기

수행 : 표현 편집하기

① 렌더링 탭을 선택한다.
② 렌더링 편집 화면의 표현 편집( )을 선택한다.

③ 새 스와치 작성에서 "표준"으로 한다.
④ 확인을 클릭한다.

수행 : 화면 편집하기

① 화면 편집()을 선택하고 기본에서 배경을 "없음"으로 한다.
② 바닥 정렬을 저면도 평면으로 한다.
③ PhotoView 360 조명에서 환경 회전을 90도로 하고 확인을 클릭한다.

수행 : 렌더링 파일 저장하기

① 미리 보기 창을 클릭한다.
② 렌더링 모습을 보고 그림 4-1-90과 같이 원하는 렌더링 모습이면 저장을 누른다.
③ 렌더링 파일은 그림 파일(*.jpg)로 파일 이름을 "리프트 축_렌더링"으로 저장한다.

그림 4-1-90 렌더링 결과 모습

1-2-12 오일 실 형상모델링

생각하기 : 오일 실의 KS 규격은 어떠한지?

오일 실의 KS 규격은 KS B 2804에서 규정하고 있으며, 여기서 오일 실의 외경(D)이 30 ㎜일 때 오일 실의 폭(B)은 7 ㎜이므로 이에 맞춰 형상모델링하면 된다.

(1) 작업준비하기

수행 : 새문서 열기와 스케치할 면 선택

① 풀다운 메뉴에 있는 파일에 새문서나 도구바의 새문서 아이콘을 선택한다.
② 파트를 선택한다.
③ 정면을 스케치할 면으로 선택하고 스케치 아이콘을 클릭한다.

(2) 기초 형상모델링

수행 : 회전단면 스케치

① 스케치 도구의 선도구 가운데 중심선 도구를 선택하여 중심선을 원점에 수평하게 스케치한다.
② 코너 사각형 도구를 사용하여 중심선에서 7.5 ㎜ 떨어져 그림 4-1-91 (a)와 같이 스케치 하고 각 부분의 치수를 정의한다.
③ 스케치를 완료한다.

수행 : 회전체 형상모델링

① 피처 탭에서 회전 보스/베이스 탭을 클릭한다.
② 회전 방향은 "블라인드 형태"로 360°로 한다.
③ 확인을 클릭하면 그림 4-1-91 (b)와 같이 형상모델링이 완료된다.

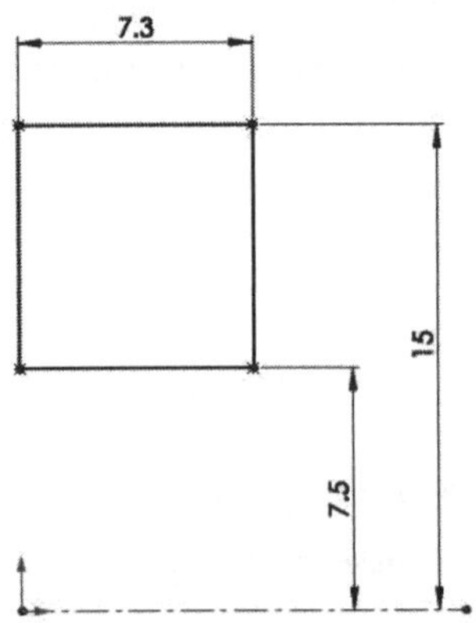

(a) 회전 단면 스케치

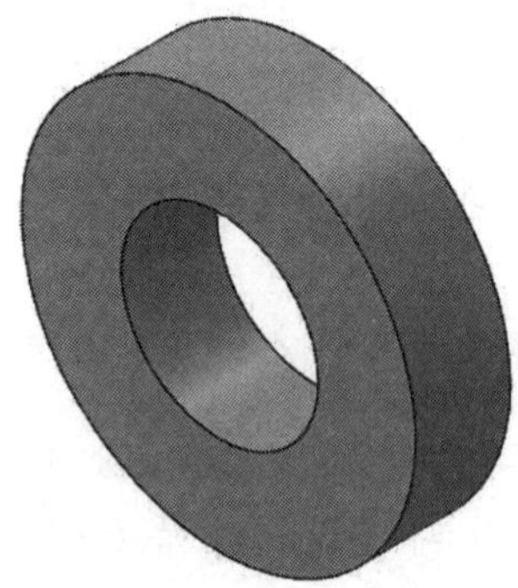

(b) 회전체 형상

그림 4-1-91 회전체 기초 형상

(3) 체결용 홈 형상모델링

수행 : 홈 단면 스케치

① 회전체의 윗면을 스케치의 작업 면으로 한다.
② 스케치 도구의 중심사각형 도구를 사용하여 원점과 사각형 중심이 10.5 ㎜ 떨어져 수직하도록 하나의 사각형을 스케치한다.

③ 사각형의 치수를 3.5×1.5로 정의한다.

④ 원형 스케치 패턴 도구를 이용하여 4개의 사각형이 원 패턴 되도록 그림 4-1-92 (a)와 같이 정의한다.

⑤ 스케치를 완료한다.

수행 : 홈 형상모델링

① 피처 탭에서 돌출 컷 도구를 클릭한다.

② 돌출 컷 방향은 "블라인드"로 하고 깊이를 1 ㎜로 한다.

③ 확인을 클릭하면 그림 4-1-92 (b)와 같이 형상모델링이 완료된다.

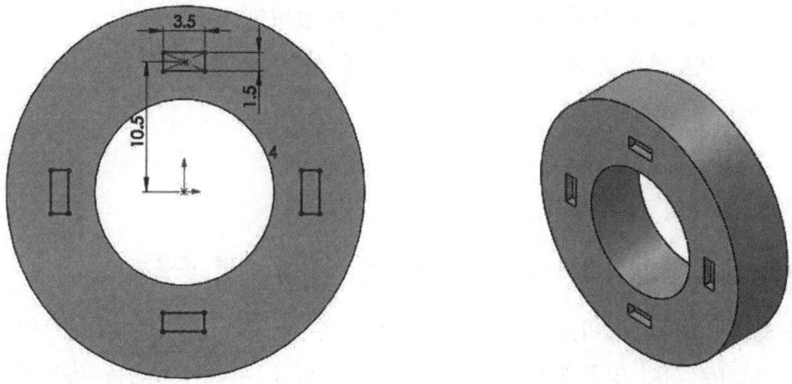

(a) 4개의 홈 스케치 (b) 컷 돌출 모습

그림 4-1-92 체결 홈의 형상모델링

(4) 부품의 재질 선택

수행 : 오일 실의 재질 설정하기

① 디자인 트리의 재질 항목에 커서를 갖고 간다.

② 마우스 오른쪽 버튼을 클릭하여 재질편집을 선택한다.

③ 부품재질의 고무 가운데 Nitrile 고무 "NBR"을 선택한다.

④ 적용을 클릭하고 닫기를 클릭하면 재질 선택이 완료한다.

(5) 질량 파악하기

수행 : 오일 실의 물성치 확인

① 풀다운 메뉴의 도구에서 계산 탭을 클릭한다.
② 물성치(⚖)를 클릭한다.
③ 질량이 4.43그램으로 나타났다.

(6) 저장하기

수행 : 최종 형상 저장하기

① 저장 도구(💾)에서 다른 이름으로 저장하기를 클릭한다.
② 저장할 디렉토리를 정하고 파일이름을 "오일 실"으로 한다.
③ 저장 버튼을 클릭한다.

(7) 등각 보기

생각하기 : 부품을 명확하게 보여기 위해서는 어떻게 하면 좋을까?

오일 실은 앞과 뒤가 다르므로 앞쪽에 대해 좌측 위 등각 보기와 뒷쪽에 대해 우측 아래 등각 보기로 하여 양쪽에 대해 잘 보일 필요가 있다. 따라서 앞쪽은 좌측 위 등각방향과 뒤쪽은 우측 아래 등각방향으로 표현해야 명확한 전달이 될 수 있다.

수행 : 등각 View 설정하기

① 뷰 방향(▣)을 클릭한다.
② 첫 번째는 그림 4-1-93 (a)와 같이 앞쪽에 대해 좌측 위 등각 보기를 선택한다.
③ 두 번째는 그림 4-1-93 (b)와 같이 뒤쪽에 대해 우측 아래 등각 보기를 선택한다.

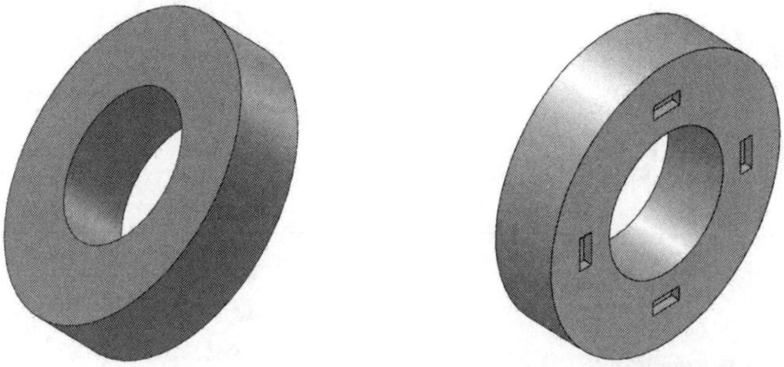

(a) 좌측 위 등각 보기　　　　(b) 우측 아래 등각 보기

그림 4-1-93 오일 실의 2방향의 등각 보기

(8) 렌더링 하기

수행 : 표현 편집하기

① 렌더링 탭을 선택한다.

② 렌더링 편집 화면의 표현 편집( )을 선택한다.

③ 새 스와치 작성에서 "표준"으로 한다.

④ 확인을 클릭한다.

수행 : 화면 편집하기

① 화면 편집( )을 선택하고 기본에서 배경을 "없음"으로 한다.

② 바닥 정렬을 저면도 평면으로 한다.

③ PhotoView 360 조명에서 환경 회전을 90도로 하고 확인을 클릭한다.

수행 : 렌더링 파일 저장하기

① 미리 보기 창을 클릭한다.

② 렌더링 모습을 보고 그림 4-1-94와 같이 원하는 렌더링 모습이면 저장을 누른다.

③ 렌더링 파일은 그림 파일(*.jpg)로 파일 이름을 "오일 실_렌더링"으로 저장한다.

그림 4-1-94 렌더링 결과 모습

1-3 학습 정리

1-3-1 3D 형상모델링 종합정리

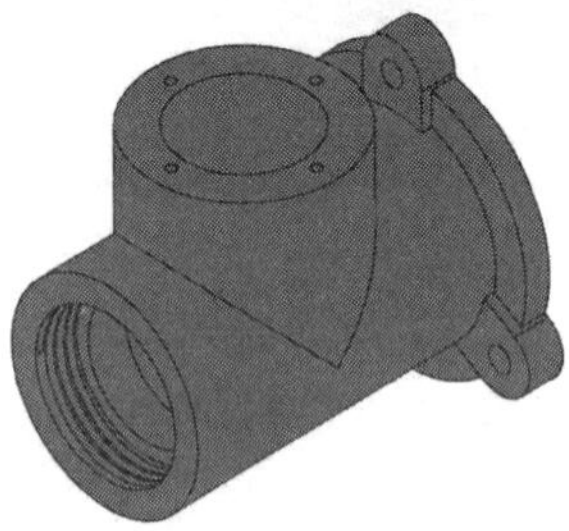

품명	하우징	품번	1
재질	GC200	질량	1142.11 g

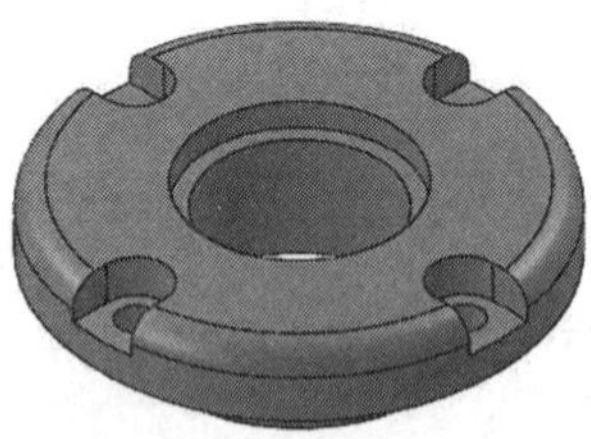

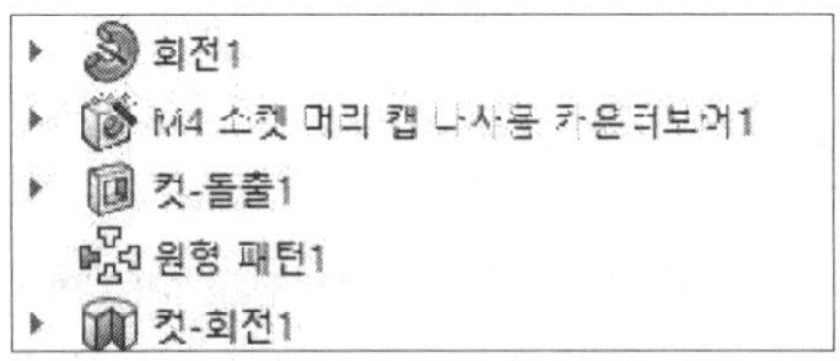

품명	하우징 커버	품번	2
재질	GC200	질량	142.67 g

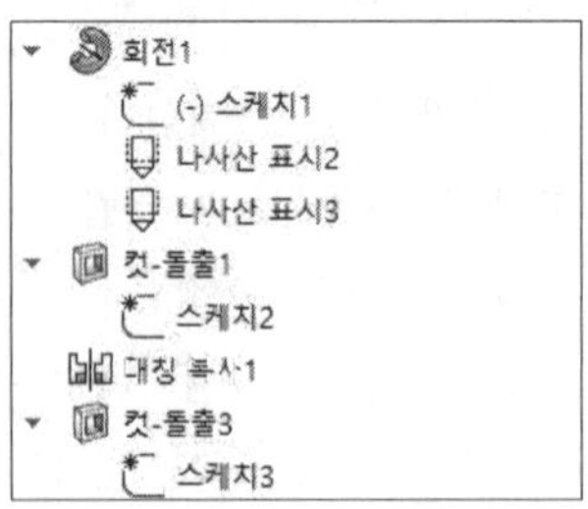

품명	베어링 커버	품번	3
재질	GC200	질량	193.31 g

<table>
<tr><td colspan="2"></td><td colspan="2"></td></tr>
<tr><td>품명</td><td>가이드 부시</td><td>품번</td><td>4</td></tr>
<tr><td>재질</td><td>CAC503B</td><td>질량</td><td>44.87 g</td></tr>
<tr><td colspan="2"></td><td colspan="2">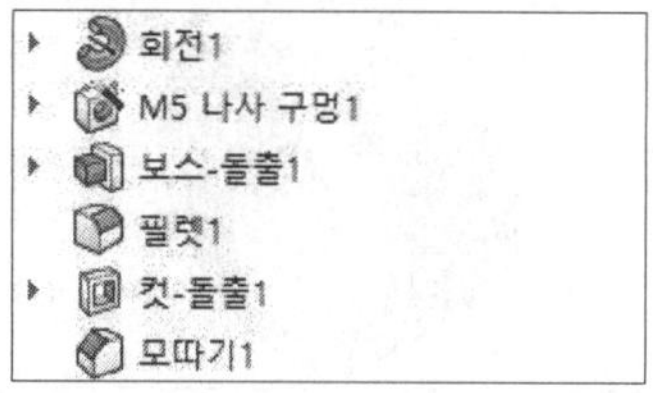</td></tr>
<tr><td>품명</td><td>슬라이더</td><td>품번</td><td>5</td></tr>
<tr><td>재질</td><td>SCM415</td><td>질량</td><td>28.62 g</td></tr>
<tr><td colspan="2"></td><td colspan="2">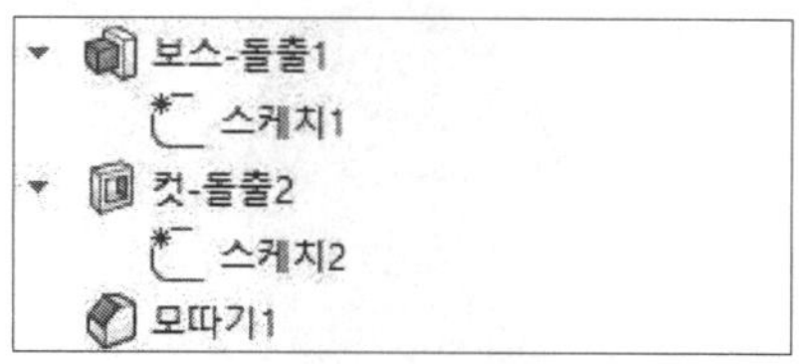</td></tr>
<tr><td>품명</td><td>링크</td><td>품번</td><td>6</td></tr>
<tr><td>재질</td><td>SC480</td><td>질량</td><td>65.43 g</td></tr>
<tr><td colspan="2"></td><td colspan="2">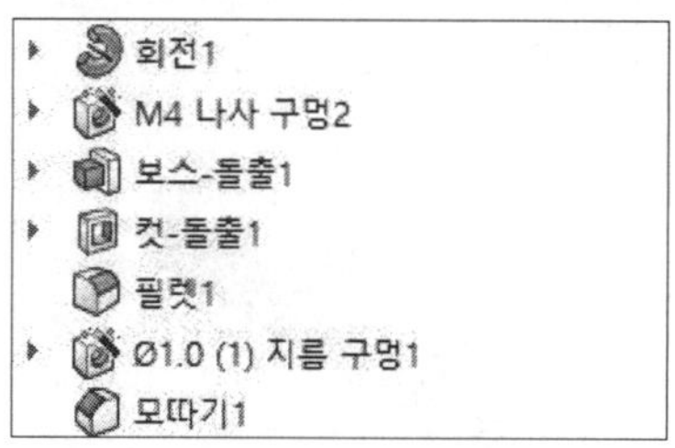</td></tr>
<tr><td>품명</td><td>편심 축</td><td>품번</td><td>8</td></tr>
<tr><td>재질</td><td>SCM415</td><td>질량</td><td>166.43 g</td></tr>
</table>

<table>
<tr><td colspan="2"></td><td colspan="2">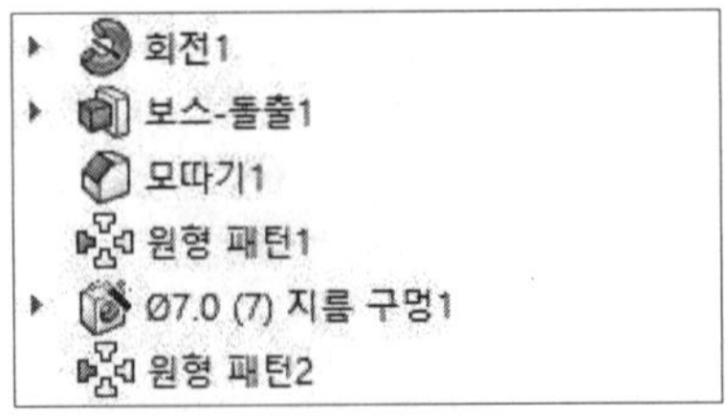
</td></tr>
<tr><td>품명</td><td>스퍼 기어</td><td>품번</td><td>11</td></tr>
<tr><td>재질</td><td>SC480</td><td>질량</td><td>533.87 g</td></tr>
<tr><td colspan="2"></td><td colspan="2">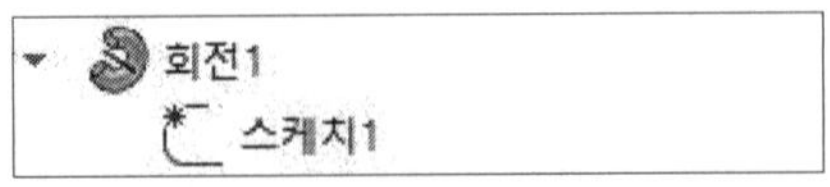
</td></tr>
<tr><td>품명</td><td>칼라1</td><td>품번</td><td>4</td></tr>
<tr><td>재질</td><td>SM45C</td><td>질량</td><td>4.85 g</td></tr>
<tr><td colspan="2">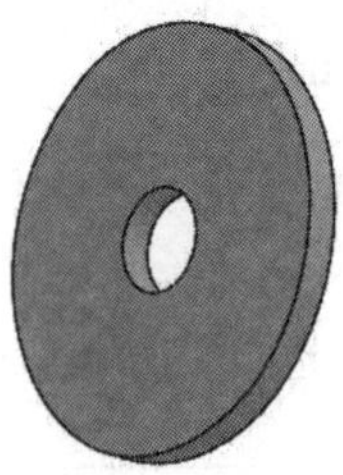</td><td colspan="2">
</td></tr>
<tr><td>품명</td><td>칼라2</td><td>품번</td><td>5</td></tr>
<tr><td>재질</td><td>SM45C</td><td>질량</td><td>2.80 g</td></tr>
<tr><td colspan="2"></td><td colspan="2">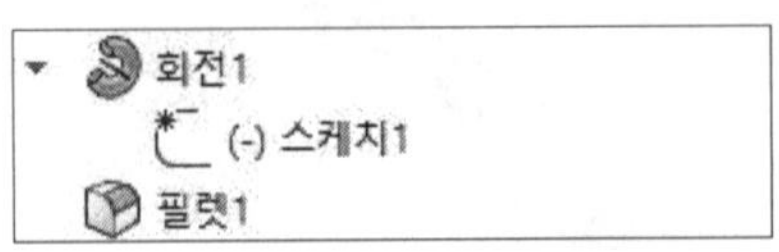
</td></tr>
<tr><td>품명</td><td>리프트 축</td><td>품번</td><td>6</td></tr>
<tr><td>재질</td><td>SCM415</td><td>질량</td><td>5.59 g</td></tr>
</table>

		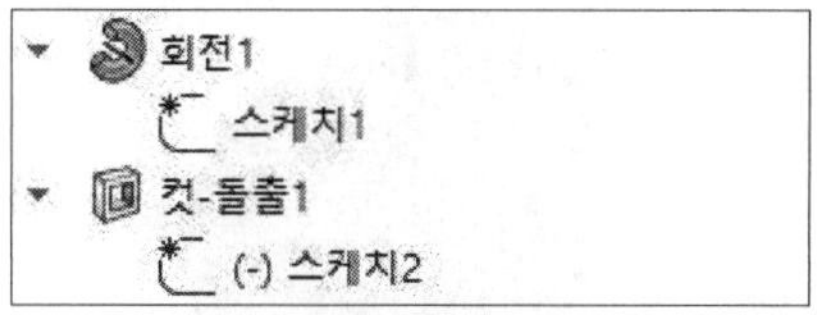	
품명	오일 실	품번	8
재질	NBR	질량	4.43 g

1-3-2 등각 보기 종합정리

(1) 하우징 등각 보기

(a) 좌측 위 등각 보기

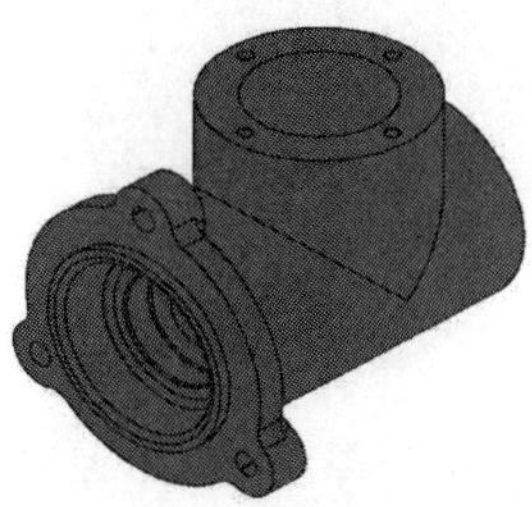

(b) 우측 아래 등각 보기

그림 4-1-95 하우징의 2방향의 등각 보기

(2) 하우징 커버 등각 보기

(a) 좌측 위 등각 보기

(b) 우측 아래 등각 보기

그림 4-1-96 하우징 커버의 2방향의 등각 보기

(3) 베어링 커버 등각 보기

(a) 좌측 위 등각 보기

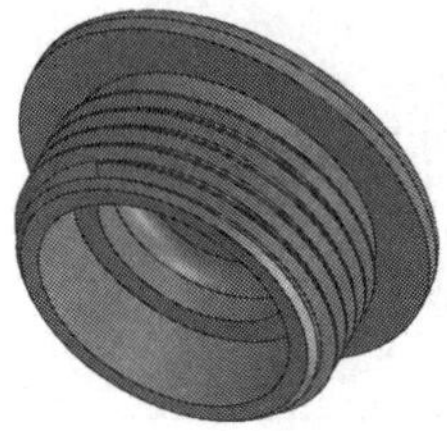

(b) 우측 아래 등각 보기

그림 4-1-97 베어링 커버의 2방향의 등각 보기

(4) 가이드 부시 등각 보기

(a) 좌측 위 등각 보기

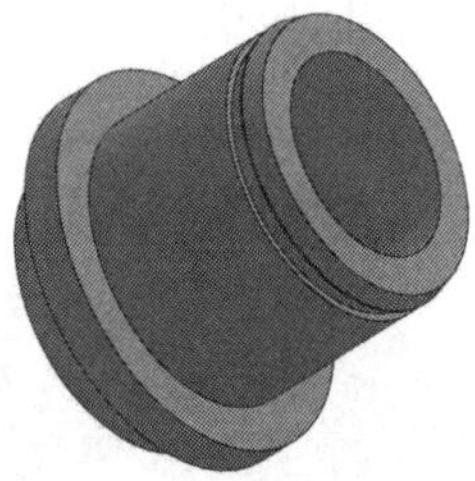

(b) 우측 아래 등각 보기

그림 4-1-98 가이드 부시의 2방향의 등각 보기

(5) 슬라이더 등각 보기

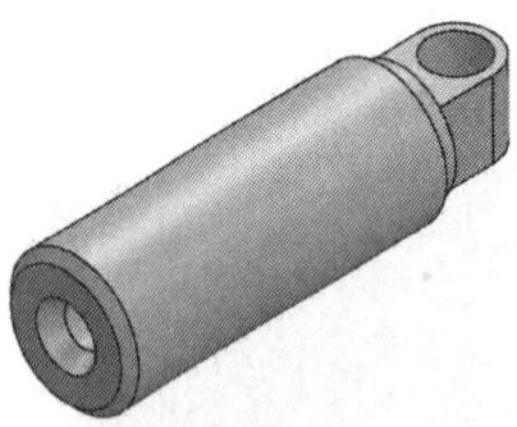

(a) 좌측 위 등각 보기

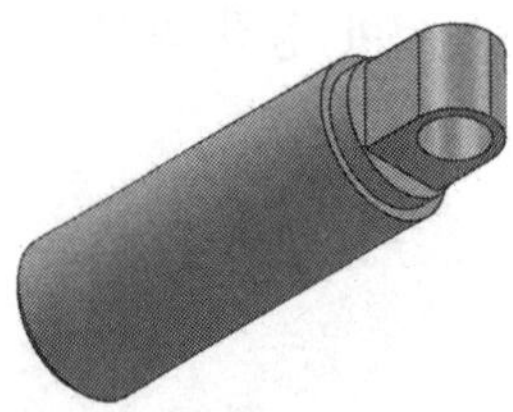

(b) 우측 아래 등각 보기

그림 4-1-99 슬라이더의 2방향의 등각 보기

(6) 링크 등각 보기

(a) 좌측 위 등각 보기　　(b) 우측 아래 등각 보기

그림 4-1-100 링크의 2방향의 등각 보기

(7) 편심 축 등각 보기

(a) 좌측 위 등각 보기　　(b) 우측 아래 등각 보기

그림 4-1-101 편심 축의 2방향의 등각 보기

(8) 스퍼 기어 등각 보기

(a) 좌측 위 등각 보기　　(b) 우측 아래 등각 보기

그림 4-1-102 스퍼 기어의 2방향의 등각 보기

(9) 칼라1 등각 보기

(a) 좌측 위 등각 보기

(b) 우측 위 등각 보기

그림 4-1-103 칼라1의 2방향의 등각 보기

(10) 칼라2 등각 보기

(a) 좌측 위 등각 보기

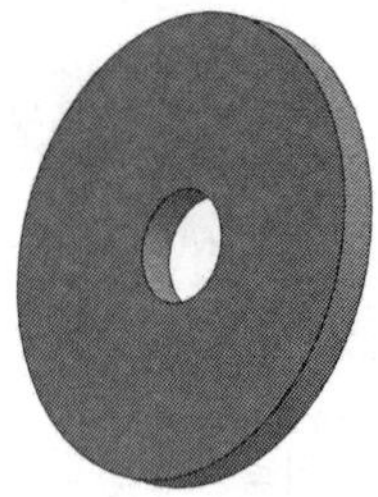

(b) 우측 위 등각 보기

그림 4-1-104 칼라2의 2방향의 등각 보기

(11) 리프트 축 등각 보기

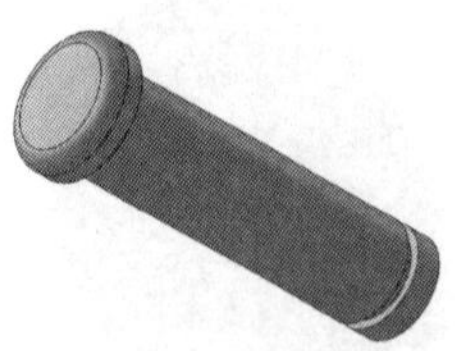

(a) 좌측 위 등각 보기

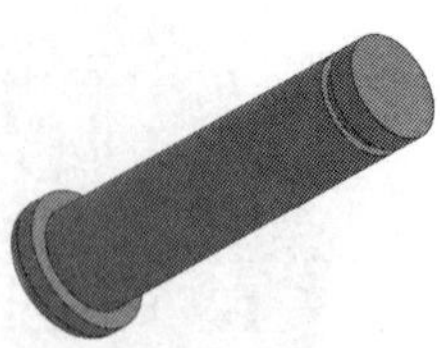

(b) 우측 아래 등각 보기

그림 4-1-105 리프트 축의 2방향의 등각 보기

(12) 오일 실 등각 보기

(a) 좌측 위 등각 보기　　　(b) 우측 아래 등각 보기

그림 4-1-106 오일 실의 2방향의 등각 보기

1-3-3 렌더링 종합정리

품명	하우징	품명	하우징 커버

품명	베어링 커버	품명	가이드 부시

<table>
<tr><td colspan="2"></td><td colspan="2"></td></tr>
<tr><td>품명</td><td>슬라이더</td><td>품명</td><td>링크</td></tr>
<tr><td colspan="2"></td><td colspan="2"></td></tr>
<tr><td>품명</td><td>편심 축</td><td>품명</td><td>스퍼 기어</td></tr>
<tr><td colspan="2"></td><td colspan="2">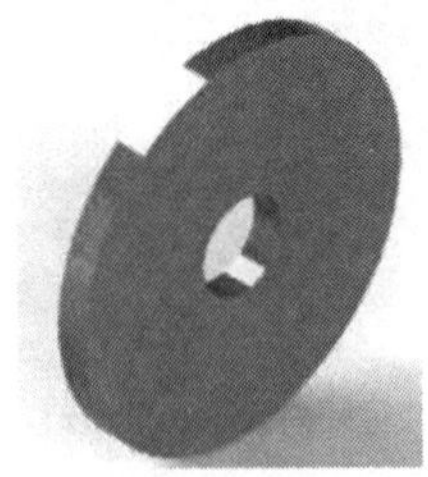</td></tr>
<tr><td>품명</td><td>칼라1</td><td>품명</td><td>칼라2</td></tr>
<tr><td colspan="2"></td><td colspan="2"></td></tr>
<tr><td>품명</td><td>리프트 축</td><td>품명</td><td>오일 실</td></tr>
</table>

1-4 자율 평가

앞에서 학습 활동을 다 마친 후 자기 스스로 평가 문제에 답하고 답안을 비교 평가해 봄으로써 본인의 부족한 점에 대해 파악하는 태도를 기르고 부족하다면 다른 사람의 도움을 받거나 본인 스스로 앞의 내용을 더욱 자세히 학습하는 자기주도 학습에 목적이 있다.

1-4-1 자율평가 문제

그림 4-1-2의 편심왕복장치에서 부품이 다음과 같이 주어진 설계 변경 사항에 따라 다음 작업을 실시하라.

(1) 부품 설계 변경 사항

- 그림 4-1-2의 편심왕복장치의 슬라이더 최대 행정거리가 8 ㎜로 변경되며 이 때 부품도 다음의 설계 조건으로 변경하라.

부품 설계 변경 조건
▪ ⑧번 스퍼기어 부품에서 모듈 M:2은 그대로 하고 PCD는 80으로 설계 변경하시오. ▪ ⑫번 부품의 #6202 깊은 홈 볼베어링을 #6203 깊은 홈 볼베어링으로 설계 변경하시오.

- 설계 변경 대상 부품이 변경될 경우 관련되는 다른 부품 역시 조건에 맞도록 설계 변경이 수반 되어야 한다.
- 설계 변경 요구조건과 관계되는 항목만 설계 변경을 실시하며 그 외 관련이 없는 부분은 설계 변경하지 않아야 한다.

(2) 3D 모델링도 작업

- 문제에 지시한 부품에 대해 설계 변경을 반영한 후에 3D 모델링도 작업을 실시한다.
- 부품들의 재질 설정 작업을 실시한다.
- 부품들의 질량 검토 작업을 실시한다.

1-4-2 자율평가 답안

(1) 변경 사항

- #6202 깊은 홈 볼베어링을 #6203 깊은 홈 볼베어링으로 바뀌었다.
- 스퍼기어는 모듈은 그대로 하고 PCD가 80으로 바뀌었다.
- 답안그림 1-1에서 ⑫번의 볼베어링이 타입이 바뀜으로서 ①, ③, ⑥, ⑦ 및 12번(칼라)의 치수가 변경되어야 한다.
- 또한 행정거리가 변경되었으므로 슬라이더의 길이도 변해야 한다.

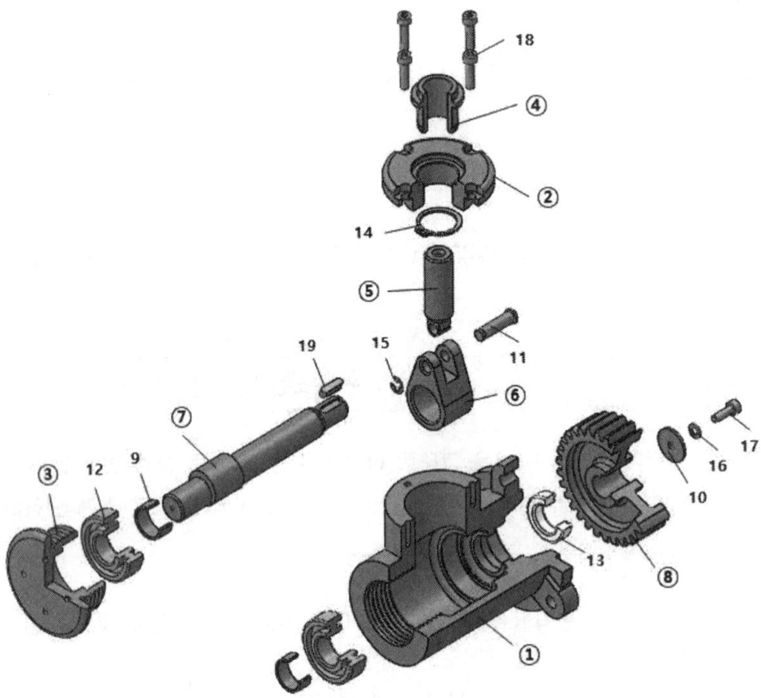

답안그림 1-1 편심왕복장치의 부품 번호

(2) 변경 하우징 형상모델링

- #6203 깊은 홈 볼베어링은 외경 40 ㎜, 두께 12 ㎜이다.
- 베어링 커버 조립 내경은 23 ㎜로 변경한다.
- 답안그림 2-1과 같이 회전 단면 스케치함.
- 회전체 형상모델링 함.

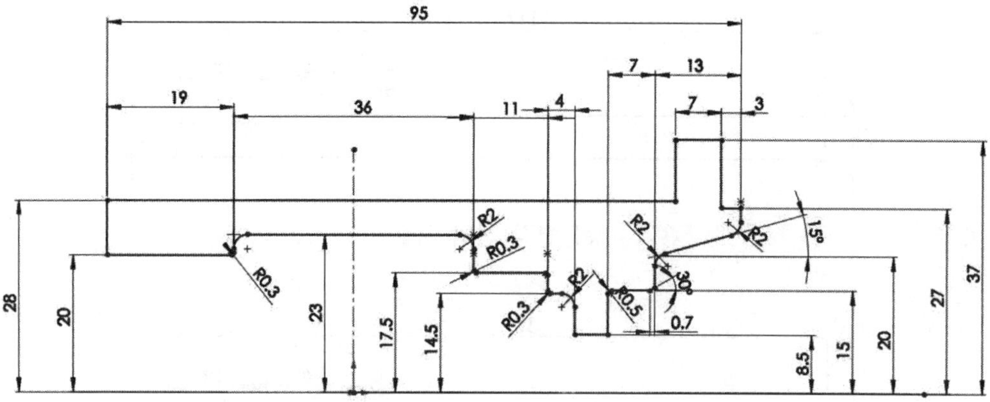

(a) 변경 전의 치수

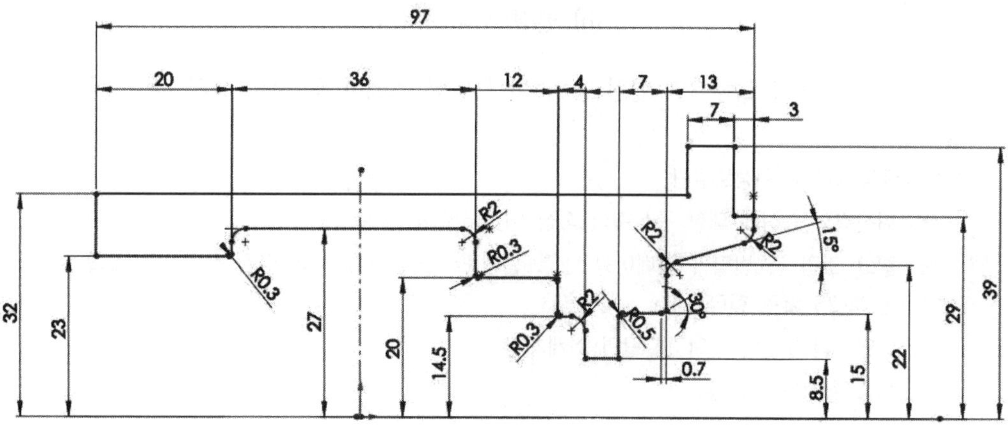

(b) 변경 후의 치수

답안그림 2-1 변경 하우징의 회전 단면 스케치 및 치수 정의

(3) 변경 축 형상모델링

(a) 기초형상모델링

- #6203 깊은 홈 볼베어링은 내경 17 ㎜, 두께 12 ㎜이다.
- 호칭지름 80인 스퍼기어 조립 외경 부분은 변함없는 것으로 한다.
- 답안그림 3-1과 같이 회전 단면 스케치함.
- 회전체 형상모델링 함.

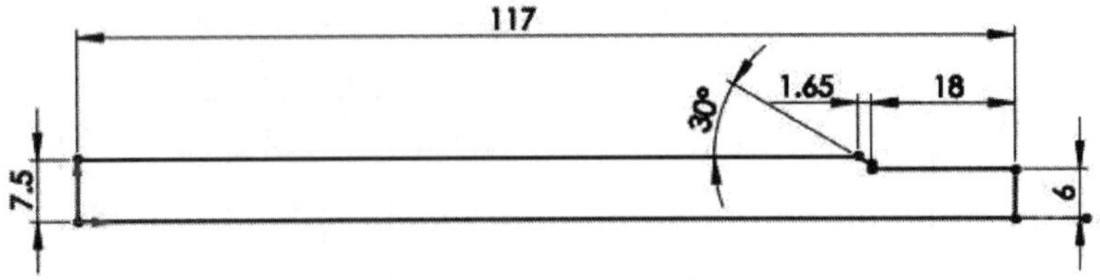

(a) 변경 전의 치수

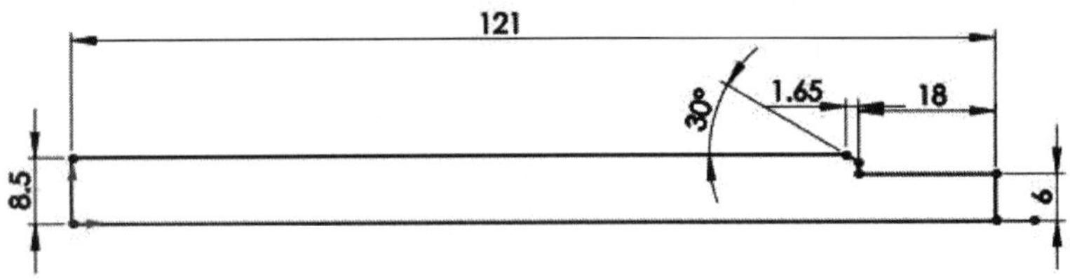

(b) 변경 후의 치수

답안그림 3-1 변경 축의 회전 단면 스케치 및 치수 정의

(b) 편심 회전축 형상모델링

- 회전축의 중심에 대한 편심축의 중심 어긋남은 4 ㎜이다.
- 링크 조립 축 반경이 볼베어링 내경+편심량=8.5+4=12.5 ㎜이다. 즉, 링크 조립 축 직경은 ∅25 ㎜로 한다.
- 답안그림 3-2와 같이 원 단면 스케치함.
- 돌출 형상모델링 함.

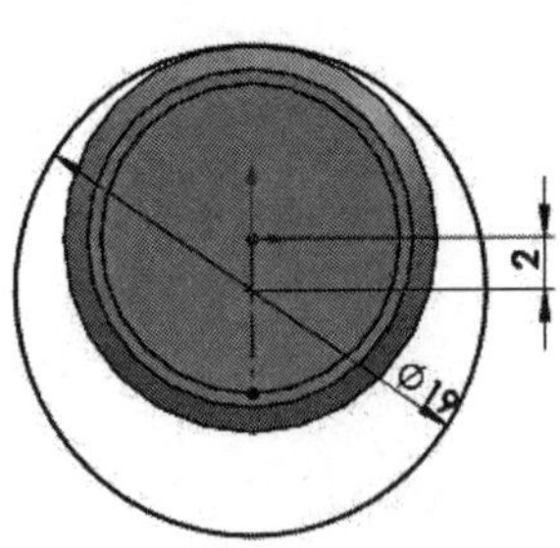

(a) 변경 전의 치수

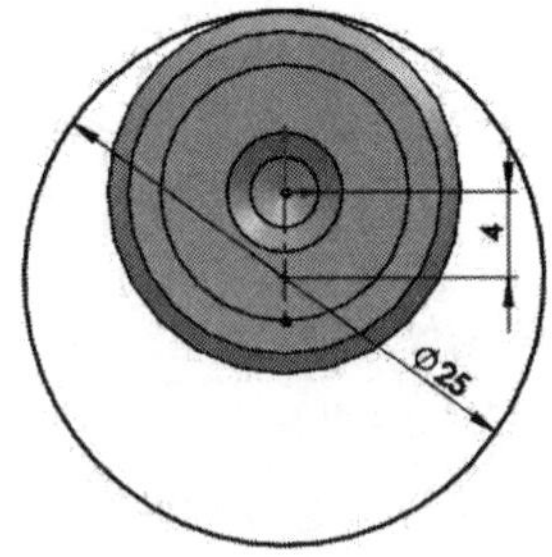

(b) 변경 후의 치수

답안그림 3-2 변경 편심 회전축의 단면 스케치 및 치수 정의

(4) 변경 스퍼기어 형상모델링

(a) 기초형상모델링

- 호칭지름 80인 스퍼기어의 피치원 지름은 80 ㎜이다.
- 가운데 구멍의 크기는 ∅30 ㎜로 한다.
- 답안그림 4-1과 같이 회전 단면 스케치함.
- 회전체 형상모델링 함.

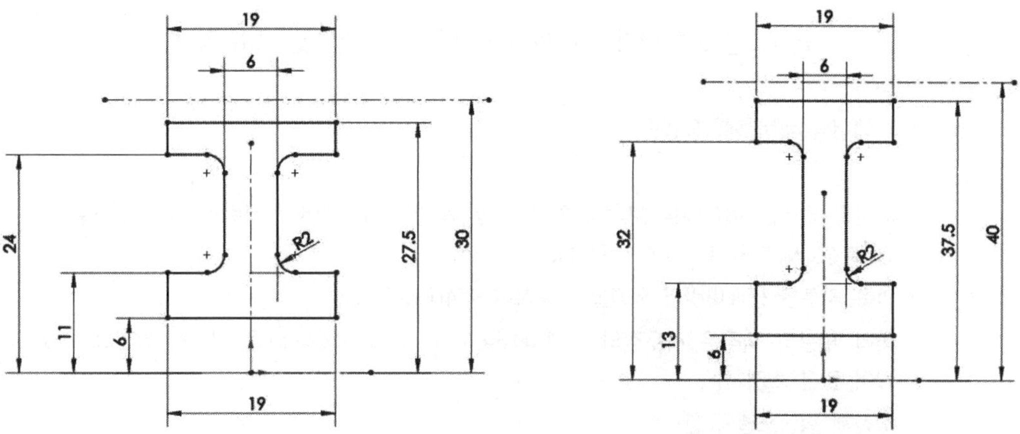

(a) 변경 전의 치수 (b) 변경 후의 치수

답안그림 4-1 변경 스퍼기어의 회전 단면 스케치 및 치수 정의

(b) 기어 이 형상모델링

- 본문에서의 이의 크기와 같게 하고 피치원의 지름만 60에서 80으로 변경한다.
- 하나의 이에 대한 돌출 형상모델링 함.
- 본문의 내용과 같은 필렛 함.
- 원형패턴을 이용하여 기어 잇수는 PCD/m=80/2=40(개)로 한다.

(5) 변경 칼라1 형상모델링

- 칼라는 #6203 깊은 홈 볼베어링의 내륜 지지 목적이므로 축의 직경 ∅17 ㎜보다 크게, 즉 내경은 ∅18 ㎜로 함.
- 외경은 볼베어링 외경 ∅40 ㎜보다 작게 그러나 내경 ∅17 ㎜보다는 크게, 즉 ∅22 ㎜로 답안그림 5-1과 같이 단면 스케치함.
- 회전체 형상모델링 함.

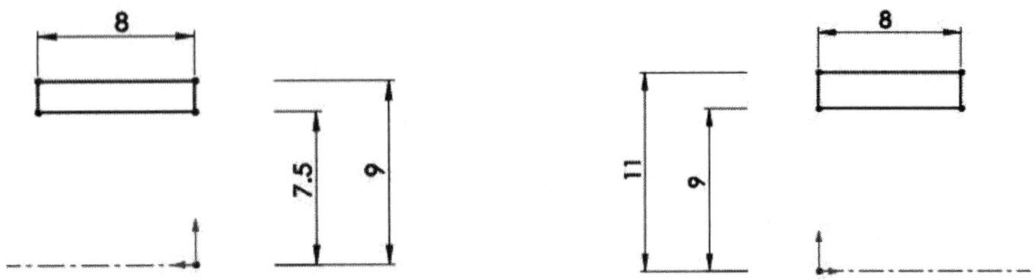

(a) 변경 전의 치수 (b) 변경 후의 치수

답안그림 5-1 변경 칼라의 회전 단면 스케치 및 치수 정의

(6) 변경 베어링 커버 형상모델링

- 베어링 커버는 베어링을 보이지 않기 위한 목적이므로 베어링 커버의 외경은 하우징의 내경 ∅46 ㎜와 같게 ∅46 ㎜로 함.
- 안쪽 지름은 볼베어링의 외경을 고려하여 ∅40 ㎜로 함.
- 머리 부분의 직경은 하우징의 외경 ∅64 ㎜와 같게 ∅64 ㎜로 함. 즉 답안그림 6-1과 같이 단면 스케치함.
- 회전체 형상모델링 함.

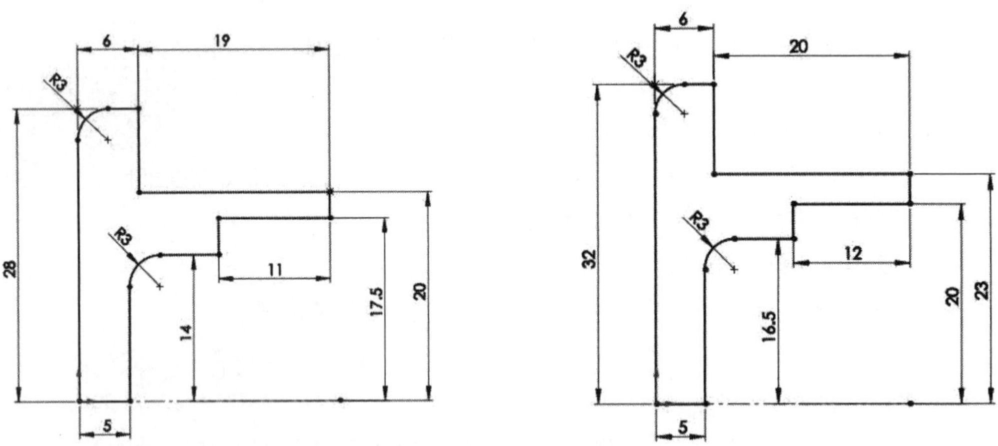

(a) 변경 전의 치수 (b) 변경 후의 치수

답안그림 6-1 변경 베어링 커버의 회전 단면 스케치 및 치수 정의

(7) 형상모델링 종합정리

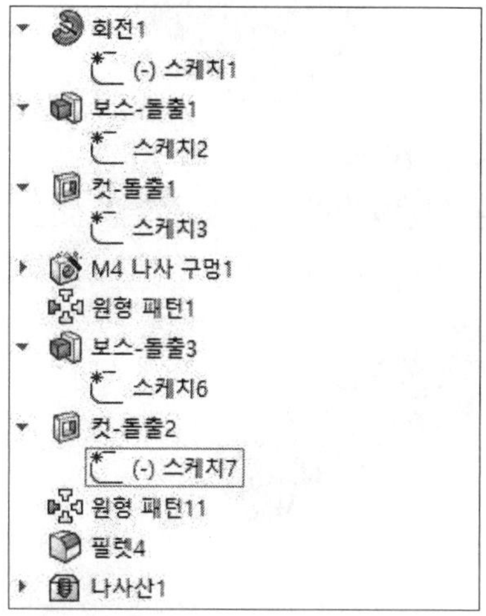

품명	하우징	품번	1
재질	GC200	질량	1378 g

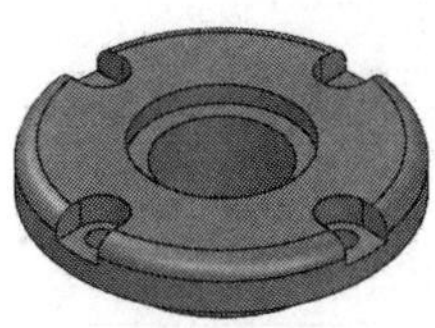

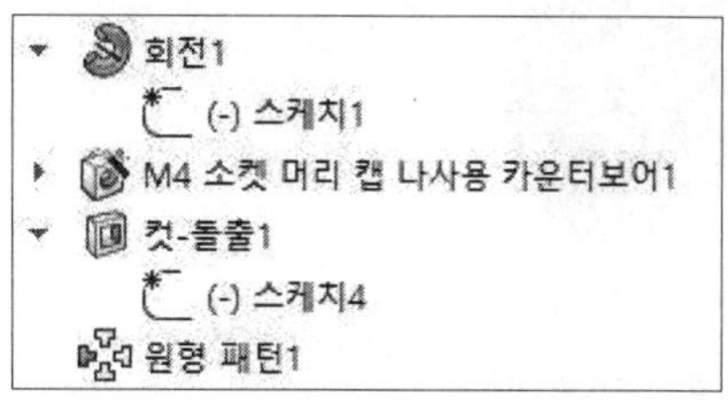

품명	하우징 커버	품번	2
재질	GC200	질량	142.67 g

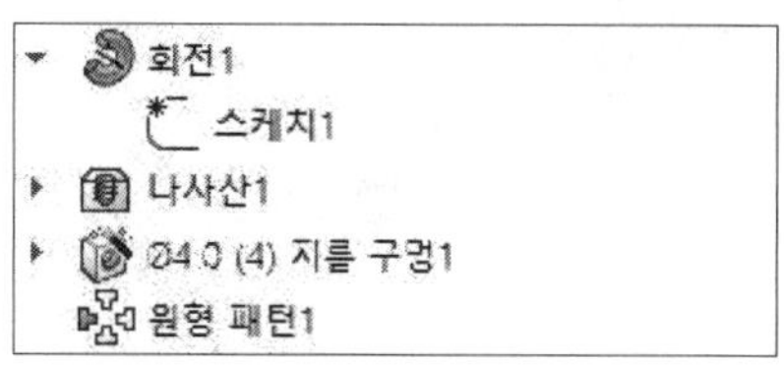

품명	베어링 커버	품번	3
재질	GC200	질량	213.18 g

<table>
<tr><td colspan="2"></td><td colspan="2">회전1
스케치1</td></tr>
<tr><td>품명</td><td>가이드 부시</td><td>품번</td><td>4</td></tr>
<tr><td>재질</td><td>CAC503B</td><td>질량</td><td>44.87 g</td></tr>
<tr><td colspan="2"></td><td colspan="2">회전1
스케치1
M5 나사 구멍1
보스-돌출1
스케치4
필렛1
컷-돌출1
스케치5</td></tr>
<tr><td>품명</td><td>슬라이더</td><td>품번</td><td>5</td></tr>
<tr><td>재질</td><td>SCM415</td><td>질량</td><td>57.1 g</td></tr>
<tr><td colspan="2">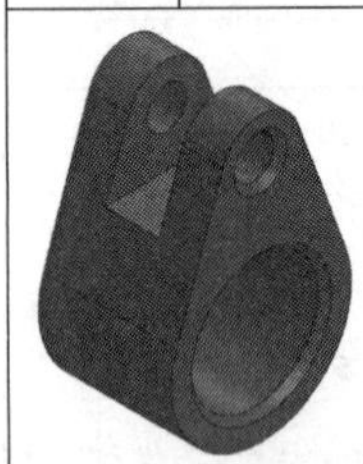</td><td colspan="2">보스-돌출1
스케치1
컷-돌출2
스케치2
모따기1</td></tr>
<tr><td>품명</td><td>링크</td><td>품번</td><td>6</td></tr>
<tr><td>재질</td><td>SC480</td><td>질량</td><td>65.43 g</td></tr>
<tr><td colspan="2">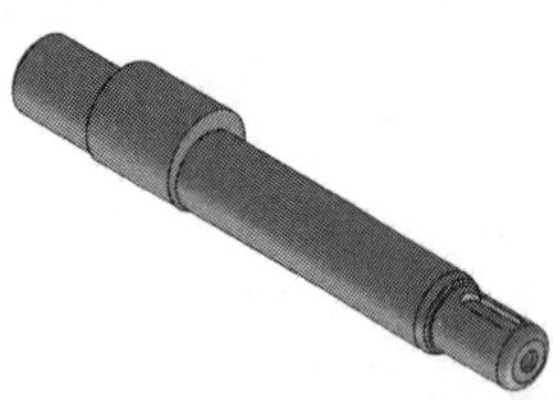</td><td colspan="2">회전1
스케치1
M4 나사 구멍2
보스-돌출1
스케치5
컷-돌출1
스케치8
필렛1
Ø1.0 (1) 지름 구멍1
모따기1</td></tr>
<tr><td>품명</td><td>편심 축</td><td>품번</td><td>7</td></tr>
<tr><td>재질</td><td>SCM415</td><td>질량</td><td>236.78g</td></tr>
</table>

<table>
<tr><td colspan="2"></td><td colspan="2">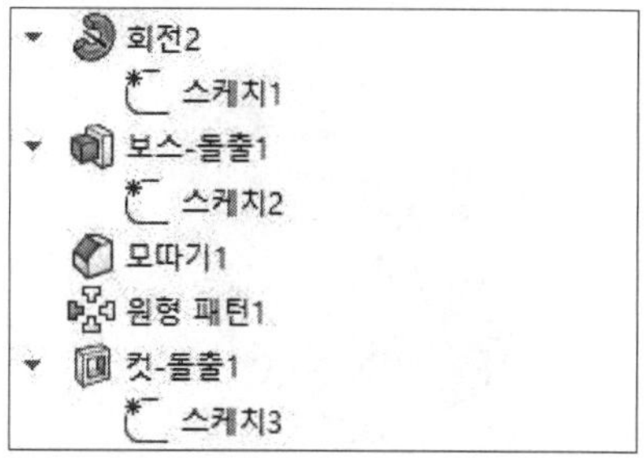
</td></tr>
<tr><td>품명</td><td>스퍼기어</td><td>품번</td><td>8</td></tr>
<tr><td>재질</td><td>SCM415</td><td>질량</td><td>450.16 g</td></tr>
<tr><td colspan="2"></td><td colspan="2">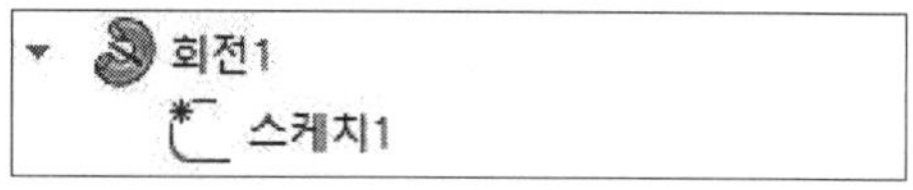
</td></tr>
<tr><td>품명</td><td>칼라1</td><td>품번</td><td>9</td></tr>
<tr><td>재질</td><td>SM45C</td><td>질량</td><td>7.84 g</td></tr>
<tr><td colspan="2"></td><td colspan="2">
</td></tr>
<tr><td>품명</td><td>칼라2</td><td>품번</td><td>10</td></tr>
<tr><td>재질</td><td>SM45C</td><td>질량</td><td>2.80 g</td></tr>
<tr><td colspan="2"></td><td colspan="2">
</td></tr>
<tr><td>품명</td><td>리프트 축</td><td>품번</td><td>11</td></tr>
<tr><td>재질</td><td>SCM415</td><td>질량</td><td>5.59 g</td></tr>
</table>

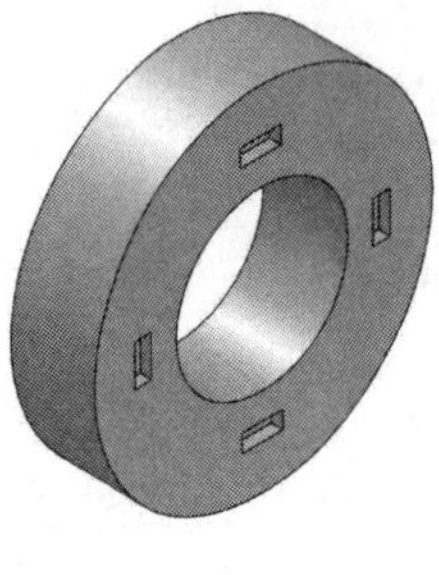

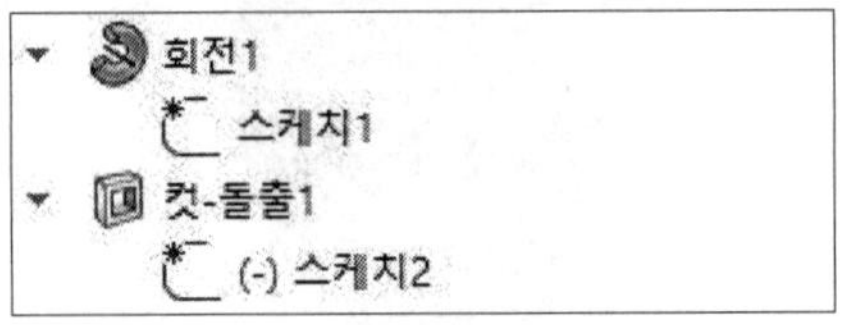

품명	오일 실	품번	12
재질	NBR	질량	4.43 g

자율평가 결과 점검표

학습자 성명 :	평가 날짜 :
평가 제목 : 편심왕복장치의 부품 형상모델링	

		성취 수준		
		일치하지 못했음	일치 했음	일치하지 못한 이유
하우징	질량 일치			
하우징커버	질량 일치			
베어링커버	질량 일치			
가이드부시	질량 일치			
슬라이더	질량 일치			
링크	질량 일치			
편심축	질량 일치			
스퍼기어	질량 일치			
칼라1	질량 일치			
칼라2	질량 일치			
리프트축	질량 일치			
오일실	질량 일치			

성취수준 : 위의 모든 항목에 대해 "일치 했음", 즉 완성도 100%로 답하여야 합니다. 만일 "일치하지 못했음"에 답을 했다면 치수나 재질이 틀리다는 의미이므로 그 원인을 찾는 것이 좋을 것이다. 본인의 치수나 재질이 맞다고 생각하면 일치하지 않아도 좋지만 그 이유를 이유란에 적고 확실한지 다시 한 번 확인 하십시오.

2 조립 및 분해 형상모델링

2-1 학습준비

2-1-1 작업 과제

기어의 회전 동력에 의한 편심 축의 회전과 동시에 링크가 미끄럼 운동을 하면서 연결된 슬라이더가 왕복운동을 하는 장치로 슬라이더의 왕복운동은 기어 펌프와 같이 펌핑 작용에 응용할 수 있다. 그림 4-2-1 (a)는 조립 모습을 나타내고 있으며 그림 4-2-1 (b)는 부품들을 분해한 모습을 나타내고 있다. 이러한 부품들을 조립과 분해하는 것이 작업 과제이다.

(a) 조립 모습 (b) 분해 모습

그림 4-2-1 편심왕복장치 부품 조립 및 분해 모습

2-1-2 작업 조건

(1) 조립은 앞에서 부품 형상모델링 한 부품을 이용한다.

(2) 부품 조립 후 부품간의 간섭은 없는지 체크한다.

(3) 조립도의 특징이 가장 잘 나타나는 등각 축을 2개 선택하여 등각 이미지를 2개씩 나타낸다(단, 조립도 단면하여 나타내지 않는다).

(4) 스퍼기어의 회전은 모터로부터 5초에 1회전으로 구동되며 스퍼기어의 회전에 의한 슬라이더의 변위가 모션 해석에 의해 4 ㎜ 움직이는지를 확인한다.

2-2 학습 활동

2-2-1 조립 형상모델링

2-2-1-1 부품 조립

(1) 작업준비하기

수행 : 스케치 화면 들어가기

① 풀다운 메뉴에서 새로 만들기 아이콘을 선택한다.
② 어셈블리를 선택한다.

(2) 하우징 부품 삽입하기

생각하기 : 하우징을 어떻게 고정시킬 것인지?

하우징은 어떤 장소 또는 위치에 고정되는 부품이다. 따라서 가장 먼저 부품을 위치시키는데 어셈블리 평면과 일치시킬 필요가 있다. 그런데 처음의 부품 삽입은 자동으로 고정되므로 고정을 해제하여 "자유롭게 움직이기"를 하고 어셈블리 평면과 일치 메이트하고 나서 다 고정시킬 필요가 있다.

수행 : 하우징 부품 모델 불러오기

① 부품 삽입을 클릭한다.
② 어셈블리 창의 찾아보기를 클릭한다.
③ 해당 부품을 어셈블리 창에 갖다 놓는다.
④ 마우스의 오른쪽 버튼을 눌러 메뉴가운데 "자유롭게 움직이기"를 선택한다.
⑤ 하우징의 정면과 어셈블리 정면이 일치하도록 메이트 한다.
⑥ 하우징의 윗면과 어셈블리 윗면이 일치하도록 메이트 한다.

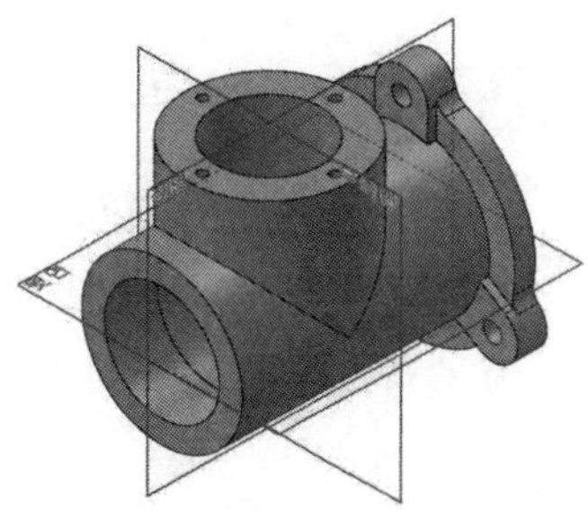

그림 4-2-2 하우징 어셈블리 평면과 메이트 결과

⑦ 하우징의 윗면과 어셈블리 우측면이 일치하도록 메이트 한다.
⑧ 마우스의 오른쪽 버튼을 눌러 메뉴가운데 "고정"을 선택한다(그림 4-2-2).

(3) 부품 불러오기

생각하기 : 부품 불러오기는 부품 번호에 맞춰 하는 것이 좋은지?

부품은 조립 순서대로 부품 번호가 매겨지는 것이 아니라 불러오는 순서대로 부품 번호가 매겨진다. 따라서 형상모델링에서 정한 부품 번호에 맞춰 부품을 불러 오도록 한다.

수행 : 두 번째 부품 하우징커버 모델 불러오기

① 부품 삽입을 클릭한다.
② 어셈블리 창의 찾아보기를 클릭한다.
③ 하우징 커버 부품을 어셈블리 창에 갖다 놓는다.

수행 : 세 번째 부품 베어링커버 모델 불러오기

① 부품 삽입을 클릭한다.
② 어셈블리 창의 찾아보기를 클릭한다.
③ 베어링 커버 부품을 어셈블리 창에 갖다 놓는다.

수행 : 네 번째 부품 가이드 부시 모델 불러오기

① 부품 삽입을 클릭한다.
② 어셈블리 창의 찾아보기를 클릭한다.
③ 가이드 부시 부품을 어셈블리 창에 갖다 놓는다.

수행 : 다섯 번째 부품 슬라이더 모델 불러오기

① 부품 삽입을 클릭한다.
② 어셈블리 창의 찾아보기를 클릭한다.
③ 슬라이더 부품을 어셈블리 창에 갖다 놓는다.

수행 : 여섯 번째 부품 링크 모델 불러오기

① 부품 삽입을 클릭한다.
② 어셈블리 창의 찾아보기를 클릭한다.
③ 링크 부품을 어셈블리 창에 갖다 놓는다.

수행 : 일곱 번째 부품 편심 축 모델 불러오기

① 부품 삽입을 클릭한다.
② 어셈블리 창의 찾아보기를 클릭한다.
① 편심 축 부품을 어셈블리 창에 갖다 놓는다.

수행 : 여덟 번째 부품 스퍼기어 모델 불러오기

① 부품 삽입을 클릭한다.
② 어셈블리 창의 찾아보기를 클릭한다.
③ 스퍼기어 부품을 어셈블리 창에 갖다 놓는다.

수행 : 아홉 번째 부품 칼라1 모델 불러오기

① 부품 삽입을 클릭한다.
② 어셈블리 창의 찾아보기를 클릭한다.
③ 칼라1 부품을 어셈블리 창에 갖다 놓는다.

수행 : 열 번째 부품 칼라2 모델 불러오기

① 부품 삽입을 클릭한다.
② 어셈블리 창의 찾아보기를 클릭한다.
③ 칼라2 부품을 어셈블리 창에 갖다 놓는다.

수행 : 열한 번째 부품 리프트 축 모델 불러오기

① 부품 삽입을 클릭한다.
② 어셈블리 창의 찾아보기를 클릭한다.
③ 리프트 축 부품을 어셈블리 창에 갖다 놓는다.

수행 : 열두 번째 부품 오일 실 모델 불러오기

① 부품 삽입을 클릭한다.
② 어셈블리 창의 찾아보기를 클릭한다.
③ 오일 실 부품을 어셈블리 창에 갖다 놓는다(그림 4-2-3).

그림 4-2-3 부품 번호에 맞춰 부품 불러온 결과

(4) 하우징 커버 조립

생각하기 : 하우징 커버는 어떻게 조립시킬 것인지?

하우징 커버는 하우징의 슬라이더 부분과 조합하여 슬라이더를 보호하는 부품으로 하우징 커버의 바깥쪽 원통 면이 하우징의 슬라이더 부분의 안쪽 구멍과 동심을 이루고 하우징의 고정나사 구멍와 커버의 고정나사 구멍이 동심을 이루며 하우징의 슬라이더 부분의 윗면과 커버를 일치 메이트 해주면 될 것으로 생각된다.

수행 : 하우징커버 조립하기

① 메뉴 가운데 메이트를 선택한다.

② 하우징커버의 구멍 안쪽 면과 하우징 슬라이더 원통 안쪽 원통면이 동심되도록 메이트 한다.

③ 하우징커버의 우측면과 하우징의 우측면이 일치되도록 메이트 한다.

④ 하우징커버의 밑면과 하우징 슬라이더 부분의 윗면이 일치되도록 그림 4-2-4와 같이 메이트 한다.

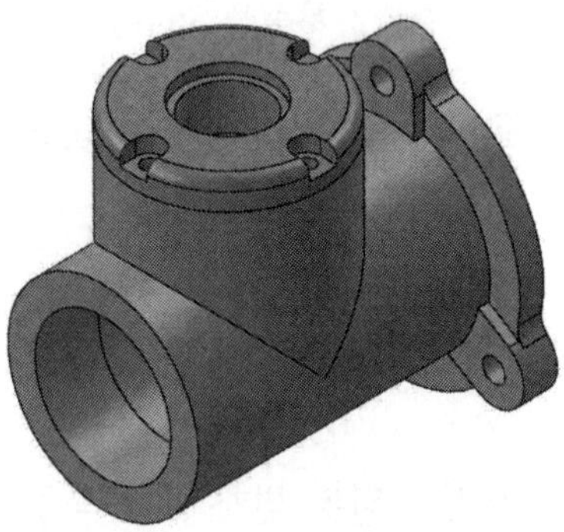

그림 4-2-4 하우징 커버 조립 모습

(5) 베어링 커버 조립

생각하기 : 베어링 커버는 어떻게 조립시킬 것인지?

베어링 커버는 하우징의 베어링 조합 부분을 보호하는 부품으로 베어링 커버의 바깥쪽 원통 면이 하우징의 안쪽 구멍과 동심을 이루고 하우징의 끝 면과 커버의 옆면을 일치 메이트 해주면 될 것으로 생각된다.

수행 : 베어링 커버 부품 조립하기

① 메뉴 가운데 메이트를 선택한다.
② 베어링 커버의 바깥쪽 원통 면과 하우징의 안쪽 구멍이 동심되도록 메이트 한다.
③ 베어링 커버의 우측면과 하우징의 윗면이 일치되도록 메이트 한다.
④ 베어링 커버의 옆면과 하우징의 끝면이 일치되도록 그림 4-2-5와 같이 메이트 한다.

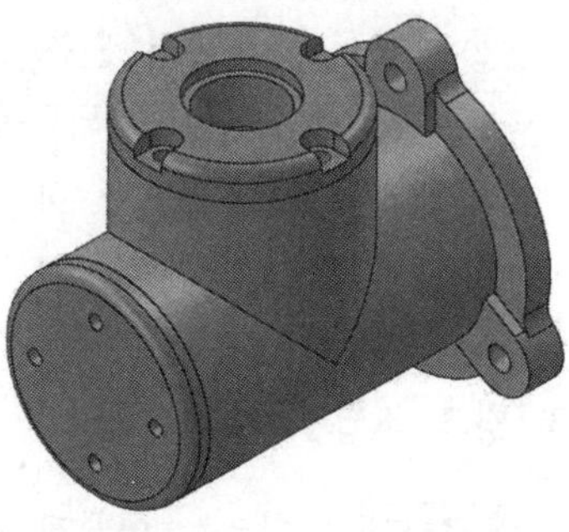

그림 4-2-5 베어링커버 조립 모습

(6) 가이드부시 조립

생각하기 : 가이드 부시는 어떻게 조립시킬 것인지?

가이드 부시는 하우징의 슬라이더 부분과 조합하여 슬라이더의 슬라이드 운동을 가이드 해 주는 부품으로 하우징 커버의 안쪽 원통 면이 가이드 부시의 바깥쪽 원통 면과 동심을 이루고 가이드 부시의 윗면과 하우징 커버 윗면이 일치해야 하며 동시에 슬라이더 원통 면과 가이드 부시의 안쪽 원통 면이 동심을 이루도록 해주면 될 것으로 생각된다.

수행 : 가이드 부시 부품 조립하기

① 메뉴 가운데 메이트를 선택한다.
② 가이드 부시의 안쪽 면과 하우징 커버 안쪽 원통면이 동심되도록 메이트 한다.
③ 가이드 부시의 윗면과 하우징 커버의 윗면이 일치 되도록 그림 4-2-6과 같이메이트 한다.

그림 4-2-6 가이드 부시 조립 모습

(7) 슬라이더 조립

생각하기 : 슬라이더는 어떻게 조립시킬 것인지?

슬라이더는 일정 방향으로 상하 운동을 해야 하므로 하우징의 기준면(우측면)과 일치하고 가이드 부시와 동심을 이루면서 벗어나지 않도록 메이트 해야 한다.

수행 : 링크 부품 모델 불러오기

① 메뉴 가운데 메이트를 선택한다.
② 슬라이더의 바깥 원통 면과 가이드 부시의 안쪽 원통 면이 동심되도록 메이트 한다.
③ 슬라이더의 윗면과 하우징 우측면이 일치되도록 그림 4-2-7과 같이 메이트 한다.

그림 4-2-7 슬라이더의 조립 결과

(8) 링크 조립

생각하기 : 링크는 어떻게 조립시킬 것인지?

링크는 슬라이더와 조립되는 부품으로 슬라이더의 상하 운동에 따라 같이 상하로 움직여야 하므로 하우징의 우측면과 링크의 우측면이 일치하면서 움직이게 해야 한다. 또한 링크는 슬라이더와 연결이 되어야 하므로 연결핀(리프트 축)이 조립되는 구멍이 동심이어야 한다.

수행 : 링크 부품 조립하기

① 메뉴 가운데 메이트를 선택한다.
② 링크의 리프트 핀 구멍과 슬라이더 리프트 핀 구멍이 동심되도록 메이트 한다.
③ 하우징의 우측면과 링크의 우측면이 항상 일치하도록 그림 4-2-8과 같이 메이트 한다.

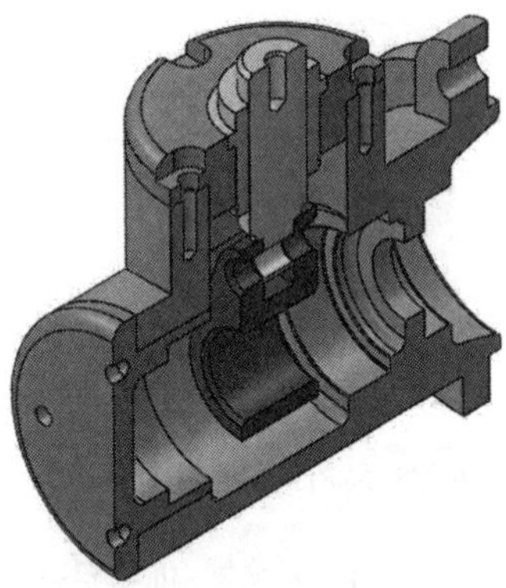

그림 4-2-8 링크의 메이트 결과

(9) 편심 축 부품 삽입하기

생각하기 : 편심 축은 어떻게 조립시킬 것인지?

편심 축은 링크와 동심 메이트만 하고 일단 동심을 링크와 유지하면서 하우징 안에서만 움직이도록 조립하는 것이 좋다고 생각한다.

수행 : 편심 축 부품 조립하기

① 메뉴 가운데 메이트를 선택한다.
② 링크의 내측 원통면과 편심 축의 편심 원통면이 동심되도록 메이트 한다.
③ 링크의 옆면과 편심 축의 옆면이 일치되도록 그림 4-2-9와 같이 메이트 한다.

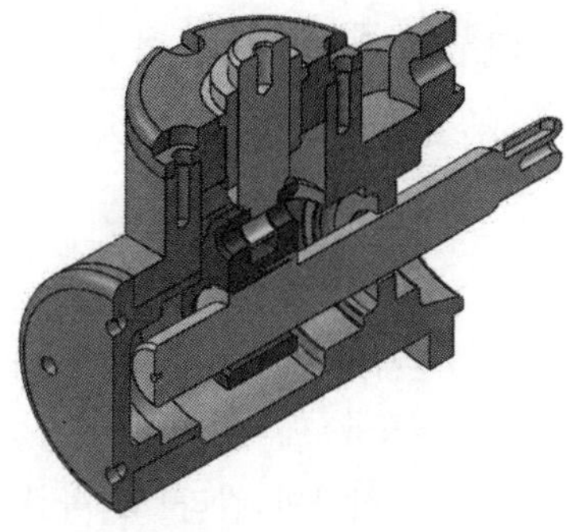

그림 4-2-9 편심 축 메이트 결과

(10) 스퍼기어 조립

생각하기 : 스퍼기어는 어떻게 조립시킬 것인지?

스퍼기어는 회전 축과 조합하여 회전 동력을 전달시켜주는 부품으로 스퍼기어가 회전축과 동심을 이루고 평행키와 조립되어 동시에 회전할 수 있도록 평행키 정면과 스퍼기어 정면이 일치되도록 메이트 해주면 될 것으로 생각된다.

수행 : 스퍼기어 조립하기

① 메뉴 가운데 메이트를 선택한다.
② 스퍼기어의 구멍 안쪽 면과 회전축 바깥 원통면이 동심되도록 메이트 한다.
③ 스퍼기어의 정면과 회전 축 정면이 일치되도록 메이트 한다.
④ 스퍼기어의 옆면과 회전축 단차 옆면이 일치되도록 그림 4-2-10과 같이 메이트 한다.

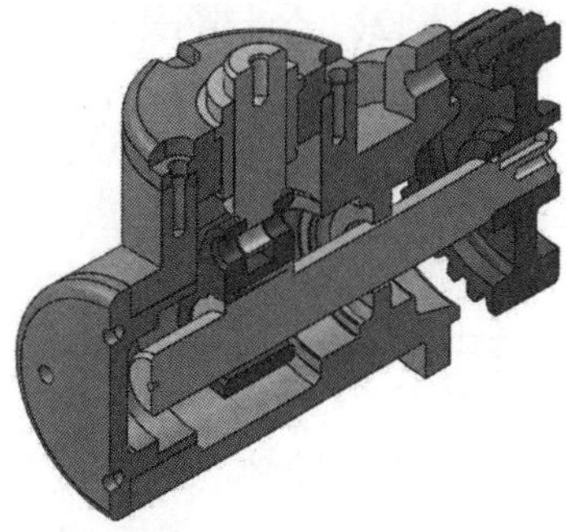

그림 4-2-10 스퍼기어 조립 모습

(11) 칼라1 조립

생각하기 : 칼라1은 어떻게 조립시킬 것인지?

칼라1은 베어링을 움직이지 못하도록 고정시켜주는 부품으로 회전축의 편심 부분 양 옆에 조립하는 것이다. 영 옆이라 칼라1이 두 개 필요하며 회전축과 동심을 이루고 편심부분의 양 옆에서 이탈하지 않도록 일치 메이트를 해주면 될 것으로 생각된다.

수행 : 칼라1 부품 모델 불러오기

① 메뉴 가운데 메이트를 선택한다.

② 칼라1의 구멍 안쪽과 회전 축 편심 부분의 바깥쪽이 동심되도록 메이트 한다.

③ 칼라1의 옆면과 회전축의 편심 부분 옆면이 일치되도록 메이트 한다.

④ 또 하나의 칼라1도 마찬가지로 칼라1의 구멍 안쪽과 회전 축 편심 부분의 바깥쪽이 동심되도록 메이트하고 칼라1의 옆면과 회전축의 편심 부분 다른 옆면이 일치되도록 그림 4-2-11과 같이 메이트 한다.

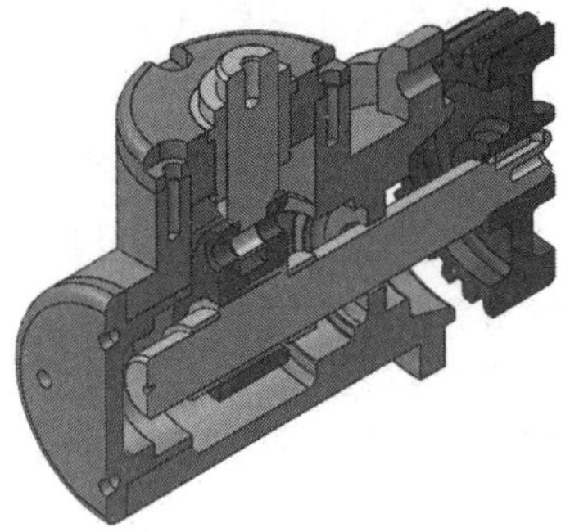

그림 4-2-11 칼라1의 두 개 조립모습

(12) 칼라2 조립

생각하기 : 칼라2는 어떻게 조립시킬 것인지?

칼라2는 스퍼기어를 움직이지 못하도록 고정시켜주는 평 와셔와 같은 역할을 하는 부품으로 스퍼기어 옆에 조립하는 것이다. 칼라2가 스퍼기어와 동심을 이루고 스퍼기어 옆에서 이탈하지 않도록 일치 메이트를 해주면 될 것으로 생각된다.

수행 : 칼라2 부품 조립하기

① 메뉴 가운데 메이트를 선택한다.

② 칼라2의 구멍 안쪽 면과 스퍼기어 바깥 원통 면이 동심되도록 메이트 한다.

③ 칼라2의 옆면과 스퍼기어 옆면이 일치되도록 그림 4-2-12와 같이 메이트 한다.

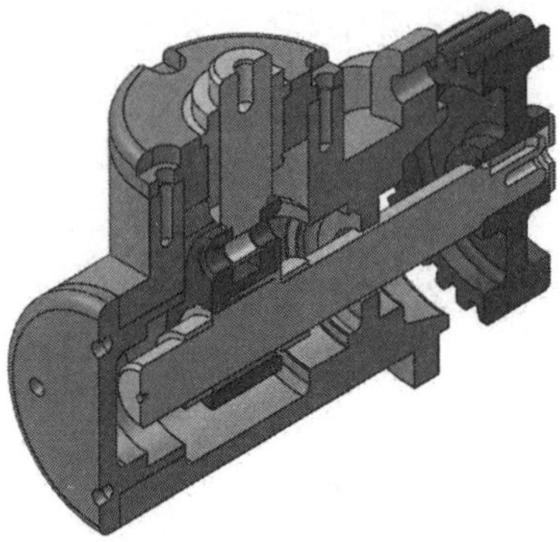

그림 4-2-12 칼라2 조립모습

(13) 리프트 핀 조립

생각하기 : 리프트 핀은 어떻게 조립시킬 것인지?

리프트 핀은 링크와 슬라이더를 연결 조립하는 부품으로 링크의 리프트 핀 구멍과 리프트 핀의 바깥 원통면이 동심되도록 조립하며 링크에서 빠지지 않도록 해야 하므로 링크 중간 면과 리프트 핀 중간 면이 일치하도록 메이트 하면 된다.

수행 : 리프트 핀 부품 조립하기

① 메뉴 가운데 메이트를 선택한다.
② 리프트 핀 바깥쪽 면과 링크 리프트 핀 구멍 안쪽 면이 동심되도록 메이트 한다.
③ 링크의 우측면과 리프트 핀의 우측면이 거리 12 ㎜가 되도록 유지하면서 일치되도록 그림 4-2-13과 같이 메이트 한다.

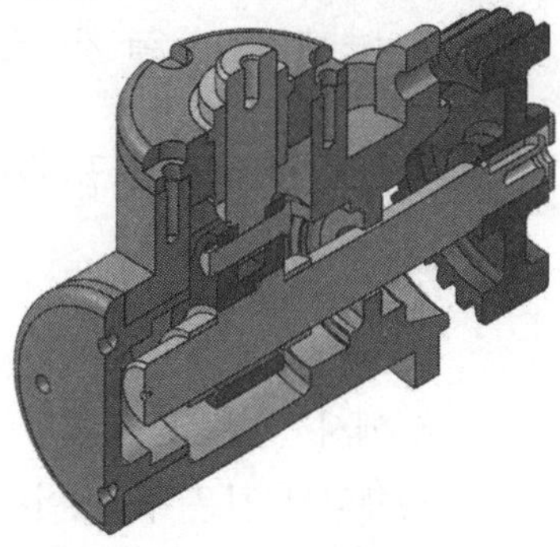
그림 4-2-13 조립 연결핀 모습

(14) 오일 실 조립

생각하기 : 오일 실은 어떻게 조립시킬 것인지?

오일 실은 베어링의 오일 유출을 막기 위한 목적으로 하우징에 조립하는 부품으로 하우징의 내부 원통면과 오일 실의 바깥 원통면이 동심되도록 조립한다. 또한 하우징에서 빠지지 않도록 해야 하므로 하우징의 옆면과 오일 실의 옆면이 일치하도록 메이트 하면 된다.

수행 : 오일 실 부품 조립하기

① 메뉴 가운데 메이트를 선택한다.
② 하우징의 내부 원통면과 오일 실의 바깥 원통면이 동심되도록 메이트 한다.
③ 하우징의 옆면과 오일 실의 옆면이 일치되도록 그림 4-2-14와 같이 메이트 한다.

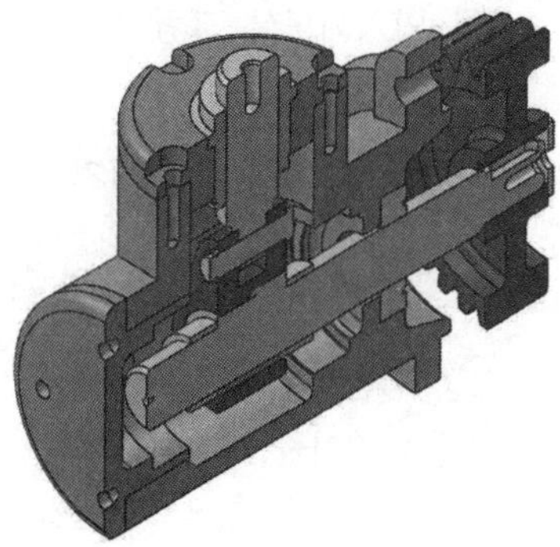
그림 4-2-14 오일 실 조립 모습

(15) 두 개의 베어링 조립

생각하기 : 베어링은 어떻게 조립시킬 것인지?

베어링은 회전축을 마찰이 적게 회전하도록 하는 부품으로 축의 지름을 고려하여 깊은 볼 베어링을 선택하기로 한다. 베어링은 회전축의 원통면과 베어링의 안쪽 구멍 내면을 동심으로 조립하며 베어링 고정링1에서 벗어나지 않도록 칼라1의 옆면과 베어링 옆면이 일치 메이트를 해주면 될 것으로 생각된다.

수행 : 베어링 부품 조립하기

① 부품 삽입을 클릭한다.
② 오른쪽 설계라이브러리를 클릭한다.
③ KS에서 베어링을 클릭한다.
④ 62계열의 깊은 볼 베어링을 drag&drop하여 어셈블리 창에 갖다 놓는다.
⑤ 속성을 KS B 2023 S62-6202-S-C로 설정한다. 즉, 크기 6202로 한다.
⑥ 메뉴 가운데 메이트를 선택한다.
⑦ 2개의 베어링의 구멍 안쪽 면과 회전축 바깥 면이 동심되도록 메이트 한다.
⑧ 2개의 베어링의 옆면과 칼라1의 양쪽 옆면이 일치되도록 그림 4-2-15와 같이 메이트 한다.

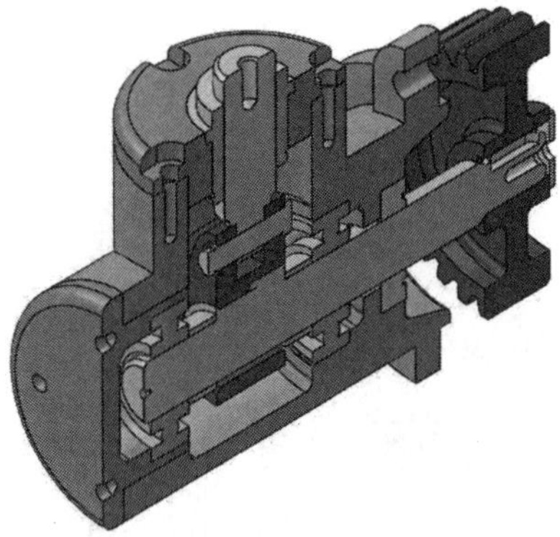

그림 4-2-15
2개의 베어링 조립모습

(16) C형 멈춤링 부품 삽입하기

생각하기 : C형 멈춤링은 어떻게 조립시킬 것인지?

C형 멈춤링은 가이드 부시를 고정하도록 하는 부품으로 고정링과 같은 역할을 하지만 고정링을 잡아줄 부분이 없으면 축에 홈을 파서 멈춤링을 삽입하는 방법을 강구한다. 이러한 의미에서 멈춤링은 가이드 부시의 이미 파여진 홈 부분에 조립되며 조립 방법은 가이드 부시와 멈춤링을 동심 조립하고 나서 가이드 부시 홈의 옆면과 멈춤링의 옆면이 일치하도록 조립하여 멈춤링의 이탈을 방지한다.

수행 : C형 멈춤링 부품 조립하기

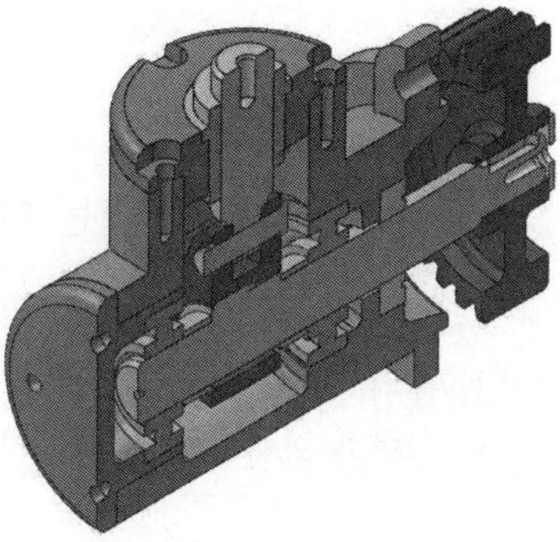

그림 4-2-16
C형 멈춤링 조립모습

① 부품 삽입을 클릭한다.
② 오른쪽 설계라이브러리를 클릭한다.
③ KS에서 C형 멈춤링을 클릭한다.
④ 외부 멈춤링을 클릭하여 C형 멈춤링을 drag&drop 하여 어셈블리 창에 갖다 놓는다.
⑤ 속성을 KS 1336 E-20으로 설정한다. 즉, 크기를 축의 지름에 맞춰 20으로 한다.
⑥ 메뉴 가운데 메이트를 선택한다.
⑦ 멈춤링의 안쪽 원통면과 가이드 부시 바깥 원통면이 동심되도록 메이트 한다.
⑧ 멈춤링의 옆면과 가이드 부시 홈 옆면이 일치되도록 그림 4-2-16과 같이 메이트 한다.

(17) E형 멈춤링 조립

생각하기 : E형 멈춤링은 어떻게 조립시킬 것인지?

E형 멈춤링은 리프트 핀이 링크에서 빠지지 않도록 잡아주는 부품으로 리프트 핀의 바깥 원통면과 멈춤링 구멍이 동심이 되도록 조립하며 리프트 핀이 일정 위치에 있도록 하기 위해서는 리프트 핀 머리가 일정 거리를 항상 유지해야 한다. 또한 간섭이 일어나지 않도록 리프트 핀의 조립 형태가 링크 바깥 면과 수평하게 유지하도록 조립하는 것이 좋을 것으로 생각된다.

수행 : E형 멈춤링 부품 조립하기

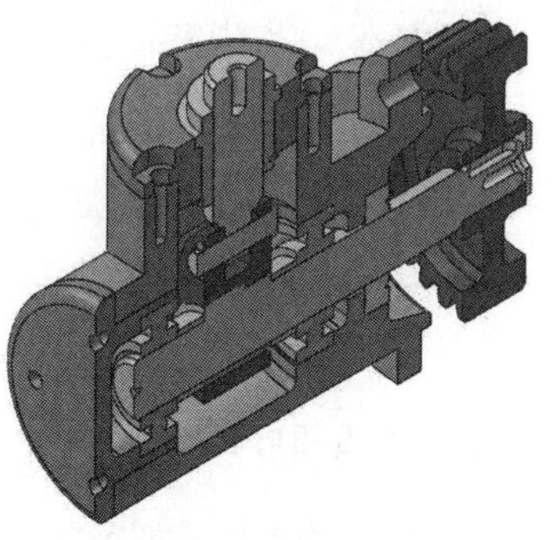

그림 4-2-17
E형 멈춤링 조립모습

① 부품 삽입을 클릭한다.
② 오른쪽 설계라이브러리를 클릭한다.
③ KS에서 E형 멈춤링을 클릭한다.
④ 외부 멈춤링을 클릭하여 E형 멈춤링을 drag&drop하여 어셈블리 창에 갖다 놓는다.
⑤ 속성을 KS 1337-4으로 설정한다.
⑥ 메뉴 가운데 메이트를 선택한다.

⑦ 멈춤링의 안쪽 원통면과 리프트 핀의 바깥 원통면이 동심되도록 메이트 한다.

⑧ 멈춤링의 옆면과 리프트 핀 홈 옆면이 일치되도록 그림 4-2-17과 같이 메이트 한다.

(18) 스프링 와셔 조립

생각하기 : 스프링 와셔는 어떻게 조립시킬 것인지?

스프링 와셔는 회전축에 끼워져 볼트나사로 스퍼기어를 고정시키는데 사용되는 부품으로 칼라2의 원통 면과 와셔의 구멍 안쪽 면이 동심되도록 하며 와셔가 칼라2에 붙도록 칼라2의 옆면과 와셔의 옆면이 일치하도록 조립한다.

수행 : 와셔 부품 조립하기

① 부품 삽입을 클릭한다.

② 오른쪽 설계라이브러리를 클릭한다.

③ KS에서 와셔의 스프링 와셔를 클릭한다.

④ 와셔를 drag&drop하여 어셈블리 창에 갖다 놓는다.

⑤ 속성을 KS 1324 -M4로 설정한다.

⑥ 메뉴 가운데 메이트를 선택한다.

⑦ 칼라2의 원통 면과 와셔의 구멍 안쪽 면이 동심이 되도록 메이트 한다.

그림 4-2-18
스프링 와셔 조립 모습

⑧ 칼라2의 옆면과 와셔의 옆면이 일치되도록 그림 4-2-18과 같이 메이트 한다.

(19) 육각머리 볼트1 조립

생각하기 : 육각머리 볼트는 어떻게 조립시킬 것인지?

육각머리 볼트는 스퍼기어가 이탈하지 않도록 고정하는 부품으로 스프링 와셔와 육각머리 볼트를 동심 조립하고 나서 와셔의 옆면과 육각머리 볼트의 옆면이 일치하도록 조립하여 스퍼기어의 이탈을 방지한다.

수행 : 육각머리 볼트 부품 조립하기

① 부품 삽입을 클릭한다.

② 오른쪽 설계라이브러리를 클릭한다.

그림 4-2-19
육각머리 볼트1 조립모습

③ KS에서 볼트의 육각머리 볼트를 클릭한다.
④ 육각머리 볼트를 drag&drop하여 어셈블리 창에 갖다 놓는다.
⑤ 속성을 KS 1003 M4-12로 설정한다.
⑥ 메뉴 가운데 메이트를 선택한다.
⑦ 볼트의 바깥쪽 면과 스프링 와셔 안쪽 면이 동심되도록 메이트 한다.
⑧ 볼트의 옆면과 볼트머리 옆면이 일치되도록 그림 4-2-19와 같이 메이트 한다.

(19) 4개의 육각머리 볼트2 조립

생각하기 : 4개의 육각머리 볼트2는 어떻게 조립시킬 것인지?

4개의 육각머리 볼트2는 하우징 커버와 하우징을 고정시키는데 사용되는 부품으로 하우징 커버 카운터보어 구멍 면과 육각머리 볼트2의 바깥쪽 면이 동심이 되도록 하며 육각머리 볼트2가 하우징 커버에 붙도록 하우징 커버 윗면과 육각머리 볼트2의 밑면이 일치하도록 조립한다.

수행 : 4개의 육각머리 볼트2 부품 조립하기

그림 4-2-20
4개의 육각머리 볼트2 조립모습

① 부품 삽입을 클릭한다.
② 오른쪽 설계라이브러리를 클릭한다.
③ KS에서 볼트 나사의 육각머리 볼트를 클릭한다.
④ 육각머리 볼트를 drag&drop하여 어셈블리 창에 갖다 놓는다.
⑤ 속성을 KS 1003-M4×14로 설정한다.
⑥ 메뉴 가운데 메이트를 선택한다.
⑦ 4개의 육각머리 볼트의 바깥쪽 면과 하우징 커버 카운터보어의 구멍 안쪽이 동심이 되도록 메이트 한다.
⑧ 4개의 육각머리 볼트의 밑면과 하우징 커버 카운터보어 면이 일치되도록 그림 4-2-20과 같이 메이트 한다.

(20) 평행키 조립

생각하기 : 평행키는 어떻게 조립시킬 것인지?

평행키는 스퍼기어를 회전축과 일체가 되어 회전하도록 하는 부품으로 회전축의 평행키 부분의 윗면 및 옆면이 평행키 밑면과 옆면과 일치하도록 조립한다.

수행 : 평행키 부품 조립하기

① 부품 삽입을 클릭한다.
② 오른쪽 설계라이브러리를 클릭한다.
③ KS에서 키의 평행키를 클릭한다.
④ 평행키를 drag&drop하여 어셈블리 창에 갖다 놓는다.
⑤ 속성을 KS 1311 PK-4×4-13으로 설정한다.
⑥ 메뉴 가운데 메이트를 선택한다.
⑦ 평행키의 밑면과 회전축 평행키 홈 윗면이 일치되도록 메이트 한다.
⑧ 평행키의 옆면과 회전축 평행키 홈 옆면이 일치되도록 그림 4-2-21과 같이 메이트 한다.

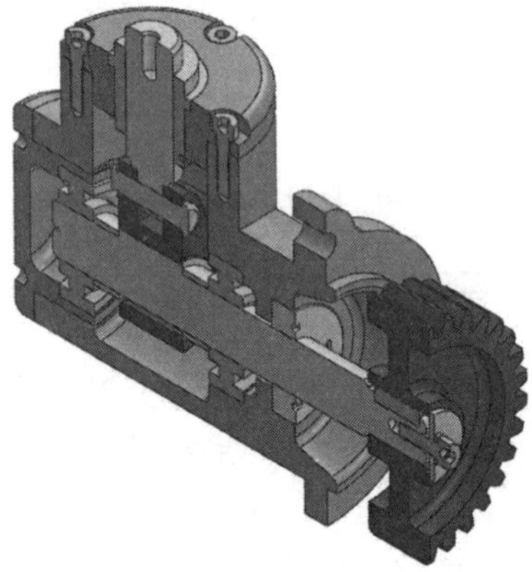

그림 4-2-21 평행키 조립 모습

(22) 저장하기

수행 : 최종 형상 저장하기

① 저장 도구(💾)에서 다른 이름으로 저장하기를 클릭한다.
② 저장할 디렉토리를 정하고 파일이름을 "편심왕복장치"로 한다.
③ 저장 버튼을 클릭한다.

2-2-1-2 부품간의 간섭 체크

생각하기 : 어느 부분의 간섭체크가 중요한가?

편심왕복 장치의 경우 편심 축의 회전에 따른 링크의 회전에 의해 슬라이더가 직선 왕복운동을 전달하는 형태이므로 편심 축 및 슬라이더의 조립 부분을 특히 주의 깊게 간섭 체크할 필요가 있다.

수행 : 부품간의 간섭 체크하기

① 계산 탭에서 간섭탐지 도구( )을 선택한다.
② 선택 부품이 “편심왕복 장치.sldasm”인지 확인한다.
③ 선택 부품 밑의 계산을 클릭한다.
④ 결과에 간섭 상태가 나타난다. 이 때 해당 부분을 클릭하면 그림 4-2-22에서 여러 개의 간섭이 일어났는데 이것은 볼트 및 와셔와 같은 체결 부품으로 무시해도 되는 부분이다.
⑤ 확인 버튼을 클릭한다.

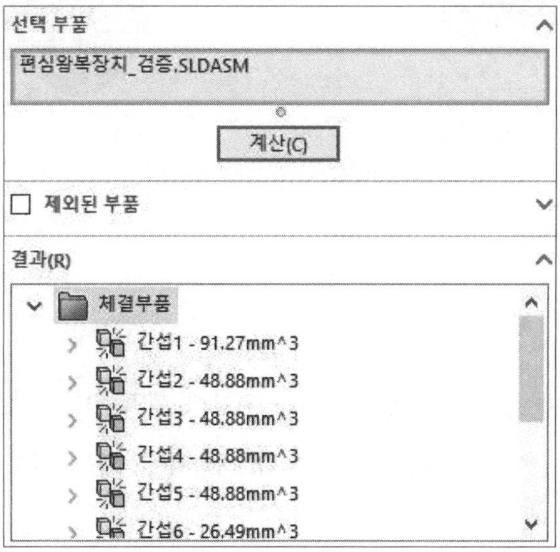

그림 4-2-22 간섭 체크

2-2-1-3 등각 보기

생각하기 : 장치를 명확하게 보여기 위해서는 어떻게 하면 좋을까?

편심왕복 장치는 왼쪽과 오른쪽의 형상이 다르다. 따라서 양쪽 부분이 잘 보이도록 해야 명확하게 장치의 조립 형상을 전달할 필요가 있다. 따라서 왼쪽 좌측 위 등각방향과 오른쪽 우측 위 등각방향으로 표현해야 명확한 전달이 될 수 있다.

수행 : 등각 View 설정하기

① 뷰 방향(아이콘)을 클릭한다.
② 첫 번째는 그림 4-2-23 (a)와 같이 왼쪽의 좌측 위 등각 보기를 선택한다.
③ 두 번째는 그림 4-2-23 (b)와 같이 오른쪽의 우측 아래 등각 보기를 선택한다.

(a) 좌측 위 등각 보기 (b) 우측 아래 등각 보기

그림 4-2-23 동력전달 장치의 2방향의 등각 보기

2-2-1-4 장치의 모션 체크

생각하기 : 장치의 슬라이더 운동 확인은 어떻게 해야 하는 것인지?

슬라이더의 스트로크가 4 ㎜로 설계하였다. 따라서 조립된 장치의 스퍼기어 회전에 따른 슬라이더의 최대 변위가 어느 정도인지 확인할 필요가 있다.

(1) 초기 위치 설정

수행 : 초기 위치 설정

① 초기 위치를 상사점에 위치하기 위해 그림 4-2-24와 같이 편심 축의 정면과 링크의 정면을 일치시키고 "위치 배치에만"을 설정한다.
② 확인을 클릭한다.

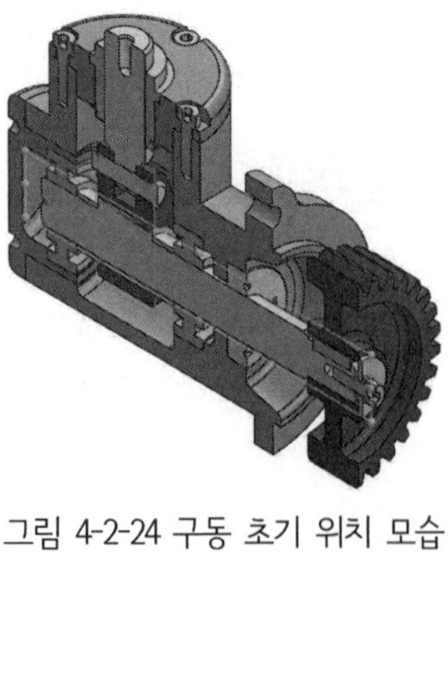

그림 4-2-24 구동 초기 위치 모습

수행 : 모터 설정

① 기어에 구동을 주기 위해 모델 탭 옆의 모션 스터디 탭을 클릭한다.
② 동을 위한 모터 를 선택한다.
③ 모터 유형을 원형 모터로 선택한다.
④ 부품/방향에서 모터 위치는 회전 구동을 위해 원동 기어로 한다.
⑤ 그림 4-2-25와 같이 모터 방향을 적용한다.
⑥ 확인을 클릭한다.

그림 4-2-25 모터 설정 모습

(2) 제어 모션 설정

수행 : 모션 설정

① 모션은 모터 속성 창의 모션 설정에서 방정식을 선택한다.
② 방정식을 선택하고 클릭하면 함수 작성기 창이 나타난다.
③ 함수는 ABS()로 하고 기어가 5초에 1회전 구동으로 방정식은 72*ABS(time)로 한다.
④ 확인을 클릭한다.

수행 : 모션 스터디 계산하기

① 애니메이션의 모션 스터디 계산하기( )를 클릭하여 설정된 모터의 구동 조건을 계산한다.
② 잘 구동되는지를 확인한다.

(3) 동영상 저장

수행 : 애니메이션 파일 저장하기

정확한 구동을 확인하였으면 구동된 파일을 동영상으로 제작해본다.

① 애니메이션으로 저장( )을 클릭한다.
② 애니메이션 파일로의 창이 나타난다.
③ 파일 이름을 “편심왕복장치”로 저장한다.
④ 비디오 압축 창이 나타나고 확인을 누른다.

⑤ 저장하기 전에 다시 계산할 것인지 묻는 창이 나타나면 예를 누른다.

⑥ 기어가 동작하면서 동영상으로 저장된다.

(4) 모션 해석 및 분석

수행 : 모션 해석

① 애니메이션 탭을 모션 해석으로 변경한다.

② 모션 스터디 계산하기( )를 클릭하여 다시 한 번 구동시킨다.

③ 결과와 플롯( )을 클릭한다.

슬라이더의 선형 변위는 그림 4-2-26 (a), 모터의 각 변위는 그림 4-2-26 (b)와 같이 나타난다.

따라서 모터 1회전에 대해 슬라이더의 왕복 선형 변위는 4 ㎜로 편심왕복장치의 설계는 올바르다고 판단할 수 있다.

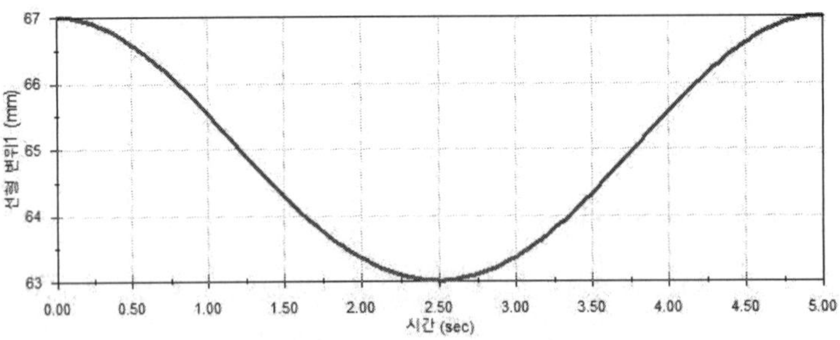

(a) 슬라이더의 출력 결과

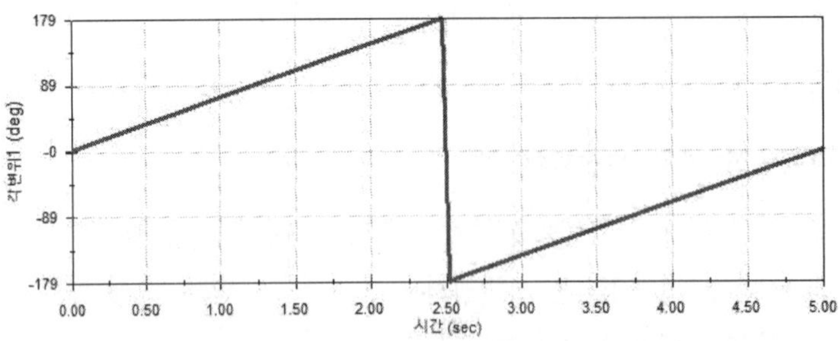

(b) 모터 1회전의 입력 결과

그림 4-2-26 모터의 1회전에 따른 슬라이더 왕복직선 변위 그래프

2-1-2 분해 형상모델링

(1) 작업준비

수행 : 분해도 선택

① 어셈블리 탭에서 분해도( )를 선택한다.

(2) 베어링커버 분해

수행 : x축 방향 분해

① 분해도 창에서 분해 하고자 하는 베어링커버를 클릭한다.
② 분해할 방향(분해 창의 x축 방향)을 선택한다. 방향이 반대이면 분해도 창의 화살표를 클릭한다.
③ 분해 거리는 240 ㎜로 한다.
④ "적용"을 누르고 적절한 거리인지 확인한다.
⑤ 거리가 확정되면 완료를 클릭한다(그림 4-2-27).

수행 : y축 방향 분해

① 분해도 창에서 분해 하고자 하는 베어링커버를 클릭한다.
② 분해할 방향(분해 창의 y축 방향)을 선택한다. 방향이 반대이면 분해도 창의 화살표를 클릭한다.
③ 분해 거리는 140 ㎜로 한다.
④ "적용"을 누르고 적절한 거리인지 확인한다.
⑤ 거리가 확정되면 완료를 클릭한다(그림 4-2-27).

그림 4-2-27 베어링커버 분해 모습

(3) 왼쪽 베어링 분해

수행 : x축 방향 분해

① 분해도 창에서 분해 하고자 하는 왼쪽 베어링을 클릭한다.

② 분해할 방향(분해 창의 x축 방향)을 선택한다. 방향이 반대이면 분해도 창의 화살표를 클릭한다.

③ 분해 거리는 210 ㎜로 한다.

④ "적용"을 누르고 적절한 거리인지 확인한다.

⑤ 거리가 확정되면 완료를 클릭한다(그림 4-2-28).

수행 : y축 방향 분해

① 분해도 창에서 분해 하고자 하는 왼쪽 베어링을 클릭한다.

② 분해할 방향(분해 창의 x축 방향)을 선택한다. 방향이 반대이면 분해도 창의 화살표를 클릭한다.

③ 분해 거리는 140 ㎜로 한다.

④ "적용"을 누르고 적절한 거리인지 확인한다.

⑤ 거리가 확정되면 완료를 클릭한다(그림 4-2-28).

그림 4-2-28 왼쪽 베어링 분해 모습

(4) 왼쪽 칼라1 분해

수행 : x축 방향 분해

① 분해도 창에서 분해 하고자 하는 칼라1을 클릭한다.

② 분해할 방향(분해 창의 x축 방향)을 선택한다. 방향이 반대이면 분해도 창의 화살표를 클릭한다.

③ 분해 거리는 190 ㎜로 한다.

④ “적용”을 누르고 적절한 거리인지 확인한다.

⑤ 거리가 확정되면 완료를 클릭한다(그림 4-2-29).

수행 : y축 방향 분해

① 분해도 창에서 분해 하고자 하는 칼라1을 클릭한다.

② 분해할 방향(분해 창의 x축 방향)을 선택한다. 방향이 반대이면 분해도 창의 화살표를 클릭한다.

③ 분해 거리는 370 ㎜로 한다.

④ “적용”을 누르고 적절한 거리인지 확인한다.

⑤ 거리가 확정되면 완료를 클릭한다(그림 4-2-29).

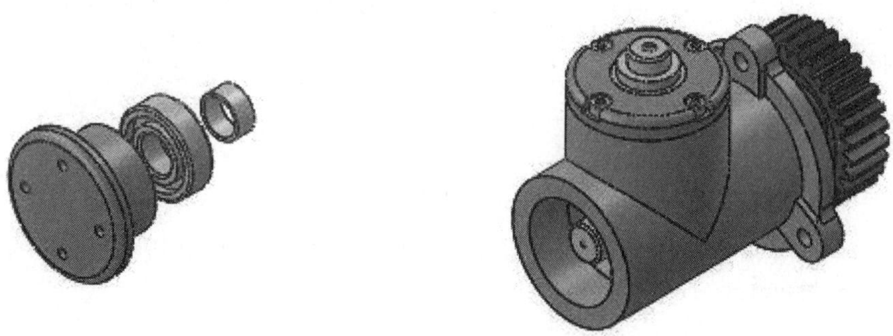

그림 4-2-29 베어링 고정링2 분해 모습

(5) 편심 축 분해

수행 : x축 방향 분해

① 분해도 창에서 분해 하고자 하는 편심 축을 클릭한다.

② 분해할 방향(분해 창의 x축 방향)을 선택한다. 방향이 반대이면 분해도 창의 화살표를 클릭한다.

③ 분해 거리는 160 ㎜로 한다.

④ “적용”을 누르고 적절한 거리인지 확인한다.

⑤ 거리가 확정되면 완료를 클릭한다(그림 4-2-30).

수행 : y축 방향 분해

① 분해도 창에서 분해 하고자 하는 편심 축을 클릭한다.
② 분해할 방향(분해 창의 y축 방향)을 선택한다. 방향이 반대이면 분해도 창의 화살표를 클릭한다.
③ 분해 거리는 140 ㎜로 한다.
④ "적용"을 누르고 적절한 거리인지 확인한다.
⑤ 거리가 확정되면 완료를 클릭한다(그림 4-2-30).

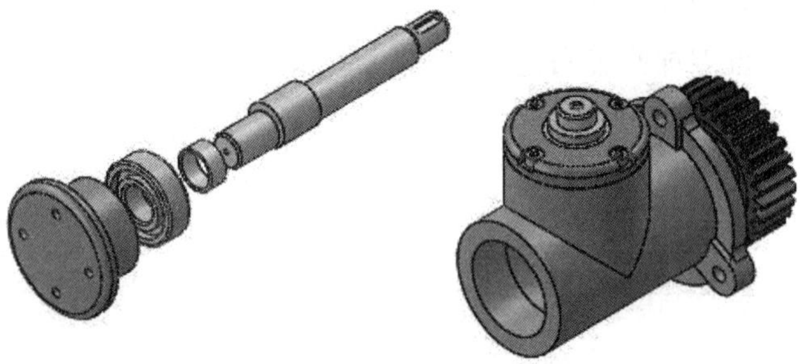

그림 4-2-30 편심 축의 분해 모습

(6) 평행키 분해

수행 : x축 방향 분해

① 분해도 창에서 분해 하고자 하는 평행키를 클릭한다.
② 분해할 방향(분해 창의 x축 방향)을 선택한다. 방향이 반대이면 분해도 창의 화살표를 클릭한다.
③ 분해 거리는 160 ㎜로 한다.
④ "적용"을 누르고 적절한 거리인지 확인한다.
⑤ 거리가 확정되면 완료를 클릭한다.

수행 : y축 방향 분해

① 분해도 창에서 분해 하고자 하는 평행키를 클릭한다.
② 분해할 방향(분해 창의 y축 방향)을 선택한다. 방향이 반대이면 분해도 창의 화살표를 클릭한다.
③ 분해 거리는 150 ㎜로 한다.

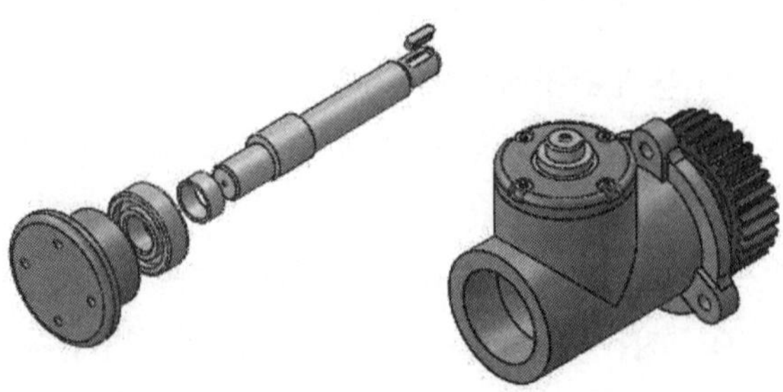

그림 4-2-31 평행키의 분해 모습

④ "적용"을 누르고 적절한 거리인지 확인한다.
⑤ 거리가 확정되면 완료를 클릭한다(그림 4-2-31).

(7) 가이드 부시 분해

수행 : y축 방향 분해

① 분해도 창에서 분해 하고자 하는 가이드 부시를 클릭한다.
② 분해할 방향(분해 창의 y축 방향)을 선택한다. 방향이 반대이면 분해도 창의 화살표를 클릭한다.
③ 분해 거리는 235 ㎜로 한다.
④ "적용"을 누르고 적절한 거리인지 확인한다.
⑤ 거리가 확정되면 완료를 클릭한다(그림 4-2-32).

그림 4-2-32 가이드 부시의 분해 모습

(8) 슬라이더 분해

수행 : y축 방향 분해

① 분해도 창에서 분해 하고자 하는 슬라이더를 클릭한다.
② 분해할 방향(분해 창의 y축 방향)을 선택한다. 방향이 반대이면 분해도 창의 화살표를 클릭한다.
③ 분해 거리는 130 ㎜로 한다.
④ "적용"을 누르고 적절한 거리인지 확인한다.
⑤ 거리가 확정되면 완료를 클릭한다(그림 4-2-33).

그림 4-2-33 슬라이더의 분해 모습

(9) 링크 분해

수행 : **y축 방향 분해**

① 분해도 창에서 분해 하고자 하는 링크를 클릭한다.
② 분해할 방향(분해 창의 y축 방향)을 선택한다. 방향이 반대이면 분해도 창의 화살표를 클릭한다.
③ 분해 거리는 110 ㎜로 한다.
④ "적용"을 누르고 적절한 거리인지 확인한다.
⑤ 거리가 확정되면 완료를 클릭한다(그림 4-2-34).

(10) C형 멈춤링 분해

수행 : **y축 방향 분해**

① 분해도 창에서 분해 하고자 하는 멈춤링을 클릭한다.
② 분해할 방향(분해 창의 y축 방향)을 선택한다. 방향이 반대이면 분해도 창의 화살표를 클릭한다.
③ 분해 거리는 175 ㎜로 한다.
④ "적용"을 누르고 적절한 거리인지 확인한다.
⑤ 거리가 확정되면 완료를 클릭한다(그림 4-2-35).

그림 4-2-34 링크의 분해 모습

그림 4-2-35 C형 멈춤링의 분해 모습

(11) 하우징커버 분해

수행 : y축 방향 분해

① 분해도 창에서 분해 하고자 하는 하우징커버를 클릭한다.

② 분해할 방향(분해 창의 y축 방향)을 선택한다. 방향이 반대이면 분해도 창의 화살표를 클릭한다.

③ 분해 거리는 190 ㎜로 한다.

④ "적용"을 누르고 적절한 거리인지 확인한다.

⑤ 거리가 확정되면 완료를 클릭한다(그림 4-2-36).

(12) 4개의 육각머리 볼트2 분해하기

수행 : y축 방향 분해

① 분해도 창에서 분해 하고자 하는 4개의 육각머리 볼트2를 클릭한다.

② 분해할 방향(분해 창의 y축 방향)을 선택한다. 방향이 반대이면 분해도 창의 화살표를 클릭한다.

③ 분해 거리는 270 ㎜로 한다).

④ "적용"을 누르고 적절한 거리인지 확인한다.

⑤ 거리가 확정되면 완료를 클릭한다(그림 4-2-37).

그림 4-2-36 하우징커버의 분해 모습

그림 4-2-37 4개 육각머리 볼트의 분해 모습

(13) E형 멈춤링 분해

수행 : y축 방향 분해

① 분해도 창에서 분해 하고자 하는 연결핀을 클릭한다.
② 분해할 방향(분해 창의 y축 방향)을 선택한다. 방향이 반대이면 분해도 창의 화살표를 클릭한다.
③ 분해 거리는 110 ㎜로 한다.
④ "적용"을 누르고 적절한 거리인지 확인한다.
⑤ 거리가 확정되면 완료를 클릭한다.

수행 : x축 방향 분해

① 분해도 창에서 분해 하고자 하는 연결핀을 클릭한다.
② 분해할 방향(분해 창의 x축 방향)을 선택한다. 방향이 반대이면 분해도 창의 화살표를 클릭한다.
③ 분해 거리는 20 ㎜로 한다.
④ "적용"을 누르고 적절한 거리인지 확인한다.
⑤ 거리가 확정되면 완료를 클릭한다(그림 4-2-38).

그림 4-2-38 E형 멈춤링의 분해 모습

그림 4-2-39 리프트 축의 분해 모습

(14) 리프트 축 분해

수행 : y축 방향 분해

① 분해도 창에서 분해 하고자 하는 분할핀을 클릭한다.
② 분해할 방향(분해 창의 y축 방향)을 선택한다. 방향이 반대이면 분해도 창의 화살표를 클릭한다.
③ 분해 거리는 110 ㎜로 한다.
④ "적용"을 누르고 적절한 거리인지 확인한다.
⑤ 거리가 확정되면 완료를 클릭한다.

수행 : x축 방향 분해

① 분해도 창에서 분해 하고자 하는 분할핀을 클릭한다.
② 분해할 방향(분해 창의 x축 방향)을 선택한다. 방향이 반대이면 분해도 창의 화살표를 클릭한다.
③ 분해 거리는 40 ㎜로 한다.
④ "적용"을 누르고 적절한 거리인지 확인한다.
⑤ 거리가 확정되면 완료를 클릭한다(그림 4-2-39).

(15) 오른쪽 칼라1 분해

수행 : x축 방향 분해

① 분해도 창에서 분해 하고자 하는 오른쪽 칼라1을 클릭한다.
② 분해할 방향(분해 창의 x축 방향)을 선택한다. 방향이 반대이면 분해도 창의 화살표를 클릭한다.
③ 분해 거리는 120 ㎜로 한다.
④ "적용"을 누르고 적절한 거리인지 확인한다.
⑤ 거리가 확정되면 완료를 클릭한다(그림 4-2-40).

그림 4-2-40
오른쪽 칼라1의 분해 모습

(16) 오른쪽 베어링 분해

수행 : x축 방향 분해

① 분해도 창에서 분해 하고자 하는 오른쪽 베어링을 클릭한다.

② 분해할 방향(분해 창의 x축 방향)을 선택한다. 방향이 반대이면 분해도 창의 화살표를 클릭한다.

③ 분해 거리는 100 ㎜로 한다.

④ "적용"을 누르고 적절한 거리인지 확인한다.

⑤ 거리가 확정되면 완료를 클릭한다(그림 4-2-41).

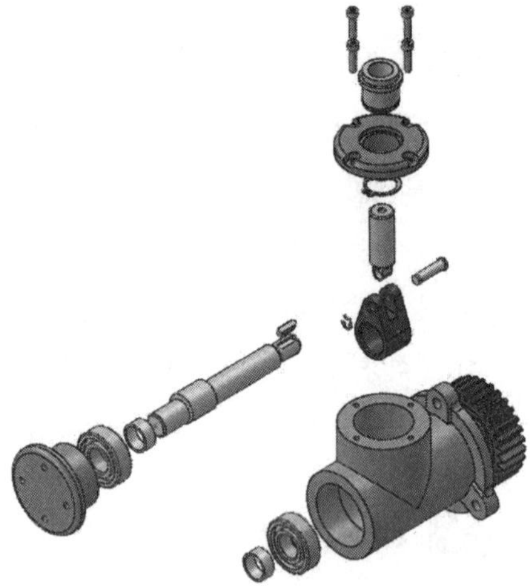

그림 4-2-41
오른쪽 베어링의 분해 모습

(17) 육각머리 볼트1 분해

수행 : x축 방향 분해

① 분해도 창에서 분해 하고자 하는 육각머리 볼트1을 클릭한다.

② 분해할 방향(분해 창의 x축 방향)을 선택한다. 방향이 반대이면 분해도 창의 화살표를 클릭한다.

③ 분해 거리는 110 ㎜로 한다.

④ "적용"을 누르고 적절한 거리인지 확인한다.

⑤ 거리가 확정되면 완료를 클릭한다(그림 4-2-42).

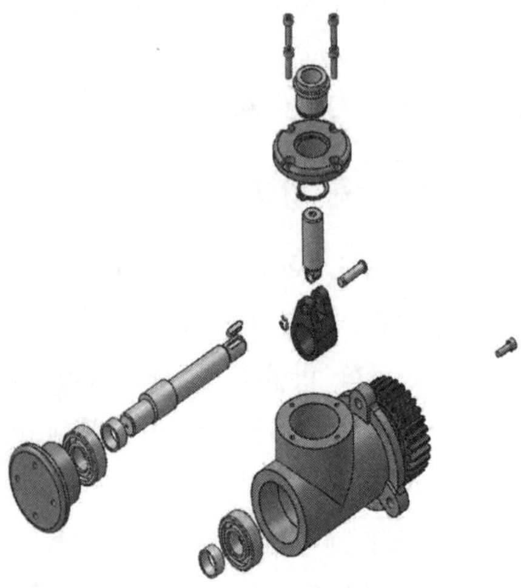

그림 4-2-42 육각머리 볼트1의 분해 모습

(18) 칼라2 분해하기

수행 : x축 방향 분해

① 분해도 창에서 분해 하고자 하는 칼라2를 클릭한다.

② 분해할 방향(분해 창의 x축 방향)을 선택한다. 방향이 반대이면 분해도 창의 화살표를 클릭한다.

③ 분해 거리는 70 ㎜로 한다.

④ "적용"을 누르고 적절한 거리인지 확인한다.

⑤ 거리가 확정되면 완료를 클릭한다(그림 4-2-43).

그림 4-2-43 칼라2의 분해 모습

(19) 와셔 분해하기

수행 : X축 방향 분해

① 분해도 창에서 분해 하고자 하는 와셔를 클릭한다.

② 분해할 방향(분해 창의 x축 방향)을 선택한다. 방향이 반대이면 분해도 창의 화살표를 클릭한다.

③ 분해 거리는 85 ㎜로 한다.

④ "적용"을 누르고 적절한 거리인지 확인한다.

⑤ 거리가 확정되면 완료를 클릭한다(그림 4-2-44).

그림 4-2-44 와셔의 분해 모습

(20) 스퍼기어 분해

수행 : x축 방향 분해

① 분해도 창에서 분해 하고자 하는 스퍼기어를 클릭한다.

② 분해할 방향(분해 창의 x축 방향)을 선택한다. 방향이 반대이면 분해도 창의 화살표를 클릭한다.

③ 분해 거리는 40 ㎜로 한다.

④ "적용"을 누르고 적절한 거리인지 확인한다.

⑤ 거리가 확정되면 완료를 클릭한다(그림 4-2-45).

그림 4-2-45 스퍼기어의 분해 모습

(21) 오일 실 분해

수행 : x축 방향 분해

① 분해도 창에서 분해 하고자 하는 오일 실을 클릭한다.

② 분해할 방향(분해 창의 x축 방향)을 선택한다. 방향이 반대이면 분해도 창의 화살표를 클릭한다.

③ 분해 거리는 35 ㎜로 한다.

④ "적용"을 누르고 적절한 거리인지 확인한다.

⑤ 거리가 확정되면 완료를 클릭한다(그림 4-2-46).

그림 4-2-46 오일 실의 분해 모습

(22) 저장하기

수행 : 최종 형상 저장하기

① 저장 도구(💾)에서 다른 이름으로 저장하기를 클릭한다.

② 저장할 디렉토리를 정하고 파일이름을 "편심왕복장치"로 한다.

③ 저장 버튼을 클릭한다.

2-3 학습 정리

2-3-1 조립 및 분해 형상모델링의 이력 종합정리

① 편심왕복 장치의 조립 형상모델링이 그림 4-2-47와 같이 메이트에 의해 조립이 완성되었는지 확인한다. 만일 다르다면 어떤 점이 다르며 문제가 없는지를 체크한다.

② 편심왕복 장치의 분해 형상모델링이 그림 4-2-48과 같이 26단계의 분해로 이루어졌는지 확인한다. 만일 다르다면 어떤 점이 다르며 문제가 없는지를 체크한다.

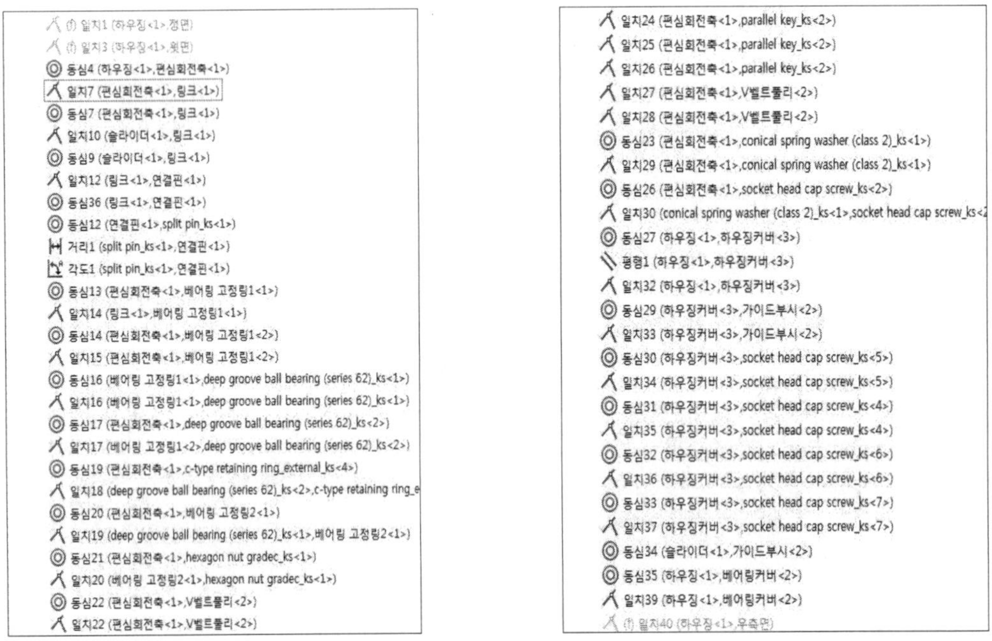

그림 4-2-47 편심왕복 장치 조립 형상모델링의 생성 이력

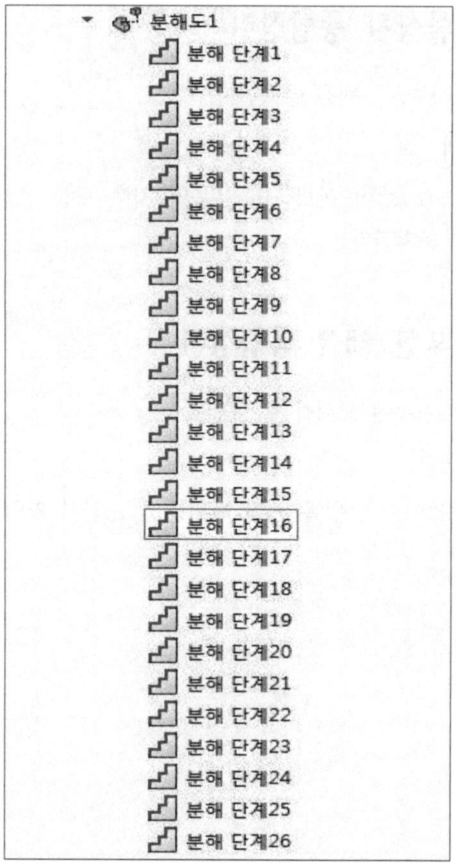

그림 4-2-48 편심왕복장치의 분해 생성 이력

2-3-2 조립 형상모델의 간섭 체크 종합정리

① 계산 탭에서 간섭탐지 도구( )을 선택한다.

② 속성 창이 나타나며 여기서 선택 부품이 "편심왕복 장치"인지 확인한다.

③ 제외된 부품은 고정되는 부분으로 간섭과는 연관 없는 조립 나사를 선택한다.

④ 선택부품 밑의 계산을 클릭한다.

⑤ 간섭이 있다면 어떤 원인인지 확인한다.

⑥ 확인 버튼을 클릭한다.

2-3-3 조립 형상모델의 물성치 종합정리

① 풀다운 메뉴의 도구에서 계산 탭을 클릭한다.

② 물성치( )를 클릭한다.

③ 결과에서 질량이 2076.6그램이 아니라면 부품의 치수 또는 재질이 잘못된 경우이므로 체크하여 질량이 같도록 조치한다.

2-3-4 조립 형상모델의 모션 해석 종합정리

① 모션 스터디에서 스퍼 기어에 모터를 설정한다.

② 모션 스터디 계산을 한다.

③ 모터 1회전에 대해 슬라이더의 왕복 선형 변위는 4 ㎜인지 확인 한다.

2-4 자율 평가

이 자율평가의 목적은 앞에서 익힌 부품의 조립 및 분해 형상모델링 과정에 사용한 기능을 다 이해하고 주어진 문제에 대한 설명이 가능한지를 확인하기 위함이다. 자기 스스로 평가 문제에 답하고 답안을 비교 평가해 봄으로써 본인의 부족한 점에 대해 파악하는 태도를 기르고 부족하다면 다른 사람의 도움을 받거나 본인 스스로 앞의 내용을 더욱 자세히 학습하는 자기주도 학습에 목적이 있다.

2-4-1 자율평가 문제

그림 4-1-2의 편심왕복장치에서 부품이 다음과 같이 주어진 설계 변경 사항에 따라 다음 작업을 실시하라.

(1) 부품 설계 변경 사항

- 그림 4-1-2의 편심왕복장치의 슬라이더 최대 행정거리가 8 ㎜로 변경되며 이 때 부품도 다음의 설계 조건으로 변경하라.

부품 설계 변경 조건
✓ ⑧번 스퍼기어 부품에서 모듈 M:2은 그대로 하고 PCD는 80으로 설계 변경하시오. ✓ ⑫번 부품의 #6202 깊은 홈 볼베어링을 #6203 깊은 홈 볼베어링으로 설계 변경하시오.

- 설계 변경 대상 부품이 변경될 경우 관련되는 다른 부품 역시 조건에 맞도록 설계 변경이 수반 되어야 한다.
- 설계 변경 요구조건과 관계되는 항목만 설계 변경을 실시하며 그 외 관련이 없는 부분은 설계 변경하지 않아야 한다.

(2) 조립 및 분해 모델링도 작업

- 앞의 설계 변경 사항에 따라 변경된 3D 모델링된 부품에 대해 조립 및 분해 모델링 작업을 실시한다.
- 3D 조립 모델링도는 형상을 잘 나타내는 등각축을 잡아서 각 부품 당 2개의 View를 나타낸다.
- 3D 조립 모델링에 대해 스퍼 기어가 1초에 1회전한다고 가정하고 최대 행정 거리가 8 ㎜인지를 모션 해석을 통해 검증한다.

2-4-2 자율평가 답안

(1) 조립 및 분해 모델링도

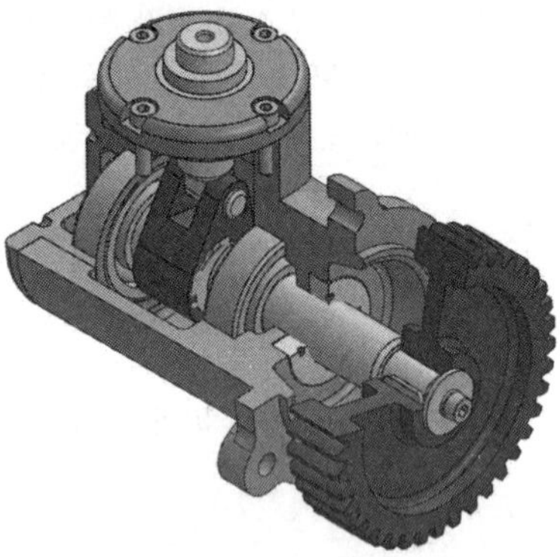

답안그림 2-1 조립 모델링도

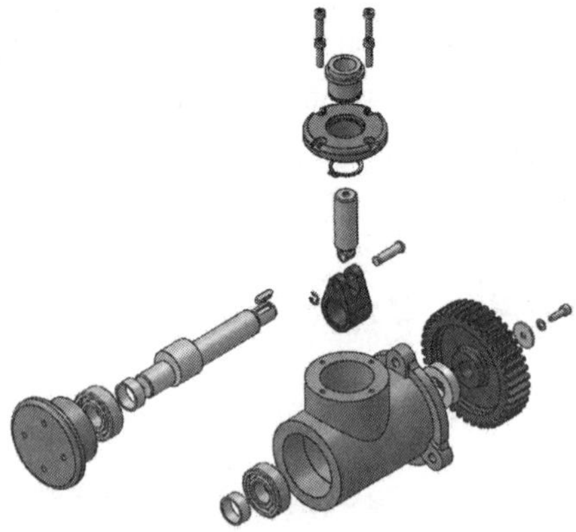

답안그림 2-2 분해 모델링도

(2) 2개의 등각 View

(a) 좌측 위 등각 View

(b) 우측 위 등각 View

답안그림 2-3 2개의 View

(3) 조립 장치의 모션 검증

③ 구동조건

- 스퍼기어의 회전은 모터로부터 1초에 1회전으로 구동된다.
- 슬라이더의 최대 행정길이가 8 ㎜로 구동한다.

④ 검토 사항

- 스퍼기어의 1회전 당 슬라이더의 최대행정길이가 8 ㎜인지를 확인한다.

⑤ 조립 장치의 모션 해석

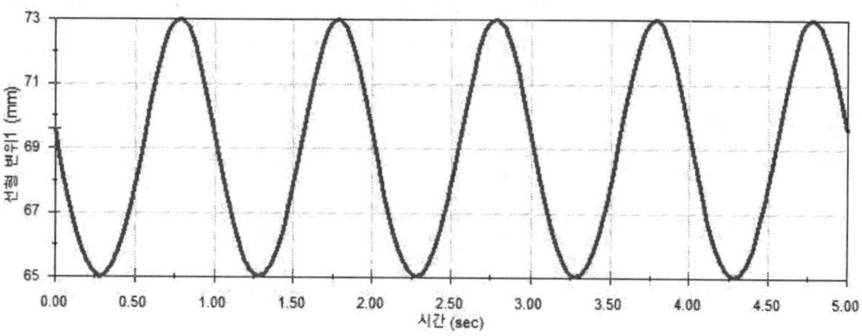

(a) 슬라이더의 출력 결과

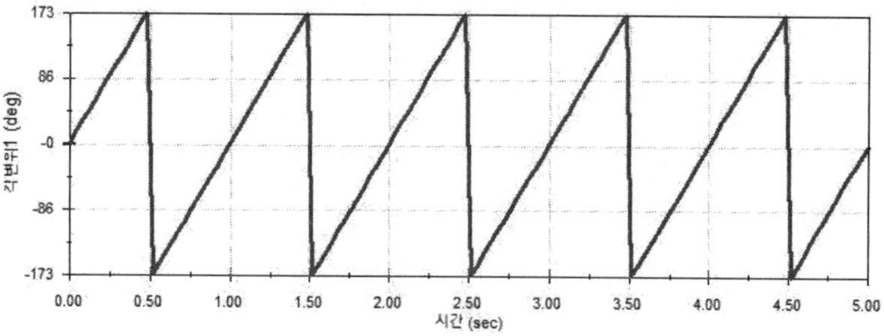

(b) 5초간 모터 회전의 입력 결과

답안 그림 2-4 5초간 모터회전에 따른 슬라이더 왕복직선 변위 그래프

❖답안 그림 2-4 (a)와 같이 슬라이더의 행정거리가 65 ㎜에서 73 ㎜사이를 왕복하므로 설계대로 최대행정거리는 8 ㎜인 것을 확인할 수 있다.

자율평가 결과 점검표

학습자 성명 :	평가 날짜 :
평가 제목 : 편심왕복 장치의 부품 조립 및 분해 형상모델링	

	성취 수준		
	일치했음	일치하지 못했음	일치하지 않은 이유
조립 형상모델링의 질량 일치			
분해 형상모델링의 분해 결과			
등각 보기			
모션 검증			

성취수준 : 위의 모든 항목에 대해 "일치 했음", 즉 완성도 100%로 답하여야 합니다.

만일 "일치하지 못했음"에 답을 했다면 치수 및 설정이 틀렸거나 정면도가 다르다는 의미이므로 그 원인을 찾는 것이 좋을 것이다. 본인의 것이 맞다고 생각하면 일치하지 않아도 좋지만 그 이유를 이유란에 적고 확실한지 다시 한 번 확인 하십시오.

3 도면 작성

3-1 학습준비

3-1-1 관련 지식

3-1-1-1 베어링

기계 장치의 움직임에는 ① 회전운동 ② 직선운동 ③ 나선운동이 있으며, 그 중에 회전운동을 지지, 안내하는 것이 베어링이다.

베어링의 역할은 다음과 같다. ① 축을 부드럽게, 가볍게 회전운동을 안내한다. ② 하중을 지지한다. ③ 회전축의 위치를 결정, 하중이 변하여도 그 위치를 변하지 않도록 한다. ④ 축을 고속으로 회전시킨다.

베어링의 종류에는 구름(ROLLING) 베어링과 미끄럼(PLAIN) 베어링이 있다. 구름베어링은 볼이나 롤러와 같은 전동체를 매개로 회전하며 미끄럼 베어링은 전동체를 사용하지 않고 축(SHAFT)과 베어링이 직접 미끄러져 회전한다. 일반적 의미의 베어링은 구름 베어링을 의미한다.

3-1-1-2 구름베어링의 특징

구름베어링은 미끄럼 베어링에 비해 다음과 같은 특징을 가지고 있다.

① 기동마찰이 작고 그 위에 동적 마찰과의 차이도 적다(정지 마찰계수 10^{-2} ~ 10^{-3}).

② 국제적으로 치수, 정도, 표시등의 표준화, 규격화가 진행되어 호환성이 있고, 교환사용이 가능하다.

③ 베어링 주변의 구조를 간략화 할 수 있어, 보수점검이 용이하다.

④ 일반적으로 레이디얼 하중과 액시얼 하중을 동시에 부하할 수 있다.

⑤ 고온 및 저온에서의 사용이 비교적 용이함. 유막 절단에 강하며, 클리어런스 변화에 둔감하다.

⑥ 강성을 높이기 위하여 마이너스 클리어런스 (예압) 로 설정해도 사용 가능하다. 그러나 미끄럼 베어링은 반드시 클리어런스(GAP)가 필요하다.

3-1-1-3 구름베어링의 호칭 번호

구름 베어링의 호칭 번호는 그림 4-3-1과 같으며 베어링형식, 주요 치수, 치수/회전 정도, 내부 클리어런스 그 외의 사양을 표시하는 명칭으로 기본 번호와 보조 기호로 구성되어 있다.

기본번호: 베어링 계열 기호는 베어링의 형식과 치수 계열로 구성되어 있다. 베어링 계열 기호의 맨 앞의 숫자, 또는 기호가 베어링의 형식을 나타낸다. 치수 계열은 폭 계열과 직경 계열을 나타내는 2행의 숫자로 구성되어 있지만, 폭 계열을 나타내는 숫자는 생략되는 경우가 있다.

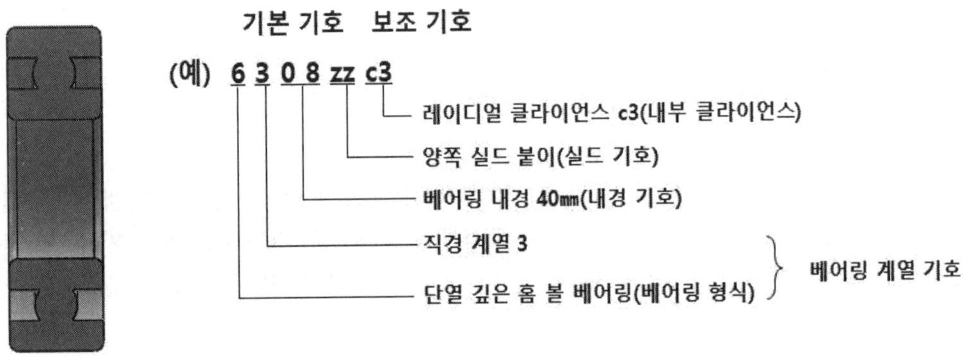

그림 4-3-1 구름 베어링 호칭 번호

3-1-1-4 레이디얼 베어링에 대하여 일반적으로 사용하는 공차 범위 등급

표 4-3-1 축의 공차 범위 등급 [KS B 2051]

<table>
<tr><th colspan="2" rowspan="3">운전상태 및
끼워 맞춤 조건</th><th colspan="2">볼베어링</th><th colspan="2">원통롤러베어링,
테이퍼
롤러베어링</th><th colspan="2">자동조심
롤러베어링</th><th rowspan="3">축의공차등급</th><th rowspan="3">비고</th></tr>
<tr><th colspan="6">축 지름(mm)</th></tr>
<tr><th>초과</th><th>이하</th><th>초과</th><th>이하</th><th>초과</th><th>이하</th></tr>
<tr><td colspan="10">원통구멍 베어링(0급, 6X급, 6급)</td></tr>
<tr><td rowspan="3">내륜
회전하중
또는
방향부정
하중</td><td>경하중
또는
변동하중</td><td>–
18
100
–</td><td>18
100
200
–</td><td>–
–
40
140</td><td>–
40
140
200</td><td>–
–
–
–</td><td>–
–
–
–</td><td>h5
js6
k6
m6</td><td>정밀도를 필요로 하는 경우 js6, k6, m6 대신에 js5, k5, m5를 사용한다.</td></tr>
<tr><td>보통하중</td><td>–
18
100
140
200
–
–</td><td>18
100
140
200
280
–
–</td><td>–
–
40
100
140
200
–</td><td>–
40
100
140
200
400
–</td><td>–
–
40
65
100
140
280</td><td>–
40
65
100
140
280
500</td><td>js5
k5
m5
m6
n6
p6
r6</td><td>단열 앵귤러 볼 베어링 및 원뿔 롤러베어링인 경우 끼워 맞춤으로 인한 내부 틈새의 변화를 고려할 필요가 없으므로 k5, m5 대신에 k6, m6를 사용할 수 있다.</td></tr>
<tr><td>중하중
또는
충격하중</td><td>–
–
–</td><td>–
–
–</td><td>50
140
200</td><td>140
200
–</td><td>50
100
140</td><td>100
140
200</td><td>n6
p6
r6</td><td>보통 틈새의 베어링보다 큰 내부 틈새의 베어링이 필요하다.</td></tr>
<tr><td rowspan="2">내륜
정지하중</td><td colspan="7">내륜이 축 위를 쉽게 움직일 필요가 있다.
전체 축 지름</td><td>g6</td><td>정밀도를 필요로 하는 경우 g5를 사용한다.
큰 베어링에서는 쉽게 움직일 수 있도록 f6을 사용해도 된다.</td></tr>
<tr><td colspan="7">내륜이 축 위를 쉽게 움직일 필요가 없다.
전체 축 지름</td><td>h6</td><td>정밀도를 필요로 하는 경우 h5를 사용한다.</td></tr>
<tr><td colspan="2">중심축하중</td><td colspan="6">전체 축 지름</td><td>js6</td><td></td></tr>
</table>

표 4-3-2 하우징의 공차 범위 등급 [KS B 2051]

조건				공차등급	비 고
하우징 (Housing)	하중의 종류		외륜의 축 방향의 이동		
일체 하우징 또는 2분할 하우징	외륜정지 하중	모든 종류의 하중	쉽게 이동할 수 있다.	H7	대형베어링 또는 외륜과 하우징의 온도차가 큰 경우 G7을 사용해도 된다.
		경하중 또는 보통하중		H8	-
		축과 내륜이 고온으로 된다.		G7	대형베어링 또는 외륜과 하우징의 온도차가 큰 경우 F7을 사용해도 된다.
일체 하우징		경하중 또는 보통하중에서 정밀 회전을 요한다.	원칙적으로 이동할 수 없다.	K6	주로 롤러베어링에 적용된다.
			이동할 수 있다.	JS6	주로 볼베어링에 적용된다.
		조용한 운전을 요한다.	쉽게 이동할 수 있다.	H6	-
	방향부정 하중	경하중 또는 보통하중	통상 이동할 수 있다.	JS7	정밀을 요하는 경우 JS7, K7 대신에 JS6, K6을 사용한다.
		보통하중 또는 중하중	이동할 수 없다.	K7	
		큰 충격하중	이동할 수 없다.	M7	
	외륜회전 하중	경하중 또는 변동하중	이동할 수 없다.	M7	-
		보통하중 또는 중하중	이동할 수 없다.	N7	주로 볼베어링에 적용된다.
		얇은 하우징에서 중하중 또는 큰 충격하중	이동할 수 없다.	P7	주로 롤러베어링에 적용된다.

[비고]
1. IT5 및 IT7은 축의 진원도 공차, 원통도 공차등의 값을 표시한다. 2. 위 표는 강제 중실 축에 적용한다.

3-1-1-5 베어링의 끼워 맞춤 선정

베어링이 가지고 있는 기능 및 특징 등을 최대한 발휘하려면 베어링 내륜과 축과의 끼워 맞춤 및 베어링 외륜과 하우징과의 끼워 맞춤이 기계나 장치의 사용 용도에 따라 적합해야 한다. 베어링의 끼워 맞춤 선정에서 베어링의 궤도륜에 대해 "작용하는 하중의 방향이 상대적으로 회전하고 있는지 또는 정지하고 있는지"를 설계자가 결정해 주는 것이 베어링의 끼워 맞춤을 선정하는데 있어서 가장 기본적인 조건이 되는 것이다.

① 도면에 적용된 베어링의 형식과 크기, 즉 축 지름, 베어링 외경 및 폭의 치수를 확인한다.

② 베어링에 걸리는 하중의 방향을 결정한다.

③ 내륜 및 외륜의 회전 상태와 하중의 조건을 결정한다.

④ 축이 회전하는 경우 하중 조건을 내륜 회전하중으로 선택하고 축은 고정되고 회전체(기어, 풀리, 롤러 등)가 회전하는 경우 외륜 회전하중을 선택한다.

⑤ 베어링의 기본정격하중이나 허용 회전수(rpm)에 대한 값은 보통 제조사 카탈로그에 기재되어 있으므로 용도에 맞게 선택한다.

표 4-3-3 베어링과 하우징의 끼워 맞춤

하중의 구분	베어링의 회전		하중의 조건	끼워 맞춤	
	내륜	외륜		내륜	외륜
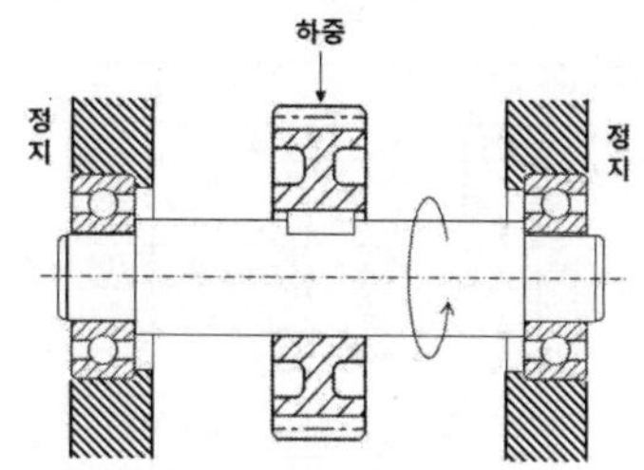	회전	정지	내륜 회전하중 외륜 정지하중	억지 끼워맞춤	헐거운 끼워맞춤
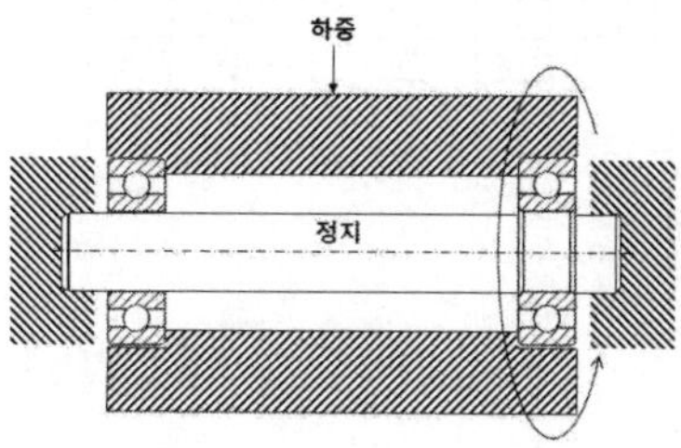	정지	회전	내륜 회전하중 외륜 정지하중	억지 끼워맞춤	헐거운 끼워맞춤
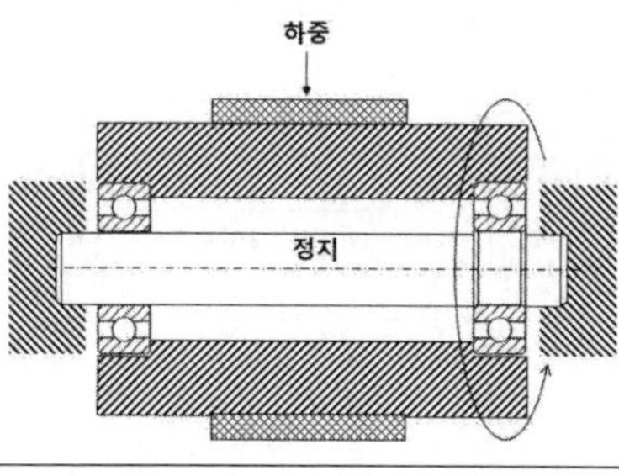	정지	회전	외륜 회전하중 내륜 정지하중	헐거운 끼워맞춤	억지 끼워맞춤
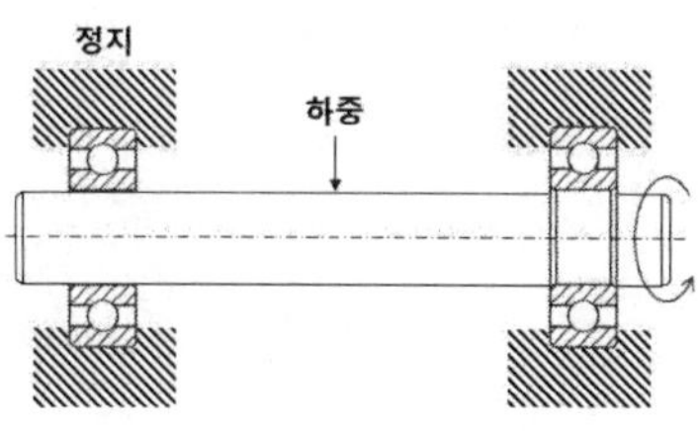	회전	정지	외륜 회전하중 내륜 정지하중	헐거운 끼워맞춤	억지 끼워맞춤
하중이 가해지는 방향이 일정하지 않은 경우	회전 또는 정지	회전 또는 정지	방향 부정하중	억지 끼워맞춤	억지 끼워맞춤

출처: http://nogoora.com/ [메카피아 노구라닷컴]

3-1-2 작업 과제

앞에서 완성한 편심 왕복장치에 대해 조립도, 분해도 및 부품도 작성을 작업 과제로 한다.

3-1-2-1 2D 조립도

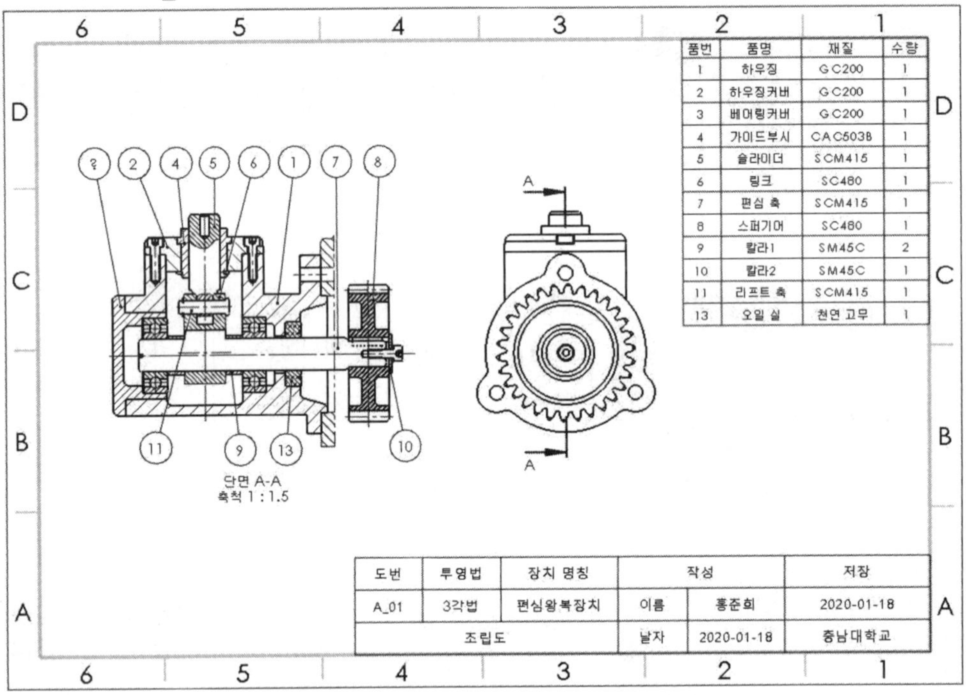

품번	품명	재질	수량
1	하우징	GC200	1
2	하우징커버	GC200	1
3	베어링커버	GC200	1
4	가이드부시	CAC503B	1
5	슬라이더	SCM415	1
6	링크	SC480	1
7	편심 축	SCM415	1
8	스퍼기어	SC480	1
9	칼라1	SM45C	2
10	칼라2	SM45C	1
11	리프트 축	SCM415	1
13	오일 실	천연 고무	1

도번	투영법	장치 명칭	작성		저장
A_01	3각법	편심왕복장치	이름	홍준희	2020-01-18
조립도			날자	2020-01-18	충남대학교

그림 4-3-2 조립도

3-1-2-2 3D 분해도

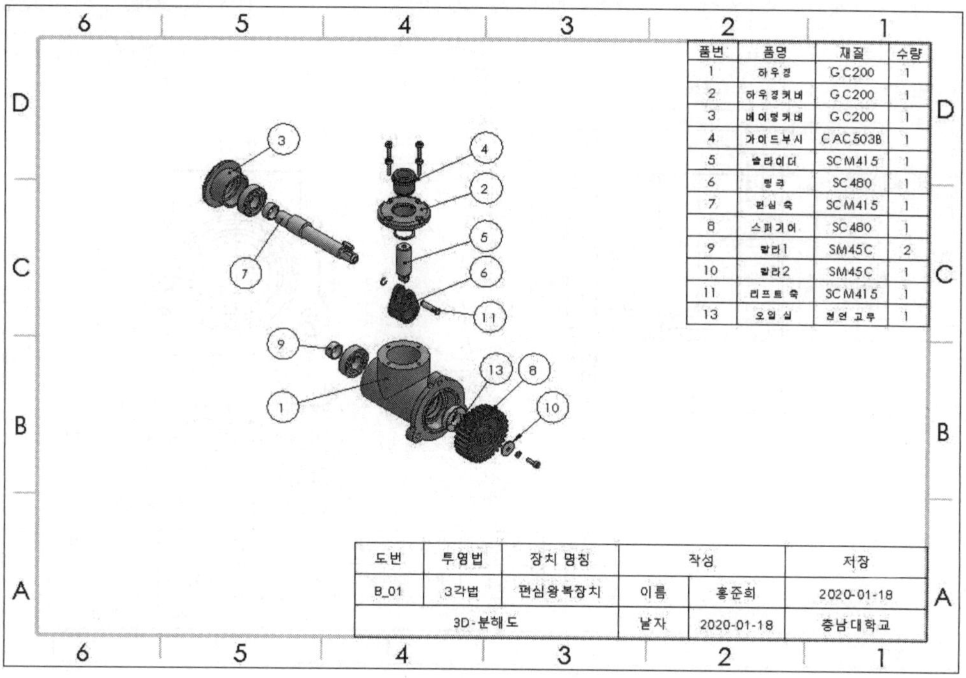

그림 4-3-3 분해도

3-1-2-3 주요 2D 부품도

(1) 하우징(①번 부품)의 설계 조건과 가공 조건

아래의 설계조건과 가공조건에 따라 작성한 하우징의 부품도는 그림 4-3-4와 같다.

(가) 설계 조건

① 하우징과 하우징 커버의 끼워 맞춤 공차는 조립과 분해가 가능한 헐거운 끼워 맞춤 공차(∅36H7/h6)로 한다.

② 하우징과 베어링과의 끼워 맞춤 공차는 베어링 외륜이 부품 손상을 입지 않고 분해 곤란한 억지 끼워 맞춤 공차(∅35H7/u6)로 한다.

③ 하우징과 오일실과의 끼워 맞춤 공차는 오일실이 부품 손상을 입지 않고 분해 및 조립이 가능한 중간 끼워 맞춤 공차(∅30H8/h8)로 한다.

④ 기하공차는 IT5급으로 한다.

⑤ 데이텀 면은 하우징의 회전에 따른 진동을 최소화하기 위해 외부와의 결합 면으로 한다.

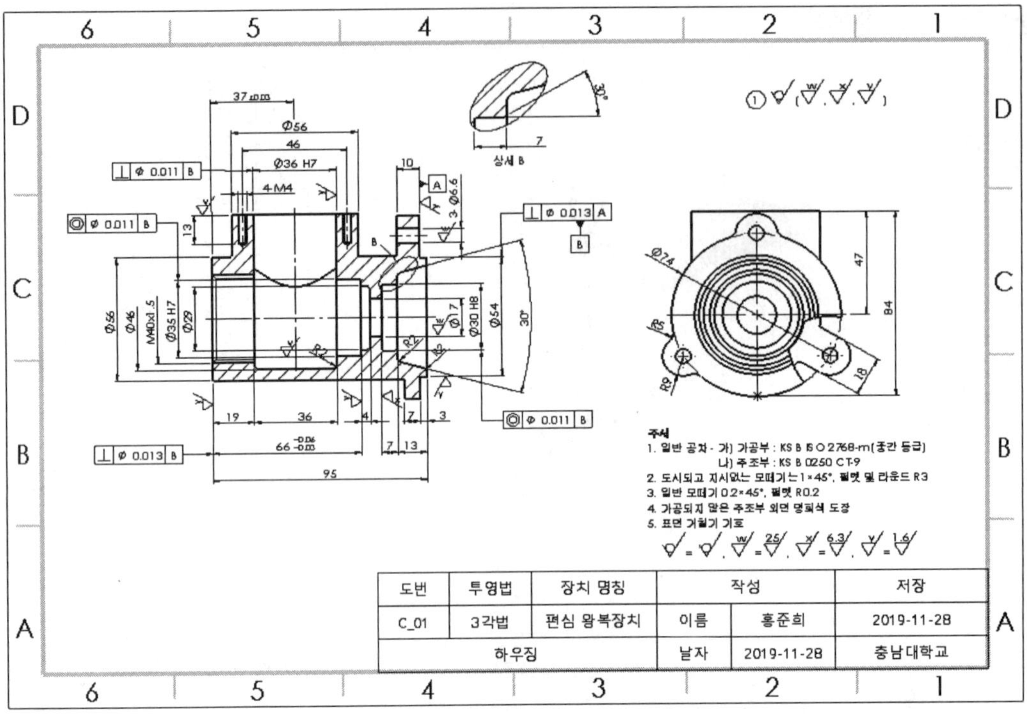

그림 4-3-4 하우징 부품도

(나) 가공 조건

① 주조로 외형을 제작한다.

② 조립 좌우 측면, 윗면에 대해 밀링 가공을 한다. 특히 외부와 결합되는 면은 정밀 연삭으로 마무리 한다.

③ 슬라이더와 회전축이 접촉하는 내부 면에 대해 선삭 후에 정밀 연삭한다.

④ 볼트 구멍은 드릴링 가공을 한다.

⑤ 고정 나사 부분에 대해 탭 가공을 한다.

⑥ 가공되지 않은 주조부 외면은 명회색으로 도장한다.

(2) 하우징커버(②번 부품)의 설계 조건과 가공 조건

아래의 설계조건과 가공조건에 따라 작성한 하우징 커버의 부품도는 그림 4-3-5와 같다.

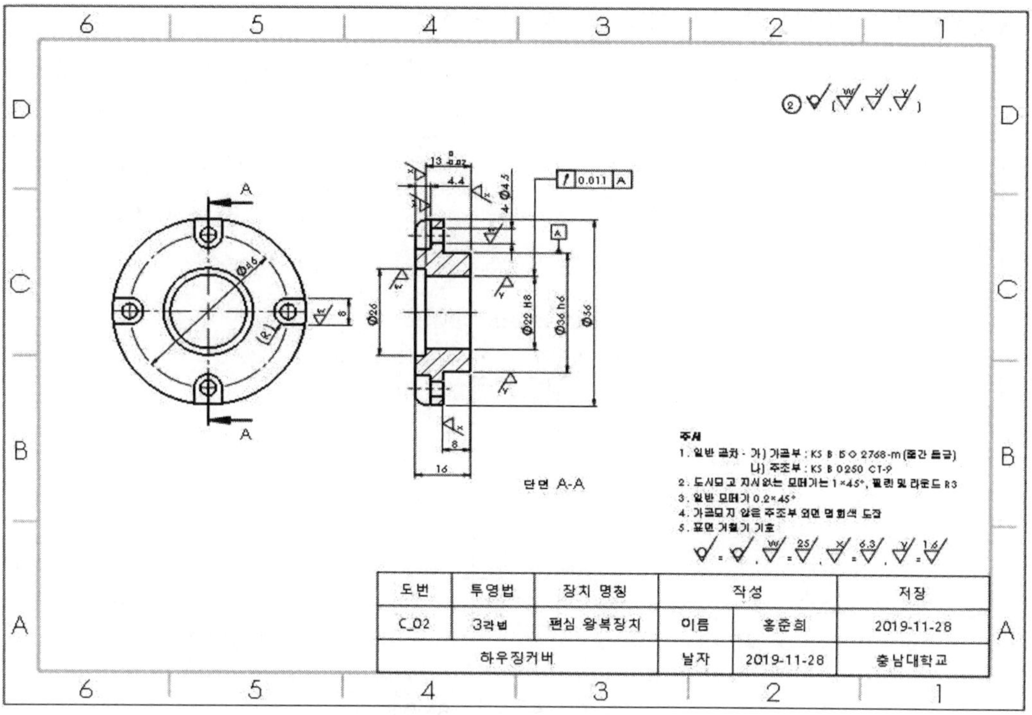

그림 4-3-5 하우징 커버 부품도

(가) 설계 조건

① 하우징 커버와 가이드 부시와의 끼워 맞춤 공차는 부품을 손상하지 않고 분해 및 조립이 가능한 중간 끼워 맞춤 공차(∅22H8/h8)로 한다.

② 기하 공차는 IT5급으로 한다.

③ 데이텀 면은 하우징 조립 원통 외면으로 한다.

(나) 가공 조건

① 주조로 외형을 제작한다.

② 조립 측면, 조립 원통 외면 및 내면에 대해 밀링 가공을 한다.

③ 하우징 조립 원통 외면 및 내면에 대해 정밀 연삭 가공을 한다.

④ 커버 윗면에 카운터 보어 가공을 한다.

(3) 베어링 커버(③번 부품)의 설계 조건과 가공 조건

아래의 설계조건과 가공조건에 따라 작성한 베어링 커버의 부품도는 그림 4-3-6과 같다.

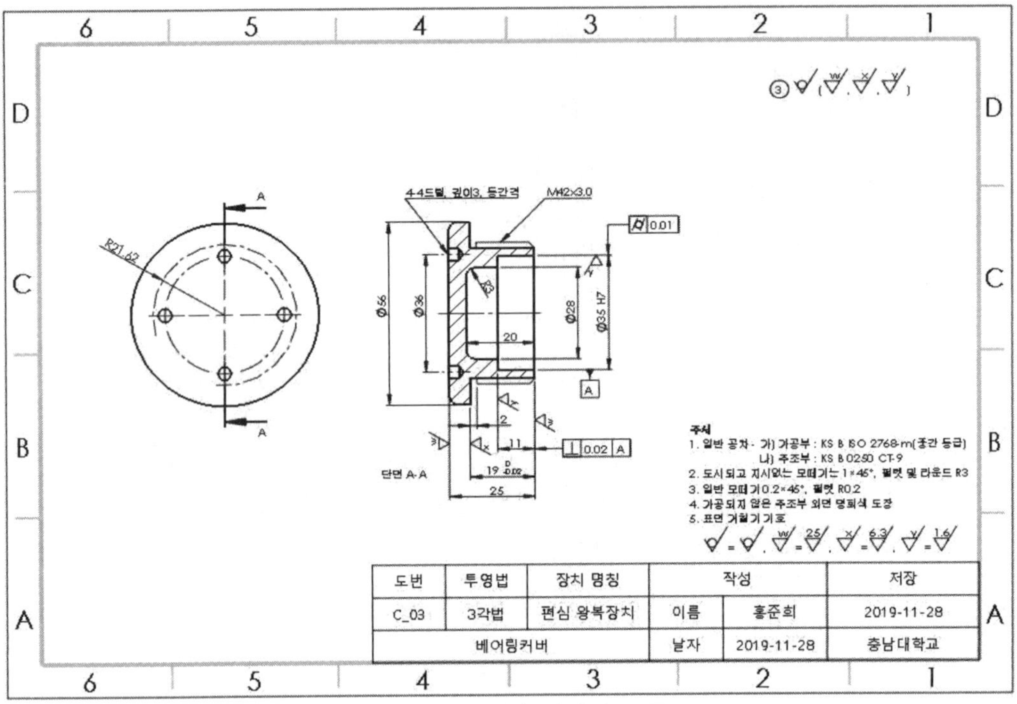

그림 4-3-6 베어링 커버의 부품도

(가) 설계 조건

① 베어링 커버와 베어링과의 끼워 맞춤 공차는 베어링 외륜이 부품 손상을 입지 않고 분해 곤란한 억지 끼워 맞춤 공차(∅35H7/u6)로 한다.

② 기하 공차는 일반적으로 적용하는 정밀급으로 한다.

③ 데이텀 면은 베어링 조립 원통 내면으로 한다.

(나) 가공 조건

① 주조로 외형을 제작한다.

② 조립 측면, 조립 원통 외면 및 내면에 대해 밀링 가공을 한다.

③ 베어링 조립 원통 내면에 대해 정밀 연삭 가공을 한다.

④ 커버 외면에 수나사 가공을 한다.

(4) 가이드 부시(④번 부품)의 설계 조건과 가공 조건

아래의 설계조건과 가공조건에 따라 작성한 가이드 부시의 부품도는 그림 4-3-7과 같다.

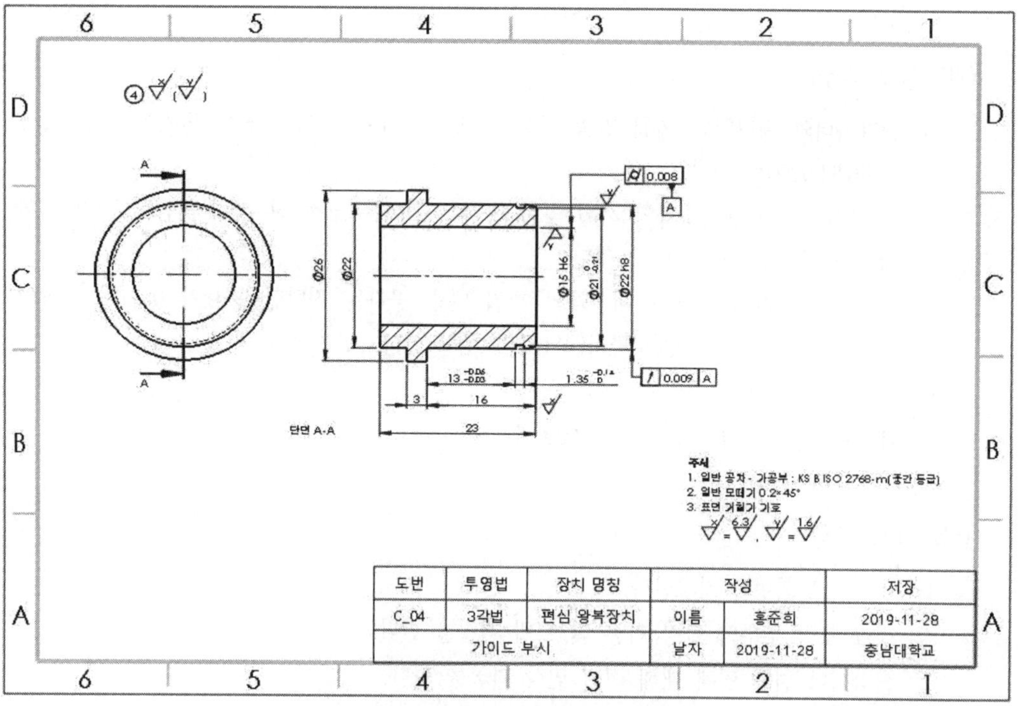

그림 4-3-7 가이드 부시의 부품도

(가) 설계 조건

① 가이드 부시 외면과 하우징 커버와의 끼워 맞춤 공차는 부품을 손상하지 않고 분해 및 조립이 가능한 중간 끼워 맞춤 공차(∅22H8/h8)로 한다.

② 가이드 부시 내면과 슬라이더와의 끼워 맞춤 공차는 적당한 틈새가 있어서 운동이 가능한 헐거운 끼워 맞춤 공차(∅15H6/f6)로 한다.

③ 기하 공차는 IT5급으로 한다.

④ 데이텀 면은 가이드 부시 원통 내면으로 한다.

(나) 가공 조건

① 선삭으로 외형을 가공한다.

② 가이드 부시 원통 내면에 대해 정밀 연삭 가공을 한다.

(5) 슬라이더(⑤번 부품)의 설계 조건과 가공 조건

아래의 설계조건과 가공조건에 따라 작성한 슬라이더의 부품도는 그림 4-3-8과 같다.

(가) 설계 조건

① 슬라이더와 링크와의 끼워 맞춤 공차는 조금 틈새가 있어도 좋은 헐거운 끼워 맞춤 공차(8H7/e7)로 한다.

② 슬라이더와 리프트 축과의 끼워 맞춤 공차는 헐거운 고정 핀 끼워 맞춤인 헐거운 끼워 맞춤 공차(∅6H9/c9)로 한다.

③ 슬라이더와 가이드 부시 내면와의 끼워 맞춤 공차는 적당한 틈새가 있어서 운동이 가능한 헐거운 끼워 맞춤 공차(∅15H6/f6)로 한다.

④ 기하 공차는 IT7등급으로 한다.

⑤ 데이텀 면은 슬라이더 원통 면으로 한다.

(나) 가공 조건

① 선삭으로 외형을 가공한다.

② 링크 조립 부분의 밀링 가공 및 드릴 가공을 한다.

③ 슬라이더 원통 면에 대해 정밀 연삭 가공을 한다.

④ 가공 후 열처리에 의해 경도가 H_RC 50±2가 되도록 한다.

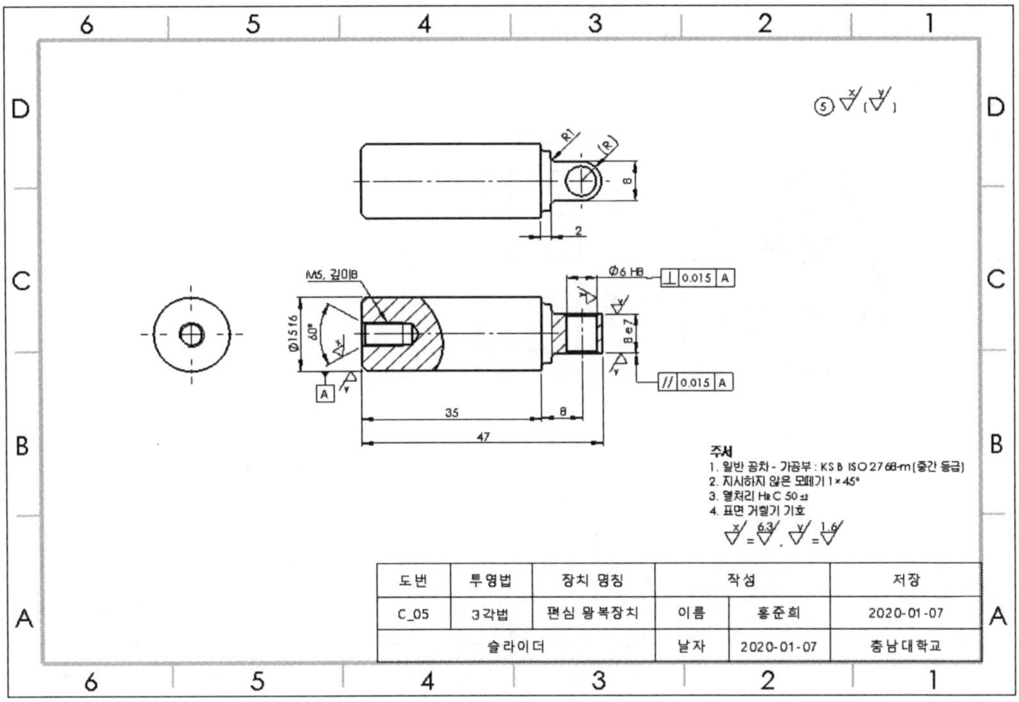

그림 4-3-8 슬라이더의 부품도

(6) 링크(⑥번 부품)의 설계 조건과 가공 조건

아래의 설계조건과 가공조건에 따라 작성한 링크의 부품도는 그림 4-3-9와 같다.

(가) 설계 조건

① 링크와 편심 축과의 끼워 맞춤 공차는 정밀한 미끄럼 운동할 수 있는 중간 끼워 맞춤 공차(∅19H7/h6)로 한다.

② 링크와 리프트 축과의 끼워 맞춤 공차는 부품을 손상하지 않고 분해 및 조립이 가능한 중간 끼워 맞춤 공차(∅6H8/h8)로 한다.

③ 링크와 슬라이더와의 끼워 맞춤 공차는 조금 틈새가 있어도 좋은 헐거운 끼워 맞춤 공차(8H7/e7)로 한다.

④ 슬라이더 삽입 홈 부분의 직각도는 IT7급으로 하고, 리프트축 삽입 원통부분의 평행도는 IT6급으로 하며, 편심축 삽입 원통 부분의 원통도는 일반 기하공차를 적용한다.

⑤ 데이텀 면은 편심 축 삽입 원통 내면으로 한다.

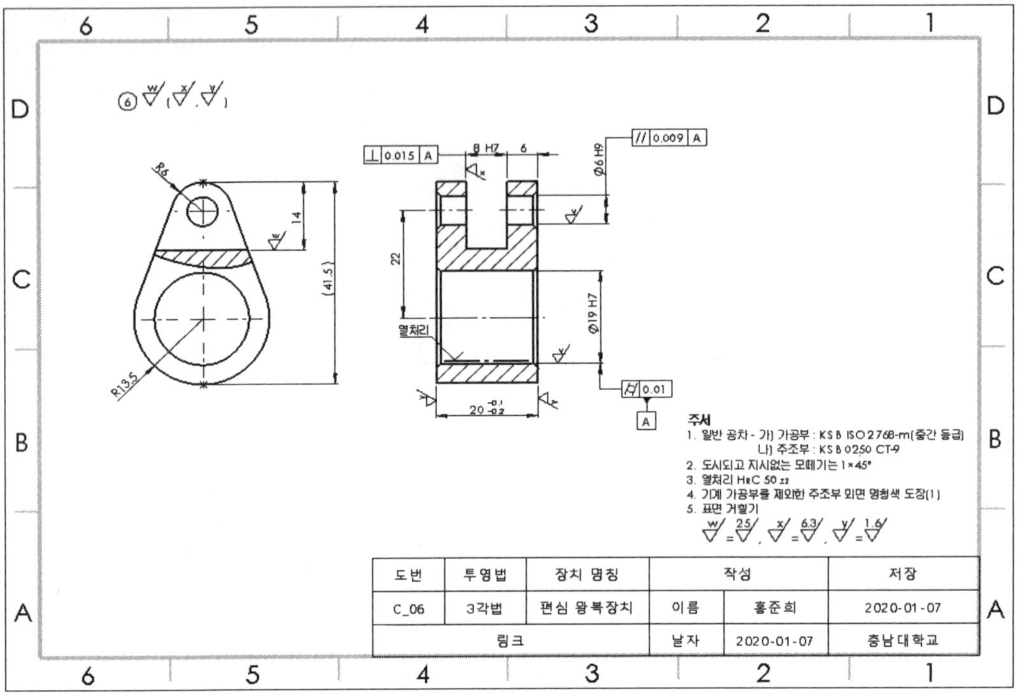

그림 4-3-9 링크의 부품도

(나) 가공 조건

① 주조로 외형을 가공한다.

② 편심 축 조립 원통 내면을 밀링 가공한 후 정밀 연삭 가공을 한다.

③ 리프트 축 삽입 원통 내면을 리밍 가공한다.

④ 편심 축 조립 원통 내면을 열처리에 의해 경도가 H_RC 50±2가 되도록 한다.

(7) 편심 축(⑦번 부품)의 설계 조건과 가공 조건

아래의 설계조건과 가공조건에 따라 작성한 편심 축의 부품도는 그림 4-3-10과 같다.

(가) 설계 조건

① (a) 편심 축과 두 개의 베어링 내륜과의 끼워 맞춤 공차는 베어링 내륜이 윤활제를 사용하여 손으로 움직일 수 있을 정도의 중간 끼워 맞춤 공차(∅15H6/h5)로 한다.

② (b) 편심 축과 두 개의 칼라와의 끼워 맞춤 공차는 윤활제를 사용하여 손으로 움직일 수 있을 정도의 중간 끼워 맞춤 공차(∅15H6/h5)로 한다.

③ 편심 축과 스퍼기어와의 끼워 맞춤 공차는 부품을 손상하지 않고 분해 및 조립이 가능한 중간 끼워 맞춤 공차(∅12H6/m6)로 한다.

④ 편심 축과 스퍼기어 고정용 평행키와의 끼워 맞춤 공차는 부품을 손상하지 않고 분해 및 조립이 가능한 중간 끼워 맞춤 공차(4N9/js9)로 한다.

⑤ 기하 공차는 IT5등급으로 한다.

⑥ 데이텀 면은 편심 축의 원통 중심선으로 한다.

(나) 가공 조건

① 선삭으로 외형을 가공한다.

② 평행 키 홈 부분을 밀링 가공한다.

③ 스퍼기어 체결 나사부를 탭 가공한다.

④ 베어링 조립 원통 면에 대해 정밀 연삭 가공을 한다.

⑤ 가공 후 편심 축 원통 면을 열처리에 의해 경도가 H_RC 50±2가 되도록 한다.

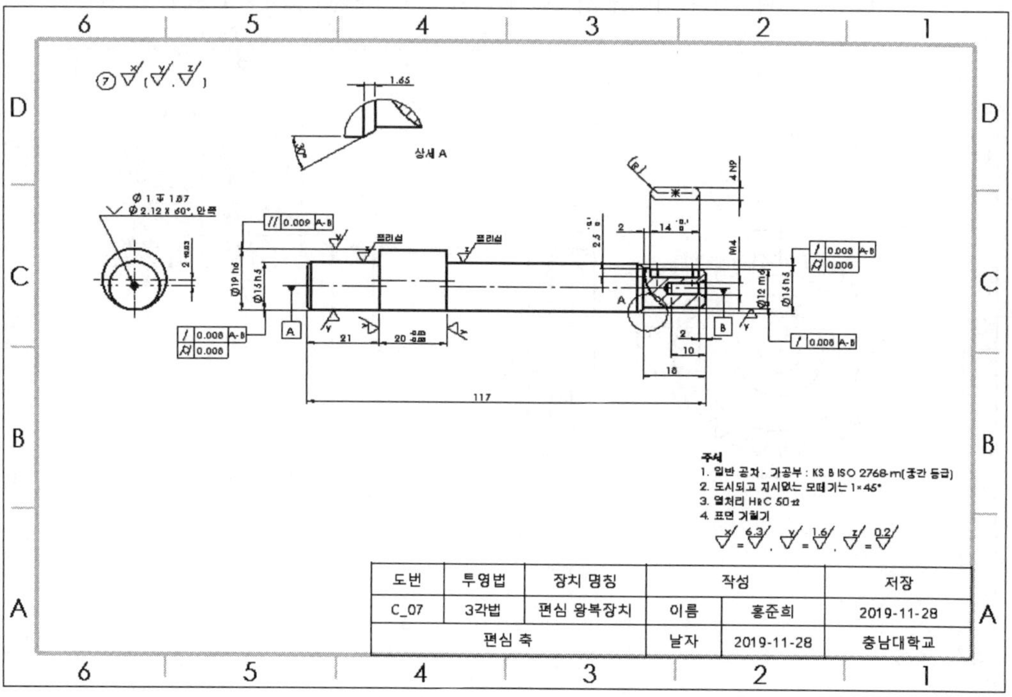

그림 4-3-10 편심 축의 부품도

(8) 스퍼기어(⑧번 부품)의 설계 조건과 가공 조건

아래의 설계조건과 가공조건에 따라 작성한 스퍼기어의 부품도는 그림 4-3-11과 같다.

(가) 설계 조건

① 스퍼 기어와 편심 축과의 끼워 맞춤 공차는 부품을 손상하지 않고 분해 및 조립이 가능한 중간 끼워 맞춤 공차(∅12H6/m6)로 한다.

② 기하 공차는 IT5등급으로 한다.

③ 데이텀 면은 편심 축의 삽입 원통 내면으로 한다.

(나) 가공 조건

① 주조로 외형을 가공한다.

② 평행 키 홈 부분을 밀링 가공한다.

③ 편심 축 조립 원통 내면에 대해 정밀 연삭 가공을 한다.

④ 가공 후 스퍼기어의 이면을 열처리에 의해 경도가 H_RC 50±2가 되도록 한다.

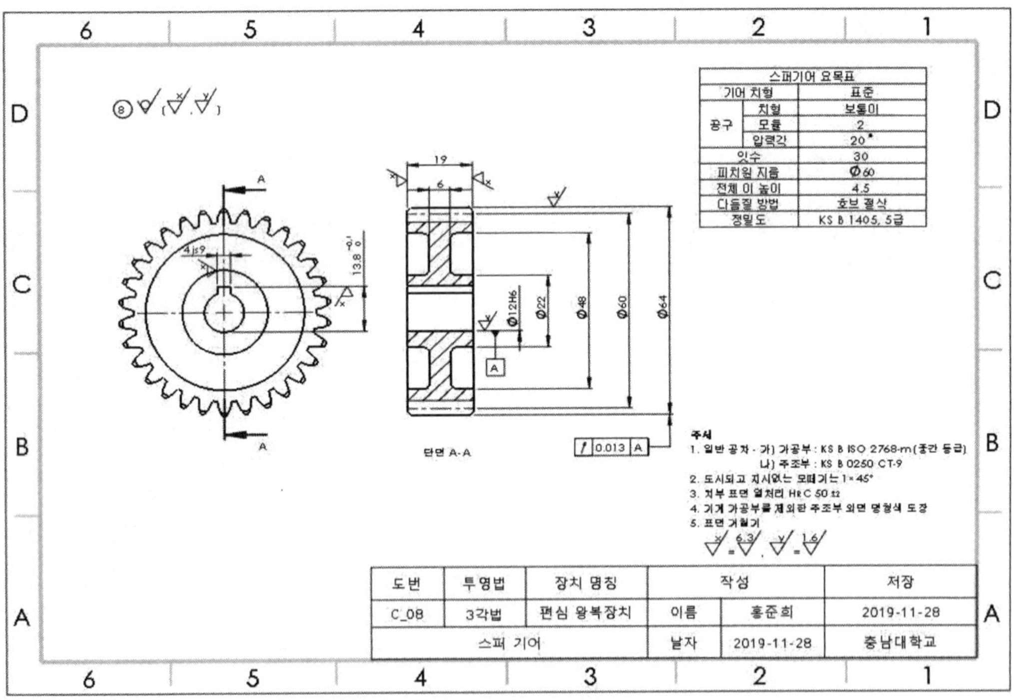

그림 4-3-11 스퍼기어의 부품도

(9) 칼라(⑨, ⑩번 부품)의 설계 조건과 가공 조건

아래의 설계조건과 가공조건에 따라 작성한 칼라의 부품도는 그림 4-3-12와 같다.

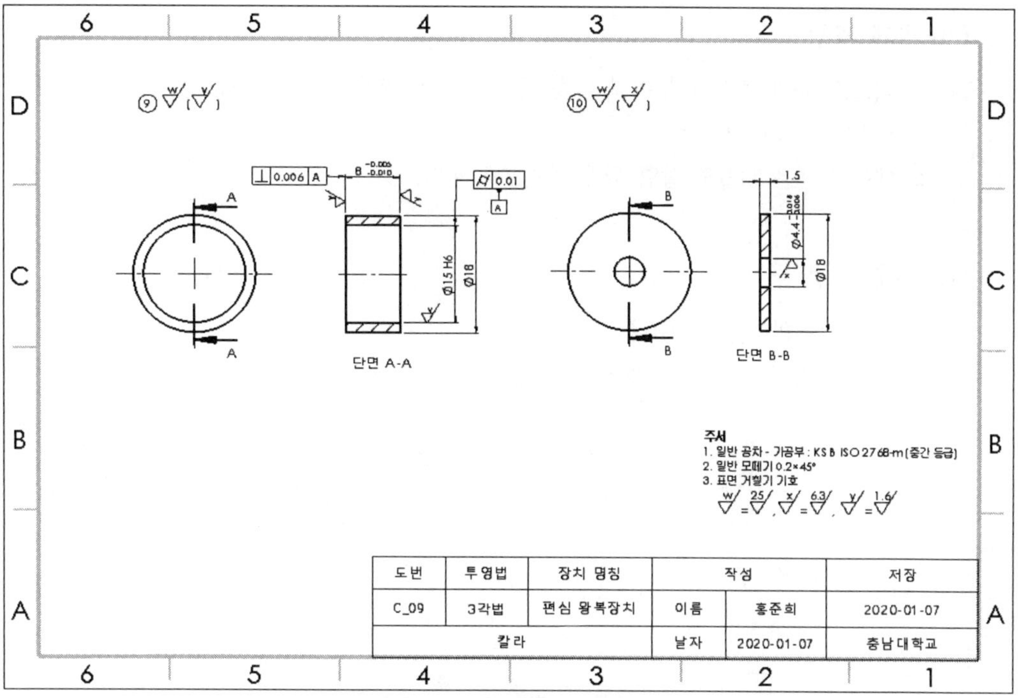

그림 4-3-12 칼라의 부품도

(가) 설계 조건

① 칼라와 편심 축과의 끼워 맞춤 공차는 윤활제를 사용하여 손으로 움직일 수 있을 정도의 중간 끼워 맞춤 공차(∅15H6/h5)로 한다.

② 베어링과 접촉하는 면의 직각도는 IT5급으로 하고, 편심축이 관통하는 원통부분의 원동도는 일반 기하공차는를 적용한다.

③ 칼라1의 데이텀 면은 편심 축의 삽입 원통 내면으로 한다.

(나) 가공 조건

① 선삭으로 외형을 가공한다.

② 편심 축 조립 원통 내면에 대해 정밀 연삭 가공을 한다.

(10) 리프트 축(⑪번 부품)의 설계 조건과 가공 조건

아래의 설계조건과 가공조건에 따라 작성한 리프트 축의 부품도는 그림 4-3-13과 같다.

(가) 설계 조건

① 리프트 축과 링크와의 끼워 맞춤 공차는 고정 핀이 삽입 가능한 헐거운 끼워 맞춤 공차(∅6H9/c9)로 한다.

② 데이텀 면은 링크의 삽입 원통 외면으로 한다.

(나) 가공 조건

① 선삭으로 외형을 가공한다.

② 링크 조립 원통 외면에 대해 정밀 연삭 가공을 한다.

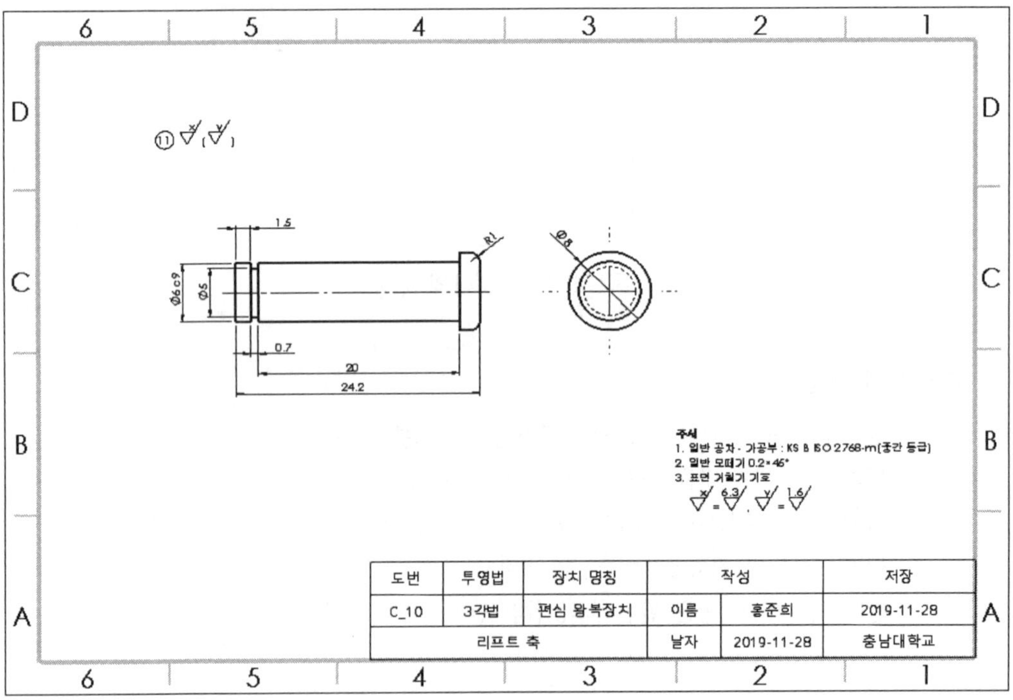

그림 4-3-13 리프트 축의 부품도

3-1-3 작업 조건

① 조립도는 2D로 표현한다.
② 분해도는 3D로 표현한다.
③ 도면은 제 3각법에 의해 A4 크기 영역에 적절한 크기로 한다.
④ 부품도는 바이스의 기능과 역할을 정확하게 이해하여 투상도, 치수, 치수공차와 끼워맞춤 공차 기호, 기하 공차 기호, 표면 거칠기 기호 등 부품도 작성에 필요한 모든 사항을 기입한다.
⑤ 도면은 KS 규격에서 정한 바에 의하고 규정되지 않은 내용은 ISO 규격과 관례에 따른다.
⑥ 도면은 오른쪽 하단부에 표제란을 작성 후 도면 작성을 한다.

3-2 학습 활동

3-2-1 조립도 작성하기

(1) 작업준비하기

수행 : 도면 작성 화면 들어가기

① 풀다운 메뉴에서 새로 만들기 아이콘을 선택한다.
② 기본 모듈 가운데 도면을 선택한다.
③ 시트 형식/크기 설정 창에서 찾아보기를 클릭한다.
④ a4-landscape.slddrt를 설정하고 열기를 한다.
⑤ 확인을 클릭한다.

(2) 시트 편집하기

수행 : 표제란 없애기

① 도면 Management 탭에서 시트형식을 선택한다.
② 시트형식 탭에서 시트 편집을 선택한다.
③ 표제란 부분을 마우스로 전체 드래그 하여 삭제 영역을 정하고 키보드의 삭제 버튼을 클릭한다.
④ 확인을 클릭한다.

(3) 도면 뷰 레이아웃 하기

수행 : 도면 뷰 레이아웃 하기

① 도면 화면 오른쪽의 뷰 팔레트를 선택하여 우측에 창을 띄운다.
② 이 창에서 윗 쪽의 “...”을 클릭하여 불러 오고자 하는 파일 이름 “편심왕복장치”를 선택한다.
③ 도면 뷰에서 우측면 뷰를 드래그 하여 끌어다 도면 시트 화면에 우측면도로 갖다 놓는다(그림 4-3-14).

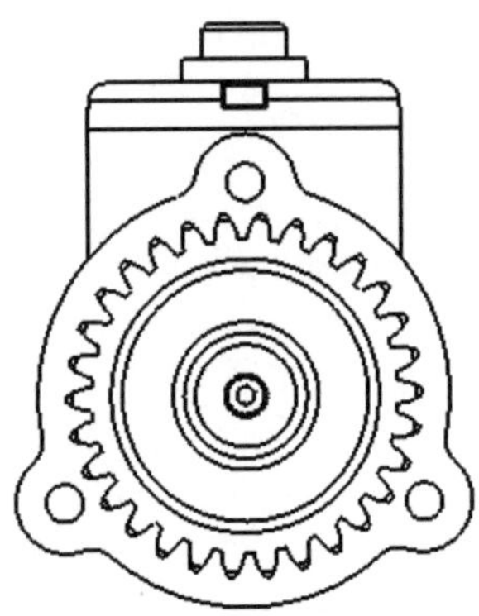

그림 4-3-14
우측면 뷰 레이아웃 결과

(4) 전단면도 표현하기

생각하기 : 전단면도의 경우 어디를 절단할 것인지?

전단면도의 경우는 어느 면을 절단하여 단면으로 나타낼 것인지에 따라 단면도가 다르기 때문에 최대한 내부를 잘 나타낼 수 있는 도면 뷰를 잘 선택해야 한다. 전단면도는 절단되면서 부품 중앙을 지나도록 절단을 하면 된다.

수행 : 전단면도 나타내기

① 뷰 레이아웃에서 "부분단면도( )"를 클릭한다.
② 절단선에서 "수직"을 선택하고 그림 4-3-15와 같이 절단 부분을 설정한다.
③ 단면 영역을 어떻게 표현할 것인지에 대한 설정 창에서 자동해칭과 반대방향을 체크하고 확인을 클릭한다.
④ 그림 4-3-15와 같이 우측면도 좌측 부분에 단면도를 나타낸다.
⑤ 확인을 클릭한다.

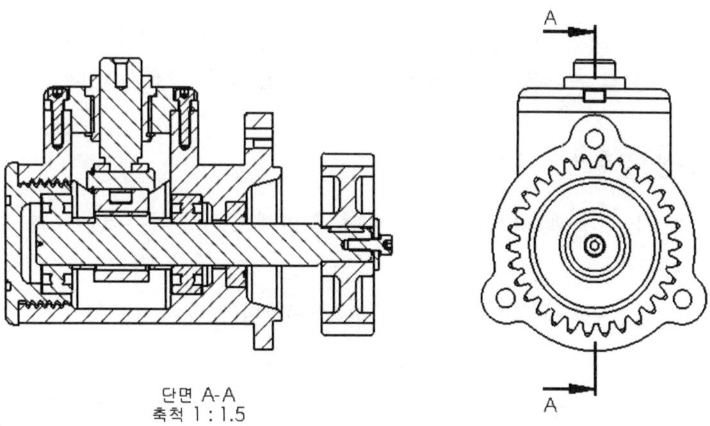

그림 4-3-15 전단면도 모습

(5) 해칭 삭제

생각하기 : 해칭 삭제란 무엇이며 왜 하는가?

그림 4-3-15를 보면 체결용 나사 및 축 등이 해칭 되어 있다. 그러나 이 부분은 해칭을 하지 않도록 KS 규격에 명시되어 있으므로 해칭을 삭제해야 한다.

수행 : 해칭 삭제하기

① 편심 회전축의 해칭 부분에 커서를 갖고 가서 마우스 왼쪽 버튼을 누른다.
② 해칭 창이 나타나며 여기서 “재질 해칭”의 체크를 없애고 속성에 “없음”을 체크한다.
③ 리프트 축의 해칭 부분에 커서를 갖고 가서 마우스 왼쪽 버튼을 누른다.
④ 해칭 창에서 “재질 해칭”의 체크를 없앤다.
⑤ 속성에 “없음”을 체크한다.
⑥ 슬라이더의 해칭 부분에 커서를 갖고 가서 마우스 왼쪽 버튼을 누른다.
⑦ 해칭 창에서 “재질 해칭”의 체크를 없앤다.
⑧ 속성에 “없음”을 체크한다.
⑨ 확인을 클릭한다.

(5) 혼돈선 감추기

생각하기 : 혼돈선이란 무엇이며 왜 감추는가?

그림 4-3-15를 보면 라운딩에 의한 너무 많은 선이 있다. 가장 외형선만 있어도 충분한 도면 전달이 되므로 혼돈을 줄 수 있는 선(혼돈선)을 감출 필요가 있다.

수행 : 혼돈선 감추기

① 감추고자 하는 선에 커서를 갖고 가면 주황색으로 변하는데 이 때 마우스 오른쪽 버튼을 누른다.
② 메뉴 가운데 “모서리 숨기기/표( )”를 클릭한다(그림 4-3-16).

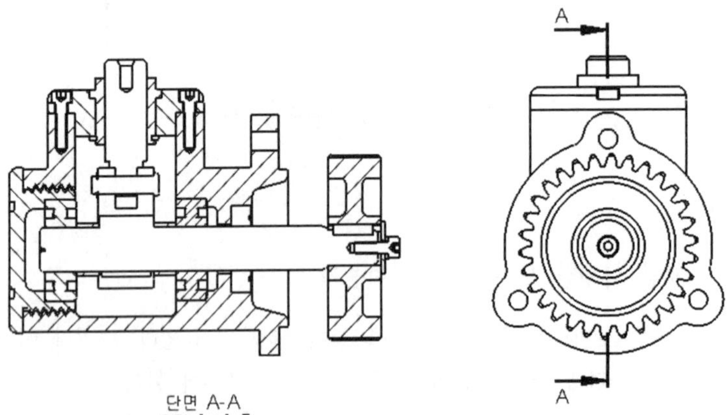

그림 4-3-16 해칭 삭제 및 혼돈선 감춘 후 모습

(6) 중심선 및 필요선 나타내기

생각하기 : 필요선이란 무엇인가?

그림 4-3-16을 보면 체결 나사의 경우 필요한 선들이 빠져 있는 것을 알 수 있다. 따라서 이 체결 나사 부분을 선으로 채워 주어야 한다.

수행 : 중심선 나타내기

① 전단면도에 중심선을 나타내려면 주석에서 중심선을 선택한다.
② 중심선 속성 창에서 자동 삽입의 뷰 선택을 체크한다.
③ 도면에서 전단면도를 클릭한다.
④ 확인을 클릭한다(그림 4-3-17).

수행 : 필요선 나타내기

① 스케치 탭을 클릭하여 선 도구를 선택한다.
② 리드 스크류, 볼트 나사 및 핀 부분 등에 빠진 선을 스케치 하여 채워준다.
③ 확인을 클릭한다(그림 4-3-17).

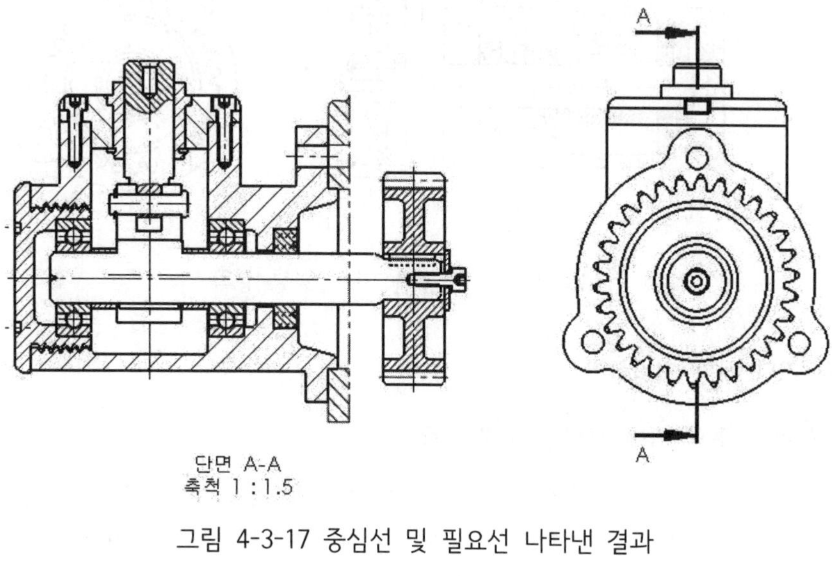

그림 4-3-17 중심선 및 필요선 나타낸 결과

(7) 조립도의 부품 번호 생성하기

생각하기 : 부품 번호는 왜 나타내야 하는가?

조립도의 부품 번호는 부품에 대한 정보, 즉 BOM(부품란)을 작성할 때와 부품에 대한 도면 작성을 위해 알리는데 필요한 정보이다.

수행 : 전단면도의 부품 번호 생성하기

① 주석에서 부품 번호를 클릭한다.
② 전단면도에서 하우징 부분에 커서를 갖고 가서 마우스 왼쪽 버튼을 누른다.
③ 연속해서 주요 부품에 커서를 갖고 가서 마우스 왼쪽 버튼을 누른다.
④ 확인을 클릭한다(그림 4-3-18).

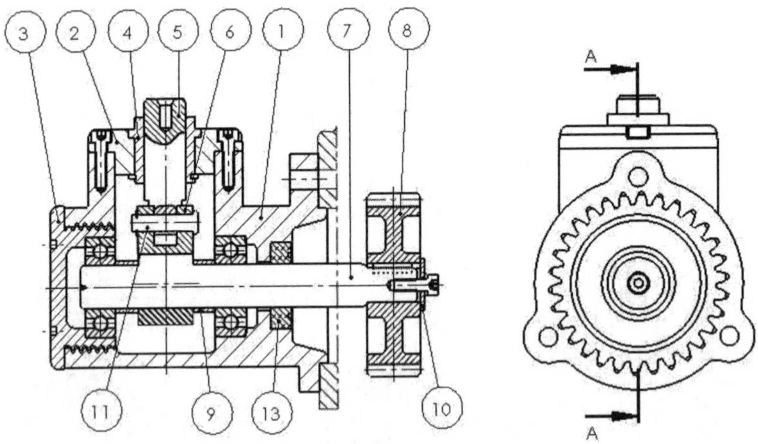

그림 4-3-18 부품 번호 생성 결과

(8) 주요 기타 사항 기입하기

생각하기 : 주요 기타 사항은 무엇인가?

주요 기타 사항은 베어링은 어떤 규격을 사용하는지, 스퍼기어의 잇수 및 모듈은 어떤지 및 편심 축의 편심 량은 얼마인지에 대해 자세히 적어야만 장치 및 기계의 기능 및 특성을 알 수 있으므로 조립도면 작성에 필요한 정보이다.

수행 : 베어링, 스퍼기어 규격 및 편심 량 기입하기

① 주석에서 노트를 선택한다.
② 2개의 깊은 홈 볼 베어링 규격 2-6202를 볼 베어링 밑에 기입한다.
③ 연속해서 스퍼기어의 모듈은 2 및 잇수는 30을 “M:2 Z:30”으로 기입한다.
④ 지능형 치수를 선택한다.
⑤ 공차/정밀은 “대칭”으로 하고 최대 편차를 0.03 ㎜로 기입한다.
⑥ 기타를 클릭하고 공차 글꼴의 치수 글꼴 사용의 체크를 없애고 배율을 0.7로 한다.
⑦ 확인을 클릭한다(그림 4-3-19).

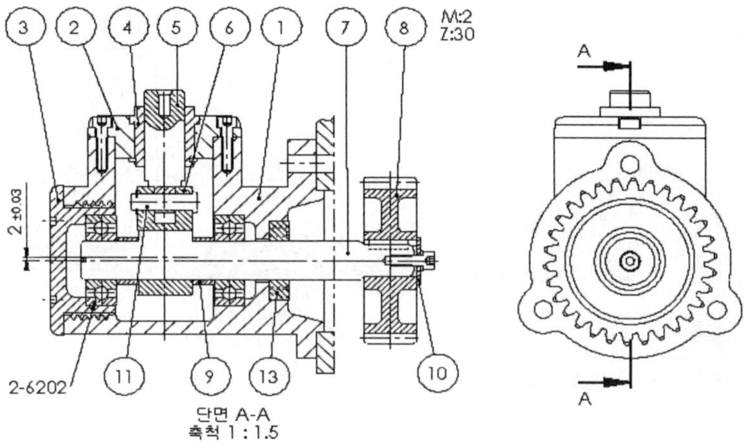

그림 4-3-19 주요 기타 사항 기입 결과

(8) BOM 편집하기

수행 : 부품란 삽입하기

① 주석에서 테이블의 BOM을 클릭한다.
② BOM을 작성할 모델을 지정하라고 메시지가 뜨며 정면도를 클릭한다.
③ BOM메뉴가 나타나며 여기서 테이블 템플릿의 “ ”을 클릭하고 bom-material을 찾아 선택한다.
④ 확인을 클릭한다.
⑤ 도면에 적당한 위치에 BOM이 배치되도록 커서를 가져가서 왼쪽 버튼을 클릭한다.
⑥ 비고란이 필요 없다면 비고에 커서를 갖고 가서 삭제 버튼을 누른다.
⑦ 테이블에 커서를 갖고 가면 십자모양의 커서가 나타나고 이 때 커서를 움직여 도면우측상단에 위치시킨다.

(9) 표제란 삽입하기

수행 : 새로운 표제란 삽입하기

① 시트편집 상태에서 일반테이블을 클릭한다.

② 테이블을 삽입할 수 있는 창이 나타나며 여기서 별표 모양을 클릭하면 미리 만들어 놓은 표제란 테이블 템플릿(예를 들어 A4_1)을 찾아서 가져올 수 있다.

③ 테이블 템플릿을 오른쪽 모서리에 위치하도록 배치한다.

④ 일반테이블 편집 완료 버튼을 누른다(그림 4-3-20).

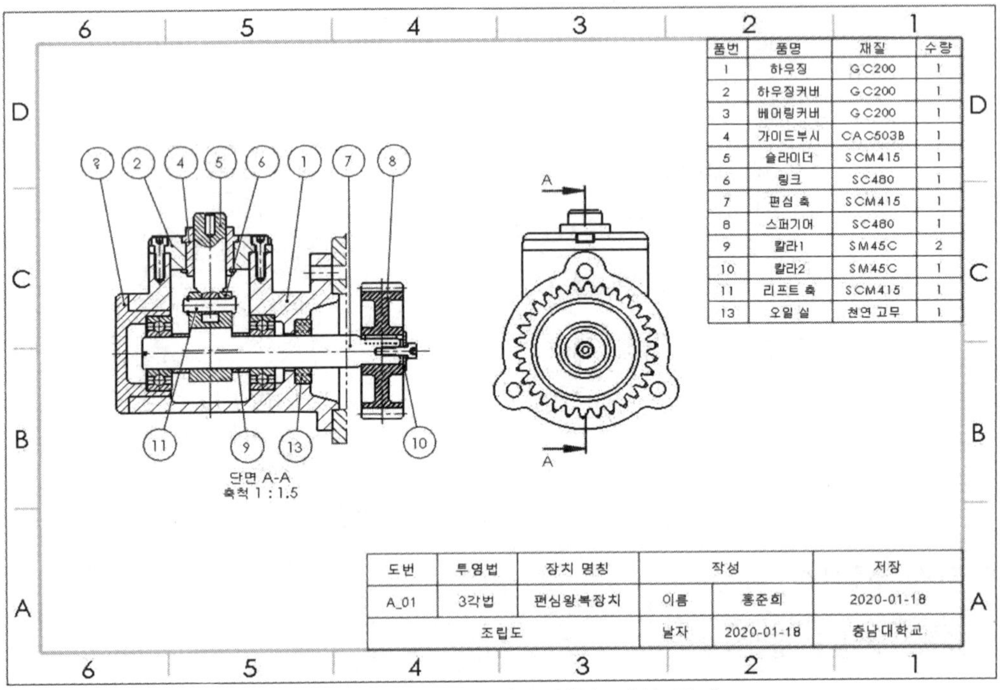

그림 4-3-20 BOM 및 표제란 작성 결과

(10) 저장하기

수행 : 최종 도면 저장하기

① 저장 도구(💾)에서 다른 이름으로 저장하기를 클릭한다.

② 저장할 디렉토리를 정하고 파일이름을 "편심왕복장치_조립도"로 한다.

③ 저장 버튼을 클릭한다.

3-2-2 분해도 작성하기

(1) 작업준비하기

수행 : 도면 작성 화면 들어가기

① 풀다운 메뉴에서 새로 만들기 아이콘을 선택한다.
② 기본 모듈 가운데 도면을 선택한다.
③ 시트 형식/크기 설정 창에서 찾아보기를 클릭한다.
④ a4-landscape.slddrt를 설정하고 열기를 한다.
⑤ 확인을 클릭한다.

(2) 시트 편집하기

수행 : 표제란 없애기

① 도면 Management 탭에서 시트형식을 선택한다.
② 시트형식 탭에서 시트 편집을 선택한다.
③ 표제란 부분을 마우스로 전체 드래그 하여 삭제 영역을 정하고 키보드의 삭제 버튼을 클릭한다.
④ 확인을 클릭한다.

(3) 도면 뷰 레이아웃 하기

수행 : 도면 뷰 레이아웃 하기

① 도면 화면의 오른쪽의 메뉴에서 뷰 팔레트를 선택하여 우측에 창을 띄운다.
② 이 창에서 윗 쪽의 “...”을 클릭하여 불러 오고자 하는 파일 이름을 선택한다. 그러면 창에 뜨고 여기서 등각 분해도를 드래그 하여 끌어다 도면 시트 화면에 갖다 놓는다(그림 4-3-21).

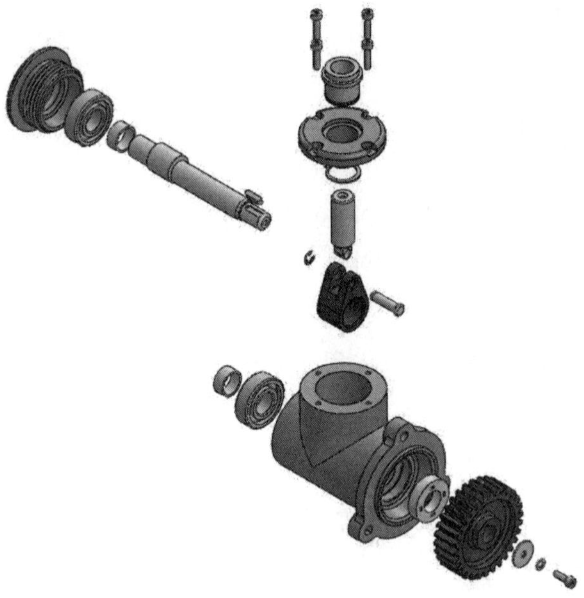

그림 4-3-21 등각 분해도 불러온 모습

(4) 분해도의 부품 번호 생성하기

생각하기 : 부품 번호는 왜 나타내야 하는가?

분해도의 부품 번호는 조립도와 마찬가지로 부품에 대한 정보, 즉 BOM(부품란)을 작성할 때와 부품에 대한 도면 작성을 위해 알리는데 필요한 정보이다.

수행 : 분해도의 부품 번호 생성하기

① 주석에서 부품 번호를 클릭한다.

② 분해도에서 하우징 부분에 커서를 갖고 가서 마우스 왼쪽 버튼을 누른다.

③ 연속해서 주요 부품에 커서를 갖고 가서 마우스 왼쪽 버튼을 누른다.

④ 확인을 클릭한다(그림 4-3-22).

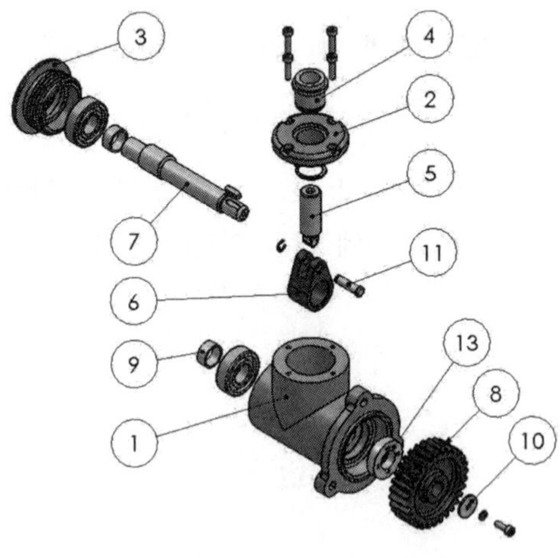

그림 4-3-22 부품 번호 생성 결과

(5) BOM 편집하기

수행 : 부품란 삽입하기

① 주석에서 테이블의 BOM을 클릭한다.

② BOM을 작성할 모델을 지정하라고 메시지가 뜨며 정면도를 클릭한다.

③ BOM메뉴가 나타나며 여기서 테이블 템플릿의 “ ”을 클릭하고 bom-material을 찾아 선택한다.

④ 확인을 클릭한다.

⑤ 도면에 적당한 위치에 BOM이 배치되도록 커서를 가져가서 왼쪽 버튼을 클릭한다.

⑥ 비고란이 필요 없다면 비고에 커서를 갖고 가서 삭제 버튼을 누른다.

⑦ 테이블에 커서를 갖고 가면 십자모양의 커서가 나타나고 이 때 커서를 움직여 도면우측 상단에 위치시킨다.

(6) 표제란 삽입하기

수행 : 새로운 표제란 삽입하기

① 시트편집 상태에서 일반테이블을 클릭한다.

② 테이블을 삽입할 수 있는 창이 나타나며 여기서 별표 모양을 클릭하면 미리 만들어 놓은 표제란 테이블 템플릿을 찾아서 가져올 수 있다.

③ 테이블 템플릿을 오른쪽 모서리에 위치하도록 배치한다.

④ 일반테이블 편집 완료 버튼을 누른다(그림 4-3-23).

(7) 저장하기

[수행] : 최종 도면 저장하기

① 저장 도구( )에서 다른 이름으로 저장하기를 클릭한다.

② 저장할 디렉토리를 정하고 파일이름을 “편심왕복장치_분해도”로 한다.

③ 저장 버튼을 클릭한다.

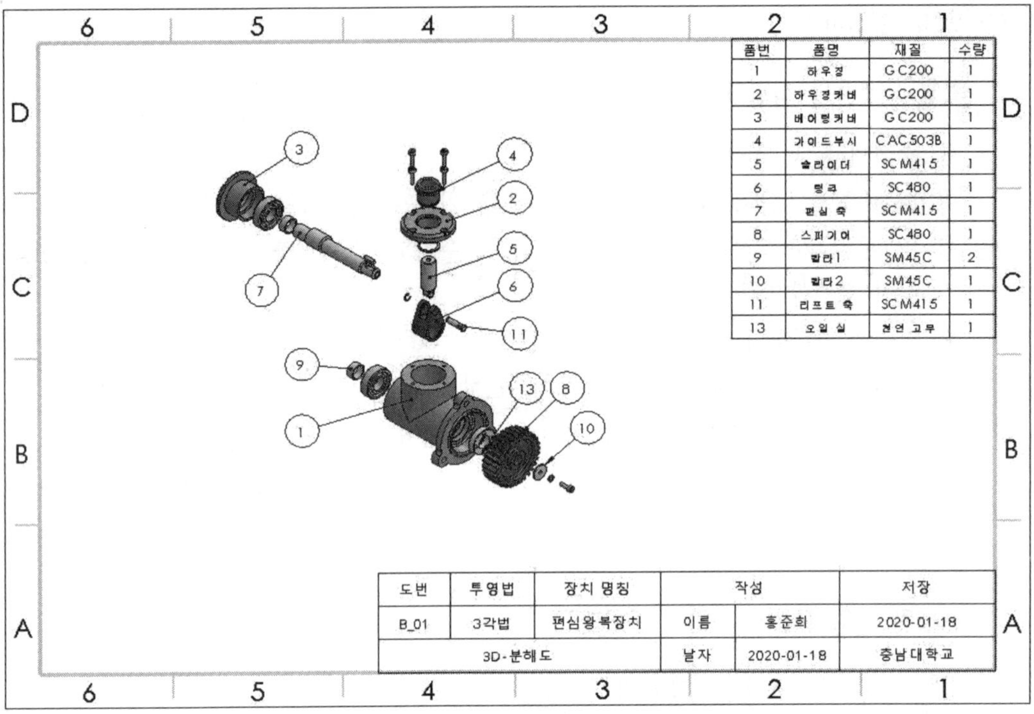

그림 4-3-23 BOM 및 표제란 삽입 모습

3-2-3 부품도 작성하기

3-2-3-1 하우징 부품도 작성하기

(1) 도면 작성 준비하기

수행 : 도면 작성 화면 들어가기

① 풀다운 메뉴에서 새로 만들기 아이콘을 선택한다.

② 기본 모듈 가운데 도면을 선택한다.

③ 시트 형식/크기 설정 창에서 찾아보기를 클릭한다.

④ a4-landscape.slddrt를 설정하고 열기를 한다.

⑤ 확인을 클릭한다.

(2) 시트 편집하기

수행 : 표제란 없애기

① 도면 Management 탭에서 시트형식을 선택한다.
② 시트형식 탭에서 시트 편집을 선택한다.
③ 파란색의 표제란 부분에 대해 마우스로 전체 드래그 하여 삭제 영역을 정하고 키보드의 삭제 버튼을 클릭한다.
④ 확인을 클릭한다.

수행 : 새로운 표제란 삽입하기

① 시트편집 상태에서 일반테이블을 클릭한다.
② 테이블을 삽입할 수 있는 창이 나타나며 여기서 별표 모양을 클릭하면 미리 만들어 놓은 표제란 테이블 템플릿을 찾아서 가져올 수 있다.
③ 테이블 템플릿을 오른쪽 모서리에 위치하도록 배치한다.
④ 일반테이블 편집 완료 버튼을 누른다.

(3) 모델 뷰 배치하기

수행 : 모델 뷰 레이 아웃하기

① 도면 화면 오른쪽의 뷰 팔레트를 선택하여 우측에 창을 띄운다.
② 이 창에서 윗 쪽의 “...”을 클릭하여 불러 오고자 하는 파일 이름 “하우징”을 선택한다.
③ 도면 뷰에서 우측면 뷰를 드래그 하여 끌어다 도면 시트 화면에 정면도로 갖다 놓는다.

(4) 전단면도 및 중심선 표현하기

생각하기 : 전단면도의 경우 어디를 절단할 것인지?

정면도를 전단면도로 나타내면 내부의 모습을 잘 표현할 수 있으므로 전단면도를 우측면도로 나타낸다.

수행 : 전단면도 나타내기

① 뷰 레이아웃에서 단면도( )를 클릭한다.
② 단면도의 절단선 방향을 수직으로 선택한다.
③ 원의 중심에 커서를 데면 창이 나타나고 여기서 완료를 클릭한다.
④ 이 전단면도에서 내부를 잘 표현하기 위해 우측면도를 모델 뷰로 나타낸다.
⑤ 수행 : 혼돈선 감추기
⑥ 감추고자 하는 선에 커서를 갖고 가면 주황색으로 변하는데 이 때 마우스 오른쪽 버튼을 누른다.
⑦ 메뉴 가운데 "모서리 숨기기/표( )"를 클릭한다(그림 4-3-24).

수행 : 중심선 나타내기

① 주석에서 중심선을 클릭한다.
② 자동 삽입에 뷰 선택을 체크한다(그림 4-3-24).

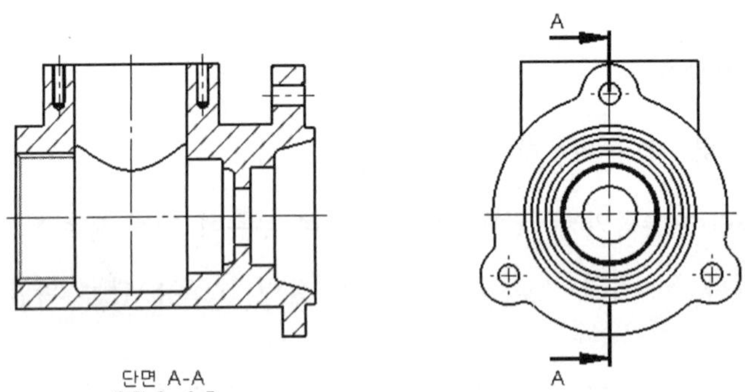

그림 4-3-24 모델 뷰 배치 및 중심선 표현

(5) 치수 기입하기

수행 : 모델 뷰의 치수 표시하기

① 도면 탭에서 주석을 클릭한다.
② 주석 메뉴 가운데 지능형 치수를 선택한다.
③ 그림 4-3-25와 같이 필요한 치수를 삽입한다.

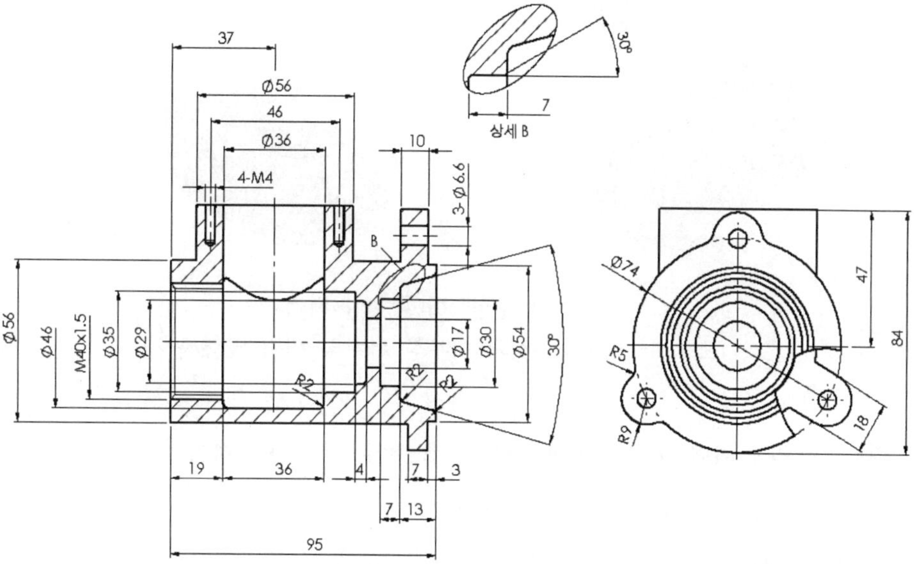

그림 4-3-25 치수 기입

(5) 끼워 맞춤에 따른 기호 치수 공차 기입하기

(가) 하우징 커버 끼워 맞춤에 따른 기호 치수 공차 기입하기

생각하기 : 하우징 커버 끼워 맞춤에 따른 기호 치수 공차는 적절한지?

그림 4-3-26 (a) 하우징과 그림 4-3-26 (b) 하우징 커버와의 조립은 볼트에 의해 조립되므로 설계조건에서 하우징과 하우징 커버는 헐거운 끼워 맞춤(Ø36H7/h6)으로 하였다. 이러한 끼워 맞춤에 따른 하우징의 하우징 커버 삽입 구멍의 치수공차(Ø36H7)가 적절한지 검토하기로 한다. 하우징의 하우징 커버 삽입 구멍의 치수공차(Ø36H7)는 IT 등급 7이므로 공차가 0.025 ㎜이며, 하우징 커버의 하우징 삽입 축(원통) 치수공차(Ø36h6)는 IT 등급 6이므로 공차가 0.016 ㎜이다. 부록 5와 6에 의해 Ø36H7의 허용한계치수는 $\phi36^{0.025}_{0}$, Ø36h6의 허용한계치수는 $\phi36^{\ 0}_{-0.016}$이다. 헐거운 끼워 맞춤이 되기 위해서는 최대 틈새와 최소 틈새가 모두 0 또는 양(+)이어야 하는데 최대 틈새=구멍의 최대 허용치수(36.025)-축의 최소 허용치수(35.984)=0.041 ㎜이고, 최소 틈새=구멍의 최소 허용치수(36.00)-축의 최대 허용치수(36.00)=0 ㎜이다. 따라서 헐거운 끼워 맞춤에 따른 하우징의 하우징 커버 삽입 구멍의 치수공차(Ø36H7)가 적절하다.

(a) 하우징 (b) 하우징 커버

그림 4-3-26 하우징과 하우징 커버의 끼워 맞춤 관계

수행 : 하우징 커버 끼워 맞춤에 따른 기호 치수 공차 표시하기

① 하우징 커버 구멍인 ⌀36을 클릭한다.

② 공차/정밀을 “맞춤”의 “끼워 맞춤”으로 설정한다.

③ 구멍 맞춤을 H7로 한다. 즉, 치수공차 $\phi 36H7$을 기입한다.

④ 확인을 클릭한다(그림 4-3-29).

(나) 베어링 끼워 맞춤에 따른 기호 치수 공차 기입하기

생각하기 : 베어링 끼워 맞춤에 따른 기호 치수 공차는 적절한지?

그림 4-3-27 (b)와 같은 베어링 외륜(⌀35 ㎜)을 그림 4-3-27 (a)와 같은 하우징 구멍에 끼워 맞춤할 때 설계 조건에서 상용 끼워 맞춤인 억지 끼워 맞춤(⌀35H7/u6)으로 하였다. 이러한 끼워 맞춤에 따른 하우징의 베어링 삽입 구멍의 치수공차(⌀35H7)가 적절한지 검토하기로 한다. 하우징의 베어링 삽입 구멍의 치수공차(⌀35H7)는 IT 등급 7이므로 공차가 0.025 ㎜이며, 베어링 외륜의 치수공차(⌀35u6)는 IT 등급 6이므로 공차가 0.016 ㎜이다. 부록 5와 6에 의해 ⌀35H7의 허용한계치수는 $\phi 35^{0.025}_{0}$, ⌀35u6의 허용한계치수는 $\phi 35^{0.076}_{0.060}$이다. 억지 끼워 맞춤이 되기 위해서는 최대 죔새와 최소 죔새가 모두 0 또는 양(+)이어야 하는데 최대 죔새=축의 최대 허용치수(35.076)-구멍의 최소 허용치수(35.000)=0.076 ㎜이고, 최소 죔새=축의 최소 허용치수(35.060)-구멍의 최대 허용치수(35.025)=0.035 ㎜이다. 따라서 억지 끼워 맞춤에 따른 하우징의 베어링 삽입 구멍의 치수공차(⌀35H7)가 적절하다.

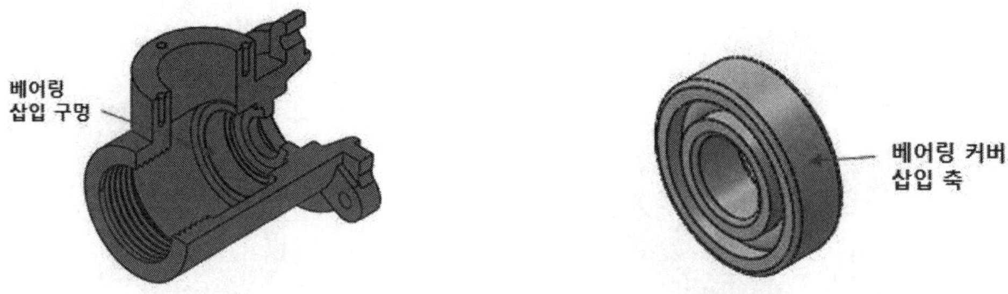

(a) 하우징의 베어링 삽입 구멍 (b) 베어링의 하우징 삽입 축

그림 4-3-27 하우징과 베어링의 끼워 맞춤 관계

수행 : 베어링 끼워 맞춤 공차에 따른 기호 치수 공차 표시하기

① 베어링 조립 구멍인 ∅35를 클릭한다.

② 공차/정밀을 “맞춤”의 “끼워 맞춤”으로 설정한다.

③ 구멍 맞춤을 H7으로 한다. 즉, 치수공차 $\phi 35H7$을 기입한다.

④ 확인을 클릭한다(그림 4-3-29).

(다) 오일 실 끼워 맞춤에 따른 기호 치수 공차 기입하기

생각하기 : 오일 실의 끼워 맞춤에 따른 치수 공차는 적절한지?

그림 4-3-28 (b)와 같은 오일 실(∅30 ㎜)을 그림 4-3-28 (a)와 같은 하우징 구멍에 끼워 맞춤할 때 목적 상 중간 끼워 맞춤(∅30H8/h8)으로 하였다. 이러한 끼워 맞춤에 따른 하우징의 오일 실 삽입 구멍의 치수공차(∅30H8)가 적절한지 검토하기로 한다. 하우징의 오일 실 삽입 구멍의 치수공차(∅30H8)는 IT 등급 8이므로 공차가 0.033 ㎜이며, 오일 실 외경의 치수공차(∅30h8)는 IT 등급 8이므로 공차가 0.033 ㎜이다. 부록 5와 6에 의해 ∅30H8의 허용한계치수는 $\phi 30^{0.033}_{0}$, ∅30h8의 허용한계치수는 $\phi 30^{0}_{-0.033}$이다. 중간 끼워 맞춤이 되기 위해서는 최대 틈새와 최대 죔새가 모두 0 또는 양(+)이어야 하는데 최대 틈새=구멍의 최대 허용치수(30.033)-축의 최소 허용치수(29.067)=0.066 ㎜이고, 최소 죔새=축의 최대 허용치수(30.000)-구멍의 최소 허용치수(30.000)=0 ㎜이다. 따라서 중간 끼워 맞춤에 따른 하우징의 오일 실 삽입 구멍의 치수공차(∅30H8)가 적절하다.

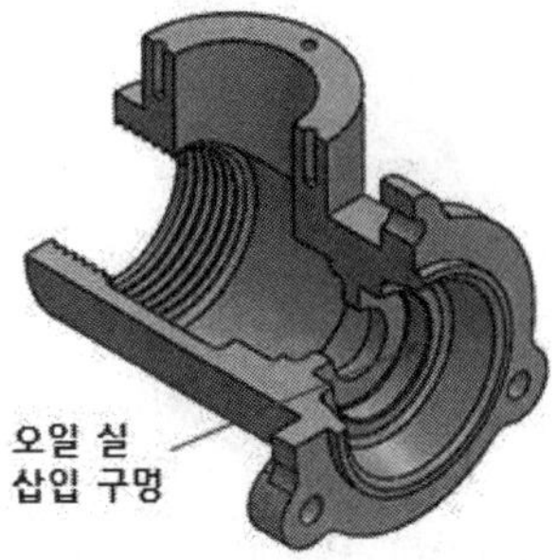

(a) 하우징의 오일 실 삽입 구멍 (b) 오일 실의 하우징 삽입 축
그림 4-3-28 하우징과 오일 실의 끼워 맞춤 관계

수행 : 오일 실 끼워 맞춤에 따른 기호 치수 공차 표시하기

① 오일 실 조립 구멍인 ∅30를 클릭한다.
② 공차/정밀을 "맞춤"의 "끼워 맞춤"으로 설정한다.
③ 구멍 맞춤을 H8로 한다. 즉, 치수공차 $\phi 30H8$을 기입한다.
④ 확인을 클릭한다(그림 4-3-29).

(6) 치수 공차 기입하기

(가) 하우징 커버 관련 치수 공차 기입하기

생각하기 : 치수 공차는 어떻게 선정하였을까?

하우징 커버의 중심은 이상적인 것이므로 하우징 커버 중심에서 베어링 커버가 조립되는 원통 측면까지의 치수공차는 가공의 정도를 어떻게 하느냐에 따라 공차의 크기가 차이 날 수 있다. 베어링 커버와 맞닿는 원통 측면을 밀링으로 가공 후에 연삭을 하는 방법으로 가공 치수공차를 정밀한 공차를 주어야 하므로 +_0.02 ㎜ 또는 +_0.03 ㎜으로 선정하는 것이 좋다. 여기서는 +_0.03 ㎜으로 하였다.

수행 : 하우징 커버 구멍 중심의 치수 공차 표시하기

① 하우징 커버 중심에서 베어링 커버 접촉면까지의 치수 37을 클릭한다.
② 공차/정밀을 "대칭"으로 설정한다.
③ 최대 편차 +0.03으로 기입한다.
④ 확인을 클릭한다(그림 4-3-29).

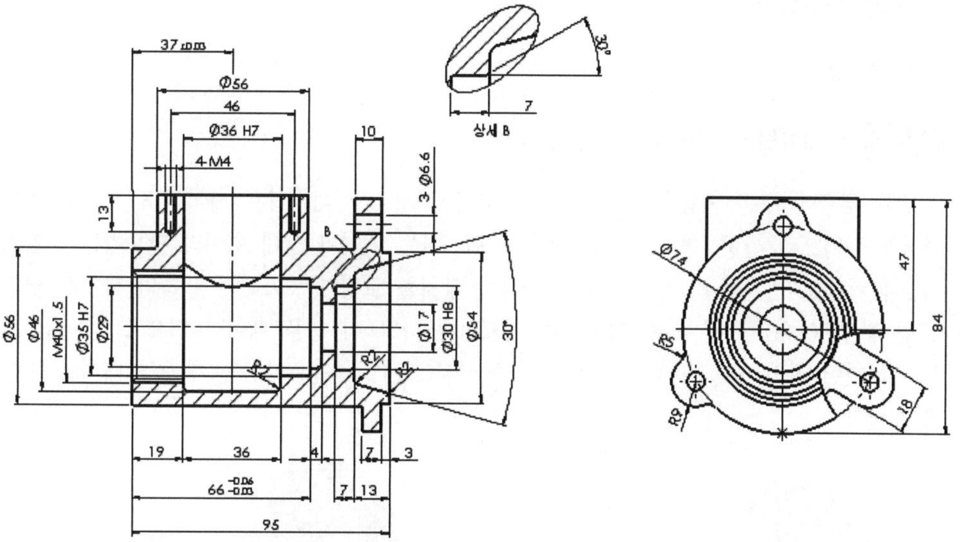

그림 4-3-29 치수 공차 및 끼워맞춤 공차 기입 결과

(나) 베어링 커버 관련 치수 공차 기입하기

생각하기 : 치수 공차는 어떻게 선정하였을까?

베어링(∅35 ㎜)과의 삽입 구멍 면까지의 치수 공차는 하우징 커버 치수공차와 연관되며 베어링의 삽입 위치가 하우징 커버 중심 위치 공차(+0.03 ㎜)보다 커야 한다. 따라서 공차를 0.03 ㎜로 하면 위 치수허용차는 +0.06 ㎜가 되어야 한다.

수행 : 베어링 구멍 면의 치수 공차 표시하기

① 베어링 커버 조립 옆면에서 베어링 접촉면까지의 치수 66을 클릭한다.
② 공차/정밀을 “좌우상칭”으로 설정한다.
③ 최대 편차 +0.06, 최소 편차 +0.03으로 기입한다.
④ 확인을 클릭한다(그림 4-3-29).

(7) 기하공차 기입하기

(가) 데이텀 표시

생각하기 : 데이텀은 어떻게 선정하였을까?

보통 우측에 구동 기능을 하고 좌측이 고정일 경우에 데이텀은 기어에 근접한 우측의 베어링 구멍으로 선정하면 좋다. 그 이유는 회전하는 기어가 상대 기어와 맞물리는 위치의 어긋나는 정도가 가장 작기 때문이다. 따라서 장치를 고정하는 스퍼기어 쪽의 하우징 옆면(그림 4-3-30 (a))을 잘 연마 가공하여 매끄럽게 하고 이 면을 데이텀 면으로 정한다. 또한 스퍼기어 쪽의 고정 구멍이 끼워지는 축 부분(그림 4-3-30 (b))을 제 2의 데이텀 면으로 정한다.

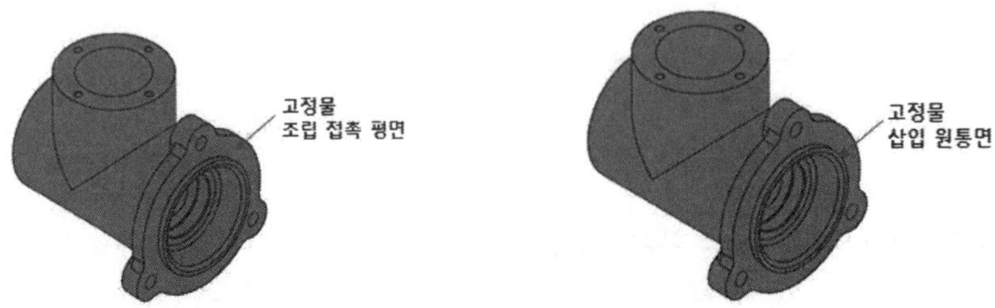

(a) 데이텀 A (b) 데이텀 B

그림 4-3-30 데이텀 선정

수행 : 데이텀 표시하기

① 도면 탭의 주석에서 "데이텀 피처"를 클릭한다.
② 장치 고정 면(하우징 우측 옆면)을 지정한다. 즉, 고정 면의 폭 10 ㎜의 치수 보조선에 데이텀 A로 지정한다.
③ 확인을 클릭한다(그림 4-3-36).

(나) 고정 삽입 축의 직각도 공차 표시

생각하기 : 고정 삽입 축의 직각도 공차는 어떻게 선정하였을까?

주로 끼워 맞춤하는 부분에 가장 널리 사용하는 IT등급은 축의 경우 IT5~IT9급의 범위에서 정한다. 실제조건에서 IT5급에서 정하기로 하였으므로 고정 옆면(데이텀 A)에 대한 고정 삽입 축의 직각면(그림 4-3-31 (b))은 고정 삽입 축의 직경이 ∅54 ㎜이므로 부록1에 의하면 50초과 80이하에서 직각도 공차값은 0.013 ㎜가 된다.

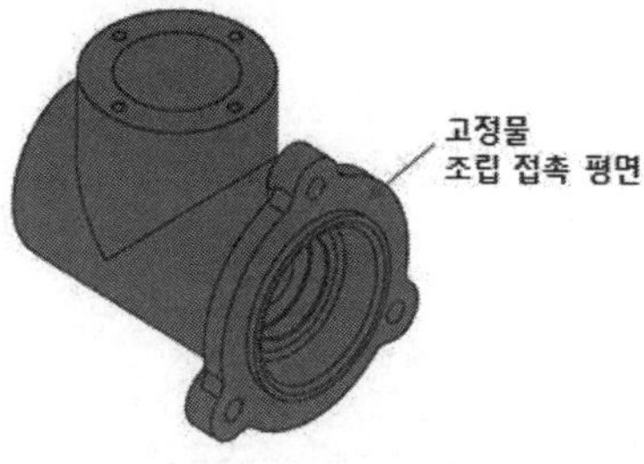

(a) 데이텀 A

(b) 데이텀 A에 대한 직각면

그림 4-3-31 직각도 선정

수행 : 직각도 및 데이텀 표시하기

① 도면 탭의 주석에서 "기하 공차"를 클릭한다.
② 기하공차 속성창이 나타나며 여기서 기호는 "직각도(⊥)"를 설정하고 직각도 값 공차1은 0.013을, 그리고 제1은 A를 입력한다.
③ 확인을 클릭한다.
④ 직각도 기하 공차 표시를 ∅54의 치수선에 위치시킨다.
⑤ 도면 탭의 주석에서 "데이텀 피처"를 클릭한다.
⑥ 직각도 공차 밑에 데이텀 B로 지정한다.
⑦ 확인을 클릭한다(그림 4-3-36).

(다) 베어링2 삽입 구멍의 직각도 공차 표시

생각하기 : 베어링2 삽입 구멍에 대한 직각도 공차는 어떻게 선정하였을까?

설계 조건에서 IT5급에서 정하였으므로 데이텀 B(그림 4-3-31 (a))에 대한 베어링2(∅30 ㎜) 삽입 구멍(그림 4-3-32 (b))의 동심도 공차값은 부록1에 의해 0.011 ㎜이다.

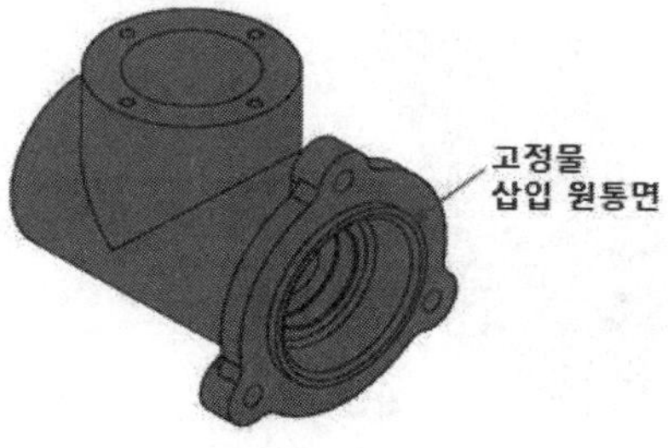

(a) 데이텀 B

(b) 데이텀 B에 대한 동심면

그림 4-3-32 동심도 선정

수행 : 직각도 및 데이텀 표시하기

① 도면 탭의 주석에서 "기하 공차"를 클릭한다.
② 기하공차 속성창이 나타나며 여기서 기호는 "직각도(⊥)"를 설정하고 직각도 값 공차1은 0.011을, 그리고 제1은 B를 입력한다.
③ 확인을 클릭한다.
④ 직각도 기하 공차 표시를 ∅30의 치수선에 위치시킨다(그림 4-3-36).

(라) 베어링1 삽입 면과 하우징 커버 구멍의 동심도 및 직각도 공차 표시

생각하기 : 베어링1 삽입 면과 하우징 커버 구멍에 대한 동심도 및 직각도 공차는 어떻게 선정하였을까?

설계 조건에서 IT5급에서 정하였며 부록1에 의하면 데이텀 B(그림 4-3-33 (a))에 대한 베어링1(∅35 ㎜) 삽입 구멍(그림 4-3-33 (b))의 동심도 공차값은 0.011 ㎜가 된다. 베어링1(∅35 ㎜) 삽입 내측면(그림 4-3-34 (b))과 베어링 외륜 지지 면까지 치수(66 ㎜)와 하우징 커버 삽입 구멍(그림 4-3-35 (b))(∅36 ㎜)의 직각도 공차값은 부록1에 의해 각각 0.013 ㎜과 0.011 ㎜이다.

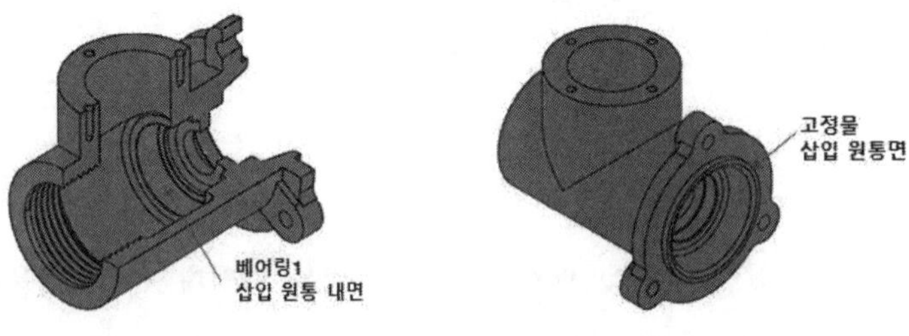

(a) 데이텀 B (b) 데이텀 B에 대한 직각면

그림 4-3-33 동심도 선정

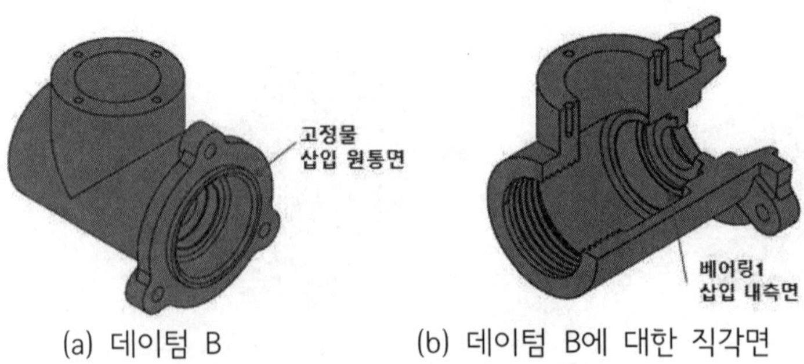

(a) 데이텀 B (b) 데이텀 B에 대한 직각면

그림 4-3-34 직각도 선정

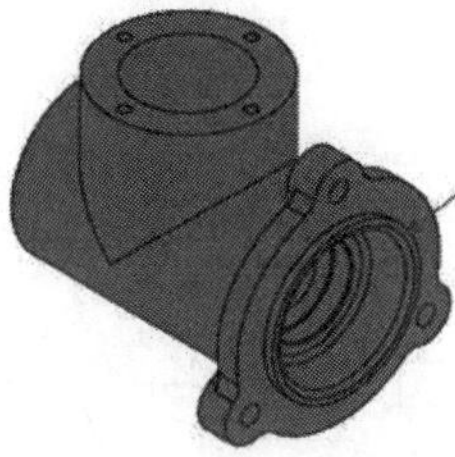

(a) 데이텀 B

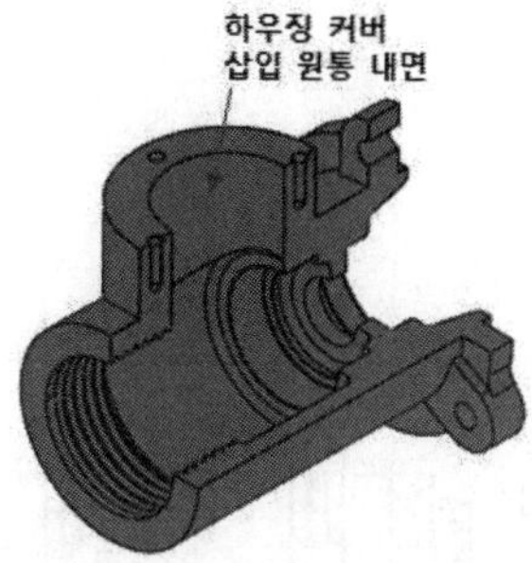

(b) 데이텀 B에 대한 직각면

그림 4-3-35 직각도 선정

수행 : 동심도 및 직각도 표시하기

① 도면 탭의 주석에서 "기하 공차"를 클릭한다.

② 기하공차 속성창이 나타나며 여기서 기호는 "동심도(◎)"를 설정하고 동심도 값 공차1은 0.011을, 그리고 제1은 B를 입력한다.

③ 확인을 클릭한다.

④ 동심도 기하 공차 표시를 베어링 치수(∅35 ㎜)에 위치시킨다.

⑤ 도면 탭의 주석에서 "기하 공차"를 클릭한다.

⑥ 기하공차 속성창이 나타나며 여기서 기호는 "동심도(◎)"를 설정하고 동심도 값 공차1은 0.011을, 그리고 제1은 B를 입력한다.

⑦ 확인을 클릭한다.

⑧ 동심도 기하 공차 표시를 오일 실 치수(∅30 ㎜)에 위치시킨다.

⑨ 도면 탭의 주석에서 "기하 공차"를 클릭한다.

⑩ 기하공차 속성창이 나타나며 여기서 기호는 "직각도(⊥))"를 설정하고 직각도 값 공차1은 0.013을, 그리고 제1은 B를 입력한다.

⑪ 확인을 클릭한다.

⑫ 직각도 기하 공차 표시를 베어링 접촉면까지 치수(66 ㎜)에 위치시킨다.

⑬ 도면 탭의 주석에서 "기하 공차"를 클릭한다.

⑭ 기하공차 속성창이 나타나며 여기서 기호는 "직각도(⊥)"를 설정하고 직각도 값 공차1은 0.011를, 그리고 제1은 B를 입력한다.

⑮ 확인을 클릭한다.

⑯ 직각도 기하 공차 표시를 하우징 커버 삽입 구멍(∅36 ㎜)에 위치시킨다(그림 4-3-36).

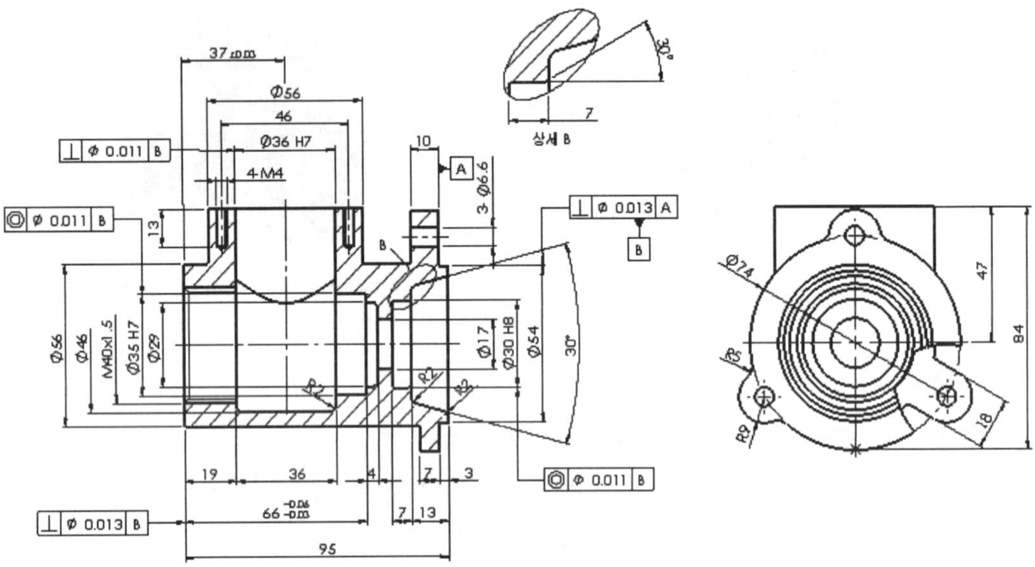

그림 4-3-36 기하 공차 기입 결과

(8) 표면 거칠기 기입하기

생각하기 : 하우징의 표면 거칠기는 어떻게 선정하였을까?

부품 도면에 표면 거칠기 기호를 표시할 때는 실제 부품을 가공하는 방향 쪽에서 기입해주는 것이 바람직하다. 즉, 절삭 공구가 가공시에 닿는 부분을 말한다. 표면 거칠기 기호는 보통 부품도면에 치수를 전부 기입하고 배치한 후에 최종적으로 각 부품과의 조립상태 및 끼워 맞춤 상관관계를 고려하여 기입해주는 것이 일반적 방법이다. 하우징은 주물로 만들어진 후에 조립 및 끼워 맞춤되는 부분에 대해 가공을 하도록 표시해 주어야 하는데 이때 표면 거칠기에 따라 가공의 정도가 달라진다. 주물의 경우는 별도로 가공이나 다듬질을 하지 않으므로 기본적으로 $\overset{\circ}{\nabla}$ 으로 하며 나머지 가공 부분에 대해서는 조립상태 및 끼워 맞춤 상관관계를 고려하여 표면 거칠기를 표시해야 한다. 즉, 축 삽입 부분과 나사 삽입 부분은 $\overset{w}{\nabla}$ 으로 하고, 데이텀 면 및 베어링 삽입면에 대해서는 $\overset{y}{\nabla}$ 로 기입하며 하우징 커버 및 베어링 커버가 밀착되는 면에 대해서도 $\overset{y}{\nabla}$ 로 기입한다. 한편 오일 실 밀착 면은 $\overset{x}{\nabla}$ 로 기입한다.

수행 : 표면 거칠기 표시하기

① 도면 탭의 주석에서 “표면 거칠기(√)”를 선택한다.
② 속성 대화창에서 기호의 종류를 선택하고 거칠기 정도를 나타내는 레이아웃을 정한다.
③ 축 삽입 부분과 나사 삽입 부분은 $\overset{w}{\bigtriangledown}$으로 하고, 데이텀 면 및 베어링 삽입면에 대해서는 $\overset{y}{\bigtriangledown}$로 기입하며 하우징 커버 및 베어링 커버가 밀착되는 면에 대해서도 $\overset{y}{\bigtriangledown}$로 기입한다. 한편 오일 실 밀착 면은 $\overset{x}{\bigtriangledown}$로 기입한다.
④ 확인 버튼을 누른다(그림 4-3-37).

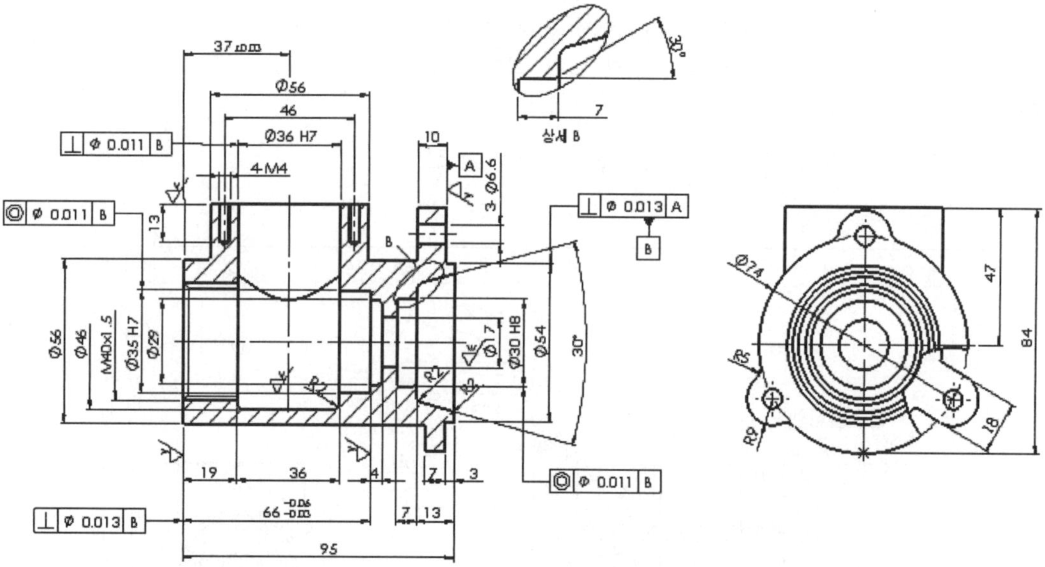

그림 4-3-37 표면 거칠기 기입 결과

(9) 주석 기입하기

생각하기 : 하우징의 주석은 무엇을 기입하면 좋을까?

주서는 도면에 일반적으로 기입하는 것을 나열한 것으로 부품의 재질이나 열처리 및 가공방법 등을 고려하여 선택적으로 기입하면 된다. 주서의 위치는 보통 도면 양식에서 우측 하단의 부품란(BOM) 상단에 배치하는 것이 일반적이지만 부품란이 없을 때는 표제란 위에 기입한다. 즉, 표 4-3-4와 같이 표기한다.

수행 : 주서 기입하기

① 도면 탭의 주석에서 “노트”를 선택한다.
② 표 4-3-4과 같이 기입한다.
③ 확인 버튼을 누른다(그림 4-3-38).

표 4-3-4 하우징의 주서 예

1. 일반 공차 - (가) 가공부 : KS B ISO 2768-m(중간 등급) (나) 주조부 : KS B 0250 CT-9 2. 도시되고 지시없는 모떼기는 1×45°, 필렛 및 라운드 R3 3. 일반 모떼기 0.2×45°, 필렛 R0.2 4. 가공되지 않은 주조부 외면 명회색 도장 5. 표면 거칠기 W/ = 25/ , X/ = 6.3/ , y/ = 1.6/

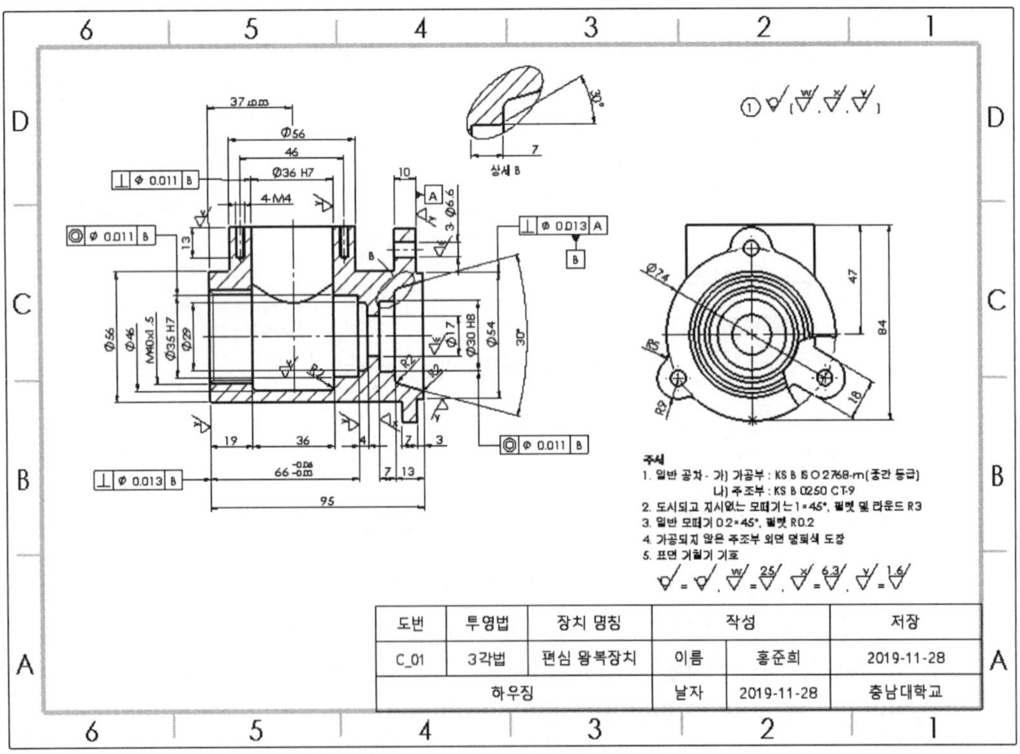

그림 4-3-38 도면의 최종 모습

(10) 저장하기

수행 : 최종 도면 저장하기

① 저장 도구(💾)에서 다른 이름으로 저장하기를 클릭한다.
② 저장할 디렉토리를 정하고 파일이름을 "하우징"로 한다.

3-2-3-2 하우징 커버 부품도 작성하기

(1) 도면 작성 준비하기

수행 : 도면 작성 화면 들어가기

① 풀다운 메뉴에서 새로 만들기 아이콘을 선택한다.
② 기본 모듈 가운데 도면을 선택한다.
③ 시트 형식/크기 설정 창에서 찾아보기를 클릭한다.
④ a4-landscape.slddrt를 설정하고 열기를 한다.
⑤ 확인을 클릭한다.

(2) 시트 편집하기

수행 : 표제란 없애기

① 도면 Management 탭에서 시트형식을 선택한다.
② 시트형식 탭에서 시트 편집을 선택한다.
③ 파란색의 표제란 부분에 대해 마우스로 전체 드래그 하여 삭제 영역을 정하고 키보드의 삭제 버튼을 클릭한다.
④ 확인을 클릭한다.

수행 : 새로운 표제란 삽입하기

① 시트편집 상태에서 일반테이블을 클릭한다.
② 테이블을 삽입할 수 있는 창이 나타나며 여기서 별표 모양을 클릭하면 미리 만들어 놓은 표제란 테이블 템플릿을 찾아서 가져올 수 있다.
③ 테이블 템플릿을 오른쪽 모서리에 위치하도록 배치한다.
④ 일반테이블 편집 완료 버튼을 누른다.

(3) 모델 뷰 배치하기

수행 : 모델 뷰 레이 아웃하기

① 도면 화면 오른쪽의 뷰 팔레트를 선택하여 우측에 창을 띄운다.
② 이 창에서 윗 쪽의 "..."을 클릭하여 불러 오고자 하는 파일 이름 "하우징 커버"를 선택한다.
③ 도면 뷰에서 윗면 뷰를 드래그 하여 끌어다 도면 시트 화면에 정면도로 갖다 놓는다.

(4) 전단면도 및 중심선 표현하기

생각하기 : 전단면도의 경우 어디를 절단할 것인지?

정면도를 전단면도로 나타내면 내부의 모습을 잘 표현할 수 있으므로 전단면도를 우측면도로 나타낸다.

수행 : 전단면도 나타내기

① 뷰 레이아웃에서 단면도( )를 클릭한다.
② 단면도의 절단선 방향을 수직으로 선택한다.
③ 원의 중심에 커서를 데면 창이 나타나고 여기서 완료를 클릭한다.
④ 이 전단면도에서 내부를 잘 표현하기 위해 우측면도를 모델 뷰로 나타낸다.

수행 : 혼돈선 감추기

① 감추고자 하는 선에 커서를 갖고 가면 주황색으로 변하는데 이 때 마우스 오른쪽 버튼을 누른다.
② 메뉴 가운데 "모서리 숨기기/표( )"를 클릭한다.

수행 : 중심선 나타내기

① 주석에서 중심선을 클릭한다.
② 자동 삽입에 뷰 선택을 체크한다(그림 4-3-39).

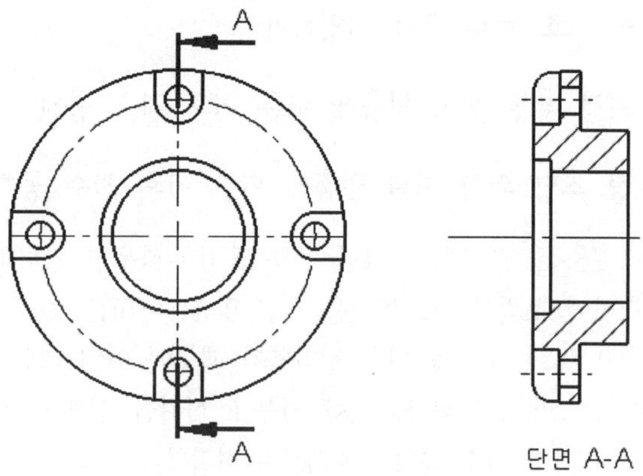

그림 4-3-39 전단면도 및 중심선 표현

(5) 치수 기입하기

수행 : 모델 뷰의 치수 표시하기

① 도면 탭에서 주석을 클릭한다.

② 주석 메뉴 가운데 “지능형 치수”를 선택한다.

③ 그림 4-3-40과 같이 필요한 치수를 삽입한다.

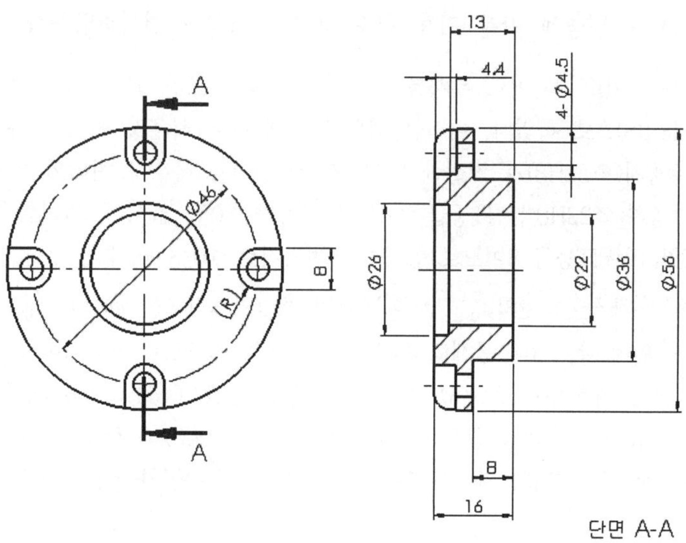

그림 4-3-40 치수 기입

(6) 끼워 맞춤에 따른 기호 치수 공차 기입하기

(가) 하우징 조립 외경 부분 끼워 맞춤에 따른 기호 치수 공차

생각하기 : 하우징 조립 외경 끼워 맞춤에 따른 기호 치수 공차는 적절한지?

앞의 그림 4-3-26 (a) 하우징과 그림 4-3-26 (b) 하우징 커버의 끼워 맞춤에 따른 공차는 볼트로 체결하여 조립하므로 헐거운 끼워 맞춤(∅36H7/h6)으로 하였다. 그런데 하우징에서 기준 구멍으로 ∅36H7을 이미 정하였기 때문에 이에 대한 하우징 커버의 조립 외경(∅36)에 대해서는 h6, h7 및 js6, js7 가운데 하나를 선택하여야 한다. 따라서 하우징 커버의 조립 외경의 기호 치수 공차(∅36h6)는 적절하다.

수행 : 하우징 조립 외경 부분 끼워 맞춤에 따른 기호 치수 공차 표시하기

① 우측면도의 하우징조립 부분인 ∅36을 클릭한다.
② 공차/정밀을 "맞춤"의 "보통 맞춤"으로 설정한다.
③ 축 맞춤을 h6으로 한다. 즉, 치수공차 $\phi 36h6$을 기입한다.
④ 확인을 클릭한다(그림 4-3-42).

(나) 슬라이드 조립 부분 끼워 맞춤에 따른 기호 치수 공차

생각하기 : 끼워 맞춤에 따른 기호 치수 공차는 어떻게 선정하였을까?

그림 4-3-41 (b)의 가이드 부시를 손상시키지 않고 조립 및 분해가 가능한 중간 끼워 맞춤(∅22H8/h8)으로 하였다. 이러한 끼워 맞춤에 따른 하우징 커버의 가이드 부시 삽입 구멍의 치수공차(∅22H8)가 적절한지 검토하기로 한다. 하우징 커버의 가이드 부시 삽입 구멍의 치수공차(∅22H8)는 IT등급 8이므로 공차가 0.033 ㎜이며, 가이드 부시 외경의 치수공차(∅22h8)는 IT등급 8이므로 공차가 마찬가지로 0.033 ㎜이다. 부록 5와 6에 의해∅ 22H8의 허용한계치수는 $\phi 22^{0.033}_{0}$, ∅22h8의 허용한계치수는 $\phi 22^{\ 0}_{-0.033}$이다. 중간 끼워 맞춤이 되기 위해서는 최대 틈새와 최대 죔새가 모두 0 또는 양(+)이어야 하는데 최대 틈새=구멍의 최대 허용치수(22.033)-축의 최소 허용치수(21.067)=0.066 ㎜이고, 최소 죔새=축의 최대 허용치수(22.000)-구멍의 최소 허용치수(22.000)=0 ㎜이다. 따라서 중간 끼워 맞춤에 따른 하우징 커버의 가이드 부시 삽입 구멍의 치수공차(∅22H8)가 적절하다.

(a) 하우징 커버의 가이드 부시 삽입 구멍

(b) 가이드 부시의 하우징 커버삽입 축

그림 4-3-41 하우징 커버와 가이드 부시의 끼워 맞춤 관계

수행 : 가이드 부시 조립 부분 끼워 맞춤에 따른 기호 치수 공차 표시하기

① 우측면도의 가이드 부시 조립 부분인 Ø22를 클릭한다.
② 공차/정밀을 "맞춤"의 "보통 맞춤"으로 설정한다.
③ 구멍 맞춤을 H7으로 한다. 즉, 치수공차 $\phi 22H7$을 기입한다.
④ 확인을 클릭한다(그림 4-3-42).

(7) 치수 공차 기입하기

생각하기 : 가이드 부시 삽입 구멍의 치수 공차는 어떻게 선정하였을까?

설계조건에 따라 IT7급으로 하면 칼라 붙임 가이드 부시 삽입 구멍의 깊이(13 ㎜) 치수 공차는 0.018 ㎜로 해야 하는데 조금 여유를 주어 여기서는 그림 4-3-5와 같이 위 치수 허용차는 0이며, 아래 치수 허용차는 −0.02로 하였다.

수행 : 가이드 부시 삽입 구멍 깊이의 치수 공차 표시하기

① 하우징 커버의 가이드 부시 삽입 구멍의 깊이 13을 클릭한다.
② 공차/정밀을 "대칭"으로 설정한다.
③ 최대 편차 0으로 하고 최소 편차는 −0.02로 기입한다.
④ 확인을 클릭한다(그림 4-3-42).

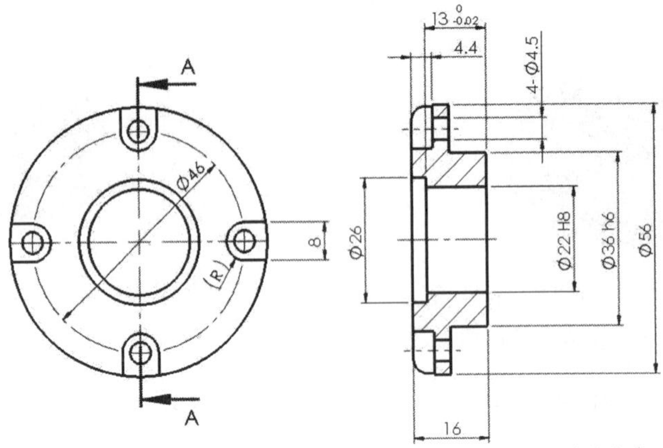

그림 4-3-42 치수 공차 설정 결과 모습

(8) 기하공차 기입하기

(가) 데이텀 표시

생각하기 : 데이텀은 어떻게 선정하였을까?

하우징에 삽입되는 하우징 커버의 삽입 축이 중요하므로 그림 4-3-43과 같이 데이텀 면으로 선정한다. 즉, 정밀하게 원통 연삭을 해야 한다.

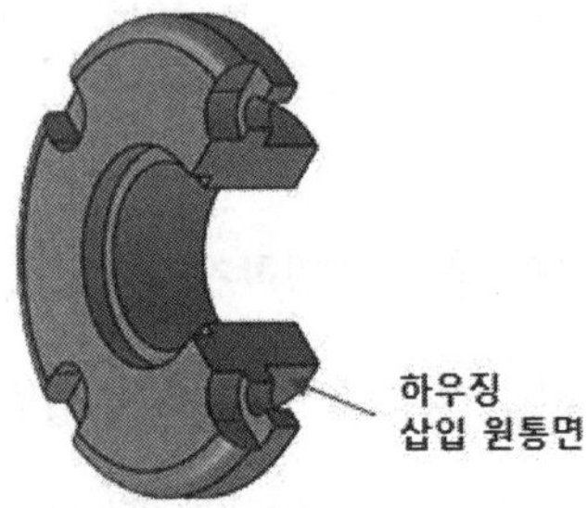

그림 4-3-43 데이텀 선정

수행 : 데이텀 A 표시하기

① 도면 탭의 주석에서 "데이텀 피처"를 클릭한다.

② 하우징 삽입 부분인 하우징 커버 바깥 원통 면을 데이텀 면으로 지정하고 데이텀 A로 한다.

③ 확인을 클릭한다(그림 4-3-45).

(나) 가이드 부시 삽입 구멍의 흔들림도 공차 표시

생각하기 : 가이드 부시 삽입 구멍의 흔들림도 공차는 어떻게 선정하였을까?

가이드 부시 삽입 구멍(그림 4-3-44 (b))의 IT등급을 7로 하였으며 보통 원주 흔들림 공차는 일반적으로 IT7/2로 나타내므로 0.021/2≒0.011 ㎜를 원주 흔들림의 공차 값으로 정하였다.

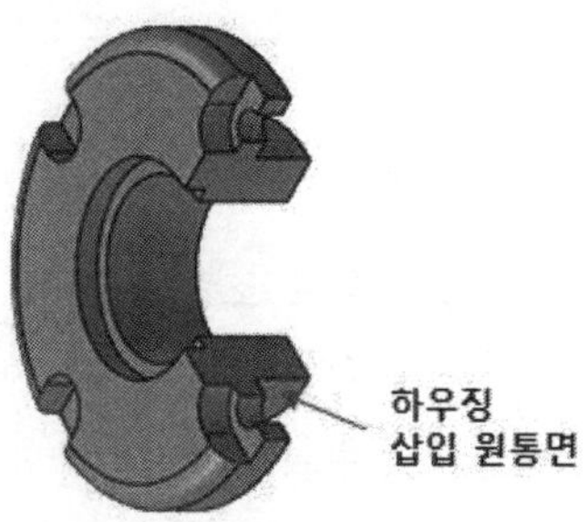

(a) 데이터 A

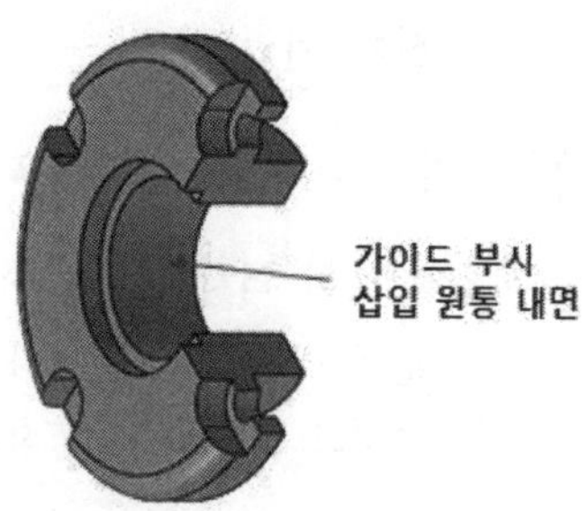

(b) 데이텀 A에 대한 원주 흔들림면

그림 4-3-44 원주 흔들림 선정

수행 : 원주 흔들림 표시하기

① 도면 탭의 주석에서 "기하 공차"를 클릭한다.

② 기하공차 속성창이 나타나며 여기서 기호는 "원주 흔들림(↗)"를 설정하고 원주 흔들림 값 공차1은 0.011을, 그리고 제1은 A를 입력한다.

③ 확인을 클릭한다.

④ 흔들림도 기하 공차 표시를 ⌀22의 치수선에 위치시킨다(그림 4-3-45).

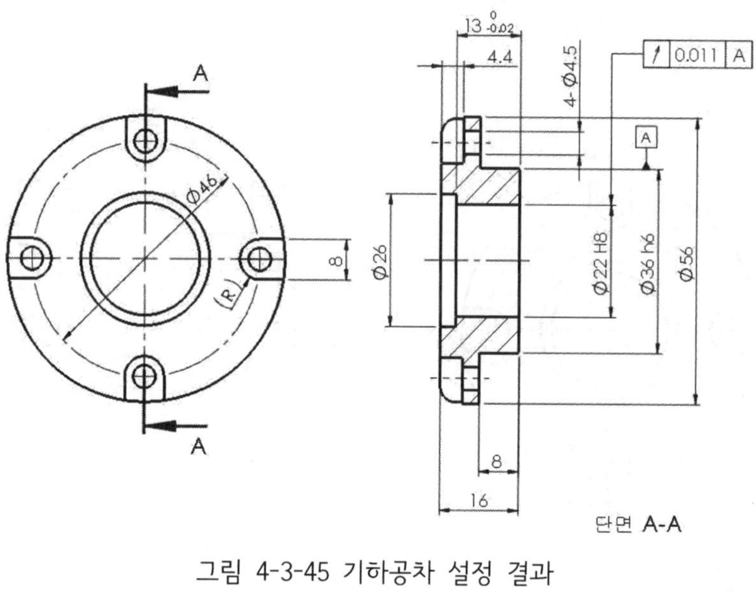

그림 4-3-45 기하공차 설정 결과

(9) 표면 거칠기 기입하기

생각하기 : 하우징 커버의 표면 거칠기는 어떻게 선정하였을까?

하우징 커버 역시 하우징과 마찬가지로 주물로 부품 형상을 만들고 조립 부분 및 끼워 맞춤 부분에 대해 가공을 한다. 따라서 조립 및 끼워 맞춤되는 부분에 대해 가공을 하도록 표시해 주어야 하는데 이때 표면 거칠기에 따라 가공의 정도가 달라진다. 즉, 하우징 삽입 축 부분과 가이드 부시 삽입 구멍 부분은 $\stackrel{y}{\nabla}$ 으로 하고, 나사 삽입 면과 나사 머리 밀착 면 그리고 가이드 부시 칼라 밀착 면에 대해서는 $\stackrel{w}{\nabla}$ 로 기입하며 나사 머리가 밀착되는 면, 하우징과 밀착 면 그리고 커버 밑면에 대해서는 $\stackrel{x}{\nabla}$ 로 기입한다.

수행 : 표면 거칠기 표시하기

① 도면 탭의 주석에서 “표면 거칠기(√)”를 선택한다.

② 속성 대화창에서 기호의 종류를 선택하고 거칠기 정도를 나타내는 레이아웃을 정한다.

③ 하우징 삽입 축 부분과 가이드 부시 삽입 구멍 부분은 $\stackrel{y}{\nabla}$ 으로 하고, 나사 삽입 면과 나사 머리 밀착 면 그리고 가이드 부시 칼라 밀착 면에 대해서는 $\stackrel{w}{\nabla}$ 로 기입하며 나사 머리가 밀착되는 면, 하우징과 밀착 면 그리고 커버 밑면에 대해서는 $\stackrel{x}{\nabla}$ 로 기입한다.

④ 확인 버튼을 누른다(그림 4-3-46).

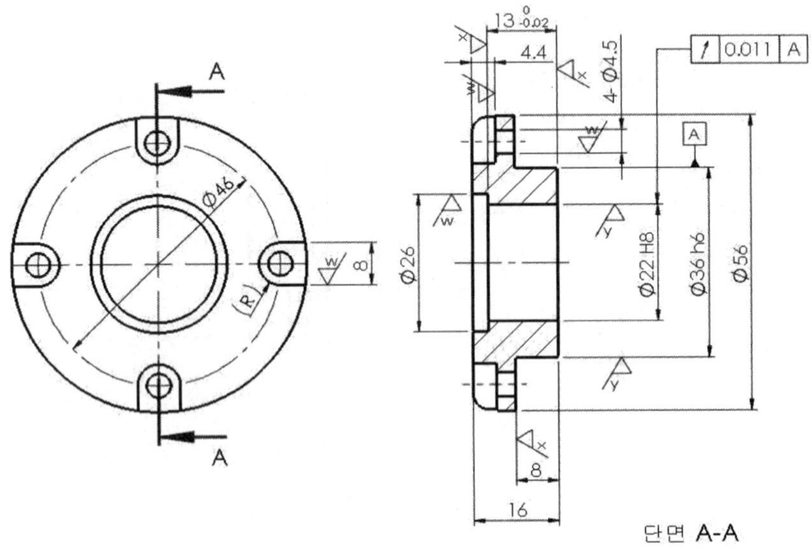

그림 4-3-46 표면 거칠기 기입 결과

(10) 주석 기입하기

생각하기 : 하우징 커버의 주석은 무엇을 기입하였을까?

하우징과 같은 주석으로로 한다. 즉, 표 4-3-4와 같이 한다.

수행 : 주서 기입하기

① 도면 탭의 주석에서 “노트”를 선택한다.
② 표 4-3-4와 같은 내용으로 기입한다.
③ 확인 버튼을 누른다(그림 4-3-47).

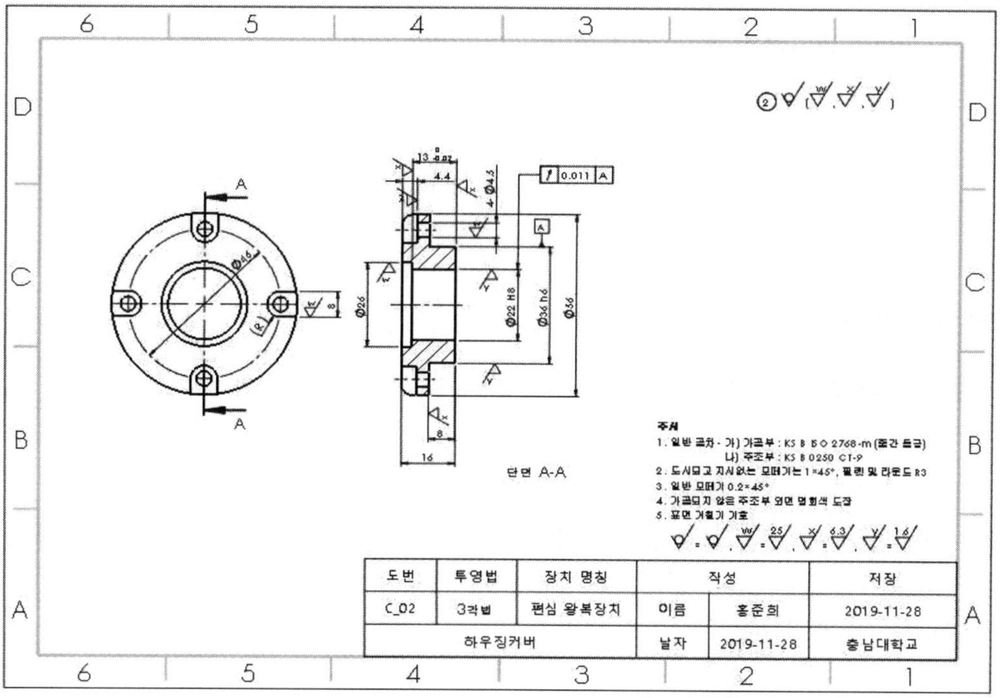

그림 4-3-47 하우징 커버 도면의 완료 모습

(11) 저장하기

수행 : 최종 도면 저장하기

① 저장 도구(💾)에서 다른 이름으로 저장하기를 클릭한다.
② 저장할 디렉토리를 정하고 파일이름을 "하우징 커버"로 한다.

3-2-3-3 베어링 커버 부품도 작성하기

(1) 도면 작성 준비하기

수행 : 도면 작성 화면 들어가기

① 풀다운 메뉴에서 새로 만들기 아이콘을 선택한다.
② 기본 모듈 가운데 도면을 선택한다.
③ 시트 형식/크기 설정 창에서 찾아보기를 클릭한다.
④ a4-landscape.slddrt를 설정하고 열기를 한다.
⑤ 확인을 클릭한다.

(2) 시트 편집하기

수행 : 표제란 없애기

① 도면 Management 탭에서 시트형식을 선택한다.
② 시트형식 탭에서 시트 편집을 선택한다.
③ 파란색의 표제란 부분에 대해 마우스로 전체 드래그 하여 삭제 영역을 정하고 키보드의 삭제 버튼을 클릭한다.
④ 확인을 클릭한다.

수행 : 새로운 표제란 삽입하기

① 시트편집 상태에서 일반테이블을 클릭한다.
② 테이블을 삽입할 수 있는 창이 나타나며 여기서 별표 모양을 클릭하면 미리 만들어 놓은 표제란 테이블 템플릿을 찾아서 가져올 수 있다.
③ 테이블 템플릿을 오른쪽 모서리에 위치하도록 배치한다.
④ 일반테이블 편집 완료 버튼을 누른다.

(3) 모델 뷰 배치하기

수행 : 모델 뷰 레이 아웃하기

① 도면 화면 오른쪽의 뷰 팔레트를 선택하여 우측에 창을 띄운다.

② 이 창에서 윗 쪽의 "…"을 클릭하여 불러 오고자 하는 파일 이름 "베어링 커버"를 선택한다.

③ 도면 뷰에서 체결용 홈을 가장 잘 볼 수 있는 정면 뷰를 드래그 하여 끌어다 도면 시트 화면에 정면도로 갖다 놓는다.

(4) 전단면도 및 중심선 표현하기

수행 : 전단면도 나타내기

① 뷰 레이아웃에서 단면도( )를 클릭한다.

② 단면도의 절단선 방향을 수직으로 선택한다.

③ 원의 중심에 커서를 데면 창이 나타나고 여기서 완료를 클릭한다.

④ 이 전단면도에서 내부를 잘 표현하기 위해 우측면도를 모델 뷰로 나타낸다.

수행 : 혼돈선 감추기

① 감추고자 하는 선에 커서를 갖고 가면 주황색으로 변하는데 이 때 마우스 오른쪽 버튼을 누른다.

② 메뉴 가운데 "모서리 숨기기/표( )"를 클릭한다.

수행 : 중심선 나타내기

① 주석에서 중심선을 클릭한다.

② 자동 삽입에 뷰 선택을 체크하고 우측면도를 클릭한다(그림 4-3-48).

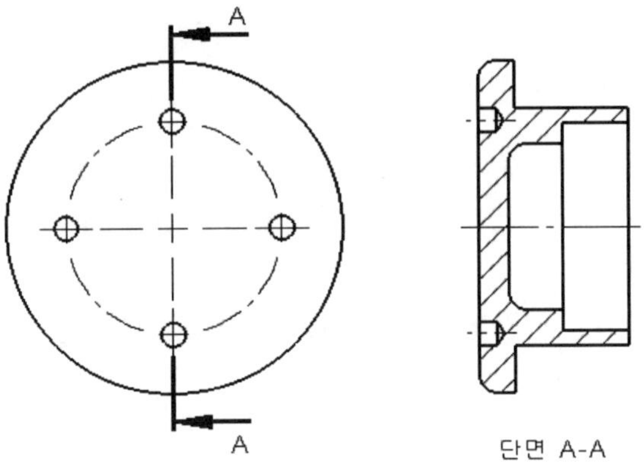

그림 4-3-48 전단면도 및 중심선 표현

(5) 나사산 생성 및 치수 표현하기

생각하기 : 나사산 표현은 자동으로 안 되는지?

SolidWorks에서는 암나사의 경우는 자동으로 생성되는데 구멍 가공마법사의 나사산에 의해 생성한 돌출 나사산, 즉 수나사의 경우는 자동으로 표현이 안 된다. 따라서 스케치를 이용하여 나사산을 나타내어야 한다. 나사산의 접촉 높이는 "0.541266×피치"이므로 피치가 3.0이면 0.541266×3.0=1.62 ㎜가 된다. 이것을 나사산 표현에 이용하면 된다.

수행 : 나사산 생성하기

① 스케치에서 선 도구를 선택한다.
② 그림 4-3-49와 같이 필요한 나사산 높이가 1.62가 되도록 나사산을 스케치한다.
③ 확인 버튼을 누른다.

생각하기 : 체결용 드릴 구멍과 나사의 치수 기입은 어떻게 표현하는지?

드릴 구멍의 경우 가공 방법과 함께 표현 가능한데 이럴 경우는 치수 앞에 ∅를 붙이지 않으며 일정 깊이의 구멍인 경우는 구멍의 깊이를 표현한다. 즉, 드릴 직경이 ∅4 ㎜이고 드릴 깊이 3인 경우는 "4드릴, 깊이3"으로 표현한다. 또한 4개의 구멍이 등간격으로 있을 경우는 "4-4드릴, 깊이3, 등간격"으로 표현한다. 한편 나사의 치수 기입은 수나사의 치수 기입은 KS B 0003(나사제도)에서 지시선 만을 사용하도록 되어 있으므로 지시선과 함께 치수 기입해야 한다. 즉, 미터 나사(M) 골 지름 치수가 ∅40이고 피치가 3.0인 경우 "M42×3.0"으로 기입한다.

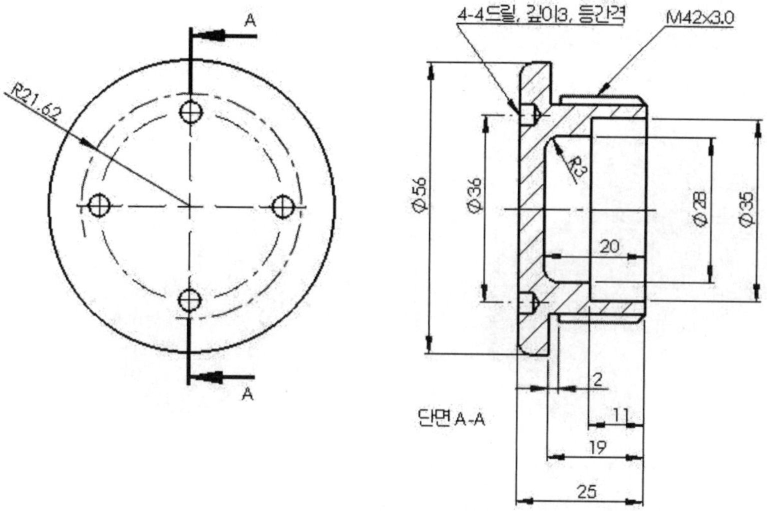

그림 4-3-49 나사산 생성 및 치수 표현

수행 : 치수 표현하기

① 도면 탭에서 주석을 클릭한다.
② 주석 메뉴 가운데 “지능형 치수”를 선택한다.
③ 그림 4-3-24와 같이 필요한 치수를 삽입한다.
④ 주석의 노트를 선택하고 “4-4드릴, 깊이3, 등간격”과 “M42×3.0“을 기입한다.

(6) 끼워 맞춤에 따른 기호 치수 공차 기입하기

(가) 베어링1 조립 부분의 끼워 맞춤에 따른 기호 치수 공차 표시

생각하기 : 베어링1 조립 부분의 끼워 맞춤에 따른 기호 치수 공차는 적절한지?

베어링 커버 구멍(그림 4-3-50 (a))에 깊은 홈 볼베어링1(그림 4-3-50 (b))의 끼워 맞춤은 억지 끼워 맞춤 공차(∅35H7/u6)로 하였다. 이러한 끼워 맞춤에 따른 베어링 커버의 베어링 삽입 구멍의 치수공차(∅35H7)가 적절한지 검토하기로 한다. 베어링 커버의 베어링 삽입 구멍의 치수공차(∅35H7)는 IT 등급 7이므로 공차가 0.025 ㎜이며, 베어링 외륜의 치수공차(∅35u6)는 IT 등급 6이므로 공차가 0.016 ㎜이다. 부록 5와 6에 의해 ∅35H7의 허용한계치수는 $\phi35^{0.025}_{0}$, ∅35u6의 허용한계치수는 $\phi35^{0.076}_{0.060}$이다. 억지 끼워 맞춤이 되기 위해서는 최대 죔새와 최소 죔새가 모두 0 또는 양(+)이어야 하는데 최대 죔새=축의 최대 허용치수(35.076)-구멍의 최소 허용치수(35.000)=0.076 ㎜이고, 최소 죔새=축의 최소 허용치수(35.060)-구멍의 최대 허용치수(35.025)=0.035 ㎜이다. 따라서 억지 끼워 맞춤에 따른 베어링 커버의 베어링 삽입 구멍의 치수공차(∅35H7)가 적절하다.

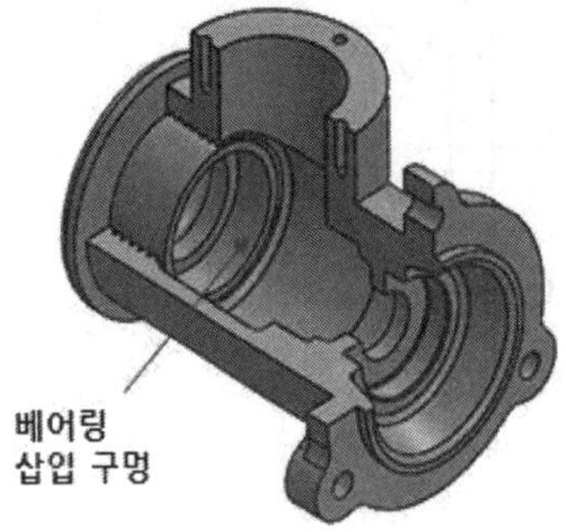

(a) 베어링 커버의 베어링1 삽입 구멍

(b) 베어링1의 베어링 커버 삽입 축

그림 4-3-50 베어링 커버와 베어링1의 끼워 맞춤 관계

수행 : 베어링1 조립 부분 끼워 맞춤에 따른 기호 치수 공차 표시하기

① 우측면도의 베어링1 조립 부분인 ∅35를 클릭한다.
② 공차/정밀을 "맞춤"의 "보통 맞춤"으로 설정한다.
③ 구멍 맞춤을 H7으로 한다. 즉, 치수공차 $\phi 35H7$을 기입한다.
④ 확인을 클릭한다(그림 4-3-51).

(7) 치수 공차 기입하기

생각하기 : 치수 공차는 어떻게 선정하였을까?

베어링 커버 삽입 구멍의 깊이(19 ㎜) 치수 공차는 베어링 커버가 베어링의 외륜을 지지해야 하므로 기준 치수보다 크면 안 된다. 따라서 기준 치수에 대해 그림 4-3-6과 같이 위 치수 허용차는 0이며, 아래 치수 허용차는 -0.02로 한다.

수행 : 하우징 나사 조립 구멍 깊이의 치수 공차 표시하기

① 베어링 커버의 하우징 나사 조립 구멍의 깊이 19를 클릭한다.
② 공차/정밀을 "좌우 상칭"으로 설정한다.
③ 최대 편차 0으로 하고 최소 편차는 -0.02로 기입한다.
④ 확인을 클릭한다(그림 4-3-51).

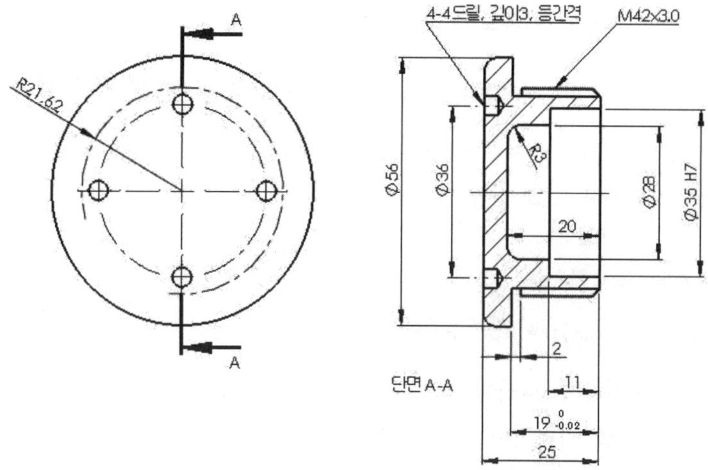

그림 4-3-51 끼워 맞춤 및 치수 공차 설정 결과 모습

(8) 기하공차 기입하기

(가) 데이텀 표시

생각하기 : 데이텀은 어떻게 선정하였을까?

베어링 커버에서 중요한 부분이 베어링 삽입 부분이므로 베어링 삽입 구멍(그림 4-3-52)을 데이텀 면으로 선정한다. 즉, 이 부분은 정밀하게 원통 연삭을 해야 한다.

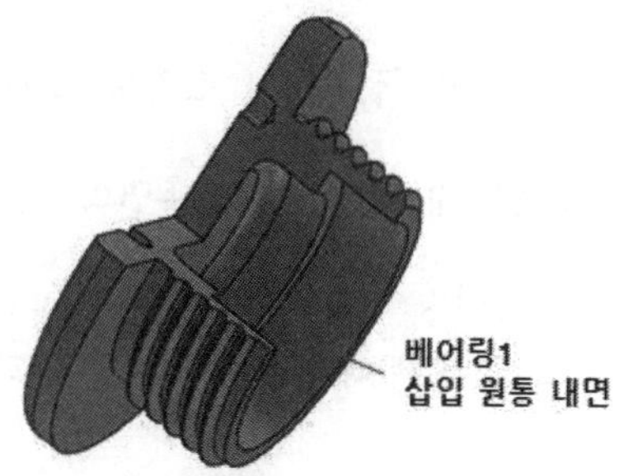

그림 4-3-52 데이텀 선정

수행 : 데이텀 A 표시하기

① 도면 탭의 주석에서 "데이텀 피처"를 클릭한다.

② 베어링 삽입 부분인 베어링 커버 안쪽 원통(Ø35 ㎜) 면을 데이텀 면으로 지정하고 데이텀 A로 한다.

③ 확인을 클릭한다(그림 4-3-54).

(나) 베어링 삽입 구멍의 원통도 공차 표시

생각하기 : 베어링 삽입 구멍의 원통도 공차는 어떻게 선정하였을까?

베어링 삽입 구멍(그림 4-3-52)은 일반적인 기하공차를 적용하여 자체 원통도의 공차 값을 부록 10에 의해 0.01 ㎜로 정하였다.

수행 : 원통도 표시하기

① 도면 탭의 주석에서 "기하 공차"를 클릭한다.
② 기하공차 속성창이 나타나며 여기서 기호는 "원통도(⌭)"를 설정하고 원통도 값 공차1은 0.01을 입력한다.
③ 확인을 클릭한다.
④ 원통도 기하 공차 표시를 ∅35의 치수선에 위치시킨다.
⑤ 확인을 클릭한다(그림 4-3-54).

(다) 베어링 접촉면의 직각도 공차 표시

생각하기 : 베어링 접촉면의 직각도 공차는 어떻게 선정하였을까?

베어링 접촉면(그림 4-3-53 (b))은 일반적인 기하공차를 적용하여 데이텀 면(베어링 삽입 구멍)에 대해 직각도의 공차 값을 부록 10에 의해 0.02 ㎜로 정하였다.

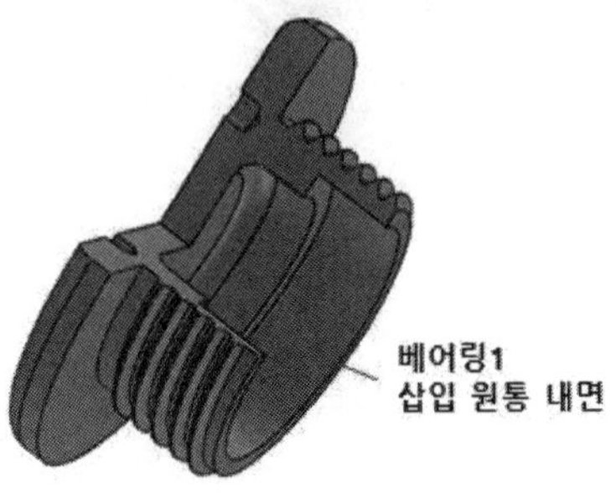

(a) 데이텀 A

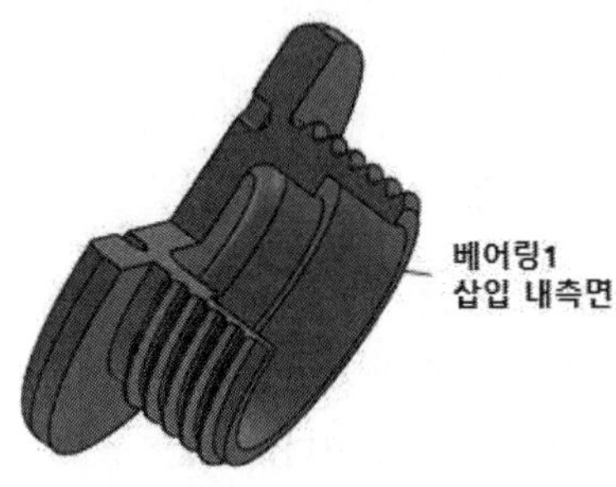

(b) 데이텀 A에 대한 직각면

그림 4-3-53 직각도 선정

수행 : 직각도 표시하기

① 도면 탭의 주석에서 “기하 공차”를 클릭한다.

② 기하공차 속성창이 나타나며 여기서 기호는 “직각도(⊥)”를 설정하고 직각도 값 공차1은 0.02를, 그리고 제1은 A를 입력한다.

③ 확인을 클릭한다.

④ 직각도 기하 공차 표시를 11의 치수선에 위치시킨다.

⑤ 확인을 클릭한다(그림 4-3-54).

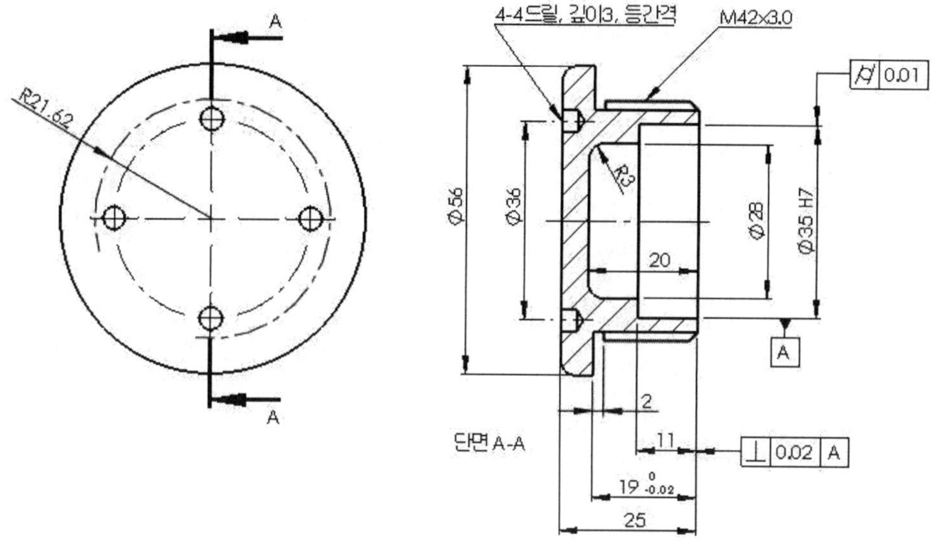

그림 4-3-54 기하공차 설정 결과

(9) 표면 거칠기 기입하기

생각하기 : 베어링 커버의 표면 거칠기는 어떻게 선정하였을까?

베어링 커버는 나사 조립하므로 조립되어 닿는 부분에 대해 신경을 쓰면 된다. 즉, 베어링 삽입 구멍 및 베어링 접촉면은 $\overset{y}{\bigtriangledown}$으로 하고, 베어링 커버 끝 면과 베어링 커버 머리면에 대해서는 $\overset{w}{\bigtriangledown}$로 기입하며 베어링 커버가 하우징과 밀착되는 면에 대해서는 $\overset{x}{\bigtriangledown}$로 기입한다.

수행 : 표면 거칠기 표시하기

① 도면 탭의 주석에서 "표면 거칠기(√)"를 선택한다.

② 속성 대화창에서 기호의 종류를 선택하고 거칠기 정도를 나타내는 레이아웃을 정한다.

③ 베어링 삽입 구멍 및 베어링 접촉면은 $\stackrel{y}{\bigtriangledown}$으로 하고, 베어링 커버 끝 면과 베어링 커버 머리 면에 대해서는 $\stackrel{w}{\bigtriangledown}$로 기입하며 베어링 커버가 하우징과 밀착되는 면에 대해서는 $\stackrel{x}{\bigtriangledown}$로 기입한다.

④ 확인 버튼을 누른다(그림 4-3-55).

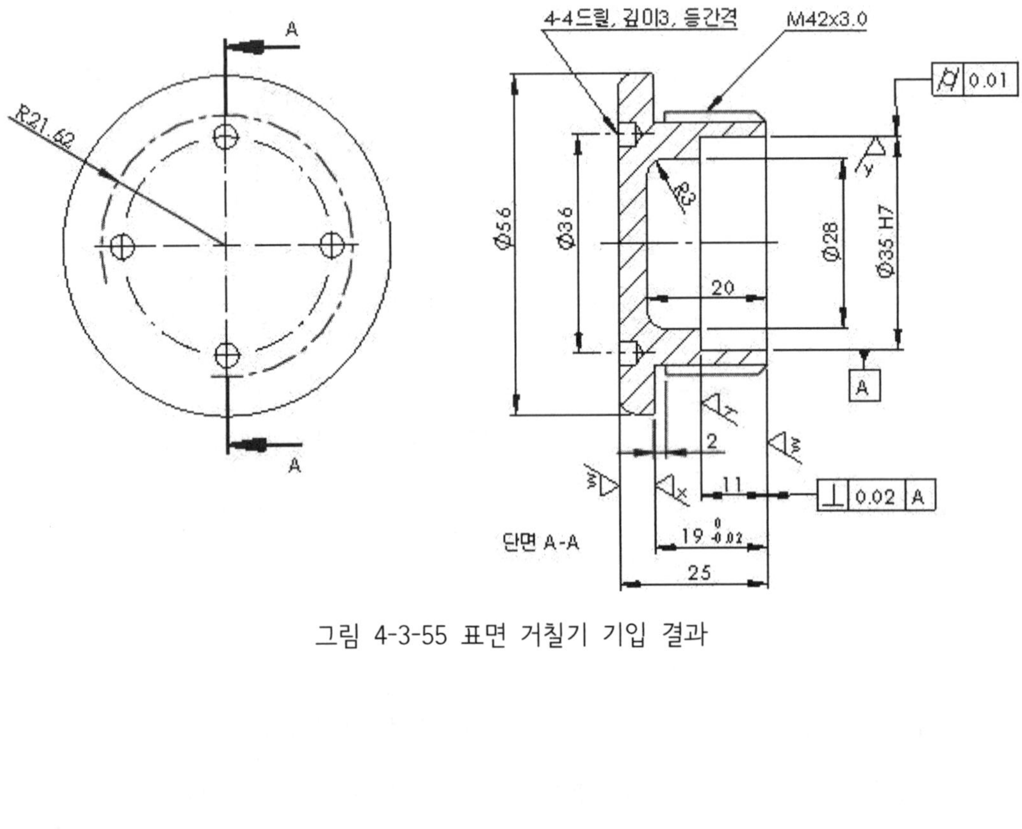

그림 4-3-55 표면 거칠기 기입 결과

(10) 주석 기입하기

생각하기 : 베어링 커버의 주석은 무엇을 기입하였을까?

베어링 커버 주서 내용 역시 하우징 주서와 마찬가지로 한다. 즉, 표 4-3-4와 같이 한다.

수행 : 주서 기입하기

① 도면 탭의 주석에서 "노트"를 선택한다.
② 표 4-3-4와 같은 내용으로 기입한다.
③ 확인 버튼을 누른다(그림 4-3-56).

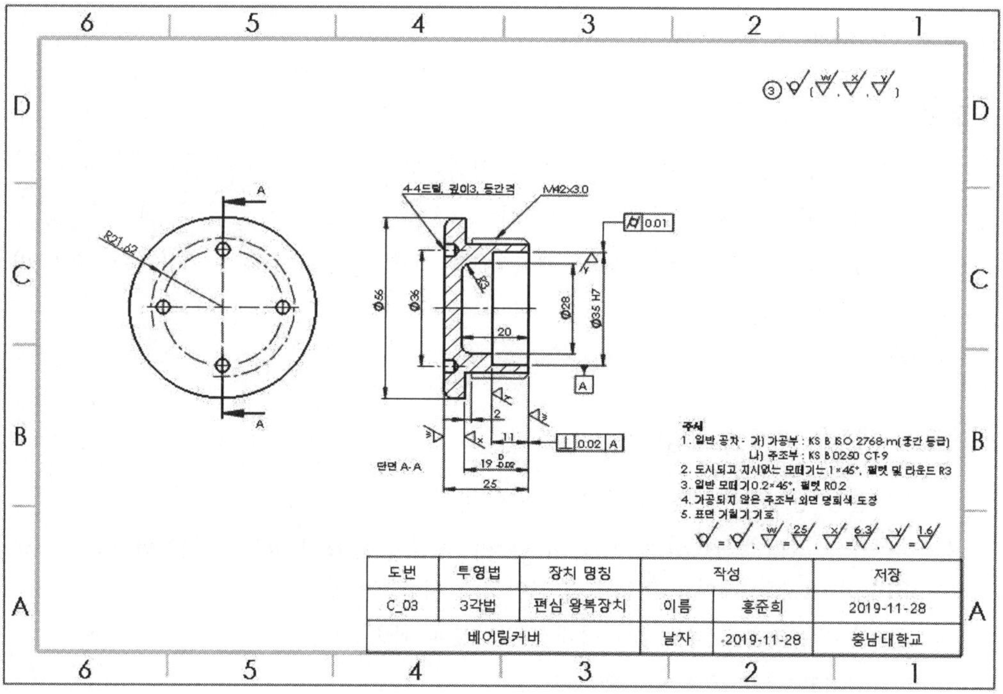

그림 4-3-56 도면의 치수, 공차 및 표면 거칠기 완료 모습

(11) 저장하기

수행 : 최종 도면 저장하기

① 저장 도구(💾)에서 다른 이름으로 저장하기를 클릭한다.
② 저장할 디렉토리를 정하고 파일이름을 "베어링 커버"로 한다.

3-2-3-4 가이드 부시 부품도 작성하기

(1) 도면 작성화면 설정하기

수행 : 도면 작성 화면 들어가기

① 풀다운 메뉴에서 새로 만들기 아이콘을 선택한다.
② 기본 모듈 가운데 도면을 선택한다.
③ 시트 형식/크기 설정 창에서 찾아보기를 클릭한다.
④ a4-landscape.slddrt를 설정하고 열기를 한다.
⑤ 확인을 클릭한다.

(2) 시트 편집하기

수행 : 표제란 없애기

① 도면 Management 탭에서 시트형식을 선택한다.
② 시트형식 탭에서 시트 편집을 선택한다.
③ 표제란 부분을 마우스로 전체 드래그 하여 삭제 영역을 정하고 키보드의 삭제 버튼을 클릭한다.
④ 확인을 클릭한다.

수행 : 새로운 표제란 삽입하기

① 시트편집 상태에서 일반테이블을 클릭한다.
② 테이블을 삽입할 수 있는 창이 나타나며 여기서 별표 모양을 클릭하면 미리 만들어 놓은 표제란 테이블 템플릿을 찾아서 가져올 수 있다.
③ 테이블 템플릿을 오른쪽 모서리에 위치하도록 배치한다.
④ 일반테이블 편집 완료 버튼을 누른다.

(3) 모델 뷰 표현하기

수행 : 모델 뷰 정하기

① 뷰 팔레트( )를 클릭한다.
② 뷰 팔레트에서 파트 찾기( )를 클릭하여 해당 파일인 "가이드 부시"를 찾고 정면도로 우측면 뷰를 끌어 창에 놓는다.

(4) 전단면도 및 중심선 표현하기

수행 : 전단면도 나타내기

① 뷰 레이아웃에서 단면도( )를 클릭한다.
② 단면도의 절단선 방향을 수직으로 선택한다.
③ 원의 중심에 커서를 데면 창이 나타나고 여기서 완료를 클릭한다.
④ 이 전단면도에서 내부를 잘 표현하기 위해 우측면도를 모델 뷰로 나타낸다.

수행 : 혼돈선 감추기

① 감추고자 하는 선에 커서를 갖고 가면 주황색으로 변하는데 이 때 마우스 오른쪽 버튼을 누른다.
② 메뉴 가운데 "모서리 숨기기/표( )"를 클릭한다.

수행 : 중심선 나타내기

① 주석에서 중심선을 클릭한다.
② 자동 삽입에 뷰 선택을 체크하고 우측면도를 클릭한다(그림 4-3-57).

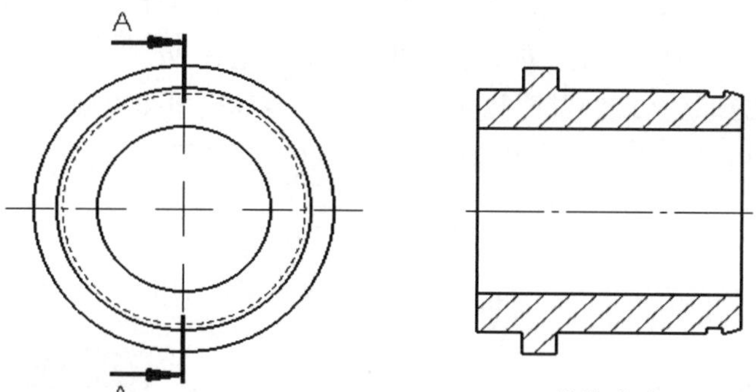

그림 4-3-57 전단면도 및 중심선 표현

(5) 치수 기입하기

수행 : 치수 및 지름 표시하기

① 도면 탭에서 주석을 클릭한다.
② 주석 메뉴 가운데 지능형 치수를 선택한다.
③ 그림 4-3-58과 같이 필요한 기준 치수를 삽입한다.

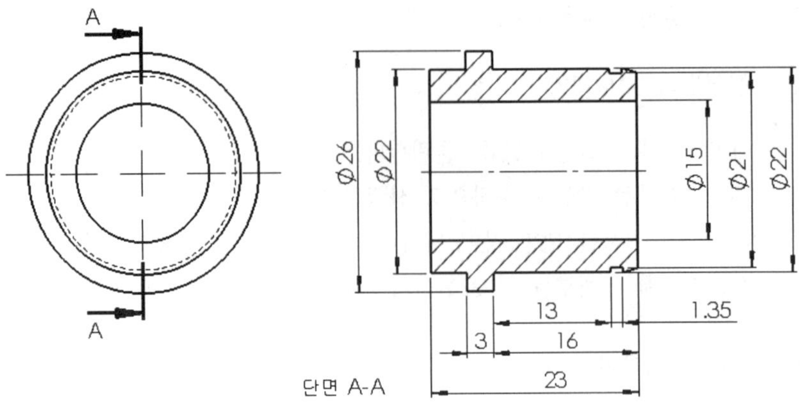

그림 4-3-58 기준 치수 표시

(6) 끼워 맞춤에 따른 기호 치수 공차 기입하기

(가) 하우징 커버 끼워 맞춤에 따른 기호 치수 공차 표시

생각하기 : 하우징 커버 끼워 맞춤에 따른 기호 치수 공차는 적절한지?

가이드 부시에 슬라이더가 조립되어 직선 왕복 운동을 해야 하므로 정밀도를 가지면서 움직여야 하며 가이드 부시는 하우징 커버에 끼워 맞춤을 할 때 교환이 가능하도록 중간 끼워 맞춤(⌀22H8/h8)으로 하였다. 따라서 가이드 부시의 외경(축)에 대한 끼워 맞춤은 부록 표 6-1(많이 사용되는 끼워 맞춤)에 의해 중간 끼워 맞춤인 h8을 선택한 것은 적절하다고 판단된다.

(a) 하우징 커버의 가이드 부시 삽입 구멍

(b) 가이드 부시의 하우징 커버 삽입 축

그림 4-3-59 하우징 커버와 가이드 부시의 끼워 맞춤 관계

수행 : 하우징 커버 끼워 맞춤에 따른 기호 치수 공차 표시하기

① 도면에서 가이드 부시 외경 "Ø22"를 클릭한다.
② 치수 창에서 공차/정밀을 "맞춤"의 "보통 맞춤"으로 설정한다.
③ 축 맞춤에서 h8을 입력한다. 즉, 기호 치수공차는 $\phi 22h8$으로 기입한다.
④ 확인을 클릭한다(그림 4-3-61).

(나) 슬라이더 끼워 맞춤 기호 치수 공차

생각하기 : 슬라이더 끼워 맞춤에 따른 기호 치수 공차는 적절한지?

슬라이더가 조립되어 직선 왕복 운동을 하려면 가이드 부시의 내경(그림 4-3-60 (a))은 슬라이더(그림 4-3-60 (b))가 움직이도록 하는 가이드 역할을 하므로 헐거운 끼워 맞춤(Ø15H6/f6)으로 하였다. 이러한 끼워 맞춤에 따른 가이드 부시의 슬라이더 삽입 구멍의 치수공차(Ø15H6)가 적절한지 검토하기로 한다. 가이드 부시의 슬라이더 삽입 구멍의 치수공차(Ø15H6)는 IT 등급 6이므로 공차가 0.011 ㎜이며, 슬라이더의 가이드 부시 삽입 축의 치수공차(Ø15f6))는 IT 등급 6이므로 공차가 0.011 ㎜이다. 부록 5와 6에 의해Ø15H6의 허용한계치수는 $\phi 15^{0.011}_{0}$, Ø15f6의 허용한계치수는 $\phi 15^{\ 0}_{-0.011}$이다. 헐거운 끼워 맞춤이 되기 위해서는 최대 틈새와 최소 틈새가 모두 0 또는 양(+)이어야 하는데 최대 틈새=구멍의 최대 허용치수(15.011)-축의 최소 허용치수(14.989)=0.022 ㎜이고, 최소 틈새=구멍의 최소 허용치수(15.00)-축의 최대 허용치수(15.00)=0 ㎜이다. 따라서 헐거운 끼워 맞춤에 따른 가이드 부시의 슬라이더 삽입 구멍의 치수공차(Ø15H6)가 적절하다.

(a) 가이드 부시의 슬라이더 삽입 구멍

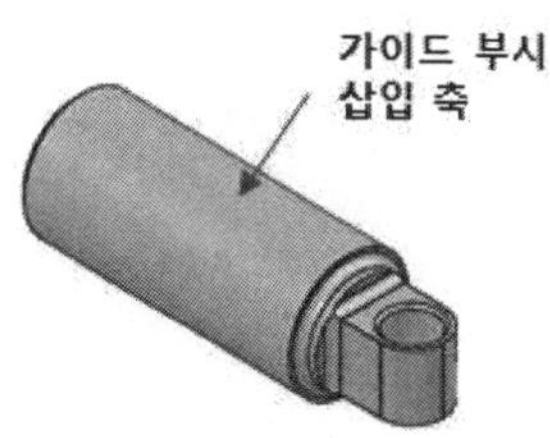

(b) 슬라이더의 가이드 부시 삽입 축

그림 4-3-60 가이드 부시와 슬라이더의 끼워 맞춤 관계

수행 : 슬라이드 끼워 맞춤에 따른 기호 치수 공차 표시하기

① 도면에서 가이드 부시 내경 "∅15"를 클릭한다.
② 치수 창에서 공차/정밀을 "맞춤"의 "보통 맞춤"으로 설정한다.
③ 구멍 맞춤에서 H6을 입력한다. 즉, 기호 치수공차는 $\phi 15H6$으로 기입한다.
④ 확인을 클릭한다(그림 4-3-61).

(7) 치수 공차 기입하기

생각하기 : 치수 공차는 어떻게 선정하였을까?

C형 멈춤 링이 삽입되는 가이드 부시의 홈 지름(∅21 ㎜)에 대한 치수 공차는 부록 8의 KS B 1337에서 위 치수 허용차를 0, 아래 치수 허용차를 -0.21로 지정하고 있다. 또한 가이드 부시의 홈 폭(1.35 ㎜)에 대한 치수 공차는 KS B 1337에서 위 치수 허용차를 +0.14, 아래 치수 허용차를 0으로 지정하고 있다. 한편 가이드 부시의 삽입 깊이(13 ㎜)에 대한 치수 공차는 기준 치수에 대해 위 치수 허용차는 0.05이며, 아래 치수 허용차는 +0.03로 한다. 하우징 커버의 가이드 부시의 삽입 깊이(13 ㎜)에 대한 아래 치수 허용차(-0.02 ㎜)와 관련하여 가이드 부시 삽입 원통 길이 부분의 치수 공차가 +0.02 ㎜보다 커야 하므로 아래 치수허용차가 +0.03 ㎜이며 IT7등급(치수공차 0.03 ㎜)을 적용하여 위 치수허용차는 +0.06 ㎜로 정한다.

수행 : 가이드 부시 삽입 구멍 깊이의 치수 공차 표시하기

① 가이드 부시의 멈춤 링 삽입 홈 지름 19를 클릭한다.
② 공차/정밀을 "좌우 상칭"으로 설정한다.
③ 최대 편차 0으로 하고 최소 편차는 −0.21로 기입한다.
④ 확인을 클릭한다(그림 4-3-58).

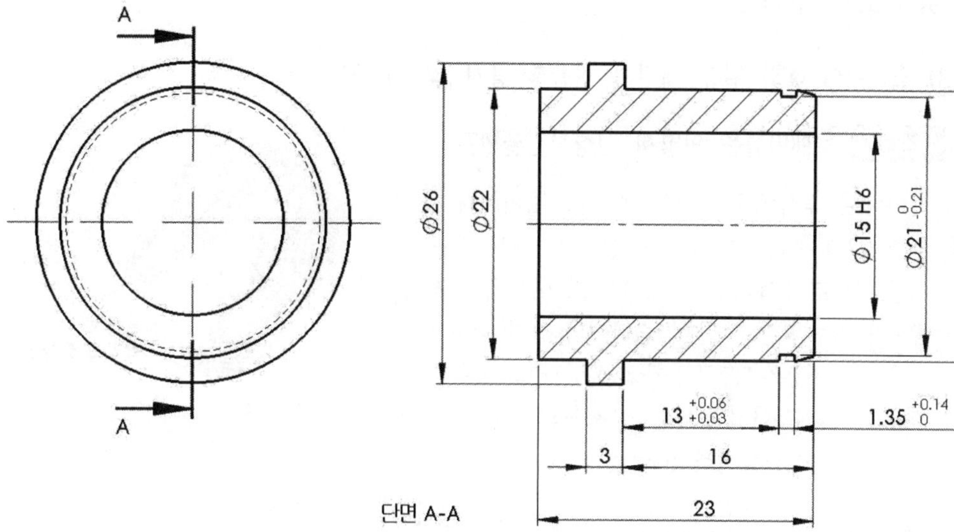

그림 4-3-61 끼워 맞춤 공차 기입 완료 모습

수행 : 가이드 부시 삽입 폭의 치수 공차 표시하기

① 가이드 부시의 멈춤 링 삽입 홈 폭 1.35를 클릭한다.

② 공차/정밀을 "좌우 상칭"으로 설정한다.

③ 최대 편차 +0.14로 하고 최소 편차는 0으로 기입한다.

④ 확인을 클릭한다(그림 4-3-61).

수행 : 가이드 부시 삽입 구멍 깊이의 치수 공차 표시하기

① 가이드 부시 삽입 원통 깊이 13을 클릭한다.

② 공차/정밀을 "좌우 상칭"으로 설정한다.

③ 최대 편차 0.06으로 하고 최소 편차는 +0.03로 기입한다.

④ 확인을 클릭한다(그림 4-3-61).

(8) 기하 공차 기입하기

(가) 슬라이더 조립 원통 내면의 원통도 공차 및 데이텀 표시

생각하기 : **데이텀은 어떻게 선정하였을까?**

가이드 부시에서 중요한 부분이 슬라이더 조립 부분이므로 슬라이더 조립 구멍(그림 4-3-62)을 데이텀 면으로 선정하였다. 그러나 그 이전에 먼저 원통도가 확보 되어야 한다. 슬라이더 삽입 원통 내면(그림 4-3-62)은 IT7급(공차 0.021 ㎜)의 보통급 기하공차를 적용하여 자체 원통도의 공차 값을 0.021/2≒0.011로 정하였다.

그림 4-3-62 데이텀 선정

수행 : **원통도 표시하기**

① 도면 탭의 주석에서 "기하 공차"를 클릭한다.

② 기하공차 속성창이 나타나며 여기서 기호는 "원통도(⌭)"를 설정하고 원통도 값 공차1은 0.011을 입력한다.

③ 확인을 클릭한다.

④ 원통도 기하 공차 표시를 ∅22의 치수선에 위치시킨다.

⑤ 확인을 클릭한다(그림 4-3-64).

수행 : **데이텀 A 표시하기**

① 도면 탭의 주석에서 "데이텀 피처"를 클릭한다.

② 슬라이더 조립 부분인 가이드 부시 안쪽 원통(∅15 ㎜) 면을 데이텀 면으로 지정하고 데이텀 A로 한다.

③ 확인을 클릭한다(그림 4-3-64).

(나) 하우징 커버 삽입 원통면의 흔들림 공차 표시

생각하기 : **하우징 커버 삽입 원통면의 흔들림 공차는 어떻게 선정하였을까?**

하우징 커버 삽입 원통면(그림 4-3-63 (b))의 IT등급을 7로 했으므로 보통 원주 흔들림 공차는 IT7/2이므로 0.021/2≒0.011 ㎜를 원주 흔들림의 공차 값으로 정한다.

(a) 데이텀 A (b) 데이텀 A에 대한 원주 흔들림면

그림 4-3-63 원주 흔들림 선정

수행 : 원주 흔들림 표시하기

① 도면 탭의 주석에서 "기하 공차"를 클릭한다.

② 기하공차 속성창이 나타나며 여기서 기호는 "흔들림도(↗)"를 설정하고 흔들림도 값 공차1은 0.011을, 그리고 제1은 A를 입력한다.

③ 확인을 클릭한다.

④ 흔들림도 기하 공차 표시를 ∅22의 치수선에 위치시킨다.

⑤ 확인을 클릭한다.(그림 4-3-64).

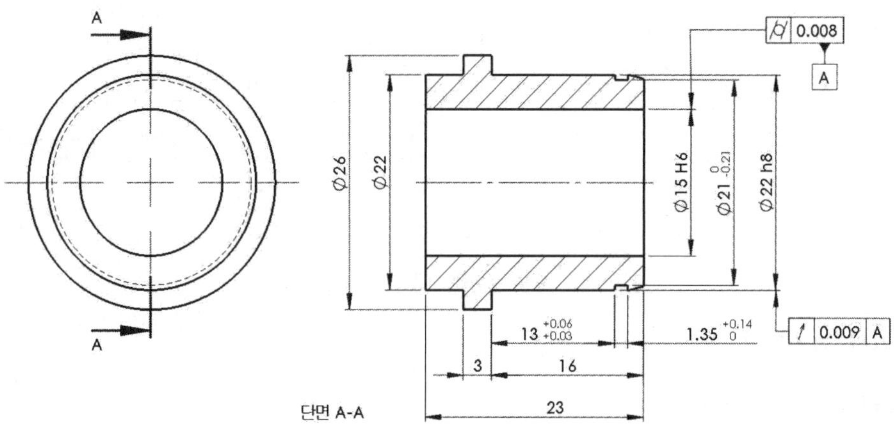

그림 4-3-64 데이텀 면 지정과 기하공차 지정 결과

(9) 표면 거칠기 기입하기

생각하기 : 가이드 부시의 표면 거칠기는 어떻게 선정하였을까?

가이드 부시는 하우징 커버 및 슬라이더와 조립하므로 조립되어 닿는 부분에 대해 상다듬질의 정밀 연삭을 해야 한다. 즉, 하우징 커버 조립 원통 및 슬라이더 조립 면은 $\stackrel{y}{\nabla}$ 으로 하고, 멈춤 링 홈 면에 대해서는 보통 다듬질인 $\stackrel{x}{\nabla}$로 기입한다.

수행 : 표면 거칠기 표시하기

① 도면 탭의 주석에서 "표면 거칠기(√)"를 선택한다.

② 속성 대화창에서 기호의 종류를 선택하고 거칠기 정도를 나타내는 레이아웃을 정한다.

③ 하우징 커버 조립 원통 및 슬라이더 조립 면은 $\stackrel{y}{\nabla}$ 으로 하고, 멈춤 링 홈 면에 대해서는 보통 다듬질인 $\stackrel{x}{\nabla}$로 기입한다.

④ 확인 버튼을 누른다(그림 4-3-65).

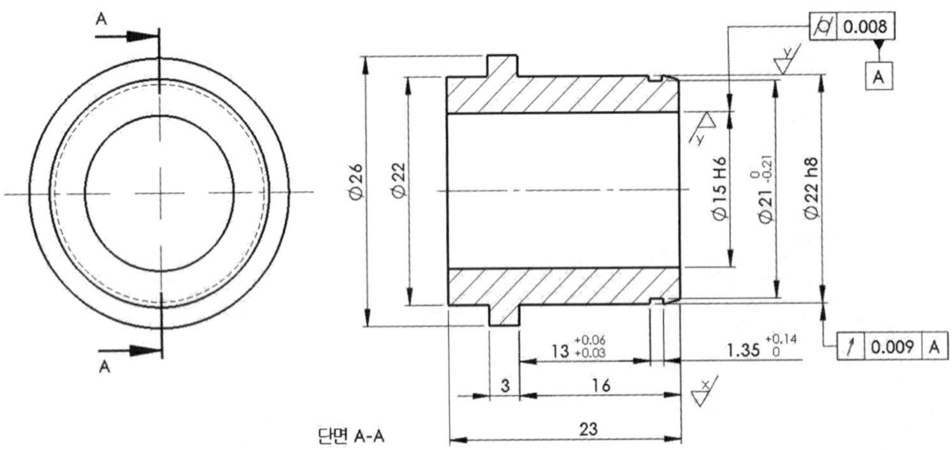

그림 4-3-65 표면 거칠기 기입 결과

(10) 주석 기입하기

수행 : 주서 기입하기

① 도면 탭의 주석에서 "노트"를 선택한다.

② 표 4-3-5와 같은 내용으로 기입한다.

③ 확인 버튼을 누른다(그림 4-3-66).

표 4-3-5 가이드 부시의 주서 내용

1. 일반 공차 - 가공부 : KS B ISO 2768-m(중간 등급) 2. 일반 모떼기는 0.2×45° 3. 표면 거칠기 x/ = 6.3/ , y/ = 1.6/

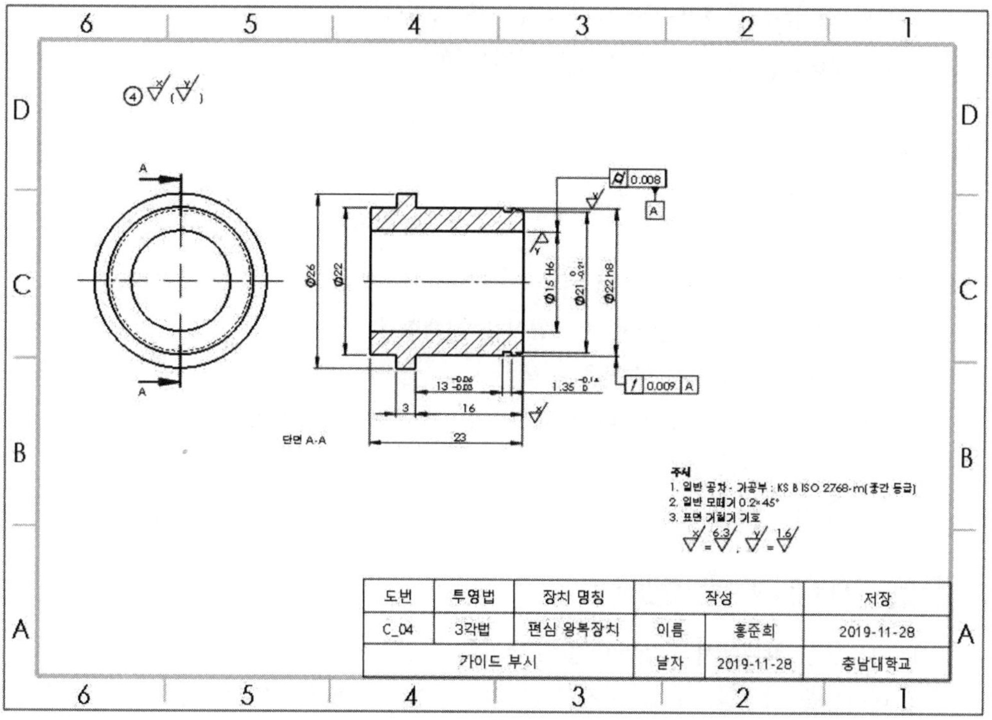

그림 4-3-66 도면의 치수, 공차 및 표면 거칠기 완료 모습

(11) 저장하기

수행 : 최종 도면 저장하기

① 저장 도구(💾)에서 다른 이름으로 저장하기를 클릭한다.

② 저장할 디렉토리를 정하고 파일이름을 “가이드 부시”로 한다.

③ 저장 버튼을 클릭한다.

3-2-3-5 슬라이더 부품도 작성하기

(1) 도면 작성 준비하기

수행 : 도면 작성 화면 들어가기

① 풀다운 메뉴에서 새로 만들기 아이콘을 선택한다.
② 기본 모듈 가운데 도면을 선택한다.
③ 시트 형식/크기 설정 창에서 찾아보기를 클릭한다.
④ a4-landscape.slddrt를 설정하고 열기를 한다.
⑤ 확인을 클릭한다.

(2) 시트 편집하기

수행 : 표제란 없애기

① 도면 Management 탭에서 시트형식을 선택한다.
② 시트형식 탭에서 시트 편집을 선택한다.
③ 파란색의 표제란 부분에 대해 마우스로 전체 드래그 하여 삭제 영역을 정하고 키보드의 삭제 버튼을 클릭한다.
④ 확인을 클릭한다.

수행 : 새로운 표제란 삽입하기

① 시트편집 상태에서 일반테이블을 클릭한다.
② 테이블을 삽입할 수 있는 창이 나타나며 여기서 별표 모양을 클릭하면 미리 만들어 놓은 표제란 테이블 템플릿을 찾아서 가져올 수 있다.
③ 테이블 템플릿을 오른쪽 모서리에 위치하도록 배치한다.
④ 일반테이블 편집 완료 버튼을 누른다.

(3) 3면도 표현하기

수행 : 투상도 작성하기

① 뷰 팔레트(▣)를 클릭한다.
② 뷰 팔레트에서 파트 찾기(▭)를 클릭하여 해당 파일인 "슬라이더"를 찾고 정면도를 우측면 뷰를 끌어 창에 놓는다.
③ 정면도로부터 평면도 및 좌측면도를 차례로 나타낸다(그림 4-3-67).

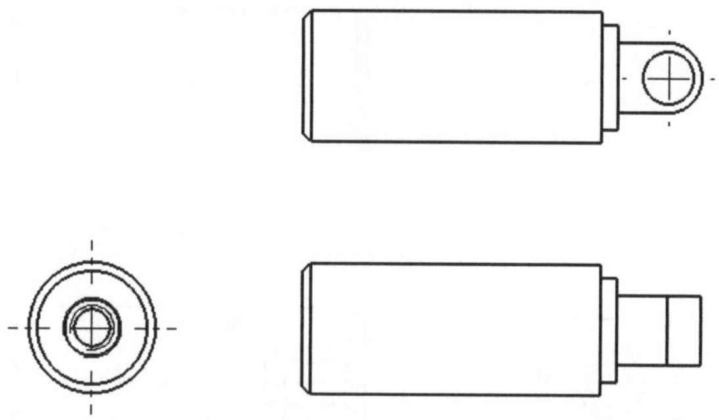

그림 4-3-67 3면도(정면도, 평면도, 좌측면도)

(4) 중심선 및 부분 단면도 작성하기

수행 : 중심선 나타내기

① 주석 탭을 클릭한다.
② 중심선을 클릭하고 자동 삽입의 뷰 선택을 체크한다.
③ 정면도 및 평면도를 클릭한다.
④ 확인을 클릭한다(그림 4-3-68).

생각하기 : 부분 단면도의 절단면 결정

그림 4-3-67을 보면 정면도에서 내부를 알면 도면을 이해하기 좋은 것이 무엇일까를 생각해야 한다. 즉, 정면도의 경우는 우측은 슬라이더 고정 핀 구멍일 것이고, 좌측은 리드 스크류 조립 구멍일 것이다. 따라서 양쪽에 대해 각각 해당 부분을 자르면 된다. 단지 부분 단면도는 자르는 깊이를 정확히 알고 있어야 정확히 내부 형태를 나타낼 수 있으니 자르기 전에 중간 지점의 깊이가 어느 정도인지 확인이 필요하다.

수행 : 정면도의 부분 단면도 작성

① 뷰 레이아웃에서 부분 단면도를 클릭한다.
② 연필 모양의 자유 곡선 탭이 나타나며 이것을 이용하여 절단 영역을 스케치한다.
③ 정면도의 좌측에 대해서는 절단 깊이를 7.5 ㎜로, 우측에 대해서는 절단 깊이를 6 ㎜로 한다.
④ 완료를 클릭하면 부분 단면도가 생성된다.

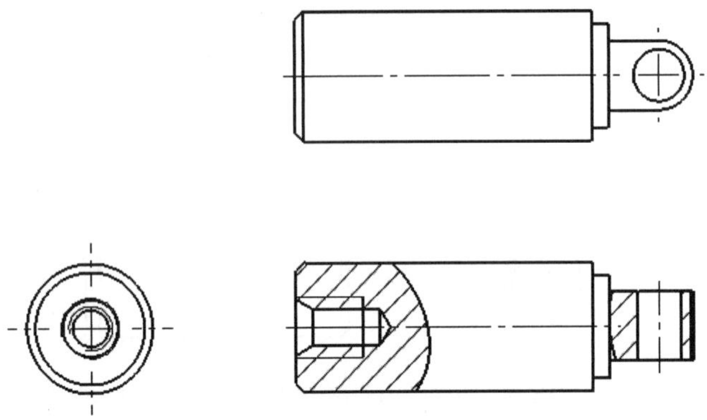

그림 4-3-68 부분도 및 중심선 표시

(5) 기준 치수 기입하기

수행 : 치수 표시하기

① 도면 탭에서 주석을 클릭한다.
② 주석 메뉴 가운데 “지능형 치수” 및 “노트”를 선택한다.
③ 그림 4-3-69와 같이 필요한 치수를 삽입한다.

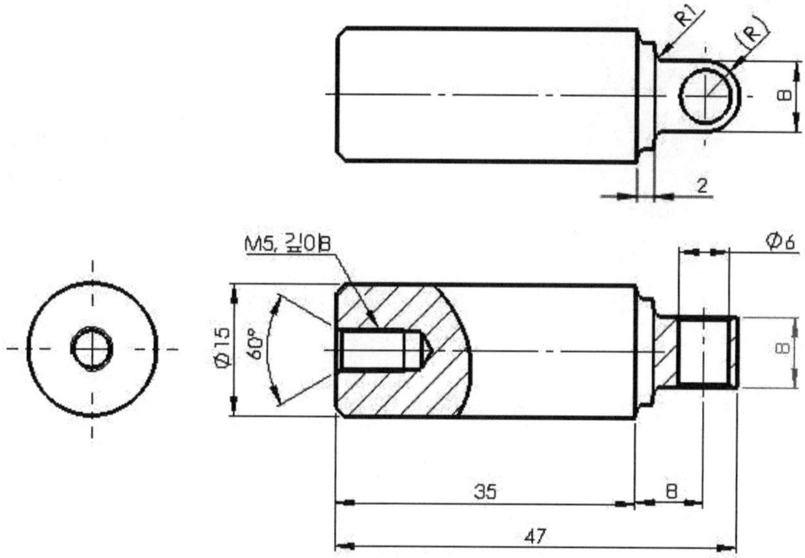

그림 4-3-69 치수 기입 완료 도면

(7) 끼워 맞춤에 따른 기호 치수 공차 기입하기

(가) 링크 조립 부분 끼워 맞춤에 따른 기호 치수 공차

생각하기 : 링크 조립 부분 기호 치수 공차는 적절한지?

링크(그림 4-3-70 (a))와 슬라이더(그림 4-3-70 (b))의 연결 끼워 맞춤은 헐거운 끼워 맞춤(8H7/e7)로 하였다. 이러한 끼워 맞춤에 따른 슬라이더의 링크 삽입 축의 치수공차(8e7)가 적절한지 검토하기로 한다. 슬라이더의 링크 삽입 축의 치수공차(8e7)는 IT등급 7이므로 공차가 0.015 ㎜이며, 링크의 슬라이더 삽입 구멍의 치수공차(8H7)는 IT 등급 7이므로 공차가 0.015 ㎜이다. 부록 5와 6에 의해 8H7의 허용한계치수는 $8^{0.015}_{0}$, 8e7의 허용한계치수는 $8^{-0.025}_{-0.036}$이다. 헐거운 끼워 맞춤이 되기 위해서는 최대 틈새와 최소 틈새가 모두 0 또는 양(+)이어야 하는데 최대 틈새=구멍의 최대 허용치수(8.015)-축의 최소 허용치수(7.964)=0.051 ㎜이고, 최소 틈새=구멍의 최소 허용치수(8.00)-축의 최대 허용치수(7.985)=0.02 5 ㎜이다. 따라서 헐거운 끼워 맞춤에 따른 슬라이더의 링크 삽입 축의 치수공차(8e7)가 적절하다.

(a) 링크의 슬라이더 삽입 구멍 (b) 슬라이더의 링크 삽입 축

그림 4-3-70 링크와 슬라이더의 끼워 맞춤 관계

수행 : 링크 연결 부분의 치수 공차 표시하기

① 링크와 조립되는 부분인 8을 클릭한다.

② 공차/정밀을 "맞춤"의 "끼워 맞춤"으로 설정한다.

③ 축 맞춤을 f6로 한다. 즉, 치수공차 8*f*6을 기입한다.

④ 확인을 클릭한다(그림 4-3-73).

(나) 리프트 축 조립 끼워 맞춤에 따른 기호 치수 공차

생각하기 : 리프트 축 조립 끼워 맞춤에 따른 기호 치수 공차는 적절한지?

슬라이더(그림 4-3-71 (a))와 리프트 축(그림 4-3-71 (b))의 끼워 맞춤은 헐거운 끼워 맞춤 공차(∅6H9/c9)로 하였다. 이러한 끼워 맞춤에 따른 슬라이더의 리프트 축 삽입 구멍의 치수공차(∅6H9)가 적절한지 검토하기로 한다. 슬라이더의 리프트 축 삽입 구멍의 치수공차(∅6H9)는 IT등급 9이므로 공차가 0.030 ㎜이며, 리프트 축의 슬라이더 삽입 축의 치수공차(∅6c9)는 IT등급 9이므로 마찬가지로 공차가 0.030 ㎜이다. 부록 5와 6에 의해 ∅6H9의 허용한계치수는 $\phi6^{0.030}_{0}$, ∅6c9의 허용한계치수는 $\phi6^{-0.070}_{-0.100}$이다. 헐거운 끼워 맞춤이 되기 위해서는 최대 틈새와 최소 틈새가 모두 0 또는 양(+)이어야 하는데 최대 틈새=구멍의 최대 허용치수(∅6.03)-축의 최소 허용치수(∅5.9)=0.13 ㎜이고, 최소 틈새=구멍의 최소 허용치수(∅6.00)-축의 최대 허용치수(∅5.97)=0.03 ㎜이다. 따라서 헐거운 끼워 맞춤에 따른 슬라이더의 리프트 축 삽입 구멍의 치수공차(∅6H9)가 적절하다.

(a) 슬라이더의 리프트 축 삽입 구멍

(b) 리프트 축의 슬라이더 삽입 축

그림 4-3-71 슬라이더와 리프트 축의 끼워 맞춤 관계

수행 : 리프트 축 구멍의 끼워 맞춤에 따른 기호 치수 공차 표시하기

① 리프트 축과 조립되는 구멍인 ⌀6를 클릭한다.
② 공차/정밀을 "맞춤"의 "끼워 맞춤"으로 설정한다.
③ 구멍 맞춤을 H9로 한다. 즉, 치수공차 $\phi 6H9$을 기입한다.
④ 확인을 클릭한다(그림 4-3-73).

(다) 가이드 부시 조립 끼워 맞춤에 따른 기호 치수 공차

생각하기 : 가이드 부시 조립 끼워 맞춤에 따른 기호 치수 공차는 적절한지?

슬라이더(그림 4-3-72 (b))를 가이드 부시(그림 4-3-72 (a))에 끼워 맞춤 할 때 헐거운 끼워 맞춤 조립(⌀15H6/f6)으로 설계 조건에서 설정하였다. 이러한 끼워 맞춤에 따른 슬라이더의 가이드 부시 삽입 축의 치수공차(⌀15f6)가 적절한지 검토하기로 한다. 슬라이더의 가이드 부시 삽입 축의 치수공차(⌀15f6)는 IT등급 6이므로 공차가 0.011 ㎜이며, 가이드 부시의 슬라이더 삽입 구멍의 치수공차(⌀15H6)는 IT등급 6이므로 마찬가지로 공차가 0.011 ㎜이다. 부록 5와 6에 의해 ⌀15H6의 허용한계치수는 $\phi 15^{0.011}_{0}$, ⌀15f6의 허용한계치수는 $\phi 15^{-0.020}_{-0.031}$이다. 헐거운 끼워 맞춤이 되기 위해서는 최대 틈새와 최소 틈새가 모두 0 또는 양(+)이어야 하는데 최대 틈새=구멍의 최대 허용치수(⌀15.011)-축의 최소 허용치수(⌀14.969)=0.42 ㎜이고, 최소 틈새=구멍의 최소 허용치수(⌀15.00)-축의 최대 허용치수(⌀14.98)=0.02 ㎜이다. 따라서 헐거운 끼워 맞춤에 따른 슬라이더의 가이드 부시 삽입 축의 치수공차(⌀15f6)가 적절하다.

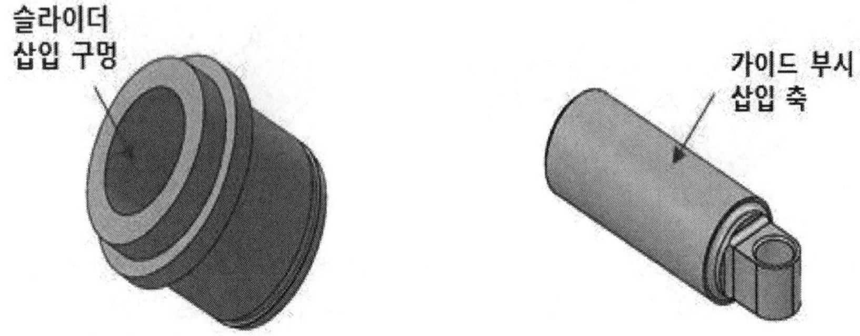

(a) 슬라이더의 가이드 부시 삽입 구멍　　(b) 가이드 부시의 슬라이더 삽입 축

그림 4-3-72 슬라이더와 가이드 부시의 끼워 맞춤 관계

수행 : 가이드 부시 조립 축의 끼워 맞춤에 따른 기호 치수 공차 표시하기

① 가이드 부시 조립 축인 ∅15를 클릭한다.

② 공차/정밀을 "맞춤"의 "끼워 맞춤"으로 설정한다.

③ 축 맞춤을 f6로 한다. 즉, 치수공차 $\phi 15f6$을 기입한다.

④ 확인을 클릭한다(그림 4-3-73).

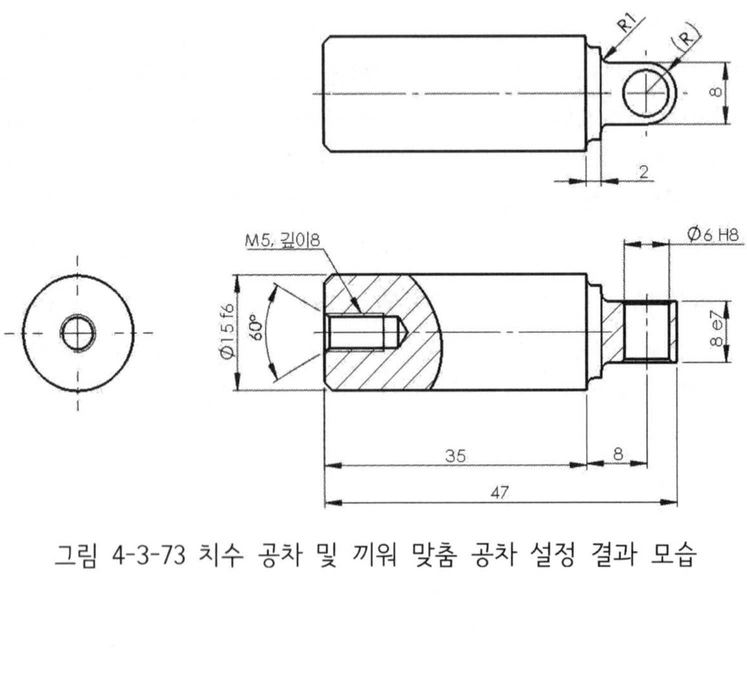

그림 4-3-73 치수 공차 및 끼워 맞춤 공차 설정 결과 모습

(8) 기하공차 기입하기

(가) 데이텀 표시

생각하기 : 데이텀은 어떻게 선정하면 좋을까?

슬라이더에서 중요한 부분이 가이드 부시 조립 부분이므로 슬라이더 원통(그림 4-3-74)을 데이텀 면으로 선정한다. 즉, 이 부분은 정밀하게 원통 연삭을 해야 한다.

수행 : 데이텀 A 표시하기

① 도면 탭의 주석에서 "데이텀 피처"를 클릭한다.
② 슬라이더 원통(∅15 ㎜) 면을 데이텀 면으로 지정하고 데이텀 A로 한다.
③ 확인을 클릭한다(그림 4-3-77).

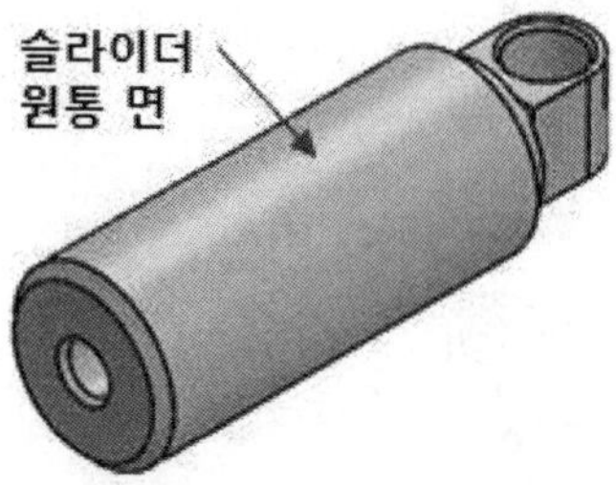

그림 4-3-74 데이텀 선정

(나) 링크 조립 홈의 평행도 공차 표시

생각하기 : 링크 조립 홈의 평행도 공차는 어떻게 선정하였을까?

링크 조립 평면 축(그림 4-3-75 (b))은 IT8급(공차 0.022 ㎜)의 보통급 기하공차를 적용하여 슬라이더 원통(그림 4-3-75 (a))에 대한 평행도의 공차 값을 0.022/2=0.011로 정한다.

(a) 데이텀 A　　(b) 데이텀 A에 대한 평행면

그림 4-3-75 평행도 선정

수행 : 평행도 표시하기

① 도면 탭의 주석에서 “기하 공차”를 클릭한다.

② 기하공차 속성창이 나타나며 여기서 기호는 “평행도(//)”를 설정하고 평행도 값 공차1은 0.011을 입력하고 마지막으로 데이텀면을 A로 지정한다.

③ 확인을 클릭한다.

④ 평행도 기하 공차 표시를 정면도의 $8_{-0.1}^{\ 0}$로 설정한 치수 위에 위치시킨다(그림 4-3-77).

(다) 리프트 축 조립 구멍의 직각도 공차 표시

생각하기 : 리프트 축 조립 구멍의 직각도 공차는 어떻게 선정하였을까?

리프트 축 삽입 구멍(그림 4-3-76 (b))은 IT8급(공차 0.022 ㎜)의 보통급 기하공차를 적용하여 슬라이더 원통(그림 4-3-76 (a))에 대한 직각도의 공차 값을 0.022/2=0.011로 정한다.

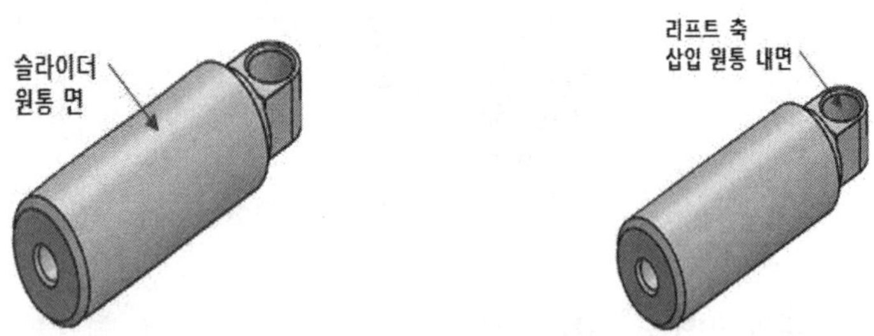

(a) 데이텀 A (b) 데이텀 A에 대한 직각면

그림 4-3-76 직각도 선정

수행 : 직각도 표시하기

① 도면 탭의 주석에서 “기하 공차”를 클릭한다.

② 기하공차 속성창이 나타나며 여기서 “직각도(⊥)”를 설정하고 직각도 값 0.011을 기입하며 마지막으로 데이텀면을 A로 지정한다.

③ 확인을 클릭한다.

④ 직각도 기하 공차 표시를 정면도의 $\phi 6H8$로 설정한 치수 위에 위치시킨다(그림 4-3-77).

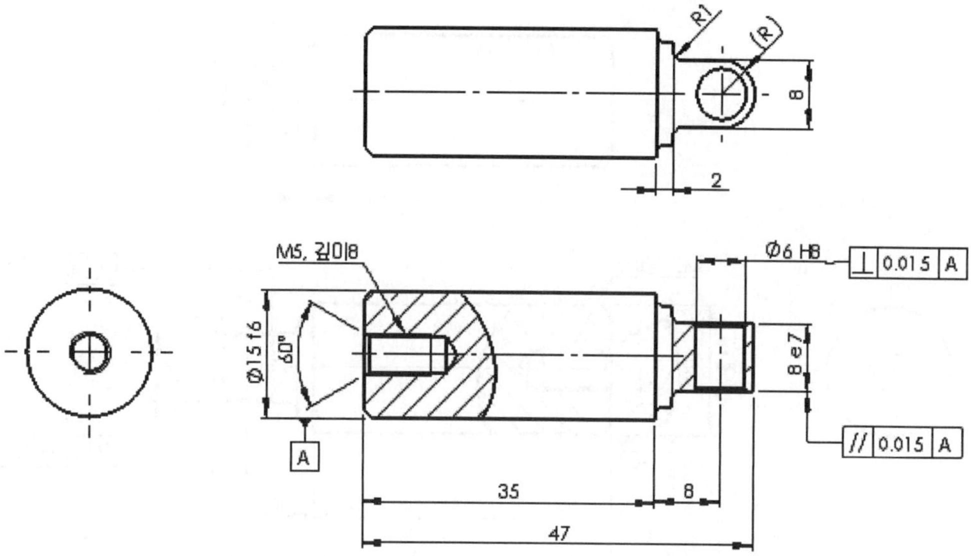

그림 4-3-77 데이텀 면 지정과 기하공차 설정 결과

(9) 표면 거칠기 기입하기

생각하기 : 슬라이더의 표면 거칠기는 어떻게 선정하였을까?

슬라이더는 가이드 부시와 조립하는 부분과 리프트 축 조립 부분 및 링크 조립 부분에 대해 조립되어 닿는 부분에 대해 상 다듬질의 정밀 연삭을 해야 한다. 즉, 가이드 부시와 조립하는 부분과 리프트 축 조립 부분 및 링크 조립 부분에 대해 조립되어 닿는 부분에 대해 $\sqrt{y}$ 으로 하고, 동력체 조립 안쪽 싱크 면에 대해서는 보통 다듬질인 $\sqrt{x}$ 로 기입한다.

수행 : 표면 거칠기 표시하기

① 도면 탭의 주석에서 "표면 거칠기(√)"를 선택한다.

② 속성 대화창에서 기호의 종류를 선택하고 거칠기 정도를 나타내는 레이아웃을 정한다.

③ 가이드 부시와 조립하는 부분과 리프트 축 조립 부분 및 링크 조립 부분에 대해 조립되어 닿는 부분에 대해 $\sqrt{y}$ 으로 하고, 동력체 조립 안쪽 싱크 면에 대해서는 보통 다듬질인 $\sqrt{x}$ 로 기입한다.

④ 확인 버튼을 누른다(그림 4-3-78).

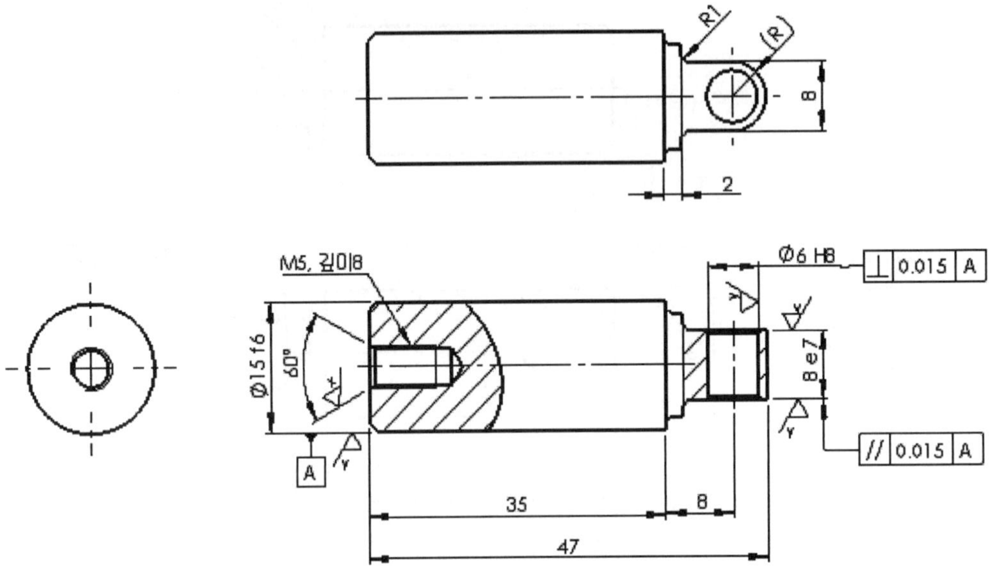

그림 4-3-78 표면 거칠기 기입 결과

(10) 주석 기입하기

생각하기 : 슬라이더의 주석은 무엇을 기입하였을까?

표 4-3-6 슬라이더의 주서 내용

1. 일반 공차 - 가공부 : KS B ISO 2768-m(중간 등급)
2. 지시하지 않은 모떼기는 1×45°
3. 열처리 H_RCH_RC 50±2
4. 표면 거칠기

x/ = 6.3/ , y/ = 1.6/

수행 : 주서 기입하기

① 도면 탭의 주석에서 "노트"를 선택한다.

② 표 4-3-6와 같은 내용으로 기입한다.

③ 확인 버튼을 누른다(그림 4-3-79).

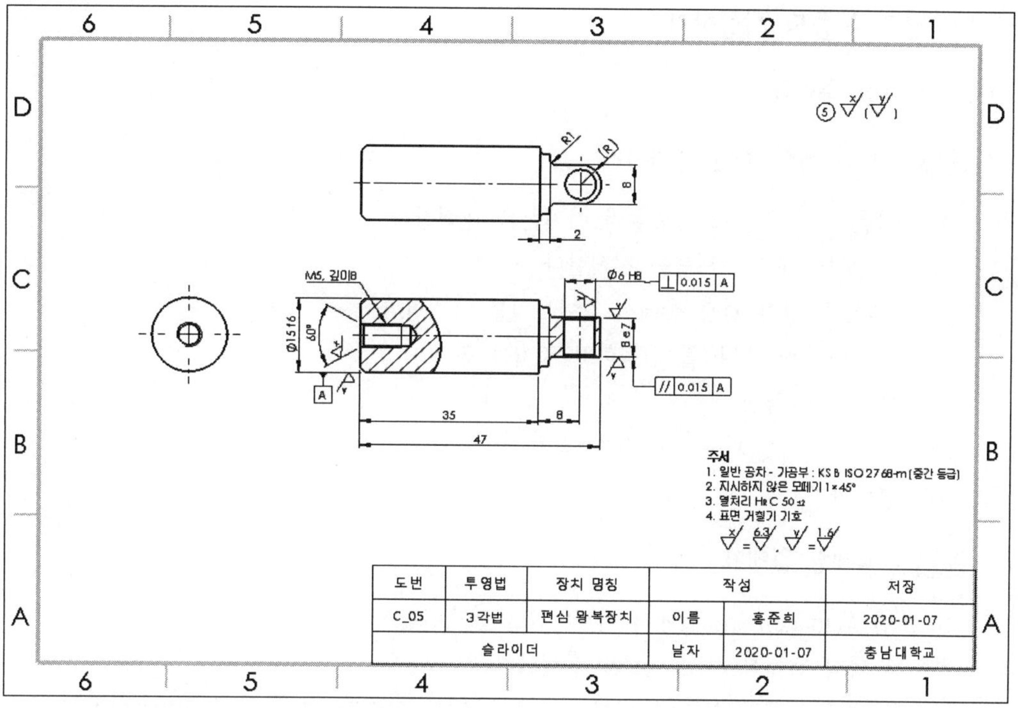

그림 4-3-79 슬라이더의 도면 완료 모습

(11) 저장하기

수행 : 최종 도면 저장하기

① 저장 도구(💾)에서 다른 이름으로 저장하기를 클릭한다.

② 저장할 디렉토리를 정하고 파일이름을 "슬라이더"로 한다.

③ 저장 버튼을 클릭한다.

3-2-3-6 링크 부품도 작성하기

(1) 도면 작성 준비하기

수행 : 도면 작성 화면 들어가기

① 풀다운 메뉴에서 새로 만들기 아이콘을 선택한다.
② 기본 모듈 가운데 도면을 선택한다.
③ 시트 형식/크기 설정 창에서 찾아보기를 클릭한다.
④ a4-landscape.slddrt를 설정하고 열기를 한다.
⑤ 확인을 클릭한다.

(2) 시트 편집하기

수행 : 표제란 없애기

① 도면 Management 탭에서 시트형식을 선택한다.
② 시트형식 탭에서 시트 편집을 선택한다.
③ 파란색의 표제란 부분에 대해 마우스로 전체 드래그 하여 삭제 영역을 정하고 키보드의 삭제 버튼을 클릭한다.
④ 확인을 클릭한다.

수행 : 새로운 표제란 삽입하기

① 시트편집 상태에서 일반테이블을 클릭한다.
② 테이블을 삽입할 수 있는 창이 나타나며 여기서 별표 모양을 클릭하면 미리 만들어 놓은 표제란 테이블 템플릿을 찾아서 가져올 수 있다.
③ 테이블 템플릿을 오른쪽 모서리에 위치하도록 배치한다.
④ 일반테이블 편집 완료 버튼을 누른다.

(3) 정면도 및 전단면도 표현하기

수행 : 정면도 작성하기

① 뷰 팔레트()를 클릭한다.
② 뷰 팔레트에서 파트 찾기()를 클릭하여 해당 파일인 “링크”를 찾고 정면도로 여러 도면 뷰에서 우측면 뷰를 끌어 창에 놓는다(그림 4-3-80).

수행 : 전단면도 작성하기

① 뷰 레이아웃에서 단면도(아이콘)를 클릭한다.
② 단면도의 절단선 방향을 수직으로 선택한다.
③ 원의 중심에 커서를 데면 창이 나타나고 여기서 완료를 클릭한다.
④ 전단면도를 우측에 나타낸다(그림 4-3-80).

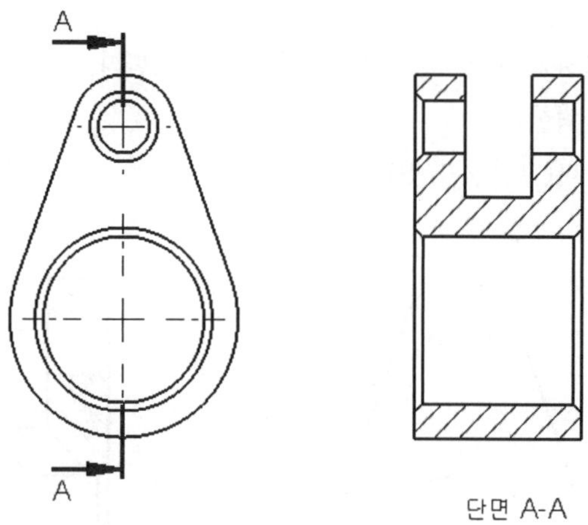

그림 4-3-80 정면도 및 전단면도

(4) 정면도 및 전단면도 정리하기

생각하기 : 전면도의 절단선 감추기 및 전단면도의 중심선 나타내기

우측의 모델 뷰는 전단면도라는 것을 알기 때문에 절단선을 나타내지 않아도 알 수 있다. 따라서 도면을 깔끔하게 나타기 위해 절단선을 감추는 것으로 한다. 한편, 전단면도의 중심선을 나타내어 원의 중심을 지나는 선임을 나타내는 것이 도면의 작성 원칙이다.

수행 : 정면도에서 모따기 선 감추기

① 정면도의 모따기 외측 부분에 커서를 갖고 간다.
② 주홍색으로 변하면 마우스 오른 쪽 버튼을 누른다.
③ 메뉴 위쪽 창에서 모서리 숨기기/표시(아이콘)를 클릭한다(그림 4-3-81).

수행 : 절단선 감추기

① 커서를 절단선위에 놓고 마우스 오른쪽 버튼을 클릭한다.
② 메뉴 가운데 "절단선 감추기"를 클릭한다(그림 4-3-81).

수행 : 우측면도 중심선 나타내기

① 주석 탭을 클릭한다.
② 중심선을 클릭하고 자동 삽입의 뷰 선택을 체크한다.
③ 우측면도를 클릭한다.
④ 확인을 클릭한다(그림 4-3-81).

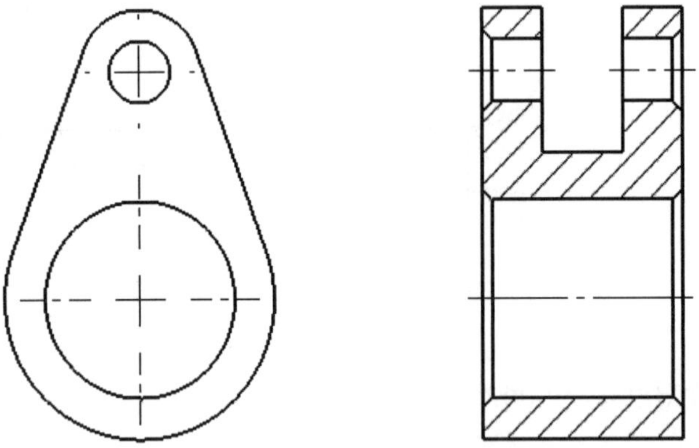

그림 4-3-81 절단선 숨기기 및 중심선 표시

(5) 치수 기입하기

수행 : 치수 표시하기

① 도면 탭에서 주석을 클릭한다.
② 주석 메뉴 가운데 "지능형 치수"를 선택한다.
③ 그림 4-3-82와 같이 필요한 치수를 삽입한다.

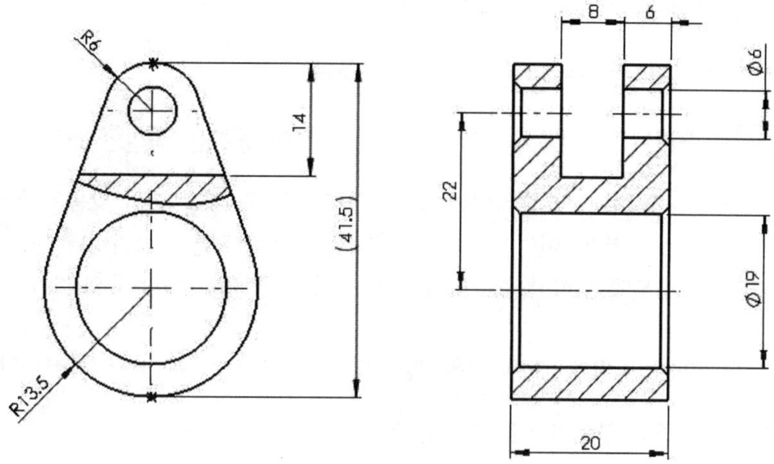

그림 4-3-82 치수 기입 완료 도면

(6) 치수 공차 기입하기

생각하기 : 링크의 바깥 폭에 대한 치수 공차는 어떻게 선정하였을까?

링크의 바깥 폭 20 ㎜에 대해서는 치수 공차를 약간 넉넉하게 주어도 상관없으므로 치수 공차를 $20^{+0.2}_{+0.1}$로 선정하기로 한다.

수행 : 링크 바깥 폭의 치수 공차 표시하기

① 링크 부분인 20을 클릭한다.

② 공차/정밀을 "좌우 상칭"으로 설정한다.

③ 최대 편차를 +0.2, 최소 편차를 +0.1로 한다. 즉, 공차 $20^{+0.2}_{+0.1}$을 기입한다.

④ 텍스트 글꼴 메뉴가 나타나며 여기서 공차의 글꼴 크기는 치수의 기타를 클릭하여 치수 글꼴 사용 체크를 없애고 글꼴을 체크한다.

⑤ 글꼴 배율을 치수 글꼴 크기에 비해 0.7배율이 되도록 한다.

⑥ 확인을 클릭한다(그림 4-3-85).

(7) 끼워 맞춤에 따른 기호 치수 공차 기입하기

(가) 슬라이더 끼워 맞춤에 따른 기호 치수 공차

생각하기 : 슬라이더 끼워 맞춤에 따른 기호 치수 공차는 적절한지?

링크(그림 4-3-70 a))와 슬라이더(그림 4-3-70 (b))의 연결 끼워 맞춤은 헐거운 끼워 맞춤(8H7/e7)으로 하였다. 이러한 헐거운 끼워 맞춤이 적절한지 슬라이더에서 검토하였으므로 헐거운 끼워 맞춤에 따른 링크의 슬라이더 삽입 구멍의 치수공차(8H7)가 적절하다.

수행 : 슬라이더 조립에 대한 끼워 맞춤에 따른 기호 치수 공차 표시하기

① 슬라이더 조립 부분인 8을 클릭한다.
② 공차/정밀을 “맞춤”의 “보통 맞춤”으로 설정한다.
③ 구멍 맞춤을 H7로 한다. 즉, 공차 $8H7$을 기입한다.
④ 확인을 클릭한다(그림 4-3-85).

(나) 리프트 축 조립 구멍의 끼워 맞춤에 따른 기호 치수 공차

생각하기 : 리프트 축 조립 구멍의 끼워 맞춤에 따른 기호 치수 공차는 적절한지?

리프트 축(그림 4-3-83 (b))이 조립되는 링크 구멍(그림 4-3-83 (a)) 역시 헐거운 끼워 맞춤 공차(∅6H9/c9)로 하였다. 이러한 끼워 맞춤에 따른 링크의 리프트 축 삽입 구멍의 치수공차(∅6H9)가 적절한지 검토하기로 한다. 링크의 리프트 축 삽입 구멍의 치수공차(∅6H9)는 IT등급 9이므로 공차가 0.030 ㎜이며, 리프트 축의 링크 삽입 축의 치수공차(∅6c9)는 IT등급 9이므로 마찬가지로 공차가 0.030 ㎜이다. 부록 5와 6에 의해 ∅6H9의 허용한계치수는 $\phi 6^{0.030}_{0}$, ∅6c9의 허용한계치수는 $\phi 6^{-0.070}_{-0.100}$이다. 헐거운 끼워 맞춤이 되기 위해서는 최대 틈새와 최소 틈새가 모두 0 또는 양(+)이어야 하는데 최대 틈새=구멍의 최대 허용치수(∅6.03)-축의 최소 허용치수(∅5.9)=0.13 ㎜이고, 최소 틈새=구멍의 최소 허용치수(∅6.00)-축의 최대 허용치수(∅5.97)=0.03 ㎜이다. 따라서 헐거운 끼워 맞춤에 따른 링크의 리프트 축 삽입 구멍의 치수공차(∅6H9)가 적절하다.

(a) 링크의 리프트 축 삽입 구멍　　　(b) 리프트 축의 링크 삽입 축

그림 4-3-83 링크와 리프트 축의 끼워 맞춤 관계

수행 : 리프트 축 조립 구멍의 끼워 맞춤에 따른 기호 치수 공차 표시하기

① 리프트 축과 조립되는 구멍인 ∅6를 클릭한다.

② 공차/정밀을 "맞춤"의 "보통 맞춤"으로 설정한다.

③ 구멍 맞춤을 H9로 한다. 즉, 공차 $\phi 6H9$을 기입한다.

④ 확인을 클릭한다(그림 4-3-85).

(다) 편심 축 조립 축의 끼워 맞춤에 따른 기호 치수 공차

생각하기 : 편심 축 조립 축의 끼워 맞춤에 따른 기호 치수 공차는 적절한지?

편심 축(그림 4-3-84 (b))이 조립되는 링크의 축 구멍(그림 4-3-84 (a))은 중간 끼워 맞춤 공차(∅19H7/h6)로 하였다. 이러한 끼워 맞춤에 따른 링크의 편심 축 삽입 구멍의 치수공차(∅19H7)가 적절한지 검토하기로 한다. 링크의 편심 축 삽입 구멍의 치수공차(∅19H7)는 IT 등급 7이므로 공차가 0.021 ㎜이며, 편심 축의 치수공차(∅19h6)는 IT 등급 6이므로 공차가 0.013 ㎜이다. 부록 5와 6에 의해 ∅19H7의 허용한계치수는 $\phi 19^{0.021}_{0}$, ∅19h6의 허용한계치수는 $\phi 19^{0}_{-0.013}$이다. 중간 끼워 맞춤이 되기 위해서는 최대 틈새와 최대 죔새가 모두 0 또는 양(+)이어야 하는데 최대 틈새=구멍의 최대 허용치수(∅19.021)-축의 최소 허용치수(∅18.087)=0.034 ㎜이고, 최소 죔새=축의 최대 허용치수(∅19.000)-구멍의 최소 허용치수(19.000)=0 ㎜이다. 따라서 중간 끼워 맞춤에 따른 링크의 편심 축 삽입 구멍의 치수공차(∅19H7)가 적절하다.

(a) 링크의 편심 축 삽입 구멍   (b) 편심 축의 링크 삽입 축

그림 4-3-84 링크와 편심 축의 끼워 맞춤 관계

수행 : 편심 축 조립 축의 끼워 맞춤에 따른 기호 공차 표시하기

① 편심 축 조립 구멍인 ∅19를 클릭한다.

② 공차/정밀을 "맞춤"의 "보통 맞춤"으로 설정한다.

③ 구멍 맞춤을 H7로 한다. 즉, 공차 $\phi 19H7$을 기입한다.

④ 확인을 클릭한다(그림 4-3-85).

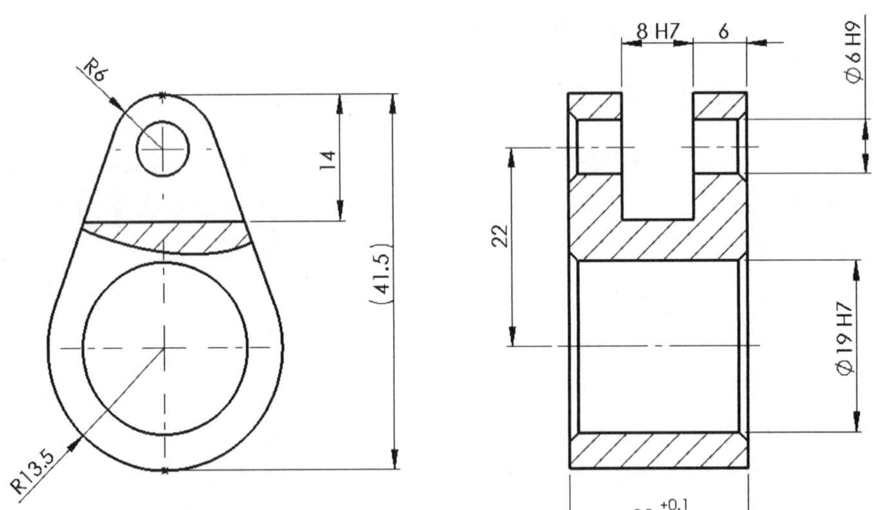

그림 4-3-85 끼워 맞춤에 따른 치수 공차 설정 결과

(8) 기하공차 기입하기

생각하기 : 데이텀 선정은 어떻게 선정하였을까?

링크는 편심 축과 조립되는 구멍 부분(그림 4-3-86)이 가장 중요하므로 이 부분을 데이텀 면으로 선정한다. 그 이전에 중요성을 생각하여 이 구멍에 대해 원통도 기하공차를 우선 정한다. 따라서 편심 축이 조립되는 구멍(∅19 ㎜)의 원통도 공차는 설계 조건에서 일반 기하공차를 적용하였으므로 부록 10에 의해 0.01이다

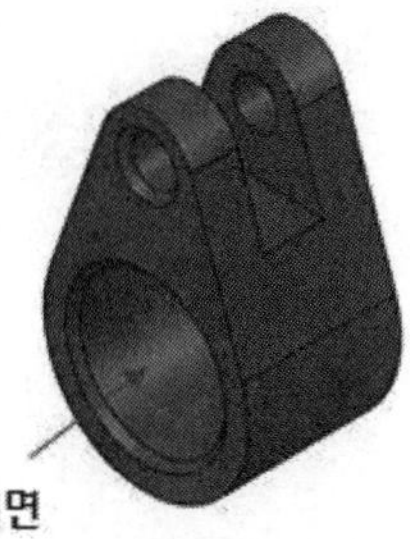

그림 4-3-86 데이텀 선정

수행 : 편심 축 구멍의 원통도 표시하기

① 도면 탭의 주석에서 "기하 공차"를 클릭한다.
② 기하공차 속성창이 나타나며 여기서 기호는 "원통도"를 설정하고 공차는 원통도 값 0.01을 기입한다.
③ 확인을 클릭한다.
④ 원통도 기하 공차 표시를 전단면도의 ∅19H7에 위치시킨다(그림 4-3-89).

수행 : 데이텀 표시하기

① 도면 탭의 주석에서 "데이텀 피처"를 클릭한다.
② 해당 데이텀 면을 지정한다. 즉, 원통도 해당 면을 데이텀 A로 지정한다.
③ 확인을 클릭한다(그림 4-3-89).

생각하기 : 직각도 공차는 어떻게 선정하였을까?

슬라이더 조립 부분(그림 4-3-87 (b))의 경우는 설계 조건에서 IT급으로 하였으며 따라서 직각도 공차는 0.015가 된다

(a) 데이텀 A　　　　(b) 데이텀 A에 대한 직각면

그림 4-3-87 직각도 선정

수행 : 직각도 표시하기

① 도면 탭의 주석에서 “기하 공차”를 클릭한다.

② 기하공차 속성창이 나타나며 여기서 기호는 “직각도”를 설정하고 공차는 직각도 값 0.011를 기입하고 제1 데이텀 면은 A로 지정한다.

③ 확인을 클릭한다.

④ 직각도 기하 공차 표시를 전단면도의 8*H*7에 위치시킨다(그림 4-3-89).

생각하기 : 평행도 공차는 어떻게 선정하였을까?

리프트 축 조립 구멍(그림 4-3-88 (b))의 경우는 편심 축 삽입 구멍과 평행을 유지해야 하며 설계 조건에서 IT6급으로 정하였으며 부록1에 의해 평행도 공차는 0.009이다.

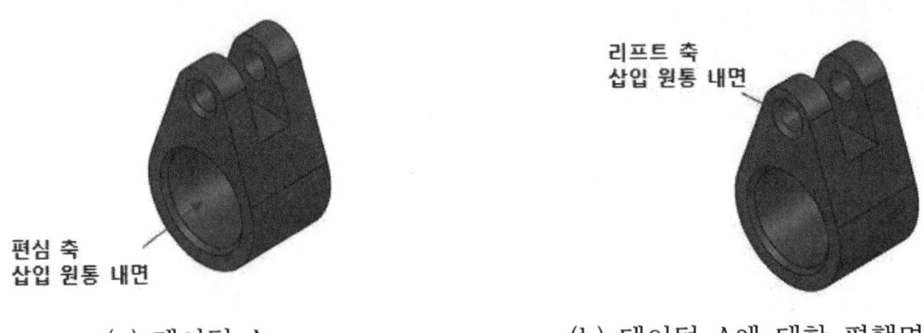

(a) 데이텀 A　　　　(b) 데이텀 A에 대한 평행면

그림 4-3-88 평행도 선정

수행 : 평행도 표시하기

① 도면 탭의 주석에서 “기하 공차”를 클릭한다.
② 기하공차 속성창이 나타나며 여기서 기호는 “평행도”를 설정하고 공차는 평행도 값 0.009를 기입하고 제1 데이텀 면은 A로 지정한다.
③ 확인을 클릭한다.
④ 평행도 기하 공차 표시를 전단면도의 ⌀6H7에 위치시킨다(그림 4-3-89).

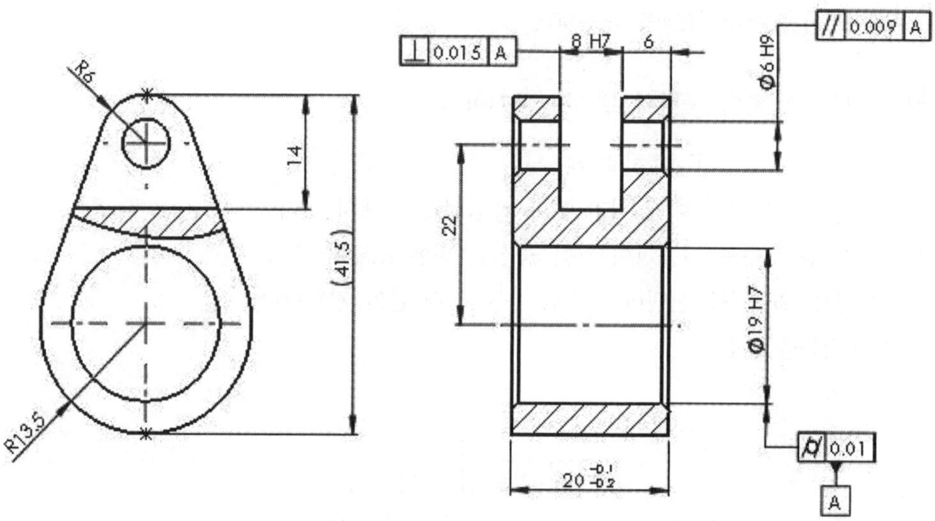

그림 4-3-89 기하 공차 기입 결과

생각하기 : 열처리는 어떻게 선정하였을까?

편심 축 조립 구멍에 조립될 편심 축에 대한 열처리 사항을 기입하여야 한다. 즉, 편심 축에는 주서로서 기입하면 되며 링크 부분에는 편심 축이 조립될 구멍 부분에 열처리 된 편심 축이 조립된다는 것을 기입하여야 한다. 보통은 조립 면에 일점쇄선을 그리고 그 위에 V를 나타내고 지시선을 이용하여 “열처리”라는 문구를 넣어 주면 된다.

수행 : 표면 거칠기 표시하기

① 도면 탭의 주석에서 "표면 거칠기(√)"를 선택한다.

② 속성 대화창이 나타난다. 여기서 기호의 종류를 선택하고 거칠기 정도를 나타내는 레이아웃을 w, y, x를 차례로 정한다.

③ 앞에서 정한 거칠기 순서대로 표면 거칠기를 나타내고자 하는 면에 커서를 데고 왼쪽 버튼을 클릭한다. 만일 반대방향으로 나타내고자 하면 각도에서 180을 기입하면 반대반향으로 된다.

④ 확인 버튼을 누른다(그림 4-3-90).

수행 : 편심 축 조립 구멍의 열처리 표시하기

① 스케치에서 "중심선"을 선택한다.

② 편심 축 조립 면에 대해 약간 위에 중심선을 스케치 한다.

③ 스케치 선 도구를 이용하여 V를 중심선 위에 스케치 한다.

④ 주석에서 "노트"를 선택하여 그림 4-3-90과 같이 기입한다.

⑤ 확인 버튼을 누른다.

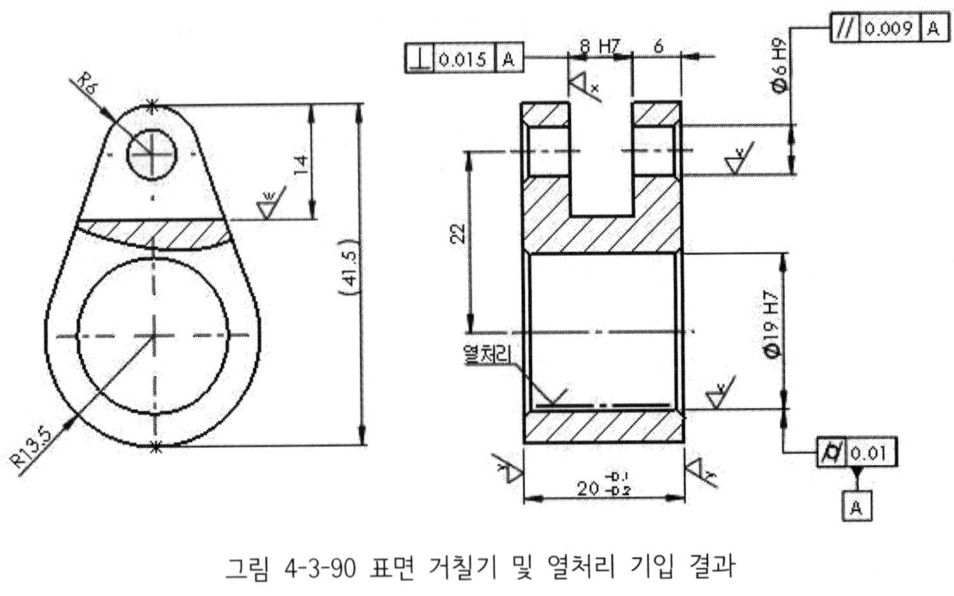

그림 4-3-90 표면 거칠기 및 열처리 기입 결과

(10) 주서 기입하기

생각하기 : 주서는 어떻게 기입하면 좋을까?

도면부는 실제 제품의 정보를 표현하지만 기호나 숫자만으로 정확한 정보의 전달이 되지 않는 경우가 있다. 열처리를 해야 하는데 도면에 나타내기가 어렵다. 이러한 경우 표 4-3-7과 같이 열처리를 주서에 나타낸다.

표 4-3-7 링크의 주서 내용

1. 일반 공차 - 가공부 : KS B ISO 2768-m(중간 등급)
   주조부 : KS B 0250 CT-9
2. 도시되고 지시 없는 모떼기는 1×45°
3. 열처리 H_RC 50±2
4. 기계 가공부를 제외한 주조부 외면 명청색 도장(1)
5. 표면 거칠기

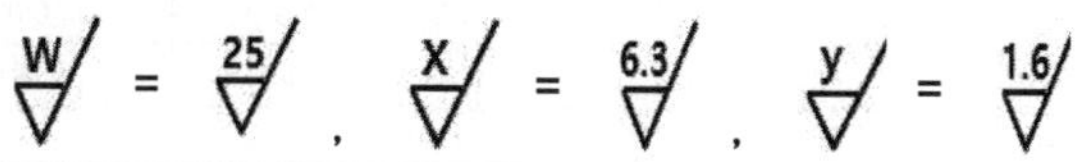

수행 : 주서 표시하기

① 주석에서 “노트”를 선택한다.
② 도면 오른 쪽에 표 4-3-7과 같이 노트를 기입한다.
③ 확인 버튼을 누른다(그림 4-3-91).

(11) 저장하기

수행 : 최종 도면 저장하기

① 저장 도구(💾)에서 다른 이름으로 저장하기를 클릭한다.
② 저장할 디렉토리를 정하고 파일이름을 “링크”로 한다.
③ 저장 버튼을 클릭한다.

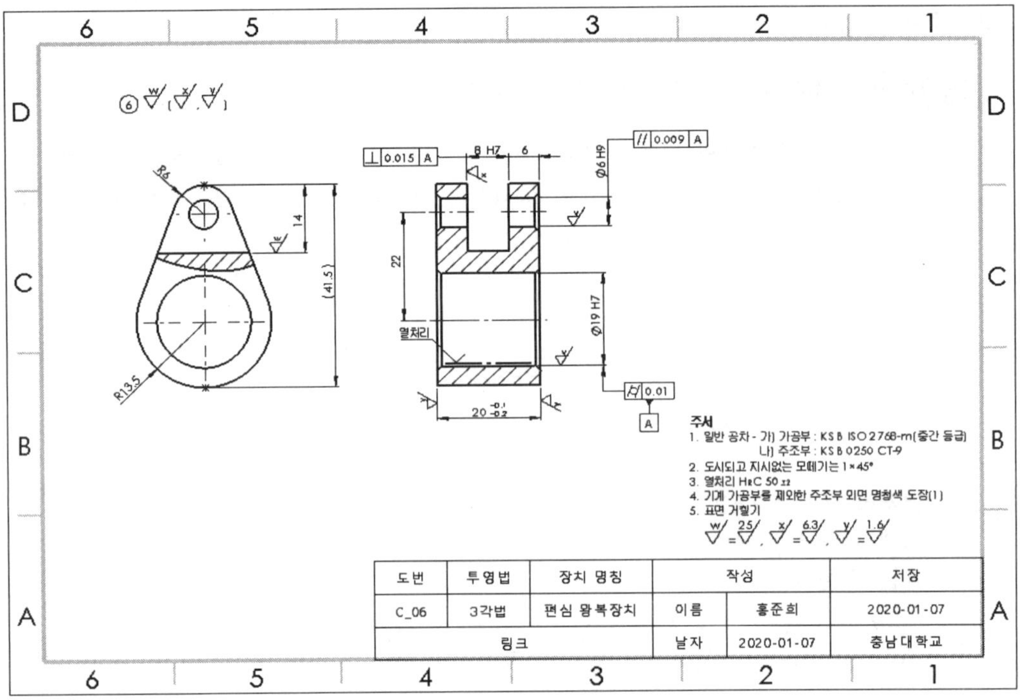

그림 4-3-91 도면 완료 모습

3-2-3-7 편심 축 부품도 작성하기

(1) 도면 작성 준비하기

수행 : 도면 작성 화면 들어가기

① 풀다운 메뉴에서 새로 만들기 아이콘을 선택한다.

② 기본 모듈 가운데 도면을 선택한다.

③ 시트 형식/크기 설정 창에서 찾아보기를 클릭한다.

④ a4-landscape.slddrt를 설정하고 열기를 한다.

⑤ 확인을 클릭한다.

(2) 시트 편집하기

수행 : 표제란 없애기

① 도면 Management 탭에서 시트형식을 선택한다.
② 시트형식 탭에서 시트 편집을 선택한다.
③ 파란색의 표제란 부분에 대해 마우스로 전체 드래그 하여 삭제 영역을 정하고 키보드의 삭제 버튼을 클릭한다.
④ 확인을 클릭한다.

수행 : 새로운 표제란 삽입하기

① 시트편집 상태에서 일반테이블을 클릭한다.
② 테이블을 삽입할 수 있는 창이 나타나며 여기서 별표 모양을 클릭하면 미리 만들어 놓은 표제란 테이블 템플릿을 찾아서 가져올 수 있다.
③ 테이블 템플릿을 오른쪽 모서리에 위치하도록 배치한다.
④ 일반테이블 편집 완료 버튼을 누른다.

(3) 정면도 및 좌측면도 표현하기

생각하기 : 좌측면도는 왜 작성하는가?

편심 축은 편심된 양을 명확하게 나타내어야 한다. 따라서 가장 잘 나타낼 수 있는 것은 이 경우 좌측면도이기 때문이다.

수행 : 투상도 작성하기

① 뷰 팔레트(▦)를 클릭한다.
② 뷰 팔레트에서 파트 찾기(...)를 클릭하여 해당 파일인 "편심 축"을 찾고 정면도로 여러 도면 뷰에서 후면 뷰를 끌어 창에 놓는다.
③ 만일, 키 삽입 홈이 밑에 있으면 반대 방향으로 회전 시키다. 즉, 마우스 오른쪽 버튼을 눌러 "확대/축소,이동/회전"을 선택하고 메뉴 가운데 "회전 뷰"를 클릭한다. 그리고 180°를 입력한다.
④ 확인을 클릭한다(그림 4-3-92).

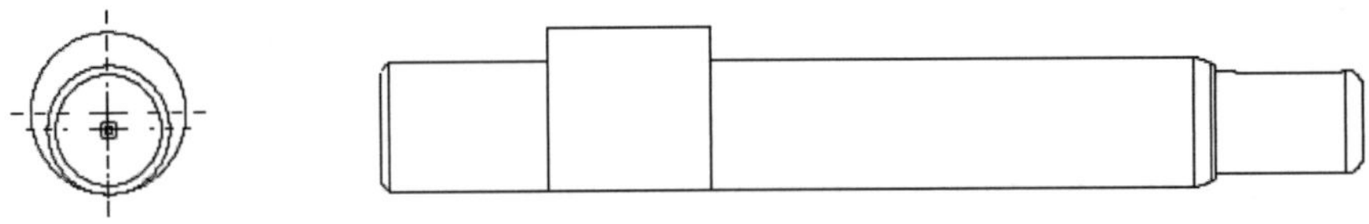

그림 4-3-92 정면도 및 좌측면도 생성 결과

(4) 투상도 정리 및 부분 단면도 나타내기

수행 : 혼돈선 감추기

① 감추고자 하는 선에 커서를 갖고 가면 주황색으로 변하는데 이 때 마우스 오른쪽 버튼을 누른다.

② 메뉴 가운데 "모서리 숨기기/표( )"를 클릭한다.

수행 : 중심선 나타내기

① 주석 탭을 클릭한다.

② 중심선을 클릭하고 자동 삽입의 뷰 선택을 체크한다.

③ 정면도를 클릭한다.

④ 확인을 클릭한다(그림 4-3-93).

수행 : 상세도 표현하기

① 뷰 레이아웃에서 상세도( )를 클릭한다.

② 연필 표시가 나타나며 여기서 상세도 영역을 스케치하고 커서를 적당한 곳에 놓아 상세도를 배치한다.

③ 확인을 한다(그림 4-3-93).

수행 : 정면도의 부분 단면도 작성

① 뷰 레이아웃에서 부분 단면도를 클릭한다.

② 연필 모양의 자유 곡선 탭이 나타나며 이것을 이용하여 절단 영역을 스케치한다.

③ 정면도에 대해서는 나사산의 모양 및 평행키 홈의 절단 모습을 가장 잘 나타낼 수 있는 절단 깊이가 편심 축의 절반인 9.5 ㎜이므로 깊이를 9.5 ㎜로 한다.

④ 완료를 클릭하면 부분 단면도가 생성된다(그림 4-3-93).

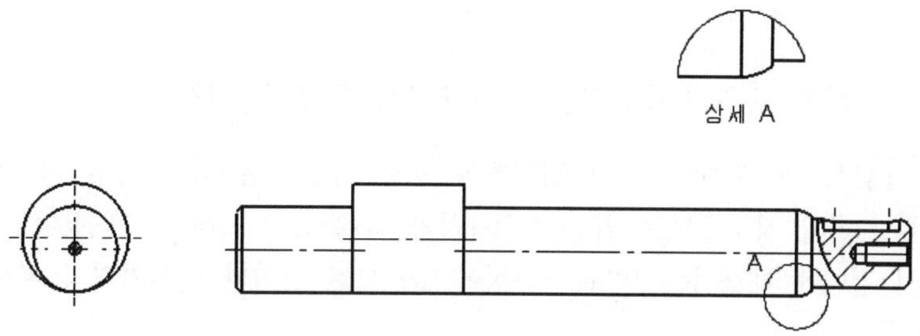

그림 4-3-93 투상도 정리 및 부분 단면도 표시

(5) 치수 기입하기

수행 : 치수 표시하기

① 도면 탭에서 주석을 클릭한다.
② 주석 메뉴 가운데 "지능형 치수"를 선택한다.
③ 그림 4-3-94와 같이 필요한 치수를 삽입한다.

수행 : 센터 구멍 표시하기

① 주석에서 구멍속성 표시기 도구를 선택한다.
② 좌측면도의 센터 구멍을 클릭한다.
③ 확인 버튼을 누른다(그림 4-3-94).

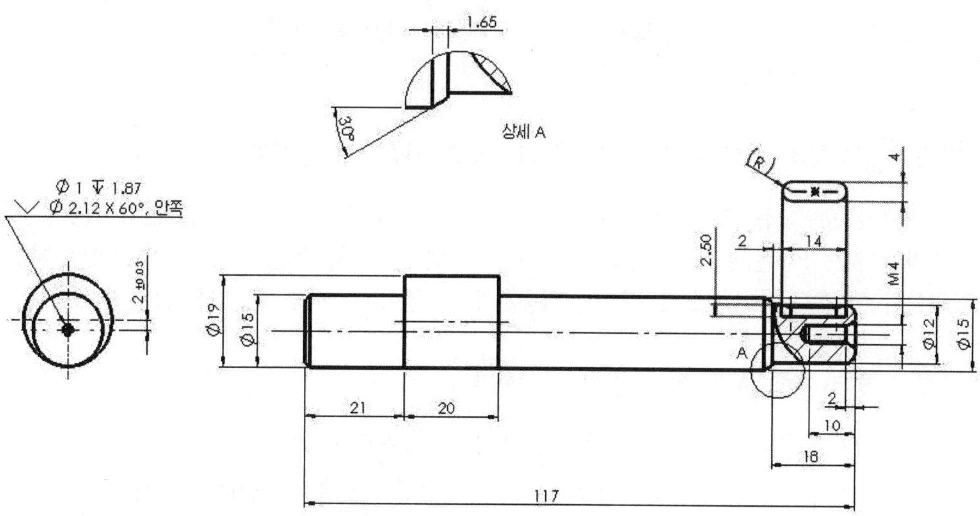

그림 4-3-94 치수 기입하기

(6) 치수 공차 기입하기

생각하기 : 평행키 홈의 치수공차는 무슨 기준에서 생성할까?

KS B 1311(부록 7)에 의하면 평행키의 호칭 치수가 4×4인 경우 키 홈의 깊이는 2.5 ㎜이고, 이때 치수공차는 위 치수허용차가 +0.1이고, 아래 치수허용차는 0이다. 또한 평행키 길이에 대해서는 별다른 규정이 없으므로 깊이와 마찬가지의 치수 허용차를 부여한다.

수행 : 키 홈 부분 치수 공차 표시하기

① 스퍼기어가 조립되는 키 홈 길이 부분인 14를 클릭한다.
② 치수 창에서 공차/정밀을 "좌우 상칭"으로 설정하고 최대 편차를 0.1, 최소 편차를 0으로 한다. 즉, 공차 $14^{+0.1}_{\ \ 0}$을 입력한다.
③ 텍스트 글꼴 메뉴가 나타나며 여기서 공차의 글꼴 크기는 치수의 기타를 클릭하여 치수 글꼴 사용 체크를 없애고 글꼴을 체크한다.
④ 글꼴 배율을 치수 글꼴 크기에 비해 0.7배율이 되도록 한다.
⑤ 스퍼기어가 조립되는 키 홈 깊이 부분인 2.5를 클릭한다.
⑥ 치수 창에서 공차/정밀을 "좌우 상칭"으로 설정하고 최대 편차를 0.1, 최소 편차를 0으로 한다. 즉, 공차 $2.5^{+0.1}_{\ \ 0}$을 입력한다.
⑦ 텍스트 글꼴 메뉴가 나타나며 여기서 공차의 글꼴 크기는 치수의 기타를 클릭하여 치수 글꼴 사용 체크를 없애고 글꼴을 체크한다.
⑧ 글꼴 배율을 치수 글꼴 크기에 비해 0.7배율이 되도록 한다.
⑨ 확인을 클릭한다(그림 4-3-98).

생각하기 : 링크 조립 부분의 치수공차는 무슨 기준에서 생성할까?

링크가 조립되는 편심 축 부분(20 ㎜)은 링크가 조립되고 좌우로 칼라1이 조립된다. 따라서 치수공차는 편심 축 부분(20 ㎜)보다 크면 안 되며 등급을 IT8급으로 하면 치수공차가 0.033(≒0.03)이므로 위 치수허용차가 -0.05이고, 아래 치수허용차는 -0.08이다.

수행 : 링크 조립 부분 치수 공차 표시하기

① 링크가 조립되는 편심 축 길이 부분인 20을 클릭한다.
② 치수 창에서 공차/정밀을 "좌우 상칭"으로 설정하고 최대 편차를 -0.05, 최소 편차를 -0.08로 한다. 즉, 공차 $20^{-0.05}_{-0.08}$을 입력한다.

③ 텍스트 글꼴 메뉴가 나타나며 여기서 공차의 글꼴 크기는 치수의 기타를 클릭하여 치수 글꼴 사용 체크를 없애고 글꼴을 체크한다.

④ 글꼴 배율을 치수 글꼴 크기에 비해 0.7배율이 되도록 한다.

⑤ 확인을 클릭한다(그림 4-3-98).

(7) 끼워 맞춤에 따른 기호 치수 공차 기입하기

(가) 두개의 깊은 홈 볼 베어링의 끼워 맞춤에 따른 기호 치수 공차 표시

생각하기 : 깊은 홈 볼 베어링 끼워 맞춤에 따른 기호 치수 공차는 적절한지?

KS B 2023에 의하면 외륜 고정 내륜 회전의 경우 외륜은 억지 끼워 맞춤을 하며, 깊은 홈 볼 베어링6203(그림 4-3-95 (a))은 하중조건이 가벼운 하중에 사용하므로 내륜 회전하중에 경하중 조건을 적용하여 끼워 맞춤 공차는 중간 끼워 맞춤 공차(∅15H6/h5)로 하였다. 이러한 끼워 맞춤에 따른 편심 축의 베어링 삽입 축의 치수공차(∅15h5)가 적절한지 검토하기로 한다. 편심 축의 베어링 삽입 축의 치수공차(∅15h5)는 IT 등급 5이므로 공차가 0.008 ㎜이며, 베어링 내륜의 치수공차(∅15H6)는 IT 등급 6이므로 공차가 0.011 ㎜이다. 부록 5와 6에 의해∅15H6의 허용한계치수는 $\phi15^{0.011}_{0}$, ∅15h5의 허용한계치수는 $\phi15^{\ 0}_{-0.008}$이다. 중간 끼워 맞춤이 되기 위해서는 최대 틈새와 최대 죔새가 모두 0 또는 양(+)이어야 하는데 최대 틈새=구멍의 최대 허용치수(∅15.011)-축의 최소 허용치수(∅14.992)=0.013 ㎜이고, 최소 죔새=축의 최대 허용치수(∅15.000)-구멍의 최소 허용치수(15.000)=0 ㎜이다. 따라서 중간 끼워 맞춤에 따른 편심 축의 베어링 삽입 축의 치수공차(∅15h5)가 적절하다.

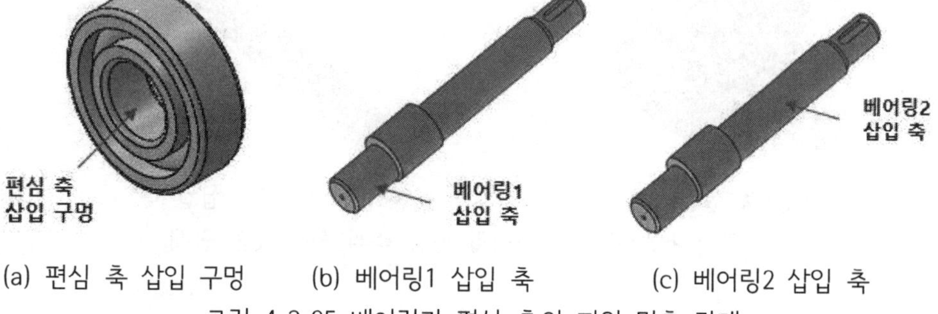

(a) 편심 축 삽입 구멍 (b) 베어링1 삽입 축 (c) 베어링2 삽입 축

그림 4-3-95 베어링과 편심 축의 끼워 맞춤 관계

수행 : 베어링1 및 2의 끼워 맞춤에 따른 기호 치수 공차 표시하기

① 베어링과 조립되는 축 ∅15을 클릭한다.
② 치수 창에서 공차/정밀을 "맞춤"의 "보통 맞춤"으로 설정한다.
③ 축 맞춤에서 h5를 입력한다. 즉, 치수공차는 ∅15h5이다.
④ 확인을 클릭한다(그림 4-3-98).

(나) 스퍼 기어 끼워 맞춤에 따른 기호 치수 공차 표시

생각하기 : 스퍼 기어 끼워 맞춤에 따른 기호 치수 공차는 적절한지?

동력을 전달하는 스퍼기어(그림 4-3-96 (a))가 조립되는 축 부분(그림 4-3-96 (b))은 축 기준 상용 끼워 맞춤으로 중간 끼워 맞춤 공차(∅12H6/m6)로 하였다. 이러한 끼워 맞춤에 따른 편심 축의 스퍼기어 삽입 축의 치수공차(∅12m6)가 적절한지 검토하기로 한다. 편심 축의 스퍼기어 삽입 축의 치수공차(∅12m6)는 IT 등급 6이므로 공차가 0.011 ㎜이며, 스퍼기어의 구멍 치수공차(∅12H6)는 IT 등급 6이므로 공차가 0.011 ㎜이다. 부록 5와 6에 의해 ∅12H6의 허용한계치수는 $\phi12^{0.011}_{0}$, ∅12m6의 허용한계치수는 $\phi12^{0.018}_{0.007}$이다. 중간 끼워 맞춤이 되기 위해서는 최대 틈새와 최대 죔새가 모두 0 또는 양(+)이어야 하는데 최대 틈새=구멍의 최대 허용치수(∅12.011)-축의 최소 허용치수(∅12.007)=0.004 ㎜이고, 최소 죔새=축의 최대 허용치수(∅12.018)-구멍의 최소 허용치수(12.000)=0.018 ㎜이다. 따라서 중간 끼워 맞춤에 따른 편심 축의 스퍼기어 삽입 축의 치수공차(∅12m6)가 적절하다.

(a) 편심 축 삽입 구멍 (b) 스퍼 기어 삽입 축

그림 4-3-96 스퍼 기어과 편심 축의 끼워 맞춤 관계

수행 : **스퍼기어 조립 부분의 끼워 맞춤에 따른 기호 치수 공차 표시하기**

① 편심 회전축 끝 부분의 스퍼기어와 조립되는 축 ∅12을 클릭한다.
② 치수 창에서 공차/정밀을 “맞춤”의 “보통 맞춤”으로 설정한다.
③ 축 맞춤에서 m6를 입력한다. 즉, 치수공차는 ∅12m6이다.
④ 확인을 클릭한다(그림 4-3-98).

(다) 링크 끼워 맞춤에 따른 기호 치수 공차 표시

생각하기 : **링크 끼워 맞춤에 따른 기호 치수 공차는 적절한지?**

링크(그림 4-3-84 (a))가 조립되는 편심 축 부분(그림 4-3-84 (b))은 축 기준 상용 끼워 맞춤으로 중간 끼워 맞춤 공차(∅19H7/h6)로 하였고 이것에 대한 검토도 하여 적절하다는 것을 알았다. 따라서 중간 끼워 맞춤에 따른 링크의 편심 축 삽입 구멍의 치수공차(∅19h6)가 적절하다.

수행 : **링크 조립 부분의 끼워 맞춤에 따른 기호 치수 공차 표시하기**

① 편심 회전축 중간 부분의 링크와 조립되는 편심축 ∅19을 클릭한다.
② 치수 창에서 공차/정밀을 “맞춤”의 “보통 맞춤”으로 설정한다.
③ 축 맞춤에서 h6을 입력한다. 즉, 치수공차는 ∅19h6이다.
④ 확인을 클릭한다(그림 4-3-98).

(라) 칼라1 끼워 맞춤에 따른 기호 치수 공차 표시

생각하기 : **칼라1 끼워 맞춤에 따른 기호 치수 공차는 적절한지?**

편심 축 부분(그림 4-3-97 (b) 및 (c))에 칼라1(그림 4-3-97 (a))이 조립되는 축 기준 상용 끼워 맞춤은 중간 끼워 맞춤 공차(∅15H6/h5)로 하였다. 이러한 끼워 맞춤에 따른 편심 축의 칼라 삽입 축의 치수공차(∅15h5)가 적절한지 검토하기로 한다. 편심 축의 칼라 삽입 축의 치수공차(∅15h5)는 IT 등급 5이므로 공차가 0.008 ㎜이며, 칼라의 구멍 치수 공차(∅15H6)는 IT 등급 6이므로 공차가 0.011 ㎜이다. 부록 5와 6에 의해 ∅15H6의 허용한계치수는 $\phi 15^{0.011}_{0}$, ∅15h5 허용한계치수는 $\phi 15^{\ 0}_{-0.008}$이다. 중간 끼워 맞춤이 되기 위해서는 최대 틈새와 최대 죔새가 모두 0 또는 양(+)이어야 하는데 최대 틈새=구멍의 최대 허용치수(∅15.011)-축의 최소 허용치수(∅14.992)=0.019 ㎜이고, 최소 죔새=축의 최대 허용치수(∅15.00)-구멍의 최소 허용치수(15.00)=0 ㎜이다. 따라서 중간 끼워 맞춤에 따른 편심 축의 칼라 삽입 축의 치수공차(∅15h5)가 적절하다.

(a) 편심 축 삽입 구멍 (b) 칼라1 삽입 축 (c) 칼라1 삽입 축

그림 4-3-97 칼라1과 편심 축의 끼워 맞춤 관계

수행 : 링크 조립 부분의 끼워 맞춤에 따른 기호 치수 공차 표시하기

① 편심 회전축 중간 부분의 링크와 조립되는 편심축 ∅15을 클릭한다.
② 치수 창에서 공차/정밀을 "맞춤"의 "보통 맞춤"으로 설정한다.
③ 축 맞춤에서 h5을 입력한다. 즉, 치수공차는 ∅15h5이다.
④ 확인을 클릭한다(그림 4-3-98).

(마) 평행키 끼워 맞춤에 따른 기호 치수 공차 표시

생각하기 : 평행키 끼워 맞춤에 따른 기호 치수 공차는 적절한지?

평행키의 끼워 맞춤 공차는 KS B 1311-1999(부록7)에 따르며 평행키(4×4)가 조립되는 키 홈 부분은 키 홈 폭(4 ㎜)의 끼워 맞춤 공차는 보통형으로 N9를 주므로 4N9로 한다.

수행 : 평행키 홈 부분의 끼워 맞춤에 따른 기호 치수 공차 표시하기

① 스퍼기어가 조립되는 부분의 키 홈 폭인 4를 클릭한다.
② 치수 창에서 공차/정밀을 "맞춤"의 "보통 맞춤"으로 설정한다.
③ 홈 맞춤에서 N9을 입력한다. 즉, 치수공차는 4N9이다.
④ 확인을 클릭한다(그림 4-3-98).

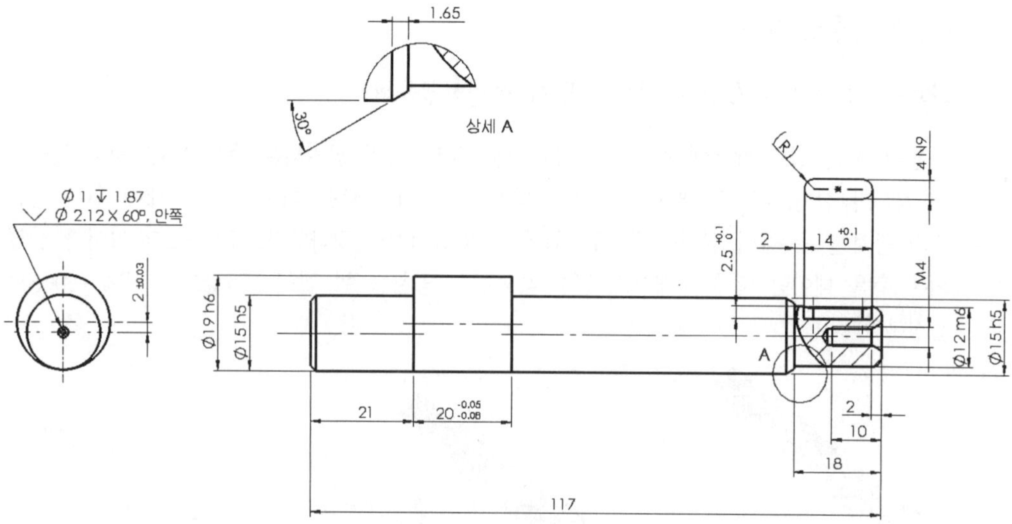

그림 4-3-98 치수 공차 및 끼워 맞춤 공차 기입 완료 모습

(8) 기하 공차 기입하기

(가) 데이텀 표시

생각하기 : 데이텀 선정은 어떻게 선정하였을까?

편심 축은 길기 때문에 중심축이 가장 중요하므로 중심축을 데이텀 면으로 선정한다. 즉, 베어링1과 베어링2가 삽입되는 축의 중심을 기준으로 선정한다.

수행 : 데이텀 표시하기

① 도면 탭의 주석에서 "데이텀 피처"를 클릭한다.

② 해당 데이텀 면을 지정한다. 즉, 편심 축의 중심선을 데이텀 A와 B로 지정한다.

③ 확인을 클릭한다(그림 4-3-101).

(나) 원주 흔들림 표시

생각하기 : 원주 흔들림 선정은 어떻게 선정하였을까?

편심 축은 길기 때문에 중심축에 대해 베어링1과 2가 삽입되는 축에 대해 원주 흔들림이 적어야 한다. 따라서 베어링1과 베어링2가 삽입되는 축을 데이텀 축에 대해 원주 흔들림의 공차를 똑 같이 설계조건인 IT5급에 따라 0.008로 정하였다. 또한 스퍼 기어가 삽입되는 축을 데이텀 축에 대해서도 원주 흔들림의 공차를 똑 같이 IT5급으로 하여 0.008로 선정하였다.

(a) 베어링1 삽입 축

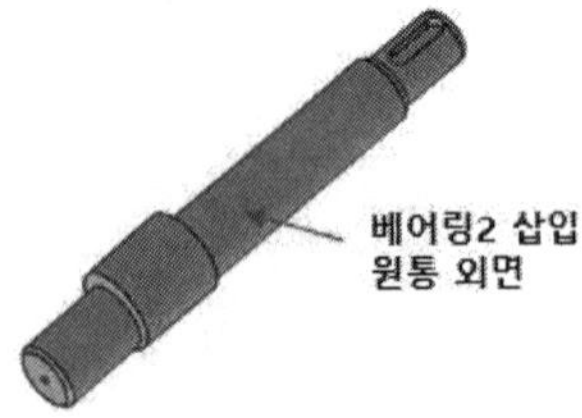

(b) 베어링2 삽입 축

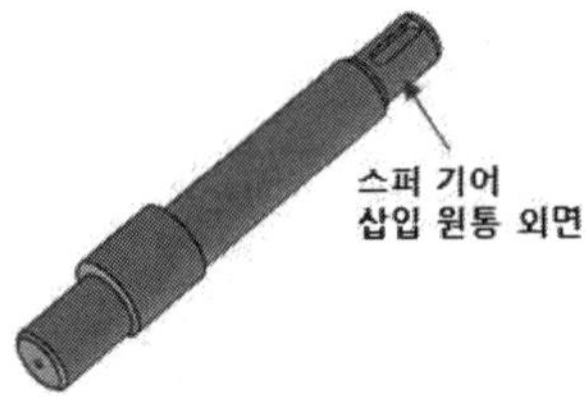

(c) 베어링2 삽입 축

그림 4-3-99 원주 흔들림 선정

수행 : 원주 흔들림도 표시하기

① 베어링1 및 2가 조립되는 원통(∅15)을 클릭한다.
② 도면 탭의 주석에서 "기하 공차"를 클릭한다.
③ 기하공차 속성 창이 나타나며 여기서 기호는 "원주 흔들림도"를 설정하고 원주 흔들림도 값 공차1은 0.008을, 그리고 제1은 A-B를 입력한다.
④ 기하공차 속성창의 두 번째(밑)에 기호 "원통도", 공차1 "0.008"을 설정한다.
⑤ 확인을 클릭한다(그림 4-3-101).

수행 : 원주 흔들림도 표시하기

① 스퍼기어 조립 원통(∅12)의 치수선을 클릭한다.
② 도면 탭의 주석에서 "기하 공차"를 클릭한다.
③ 기하공차 속성 창이 나타나며 여기서 기호는 "원주 흔들림도"를 설정하고 원주 흔들림도 값 공차1은 0.008을, 그리고 제1은 A-B를 입력한다.
④ 기하공차 속성창의 두 번째(밑)에 기호 "원통도", 공차1 "0.008"을 설정한다.
⑤ 확인을 클릭한다(그림 4-3-101).

(다) 평행도 표시

생각하기 : 평행도 선정은 어떻게 선정하였을까?

편심 축의 편심 부분(그림 4-3-100)은 링크가 삽입되어 상하 직선운동을 하도록 조립되는 부문으로 삽입 축 부분의 평행도가 유지되어야 정확한 직선운동을 전달할 수 있다. 따라서 링크가 삽입되는 축에 대해 평행의 공차를 데이텀 축에 대해 IT5급을 적용하여 0.009로 선정하였다.

(a) 축의 편심 부분 삽입 축

그림 4-3-100 평행도 선정

수행 : 평행도 표시하기

① 링크 조립 원통(∅19)의 치수선을 클릭한다.

② 도면 탭의 주석에서 “기하 공차”를 클릭한다.

③ 기하공차 속성 창이 나타나며 여기서 기호는 “평행도”를 설정하고 평행도 값 공차 1은 0.009를, 그리고 제1은 A-B를 입력한다.

④ 확인을 클릭한다(그림 4-3-101).

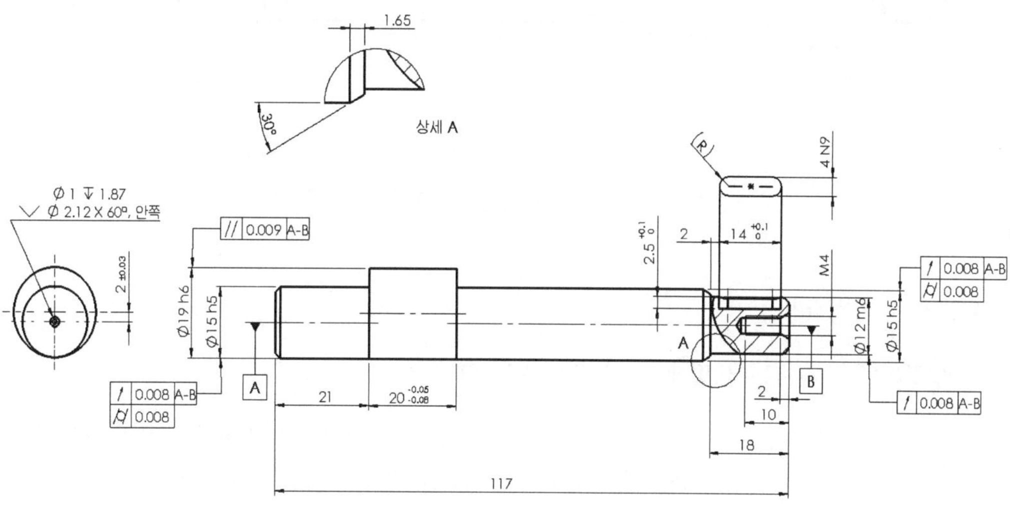

그림 4-3-101 기하공차 지정 결과

(10) 표면 거칠기 기입하기

수행 : 표면 거칠기 표시하기

① 도면 탭의 주석에서 "표면 거칠기(√)"를 선택한다.
② 표면거칠기 속성 대화창에서 기호의 종류를 선택하고 거칠기 정도를 나타내는 레이아웃을 정한다.
③ 표면 거칠기를 나타내고자 하는 면에 커서를 데면 황색으로 변하고 그 때 왼쪽 버튼을 클릭한다.
④ 확인 버튼을 누른다(그림 4-3-102).

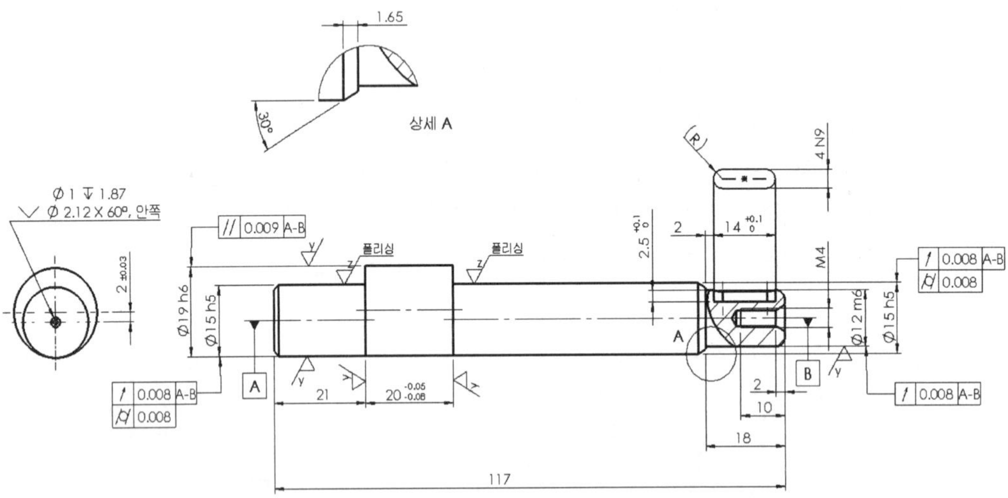

그림 4-3-102 센터 구멍과 표면 거칠기 표시 결과

(11) 주서 기입하기

생각하기 : 주서는 어떻게 기입하면 좋을까?

도면부는 실제 제품의 정보를 표현하지만 기호나 숫자만으로 정확한 정보의 전달이 되지 않는 경우가 있다. 이런 경우 별도의 주서란을 만들어 도면부에서 전달되지 못한 부분의 내용을 입력하여 정확한 내용이 전달되도록 하는데 편심축의 주서 내용은 표 4-3-8과 같다.

표 4-3-8 편심 축의 주서 내용

1. 일반 공차 - 가공부 : KS B ISO 2768-m(중간 등급) 2. 도시되고 지시 없는 모떼기는 1×45° 3. 열처리 H_RC 50±2 4. 표면 거칠기 x∨ = 6.3∨ , y∨ = 1.6∨ , z∨ = 0.2∨

수행 : 주서 표시하기

① 주석에서 “노트”를 선택한다.

② 도면 오른 쪽에 그림 4-3-103과 같이 노트를 기입한다.

③ 확인 버튼을 누른다.

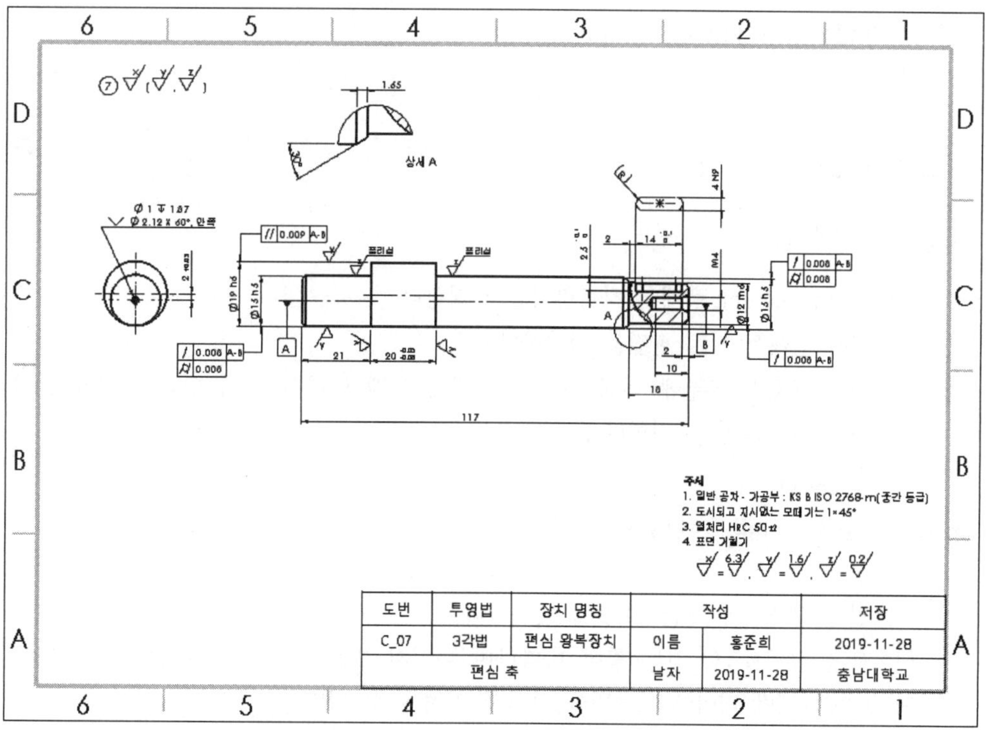

그림 4-3-103 편심 축의 도면 완료 모습

(12) 저장하기

수행 : 최종 도면 저장하기

① 저장 도구( )에서 다른 이름으로 저장하기를 클릭한다.
② 저장할 디렉토리를 정하고 파일이름을 “편심 축”으로 한다.
③ 저장 버튼을 클릭한다.

3-2-3-8 스퍼기어 부품도 작성하기

(1) 도면 작성 준비하기

수행 : 도면 작성 화면 들어가기

① 풀다운 메뉴에서 새로 만들기 아이콘을 선택한다.
② 기본 모듈 가운데 도면을 선택한다.
③ 시트 형식/크기 설정 창에서 찾아보기를 클릭한다.
④ a4-landscape.slddrt를 설정하고 열기를 한다.
⑤ 확인을 클릭한다.

(2) 시트 편집하기

수행 : 표제란 없애기

① 도면 Management 탭에서 시트형식을 선택한다.
② 시트형식 탭에서 시트 편집을 선택한다.
③ 파란색의 표제란 부분에 대해 마우스로 전체 드래그 하여 삭제 영역을 정하고 키보드의 삭제 버튼을 클릭한다.
④ 확인을 클릭한다.

수행 : 새로운 표제란 삽입하기

① 시트편집 상태에서 일반테이블을 클릭한다.
② 테이블을 삽입할 수 있는 창이 나타나며 여기서 별표 모양을 클릭하면 미리 만들어 놓은 표제란 테이블 템플릿을 찾아서 가져올 수 있다.
③ 테이블 템플릿을 오른쪽 모서리에 위치하도록 배치한다.
④ 일반테이블 편집 완료 버튼을 누른다.

(3) 정면도 및 전단면도 표현하기

수행 : 투상도 작성하기

① 뷰 팔레트(아이콘)를 클릭한다.

② 뷰 팔레트에서 파트 찾기(...)를 클릭하여 해당 파일인 "스퍼기어"을 찾고 정면도로 여러 도면 뷰에서 우측면 뷰를 끌어 창에 놓는다.

③ 확인을 클릭한다(그림 4-3-104).

수행 : 전단면도 나타내기

① 뷰 레이아웃에서 단면도(아이콘)를 클릭한다.

② 단면도의 절단선 방향을 수직으로 선택한다.

③ 원의 중심에 커서를 데면 창이 나타나고 여기서 완료를 클릭한다.

④ 이 전단면도에서 내부를 잘 표현하기 위해 우측면도로 나타낸다.

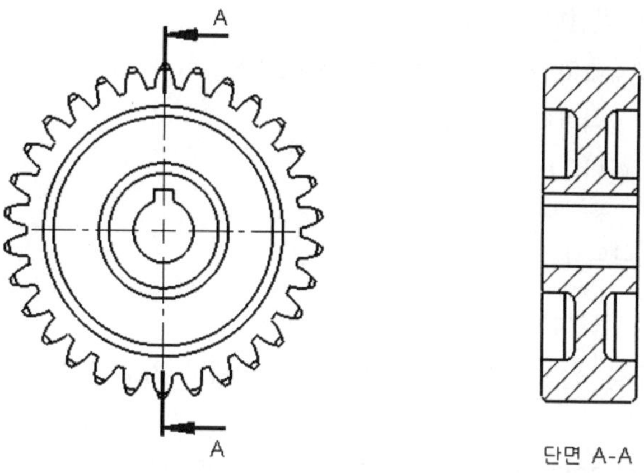

그림 4-3-104 정면도 및 전던면도 생성 결과

(4) 투상도 정리 및 기어 이 해칭 수정하기

생각하기 : 기어 이의 해칭 삭제란 무엇이며 왜 하는가?

기어 이가 해칭 되어 있지만 이 부분은 해칭을 하지 않도록 KS 규격에 명시되어 있으므로 해칭을 삭제해야 한다.

수행 : 해칭 삭제하기

① 스퍼기어의 해칭 부분에 커서를 갖고 가서 마우스 왼쪽 버튼을 누른다.
② 해칭 창이 나타나며 여기서 "재질 해칭"의 체크를 없애고 속성에 "없음"을 체크한다.
③ 스퍼기어의 해칭 부분에 커서를 갖고 가서 마우스 왼쪽 버튼을 누른다.
④ 해칭 창에서 "재질 해칭"의 체크를 없앤다.
⑤ 속성에 "없음"을 체크한다.
⑥ 확인을 클릭한다.

수행 : 혼돈선 감추기

① 감추고자 하는 선에 커서를 갖고 가면 주황색으로 변하는데 이 때 마우스 오른쪽 버튼을 누른다.
② 메뉴 가운데 "모서리 숨기기/표( )"를 클릭한다.

수행 : 중심선 나타내기

① 주석 탭을 클릭한다.
② 중심선을 클릭하고 자동 삽입의 뷰 선택을 체크한다.
③ 우측면도를 클릭한다.
④ 확인을 클릭한다(그림 4-3-105).

수행 : 기어선 나타내기

① 스케치 탭을 클릭한다.
② 중심선 도구를 선택하고 기어 피치선을 중심에서 치수 30되는 양쪽에 중심선을 스케치한다.
③ 선 도구를 선택하고 중심에서 치수 27.5되는 양쪽에 실선을 스케치한다.
④ 확인을 클릭한다(그림 4-3-105).

수행 : 해칭 하기

① 주석에 해칭도구를 선택한다.
② 해칭 창이 나타나며 속성에 "해칭"을 체크한다.
③ 해칭 영역에서 "영역"으로 체크한다.
④ 해칭하고자 하는 영역을 클릭한다.
⑤ 확인을 클릭한다.

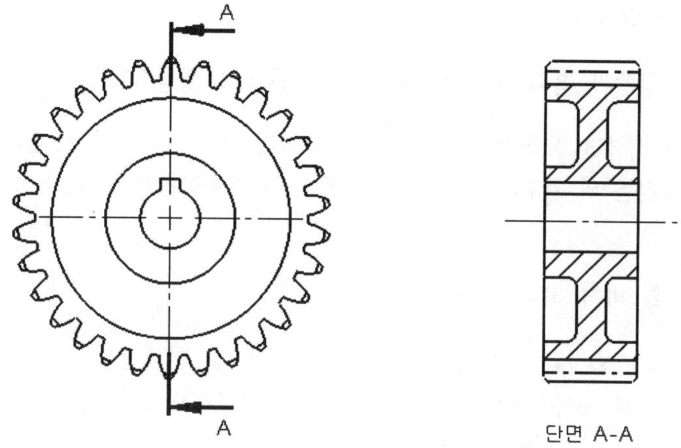

그림 4-3-105 투상도 정리 및 해칭 수정 결과

(5) 치수 기입하기

수행 : 치수 표시하기

① 도면 탭에서 주석을 클릭한다.
② 주석 메뉴 가운데 "지능형 치수"를 선택한다.
③ 그림 4-3-106과 같이 필요한 치수를 삽입한다.

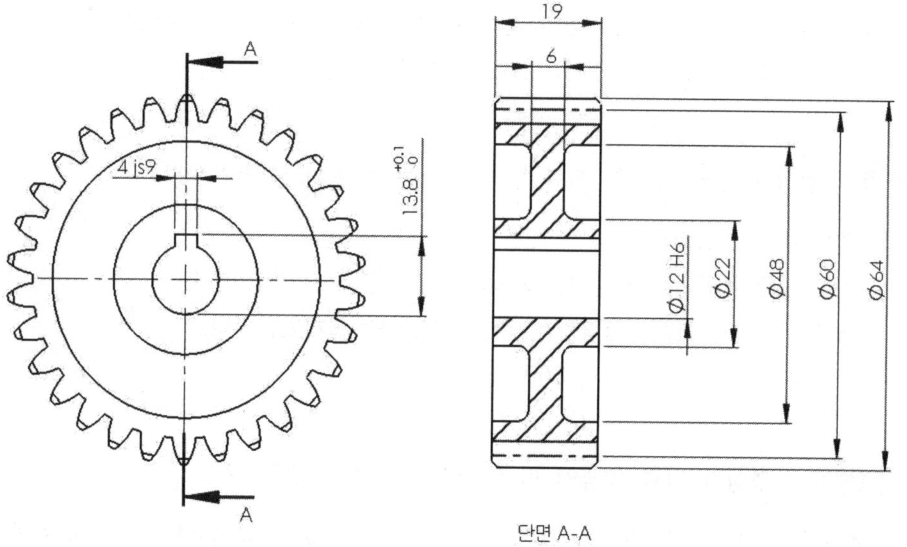

그림 4-3-106 치수 기입하기

(6) 치수 공차 기입하기

생각하기 : 평행키 홈의 치수공차는 무슨 기준에서 생성할까?

부록 7에 의하면 평행키의 호칭 치수가 4×4인 경우 스퍼기어 키 홈의 높이 13.8 ㎜에 대한 치수공차는 위 치수허용차가 +0.1이고, 아래 치수허용차는 0이다.

수행 : 키 홈 까지 치수 공차 표시하기

① 스퍼기어가 조립되는 키 홈 끝 부분 길이 13.8을 클릭한다.
② 치수 창에서 공차/정밀을 "좌우 상칭"으로 설정하고 최대 편차를 0.1, 최소 편차를 0으로 한다. 즉, 공차 $14^{+0.1}_{0}$을 입력한다.
③ 텍스트 글꼴 메뉴가 나타나며 여기서 공차의 글꼴 크기는 치수의 기타를 클릭하여 치수 글꼴 사용 체크를 없애고 글꼴을 체크한다.
④ 글꼴 배율을 치수 글꼴 크기에 비해 0.7배율이 되도록 한다.
⑤ 확인을 클릭한다(그림 4-3-109).

(7) 끼워 맞춤에 따른 치수 공차 기입하기

생각하기 : 편심 축 끼워 맞춤에 따른 치수 공차는 적절한지?

편심 축에서 끼워 맞춤 공차를 h6로 정하였기 때문에 편심 축을 조립하기 위한 편심 외경(∅12)의 중간 끼워 맞춤 공차는 H7을 사용하기로 한다.

수행 : 편심 회전축 부분의 끼워 맞춤에 따른 치수 공차 표시하기

① 편심 축과 조립되는 구멍 ∅12를 클릭한다.
② 치수 창에서 공차/정밀을 "맞춤"의 "보통 맞춤"으로 설정한다.
③ 구멍 맞춤에서 H7을 입력한다. 즉, 치수공차는 ∅12H7이다.
④ 확인을 클릭한다(그림 4-3-109).

생각하기 : 평행키 끼워 맞춤에 따른 치수 공차는 적절한지?

평행키(4×4)가 조립되는 키 홈 부분은 스퍼기어 키 홈 폭(4 ㎜)의 끼워 맞춤 공차는 보통 js9을 주므로 4js9으로 한다.

수행 : 평행키 홈 부분의 끼워 맞춤에 따른 치수 공차 표시하기

① 스퍼기어의 키 홈 폭인 4를 클릭한다.
② 치수 창에서 공차/정밀을 “맞춤”의 “보통 맞춤”으로 설정한다.
③ 홈 맞춤에서 js9을 입력한다. 즉, 치수공차는 4js9이다.
④ 확인을 클릭한다(그림 4-3-109).

(8) 기하 공차 기입하기

생각하기 : 데이텀 선정은 어떻게 선정하였을까?

스퍼 기어는 편심 축과의 조립 부분이 가장 중요하므로 스퍼 기어의 편심 축 조립 분(그림 4-3-107)을 데이텀 면으로 선정한다.

그림 4-3-107 데이텀 선정

수행 : 데이텀 표시하기

① 도면 탭의 주석에서 “데이텀 피처”를 클릭한다.
② 해당 데이텀 면을 지정한다. 즉, 편심 축의 조립 면을 데이텀 A로 지정한다.
③ 확인을 클릭한다(그림 4-3-109).

생각하기 : 원주 흔들림 선정은 어떻게 선정하였을까?

스퍼 기어(그림 4-3-108 (a))는 이 끝 부분(그림 4-3-108 (b))이 중요하며 원주 흔들림이 적어야 한다. 따라서 스퍼 기어의 이 끝에 대해 원주 흔들림의 공차를 설계 조건의 IT5급에 따라 0.013으로 정하였다.

(a) 데이텀 면 (b) 데이텀 면에 대해 원주 흔들림 면

그림 4-3-108 원주 흔들림 선정

수행 : 원주 흔들림도 표시하기

① 스퍼기어 이끝 원통(∅64)을 클릭한다.
② 도면 탭의 주석에서 "기하 공차"를 클릭한다.
③ 기하공차 속성 창이 나타나며 여기서 기호는 "원주 흔들림도"를 설정하고 원주 흔들림도 값 공차1은 0.013을, 그리고 제1은 A를 입력한다.
④ 확인을 클릭한다(그림 4-3-109).

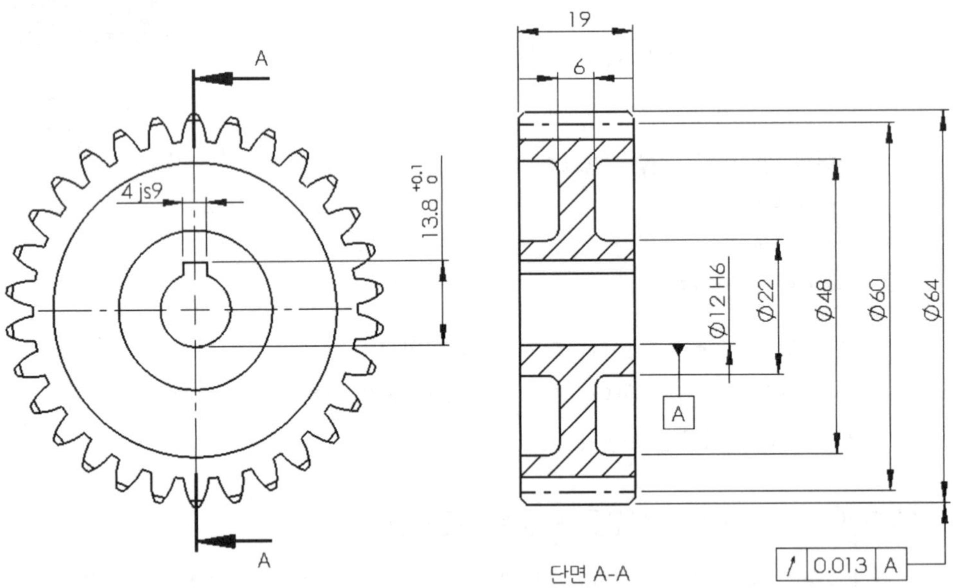

그림 4-3-109 기하공차 지정 결과

(10) 표면 거칠기 기입하기

수행 : 표면 거칠기 표시하기

① 도면 탭의 주석에서 "표면 거칠기(√)"를 선택한다.
② 표면거칠기 속성 대화창에서 기호의 종류를 선택하고 거칠기 정도를 나타내는 레이아웃을 정한다.
③ 표면 거칠기를 나타내고자 하는 면에 커서를 데면 황색으로 변하고 그 때 왼쪽 버튼을 클릭한다.
④ 확인 버튼을 누른다(그림 4-3-110).

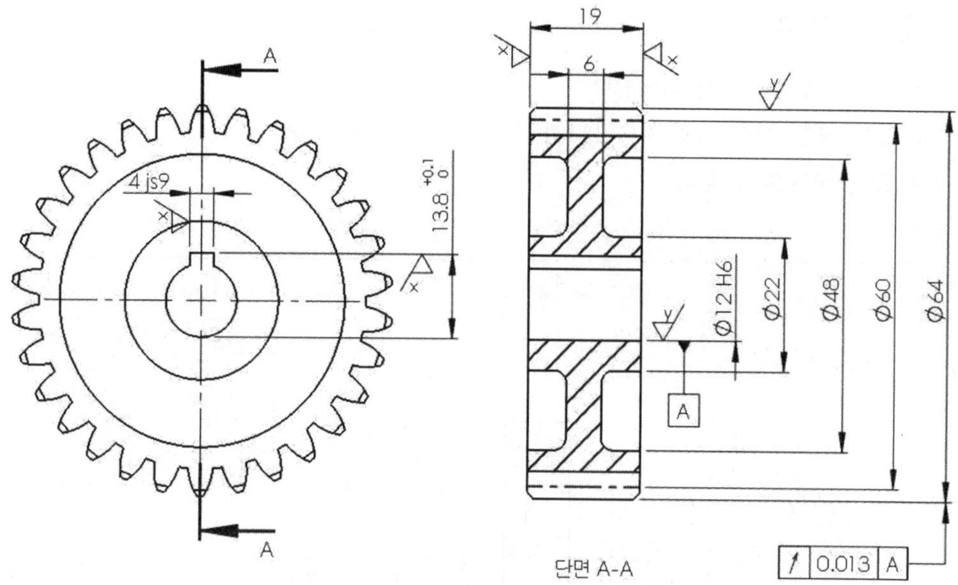

그림 4-3-110 표면 거칠기 표시 결과

(11) 주서 및 스퍼기어 요목표 작성하기

생각하기 : 주서는 어떻게 기입하였을까?

도면부는 실제 제품의 정보를 표현하지만 기호나 숫자만으로 정확한 정보의 전달이 되지 않는 경우가 있다. 이런 경우 별도의 주서란을 만들어 도면부에서 전달되지 못한 부분의 내용을 입력하여 정확한 내용이 전달되도록 한다.

스퍼기어의 주서 내용은 표 4-3-9와 같다.

표 4-3-9 스퍼기어의 주서 내용

1. 일반 공차 : 가) 가공부 : KS B ISO 2768-m(중간 등급)
   나) 주조부 : KS B 0250 CT-9
2. 도시되고 지시 없는 모따기는 C1, 라운드 및 필렛 R3
3. 열처리 H_RC 50±2
4. 기계가공하지 않은 주조부 표면에 명회색 도장
5. 표면 거칠기

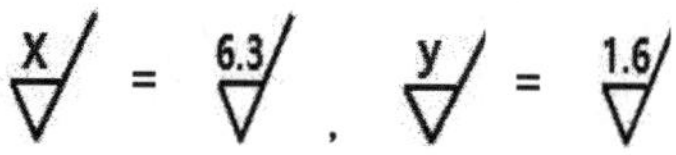

수행 : 주서 표시하기

① 주석에서 "노트"를 선택한다.

② 도면 오른 쪽에 그림 4-3-111과 같이 노트를 기입한다.

③ 확인 버튼을 누른다.

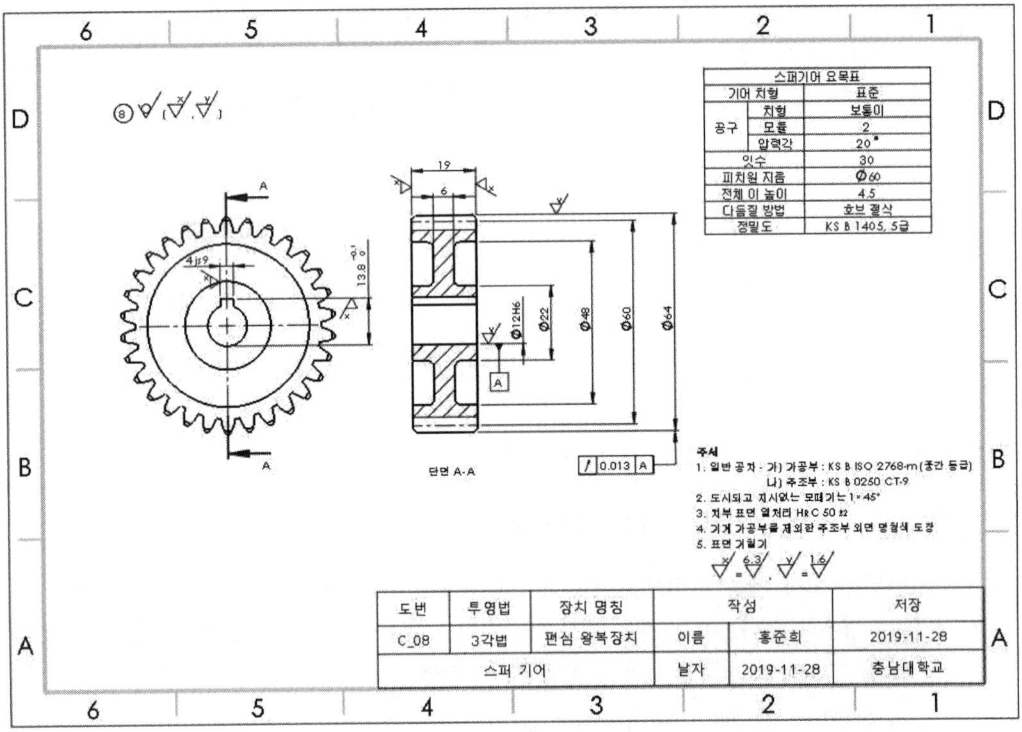

그림 4-3-111 스퍼기어의 도면 완료 모습

생각하기 : 요목표는 어떻게 기입하였을까?

요목표는 도면부에서 정확하게 표현되지 못하는 정보를, 표를 통하여 정확한 내용을 전달하는 부분이다. 스퍼기어의 요목표는 표 4-3-10와 같다.

표 4-3-10 스퍼기어 요목표

스퍼기어 요목표		
기어 치형		표준
공구	치형	보통 이
	모듈	2
	압력각	20°
잇수		30
피치원 지름		∅60
전체 이 높이		4.5
다듬질 방법		호브 절삭
정밀도		KS B 1405, 5급

(11) 저장하기

수행 : 최종 도면 저장하기

① 저장 도구( )에서 다른 이름으로 저장하기를 클릭한다.
② 저장할 디렉토리를 정하고 파일이름을 “스퍼기어”로 한다.
③ 저장 버튼을 클릭한다.

3-2-3-9 칼라 부품도 작성하기

(1) 도면 작성 준비하기

수행 : 도면 작성 화면 들어가기

① 풀다운 메뉴에서 새로 만들기 아이콘을 선택한다.
② 기본 모듈 가운데 도면을 선택한다.
③ 시트 형식/크기 설정 창에서 찾아보기를 클릭한다.
④ a4-landscape.slddrt를 설정하고 열기를 한다.
⑤ 확인을 클릭한다.

(2) 시트 편집하기

수행 : 표제란 없애기

① 도면 Management 탭에서 시트형식을 선택한다.
② 시트형식 탭에서 시트 편집을 선택한다.
③ 파란색의 표제란 부분에 대해 마우스로 전체 드래그하여 삭제 영역을 정하고 키보드의 삭제 버튼을 클릭한다.
④ 확인을 클릭한다.

수행 : 새로운 표제란 삽입하기

① 시트편집 상태에서 일반테이블을 클릭한다.
② 테이블을 삽입할 수 있는 창이 나타나며 여기서 별표 모양을 클릭하면 미리 만들어 놓은 표제란 테이블 템플릿을 찾아서 가져올 수 있다.
③ 테이블 템플릿을 오른쪽 모서리에 위치하도록 배치한다.
④ 일반테이블 편집 완료 버튼을 누른다.

(3) 정면도 및 전단면도 표현하기

수행 : 투상도 작성하기

① 뷰 팔레트( )를 클릭한다.
② 뷰 팔레트에서 파트 찾기( )를 클릭하여 해당 파일인 "칼라1 및 칼라2"를 찾고 정면도로 여러 도면 뷰에서 우측면 뷰를 끌어 창에 놓는다.
③ 확인을 클릭한다(그림 4-3-112).

수행 : 전단면도 나타내기

① 뷰 레이아웃에서 단면도( )를 클릭한다.
② 단면도의 절단선 방향을 수직으로 선택한다.
③ 원의 중심에 커서를 대면 창이 나타나고 여기서 완료를 클릭한다.
④ 이 전단면도에서 내부를 잘 표현하기 위해 우측면도로 나타낸다.

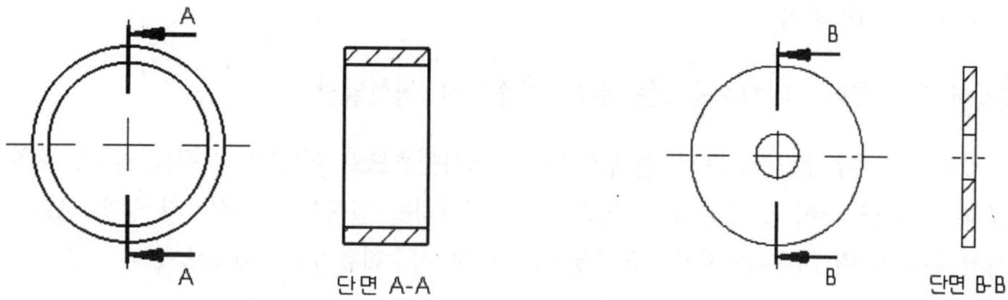

(a) 칼라1 (b) 칼라2

그림 4-3-112 정면도 및 전단면도 생성 결과

(4) 중심선 표시 및 치수 기입하기

수행 : 중심선 나타내기

① 주석 탭을 클릭한다.

② 중심선을 클릭하고 자동 삽입의 뷰 선택을 체크한다.

③ 우측면도를 클릭한다.

④ 확인을 클릭한다(그림 4-3-113).

수행 : 치수 표시하기

① 도면 탭에서 주석을 클릭한다.

② 주석 메뉴 가운데 “지능형 치수”를 선택한다.

③ 그림 4-3-113과 같이 필요한 치수를 삽입한다.

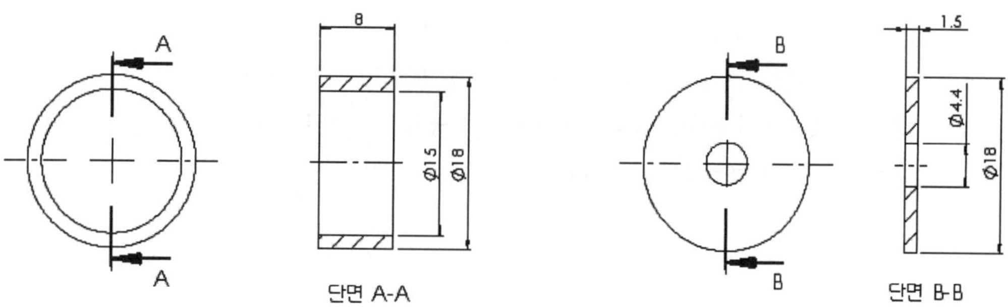

(a) 칼라1 (b) 칼라2

그림 4-3-113 치수 기입하기

(5) 치수 공차 기입하기

생각하기 : 칼라1의 치수공차는 무슨 기준에서 생성할까?

칼라1의 경우 IT7등급으로 설계조건에서 제시했으므로 이에 따라 폭(8 ㎜)에 대한 치수 공차는 0.015 ㎜이다. 그런데 칼라1의 경우 베어링을 밀착하여 움직이지 않게 하는 역할을 하기 때문에 위 치수허용차가 +0.005이고, 아래 치수허용차는 -0.01로 한다.

수행 : 칼라1의 폭 치수 공차 표시하기

① 칼라1의 폭 8을 클릭한다.
② 치수 창에서 공차/정밀을 "좌우 상칭"으로 설정하고 최대 편차를 0.005, 최소 편차를 0.01로 한다. 즉, 공차 $8^{+0.005}_{-0.01}$을 입력한다.
③ 텍스트 글꼴 메뉴가 나타나며 여기서 공차의 글꼴 크기는 치수의 기타를 클릭하여 치수 글꼴 사용 체크를 없애고 글꼴을 체크한다.
④ 글꼴 배율을 치수 글꼴 크기에 비해 0.7배율이 되도록 한다.
⑤ 확인을 클릭한다(그림 4-3-116).

(6) 끼워 맞춤에 따른 기호 치수 공차 기입하기

생각하기 : 편심 축 끼워 맞춤에 따른 기호 치수 공차는 적절한지?

그림 4-3-97의 편심 축에서 끼워 맞춤 공차를 h5로 정하였기 때문에 편심 축에 조립하기 위한 칼라1의 내경(∅15)의 중간 끼워 맞춤 공차는 H6을 사용하기로 한다.

수행 : 편심 회전축 끼워 맞춤에 따른 기호 치수 공차 표시하기

① 편심 축과 조립되는 구멍 ∅15를 클릭한다.
② 치수 창에서 공차/정밀을 "맞춤"의 "보통 맞춤"으로 설정한다.
③ 구멍 맞춤에서 H6을 입력한다. 즉, 치수공차는 ∅15H6이다.
④ 확인을 클릭한다(그림 4-3-116).

(7) 기하 공차 기입하기

생각하기 : 데이텀 면은 어떤 기준에서 설정할까?

데이텀 면은 베어링과 밀착하여 회전해야 하므로 칼라1의 원통 내면(그림 4-3-114)이 가장 중요하다. 따라서 원통 내면을 데이텀 면으로 지정한다.

그림 4-3-114 데이텀 선정

수행 : 칼라1 원통 내면의 원통도 표시하기

① 도면 탭의 주석에서 "기하 공차"를 클릭한다.
② 기하공차 속성창이 나타나며 여기서 기호는 "원통도"를 설정하고 공차는 원통도 값 0.01을 기입한다.
③ 확인을 클릭한다.
④ 원통도 기하 공차 표시를 전단면도의 ∅15H6에 위치시킨다(그림 4-3-116).

수행 : 데이텀 표시하기

① 도면 탭의 주석에서 "데이텀 피처"를 클릭한다.
② 해당 데이텀 면을 지정한다. 즉, 편심 축과의 조립 내면을 데이텀 A로 지정한다.
③ 확인을 클릭한다(그림 4-3-116).

생각하기 : 직각도는 어떤 기준에서 설정할까?

기하공차를 IT7급으로 하기로 했으므로 칼라1의 폭(그림 4-3-115 (b))에 대한 기하 공차(직각도)는 0.011 ㎜로 한다.

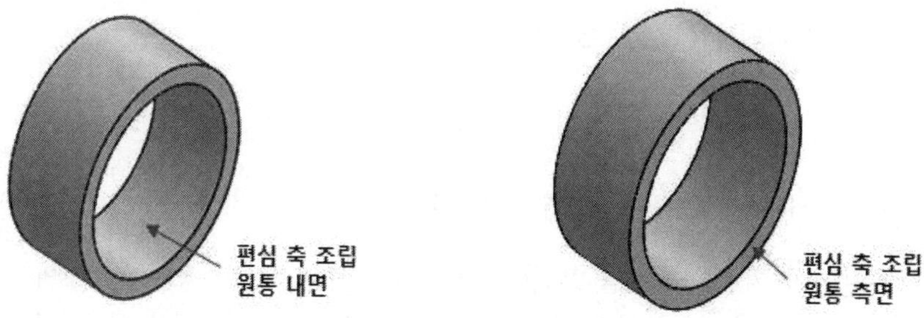

(a) 데이텀 면 (b) 데이텀 면에 대해 직각면

그림 4-3-115 직각도 선정

수행 : 직각도 표시하기

① 칼라1의 원통 내경(∅15)을 클릭한다.
② 도면 탭의 주석에서 "기하 공차"를 클릭한다.
③ 기하공차 속성 창이 나타나며 여기서 기호는 "직각도"를 설정하고 직각도 값 공차 1은 0.011을, 그리고 제1은 A를 입력한다.
④ 확인을 클릭한다(그림 4-3-116).

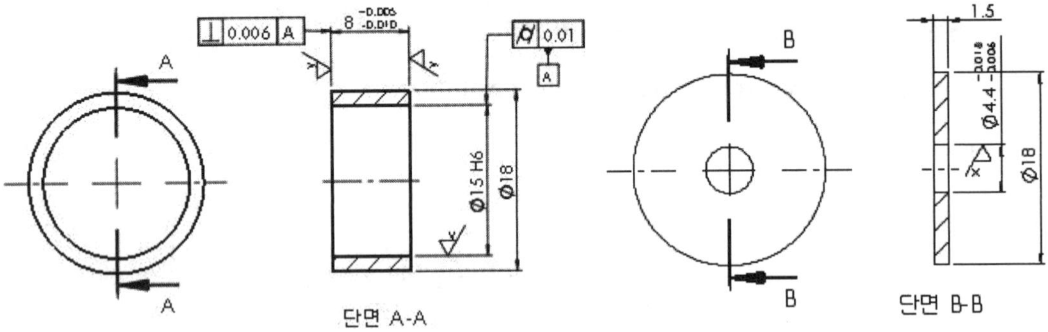

그림 4-3-116 기하공차 지정 결과

(8) 표면 거칠기 기입하기

수행 : 표면 거칠기 표시하기

① 도면 탭의 주석에서 "표면 거칠기(√)"를 선택한다.
② 표면거칠기 속성 대화창에서 기호의 종류를 선택하고 거칠기 정도를 나타내는 레이아웃을 정한다.
③ 표면 거칠기를 나타내고자 하는 면에 커서를 데면 황색으로 변하고 그 때 왼쪽 버튼을 클릭한다.
④ 확인 버튼을 누른다(그림 4-3-117).

(9) 주서 작성하기

생각하기 : 주서는 어떻게 기입하면 좋을까?

도면부는 실제 제품의 정보를 표현하지만 기호나 숫자만으로 정확한 정보의 전달이 되지 않는 경우가 있다. 이런 경우 별도의 주서란을 만들어 도면부에서 전달되지 못한 부분의 내용을 입력하여 정확한 내용이 전달되도록 한다.

칼라의 주서 내용은 표 4-3-11과 같다.

표 4-3-11 칼라의 주서 내용

1. 일반 공차 : 가) 가공부 : KS B ISO 2768-m(중간 등급) 2. 일반 모따기는 C0.2 3. 표면 거칠기 w/ = 25/ , x/ = 6.3/ , y/ = 1.6/

수행 : 주서 표시하기

① 주석에서 “노트”를 선택한다.

② 도면 오른 쪽에 그림 4-3-117과 같이 노트를 기입한다.

③ 확인 버튼을 누른다.

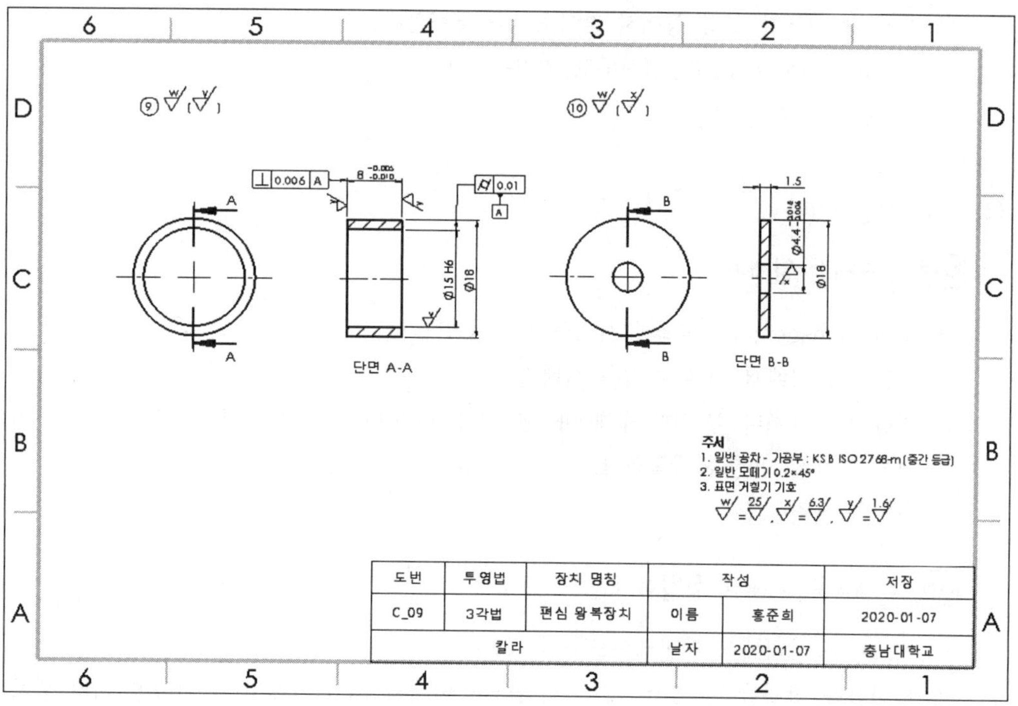

그림 4-3-117 칼라의 도면 완료 모습

(10) 저장하기

수행 : 최종 도면 저장하기

① 저장 도구( )에서 다른 이름으로 저장하기를 클릭한다.
② 저장할 디렉토리를 정하고 파일이름을 "칼라"로 한다.
③ 저장 버튼을 클릭한다.

3-2-3-10 리프트 축 부품도 작성하기

(1) 도면 작성 준비하기

수행 : 도면 작성 화면 들어가기

① 풀다운 메뉴에서 새로 만들기 아이콘을 선택한다.
② 기본 모듈 가운데 도면을 선택한다.
③ 시트 형식/크기 설정 창에서 찾아보기를 클릭한다.
④ a4-landscape.slddrt를 설정하고 열기를 한다.
⑤ 확인을 클릭한다.

(2) 시트 편집하기

수행 : 표제란 없애기

① 도면 Management 탭에서 시트형식을 선택한다.
② 시트형식 탭에서 시트 편집을 선택한다.
③ 파란색의 표제란 부분에 대해 마우스로 전체 드래그 하여 삭제 영역을 정하고 키보드의 삭제 버튼을 클릭한다.
④ 확인을 클릭한다.

수행 : 새로운 표제란 삽입하기

① 시트편집 상태에서 일반테이블을 클릭한다.
② 테이블을 삽입할 수 있는 창이 나타나며 여기서 별표 모양을 클릭하면 미리 만들어 놓은 표제란 테이블 템플릿을 찾아서 가져올 수 있다.
③ 테이블 템플릿을 오른쪽 모서리에 위치하도록 배치한다.
④ 일반테이블 편집 완료 버튼을 누른다.

(3) 투상도 표현하기

수행 : 투상도 작성하기

① 뷰 팔레트(▣)를 클릭한다.

② 뷰 팔레트에서 파트 찾기(▭)를 클릭하여 해당 파일인 "리프트 축"을 찾고 정면도로 여러 도면 뷰에서 정면면 뷰를 끌어 창에 놓는다.

③ 우측면도를 나타낸다.

④ 확인을 클릭한다(그림 4-3-118).

수행 : 중심선 나타내기

① 주석 탭을 클릭한다.

② 중심선을 클릭하고 자동 삽입의 뷰 선택을 체크한다.

③ 정면도를 클릭한다.

④ 확인을 클릭한다(그림 4-3-118).

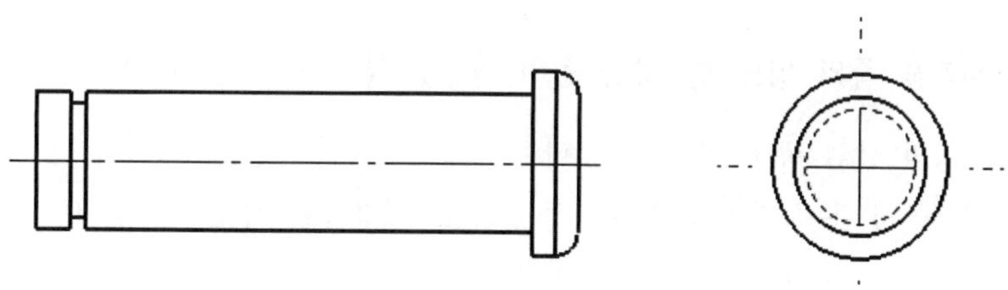

그림 4-3-118 정면도 및 중심선 생성 결과

(4) 치수 기입하기

수행 : 치수 표시하기

① 도면 탭에서 주석을 클릭한다.

② 주석 메뉴 가운데 "지능형 치수"를 선택한다.

③ 그림 4-3-119와 같이 필요한 치수를 삽입한다.

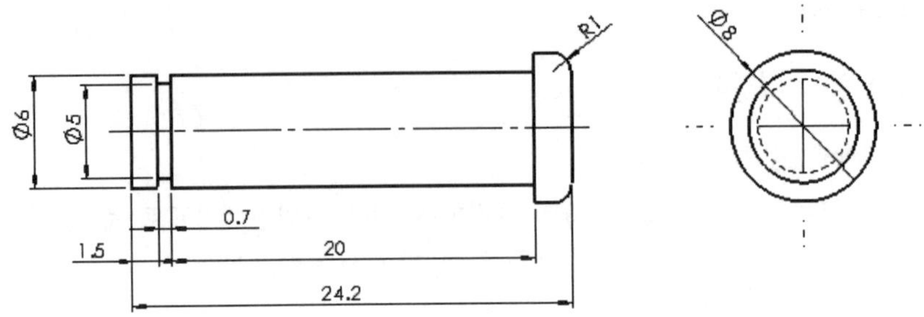

그림 4-3-119 치수 기입하기

(5) 치수 공차 기입하기

생각하기 : 리프트 축의 치수공차는 무슨 기준에서 생성할까?

리프트 축의 경우 IT7등급으로 설계조건에서 제시했으며, KS B 1337에 따라 E형 멈춤 링의 치수 허용치를 정한다. 즉, 멈춤 링의 삽입 홈의 폭(0.7 ㎜)의 위 치수허용차가 +0.1이고, 아래 치수허용차는 0으로 하며, 멈춤 링의 삽입 홈의 직경(∅5 ㎜)에 대해서는 위 치수허용차가 +0.075이고, 아래 치수허용차는 0으로 한다.

수행 : 리프트 축의 멈춤 링 삽입 홈의 폭 및 직경 치수 공차 표시하기

① 멈춤 링의 삽입 폭 0.7을 클릭한다.

② 치수 창에서 공차/정밀을 "좌우 상칭"으로 설정하고 최대 편차를 0.1, 최소 편차를 0으로 한다. 즉, 공차 $0.7^{+0.1}_{0}$을 입력한다.

③ 텍스트 글꼴 메뉴가 나타나며 여기서 공차의 글꼴 크기는 치수의 기타를 클릭하여 치수 글꼴 사용 체크를 없애고 글꼴을 체크한다.

④ 글꼴 배율을 치수 글꼴 크기에 비해 0.7배율이 되도록 한다.

⑤ 멈춤 링의 삽입 직경 ∅5을 클릭한다.

⑥ 치수 창에서 공차/정밀을 "좌우 상칭"으로 설정하고 최대 편차를 0.075, 최소 편차를 0으로 한다. 즉, 공차 $\phi 5^{+0.075}_{0}$을 입력한다.

⑦ 텍스트 글꼴 메뉴가 나타나며 여기서 공차의 글꼴 크기는 치수의 기타를 클릭하여 치수 글꼴 사용 체크를 없애고 글꼴을 체크한다.

⑧ 글꼴 배율을 치수 글꼴 크기에 비해 0.7배율이 되도록 한다.

⑨ 확인을 클릭한다(그림 4-3-47).

(6) 끼워 맞춤에 따른 기호 치수 공차 기입하기

검토하기 : 링크 끼워 맞춤에 따른 기호 치수 공차는 적절한지?

리프트 축과 링크와의 끼워 맞춤 공차는 고정 핀 삽입이 가능한 헐거운 끼워 맞춤 공차(∅6H9/c9)로 정하였다. 이러한 끼워 맞춤에 따른 리프트 축의 링크 삽입 축의 치수공차(∅6c9)가 적절한지 검토하기로 한다. 리프트 축의 링크 삽입 축의 치수공차(∅6c9)는 이미 링크와 슬라이더에서 헐거운 끼워 맞춤에 대한 검토를 하였으므로 헐거운 끼워 맞춤에 따른 리프트 축의 링크 삽입 축의 치수공차(∅6c9)가 적절하다.

수행 : 링크 끼워 맞춤에 따른 기호 치수 공차 표시하기

① 링크와 조립되는 구멍 ∅6을 클릭한다.
② 치수 창에서 공차/정밀을 "맞춤"의 "보통 맞춤"으로 설정한다.
③ 축 맞춤에서 c9를 입력한다. 즉, 치수공차는 ∅6c9이다.
④ 확인을 클릭한다(그림 4-3-120).

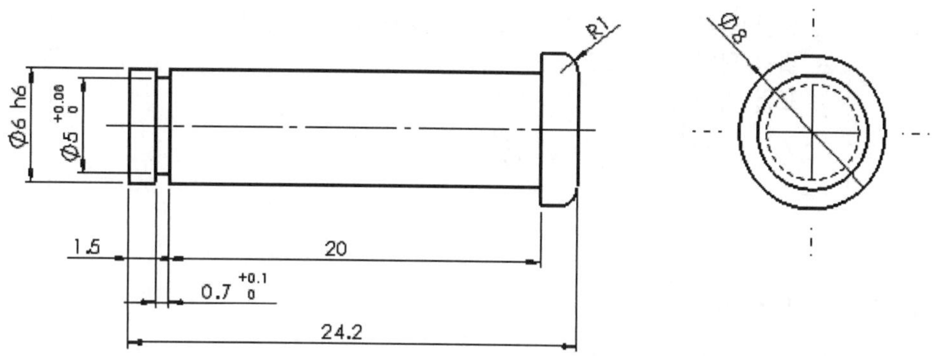

그림 4-3-120 치수 공차 및 끼워 맞춤 공차 설정 결과

(7) 표면 거칠기 기입하기

수행 : 표면 거칠기 표시하기

① 도면 탭의 주석에서 "표면 거칠기(√)"를 선택한다.

② 표면거칠기 속성 대화창에서 기호의 종류를 선택하고 거칠기 정도를 나타내는 레이아웃을 정한다.

③ 표면 거칠기를 나타내고자 하는 면에 커서를 데면 황색으로 변하고 그 때 왼쪽 버튼을 클릭한다.

④ 확인 버튼을 누른다(그림 4-3-121).

(8) 주서 작성하기

생각하기 : 주서는 어떻게 기입하면 좋을까?

리프트 축의 주서 내용은 표 4-3-12와 같다.

표 4-3-12 칼라의 주서 내용

1. 일반 공차 - 가공부 : KS B ISO 2768-m(중간 등급)
2. 일반 모따기는 C0.2
3. 표면 거칠기

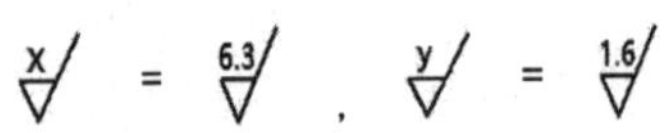

수행 : 주서 표시하기

① 주석에서 "노트"를 선택한다.

② 도면 오른 쪽에 그림 4-3-121과 같이 노트를 기입한다.

③ 확인 버튼을 누른다.

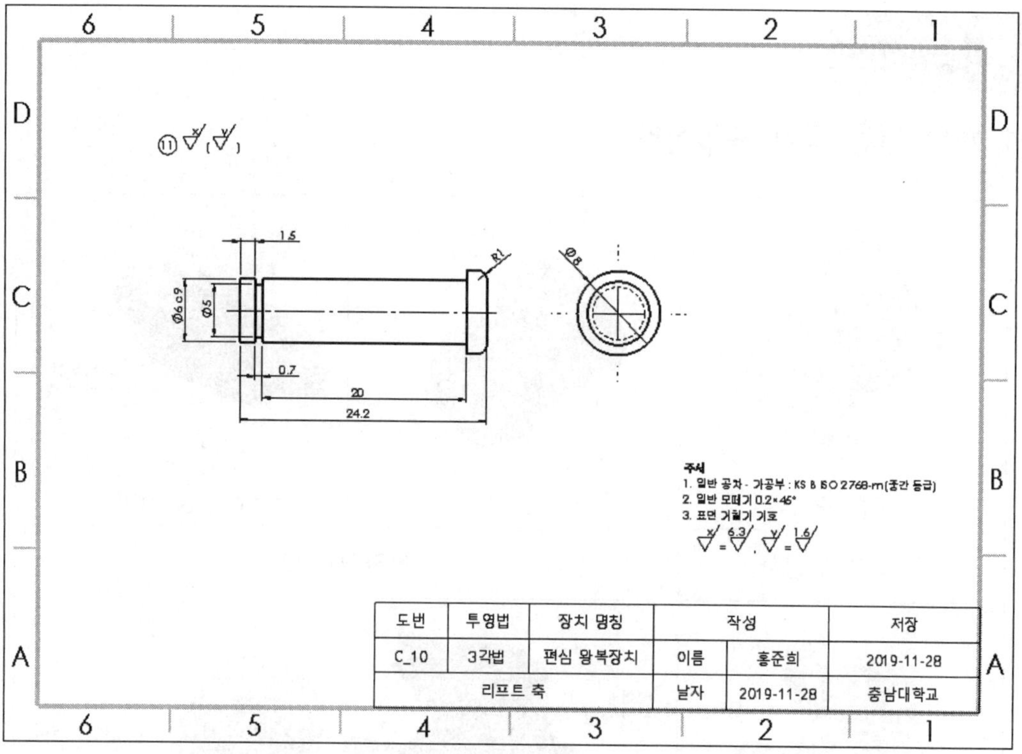

그림 4-3-121 리프트 축의 도면 완료 모습

(11) 저장하기

수행 : 최종 도면 저장하기

① 저장 도구(💾)에서 다른 이름으로 저장하기를 클릭한다.

② 저장할 디렉토리를 정하고 파일이름을 “리프트 축”으로 한다.

③ 저장 버튼을 클릭한다.

3-3 학습 정리

3-3-1 끼워 맞춤 공차 종합정리

 조립 모습	 하우징	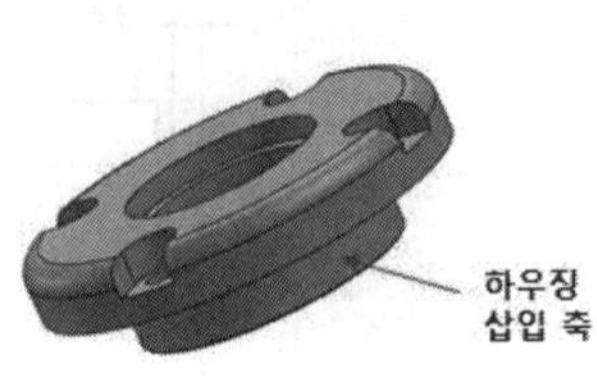 하우징 커버
끼워 맞춤 공차	∅36H7/h6	
 조립 모습	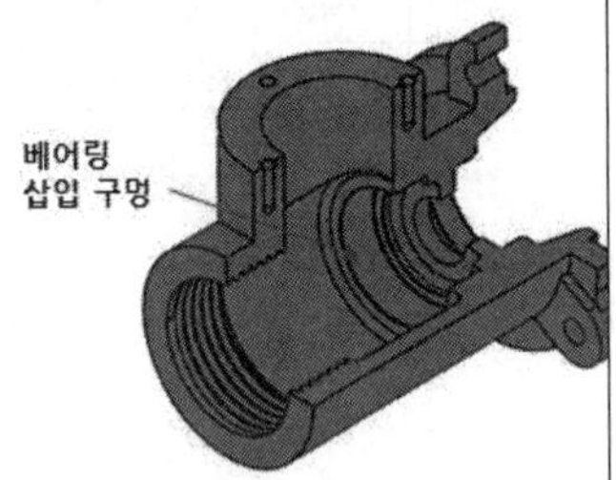 하우징	 깊은 홈 볼베어링2
끼워 맞춤 공차	∅35H7/u6	
 조립 모습	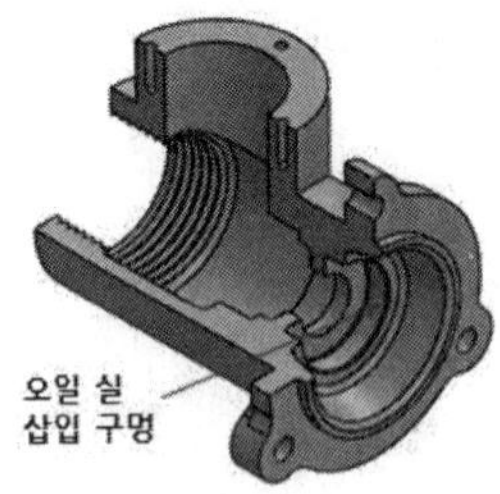 하우징	 오일 실
끼워 맞춤 공차	∅30H8/h8	

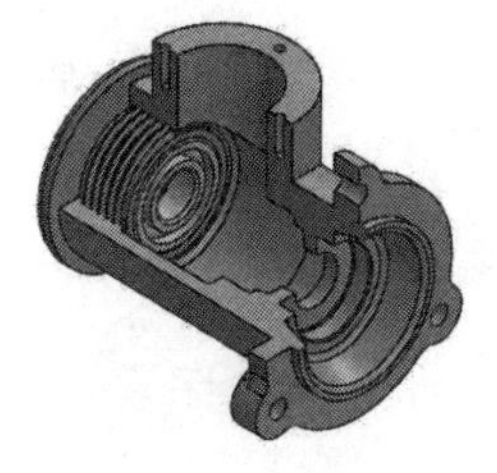 조립 모습	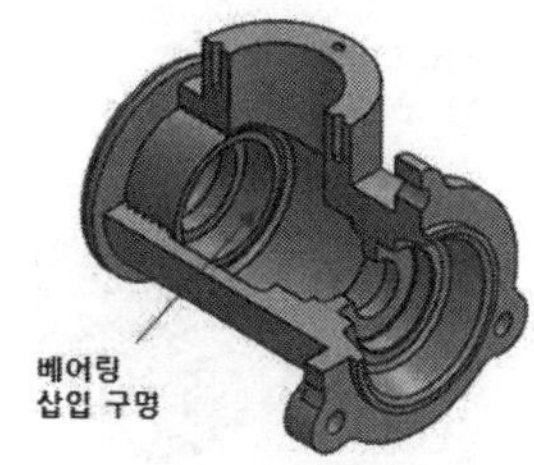 베어링 커버	 깊은 홈 볼베어링1
끼워 맞춤 공차	∅35H7/u6	
 조립 모습	 깊은 홈 볼베어링1	 편심 축
끼워 맞춤 공차	∅15H6/h5	
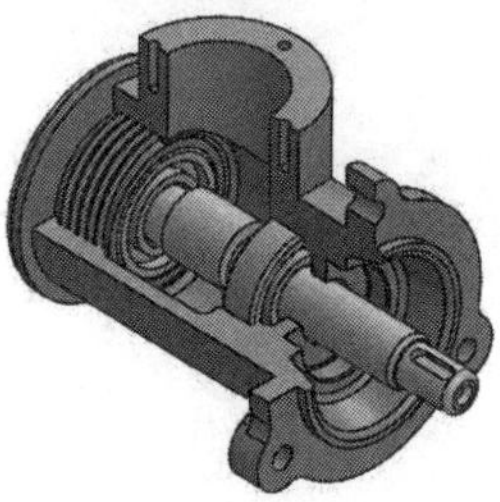 조립 모습	 깊은 홈 볼베어링2	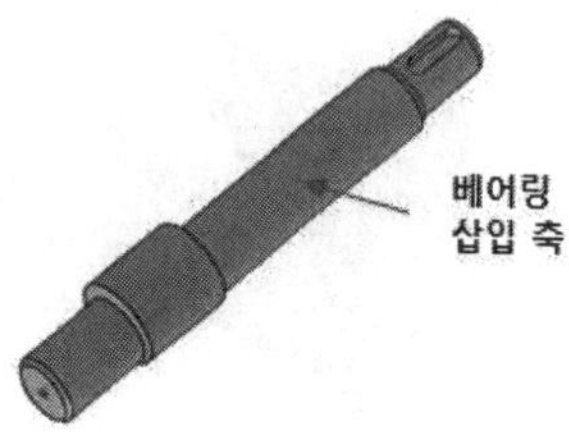 편심 축
끼워 맞춤 공차	∅15H6/h5	
 조립 모습	 하우징 커버	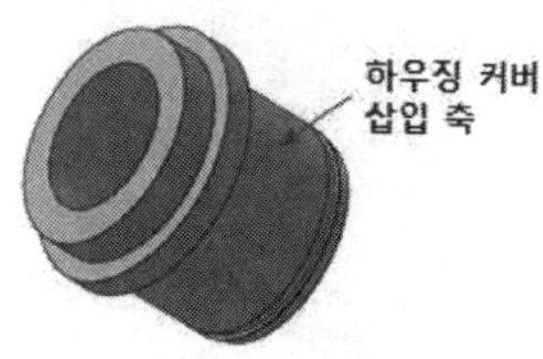 가이드 부시
끼워 맞춤 공차	∅22H8/h8	

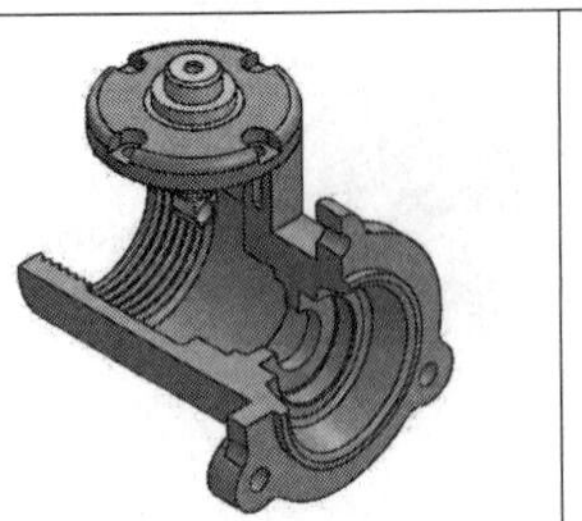		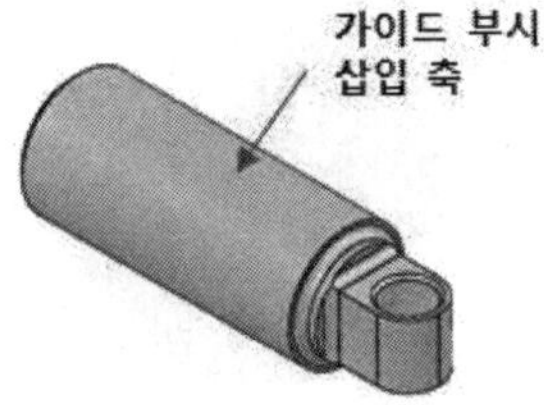
조립 모습	가이드 부시	슬라이더
끼워 맞춤 공차	∅15H6/f6	

조립 모습	링크	슬라이더
끼워 맞춤 공차	8H7/e7	

조립 모습	슬라이더	리프트 축
끼워 맞춤 공차	∅6H9/c9	
	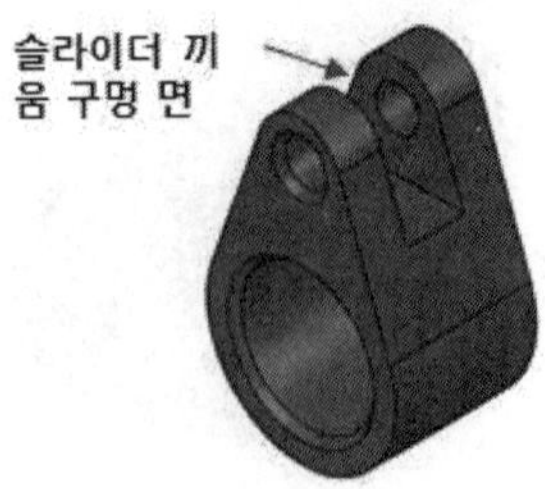	
조립 모습	링크	슬라이더
끼워 맞춤 공차	8H7/e7	

 조립 모습	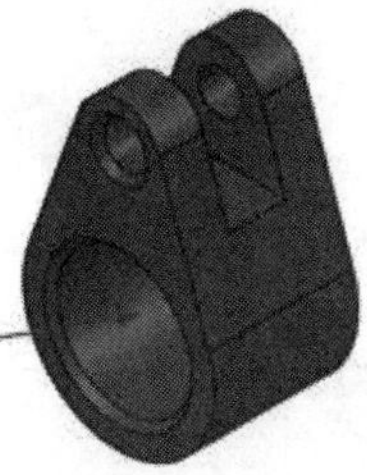 링크	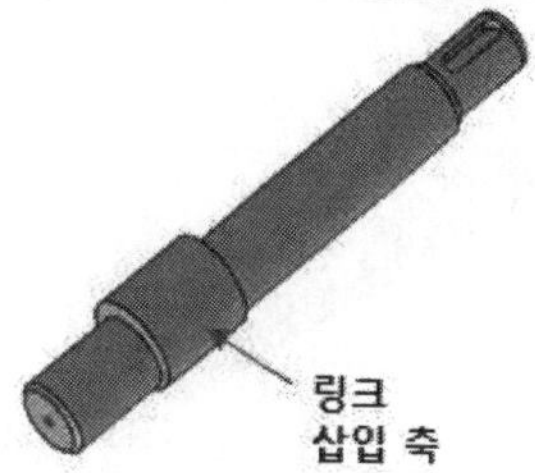 편심축
끼워 맞춤 공차	⌀19H7/h6	
 조립 모습	 링크	 리프트 축
끼워 맞춤 공차	⌀6H8/h8	
 조립 모습	 스퍼기어	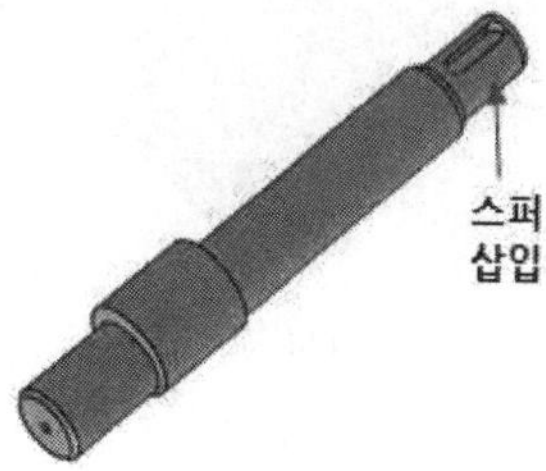 편심 축
끼워 맞춤 공차	⌀12H6/m6	
 조립 모습	 칼라	 편심 축
끼워 맞춤 공차	⌀15H6/h5	

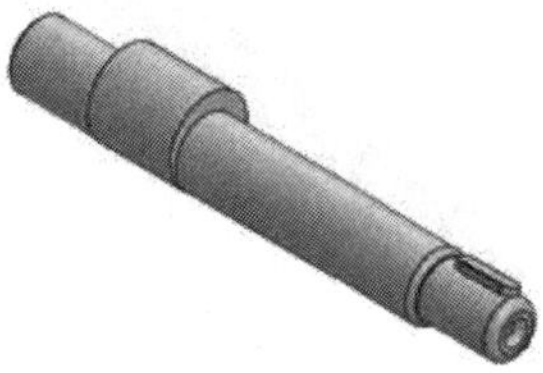		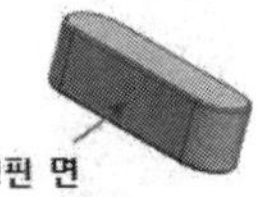
조립 모습	편심 축	평행 핀
끼워 맞춤 공차	4N6/js6	

3-3-2 기하 공차 종합정리

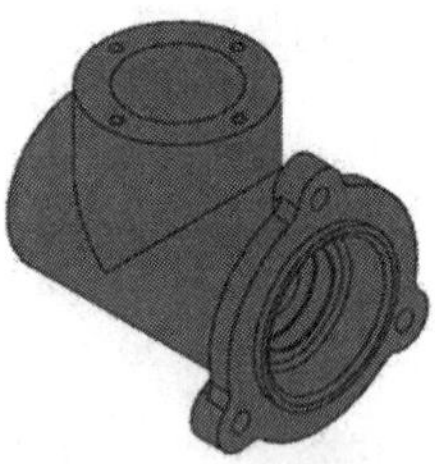	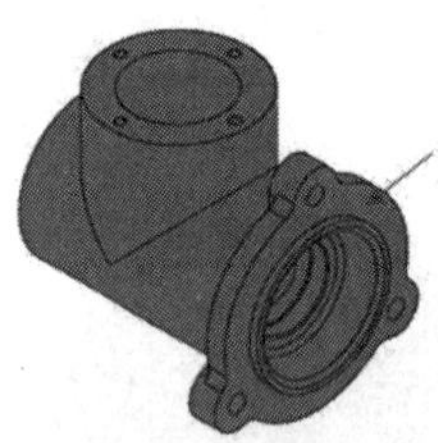	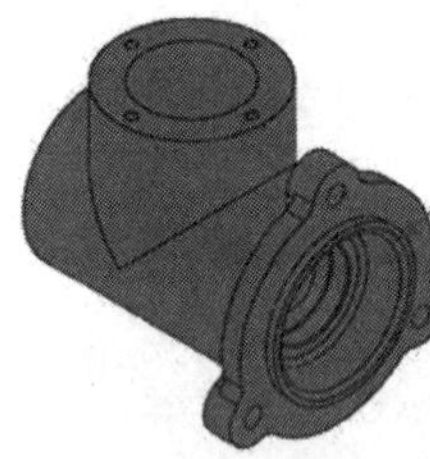
대상	기준 면	관련 면
하우징	A	직각도 ⊥ | Ø 0.013 | A
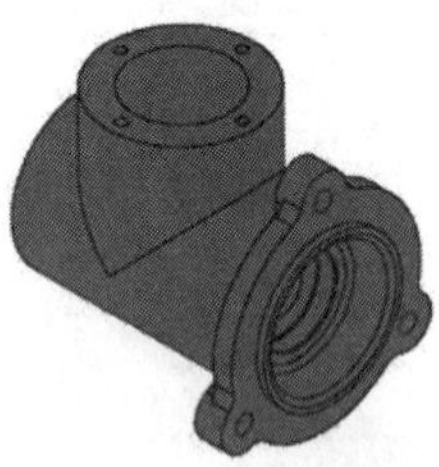	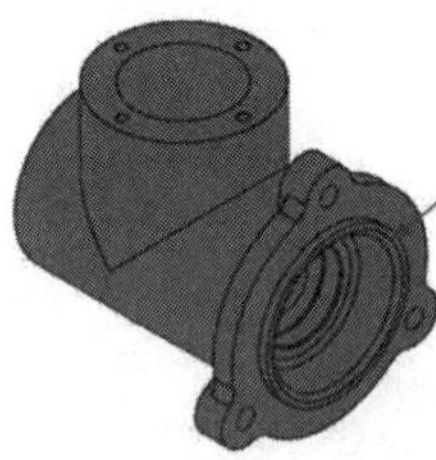	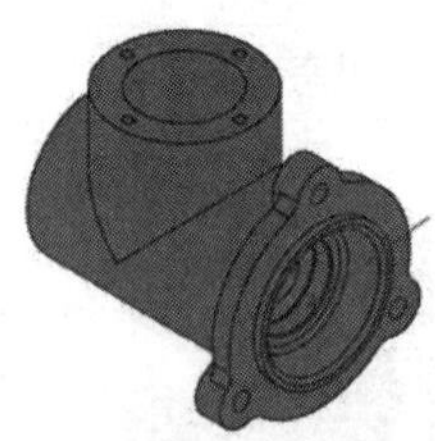
대상	기준 면	관련 면
하우징	B	동심도 ◎ | Ø 0.011 | B

대상	기준 면	관련 면
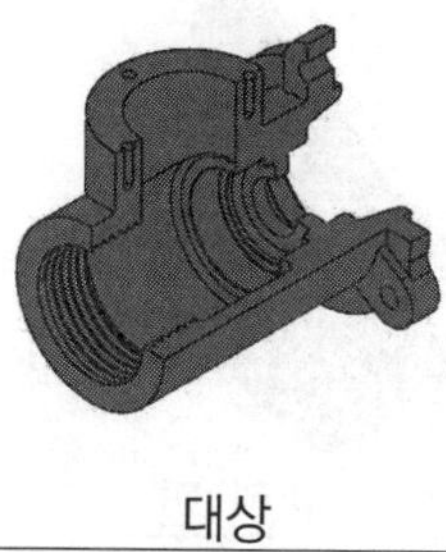	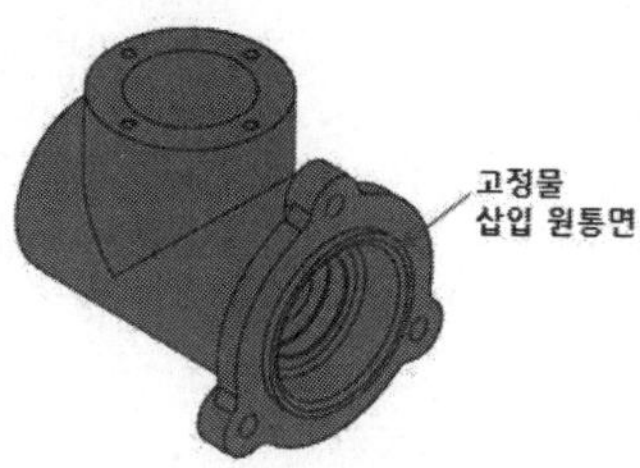	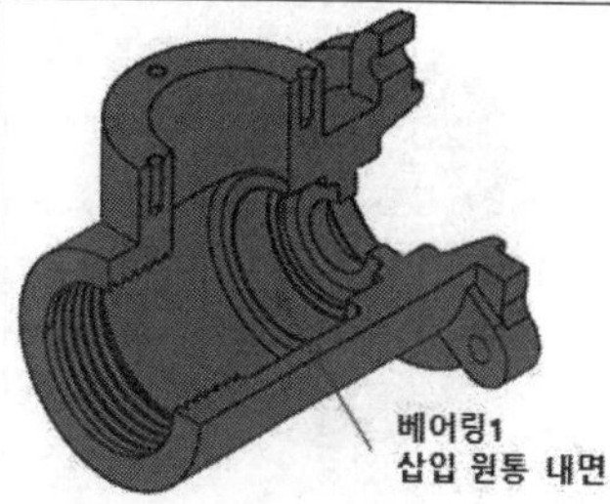
하우징	B	동심도 ◎ Ø 0.011 B
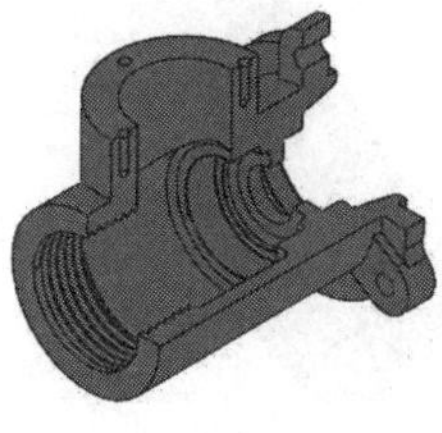	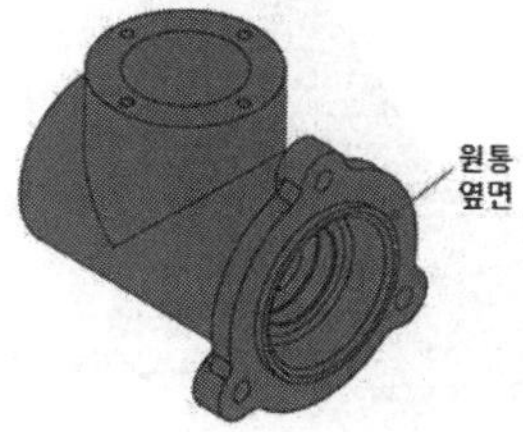	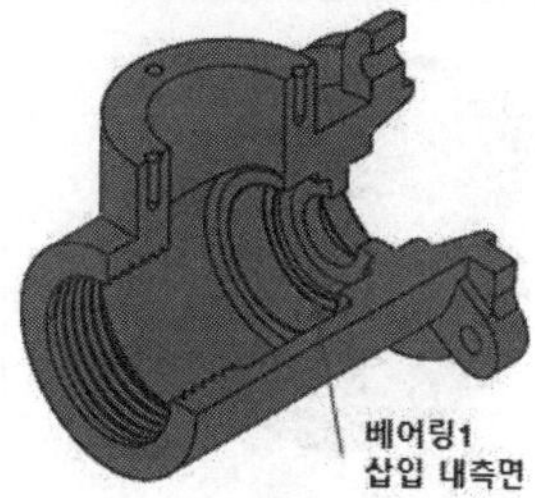
대상	기준 면	관련 면
하우징	B	직각도 ⊥ Ø 0.013 B
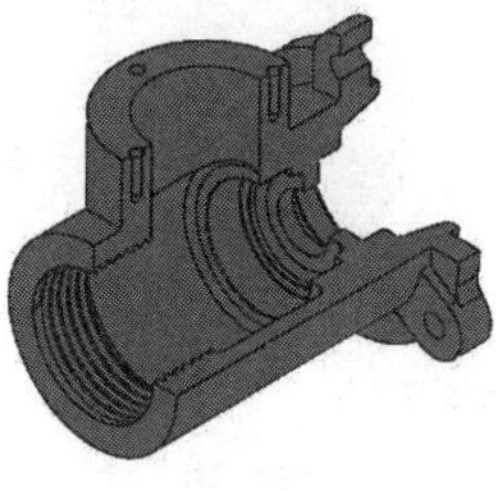	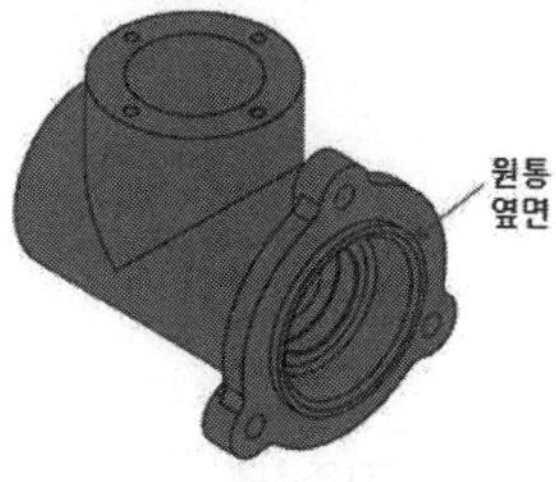	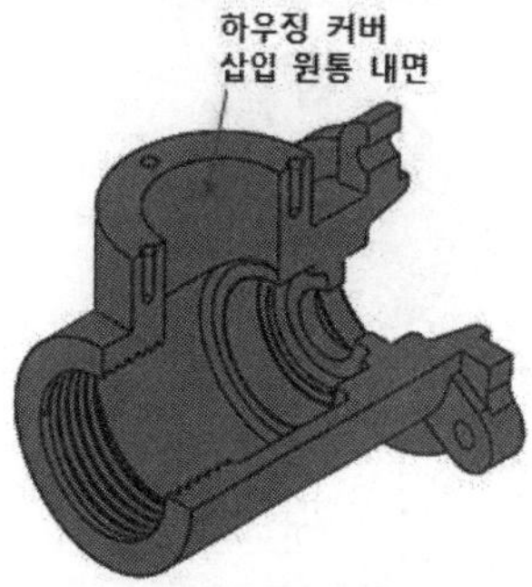
대상	기준 면	관련 면
하우징	B	직각도 ⊥ Ø 0.011 B
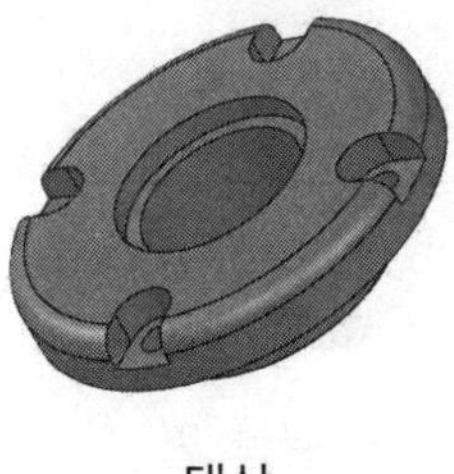		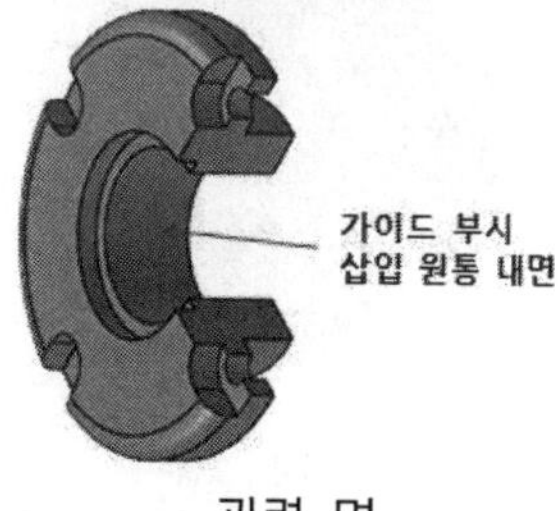
대상	기준 면	관련 면
하우징 커버	B	원주 흔들림도 ↗ 0.011 A

<table>
<tr><td>
대상</td><td>기준 면</td><td>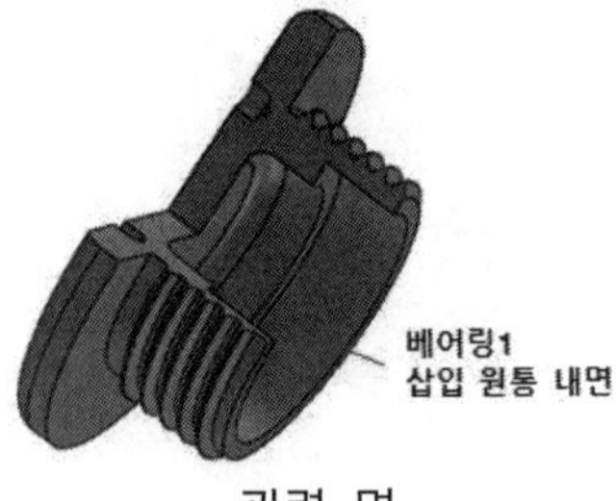
관련 면</td></tr>
<tr><td>베어링 커버</td><td>없음</td><td>진원도 ⌭ 0.01</td></tr>
<tr><td>
대상</td><td>
기준 면</td><td>
관련 면</td></tr>
<tr><td>베어링 커버</td><td>A</td><td>직각도 ⊥ 0.02 A</td></tr>
<tr><td>
대상</td><td>기준 면</td><td>
관련 면</td></tr>
<tr><td>가이드 부시</td><td>없음</td><td>진원도 ⌭ 0.008</td></tr>
<tr><td>
대상</td><td>
기준 면</td><td>
관련 면</td></tr>
<tr><td>가이드 부시</td><td>A</td><td>원주 흔들림도 ↗ 0.009 A</td></tr>
</table>

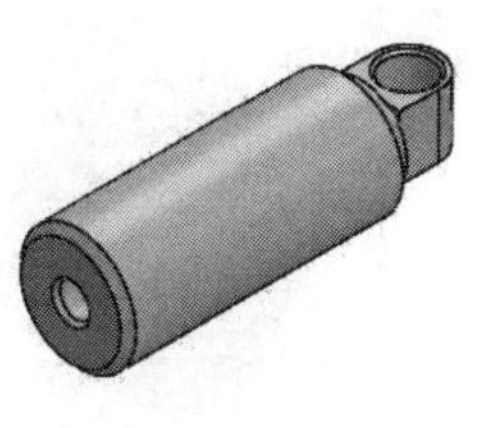	 	
대상	기준 면	관련 면
슬라이더	A	직각도 ⊥ 0.011 A
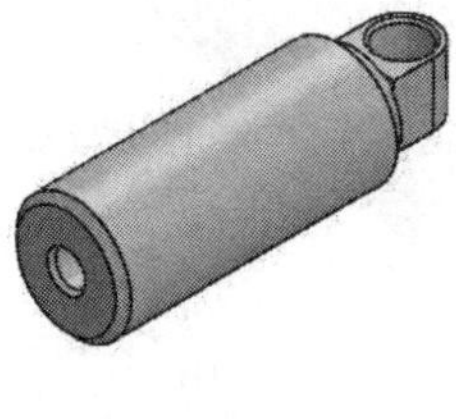	 	
대상	기준 면	관련 면
슬라이더	A	평행도 // 0.011 A
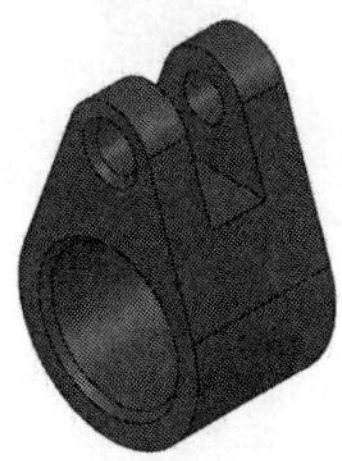		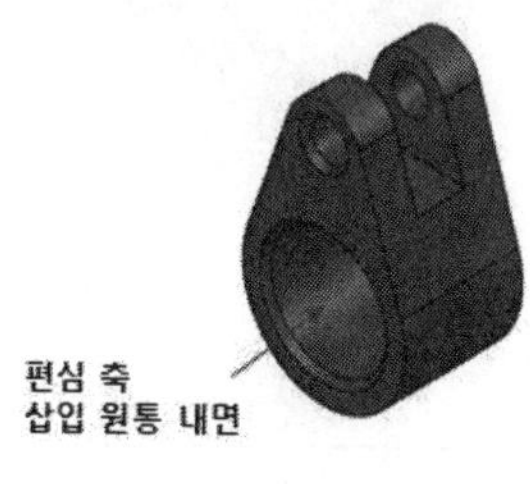
대상	기준 면	관련 면
링크	없음	진원도 ⌭ 0.01
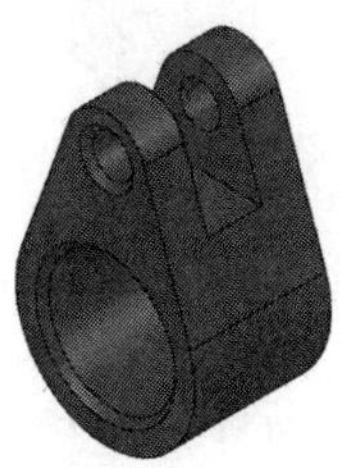	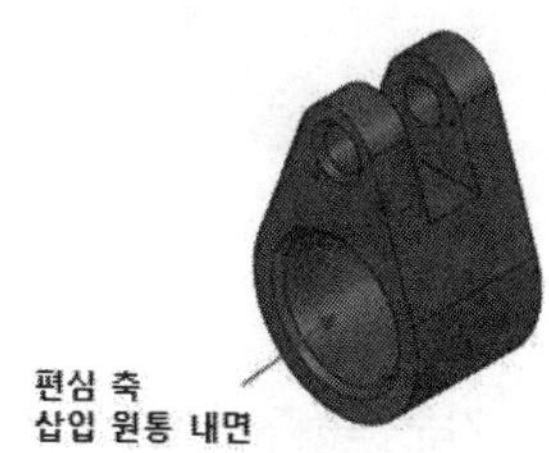 	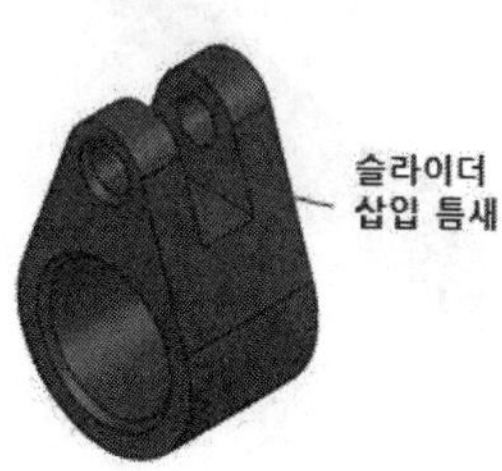
대상	기준 면	관련 면
링크	A	직각도 ⊥ 0.011 A

<table>
<tr><td>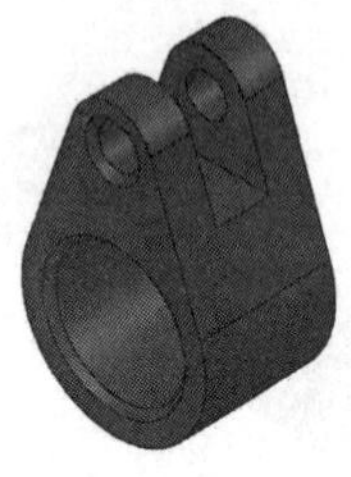
대상</td><td>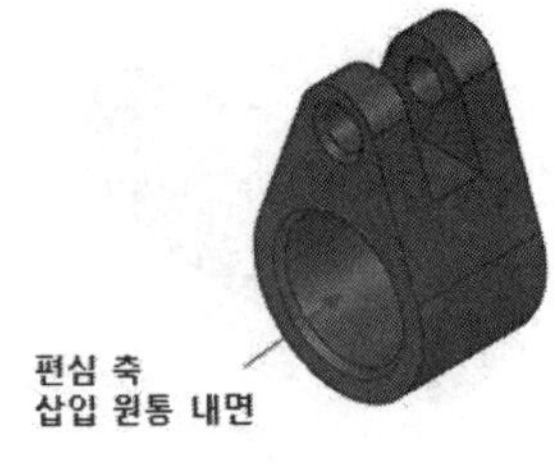
기준 면</td><td>
관련 면</td></tr>
<tr><td>링크</td><td>A</td><td>평행도 // 0.009 A</td></tr>
<tr><td>
대상</td><td>기준 면</td><td>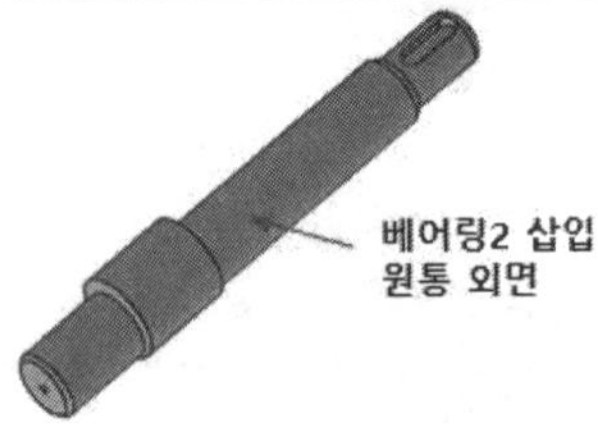
관련 면</td></tr>
<tr><td>편심 축</td><td>없음</td><td>진원도 ○ 0.008</td></tr>
<tr><td>
대상</td><td>
기준 축(축 중심)</td><td>
관련 면</td></tr>
<tr><td>편심 축</td><td>A-B</td><td>원주 흔들림도
↗ 0.008 A-B</td></tr>
<tr><td>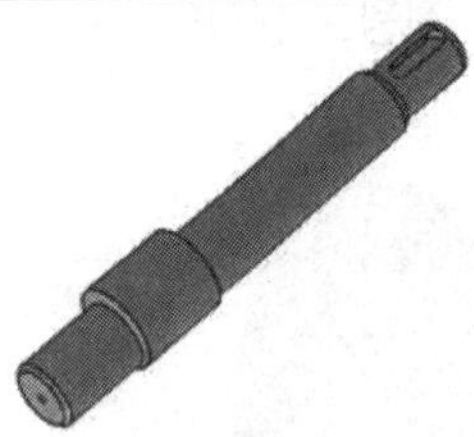
대상</td><td>
기준 축(축 중심)</td><td>
관련 면</td></tr>
<tr><td>편심 축</td><td>A-B</td><td>원주 흔들림도
↗ 0.008 A-B</td></tr>
</table>

<table>
<tr><td>
대상</td><td>
기준 축(축 중심)</td><td>
관련 면</td></tr>
<tr><td>편심 축</td><td>A-B</td><td>온 흔들림도 | ⌰ | 0.009 | A-B |</td></tr>
<tr><td>
대상</td><td>
기준 축(축 중심)</td><td>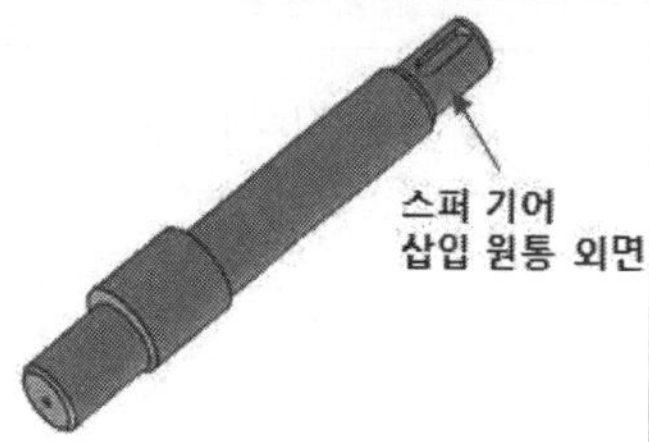
관련 면</td></tr>
<tr><td>편심 축</td><td>A-B</td><td>원주 흔들림도
| ↗ | 0.008 | A-B |</td></tr>
<tr><td>
대상</td><td>
기준 면</td><td>
관련 면</td></tr>
<tr><td>스퍼 기어</td><td>A</td><td>원주 흔들림도
| ↗ | 0.013 | A |</td></tr>
<tr><td>
대상</td><td>기준 면</td><td>
관련 면</td></tr>
<tr><td>칼라1</td><td>없음</td><td>진원도 | ○ | 0.01 |</td></tr>
</table>

 대상	 기준 면	 관련 면
칼라1	A	직각도 ⊥ | 0.011 | A

3-4 자율 평가

이 자율평가의 목적은 앞에서 익힌 부품도 작성과정을 다 이해하고 주어진 문제에 대한 설명이 가능한지를 확인하기 위함이다. 자기 스스로 평가 문제에 답하고 답안을 비교 평가해 봄으로써 본인의 부족한 점에 대해 파악하는 태도를 기르고 부족하다면 다른 사람의 도움을 받거나 본인 스스로 앞의 내용을 더욱 자세히 학습하는 자기주도 학습에 목적이 있다.

3-4-1 자율평가 문제

그림 4-1-2의 편심왕복장치에서 부품이 다음과 같이 주어진 설계 변경 사항에 따라 다음 작업을 실시하라.

(1) 부품 설계 변경 사항

- 그림 4-1-2의 편심왕복장치의 슬라이더 최대 행정거리가 8 ㎜로 변경되며 이 때 부품도 다음의 설계 조건으로 변경하라.

부품 설계 변경 조건
✓ ⑧번 스퍼기어 부품에서 모듈 M:2은 그대로 하고 PCD는 80으로 설계 변경하시오. ✓ ⑫번 부품의 #6202 깊은 홈 볼베어링을 #6203 깊은 홈 볼베어링으로 설계 변경하시오.

- 설계 변경 대상 부품이 변경될 경우 관련되는 다른 부품 역시 조건에 맞도록 설계 변경이 수반되어야 한다.
- 설계 변경 요구조건과 관계되는 항목만 설계 변경을 실시하며 그 외 관련이 없는 부분은 설계 변경하지 않아야 한다.

(2) 도면 작성 작업

- A4 시트로 한다.
- 도면에 조립도와 분해도를 작성하고 표제란의 장치 명칭은 “자_편심왕복장치”로 한다.
- 투상도, 치수, 치수공차, 끼워 맞춤 공차 및 기하 공차 등은 한국산업표준(KS)에 따라 도면을 작성한다.
- 치수는 부품 설계 변경 조건에 맞춰 기입하며 척도는 적합하게 선정한다.

3-4-2 자율평가 답안

(1) 조립도 도면

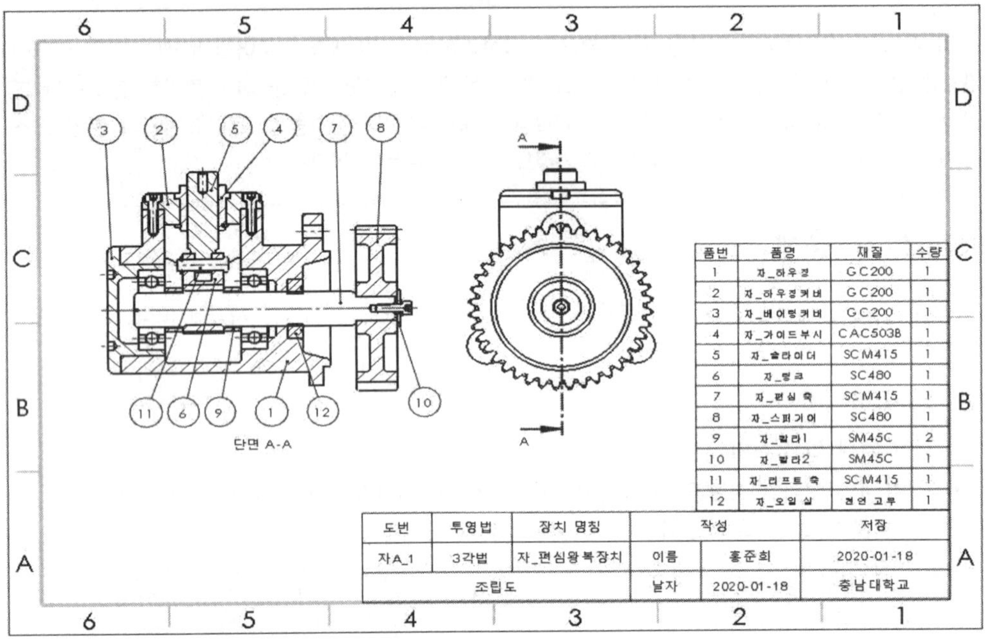

품번	품명	재질	수량
1	자_하우징	GC200	1
2	자_하우징커버	GC200	1
3	자_베어링커버	GC200	1
4	자_가이드부시	CAC503B	1
5	자_슬라이더	SCM415	1
6	자_링크	SC480	1
7	자_편심축	SCM415	1
8	자_스퍼기어	SC480	1
9	자_칼라1	SM45C	2
10	자_칼라2	SM45C	1
11	자_리프트축	SCM415	1
12	자_오일실	천연고무	1

도번	투영법	장치 명칭	작성		저장
자A_1	3각법	자_편심왕복장치	이름	홍준희	2020-01-18
조립도			날자	2020-01-18	충남대학교

(2) 분해도 도면

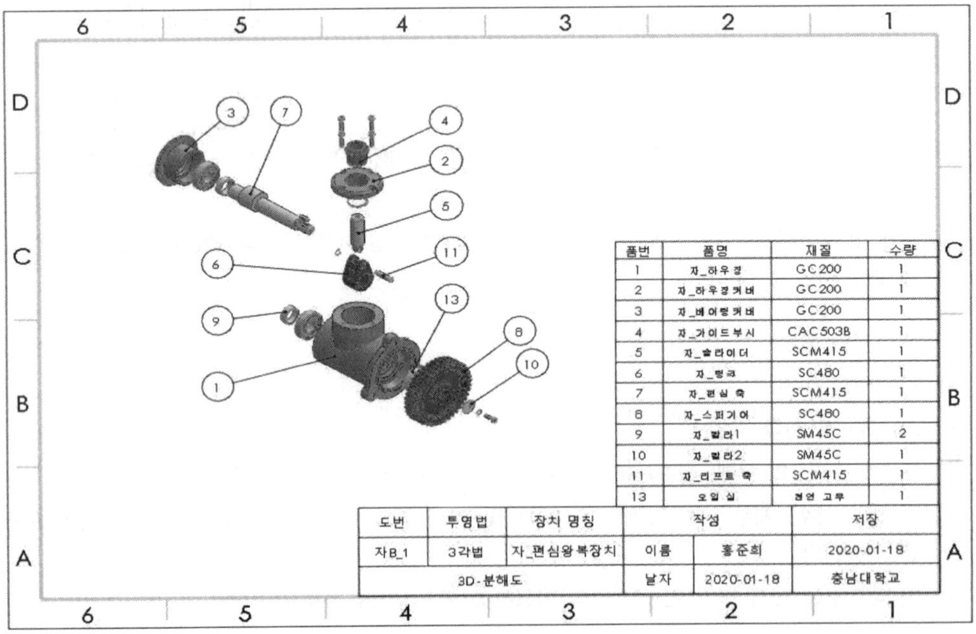

품번	품명	재질	수량
1	자_하우징	GC200	1
2	자_하우징커버	GC200	1
3	자_베어링커버	GC200	1
4	자_가이드부시	CAC503B	1
5	자_슬라이더	SCM415	1
6	자_링크	SC480	1
7	자_편심축	SCM415	1
8	자_스퍼기어	SC480	1
9	자_칼라1	SM45C	2
10	자_칼라2	SM45C	1
11	자_리프트축	SCM415	1
13	오일실	천연고무	1

도번	투영법	장치 명칭	작성		저장
자B_1	3각법	자_편심왕복장치	이름	홍준희	2020-01-18
3D-분해도			날자	2020-01-18	충남대학교

(3) 부품도 도면

① 하우징

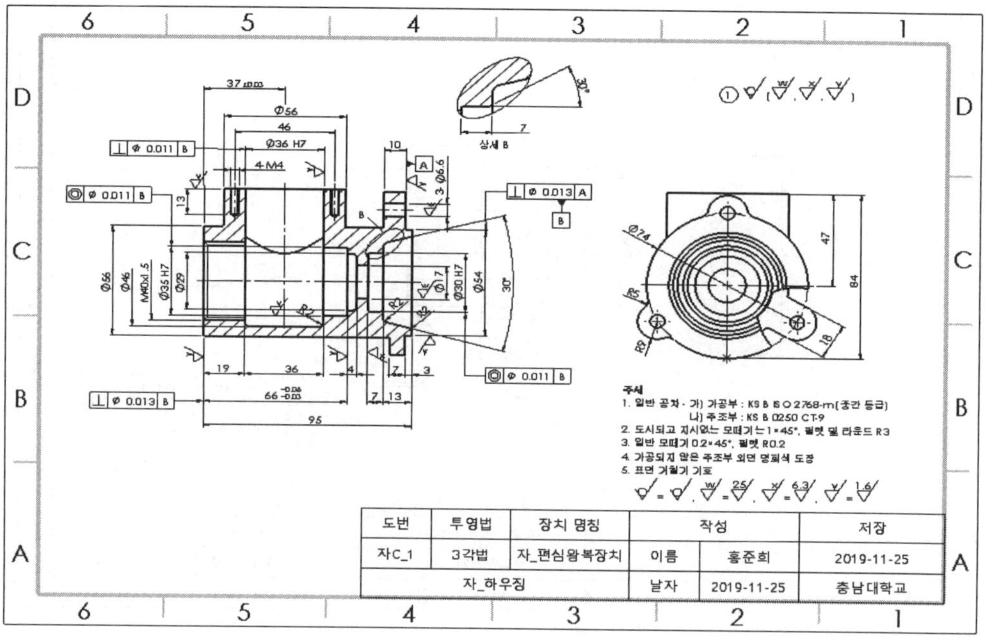

② 하우징 커버

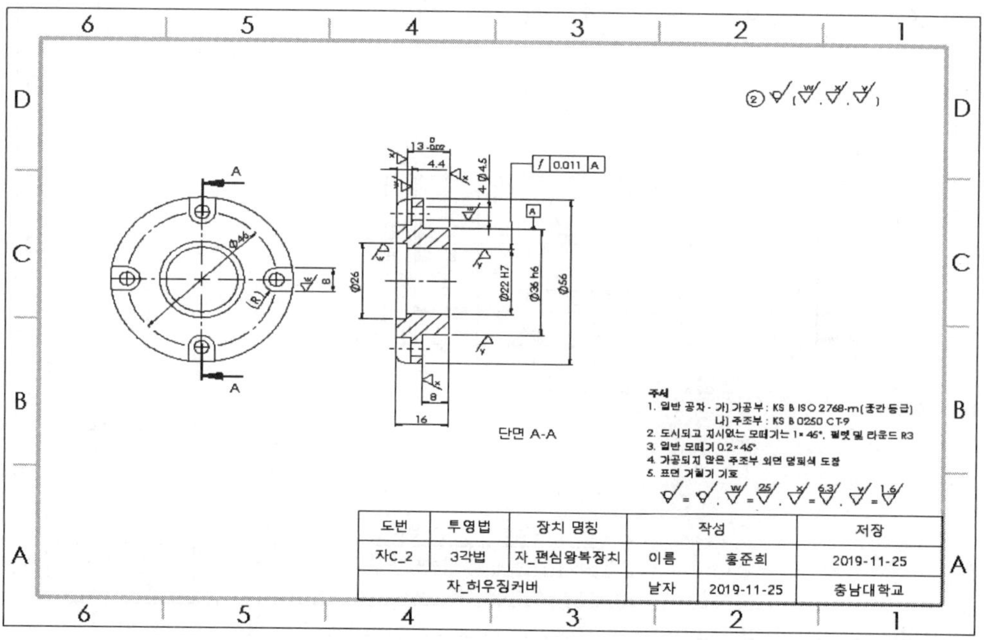

③ 베어링 커버

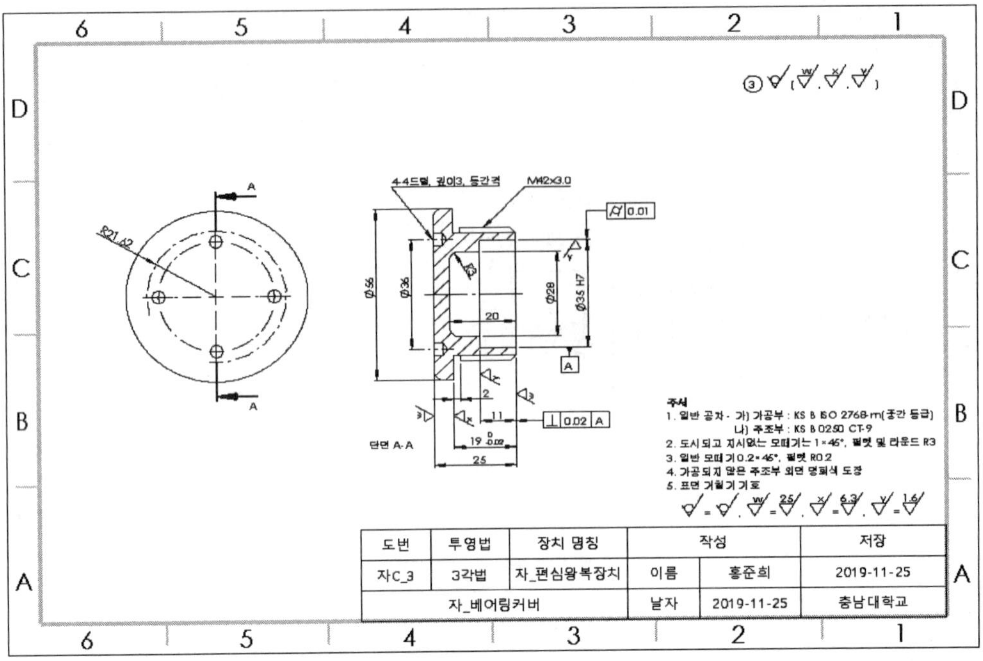

④ 가이드 부시

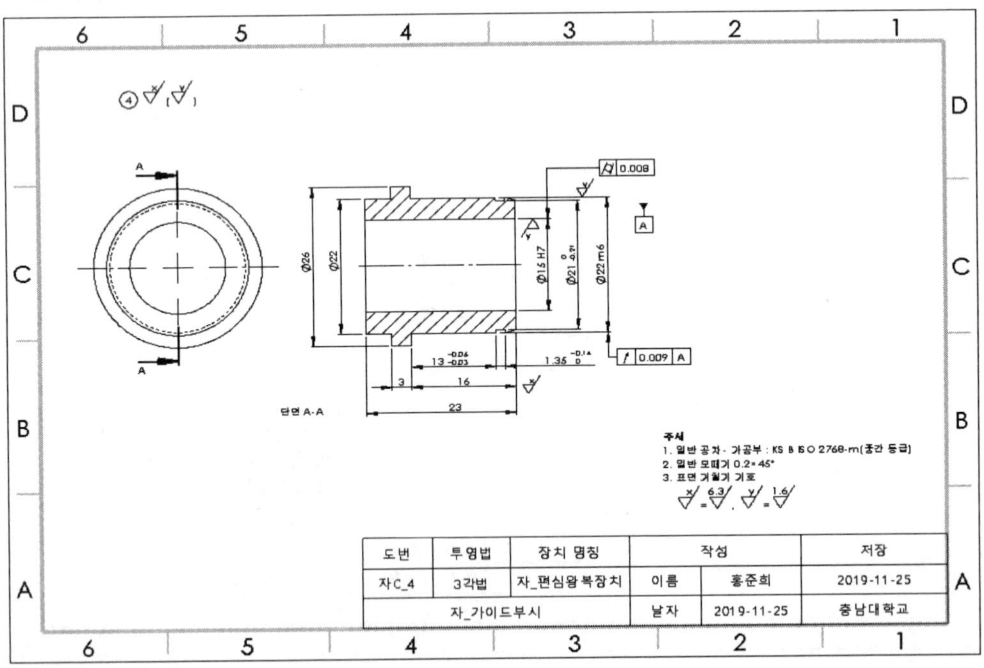

⑤ 슬라이더

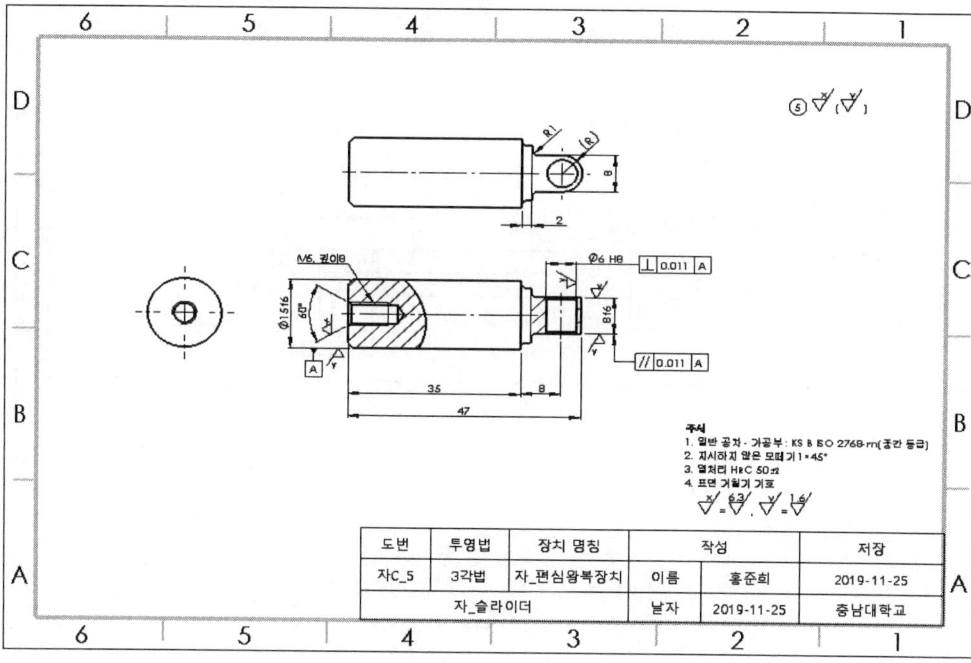
M6, 깊이8
Ø6 H8
0.011 A
Ø15h6
60°
B16
35
8
47
2
8
R1
(R)
A
주서
1. 일반 공차 - 가공부 : KS B ISO 2768-m(중간 등급)
2. 지시하지 않은 모떼기 1×45°
3. 열처리 HRC 50±2
4. 표면 거칠기 기호
도번
투영법
장치 명칭
작성
저장
자C_5
3각법
자_편심왕복장치
이름
홍준희
2019-11-25
자_슬라이더
날자
2019-11-25
충남대학교

⑥ 링크

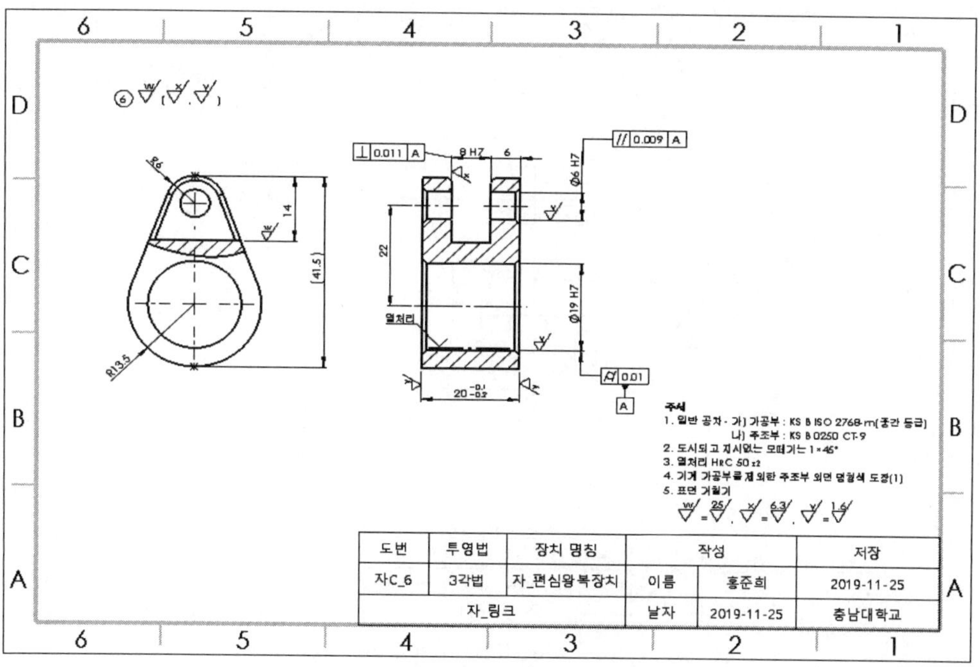
0.011 A
8 H7
6
0.009 A
Ø6 H7
R6
14
(41.5)
R13.5
22
Ø19 H7
열처리
20
0.01
A
주서
1. 일반 공차 - 가) 가공부 : KS B ISO 2768-m(중간 등급)
나) 주조부 : KS B 0250 CT-9
2. 도시되고 지시없는 모떼기는 1×45°
3. 열처리 HRC 50±2
4. 기계 가공부를 제외한 주조부 외면 명청색 도장(1)
5. 표면 거칠기
도번
투영법
장치 명칭
작성
저장
자C_6
3각법
자_편심왕복장치
이름
홍준희
2019-11-25
자_링크
날자
2019-11-25
충남대학교

⑦ 편심 축

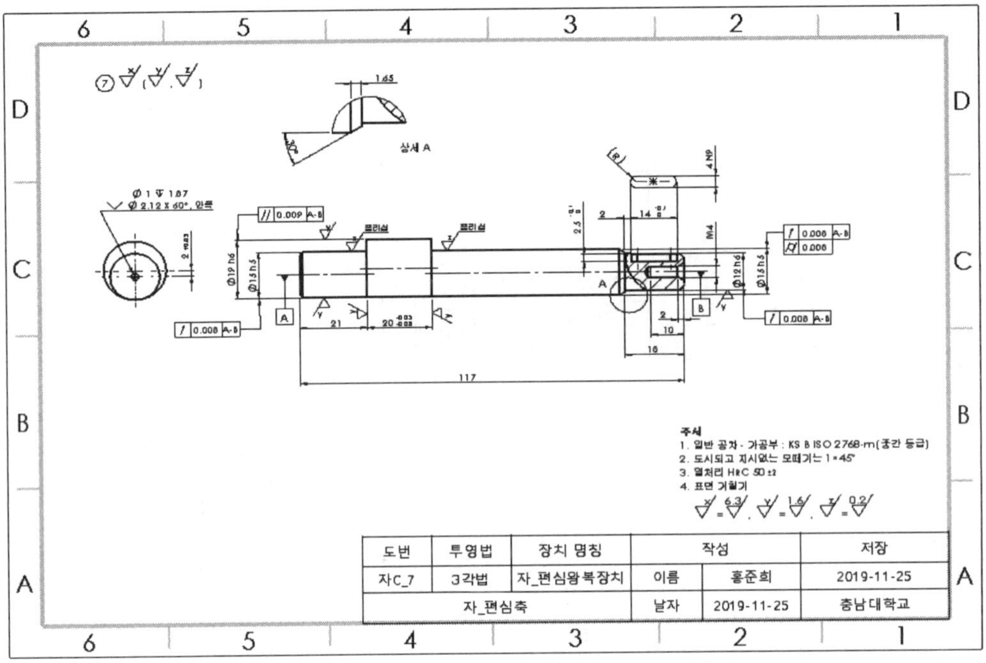
상세 A
주서
1. 일반 공차 - 가공부 : KS B ISO 2768-m(중간 등급)
2. 도시되고 지시없는 모떼기는 1×45°
3. 열처리 HRC 50±2
4. 표면 거칠기
도번 | 투영법 | 장치 명칭 | 작성 | 저장
자C_7 | 3각법 | 자_편심왕복장치 | 이름 | 홍준희 | 2019-11-25
자_편심축 | 날자 | 2019-11-25 | 충남대학교

⑧ 스퍼 기어

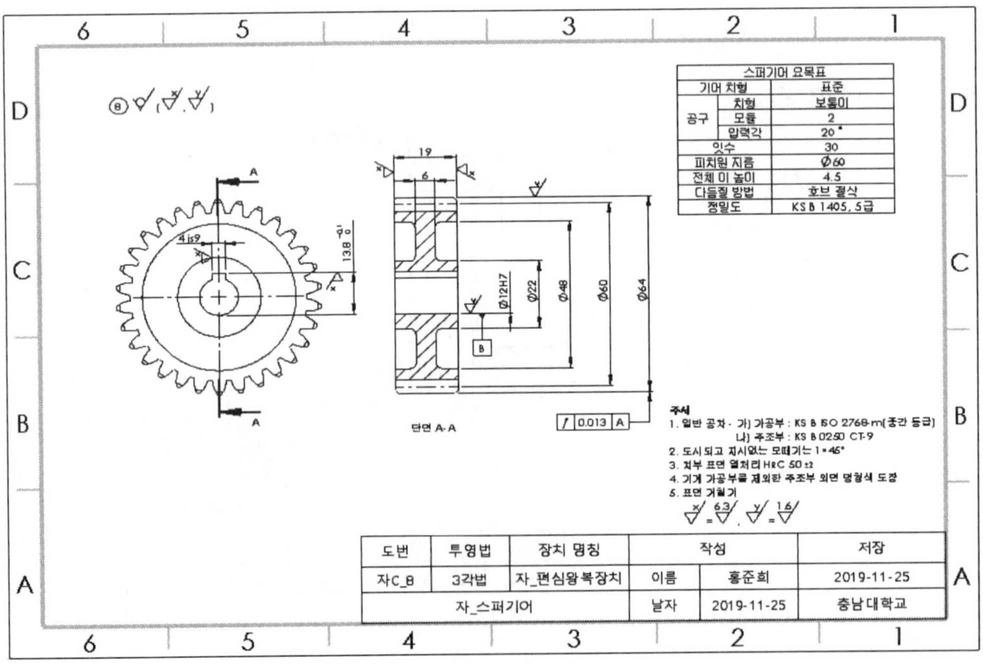
스퍼기어 요목표
기어 치형 | 표준
공구 | 치형 | 보통이
모듈 | 2
압력각 | 20°
잇수 | 30
피치원 지름 | Ø60
전체 이 높이 | 4.5
다듬질 방법 | 호브 절삭
정밀도 | KS B 1405, 5급
단면 A-A
주서
1. 일반 공차 - 가) 가공부 : KS B ISO 2768-m(중간 등급)
나) 주조부 : KS B 0250 CT-9
2. 도시되고 지시없는 모떼기는 1×45°
3. 치부 표면 열처리 HRC 50±2
4. 기계 가공부를 제외한 주조부 외면 명청색 도장
5. 표면 거칠기
도번 | 투영법 | 장치 명칭 | 작성 | 저장
자C_8 | 3각법 | 자_편심왕복장치 | 이름 | 홍준희 | 2019-11-25
자_스퍼기어 | 날자 | 2019-11-25 | 충남대학교

⑨ 칼라1 및 칼라2

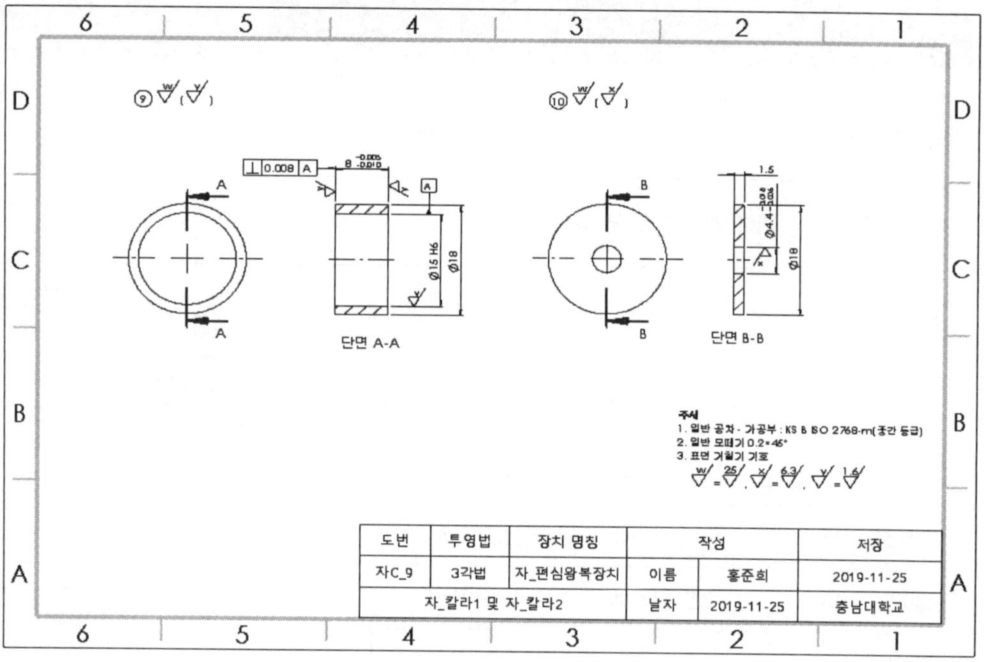

⑩ 리프트 축

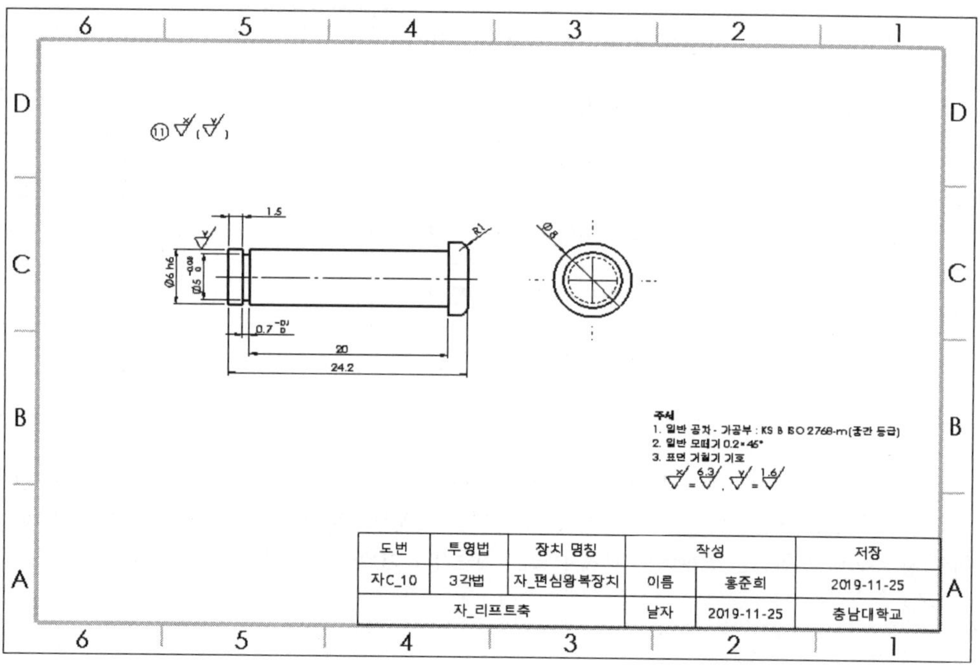

자율평가 결과 점검표

학습자 성명 :	평가 날짜 :
평가 제목 : 편심 왕복 장치의 도면 작성	

		성취 수준		
		하지 못했음	일부만 했음	완전히 하였음
하우징	KS 규격에 따른 부품도 표현			
하우징 커버	KS 규격에 따른 부품도 표현			
베어링 커버	KS 규격에 따른 부품도 표현			
가이드 부시	KS 규격에 따른 부품도 표현			
슬라이더	KS 규격에 따른 부품도 표현			
링크	KS 규격에 따른 부품도 표현			
편심 축	KS 규격에 따른 부품도 표현			
스퍼 기어	KS 규격에 따른 부품도 표현			
칼라1	KS 규격에 따른 부품도 표현			
칼라2	KS 규격에 따른 부품도 표현			
리프트 축	KS 규격에 따른 부품도 표현			

성취수준 : 위의 모든 항목에 대해 “완전히 하였음”, 즉 완성도 100%로 답하여야 합니다. 만일 “하지 못했음” 또는 “일부만 했음”에 답을 했다면 앞에서 학습한 내용을 다시 한 번 확인 하여 다시 수행하고 필요한 경우에는 교육자 또는 전문가와 상의하기 바랍니다.

APPENDIX

전동형 기계 형상설계 실전편 II

부록

1. 주로 끼워 맞춤을 적용하는 IT 공차표
2. IT 기본 공차 등급과 가공방법과의 관계
3. 일반 공차의 도면 표시 및 공차 등급(KS B ISO 2768-m)
4. 주조부의 일반 치수공차(KS B 0250)
5. 상용하는 끼워 맞춤 구멍의 치수 허용차[KS B 0401]
6. 상용하는 끼워 맞춤 축의 치수허용차[KS B 0401]
7. 평행키의 끼워 맞춤 공차[KS B 1311-1999]
8. 축용 C형 멈춤링[KS B 1336]
9. 많이 사용되는 끼워 맞춤 상태 및 적용 예
10. 일반적으로 적용하는 기하공차 및 공차역

부록 1 주로 끼워 맞춤을 적용하는 IT 공차표

(단위 : ㎛)

치수 구분[㎜] 초과	치수 구분[㎜] 이하	IT5 (5급)	IT6 (6급)	IT7 (7급)	IT8 (8급)	IT9 (9급)	IT10 (10급)
–	3	4.0	6.0	10	14	25	40
3	6	5.0	8.0	12	18	30	48
6	10	6.0	9.0	15	22	36	58
10	18	8.0	11	18	27	43	70
18	30	9.0	13	21	33	52	84
30	50	11	16	25	39	62	100
50	80	13	19	30	46	74	120
80	120	15	22	35	54	87	140
120	180	18	25	40	63	100	160
180	250	20	29	46	72	115	185
250	315	23	32	52	81	130	210
315	400	25	36	57	89	140	230
400	500	27	40	63	97	155	250

부록 2 IT 기본 공차 등급과 가공방법과의 관계

가공법	IT 기본 공차 등급						
	IT5	IT6	IT7	IT8	IT9	IT10	IT11
원통 연삭	■	■	■				
평면 연삭	■	■	■	■			
리밍		■	■	■	■	■	■
선삭		■	■	■	■	■	■
밀링						■	■
보링						■	■
드릴링						■	■

부록 3 일반 공차의 도면 표시 및 공차 등급(KS B ISO 2768-m)

(단위 : ㎜)

공차 등급		보통 치수에 대한 허용편차							
호칭	설명	06에서 30이하	3초과 60이하	6초과 300이하	30초과 1200이하	120초과 4000이하	400초과 10000이하	1000초과 20000이하	2000초과 40000이하
f	정밀	±0.05	±0.05	±0.1	±0.15	±0.2	±0.3	±0.5	–
m	중간	±0.1	±0.1	±0.2	±0.3	±0.5	±0.8	±1.2	±0.2
c	거침	±0.2	±0.3	±0.5	±0.8	±1.2	±2.0	±3.0	±4.0
v	매우 거침	–	±0.5	±1.0	±1.5	±2.5	±4.0	±6.0	±8.0

부록 4 주조부의 일반 치수공차(KS B 0250)

(단위 : ㎜)

주조한 대로의 주조품의 기준치수		전체 주조 공차															
초과	이하	주조 공차 등급 CT															
		1	2	3	4	5	6	7	8	9	10	11	12	13	14	15	16
–	10	0.09	0.13	0.18	0.26	0.36	0.52	0.74	1	1.5	2	2.8	4.2	–	–	–	–
10	16	0.1	0.14	0.2	0.28	0.38	0.54	0.78	1.1	1.6	2.2	3	4.4	–	–	–	–
16	25	0.11	0.15	0.22	0.3	0.42	0.58	0.82	1.2	1.7	2.4	3.2	4.6	6	8	10	12
25	40	0.12	0.17	0.24	0.32	0.46	0.64	0.9	1.3	1.8	2.6	3.6	5	7	9	11	14
40	63	0.13	0.18	0.26	0.36	0.5	0.7	1	1.4	2	2.8	4	5.6	8	10	12	16
63	100	0.14	0.2	0.28	0.4	0.56	0.78	1.1	1.6	2.2	3.2	4.4	6	9	11	14	18
100	160	0.15	0.22	0.3	0.44	0.62	0.88	1.2	1.8	2.5	3.6	5	7	10	12	16	20
160	250	–	0.24	0.34	0.5	0.7	1	1.4	2	2.8	4	5.6	8	11	14	18	22
250	400	–	–	0.4	0.56	0.78	1.1	1.6	2.2	3.2	4.4	6.2	9	12	16	20	25
400	630	–	–	–	0.64	0.9	1.2	1.8	2.6	3.6	5	7	10	14	18	22	28
630	1000	–	–	–	–	1	1.4	2	2.8	4	6	8	11	16	20	25	32
1000	1600	–	–	–	–	–	1.6	2.2	3.2	4.6	7	9	13	18	23	29	37
1600	2500	–	–	–	–	–	–	2.6	3.8	5.4	8	10	15	21	26	33	42
2500	4000	–	–	–	–	–	–	–	4.4	6.2	9	12	17	24	30	38	49
4000	6300	–	–	–	–	–	–	–	–	7	10	14	20	28	35	44	56
6300	10000	–	–	–	–	–	–	–	–	–	11	16	23	32	40	50	64

부록 5 상용하는 끼워 맞춤 구멍의 치수 허용차[KS B 0401]

(단위 : ㎛)

치수 구분(㎜)		B	C		D			E			F		
		B10	C9	C10	D8	D9	D10	E7	E8	E9	F6	F7	F8
초과	이하												
-	3	+180 +140	+85 +60	+100 +60	+34 +20	+45 +20	+60 +20	+24 +14	+28 +14	+39 +14	+12 +6	+16 +6	+20 +6
3	6	+188 +140	+100 +70	+118 +70	+48 +30	+60 +30	+78 +30	+32 +20	+38 +20	+50 +20	+18 +10	+22 +10	+28 +10
6	10	+208 +150	+116 +80	+138 +80	+62 +40	+76 +40	+98 +40	+40 +25	+47 +25	+61 +25	+22 +13	+28 +13	+35 +13
10	14	+220 +150	+138 +95	+165 +95	+77 +50	+93 +50	+120 +50	+50 +32	+59 +32	+72 +32	+27 +16	+34 +16	+43 +16
14	18												
18	24	+244 +160	+162 +110	+194 +110	+98 +65	+117 +65	+149 +65	+61 +40	+73 +40	+92 +40	+33 +20	+41 +20	+53 +20
24	30												
30	40	+270 +170	+182 +120	+220 +120	+119 +80	+142 +80	+180 +80	+75 +50	+89 +50	+112 +50	+41 +25	+50 +25	+64 +25
40	50	+280 +180	+192 +130	+230 +130									
50	65	+310 +190	+214 +140	+260 +140	+146 +100	+174 +100	+220 +100	+90 +60	+106 +60	+134 +60	+49 +30	+60 +30	+76 +30
65	80	+320 +200	+224 +150	+270 +150									
80	100	+360 +220	+257 +170	+310 +170	+174 +120	+207 +120	+260 +120	+107 +72	+126 +72	+156 +72	+58 +36	+71 36	+90 +36
100	120	+380 +240	+267 +180	+320 +180									
120	140	+420 +260	+300 +200	+360 +200	+208 +145	+245 +145	+305 +145	+125 +85	+148 +85	+185 +85	+68 +43	+83 +43	+106 +43
140	160	+440 +280	+310 +210	+370 +210									
160	180	+470 +310	+330 +230	+390 +230									
180	200	+525 +340	+355 +240	+425 +240	+242 +170	+285 +170	+355 +170	+146 +100	+172 +100	+215 +100	+79 +50	+96 +50	+122 +50
200	225	+565 +380	+375 +260	+445 +260									
225	250	+605 +420	+395 +280	+465 +280									
250	280	+690 +480	+430 +300	+510 +300	+271 +190	+320 +190	+400 +190	+162 +110	+191 +110	+240 +110	+88 +56	+108 +56	+137 +56
280	315	+750 +540	+460 +330	+540 +330									
315	355	+830 +600	+500 +360	+590 +360	+299 +210	+350 +210	+440 +210	+182 +125	+214 +125	+265 +125	+98 +62	+119 +62	+151 +62
355	400	+910 +680	+540 +400	+630 +400									
400	450	+1010 +760	+595 +440	+690 +440	+327 +230	+385 +230	+480 +230	+198 +135	+232 +135	+290 +135	+108 +68	+131 +68	+165 +68
450	500	+1090 +840	+630 +480	+730 +480									

이어서

이어서

(단위 : ㎛)

치수 구분(mm)		G		H						JS		
		G6	G7	H5	H6	H7	H8	H9	H10	JS5	JS6	JS7
초과	이하											
–	3	+8 +2	+12 +2	+4 0	+6 0	+10 0	+14 0	+25 0	+40 0	±2	±3	±5
3	6	+12 +4	+16 +4	+5 0	+8 0	+12 0	+18 0	+30 0	+48 0	±2.5	±4	±6
6	10	+14 +5	+20 +5	+6 0	+9 0	+15. 0	+22 0	+36 0	+58 0	±3	±4.5	±7.5
10	14	+17 +6	+24 +6	+8 0	+11 0	+18 0	+27 0	+43 0	+70 0	±4	±5.5	±9
14	18											
18	24	+20 +7	+28 +7	+9 0	+13 0	+21 0	+33 0	+52 0	+84 0	±4.5	±6.5	±10.5
24	30											
30	40	+25 +9	+34 +9	+11 0	+16 0	+25 0	+39 0	+62 0	+100 0	±5.5	±8	±12.5
40	50											
50	65	+29 +10	+40 +10	+13 0	+19 0	+30 0	+46 0	+74 0	+120 0	±6.5	±9.5	±15
65	80											
80	100	+34 +12	+47 +12	+15 0	+22 0	+35 0	+54 0	+87 0	+140 0	±7.5	±11	±17.5
100	120											
120	140	+39 +14	+54 +14	+18 0	+25 0	+40 0	+63 0	+100 0	+160 0	±9	±12.5	±20
140	160											
160	180											
180	200	+44 +15	+61 +15	+20 0	+29 0	+46 0	+72 0	+115 0	+185 0	±10	±14.5	±23
200	225											
225	250											
250	280	+49 +17	+69 +17	+23 0	+32 0	+52 0	+81 0	+130 0	+210 0	±11.5	±16	±26
280	315											
315	355	+54 +18	+75 −18	+25 0	+36 0	+57 0	+89 0	+140 0	+230 0	±12.5	±18	±28.5
355	400											
400	450	+60 +20	+83 +20	+27 0	+40 0	+63 0	+97 0	+155 0	+250 0	±13.5	±20	±31.5
450	500											

이어서

☞ 이어서

(단위 : ㎛)

치수 구분(㎜)		K			M			N		P	
		K5	K6	K7	M5	M6	M7	N6	N7	P6	P7
초과	이하										
-	3	0 -4	0 -6	0 -10	-2 -6	-2 -8	-2 -8	-4 -10	-4 -14	-6 -12	-6 -16
3	6	0 -5	+2 -6	+3 -9	-3 -8	-1 -9	0 -12	-5 -13	-4 -16	-9 -17	-8 -20
6	10	+1 -5	+2 -7	+5 -10	-4 -10	-3 -12	0 -15	-7 -16	-4 -19	-12 -21	-9 -24
10	14	+2 -6	+2 -9	+6 -12	-4 -12	-4 -15	0 -18	-9 -20	-5 -23	-15 -26	-11 -29
14	18										
18	24	+1 -8	+2 -11	+6 -15	-5 -14	-4 -17	0 -21	-11 -24	-7 -28	-18 -31	-14 -35
24	30										
30	40	+2 -9	+3 -13	+7 -18	-5 -16	-4 -20	0 -25	-12 -28	-8 -33	-21 -37	-17 -42
40	50										
50	65	+3 -10	+4 -15	+9 -21	-6 -19	-5 -24	0 -30	-14 -33	-9 -39	-26 -45	-21 -51
65	80										
80	100	+2 -13	+4 -18	+10 -25	-8 -23	-6 -28	0 -35	-16 -38	-10 -45	-30 -52	-24 -59
100	120										
120	140	+3 -15	+4 -21	+12 -28	-9 -27	-8 -33	0 -40	-20 -45	-12 -52	-36 -61	-28 -68
140	160										
160	180										
180	200	+2 -18	+5 -24	+13 -33	-11 -31	-8 -37	0 -46	-22 -51	-14 -60	-41 -70	-33 -79
200	225										
225	250										
250	280	+3 -20	+5 -27	+16 -36	-13 -36	-9 -41	0 -52	-25 -57	-14 -66	-47 -79	-36 -88
280	315										
315	355	+3 -22	+7 -29	+17 -40	-14 -39	-10 -46	0 -57	-26 -82	-16 -73	-51 -81	-41 -98
355	400										
400	450	+2 -25	+8 -32	+18 -45	-16 -43	-10 -50	0 -63	-27 -67	-17 -80	-55 -95	-45 -108
450	500										

이어서 ☞

➾ 이어서

(단위 : ㎛)

치수 구분(㎜)		R	S	T	U	X
		R7	S7	T7	U7	X10
초과	이하					
–	3	-10 -20	-14 -24	–	-18 -28	-20 -30
3	6	-11 -23	-15 -27	–	-19 -31	-24 -36
6	10	-13 -28	-17 -32	–	-22 -37	-28 -43
10	14	-16 -34	-21 -39	–	-26 -44	-33 -51
14	18					-38 -56
18	24	-20 -41	-27 -48	–	-33 -54	-46 -67
24	30			-33 -54	-40 -61	-56 -77
30	40	-25 -50	-34 -59	-39 -64	-51 -76	–
40	50			-45 -70	-61 -86	
50	65	-30 -60	-42 -72	-55 -85	-76 -106	–
65	80	-32 -62	-48 -78	-64 -94	-91 -121	
80	100	-38 -73	-58 -93	-78 -113	-111 -146	–
100	120	-41 -76	-66 -101	-91 -126	-131 -166	
120	140	-48 -88	-77 -117	-107 -147	–	–
140	160	-50 -90	-85 -125	-119 -159		
160	180	-53 -93	-93 -133	-131 -171		
180	200	-60 -106	-105 -151	–	–	–
200	225	-63 -109	-113 -159			
225	250	-67 -113	-123 -169			
250	280	-74 -126	–	–	–	–
280	315	-78 -130				
315	355	-87 -144	–	–	–	–
355	400	-93 -150				
400	450	-103 -166	–	–	–	–
450	500	-109 -172				

부록 6 상용하는 끼워 맞춤 축의 치수허용차[KS B 0401]

(단위 : ㎛)

치수 구분 (㎜)		b	c	d		e			f		
		b9	c9	d8	d9	e7	e8	e9	f6	f7	f8
초과	이하										
-	3	-140 -165	-60 -85	-20 -34	-20 -45	-14 -24	-14 -28	-14 -29	-6 -12	-6 -16	-6 -20
3	6	-140 -170	-70 -100	-30 -48	-30 -60	-20 -32	-20 -38	-20 -50	-10 -18	-10 -22	-10 -28
6	10	-150 -186	-80 -116	-40 -62	-40 -76	-25 -40	-25 -47	-25 -61	-13 -22	-13 -28	-13 -35
10	14	-150 -193	-95 -138	-50 -77	-50 -93	-32 -59	-32 -59	-32 -75	-16 -27	-16 -34	-16 -43
14	18										
18	24	-160 -212	-110 -162	-65 -98	-65 -117	-40 -61	-40 -73	-40 -92	-20 -33	-20 -41	-20 -53
24	30										
30	40	-170 -232	-120 -182	-80 -119	-80 -142	-50 -75	-50 -89	-50 -112	-25 -41	-25 -50	-25 -64
40	50	-180 -242	-130 -192								
50	65	-190 -264	-140 -214	-100 -146	-100 -174-	-60 -90	-60 -106	-60 -134	-30 -49	-30 -60	-30 -76
65	80	-200 -274	-150 -224								
80	100	-220 -307	-170 -257	-120 -174	-120 -207	-72 -107	-72 -126	-72 -159	-36 -58	-36 -71	-36 -90
100	120	-240 -327	-180 -267								
120	140	-260 -360	-200 -300	-145 -208	-145 -245	-85 -125	-85 -148	-85 -185	-43 -68	-43 -83	-43 -106
140	160	-280 -380	-210 -310								
160	180	-310 -410	-230 -330								
180	200	-340 -455	-240 -355	-170 -242	-170 -285	-100 -146	-100 -172	-100 -215	-50 -79	-50 -96	-50 -122
200	225	-380 -495	-260 -375								
225	250	-420 -535	-280 -395								
250	280	-480 -610	-300 -430	-190 -271	-190 -320	-110 -162	-110 -191	-110 -240	-56 -88	-56 -108	-56 -137
280	315	-540 -670	-330 -460								
315	355	-600 -740	-360 -500	-210 -299	-210 -350	-125 -182	-125 -214	-125 -265	-62 -98	-62 -119	-62 -151
355	400	-680 -820	-400 -540								
400	450	-760 -915	-440 -595	-230 -327	-230 -385	-135 -198	-135 -232	-135 -290	-68 -108	-68 -131	-68 -165
450	500	-840 -995	-480 -635								

이어서 ☞

이어서

(단위 : ㎛)

치수 구분 (㎜)		g			h						js			
초과	이하	g4	g5	g6	h4	h5	h6	h7	h8	h9	js4	js5	js6	js7
–	3	-2 -5	-2 -6	-2 -8	0 -3	0 -4	0 -6	0 -10	0 -14	0 -25	±1.5	±2	±3	±5
3	6	-4 -8	-4 -9	-4 -9	0 -4	0 -5	0 -8	0 -12	0 -18	0 -30	±2	±2.5	±4	±6
6	10	-5 -9	-5 -11	-5 -14	0 -4	0 -6	0 -9	0 -15	0 -22	0 -36	±2	±3	±4.5	±7.5
10 14	14 18	-6 -11	-6 -14	-6 -17	0 -5	0 -8	0 -11	0 -18	0 -27	0 -43	±2.5	±4	±5.5	±9
18 24	24 30	-7 -13	-7 -16	-7 -20	0 -6	0 -9	0 -13	0 -21	0 -33	0 -52	±3	±4.5	±6.5	±10.5
30 40	40 50	-9 -16	-9 -20	-9 -25	0 -7	0 -11	0 -16	0 -25	0 -39	0 -62	±3.5	±5.5	±8	±12.5
50 65	65 80	-10 -18	-10 -23	-10 -29	0 -8	0 -13	0 -19	0 -30	0 -46	0 -74	±4	±6.5	±9.5	±15
80 100	100 120	-12 -22	-12 -27	-12 -34	0 -10	0 -15	0 -22	0 35	0 -54	0 -87	±5	±7.5	±11	±17.5
120 140 160	140 160 180	-14 -26	-14 -32	-14 -39	0 -12	0 -18	0 -25	0 -40	0 -63	0 -100	±6	±9	±12.5	±20
180 200 225	200 225 250	-15 -29	-15 -35	-15 -44	0 -14	0 -20	0 -29	0 -46	0 -72	0 -115	±7	±10	±14.5	±23
250 280	280 315	-17 -33	-17 -40	-17 -49	0 -16	0 -23	0 -32	0 -52	0 -81	0 -130	±8	±11.5	±16	±26
315 355	355 400	-18 -36	-18 -36	-18 -43	0 -18	0 -25	0 -36	0 -57	0 -89	0 -140	±9	±12.5	±18	±28.5
400 450	450 500	-20 -40	-20 -47	-20 -60	0 -20	0 -27	0 -40	0 -63	0 -97	0 -155	±10	±13.5	±20	±31.5

이어서

이어서

(단위 : μm)

치수 구분 (mm)		k			m			n	p
		k4	k5	k6	m4	m5	m6	n6	p6
초과	이하								
–	3	+3 0	+4 0	+6 0	+5 +2	+6 +2	+8 +2	+10 +4	+12 +6
3	6	+5 +1	+6 +1	+9 +1	+8 +4	+9 +4	+12 +4	+16 +8	+20 +12
6	10	+6 +1	+7 +1	+10 +1	+10 +6	+12 +6	+15 +6	+19 +10	+24 +15
10	14	+6 +1	+9 +1	+12 +1	+12 +7	+15 +7	+18 +7	+23 +12	+29 +18
14	18								
18	24	+8 +2	+11 +2	+15 +2	+14 +8	+17 +8	+21 +8	+28 +15	+35 +22
24	30								
30	40	+9 +2	+13 +2	+18 +2	+16 +9	+20 +9	+25 +9	+33 +17	+42 +26
40	50								
50	65	+10 +2	+15 +2	+21 +2	+19 +11	+24 +11	+30 +11	+39 +20	+51 +32
65	80								
80	100	+13 +3	+18 +3	+25 +3	+23 13	+28 +13	+35 +13	+45 +23	+59 +37
100	120								
120	140	+15 +3	+21 +3	+28 +3	+27 +15	+33 +15	+40 +15	+52 +27	+68 +43
140	160								
160	180								
180	200	+18 +4	+24 +4	+33 +4	+31 +17	+37 +17	+46 +17	+60 +31	+79 +50
200	225								
225	250								
250	280	+20 +4	+27 +4	+36 +4	+36 +20	+43 +20	+52 +20	+66 +34	+88 +56
280	315								
315	355	+22 +4	+29 +4	+40 +4	+39 +21	+46 +21	+57 +21	+73 +37	+98 +62
355	400								
400	450	+25 +5	+32 +5	+45 +5	+43 +23	+50 +23	+63 +23	+80 +40	+108 +68
450	500								

이어서

▷ 이어서

(단위 : ㎛)

치수 구분(㎜)		r	s	t	u	x
		r6	s6	t6	u6	x6
초과	이하					
–	3	+16 +10	+20 +14	–	+24 +18	+26 +20
3	6	+23 +15	+27 +19	–	+31 +23	+36 +28
6	10	+28 +19	+32 +23	–	+37 +28	+43 +34
10	14	+34 +23	+39 +28	–	+44 +33	+40 +56
14	18					
18	24	+41 +28	+48 +35	–	+54 +41	+67 +54
24	30			+54 +41	+61 +48	+77 +64
30	40	+50 +34	+59 +43	+48 +70	+76 +60	–
40	50			–	+86 +70	
50	65	+60 +41	+72 +53	+85 +66	+106 +87	–
65	80	+62 +43	+78 +59	+94 +75	+121 +102	
80	100	+73 +51	+93 +71	+113 +91	+146 +124	–
100	120	+76 +54	+101 +79	+126 +104	+166 +144	
120	140	+88 +63	+117 +92	+147 +122	–	–
140	160	+90 +65	+125 +100	+159 +134		
160	180	+93 +68	+133 +108	+171 +146		
180	200	+106 +77	+151 +122	–	–	–
200	225	+109 +80	+159 +130			
225	250	+113 +84	+169 +140			
250	280	+126 +94	–	–	–	–
280	315	+130 +98				
315	355	+144 +108	–	–	–	–
355	400	+150 +114				
400	450	+166 +126	–	–	–	–
450	500	+172 +132				

부록 7 평행키의 끼워 맞춤 공차[KS B 1311-1999]

(단위 : ㎜)

키의 호칭 치수 $b \times h$	키의 치수						
	b (너비)		h (높이)			c	l
	기준 치수	허용차($h9$)	기준 치수	허용차			
2×2	2	0 −0.025	2	0 −0.025	$h9$	0.16 ~0.25	6~20
3×3	3		3				6~36
4×4	4	0 −0.030	4	0 −0.030			8~45
5×5	5		5			0.25 ~0.40	10~56
6×6	6		6				14~70
(7×7)	7	0 −0.036	7	0 −0.036			16~80
8×7	8		7	0 −0.090	$h11$		18~90
10×8	10		8			0.40 ~0.60	22~110
12×8	12	0 −0.043	8				28~140
14×9	14		9				36~160
(15×10)	15		10				40~180
16×10	16		10				45~180
18×11	18		11	0 −0.110			50~200
20×12	20	0 −0.052	12			0.60 ~0.80	56~220
22×14	22		14				63~250
(24×16)	24		16				70~280
25×14	25		14				70~280
28×16	28		16				80~320
32×18	32	0 −0.062	18				90~360
(35×22)	35		22	0 −0.130		1.00 ~1.20	100~400
36×20	36		20				–
(38×24)	38		24				–
40×22	40		22				–
(42×26)	42		26				–
45×25	45		25				–
50×28	50		28				–

이어서 ☞

➾ 이어서

(단위 : ㎜)

b_1, b_2의 기준 치수	키 홈의 치수							
	정밀급 (조임형)	보통급 (보통형)		r_1 및 r_2	축 t_1의 기준 치수	구멍 t_2의 기준 치수	t_1, t_2의 허용 오차	적용하는 축지름 d (초과~이하)
	b_1, b_2	b_1축	b_2구멍					
	허용차 ($P9$)	허용차 ($N9$)	허용차 ($JS9$)					
2	-0.006 -0.031	-0.004 -0.029	±0.012 5	0.08 ~0.16	1.2	1.0	+0.1 0	6~8
3					1.8	1.4		8~10
4	-0.012 -0.042	0 -0.030	±0.015 0	0.16 ~0.25	2.5	1.8		10~12
5					3.0	2.3		12~17
6					3.5	2.8		17~22
7	-0.015 -0.051	0 -0.036	±0.018 0		4.0	3.3	+0.2 0	20~25
8					4.0	3.3		22~30
10				0.25 ~0.40	5.0	3.3		30~38
12	-0.018 -0.061	0 -0.043	±0.021 5		5.0	3.3		38~44
14					5.5	3.8		44~50
15					5.0	5.3		50~55
16					6.0	4.3		50~58
18					7.0	4.4		58~65
20	-0.022 -0.074	0 -0.052	±0.026 0	0.40 ~0.60	7.5	4.9		65~75
22					8.0	5.4		75~85
24					8.0	8.4		80~90
25					9.0	5.4		85~95
28					10.0	6.4		95~110
32	-0.026 -0.088	0 -0.062	±0.031 0		11.0	7.4		110~130
35				0.70 ~1.00	11.0	11.4	+0.3 0	125~140
36					12.0	8.4		130~150
38					12.0	12.4		140~160
40					13.0	9.4		150~170
42					13.0	13.4		160~180
45					15.0	10.4		170~200
50					17.0	11.4		200~230

부록 8 축용 C형 멈춤링[KS B 1336]

(단위 : mm)

<table>
<tr><th colspan="3" rowspan="2">호칭</th><th colspan="7">멈춤 링</th></tr>
<tr><th colspan="2">d_3</th><th colspan="2">t</th><th>b</th><th>a</th><th>d_0</th></tr>
<tr><th>1</th><th>2</th><th>3</th><th>기준 치수</th><th>허용차</th><th>기준 치수</th><th>허용차</th><th>약</th><th>약</th><th>최소</th></tr>
<tr><td>10</td><td></td><td></td><td>10.7</td><td rowspan="7">±0.18</td><td rowspan="13">1</td><td rowspan="13">±0.05</td><td>1.8</td><td>3.1</td><td rowspan="2">1.2</td></tr>
<tr><td>11</td><td></td><td></td><td>11.8</td><td>1.8</td><td>3.2</td></tr>
<tr><td>12</td><td></td><td></td><td>13</td><td>1.8</td><td>3.3</td><td rowspan="2">1.5</td></tr>
<tr><td></td><td>13</td><td></td><td>14.1</td><td>1.8</td><td>3.5</td></tr>
<tr><td>14</td><td></td><td></td><td>15.1</td><td>2</td><td>3.6</td><td rowspan="5">1.7</td></tr>
<tr><td></td><td>15</td><td></td><td>16.2</td><td>2</td><td>3.6</td></tr>
<tr><td>16</td><td></td><td></td><td>17.3</td><td>2</td><td>3.7</td></tr>
<tr><td></td><td>17</td><td></td><td>18.3</td><td rowspan="7">±0.2</td><td>2</td><td>3.8</td></tr>
<tr><td>18</td><td></td><td></td><td>19.5</td><td>2.5</td><td>4</td></tr>
<tr><td>19</td><td></td><td></td><td>20.5</td><td>2.5</td><td>4</td><td rowspan="9">2</td></tr>
<tr><td>20</td><td></td><td></td><td>21.5</td><td>2.5</td><td>4</td></tr>
<tr><td></td><td></td><td>21</td><td>22.5</td><td>2.5</td><td>4.1</td></tr>
<tr><td>22</td><td></td><td></td><td>23.5</td><td>2.5</td><td>4.1</td></tr>
<tr><td></td><td>24</td><td></td><td>25.9</td><td rowspan="6">1.2</td><td rowspan="11">±0.06</td><td>2.5</td><td>4.3</td></tr>
<tr><td>25</td><td></td><td></td><td>26.9</td><td>3</td><td>4.4</td></tr>
<tr><td></td><td>26</td><td></td><td>27.9</td><td>3</td><td>4.6</td></tr>
<tr><td>28</td><td></td><td></td><td>30.1</td><td rowspan="8">±0.25</td><td>3</td><td>4.6</td></tr>
<tr><td>30</td><td></td><td></td><td>32.1</td><td>3</td><td>4.7</td></tr>
<tr><td>32</td><td></td><td></td><td>34.4</td><td>3.5</td><td>5.2</td><td rowspan="10">2.5</td></tr>
<tr><td></td><td></td><td>34</td><td>36.5</td><td rowspan="5">1.6</td><td>3.5</td><td>5.2</td></tr>
<tr><td>35</td><td></td><td></td><td>37.8</td><td>3.5</td><td>5.2</td></tr>
<tr><td></td><td>36</td><td></td><td>38.8</td><td>3.5</td><td>5.2</td></tr>
<tr><td>37</td><td></td><td></td><td>38.8</td><td>3.5</td><td>5.2</td></tr>
<tr><td></td><td>38</td><td></td><td>40.8</td><td>4</td><td>5.3</td></tr>
<tr><td>40</td><td></td><td></td><td>43.5</td><td rowspan="3">±0.4</td><td rowspan="4">1.8</td><td rowspan="4">±0.07</td><td>4</td><td>5.7</td></tr>
<tr><td>42</td><td></td><td></td><td>45.5</td><td>4</td><td>5.8</td></tr>
<tr><td>45</td><td></td><td></td><td>48.5</td><td>4.5</td><td>5.9</td></tr>
<tr><td>47</td><td></td><td></td><td>50.5</td><td>±0.45</td><td>4.5</td><td>6.1</td></tr>
</table>

이어서

➻ 이어서

(단위 : ㎜)

<table>
<tr><th colspan="3" rowspan="2">호칭</th><th colspan="7">적용하는 구멍(참고)</th></tr>
<tr><th rowspan="2">d_5</th><th rowspan="2">d_1</th><th colspan="2">d_2</th><th colspan="2">m</th><th>n</th></tr>
<tr><th>1</th><th>2</th><th>3</th><th>기준 치수</th><th>허용차</th><th>기준 치수</th><th>허용차</th><th>최소</th></tr>
<tr><td>10</td><td></td><td></td><td>3</td><td>10</td><td>10.4</td><td rowspan="8">+0.11
0</td><td rowspan="13">1.15</td><td rowspan="28">+0.14
0</td><td rowspan="19">1.5</td></tr>
<tr><td>11</td><td></td><td></td><td>4</td><td>11</td><td>11.4</td></tr>
<tr><td>12</td><td></td><td></td><td>5</td><td>12</td><td>12.5</td></tr>
<tr><td></td><td>13</td><td></td><td>6</td><td>13</td><td>13.6</td></tr>
<tr><td>14</td><td></td><td></td><td>7</td><td>14</td><td>14.6</td></tr>
<tr><td></td><td>15</td><td></td><td>8</td><td>15</td><td>15.7</td></tr>
<tr><td>16</td><td></td><td></td><td>8</td><td>16</td><td>16.8</td></tr>
<tr><td></td><td>17</td><td></td><td>9</td><td>17</td><td>17.8</td></tr>
<tr><td>18</td><td></td><td></td><td>10</td><td>18</td><td>19</td><td rowspan="9">+0.21
0</td></tr>
<tr><td>19</td><td></td><td></td><td>11</td><td>19</td><td>20</td></tr>
<tr><td>20</td><td></td><td></td><td>12</td><td>20</td><td>21</td></tr>
<tr><td></td><td></td><td>21</td><td>12</td><td>21</td><td>22</td></tr>
<tr><td>22</td><td></td><td></td><td>13</td><td>22</td><td>23</td></tr>
<tr><td></td><td>24</td><td></td><td>15</td><td>24</td><td>25.2</td><td rowspan="6">1.35</td></tr>
<tr><td>25</td><td></td><td></td><td>16</td><td>25</td><td>26.2</td></tr>
<tr><td></td><td>26</td><td></td><td>16</td><td>26</td><td>27.2</td></tr>
<tr><td>28</td><td></td><td></td><td>18</td><td>28</td><td>29.4</td></tr>
<tr><td>30</td><td></td><td></td><td>20</td><td>30</td><td>31.4</td><td rowspan="11">+0.25
0</td></tr>
<tr><td>32</td><td></td><td></td><td>21</td><td>32</td><td>33.7</td></tr>
<tr><td></td><td></td><td>34</td><td>23</td><td>34</td><td>35.7</td><td rowspan="5">1.75</td><td rowspan="9">2</td></tr>
<tr><td>35</td><td></td><td></td><td>24</td><td>35</td><td>37</td></tr>
<tr><td></td><td>36</td><td></td><td>25</td><td>36</td><td>38</td></tr>
<tr><td>37</td><td></td><td></td><td>26</td><td>37</td><td>39</td></tr>
<tr><td></td><td>38</td><td></td><td>27</td><td>38</td><td>40</td></tr>
<tr><td>40</td><td></td><td></td><td>28</td><td>40</td><td>42.5</td><td rowspan="3">1.95</td></tr>
<tr><td>42</td><td></td><td></td><td>30</td><td>42</td><td>44.5</td></tr>
<tr><td>45</td><td></td><td></td><td>33</td><td>45</td><td>47.5</td></tr>
<tr><td>47</td><td></td><td></td><td>34</td><td>47</td><td>49.5</td><td>1.9</td></tr>
</table>

부록 9 많이 사용되는 끼워 맞춤 상태 및 적용 예

끼워맞춤상태	끼워맞춤 구멍 기준	끼워맞춤 상태 및 적용 예
억지끼워맞춤	H6/n6 H7/p6 H6/p6 H7/r6	조립 및 분해에 큰 힘이 필요한 끼워맞춤/ 철과 철, 청동과 동의 표준 압입 고정부 부품을 손상시키지 않고 분해 곤란 대형 부품에서는 가열끼워맞춤, 냉각끼워맞춤, 강압입 끼워맞춤의 결합력으로 작은 힘 전달 가능/ 조인트와 샤프트
	H7/s6 H7/t6 H7/u6 H7/x6	가열끼워맞춤, 냉각끼워맞춤, 강압입/ 분해하는 일이 없는 영구적인 조립 경합금의 압입 부품을 손상시키지 않고 분해 곤란 끼워맞춤의 결합력으로 상당한 힘 전달 가능/ 베어링 부시의 끼워맞춤
중간끼워맞춤	H6/h5 H7/h6 H8/h7 H8/h8 H9/h9	윤활제를 사용하여 손으로 움직일 수 있을 정도의 끼워맞춤 정밀하게 미끄럼 운동하는 부분 림과 보스의 끼워맞춤 부품을 손상시키지 않고 분해 및 조립 가능 끼워맞춤의 결합력으로 전달 불가
	H6/js5 H7/k6	조립 및 분해시 헤머나 핸드 프레스등을 사용 부품을 손상시키지 않고 분해 및 조립 가능 기어펌프의 축과 케이싱의 고정
	H6/k5 H6/k6 H7/m6	작은 틈새도 허용하지 않는 고정밀도 위치결정 조립 및 분해시 헤머나 핸드 프레스등을 사용 부품을 손상시키지 않고 분해 및 조립 가능 끼워맞춤의 결합력으로 전달 불가 리머 볼트/ 유압기기의 피스톤과 축의 고정
	H6/m5 H6/m6 H7/n6	조립 및 분해시 상당한 힘이 필요한 끼워맞춤 부품을 손상시키지 않고 분해 및 조립 가능 끼워맞춤의 결합력으로 작은 힘 전달 가능
헐거운 끼워맞춤	H9/c9	아주 헐거운 끼워맞춤 고온시에도 적당한 틈새가 필요한 부분 헐거운 고정핀의 끼워맞춤/ 피스톤 링과 링 홈
	H8/d9 H9/d9	큰 틈새가 있어도 좋고 틈새가 필요한 부분 기능상 큰 틈새가 필요한 부분, 가볍게 돌려 맞춤 크랭크웨이브와 핀의 베어링(측면)/ 섬유기계 스핀들
	H7/e7 H8/e8 H9/e9	조금 큰 틈새가 있어도 좋거나 틈새가 필요한 부분 일반 회전 또는 미끄럼운동 하는 부분 배기밸브 박스의 피팅 크랭크축용 주 베어링
	H6/f6 H7/f7 H8/f7 H8/f8	적당한 틈새가 있어 운동이 가능한 헐거운 끼워맞춤 윤활유를 사용하여 손으로 조립 자유롭게 구동하는 부분이 아닌, 자유롭게 이동하고 회전하며 정확한 위치결정을 요하는 부분을 위한 끼워맞춤 일반적인 축과 부시 링크 장치 레버와 부시
	H6/g5 H7/g6	가벼운 하중을 받는 정밀기기의 연속적인 회전 운동 부분 정밀하게 미끄럼 운동을 하는 부분 아주 좁은 틈새가 있는 끼워맞춤이나 위치결정 부분 고정밀도의 축과 부시의 끼워맞춤 링크 장치의 핀과 레버

부록 10 일반적으로 적용하는 기하공차 및 공차역

<table>
<tr><th>종류</th><th>적용되는
기하공차</th><th>기호</th><th>정밀급</th><th>보통급</th><th>거친급</th><th>데이텀</th></tr>
<tr><td rowspan="8">모양
공차</td><td rowspan="2">진직도</td><td rowspan="2">⏤</td><td>0.01</td><td>0.05</td><td>0.1</td><td rowspan="8">불필요</td></tr>
<tr><td>∅0.02</td><td>∅0.05</td><td>∅0.1</td></tr>
<tr><td>평면도</td><td>⏥</td><td>0.02</td><td>0.05</td><td>0.1</td></tr>
<tr><td>진원도</td><td>○</td><td>0.005</td><td>0.02</td><td>0.05</td></tr>
<tr><td>원통도</td><td>⌭</td><td>0.01</td><td>0.05</td><td>0.1</td></tr>
<tr><td>선의 윤곽도</td><td>⌒</td><td>0.05</td><td>0.1</td><td>0.2</td></tr>
<tr><td>면의 윤곽도</td><td>⌓</td><td>0.05</td><td>0.1</td><td>0.2</td></tr>
<tr><td colspan="5"></td></tr>
<tr><td rowspan="4">자세
공차</td><td>평행도</td><td>//</td><td>0.01</td><td>0.05</td><td>0.1</td><td rowspan="12">필요</td></tr>
<tr><td rowspan="2">직각도</td><td rowspan="2">⊥</td><td>0.02</td><td>0.05</td><td>0.1</td></tr>
<tr><td>∅0.02</td><td>∅0.05</td><td>∅0.1</td></tr>
<tr><td>경사도</td><td>∠</td><td>0.025</td><td>0.05</td><td>0.1</td></tr>
<tr><td rowspan="4">위치
공차</td><td rowspan="2">위치도</td><td rowspan="2">⌖</td><td>0.02</td><td>0.05</td><td>0.1</td></tr>
<tr><td>∅0.02</td><td>∅0.05</td><td>∅0.1</td></tr>
<tr><td>동심도</td><td>◎</td><td>0.01</td><td>0.02</td><td>0.05</td></tr>
<tr><td>대칭도</td><td>⌯</td><td>0.02</td><td>0.05</td><td>0.1</td></tr>
<tr><td rowspan="2">흔들림
공차</td><td>원주 흔들림</td><td>↗</td><td rowspan="2">0.01</td><td rowspan="2">0.02</td><td rowspan="2">0.05</td></tr>
<tr><td>온 흔들림</td><td>⌰</td></tr>
</table>

전동용 기계 형상설계 실전편 II

2020년 2월 10일 초판 인쇄

2020년 2월 15일 인쇄 발행

저 자 홍준희

발 행 인 송기수

발 행 처 도서출판 GS인터비전

편 집 처 도서출판 GS인터비전

인 쇄 처 대명프린팅

등록번호 제 25100-2016-000050 호

I S B N 979-11-5576-325-4(94550)
979-11-5576-265-3

주 소 서울 은평구 증산로 15길 69 2층

전 화 02-976-7898

팩 스 02-6468-7898

홈페이지 gsintervision.co.kr

E-Mail gsinter7@gmail.com

정 가 34,000원